今すぐ使える
かんたん
オフィスフォーマック
Office for Mac
2019/Office365対応
完全
コンプリート
ガイドブック
困った解決&便利技
改訂3版
AYURA著

JN209506

技術評論社

本書の使い方

- 本書の各セクションでは、画面を使った操作の手順を追うだけで、Office 2019 for Mac／Office 365の各機能の使い方がわかるようになっています。
- 操作の流れに番号を付けて示すことで、操作手順を追いやすくしてあります。

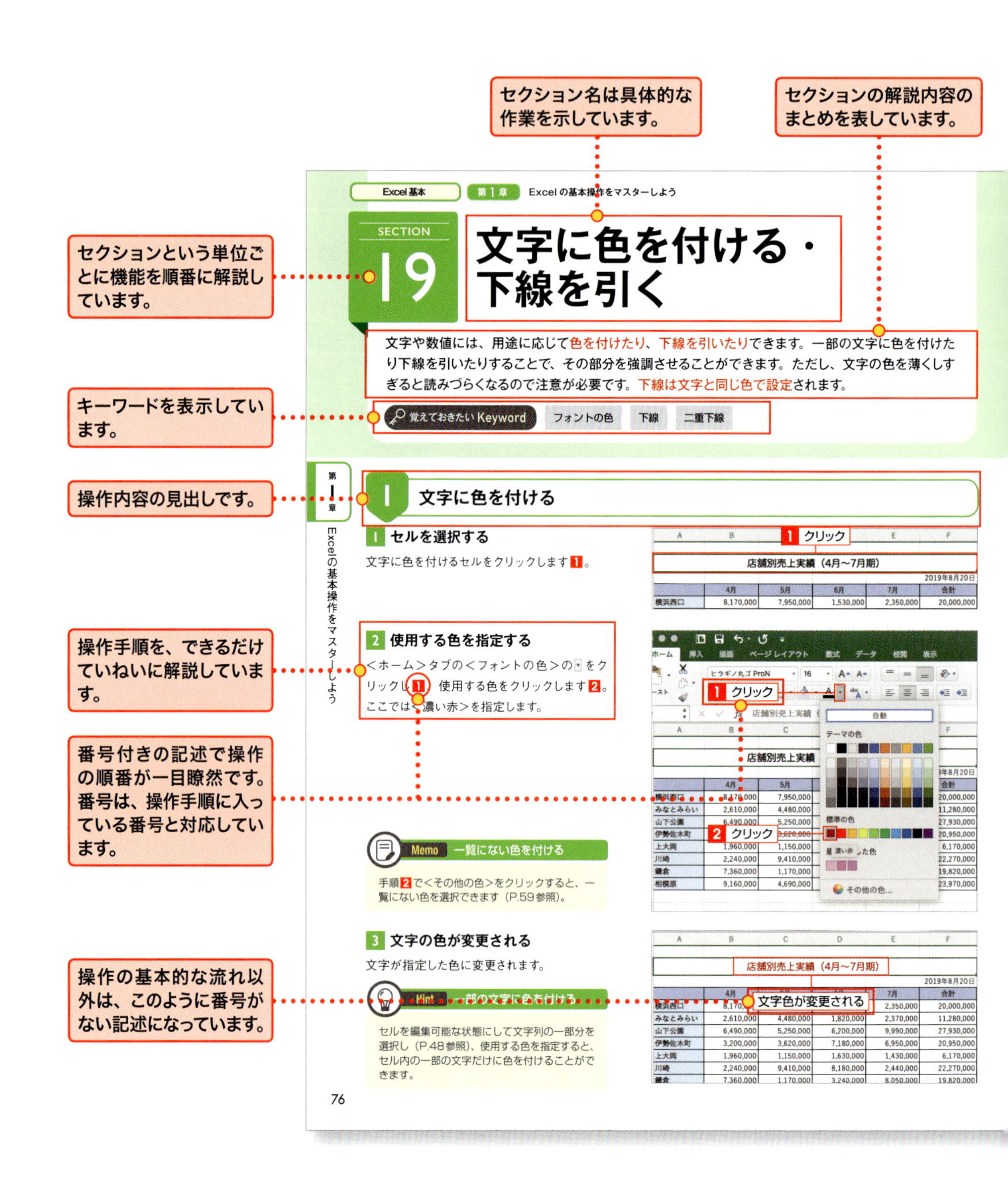

薄くてやわらかい
上質な紙を使っているので、
開いたら閉じにくい書籍に
なっています！

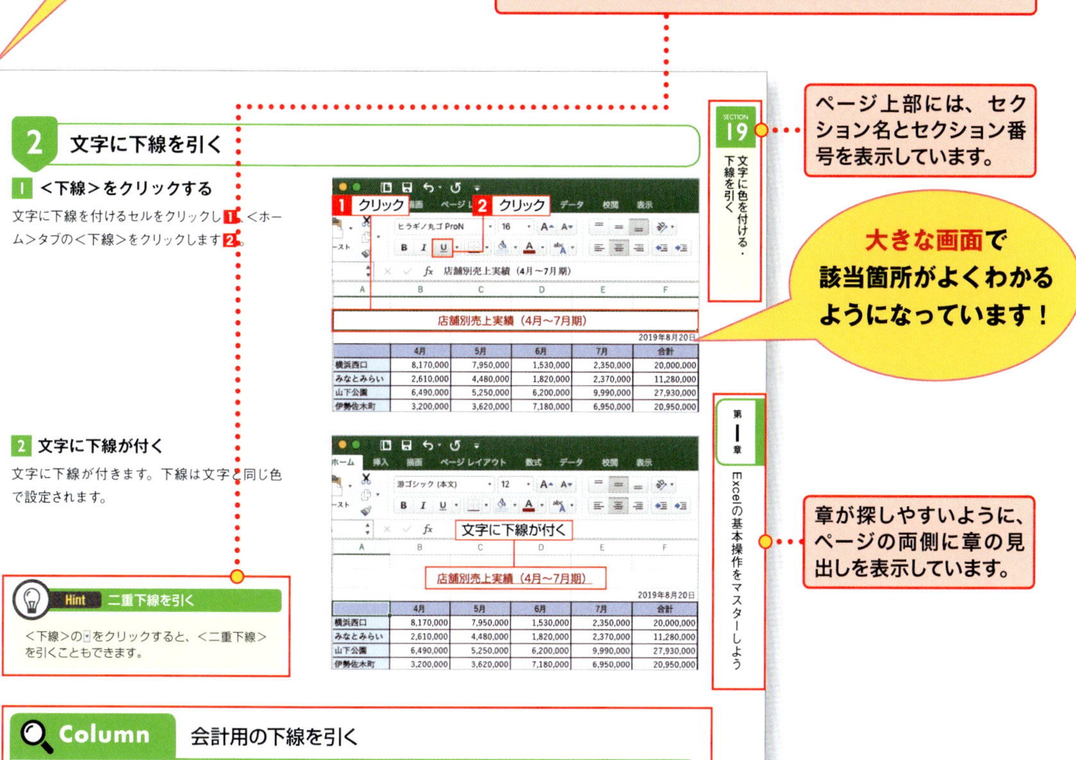

ページ上部には、セクション名とセクション番号を表示しています。

大きな画面で
該当箇所がよくわかる
ようになっています！

章が探しやすいように、ページの両側に章の見出しを表示しています。

Column 会計用の下線を引く

下線には、ここで紹介したもの以外に＜下線（会計）＞＜二重下線（会計）＞が用意されています。会計用の下線を引くには、＜番号書式＞のをクリックして、＜その他の番号書式＞をクリックします(P.69参照)。＜セルの書式設定＞ダイアログボックスが表示されるので、＜フォント＞をクリックして＜下線＞をクリックし、使用する下線の種類を指定します。

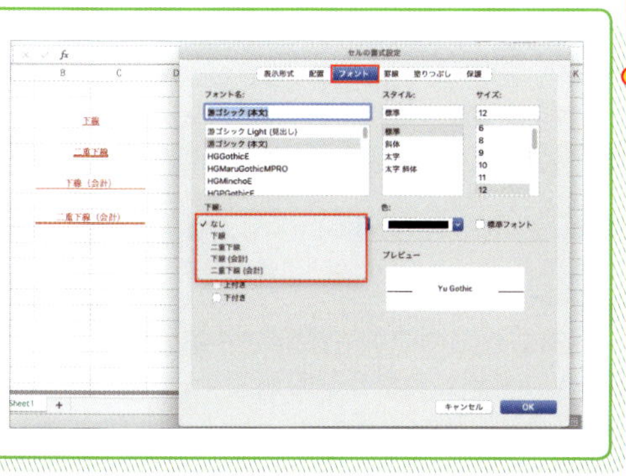

77

本文以外に補足が必要な場合は、枠外の「解説」として説明しています。

Excel 基本

ページ下部には、アプリケーション別に見出しを表示しています。

Contents

目次

Contents

Contents

Contents

第5章 PowerPointの操作をマスターしよう …… 265

Contents

付録 375

■ご注意：ご購入・ご利用の前に必ずお読みください

- 本書に記載された内容は、情報提供のみを目的としています。したがって、本書を用いた運用は、必ずお客様自身の責任と判断によって行ってください。これらの情報の運用の結果について、技術評論社および著者はいかなる責任も負いません。
- 本書の内容は、以下の環境で制作し、動作を検証しています。それ以外の環境では、機能内容や画面図が異なる場合があります。
  ・macOS Mojave
  ・Office 2019 for Mac 16.26 ／ Office 365
- ソフトウェアに関する記述は、特に断りのないかぎり、2019年6月末日現在での最新情報をもとにしています。ソフトウェアはアップデートされる場合があり、本書での説明とは機能内容や画面図などが異なってしまうことがあり得ます。特にOffice 365は、随時最新の状態にアップデートする仕様になっています。あらかじめご了承ください。
- インターネットの情報については、URLや画面などが変更されている可能性があります。ご注意ください。

以上の注意事項をご承諾いただいた上で、本書をご利用願います。これらの注意事項をお読みいただかずに、お問い合わせいただいても、技術評論社および著者は対処しかねます。あらかじめご承知おきください。

第0章

Office 2019の基本操作をマスターしよう

SECTION 01

Office 2019 for Macの新機能

Office 2019 for Mac（以下、Office 2019）では、リボンが改良されカスタマイズも可能になりました。また、翻訳ツールやデジタルペン機能が追加されたり、アイコンや3Dモデルが挿入できるようになりました。ここでは、各アプリケーションに共通の主な新機能を紹介します。

覚えておきたい Keyword　翻訳ツール　デジタルペン　アイコン

1 リボンが改良された

タブ名が一部変更されるなど、リボンインターフェイスが改良されました。また、クイックアクセスツールバーがカスタマイズできるようになり、頻繁に使うコマンドを必要に応じて追加できます。

リボンのカスタマイズも拡張されました。タブやグループ名を変更したり、リボンの表示／非表示を切り替えたりできます。オリジナルのリボンを作成したり、既存のリボンに新しいグループコマンドを追加したりすることも可能です。

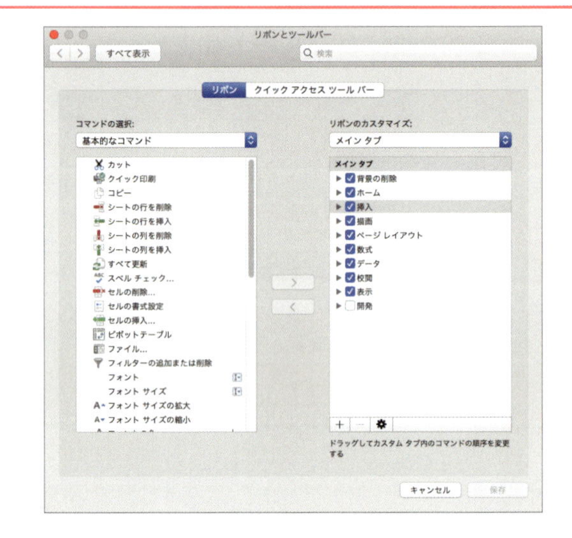

2 翻訳ツールの利用

マイクロソフトの自動翻訳サービス（Microsoft Translator）を利用して、単語、語句、文章を別の言語に翻訳できます。翻訳したい文章の範囲や文書全体を選択して、翻訳言語を設定すると、設定した言語で翻訳結果が表示されます。

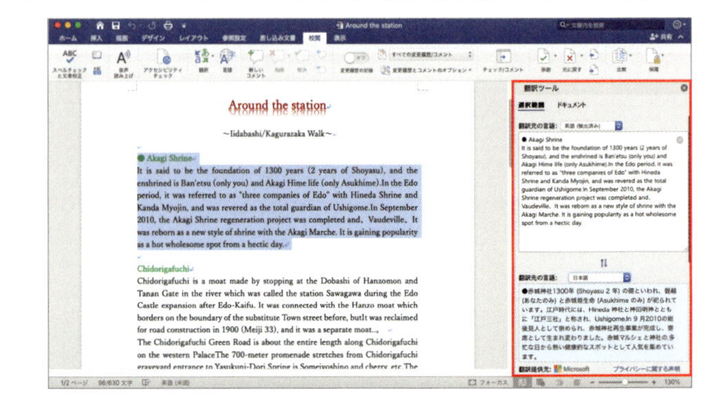

3 アイコンの挿入

ベクターデータで作られたSVG形式の画像やアイコンを挿入して、文書やワークシート、プレゼンテーションなどに視覚的な効果を追加できます。アイコンライブラリには、カテゴリ別に分類された大量のアイコンが用意されており、かんたんに挿入できます。挿入したアイコンを図形に変換すると、個々のパーツごとに位置や大きさ、色を変更するなど、より自由な編集が可能になります。

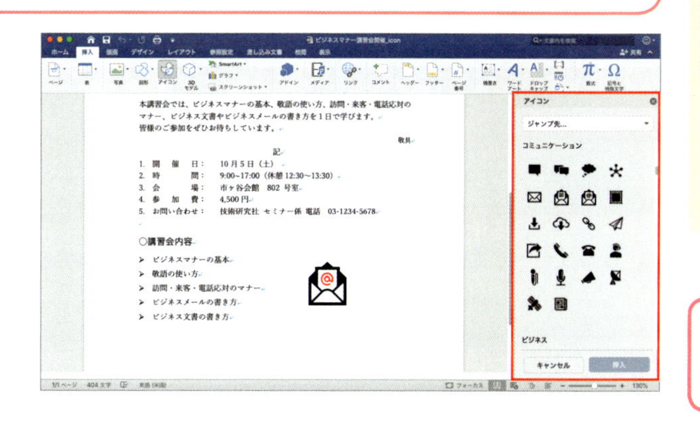

4 3Dモデルの挿入

3Dモデルを文書やワークシート、プレゼンテーションに挿入できます。オンラインソースには、カテゴリ別に分類された3Dモデルが大量に用意されています。パソコンに保存してある3D画像やオンラインソースから3Dモデルをダウンロードして挿入し、任意の方向に回転させたり傾けたりと、さまざまな視点で表示させることができます。

なお、3DモデルはmacOSのバージョン10.11以前、およびバージョン10.13.0から10.13.3までは搭載されていません。

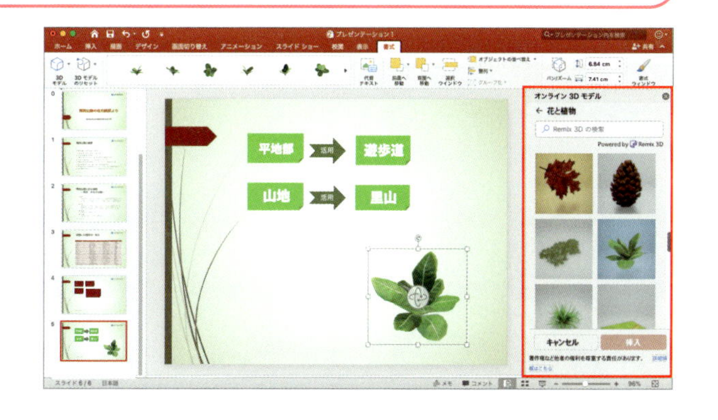

5 デジタルペンの利用

ペンや指、マウスなどを使って文書に直接書き込みをしたり、図形を描いたり、重要な部分を強調表示したりできます。書き込みには鉛筆、ペン、蛍光ペンなどのツールが利用でき、太さや色を変更したり、新しいペンを追加したりすることができます。また、ペンでは文字飾りの効果も利用できます。

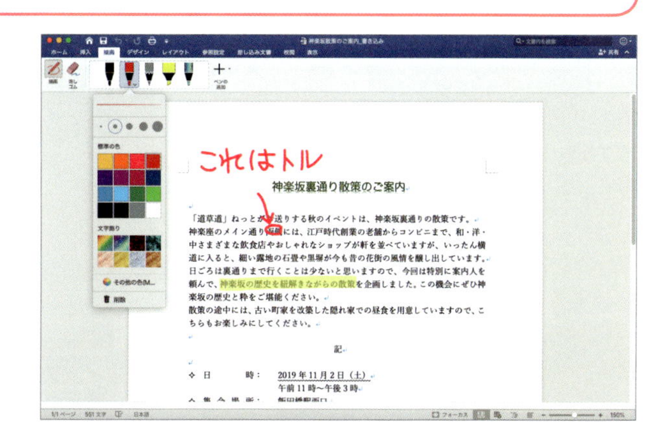

SECTION 02

アプリケーションを起動・終了する

Office 2019をインストールすると、各アプリケーションのアイコンがLaunchpadに登録されます。アプリケーションを起動するには、Launchpadを開き、目的のアプリケーションのアイコンをクリックします。終了するには、画面の左上にあるアプリケーションメニューから実行します。

覚えておきたいKeyword　Launchpad　起動　終了

1 アプリケーションを起動する

1 Launchpadをクリックする

Dockに表示されている＜Launchpad＞をクリックします **1**。

Keyword Dock

画面の下にあるアイコンのバーのことです。よく使う書類やアプリケーションをワンクリックで起動するためのランチャです。

2 アプリケーションのアイコンをクリックする

Launchpadが開き、インストールされているすべてのアプリケーションが表示されるので、目的のアプリケーションのアイコンをクリックします **1**。ここでは、Excelのアイコンをクリックします。

3 テンプレートをクリックする

アプリケーション（ここでは「Excel」）が起動します。<空白のブック>をクリックするか、目的のテンプレートをクリックして1、<作成>をクリックします2。ここでは、白紙の文書を作成するために、左上の<空白のブック>をクリックします。

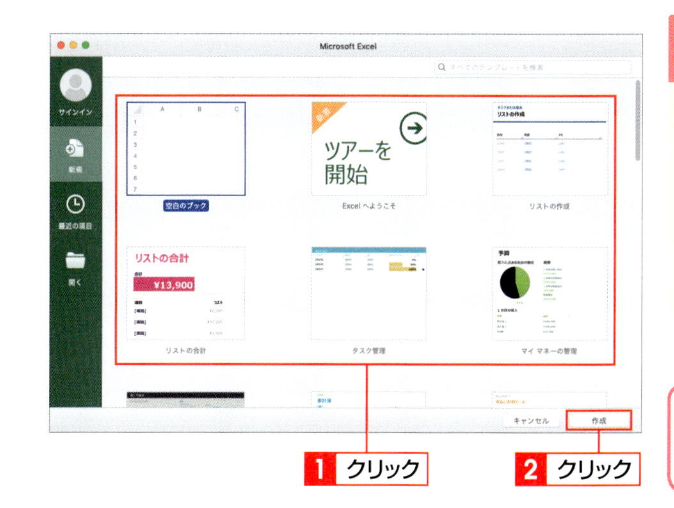

Memo Outlookの起動

Outlookの場合は、テンプレートを選択する画面は表示されず、直接Outlookの画面が表示されます。

4 アプリケーションが起動する

アプリケーションが起動して、新規文書が作成されます。

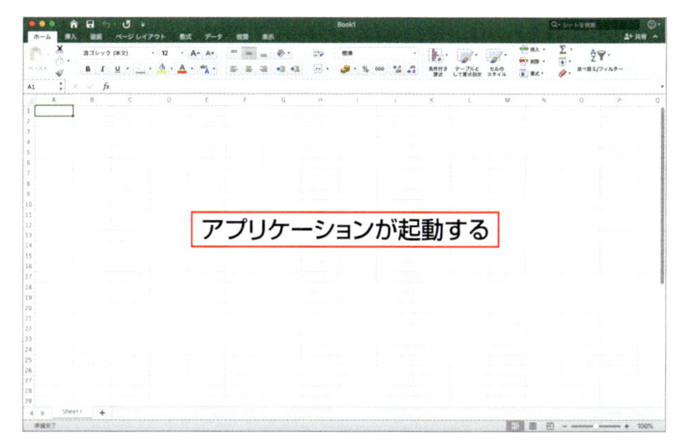

Hint Dockにアイコンを登録する

Dockにアプリケーションのアイコンを登録しておくと、Dock上のアイコンをクリックするだけで、アプリケーションを起動できます（Column参照）。

Column Dockにアプリケーションのアイコンを登録する

アプリケーションを起動すると、Dockにアイコンが表示されます。controlを押しながらアイコンをクリックし1、<オプション>をポイントして2、<Dockに追加>をクリックすると3、アイコンがDockに登録されます。また、Launchpadを開いて、アプリケーションのアイコンをDockにドラッグしても、同様に登録できます。

Dockにアイコンを登録しておくと、アプリケーションを終了してもアイコンは常に表示されています。次回から、このアイコンをクリックするだけで起動できます。

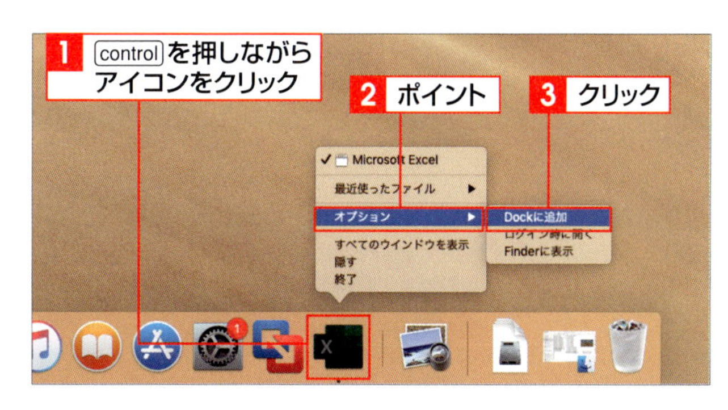

2 アプリケーションを終了する

1 メニューから終了をクリックする

画面の左上にあるアプリケーションメニューをクリックして 1、＜○○を終了＞をクリックします 2。Excelの場合は、＜Excel＞メニューをクリックして、＜Excelを終了＞をクリックします。

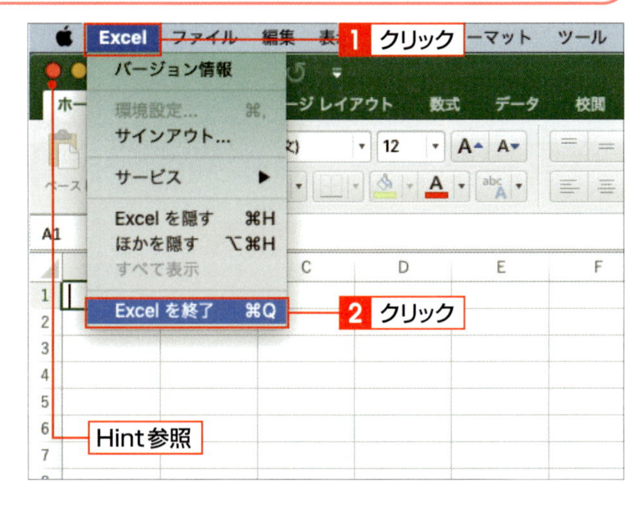

Hint ＜閉じる＞ボタンの利用

画面左上の をクリックすると、現在作業している画面は閉じますが、アプリケーションは終了しません（P.32参照）。

2 アプリケーションが終了する

アプリケーションが終了します。

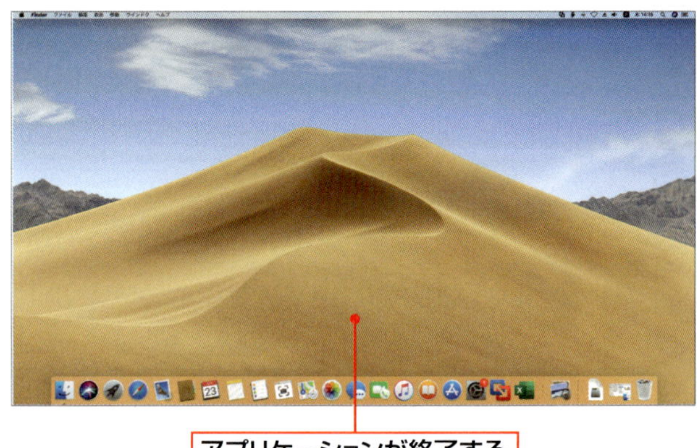

Memo そのほかの方法

control を押しながらDockに表示されているアイコンをクリックし、表示されるメニューで＜終了＞をクリックしても、アプリケーションを終了できます。

Column 保存していない文書がある場合

文書の作成や編集をしていた場合に、文書を保存しないで閉じようとすると、確認のダイアログボックスが表示されます。それまで編集した内容を保存する場合は＜保存＞を、保存しないで閉じる場合は＜保存しない＞を、文書を閉じずに作業に戻る場合は＜キャンセル＞をクリックします。

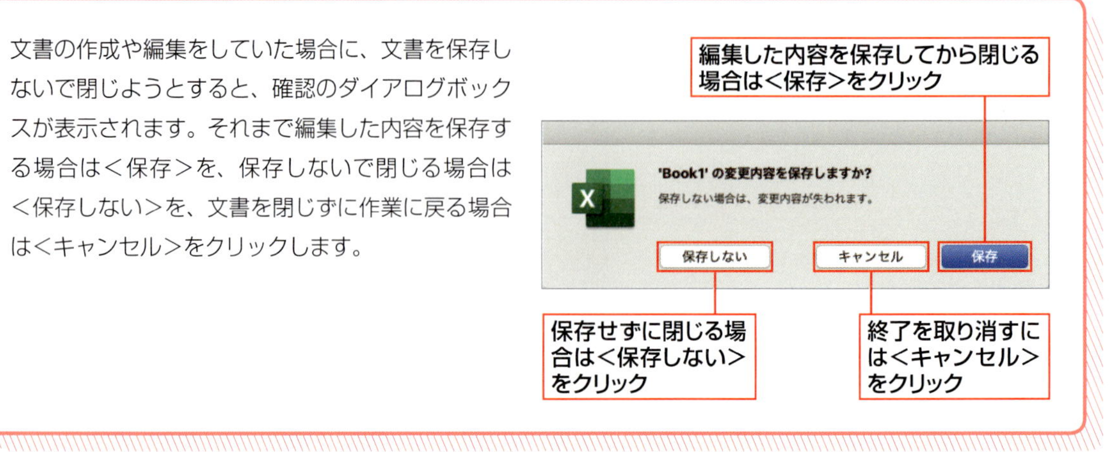

Column Officeアプリケーションにサインインする

Officeアプリケーションを起動すると、画面の左上に＜サインイン＞と表示されます。このサインインとは、Microsoftアカウントでサインインするための機能です。Microsoftアカウントでサインインすると、マイクロソフトがインターネット上で提供するさまざまなサービスを利用できます。たとえば、OneDriveなどのオンラインストレージ上にファイルを保存すると、自宅や外出先など、インターネットが利用できる場所であれば、どこからでもファイルを利用したり、ファイルを共有したりできます。
これらのサービスを利用しない場合は、サインインしなくても構いません。また、サインアウトする場合は、アプリケーションメニューをクリックして、＜サインアウト＞をクリックし、表示されるダイアログボックスで＜サインアウト＞をクリックします。

● サインインする

Officeアプリケーションを起動して、＜サインイン＞をクリックします1。

サインインするための画面が表示されるので、Microsoftアカウントを入力して2、＜次へ＞をクリックします3。

Microsoftアカウントのパスワードを入力する画面が表示されるので、パスワードを入力して4、＜サインイン＞をクリックすると5、サインインが完了します。

● サインアウトする

アプリケーションメニューをクリックして1、＜サインアウト＞をクリックします2。

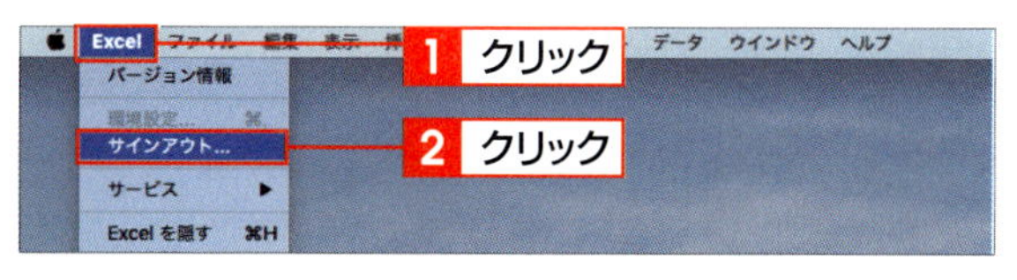

確認のダイアログボックスが表示されるので、＜サインアウト＞をクリックして3、アプリケーションを終了すると、サインアウトが完了します。

SECTION 03

リボンの基本操作

Office 2019では、アプリケーションのほとんどの機能をリボンで実行できます。リボンは、それぞれのアプリケーションに合わせたタブやコマンドで構成されています。タブは、操作状況に応じて自動的に追加され、文書内で選択した要素によって内容も変化します。

覚えておきたいKeyword　リボン　タブ　コマンド

1 リボンを操作する

1 目的のコマンドをクリックする

実行したい作業のコマンドが含まれているタブをクリックして 1 、目的のコマンドをクリックします 2 。

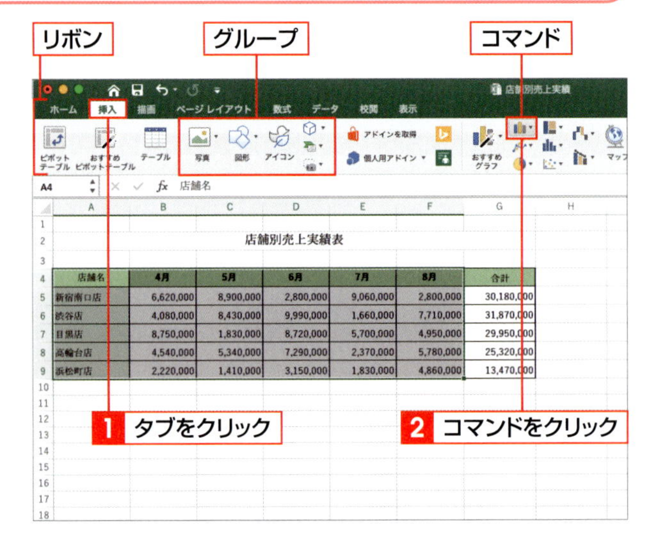

Hint リボンの構成

「リボン」は、関連する操作を集めた「グループ」と、関連するグループを集めた「タブ」から構成されています。コマンドをクリックすることによって、直接操作を実行したり、メニューやダイアログボックスなどを表示して操作を実行します。

2 目的の機能をクリックする

コマンドをクリックしてメニューが表示されたときは、メニューの中から目的の機能をクリックします 1 。

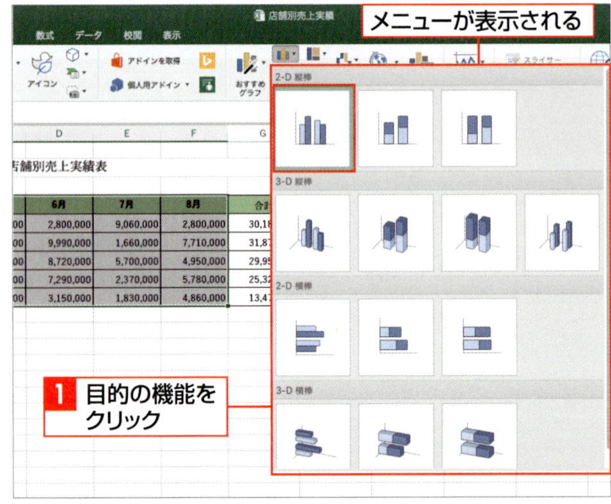

Hint グループタイトルを表示する

リボンの各グループにグループタイトルを表示させることができます。アプリケーションメニューをクリックして、<環境設定>をクリックします。続いて、<表示>をクリックし、<グループタイトル>をクリックしてオンにします。

2 作業に応じたタブが表示される

1 オブジェクトを作成する

タブは作業に応じて変化します。ここでは、例としてグラフを作成します（P.124 参照）。

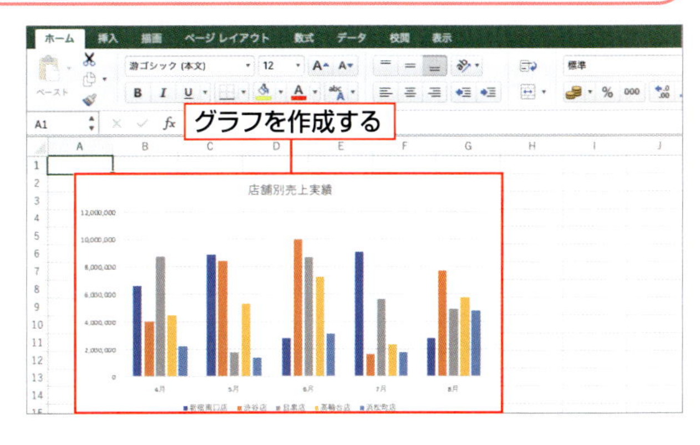

2 タブが追加される

グラフをクリックすると 1 、<グラフのデザイン>タブと<書式>タブが追加表示されます。

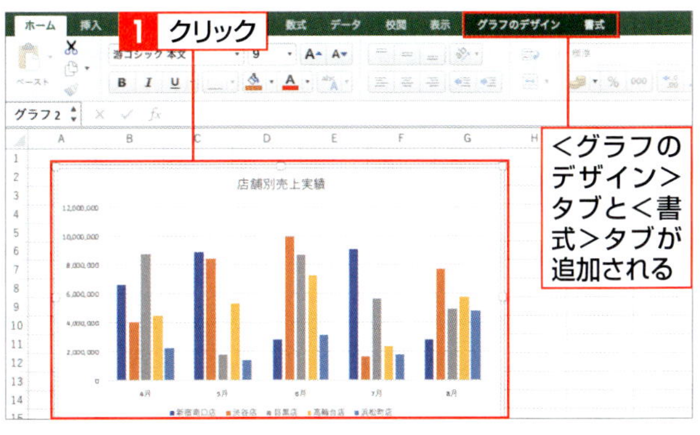

Memo 追加されたタブ

作業に応じて追加されたタブは、初期の状態で用意されている通常のタブより濃い色で表示されます。

3 タブをクリックする

追加されたタブ（ここでは<グラフのデザイン>タブ）をクリックすると 1 、クリックしたタブの内容が表示されます。

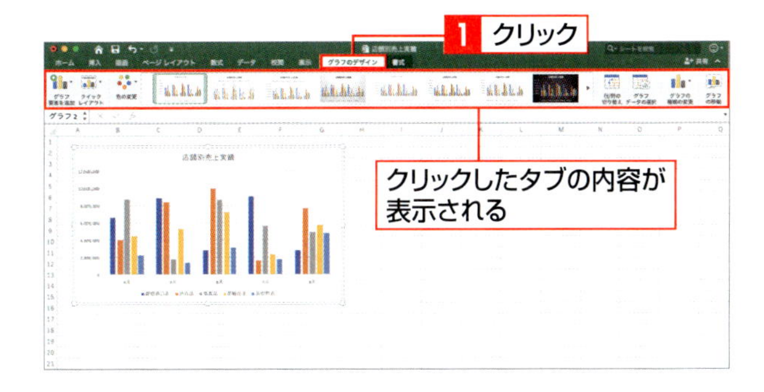

Column Office 365のリボンインターフェイス

本書では、Office 2019 for Macを使用して解説しています。Office 365の場合は、タブやコマンドのデザインが多少異なりますが、操作手順や操作方法などは変わりません。

SECTION 04

リボンをカスタマイズする

作業スペースが狭くてリボンが邪魔になるときは、リボンを折りたたんで必要なときだけ表示させることができます。また、クイックアクセスツールバーにコマンドを追加することもできます。<クイックアクセスツールバーのカスタマイズ>から追加します。

覚えておきたい Keyword　リボンを折りたたむ　リボンを展開する　クイックアクセスツールバーのカスタマイズ

1 リボンを折りたたむ・展開する

1 リボンを折りたたむ

リボンを非表示にする場合は、<リボンを折りたたむ>をクリックします 1。

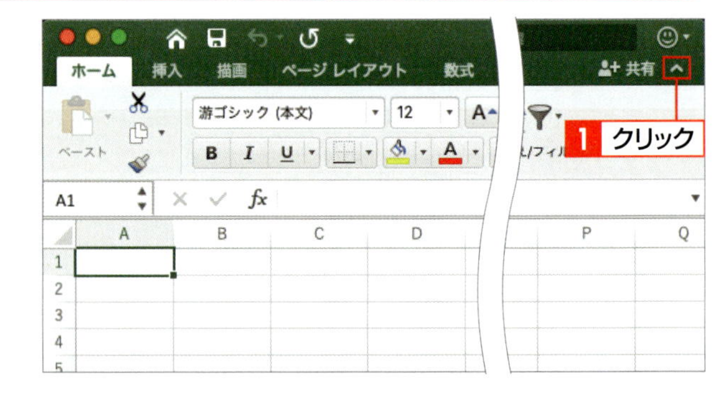

2 リボンを展開する

リボンが折りたたまれ、タブの名前の部分のみが表示されます。もとに戻すには、<リボンを展開する>をクリックします 1。

Memo リボンの展開

<リボンを展開する>をクリックするほかに、任意のタブをクリックしても、もとに戻ります。

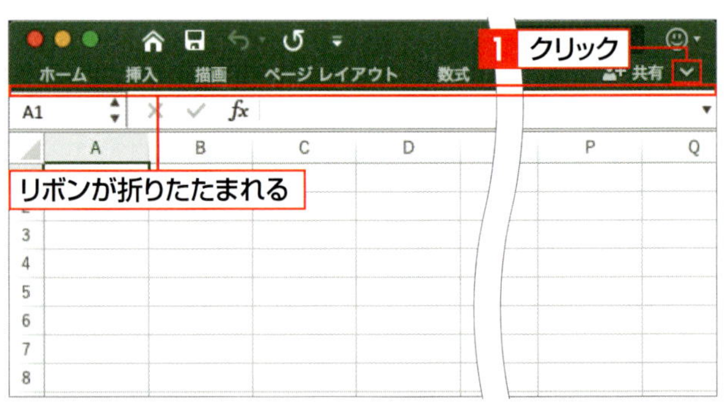

3 リボンが展開される

リボンが展開されます。

Memo Office 365の場合

Office 365の場合は、表示しているタブをクリックすると、リボンを折りたたんだり、展開したりできます。

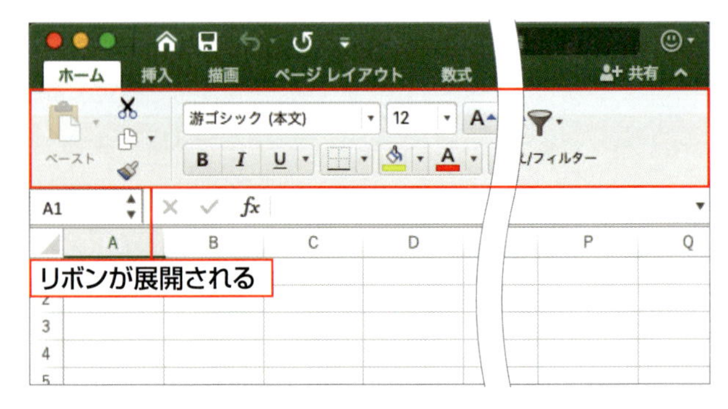

2 クイックアクセスツールバーにコマンドを追加する

1 追加したいコマンドをクリックする

<クイックアクセスツールバーのカスタマイズ>をクリックして1、追加したいコマンド（ここでは<印刷>）をクリックします2。

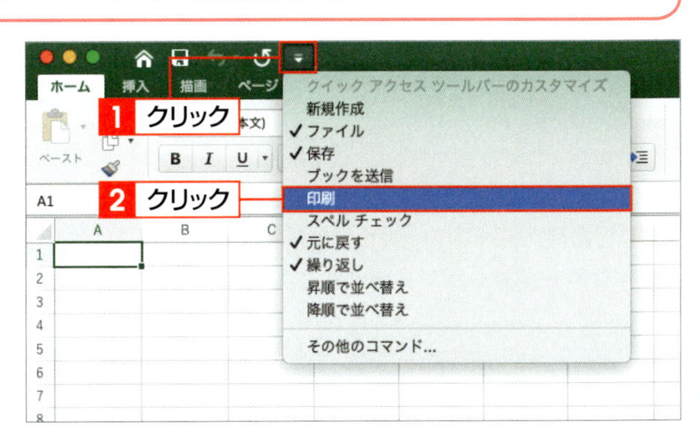

Office 2019では、クイックアクセスツールバーやリボンのカスタマイズが可能になりました。

2 コマンドが追加される

クイックアクセスツールバーに<印刷>コマンドが追加されます。

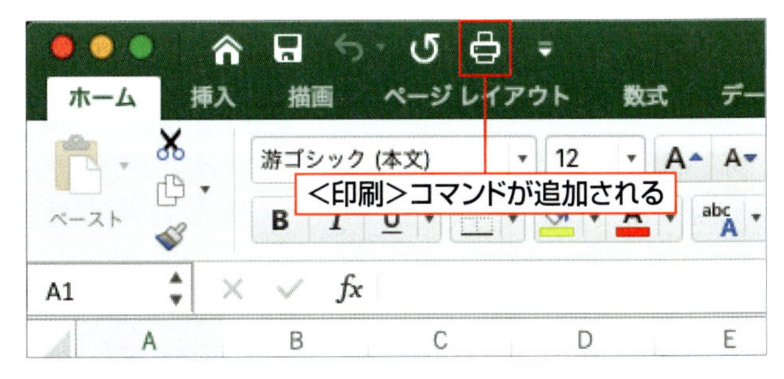

Hint コマンドを削除する

追加したコマンドを削除するには、手順2で削除したいコマンドをクリックしてオフにします。

3 メニューにないコマンドを追加する

1 <その他のコマンド>をクリックする

<クイックアクセスツールバーのカスタマイズ>をクリックして1、<その他のコマンド>をクリックします2。

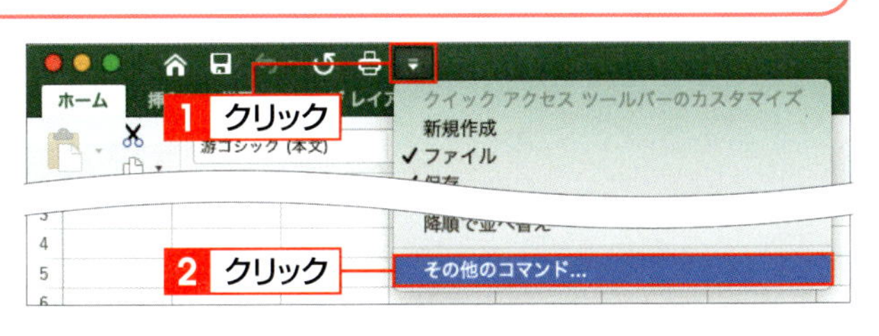

2 コマンドを追加する

<リボンにないコマンド>を選択して1、登録したいコマンド（ここでは<すべて閉じる>）をクリックします2。 > をクリックして3、<保存>をクリックします4。<Excel環境設定>ダイアログボックスが表示されるので、をクリックして閉じると、<すべて閉じる>コマンドが追加されます。

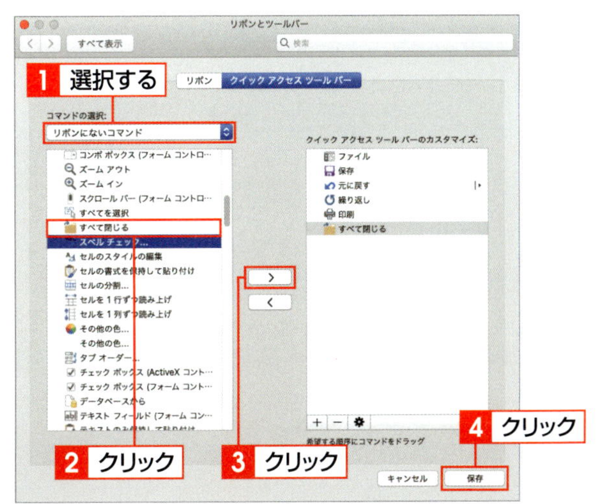

Hint コマンドを削除する

追加したコマンドを削除するには、削除したいコマンドをクリックして、 < をクリックし、<保存>をクリックします。

SECTION 05

デジタルペンを利用する

Office 2019で追加された<描画>タブのツールを利用して、ペンや指、マウスを使って書き込みをしたり、マーカーを引いて強調したりすることができます。鉛筆、ペン、蛍光ペンが利用でき、太さや色を変更したり、新しいペンを追加したりすることもできます。

覚えておきたい Keyword　デジタルペン　<描画>タブ　ペンの追加

1 ペンの種類と太さを指定して書き込む

1 <描画>タブをクリックする

<描画>タブをクリックして 1 、使用したいペンをクリックします 2 。

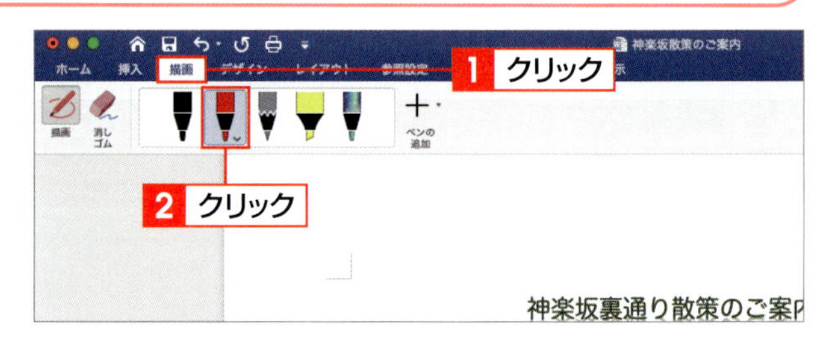

2 ペンの太さと色を指定する

再度ペンをクリックして 1 、ペンの太さをクリックし 2 、ペンの色をクリックします 3 。

Hint　色と文字飾りの指定

一覧に使用したい色がない場合は、<その他の色>をクリックして選択します。ペンでは、文字飾りを選択することもできます。

3 コメントを書き込む

マウスでドラッグしてコメントを書き込みます 1 。<描画>をクリックしてオフにするか 2 、esc を押すと、書き込みが終了します。

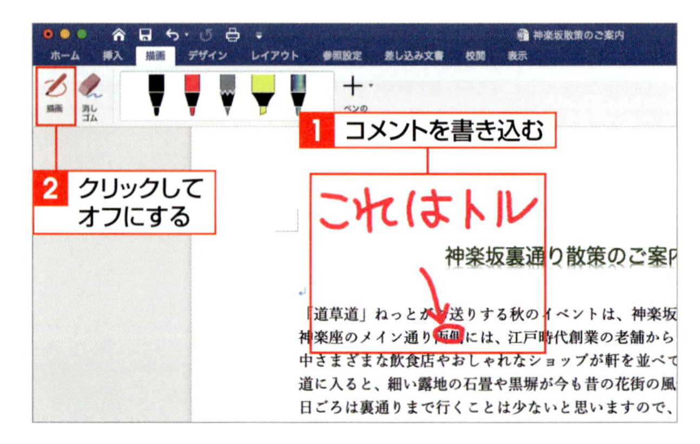

Memo　<描画>のオン／オフ

ペンを選択すると、<描画>が自動的にオンになります。オンにならない場合は、クリックしてオンにします。

2 文字列を強調表示する

1 <蛍光ペン>をクリックする

<描画>タブの<蛍光ペン>をクリックします1。

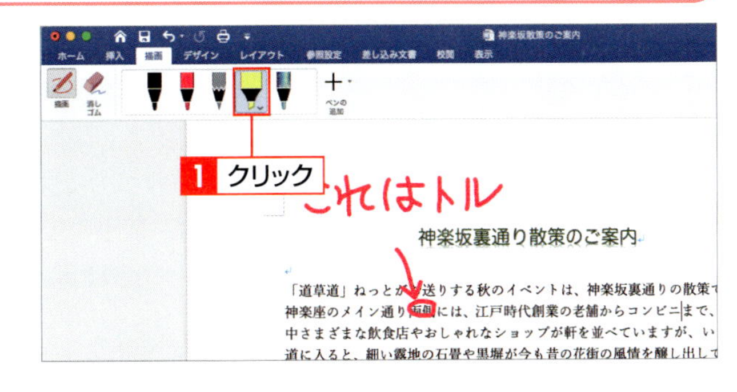

2 マーカーを引く

文字列の上をドラッグすると1、マーカーが表示されます。

Hint ペンを追加する

<描画>タブの<ペンの追加>をクリックすると、ペンを追加することができます。ペンを削除したい場合は、ペンを2度クリックして、<削除>をクリックします。

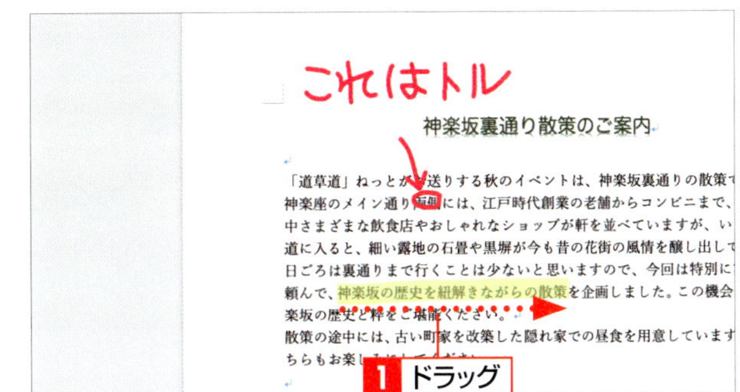

3 書き込みを消す

1 <消しゴム>をクリックする

<描画>タブの<消しゴム>をクリックします1。

2 書き込みを消す

消したい個所をクリックまたはドラッグすると1、書き込みが削除されます。<消しゴム>をクリックしてオフにするか2、esc を押すと、マウスポインターの形がもとに戻ります。

Hint 書き込みはオブジェクト

ペンや鉛筆で書き込んだ文字は、クリックすると選択できます。選択した状態で移動やコピー、削除したりと、オブジェクトと同じように扱えます。

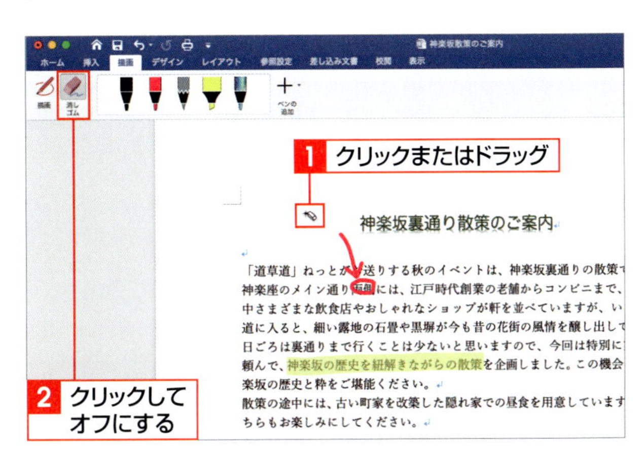

SECTION 06

表示倍率を変更する

文書の表示倍率を変更するには、<表示>タブの<ズーム>や、画面の右下にあるズームスライダーを利用します。画面を全画面表示にしたり、最小化してDockに格納するには、画面の左上にあるボタンを利用します。Wordの場合は、ページ幅を基準に表示を変えることもできます。

覚えておきたい Keyword　表示倍率　全画面表示　Dock に格納

1 文書の表示を拡大・縮小する

1 <ズーム>をクリックする

<表示>タブをクリックして1、<ズーム>をクリックします2。

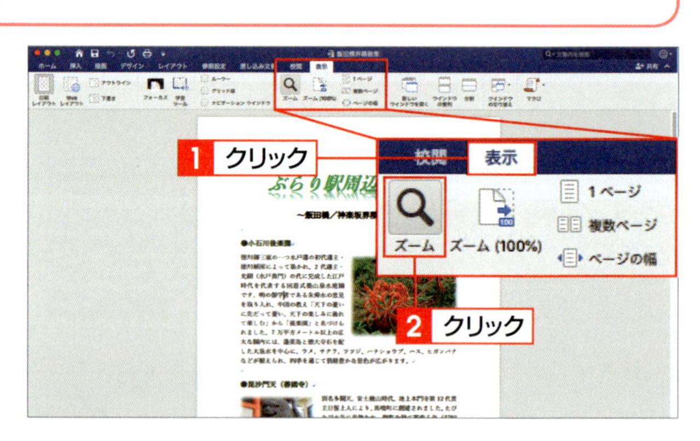

Memo そのほかの方法

画面の右下にあるズームスライダーをドラッグすることでも、表示倍率を変更できます。

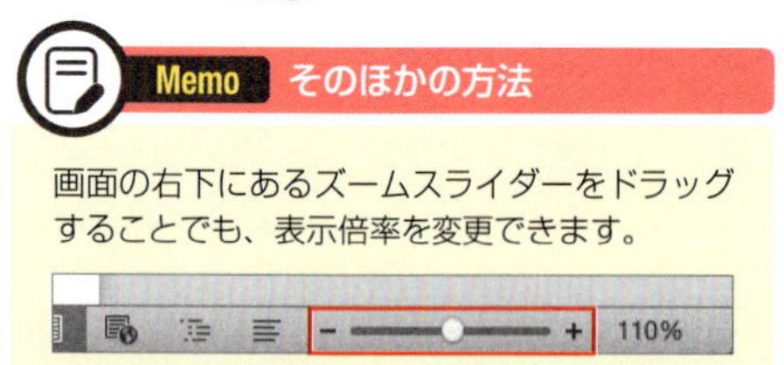

2 倍率を指定する

<拡大／縮小>ダイアログボックスが表示されるので、表示したい倍率をクリックしてオンにし1、<OK>をクリックします2。

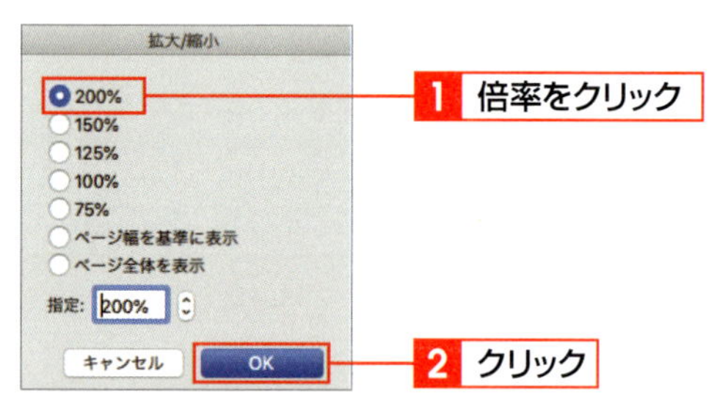

3 表示倍率が変更される

文書の表示倍率が変更されます。

Memo 表示倍率の変更

表示倍率の変更方法は、アプリケーションによって多少異なります。Excel 2019の場合は、<表示>タブの<ズーム>ボックスの▼をクリックし、表示されるメニューで倍率を指定します。

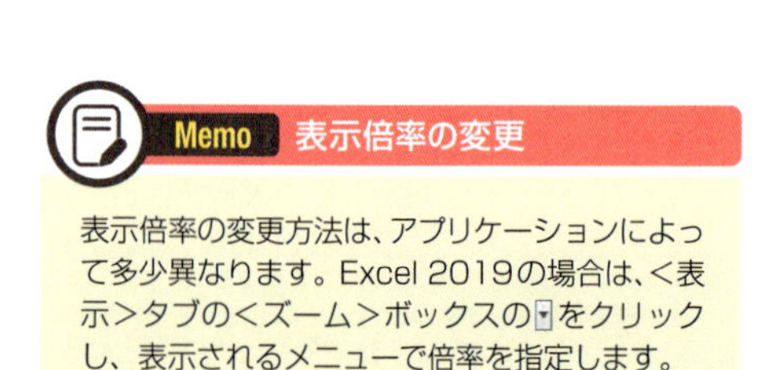

2 画面を全画面表示にする・もとに戻す

1 画面を全画面表示にする

画面左上の をクリックします 1。

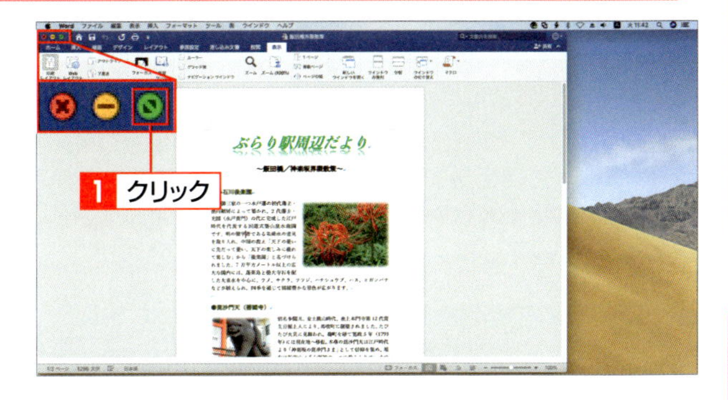

2 画面をもとのサイズに戻す

画面が拡大して、全画面表示に切り替わります。画面の上端にマウスポインターを移動すると 1、タイトルバーが表示されます。 をクリックすると 2、画面が縮小してもとの画面サイズに戻ります。

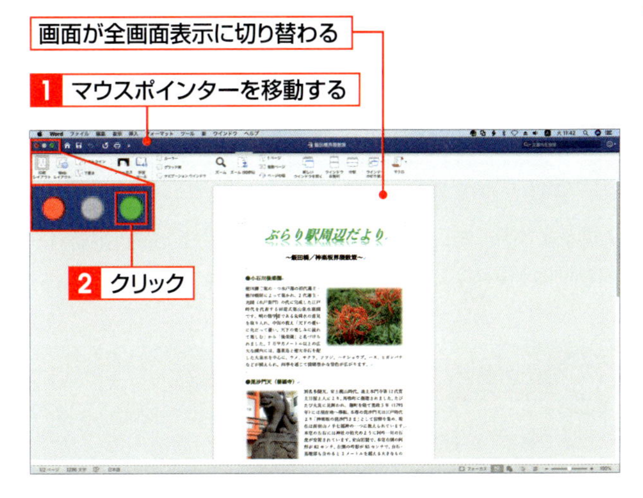

Hint ドラッグで画面サイズを変える

画面の周囲にマウスポインターを合わせ、ポインターの形が⟷に変わった状態でドラッグすると、画面のサイズを任意に変更できます。

3 画面をDockに格納する

1 画面を最小化する

画面左上の をクリックします 1。

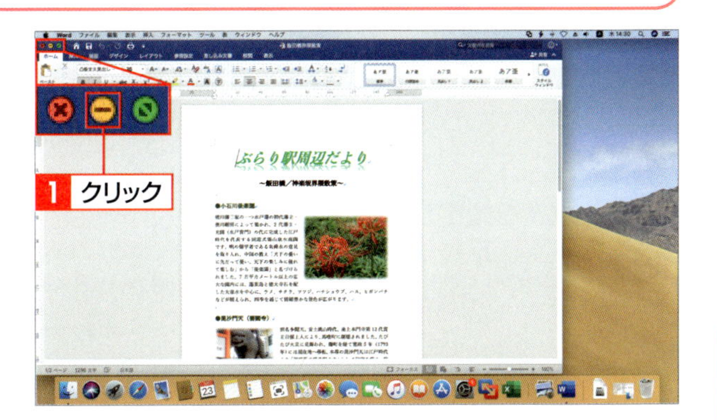

2 画面がDockに格納される

画面がDockに格納されます。画面をデスクトップ上に戻すには、Dock上のアイコンをクリックします 1。

SECTION 07

文書を保存する

作成した文書を最初に保存するときは、文書に名前を付けて保存します。ファイル名を変更せずに内容を更新する場合は、上書き保存をします。ファイルの保存形式を変更したり、オンライン上にファイルを保存することもできます。

覚えておきたい Keyword　名前を付けて保存　上書き保存　オンラインの場所

1 文書に名前を付けて保存する

1 ＜名前を付けて保存＞をクリックする

＜ファイル＞メニューをクリックして1、＜名前を付けて保存＞をクリックします2。

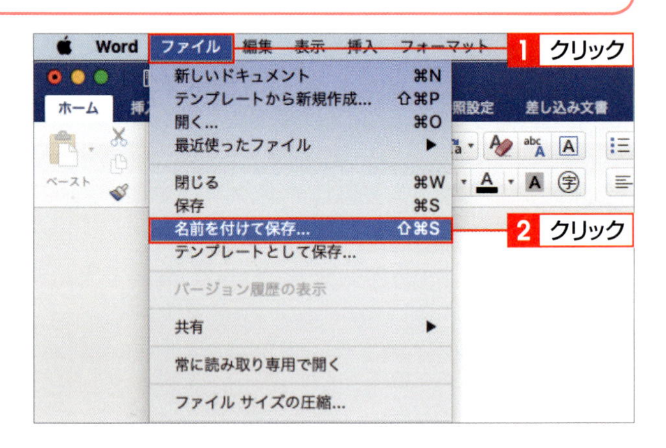

Memo そのほかの方法

初めて保存する場合は、クイックアクセスツールバーの＜保存＞をクリックしても、同様に名前を付けて保存ができます。

2 ファイル名を入力する

ダイアログボックスが表示されるので、ファイル名を入力します1。

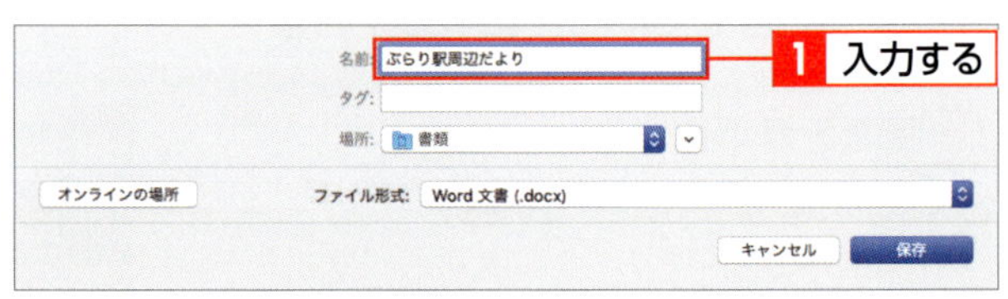

3 保存場所を指定して保存する

＜場所＞ボックスのをクリックすると1、ダイアログボックスが広がります。保存場所を指定して2、＜保存＞をクリックします3。

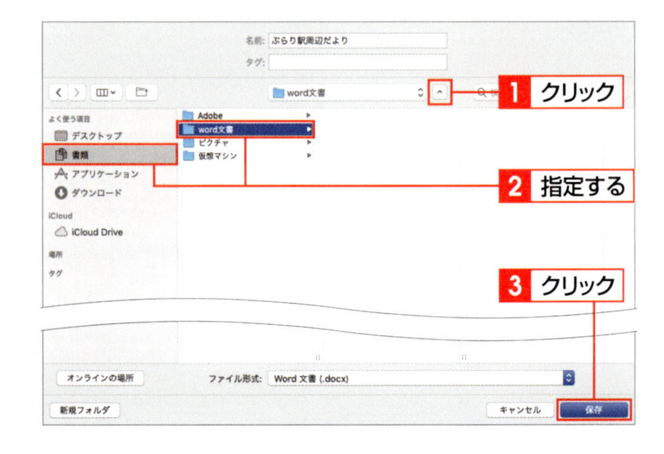

Memo オンラインの場所

ダイアログボックスの左下に表示される＜オンラインの場所＞については、次ページのColumnを参照してください。なお、お使いのMacの環境によっては、＜自分のMac上＞と表示されます。

2 文書を上書き保存する

1 上書き保存する

クイックアクセスツールバーの＜保存＞をクリックすると**1**、文書が上書き保存されます。

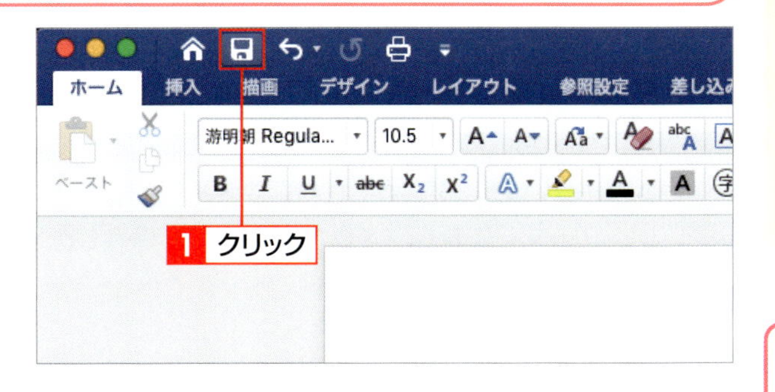

＜ファイル＞メニューをクリックして、＜保存＞をクリックしても同様に上書き保存されます。

3 ファイル形式を変更して保存する

1 ファイル形式を指定する

＜ファイル＞メニューをクリックして、＜名前を付けて保存＞をクリックします。ダイアログボックスが表示されるので、＜ファイル形式＞のボックスをクリックして**1**、目的のファイル形式を指定します**2**。

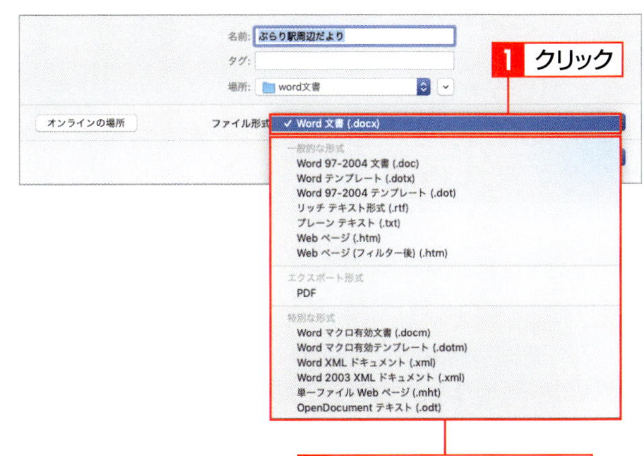

Hint Officeのファイル形式

Office 2019では、Open XML形式と呼ばれるファイル形式が採用されています。この形式は、Office 2004以前のファイル形式とは互換性がありません。以前のバージョンで使用する場合は、97-2004（あるいは2003）形式に変更しましょう。

Column オンラインの場所に保存する

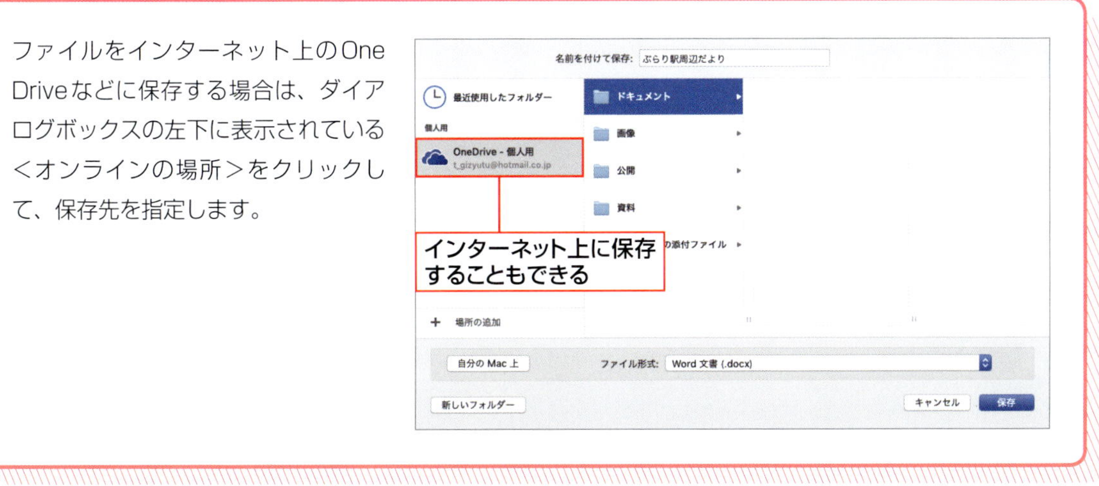

ファイルをインターネット上のOne Driveなどに保存する場合は、ダイアログボックスの左下に表示されている＜オンラインの場所＞をクリックして、保存先を指定します。

SECTION 08

文書を閉じる・開く

文書を作成・編集して保存したら、ファイルを閉じます。ファイルを閉じてもアプリケーションは終了しないので、すぐに新しい文書を作成したり、保存した別のファイルを開いて作業したりできます。ファイルを閉じたり開いたりするには、<ファイル>メニューを利用します。

覚えておきたい Keyword　閉じる　開く　クイックルック機能

1 文書を閉じる

1 <閉じる>をクリックする

<ファイル>メニューをクリックして 1 、<閉じる>をクリックします 2 。

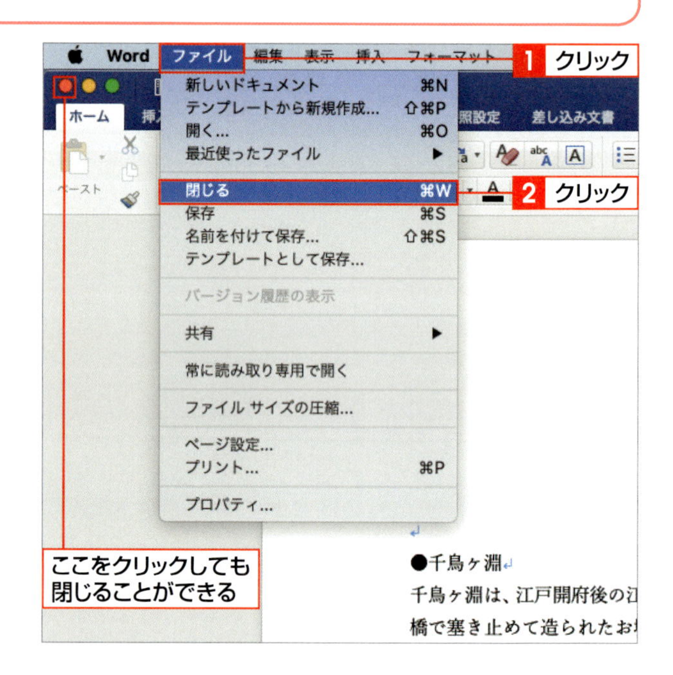

Memo　そのほかの方法

画面左上の⊗をクリックしても、同様に文書を閉じることができます。

2 文書が閉じる

文書が閉じます。文書を閉じてもアプリケーションは終了しません。

Hint　作業中の文書だけ閉じる

複数の文書を開いている場合は、現在作業中の文書だけが閉じます。

2 文書を開く

1 <開く>をクリックする

<ファイル>メニューをクリックして 1 、<開く>をクリックします 2 。

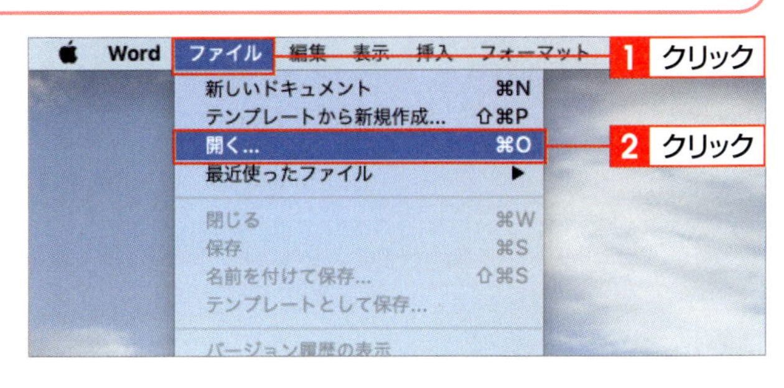

2 文書を指定する

ダイアログボックスが表示されるので、文書の保存場所を指定して 1 、目的の文書をクリックし 2 、<開く>をクリックします 3 。

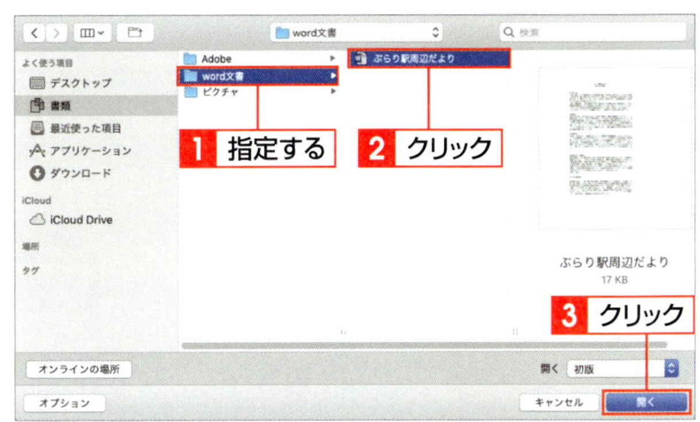

手順 1 でホーム画面が表示された場合は、<自分のMac>をクリックすると、右のダイアログボックスが表示されます。

3 文書が開く

選択した文書が開きます。

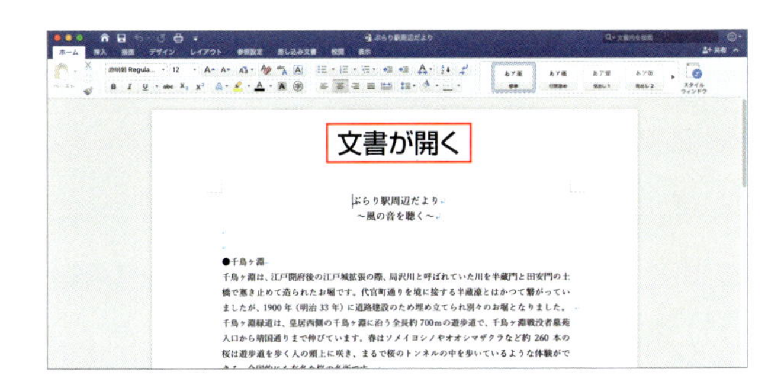

<ファイル>メニューをクリックして、<最近使ったファイル>をポイントし、そこからファイルを開くこともできます。

Column クイックルック機能で文書の中身を確認できる

Office 2019では、ファイルを開くダイアログボックスでファイルをクリックして space を押すと、macOSのクイックルック機能で中身をプレビューできます。左上の ⊗ をクリックするか、再度 space を押すと、プレビューが閉じます。

なお、ここでいうプレビューとは、アプリケーションを起動せずにファイルの中身を確認することです。

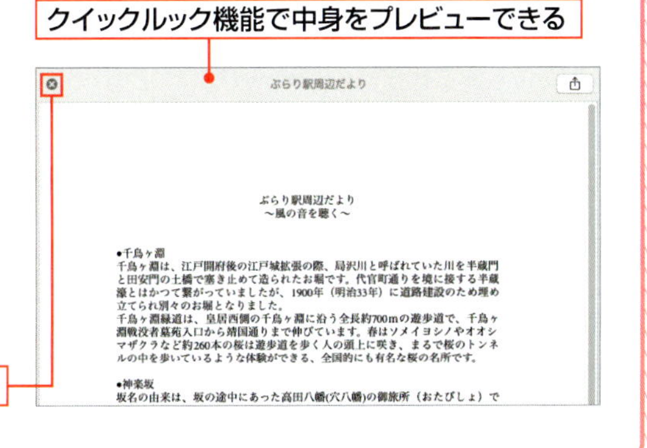

SECTION 09

新しい文書を作成する

現在作成中の文書とは別に、新しい白紙の文書を作成するには<ファイル>メニューから操作します。<テンプレートから新規作成>をクリックすると、あらかじめデザインなどが設定されたひな形をもとにして、見栄えのよい文書をかんたんに作成できます。

覚えておきたい Keyword　新しいドキュメント　新規作成　テンプレートから新規作成

1 空白の文書を作成する

1 <新しいドキュメント>をクリックする

<ファイル>メニューをクリックして 1 、<新しいドキュメント>をクリックします 2 。

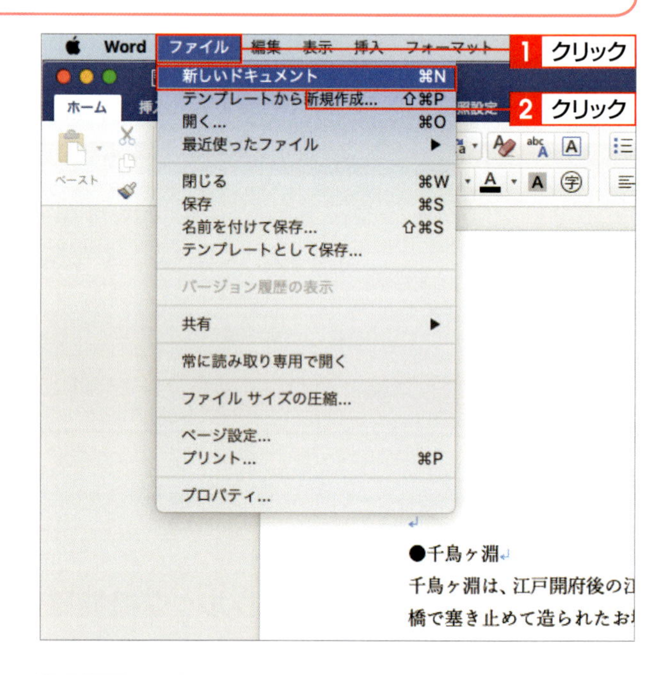

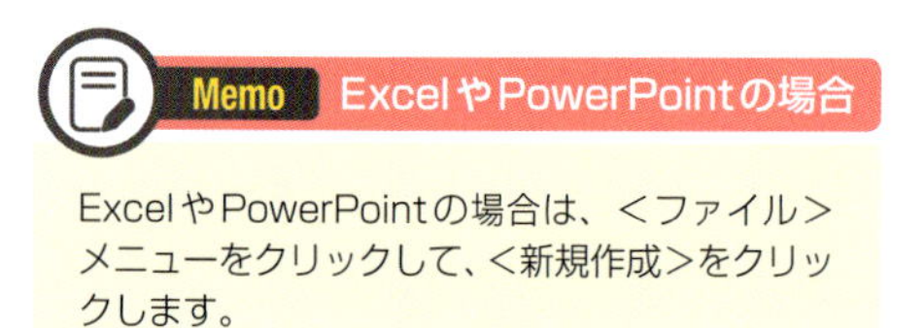

Memo　Excel やPowerPointの場合

Excel やPowerPointの場合は、<ファイル>メニューをクリックして、<新規作成>をクリックします。

2 新規文書が作成される

白紙の新規文書が作成されます。

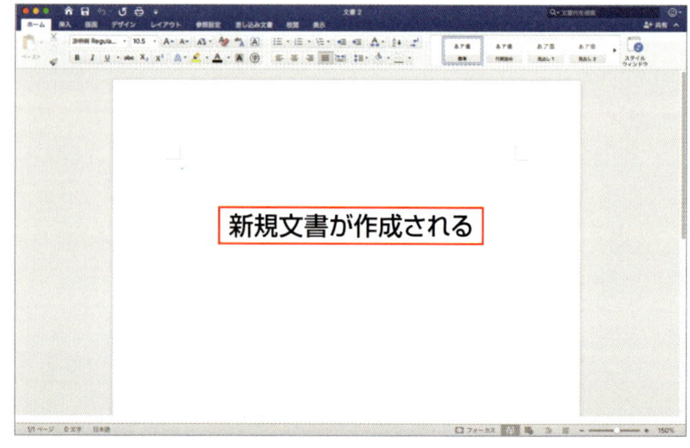

2 テンプレートを利用して文書を作成する

1 <テンプレートから新規作成>をクリックする

<ファイル>メニューをクリックして**1**、<テンプレートから新規作成>をクリックします**2**。

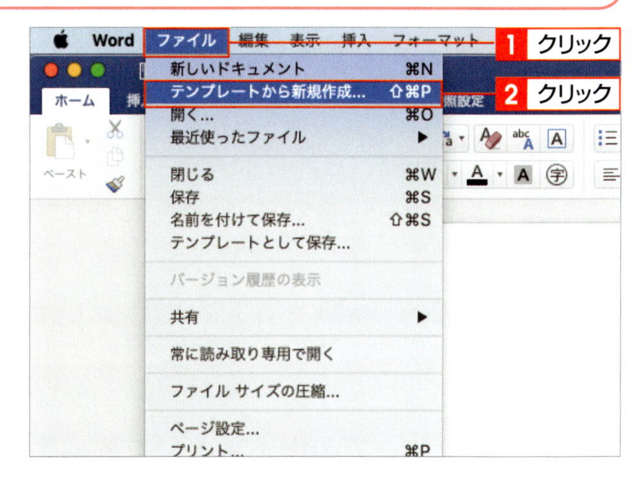

Memo そのほかの方法

クイックアクセスツールバーの<ホーム>をクリックして、表示されたホーム画面の左側のメニューで<新規>をクリックしても、テンプレートが表示されます。

2 テンプレートを指定する

テンプレートが表示されるので、使用するテンプレートをクリックして**1**、<作成>をクリックします**2**。

Hint Onlineテンプレート

画面右上の検索ボックスに目的のテンプレートをキーワードで入力すると、インターネット上に用意されたOnlineテンプレートを利用できます。

3 新しい文書が作成される

選択したテンプレートをもとに新しい文書が作成されるので、自分用に編集します。

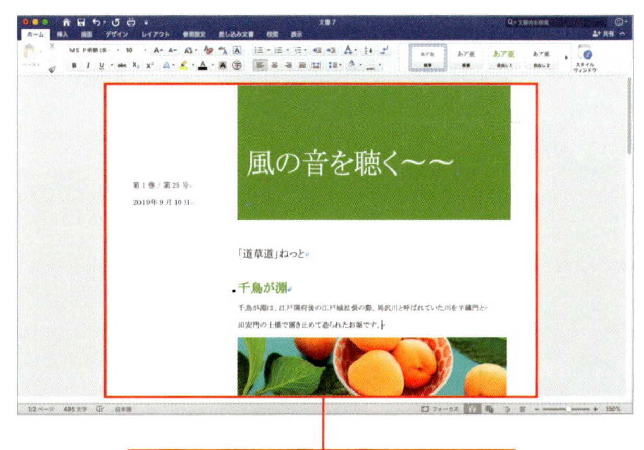

SECTION 10

文書を印刷する

文書を印刷するには、<ファイル>メニューを利用します。印刷する前に、印刷結果のイメージを確認すると、印刷のミスを防ぐことができます。印刷イメージは、<プリント>ダイアログボックスに表示されるプレビューで確認できます。

覚えておきたい Keyword　プリント　印刷イメージ　プリントプレビュー

1 プレビューで印刷イメージを確認する

1 <プリント>をクリックする

印刷したい文書を表示します 1。<ファイル>メニューをクリックして 2、<プリント>をクリックします 3。

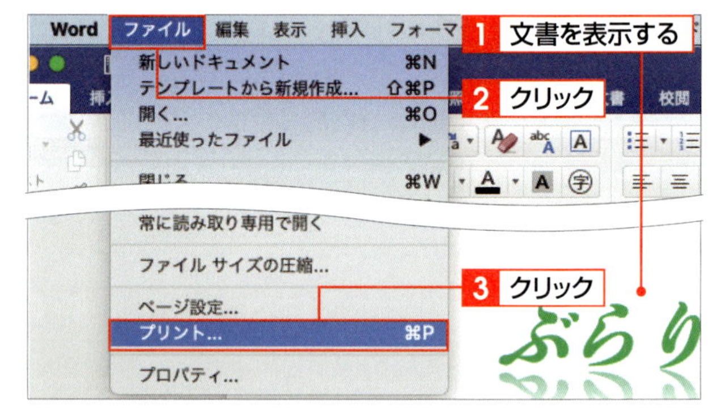

2 印刷イメージを確認する

<プリント>ダイアログボックスが表示されます。プリントプレビューが表示されるので、印刷イメージを確認し 1、▶ をクリックします 2。

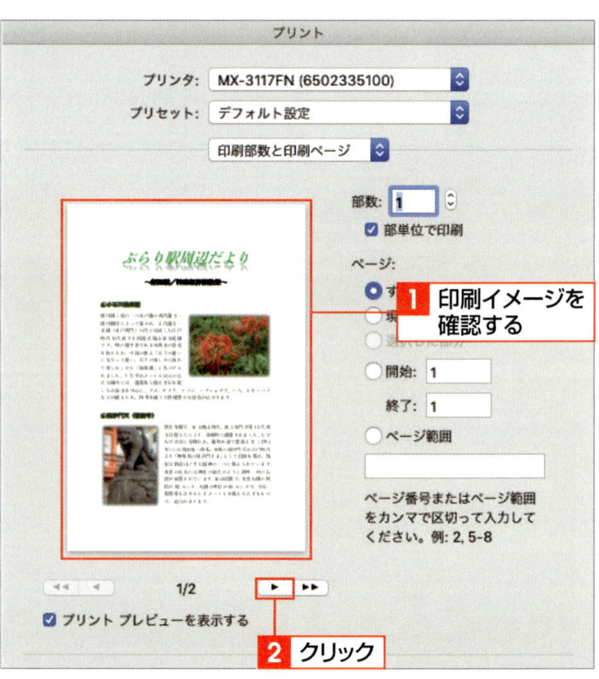

Hint 詳細な設定を行う

<プリント>ダイアログボックスの<印刷部数と印刷ページ>をクリックすると、より詳細な設定が行えます。ExcelやPowerPointの場合は、ダイアログボックスの左下にある<詳細を表示>をクリックします。

Hint ショートカットキーを使う

⌘を押しながらPを押しても、<プリント>ダイアログボックスが表示されます。

3 次ページを確認する

次ページのプリントプレビューが表示されるので、確認します。

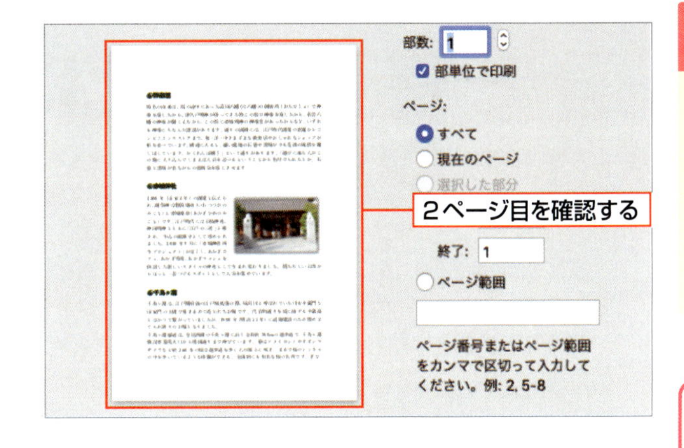

2 部数やページを指定して印刷する

1 部数とページを指定して印刷する

<プリント>ダイアログボックスで印刷部数を指定します 1 。ここでは2ページ目を印刷するために、<開始>をクリックしてオンにし 2 、印刷するページを指定します 3 。<プリント>をクリックすると 4 、印刷が開始されます。

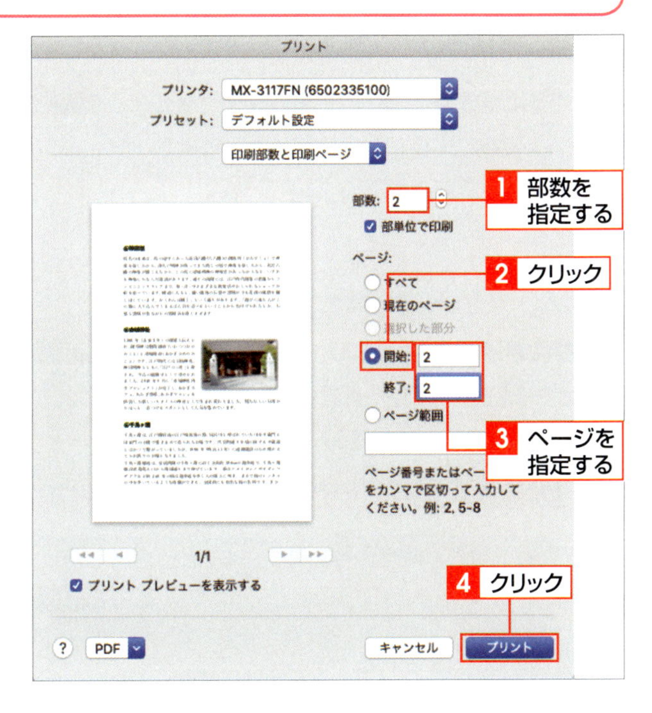

Memo <開始>と<終了>の指定

<開始>には印刷する最初のページ番号を、<終了>には印刷する最後のページ番号を入力します。特定のページを1ページだけ印刷する場合は、両方に同じページ番号を入力します。

Column 印刷イメージをプレビューで確認する

印刷イメージは、<プリント>ダイアログボックスの「プリントプレビュー」で確認できますが、表示サイズが小さいため確認しきれない場合もあります。もっと大きい画面でプレビューを確認したい場合は、<プリント>ダイアログボックスの左下にある<PDF>をクリックして、<"プレビュー"で開く>をクリックします。

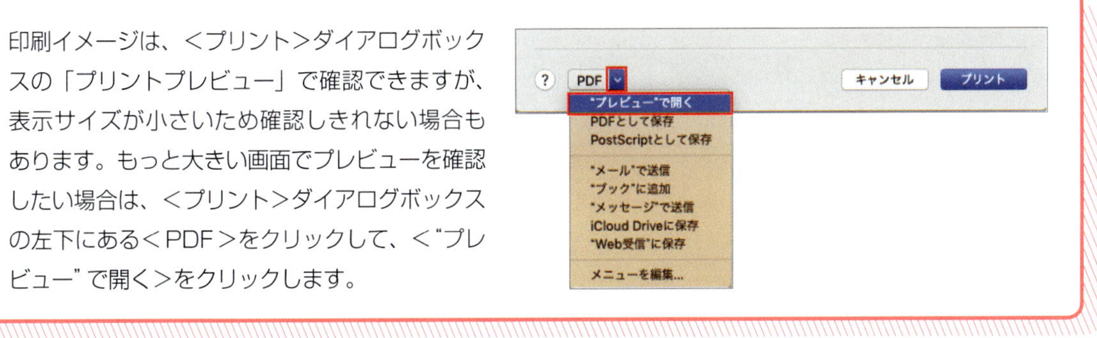

SECTION 11 操作をもとに戻す・やり直す

間違えた操作を取り消したり、取り消した操作をもとに戻したい場合、もう一度操作をやり直すのは面倒です。このような場合は、<元に戻す>や<やり直し>を利用すると効率的です。複数の操作をさかのぼってもとに戻したり、やり直したりすることもできます。

覚えておきたいKeyword　元に戻す　やり直し　繰り返し

1 操作を取り消す・やり直す

1 <元に戻す>をクリックする

ここでは、文章に下線を設定しています。ツールバーの<元に戻す>をクリックします1。

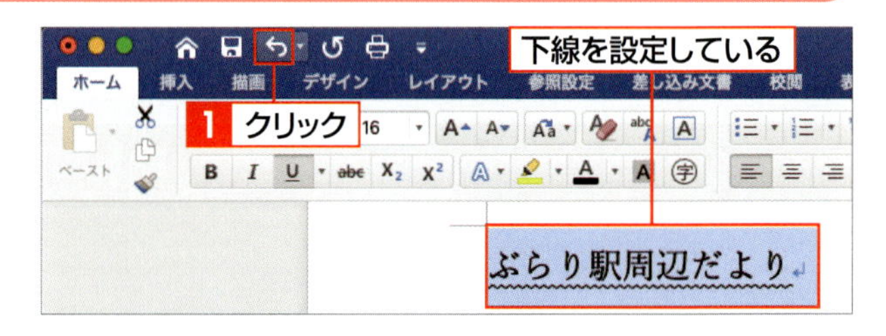

2 操作が取り消される

直前に行った操作（下線）が取り消されます。<やり直し>をクリックします1。

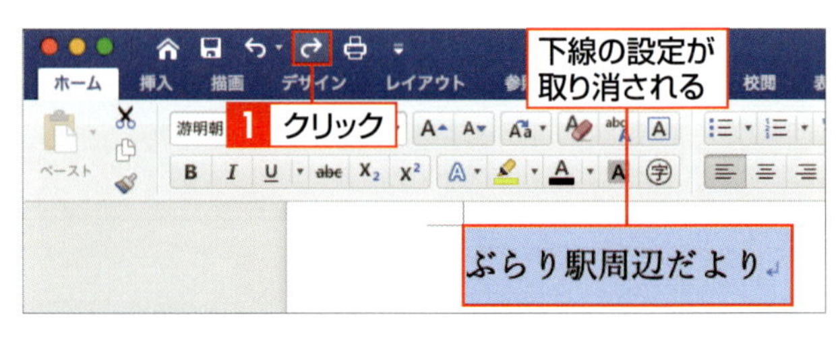

Hint 操作を繰り返す

<繰り返し>をクリックすると、直前に行った操作を繰り返し実行できます。

3 操作がやり直される

取り消した操作がやり直されます。

Column 複数の操作をもとに戻す

直前の操作だけでなく、複数の操作をまとめて取り消したり、やり直したりすることもできます。<元に戻す>のをクリックし、表示される一覧から目的の操作を指定します。

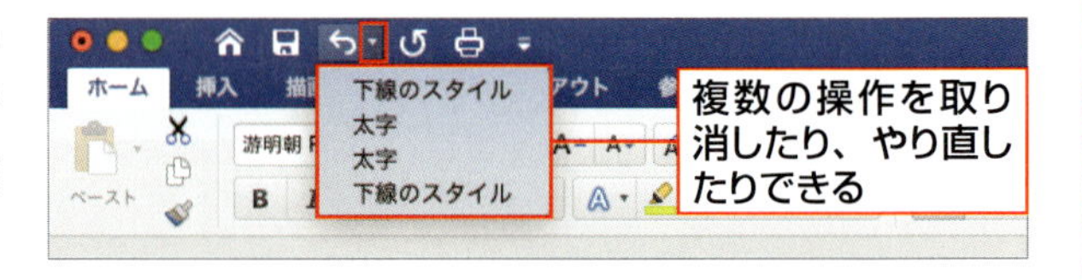

第1章

Excelの基本操作をマスターしよう

SECTION 01

Excel 2019 for Macの概要

Excel 2019 for Mac（以下、Excel 2019）は、リボンが改良され、カスタマイズも可能になりました。また、セルを複数選択したあとで特定のセルだけ選択を解除する機能や、アイコン、3Dモデル、新しいグラフ、タイムラインなどが新規に搭載されています。

覚えておきたいKeyword　リボンのカスタマイズ　マップグラフ　じょうごグラフ

1 リボンが改良された

タブ名が一部変更されるなど、リボンインターフェイスが改良されました。初期設定では8つのタブが表示されます。また、クイックアクセスツールバーがカスタマイズできるようになり、頻繁に使うコマンドを必要に応じて追加できます。リボンのカスタマイズも拡張されました。タブやグループ名を変更したり、リボンの表示／非表示を切り替えたりできます。

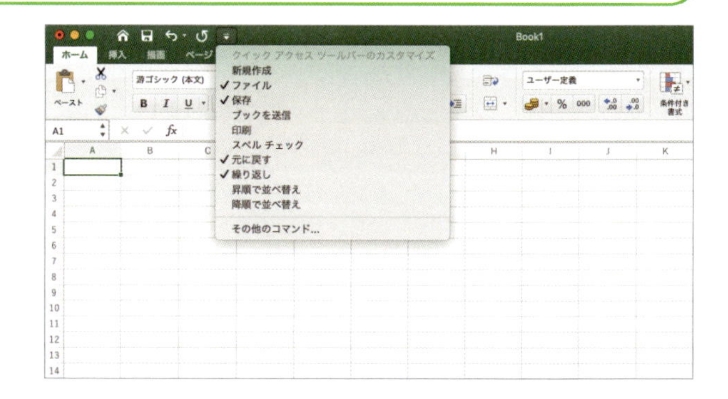

・Excel 2019のリボン

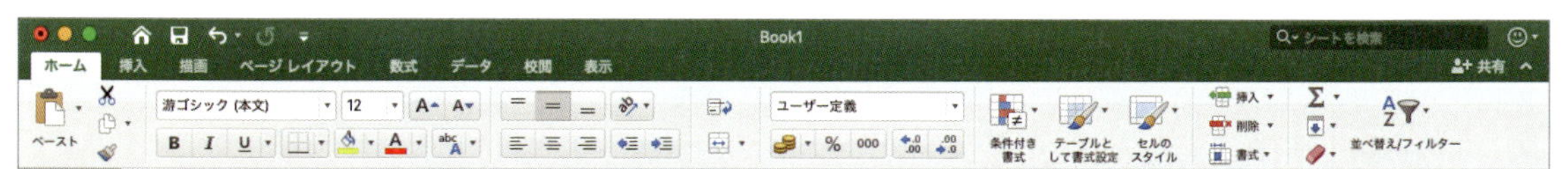

2 一部のセルの選択を解除できる

セルを複数選択したあとで特定のセルだけ選択を解除したい場合、従来のバージョンでは最初から選択し直す必要がありました。Excel 2019では、⌘を押しながらクリックあるいはドラッグすることで、一部のセルの選択を解除できます。

店舗別売上実績表

東京支社計	店舗名	4月	5月	6月	7月	8月	9月	上半期合計
TK-001	新宿南口店	6,620,000	8,900,000	2,800,000	9,060,000	2,800,000	8,620,000	38,800,000
TK-002	渋谷店	4,080,000	8,430,000	9,990,000	1,660,000	7,710,000	4,080,000	35,950,000
TK-003	目黒店	8,750,000	1,830,000	8,720,000	5,700,000	4,950,000	1,350,000	31,300,000
TK-004	高輪台店	4,540,000	5,340,000	7,290,000	2,370,000	5,780,000	5,000,000	30,320,000
TK-005	浜松町店	2,220,000	1,410,000	3,150,000	1,830,000	4,860,000	9,280,000	22,750,000
TK-006	御茶ノ水店	4,600,000	7,210,000	7,600,000	6,710,000	8,190,000	8,240,000	42,550,000
TK-007	飯田橋店	3,350,000	2,940,000	7,040,000	4,800,000	2,830,000	5,130,000	26,090,000
TK-008	御徒町店	5,220,000	5,070,000	1,600,000	2,010,000	2,650,000	4,050,000	20,600,000
TK-009	両国店	3,210,000	5,250,000	4,100,000	5,430,000	1,090,000	1,760,000	20,840,000
TK-010	日本橋店	6,560,000	8,450,000	7,770,000	6,510,000	9,180,000	8,720,000	47,190,000
TK-011	八丁堀店	8,550,000	7,160,000	2,940,000	9,980,000	8,810,000	8,820,000	46,260,000
東京支社計		57,700,000	61,990,000	63,000,000	56,060,000	58,850,000	65,050,000	362,650,000

3 アイコンや3Dモデルの挿入

アイコンをワークシートに挿入して、文書に視覚的な効果を追加することができます。アイコンの色を変更したり、効果を適用したりして、目的に合わせた編集が行えます。
また、パソコンに保存してある3D画像やオンラインソースから3Dモデルを挿入して、任意の方向に回転させたり傾けたりと、さまざまな視点で表示させることができます。

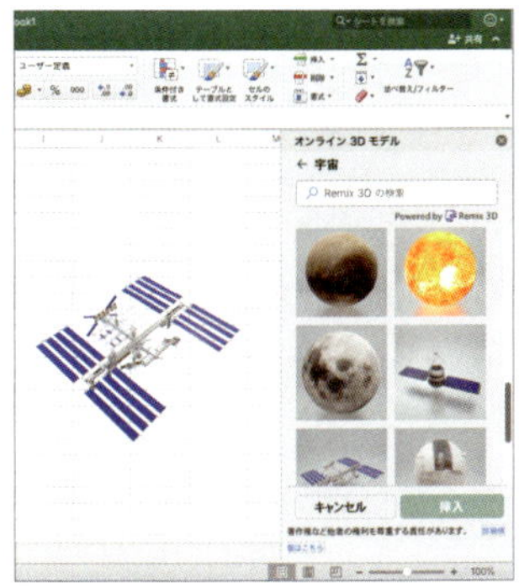

4 新しいグラフの追加

「マップグラフ」と「じょうごグラフ」の２つが追加されました。マップグラフは、国や都道府県別の値や分類項目を地図上に表示できるグラフです。国や地域、市町村、郵便番号など、データ内に地理的領域がある場合に使用します。じょうごグラフは、データセット内の複数の段階で値が表示されるグラフです。一般的に値が段階的に減少し、じょうごに似た形になります。

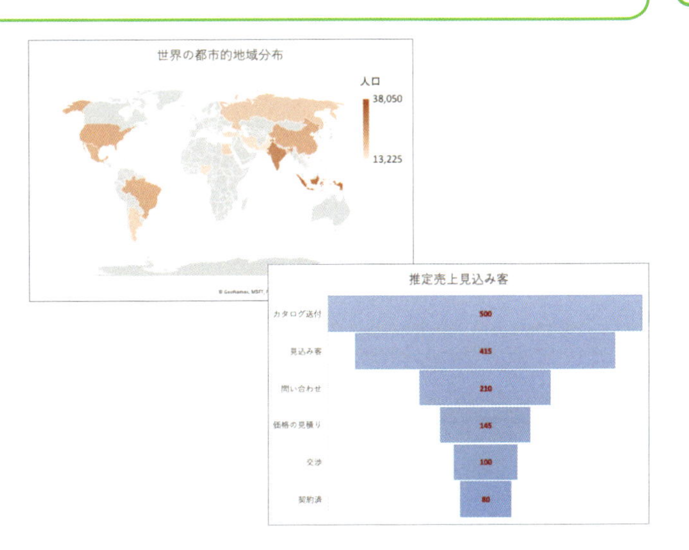

5 ピボットテーブルにタイムラインが設定できる

ピボットテーブルにタイムラインが設定できます。「タイムライン」は、ピボットテーブルのデータを年、四半期、月、日のいずれかの期間で絞り込むことができる機能です。タイムラインを追加すると、日付の範囲をドラッグしたりクリックしたりすることで、データをかんたんに絞り込むことができます。タイムラインを設定するには、日付として書式設定されているフィールドが必要です。

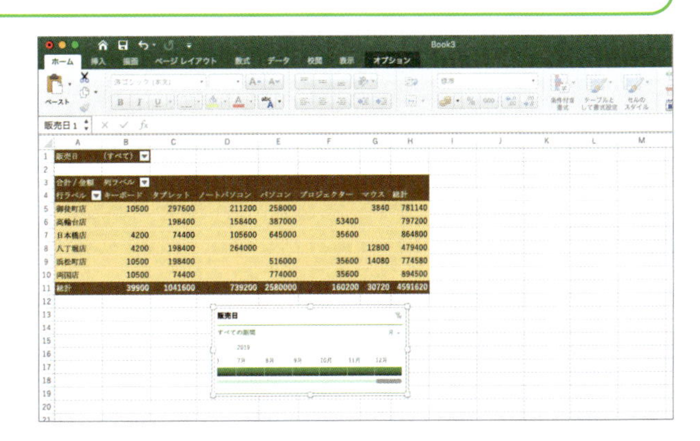

SECTION 02

Excel 2019の画面構成と表示モード

Excel 2019の画面は、メニューバーとリボンメニュー、ワークシートから構成されています。画面の各部分の名称と機能は、Excelを利用する際の基本的な知識なので、ここでしっかり確認しておきましょう。また、Excel 2019には3つの画面表示モードが用意されています。

覚えておきたい Keyword　メニューバー　リボン　ワークシート

1 基本的な画面構成

Excel 2019の基本的な作業は、下図の画面で行います。初期設定では、8種類のリボンが表示されていますが、特定の作業のときだけ表示されるリボンもあります。

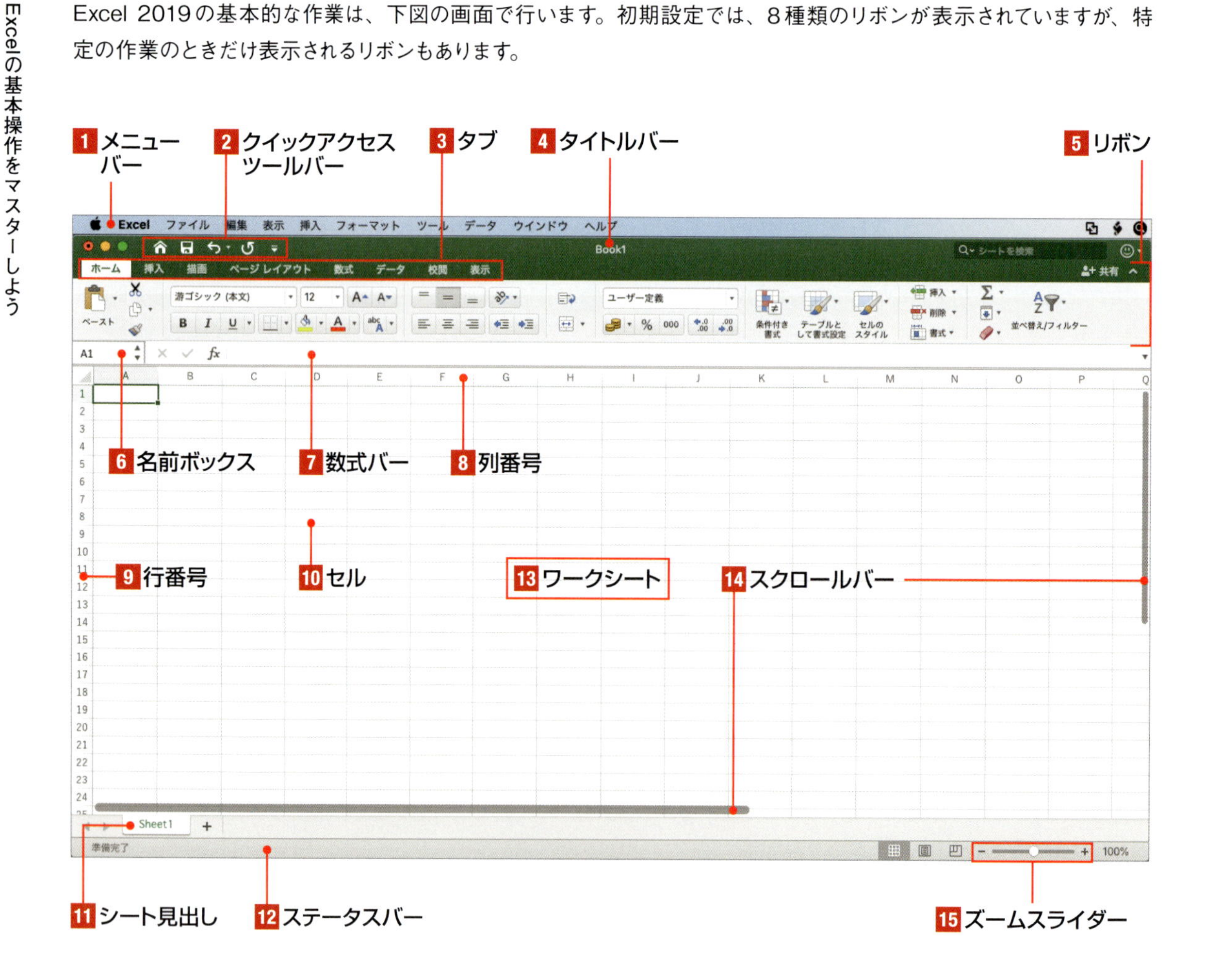

1 メニューバー
Excelで使用できるすべてのコマンドが、メニューごとにまとめられています。

2 クイックアクセスツールバー
よく使用されるコマンドが表示されています。

3 タブ
初期状態では8つのタブが用意されています。名前の部分をクリックしてタブを切り替えます。

4 タイトルバー
作業中のブック名（ファイル名）が表示されます。Excelではファイルのことを「ブック」と呼びます。

5 リボン
コマンドをタブごとに分類して表示します。

6 名前ボックス
現在選択されているセルの位置、またはセル範囲の名前が表示されます。

7 数式バー
選択しているセルのデータ、または数式が表示されます。

8 列番号
列の位置（名前）を表すアルファベットです。

9 行番号
行の位置（名前）を表す数字です。

10 セル
表の1つ1つのマス目です。操作の対象となっているセルを「アクティブセル」といいます。

11 シート見出し
ワークシート名が表示されます。タブをクリックして、表示するワークシートを切り替えます。

12 ステータスバー
操作の説明や現在の処理状態などを表示します。

13 ワークシート
Excelの作業スペースです。ワークシートは、列と行から構成されているデータを入力するための領域です。

14 スクロールバー
ワークシートの隠れている部分を表示するために、縦横にスクロールして使用します。操作に応じて自動的に表示／非表示になります。

15 ズームスライダー
ワークシートの表示倍率を変更します。標準では、100%に設定されています。

2 画面の表示モード

Excel 2019には、「標準」「改ページプレビュー」「ページレイアウト」の3つの表示モードが用意されています。通常は「標準」に設定されています。「改ページプレビュー」は、ページ番号や改ページ位置が表示されます。ページ区切りを変更したり、改ページを挿入したりする際に利用します。「ページレイアウト」は、表などを用紙の上にバランスよく配置するためのモードです。印刷イメージを確認しながらデータの編集やセル幅の調整、余白の調整などが行えます。
表示モードは、<表示>タブから切り替えるか、画面右下にある表示切替用のコマンドから切り替えます。

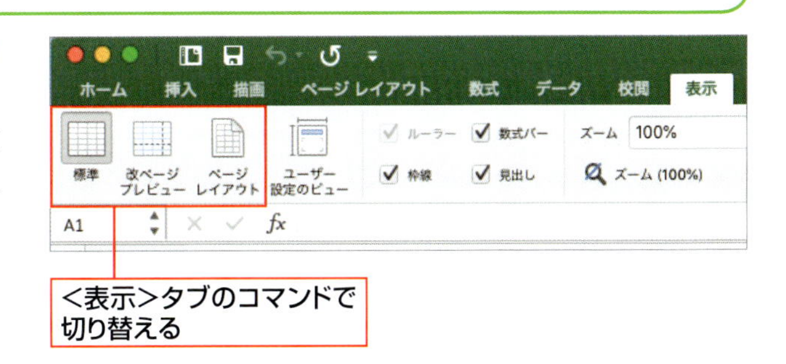

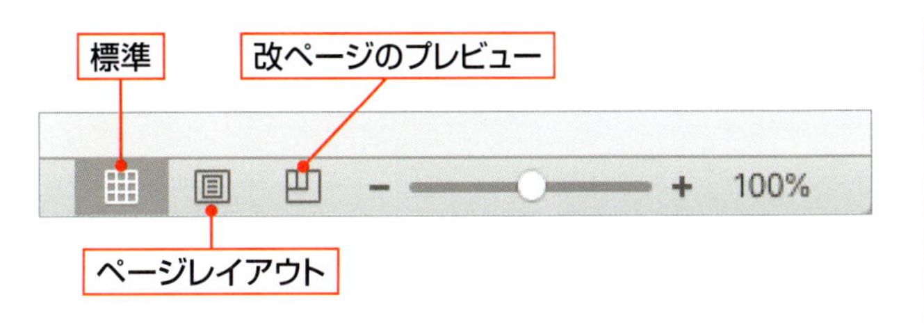

SECTION 03

文字や数値を入力する

セルにデータを入力するには、セルをクリックして、選択状態（アクティブセル）にします。データを入力すると、ほかの表示形式を設定していない限り、通貨スタイルや日付スタイルなど、適切な表示形式が自動的に設定されます。

覚えておきたいKeyword　アクティブセル　表示形式　通貨スタイル

1 セルにデータを入力する

1 セルを選択する

データを入力するセルをクリックすると**1**、セルが選択され、アクティブセルになります。

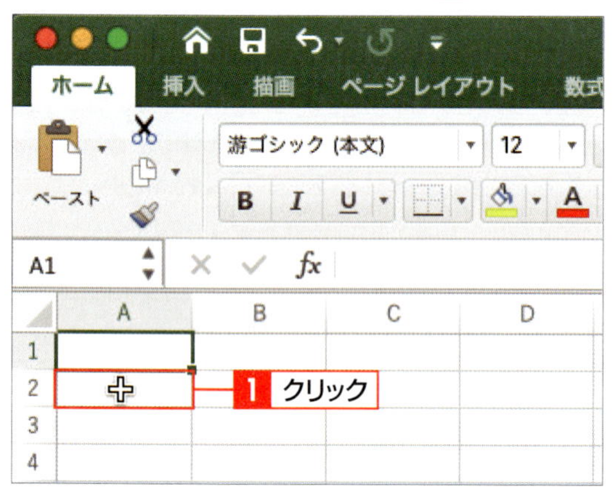

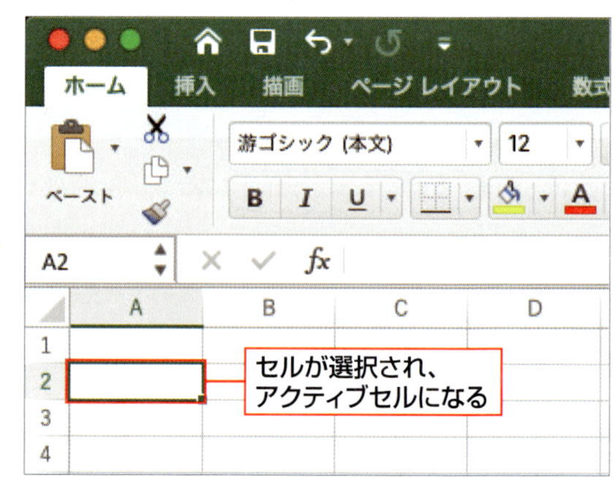

2 データを入力する

データを入力して**1**、return を押すと**2**、入力したデータが確定し、アクティブセルが下に移動します。

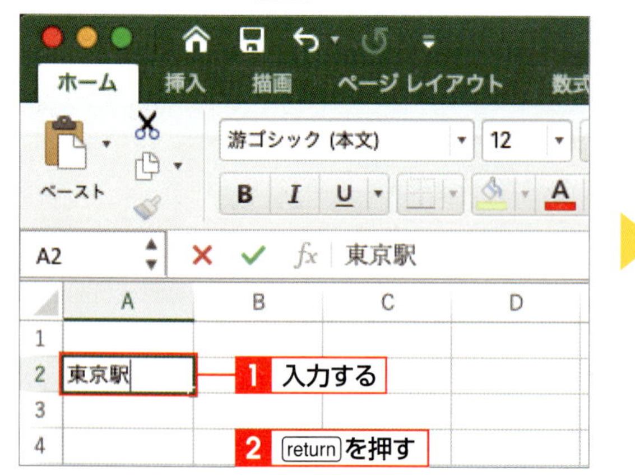

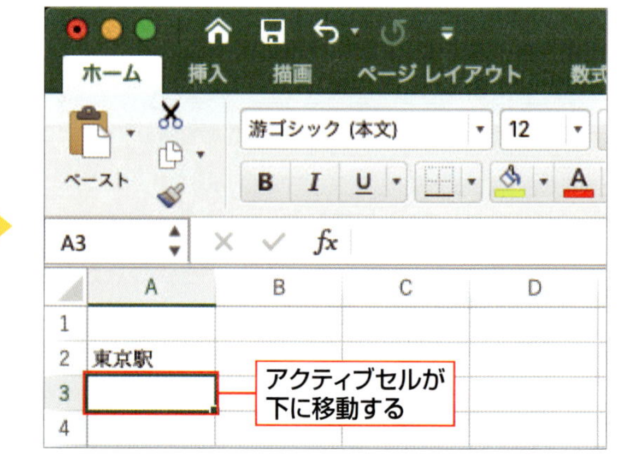

2 「,」「¥」付きの表示形式で数値を入力する

1 「,」付きで数値を入力する

数値を３桁ごとに「,」で区切って入力し **1**、return を押して確定します。

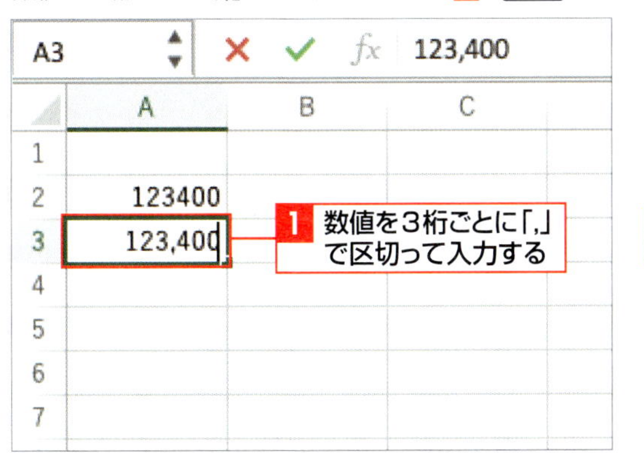

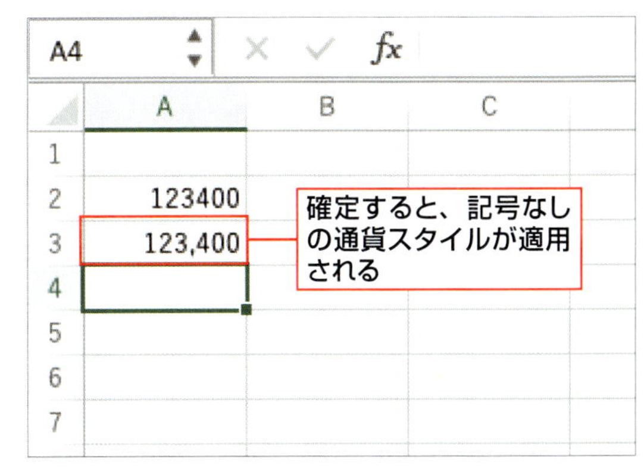

2 「¥」付きで数値を入力する

数値の先頭に「¥」を付けて入力し **1**、return を押して確定します。

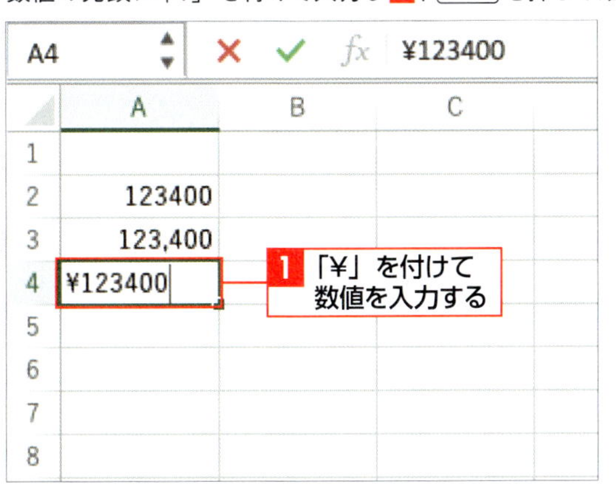

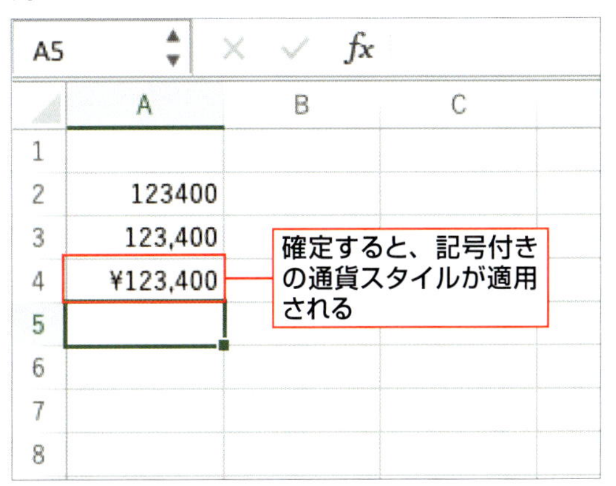

Column アクティブセルの移動方向を変更する

選択されたセルは、グリーンの枠線で囲まれます。この状態を「アクティブセル」と呼びます。データを入力して確定すると、アクティブセルは下に移動しますが、この方向は変更できます。

<Excel>メニューの<環境設定>をクリックし、<作成>の<編集>をクリックします。続いて、<入力後セル移動>のボックスをクリックし、表示される一覧からセルの移動方向を指定します。

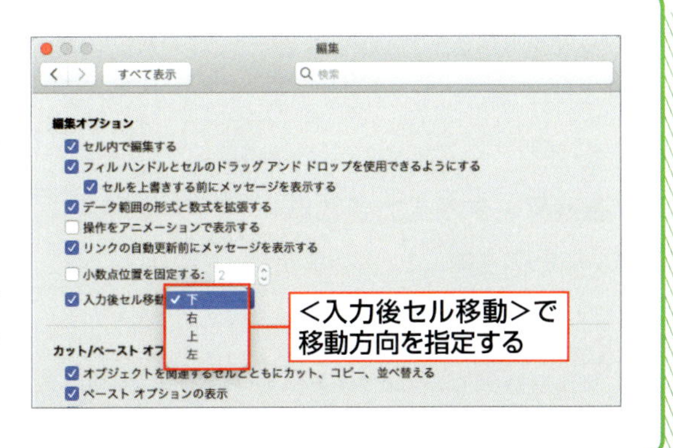

SECTION 04

同じデータや連続データを入力する

オートフィルは、フィルハンドルをドラッグするだけで、自動的に連続するデータを入力してくれる機能です。オートフィルを使うと、「日、月、火…」や「4月、5月、6月…」などの連続する文字列をかんたんに入力できます。また、データのコピー機能としても利用できます。

覚えておきたいKeyword　オートフィル　フィルハンドル　連続データ

1 月の連続データを入力する

1 先頭データのセルをクリックする

「4月」と入力されたセルをクリックします1。

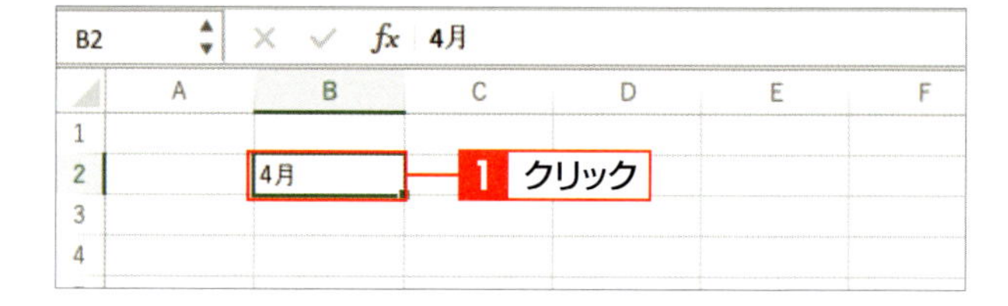

2 フィルハンドルをポイントする

フィルハンドルにマウスポインターを合わせると1、＋の形に変わります。

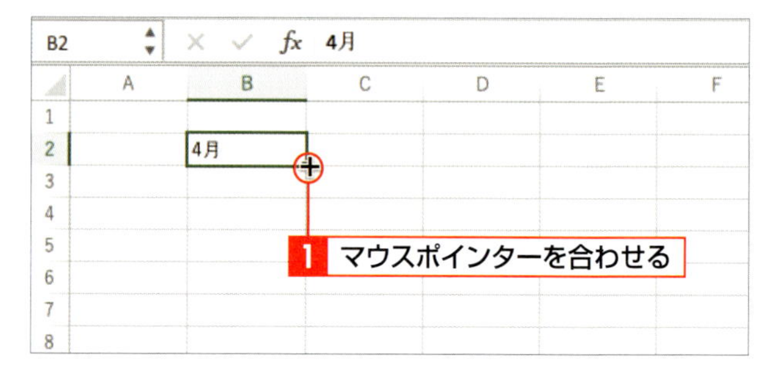

Keyword　フィルハンドル

選択したセルの右下にあるグリーンの■をフィルハンドルといいます。

3 右方向にドラッグする

そのまま右方向にドラッグします1。

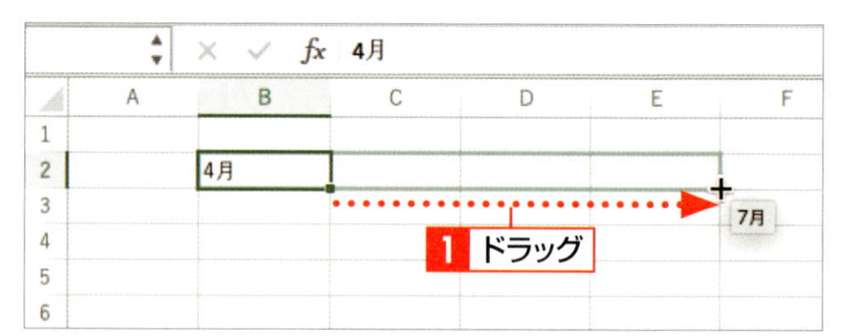

4 連続データが入力される

マウスのボタンを離すと、月の連続データが入力されます。

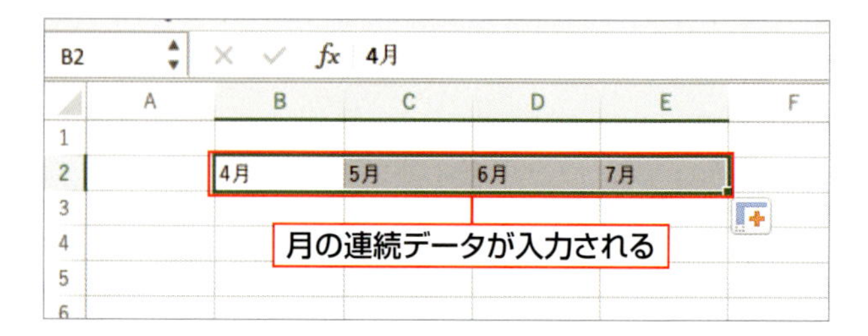

2 数値の連続データを入力する

1 フィルハンドルをドラッグする

「1」、「2」と入力されたセルをまとめて選択し（P.52参照）、フィルハンドルをドラッグします 1 。

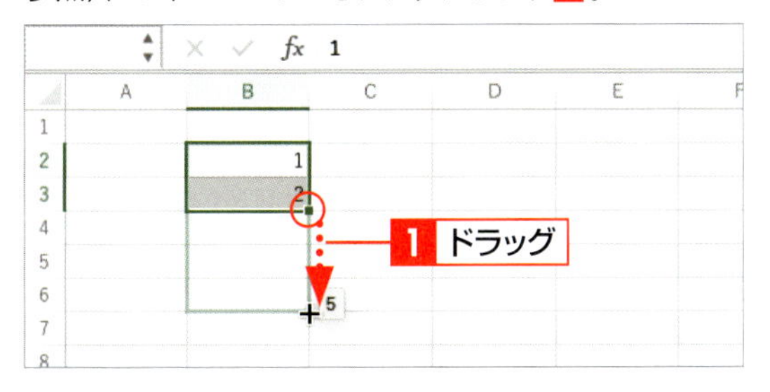

2 連続データが入力される

マウスのボタンを離すと、数値の連続データが入力されます。

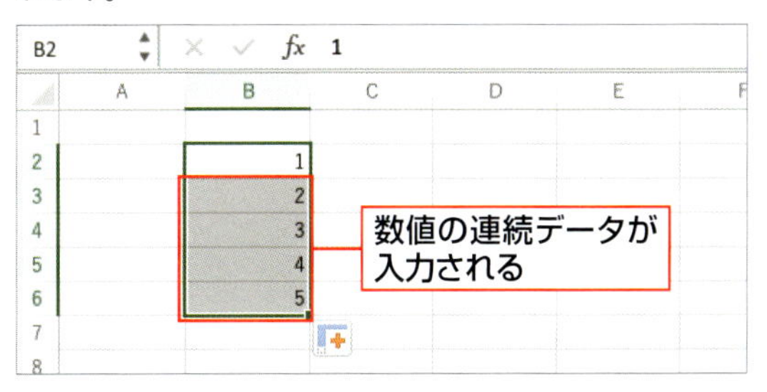

3 オートフィルの動作を変更して入力する

1 フィルハンドルをドラッグする

「4月」と入力されたセルをクリックして、フィルハンドルをドラッグします 1 。

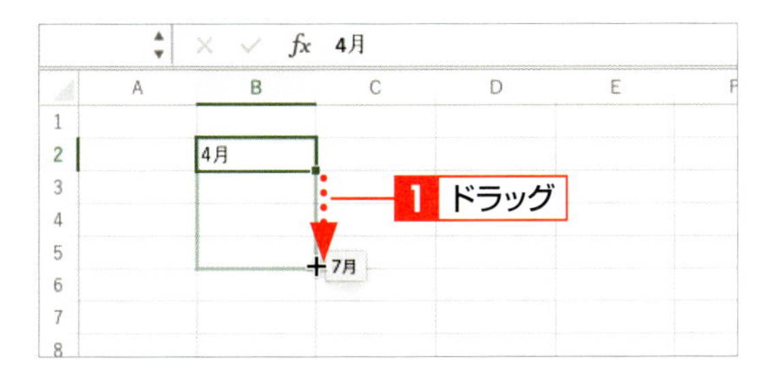

2 <オートフィルオプション>をクリックする

マウスのボタンを離すと表示される<オートフィルオプション>をクリックします 1 。

3 <セルのコピー>をクリックする

表示されるメニューから<セルのコピー>をクリックします 1 。

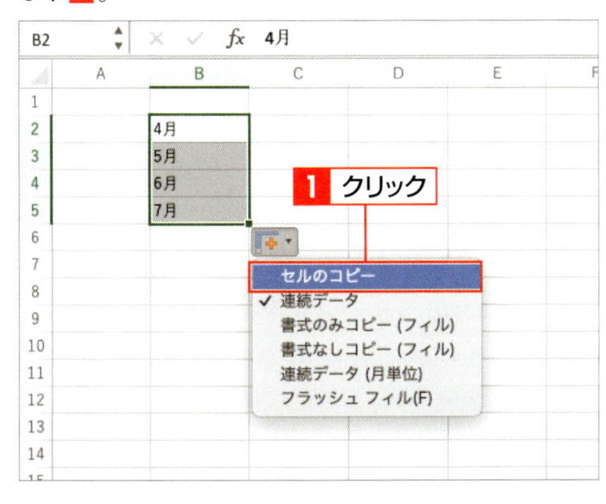

4 連続データの入力がコピーに変更される

連続データの入力が、データのコピーに変更されます。ドラッグしたセルに同じデータが入力されます。

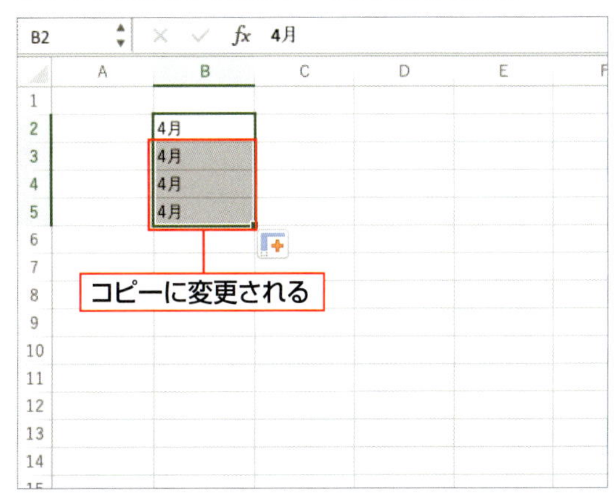

SECTION 05

入力したデータを修正する

セルに入力したデータを修正する場合、セル内のデータの一部を修正するか、セル内のデータ全体を置き換えるかによって方法が異なります。また、セルを残したまま、セル内のデータだけを消去することもできます。データを消去するには、delete や<クリア>を使います。

覚えておきたい Keyword　データの修正　データの置き換え　データの消去

1 セル内のデータの一部を修正する

1 セルを選択する

データが入力されたセルをダブルクリックします 1。

	A	B	C	
1				
2		4月	5月	6月
3	中野駅			
4	東京駅			
5	信濃町駅			
6	よつやえき			
7	飯田橋駅			
8	御茶ノ水駅			

1 ダブルクリック

2 文字を範囲指定する

セル内に文字カーソルが表示されるので、修正したい文字をドラッグして選択します 1。

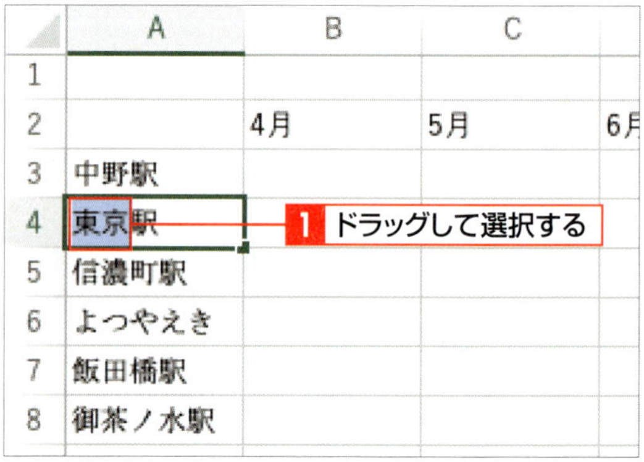

	A	B	C	
1				
2		4月	5月	6月
3	中野駅			
4	東京駅			
5	信濃町駅			
6	よつやえき			
7	飯田橋駅			
8	御茶ノ水駅			

1 ドラッグして選択する

3 文字を入力する

データを入力すると、選択した部分が置き換えられます 1。

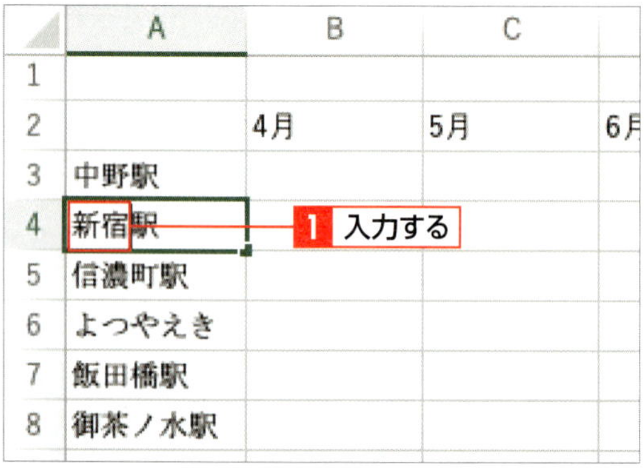

	A	B	C	
1				
2		4月	5月	6月
3	中野駅			
4	新宿駅			
5	信濃町駅			
6	よつやえき			
7	飯田橋駅			
8	御茶ノ水駅			

1 入力する

4 文字を確定する

return を押すと、セルの修正が確定します 1。

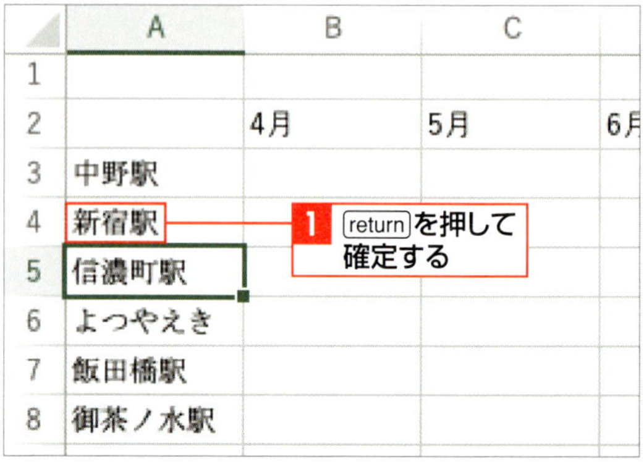

	A	B	C	
1				
2		4月	5月	6月
3	中野駅			
4	新宿駅			
5	信濃町駅			
6	よつやえき			
7	飯田橋駅			
8	御茶ノ水駅			

1 return を押して確定する

2 セル内のデータ全体を置き換える

1 セルを選択する

修正するセルをクリックします 1。

1				
2		4月	5月	6月
3	中野駅			
4	新宿駅			
5	信濃町駅			
6	よつやえき			
7	飯田橋駅			
8	御茶ノ水駅			

1 クリック

2 データを入力する

置き換える文字を入力し 1、return を押して確定します 2。

1				
2		4月	5月	6月
3	中野駅			
4	新宿駅			
5	信濃町駅			
6	四ツ谷駅			
7	飯田橋駅			
8	御茶ノ水駅			

1 入力する
2 return を押す

3 セル内のデータを消去する

1 セルを選択する

データを消去するセルをクリックします 1。

1				
2		4月	5月	6月
3	中野駅			
4	新宿駅			
5	信濃町駅			
6	四ツ谷駅			
7	飯田橋駅			
8	御茶ノ水駅			

1 クリック

2 delete を押す

delete を押すと、セルのデータが消去されます。

1				
2		4月	5月	6月
3	中野駅			
4	新宿駅			
5	信濃町駅			
6	四ツ谷駅			
7				
8	御茶ノ水駅			

delete を押すと、データが消去される

Column <クリア>の利用

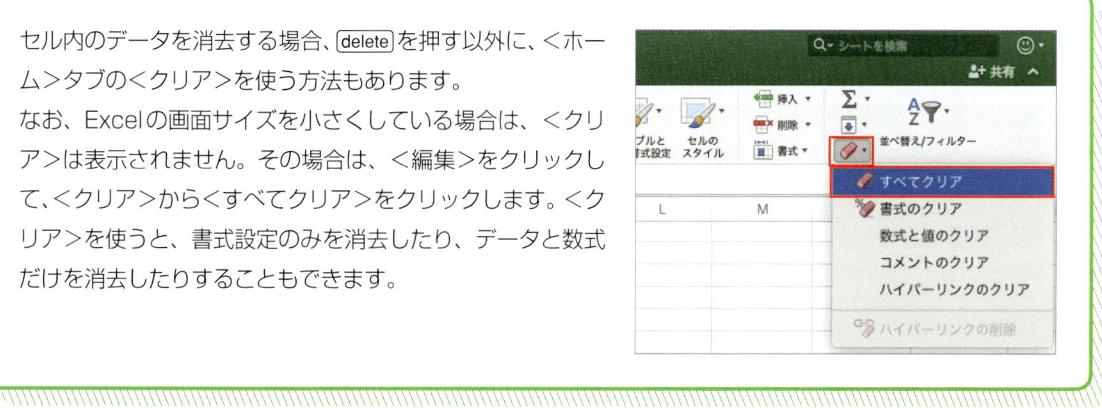

セル内のデータを消去する場合、delete を押す以外に、<ホーム>タブの<クリア>を使う方法もあります。
なお、Excelの画面サイズを小さくしている場合は、<クリア>は表示されません。その場合は、<編集>をクリックして、<クリア>から<すべてクリア>をクリックします。<クリア>を使うと、書式設定のみを消去したり、データと数式だけを消去したりすることもできます。

SECTION 06

文字列を検索・置換する

データの中から特定の文字列を探したり、特定の文字列をほかの文字列に置き換えたりする場合、1つ1つ探していくのは手間がかかります。この場合は、検索機能や置換機能を利用すると便利です。検索と置換には、画面右上にある検索ボックスを利用します。

覚えておきたいKeyword　検索　置換　検索ボックス

1 文字列を検索する

1 検索ボックスをクリックする

表内のいずれかのセルをクリックして、検索ボックスをクリックします 1。

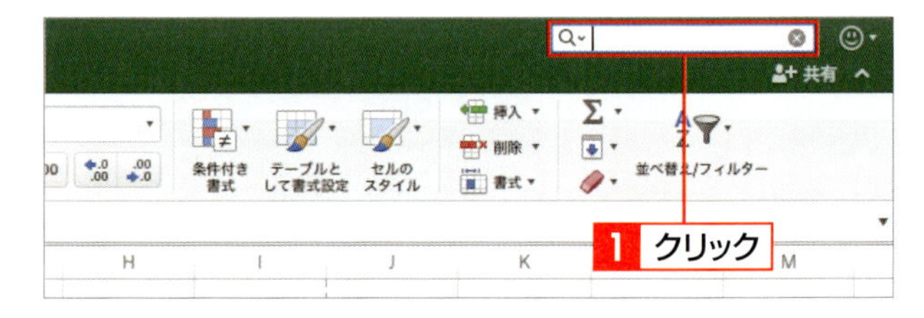

2 文字列を入力して検索する

検索したい文字列を入力して 1、return を押すと 2、文字列が検索されます。

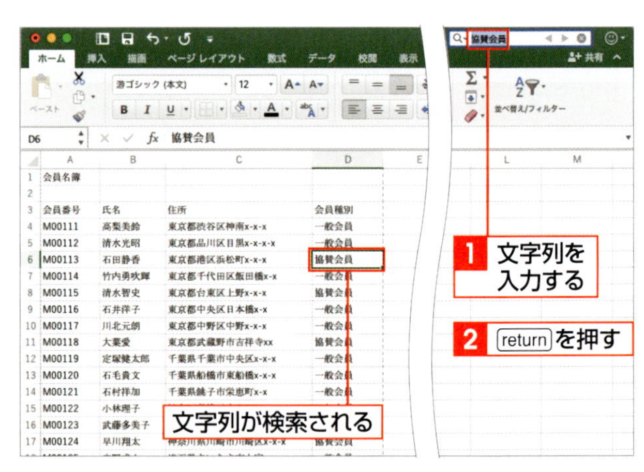

Hint 検索を取り消す

検索ボックスに入力した文字列を消去するには、検索ボックスの右端にある⊗をクリックします。

3 次の文字列を検索する

return を押すと 1、次の文字列が検索されます。

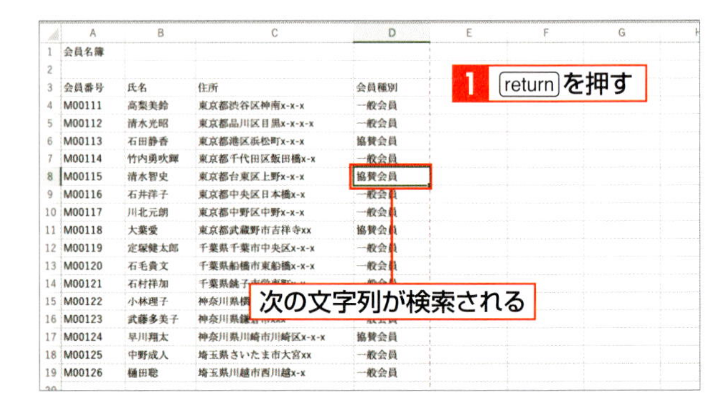

2 文字列を置換する

1 ＜置換＞をクリックする

表内のいずれかのセルをクリックします。検索ボックスの🔍をクリックして、＜置換＞をクリックします 1 。

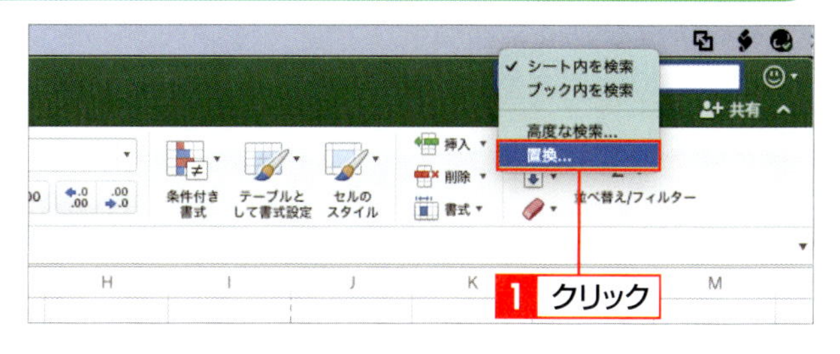

2 検索する文字列と置換する文字列を入力する

＜置換＞ダイアログボックスが表示されます。検索する文字列を入力して 1 、置換する文字列を入力し 2 、＜すべて置換＞をクリックします 3 。

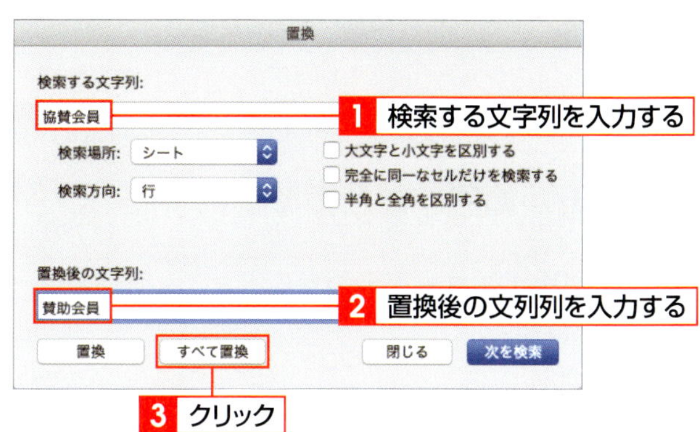

3 文字列が置換される

検索した文字列が指定した文字列にすべて置き換えられ、＜通知＞ダイアログボックスが表示されます。＜OK＞をクリックして 1 、＜置換＞ダイアログボックスの＜閉じる＞をクリックします 2 。

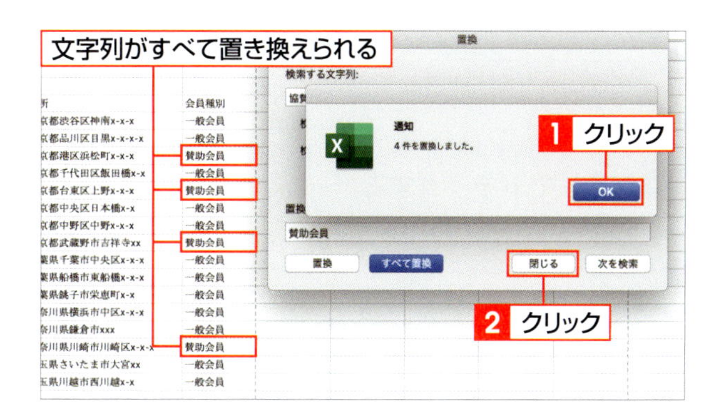

Column 1つずつ確認しながら置換する

文字列をまとめて一気に置換するのではなく、1つずつ確認しながら置換したい場合は、＜次を検索＞をクリックします。文字列が検索されるので、置換する場合は＜置換＞をクリックします。置換したくない場合は＜次を検索＞をクリックすると、次の文字列が検索されます。

SECTION 07 セル範囲や行、列を選択する

データのコピーや移動をしたり、書式を設定したりする場合、最初に対象となるセルを選択します。複数のセルを選択する場合は、隣り合うセル範囲だけでなく、離れた位置にあるセルを同時に選択することもできます。セル範囲の選択は、Excelの基本的な操作なので覚えておきましょう。

覚えておきたいKeyword　セル範囲の選択　行の選択　列の選択

1 セル範囲をまとめて選択する

1 セルにポインターを合わせる

選択範囲の始点となるセルにマウスポインターを合わせます 1。

A1

1 マウスポインターを合わせる

	A	B	C	D	E	F	G	H
1								
2		4月	5月	6月	7月	合計		
3	中野駅	36210	59510	99710	76890			
4	新宿駅	68460	99020	87910	90945			
5	信濃町駅	45370	34850	32370	44450			
6	四ツ谷駅	80940	53350	43890	53600			
7	飯田橋駅	58950	45240	68940	99930			
8	御茶ノ水駅	78450	87560	77600	43670			
9	神田駅	25870	26990	35670	23456			
10	東京駅	81360	56750	96660	82340			
11	新橋駅	63250	75100	82050	70340			

2 終点までドラッグする

終点となるセルまでドラッグすると 1、セル範囲が選択されます。

Memo フィルハンドルをドラッグしない

選択中のセルからドラッグする場合、フィルハンドルをドラッグすると、同じデータや連続データが入力されてしまうので注意しましょう。

9R x 4C　fx 36210

1 ドラッグ

	A	B	C	D	E	F	G	H
1								
2		4月	5月	6月	7月	合計		
3	中野駅	36210	59510	99710	76890			
4	新宿駅	68460	99020	87910	90945			
5	信濃町駅	45370	34850	32370	44450			
6	四ツ谷駅	80940	53350	43890	53600			
7	飯田橋駅	58950	45240	68940	99930			
8	御茶ノ水駅	78450	87560	77600	43670			
9	神田駅	25870	26990	35670	23456			
10	東京駅	81360	56750	96660	82340			
11	新橋駅	63250	75100	82050	70340			
12								

2 離れた位置にあるセルを選択する

1 ⌘を押しながらクリックする

最初のセルをクリックします 1。⌘を押しながら次のセルをクリックすると 2、セルが追加して選択されます。同様の方法で、さらに多くのセルを選択できます。

1 クリック

	A	B	C	D	E
1					
2		4月	5月	6月	7月
3	中野駅	36210	59510	99710	7689
4	新宿駅	68460	99020	87910	9094
5	信濃町駅	45370	34850	32370	4445
6	四ツ谷駅	80940	53350	43890	5360
7	飯田橋駅	58950	45240	68940	9993
8	御茶ノ水			77600	4367

2 ⌘を押しながらクリック

3 行や列を選択する

1 行を選択する

行番号をクリックすると1、行全体が選択されます。

A4 新宿駅

1 行番号をクリック

	A	B	C	D	E	F
1						
2		4月	5月	6月	7月	合計
3	中野駅	36210	59510	99710	76890	
4	新宿駅	68460	99020	87910	90945	
5	信濃町駅	45370	34850	32370	44450	
6	四ツ谷駅	80940	53350	43890	53600	
7	飯田橋駅	58950	45240	68940	99930	
8	御茶ノ水駅	78450	87560	77600	43670	
9	神田駅	25870	26990	35670	23456	
10	東京駅	81360	56750	96660	82340	
11	新橋駅	63250	75100	82050	70340	
12						

2 列を選択する

列番号をクリックすると1、列全体が選択されます。

B1

1 列番号をクリック

	A	B	C	D	E	F
1						
2		4月	5月	6月	7月	合計
3	中野駅	36210	59510	99710	76890	
4	新宿駅	68460	99020	87910	90945	
5	信濃町駅	45370	34850	32370	44450	
6	四ツ谷駅	80940	53350	43890	53600	
7	飯田橋駅	58950	45240	68940	99930	
8	御茶ノ水駅	78450	87560	77600	43670	
9	神田駅	25870	26990	35670	23456	
10	東京駅	81360	56750	96660	82340	
11	新橋駅	63250	75100	82050	70340	
12						

4 行や列をまとめて選択する

1 行番号をドラッグする

行番号あるいは列番号をドラッグすると1、複数の行や列をまとめて選択できます。

	A	B	C	D	E	F
1						
2		4月	5月	6月	7月	合計
3	中野駅	36210	59510	99710	76890	
4	新宿駅	68460	99020	87910	90945	
5	信濃町駅	45370	34850	32370	44450	
6	四ツ谷駅	80940	53350	43890	53600	
7	飯田橋駅	58950	45240	68940	99930	
8	御茶ノ水駅	78450	87560	77600	43670	
9	神田駅	25870	26990	35670	23456	
10	東京駅	81360	56750	96660	82340	
11	新橋駅	63250	75100	82050	70340	
12						
13						
14						

1 行番号をドラッグ

2 離れた位置にある行を選択する

離れた位置にある行や列をまとめて選択するときは、⌘を押しながら行番号あるいは列番号をクリックします1。

	A	B	C	D	E	F
1						
2		4月	5月	6月	7月	合計
3	中野駅	36210	59510	99710	76890	
4	新宿駅	68460	99020	87910	90945	
5	信濃町駅	45370	34850	32370	44450	
6	四ツ谷駅	80940	53350	43890	53600	
7	飯田橋駅	58950	45240	68940	99930	
8	御茶ノ水駅	78450	87560	77600	43670	
9	神田駅	25870	26990	35670	23456	
10	東京駅	81360	56750	96660	82340	
11	新橋駅	63250	75100	82050	70340	
12						
13						
14						

1 ⌘を押しながら行番号をクリック

Column 選択セルを一部解除する

セルを複数選択したあとで特定のセルだけ選択を解除したい場合、最初から選択し直す必要はありません。Excel 2019では、⌘を押しながらクリックあるいはドラッグすることで、一部のセルの選択を解除できるようになりました。

	A	B	C	D	E	F
1						
2		4月	5月	6月	7月	合計
3	中野駅	36210	59510	99710	76890	
4	新宿駅	68460	99020	87910	90945	
5	信濃町駅	45370	34850	32370	44450	
6	四ツ谷駅	80940	53350	43890	53600	
7	飯田橋駅	58950	45240	68940	99930	
8	御茶ノ水駅	78450	87560	77600	43670	
9						

SECTION 08 データをコピー・移動する

セル内に入力したデータをほかのセルにコピーしたり、移動したりするには、それぞれコピーまたは切り取りを実行したあと、ペーストを実行するという2段階の操作を行います。コピーの場合はもとデータがそのまま残りますが、移動の場合はもとデータはなくなります。

覚えておきたいKeyword　コピー　切り取り　ペースト

1 データをコピーする

1 ＜コピー＞をクリックする

コピーするセル範囲を選択し 1、＜ホーム＞タブの＜コピー＞をクリックします 2。

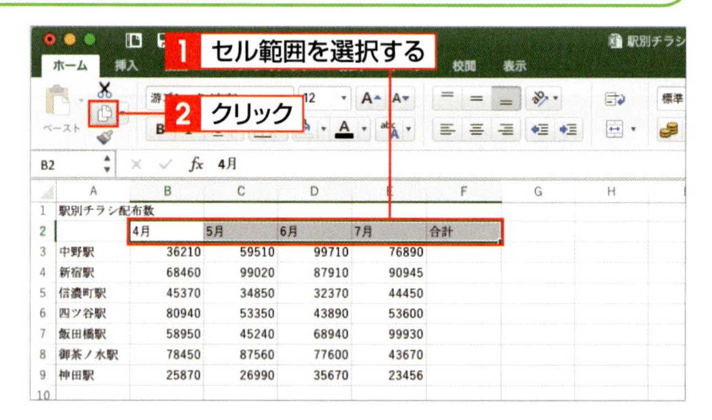

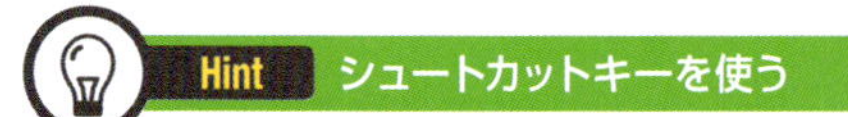

Hint　シュートカットキーを使う

＜ホーム＞タブの＜コピー＞や＜ペースト＞をクリックするかわりに、⌘を押しながらⒸを押すとコピー、⌘を押しながらⓋを押すとペーストが実行できます。

2 ＜ペースト＞をクリックする

コピー先のセルをクリックし 1、＜ホーム＞タブの＜ペースト＞をクリックします 2。

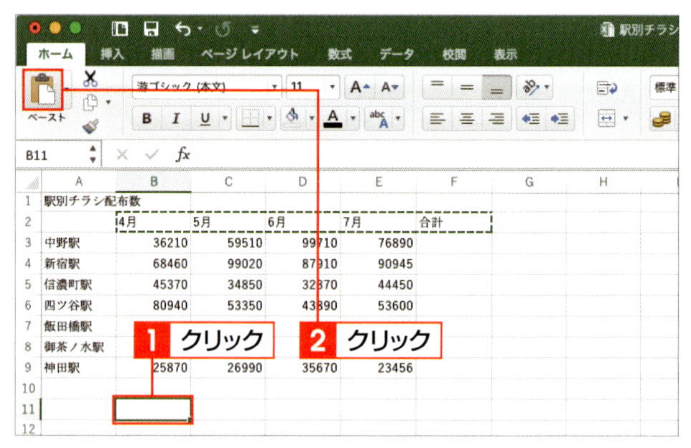

Keyword　ペースト

コピーまたはカットしたデータを貼り付けることを「ペースト」といいます。

3 データがコピーされる

選択したセル範囲のデータがコピーされます。

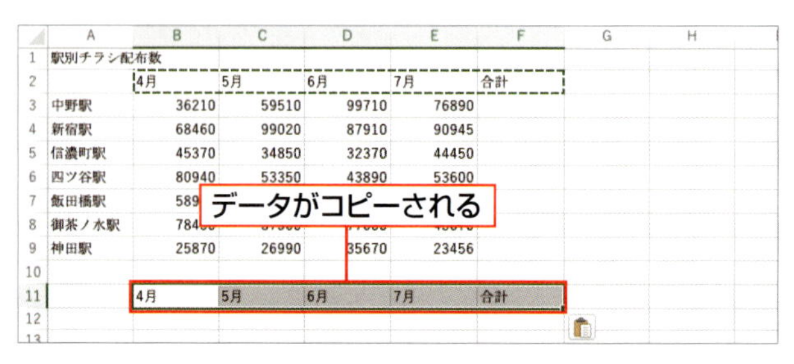

Hint　ペーストを繰り返す

コピーもとのセル範囲に破線が表示されている間は、何度でもペーストできます。

2 データを移動する

1 <切り取り>をクリックする

移動するセル範囲を選択し**1**、<ホーム>タブの<切り取り>をクリックします**2**。

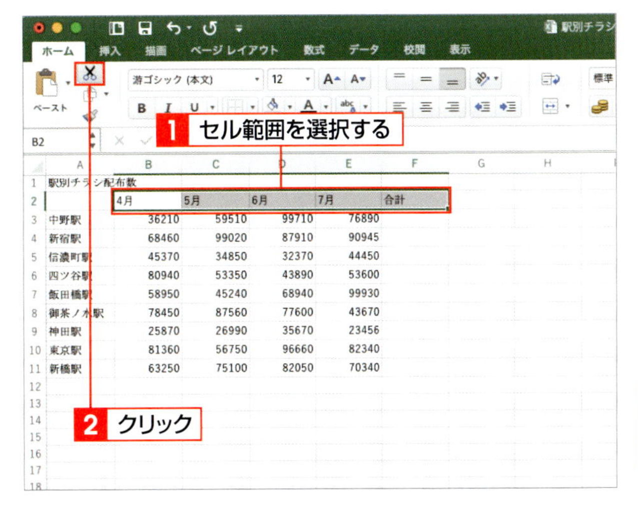

2 <ペースト>をクリックする

移動先のセルをクリックし**1**、<ホーム>タブの<ペースト>をクリックします**2**。

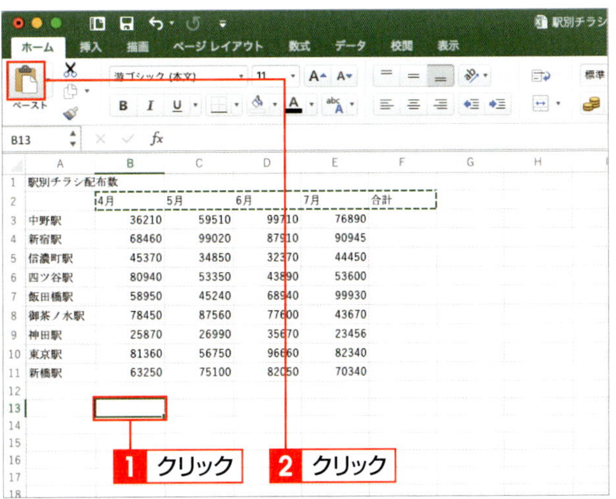

Hint 移動をキャンセルする

移動するセル範囲に破線が表示されている間は、esc を押すと、移動をキャンセルできます。

3 データが移動される

選択したセル範囲のデータが移動します。

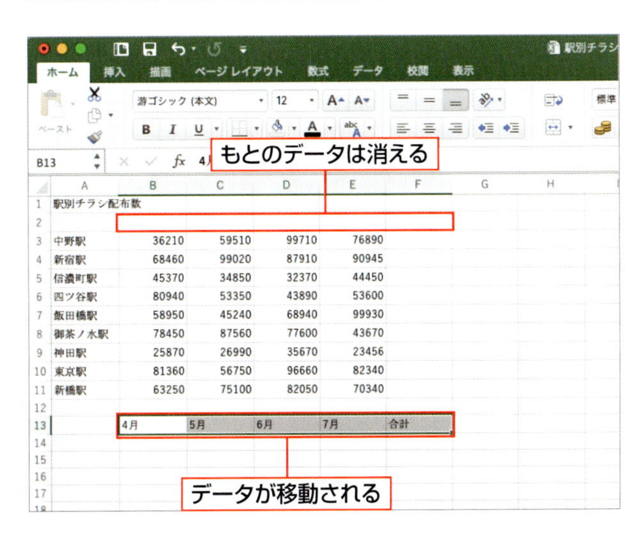

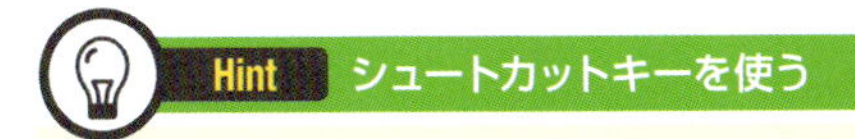

Hint シュートカットキーを使う

<ホーム>タブの<切り取り>や<ペースト>をクリックするかわりに、⌘を押しながらXを押すと切り取り、⌘を押しながらVを押すとペーストが実行できます。

SECTION 09

セルに罫線を引く

ワークシート上のセルの境界には、あらかじめグレーの枠線が入っています。この枠線は編集時にセルの区切りを見やすくするためのものなので、印刷はされません。表に枠線を入れて印刷したい場合は、必要な部分に罫線を引く必要があります。罫線には、スタイルや色を指定できます。

覚えておきたいKeyword　罫線　斜線　線のスタイルと色

1 コマンドを使って罫線を引く

1 罫線の種類を指定する

罫線を引くセル範囲を選択します 1。＜ホーム＞タブの＜罫線＞の▾をクリックし 2、使用する罫線の種類をクリックします 3。ここでは、＜格子＞を指定します。

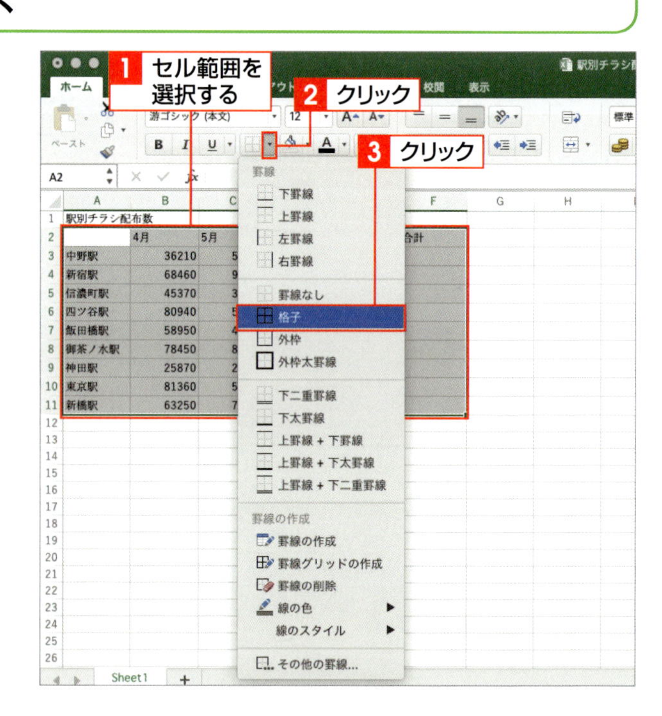

2 セルに罫線が引かれる

選択したセル範囲に罫線が引かれます。

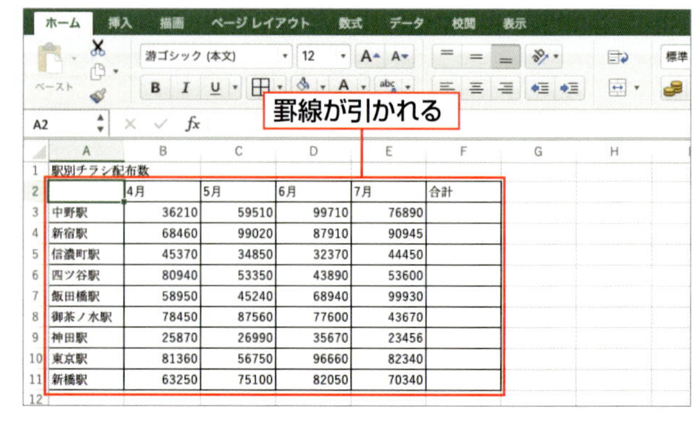

Hint　罫線を削除する

罫線を削除するときは、罫線を削除するセル範囲を選択して、＜罫線＞の▾をクリックし、＜罫線なし＞をクリックします。

2 <セルの書式設定>ダイアログボックスを使って罫線を引く

1 <その他の罫線>をクリックする

目的のセル範囲(ここではセル[E2]からセル[F11])を選択します 1。<ホーム>タブの<罫線>の ▾ をクリックし 2、<その他の罫線>をクリックします 3。

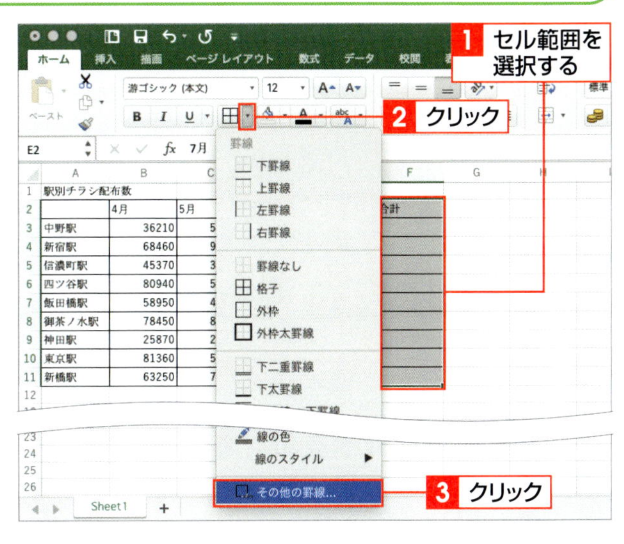

メニューバーの<フォーマット>メニューから<セル>をクリックしても、<セルの書式設定>ダイアログボックスが表示されます。

2 線のスタイルと色を指定する

<セルの書式設定>ダイアログボックスの<罫線>が表示されます。線のスタイルを指定し 1、線の色を選択します 2。ここでは「二重線」で「緑」を使います。続いて、線を引く対象となる箇所をクリックし 3、<OK>をクリックします 4。ここでは、セルの内側に縦罫線を指定しています。

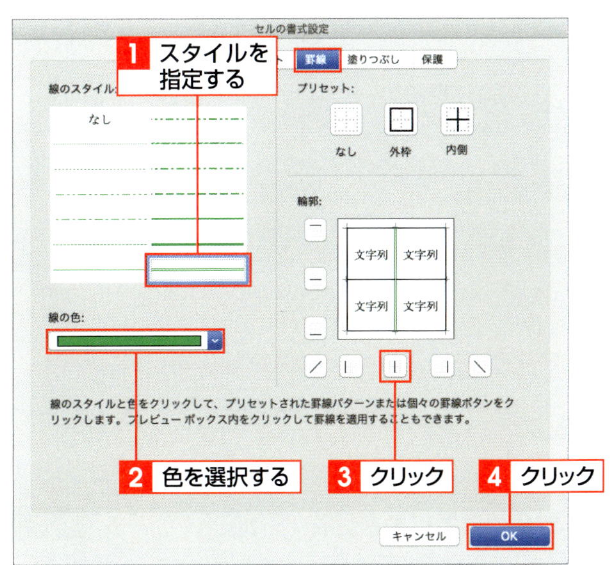

3 セルに罫線が引かれる

指定したスタイルと色の罫線がセルに引かれます。

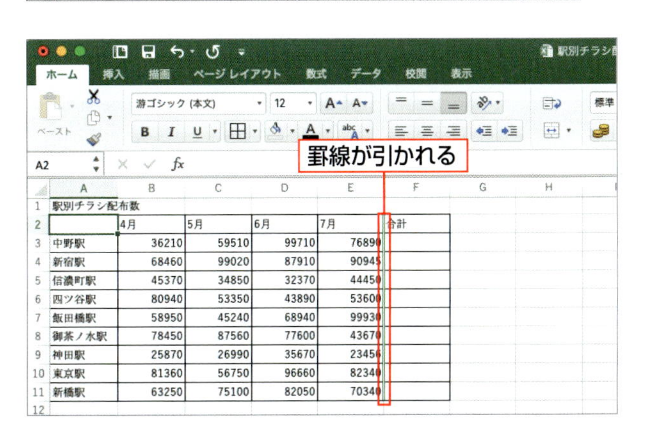

セルに斜線を引くときは、<セルの書式設定>ダイアログボックスの<罫線>で斜め罫線(「左上がり」あるいは「右上がり」)のコマンドをクリックします。

SECTION 10

セルの背景に色を付ける

セルには背景色を付けることができます。色の指定は、Excelにあらかじめ用意されているパレットから選択するほかに、<カラー>ダイアログボックスから選択することもできます。セルの背景に色を設定することで、表の見栄えもよくなり、重要なポイントなどが見やすくなります。

覚えておきたいKeyword　塗りつぶしの色　その他の色　<カラー>ダイアログボックス

1 セルに背景色を付ける

1 使用する色を指定する

背景色を付けるセル範囲を選択します1。<ホーム>タブの<塗りつぶしの色>の▾をクリックし2、使用する色をクリックします3。ここでは<薄い緑>を指定します。

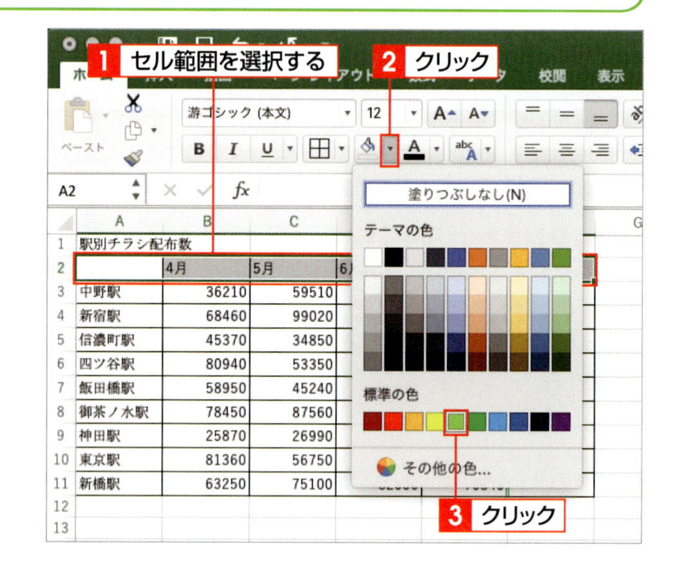

2 セルの背景に色が付く

選択したセル範囲に、指定した背景色が付きます。

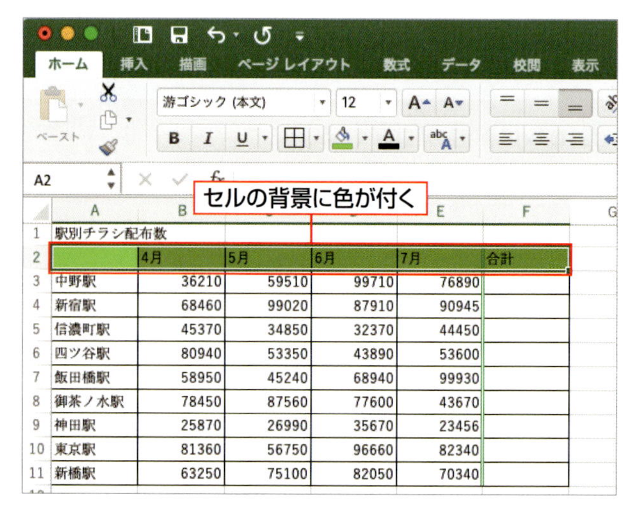

Hint 設定した色を消去する

設定した色を消去するには、対象となるセル範囲を選択したあと、<塗りつぶしの色>の▾をクリックし、<塗りつぶしなし>をクリックします。

2 ＜塗りつぶしの色＞の一覧にない色を付ける

1 ＜その他の色＞をクリックする

背景色を付けるセル範囲を選択します 1 。＜ホーム＞タブの＜塗りつぶしの色＞の ▾ をクリックし 2 、＜その他の色＞をクリックします 3 。

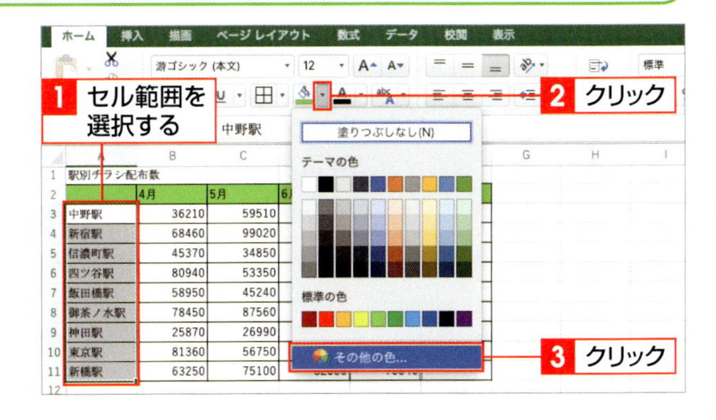

2 色を指定する

＜カラー＞ダイアログボックスが表示されます。スライドバーを左右にドラッグして明るさを選び 1 、カラーホイールの上で好きな色の部分をクリックします 2 。設定した色を確認して 3 、＜OK＞をクリックします 4 。

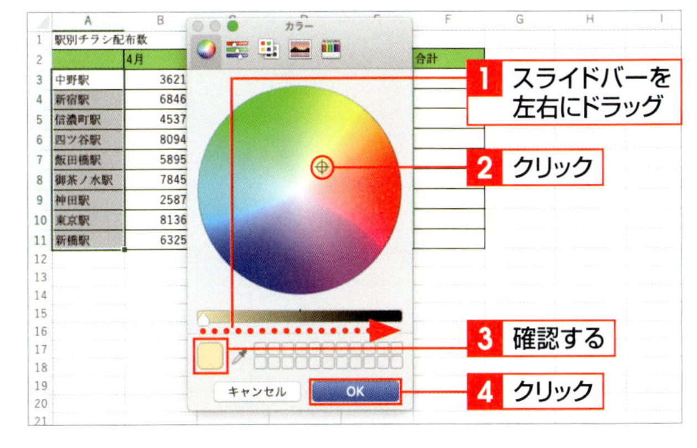

3 セルの背景に色が付く

選択したセル範囲に、指定した色が付きます。

	A	B	C	D	E	F
1	駅別チラシ配布数					
2		4月	5月	6月	7月	合計
3	中野駅	36210	59510	99710	76890	
4	新宿駅	68460	99020	87910	90945	
5	信濃町駅	45370	34850	32370	44450	
6	四ツ谷駅	80940	53350	43890	53600	
7	飯田橋駅	[illegible]	[illegible]	[illegible]	[illegible]	
8	御茶ノ水駅	[illegible]	[illegible]	[illegible]	[illegible]	
9	神田駅	25870	26990	35670	23456	
10	東京駅	81360	56750	96660	82340	
11	新橋駅	63250	75100	82050	70340	

セルの背景に色が付く

Column 色を選べる5つのパレット

＜カラー＞ダイアログボックスでは、ここで紹介した＜カラーホイール＞のほかに、右の4つのパレットから色を選択できます。ダイアログボックスの上にある5つのコマンドをクリックして、パレットを切り替えます。

• カラーつまみ

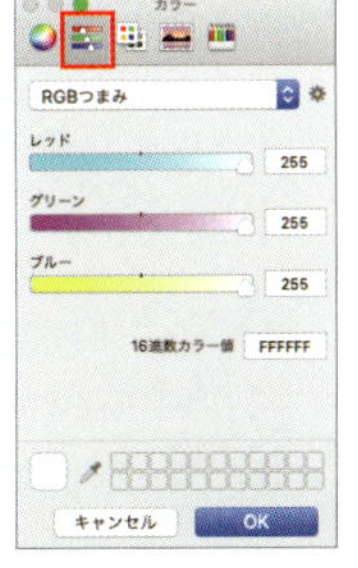

• カラーパレット

• イメージパレット

• 鉛筆

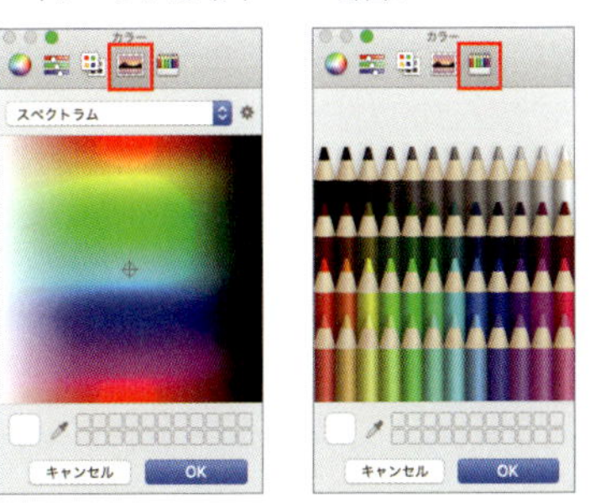

SECTION 11

見出しの文字を太字にして中央に揃える

表の1行目や1列目に入れる見出しは、太字や斜体などのスタイルを設定したり、セル内で中央揃えなどの文字配置を設定したりすることで、見やすくなり、ほかの項目とも区別が付くようになります。ここでは、表の見出し行を太字にして、配置を中央揃えに設定しましょう。

覚えておきたい Keyword　太字　中央揃え　文字列の配置

1 文字列を太字にする

1 セル範囲を選択する

文字列を太字にするセル範囲を選択します 1。

	A	B	C	D	E	F	G
1	駅別チラシ配布数						
2		4月	5月	6月	7月	合計	
3	中野駅	36210	59510	99710	76890		
4	新宿駅	68460	99020	87910	90945		
5	信濃町駅	45370	34850	32370	44450		
6	四ツ谷駅	80940	53350	43890	53600		
7	飯田橋駅				30		
8	御茶ノ水駅	78450	87560	77600	43670		
9	神田駅	25870	26990	35670	23456		
10	東京駅	81360	56750	96660	82340		
11	新橋駅	63250	75100	82050	70340		

1 セル範囲を選択する

Memo フォントの変更

ここでは、太字にする文字列が入力されているセル［A3］から［A11］のフォントを「MS P明朝」に設定しています（P.75参照）。

2 <太字>をクリックする

<ホーム>タブの<太字>をクリックします 1。

3 文字列が太字になる

選択したセル範囲の文字列が太字になります。

	A	B	C	D	E	F	G
1	駅別チラシ配布数						
2		4月	5月	6月	7月	合計	
3	**中野駅**	36210	59510	99710	76890		
4	**新宿駅**	68460	99020	87910	90945		
5	**信濃町駅**	45370	34850	32370	44450		
6	**四ツ谷駅**	80940	53350	43890	53600		
7	**飯田橋駅**				99930		
8	**御茶ノ水駅**	78450	87560	77600	43670		
9	**神田駅**	25870	26990	35670	23456		
10	**東京駅**	81360	56750	96660	82340		
11	**新橋駅**	63250	75100	82050	70340		

文字列が太字になる

Hint 太字を解除する

太字の設定を解除するには、太字に設定したセルを選択して<太字>をクリックします。

Column スタイルの種類

文字列のスタイルは、太字のほかに斜体と下線が設定できます。複数のスタイルを同時に設定することもできます。

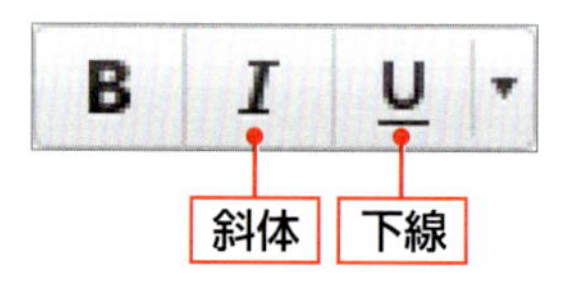

文字スタイル	←	太字
文字スタイル	←	斜体
<u>文字スタイル</u>	←	下線

2 文字列を中央揃えにする

1 セル範囲を選択する

文字列を中央揃えにするセル範囲を選択します 1。

	A	B	C	D	E	F
1	駅別チラシ配布数					
2		4月	5月	6月	7月	合計
3	中野駅	36210	59510	99710	76890	
4	新宿駅	68460	99020	87910	90945	
5	信濃町駅	45370	34850	32370	44450	
6	四ツ谷駅	80940	53350	43890	53600	
7	飯田橋駅	58950	45240	68940	99930	
8	御茶ノ水駅	78450	87560	77600	43670	
9	神田駅	25870	26990	35670	23456	
10	東京駅	81360	56750	96660	82340	
11	新橋駅	63250	75100	82050	70340	

1 セル範囲を選択する

2 <文字列中央揃え>をクリックする

<ホーム>タブの<文字列中央揃え>をクリックします 1。

1 クリック

3 文字列が中央揃えになる

選択したセル範囲の文字列が、中央に配置されます。

	A	B	C	D	E	F
1	駅別チラシ配布数					
2		4月	5月	6月	7月	合計
3	中野駅	36210	59510	99710	76890	
4	新宿駅	68460	99020	87910	90945	
5	信濃町駅	45370	34850	32370	44450	
6	四ツ谷駅	80940	53350	43890	53600	
7	飯田橋駅	58950	45240	68940	99930	
8	御茶ノ水駅	78450	87560	77600	43670	
9	神田駅	25870	26990	35670	23456	
10	東京駅	81360	56750	96660	82340	
11	新橋駅	63250	75100	82050	70340	

文字列が中央に配置される

Hint 中央揃えを解除する

中央揃えの設定を解除するには、中央揃えにしたセルを選択して<文字列中央揃え>をクリックします。

Column 文字列の配置の種類

<ホーム>タブの文字列の配置コマンドを利用すると、セル内の文字を左/中央/右に揃えたり、上/上下中央/下に揃えたりできます。それぞれのコマンドを組み合わせて、自由に配置することもできます。

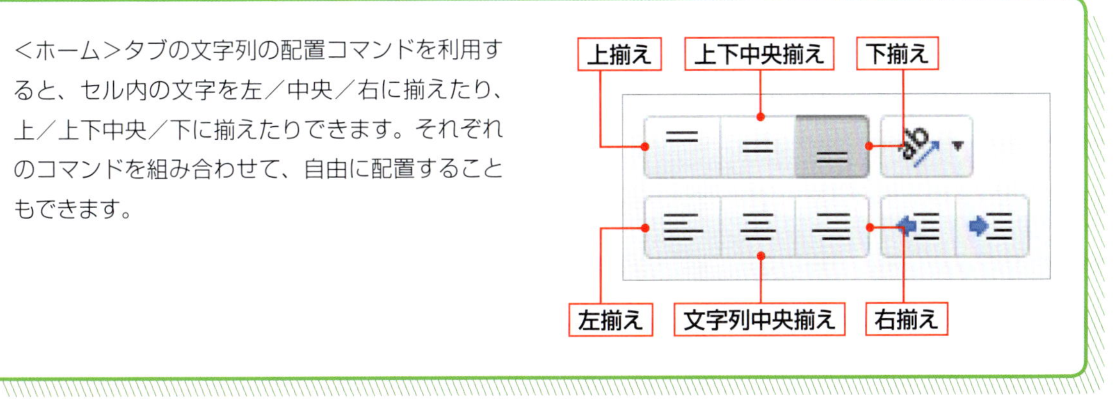

SECTION 12

合計や平均を計算する

請求書や売上表などの表では、一般的に行や列の合計を求めますが、Excelにはかんたんに合計や平均を計算できる＜オートSUM＞という機能が用意されています。＜オートSUM＞を利用すると、数式を入力する手間が省けるので、入力ミスを防ぐこともできます。

覚えておきたいKeyword　オートSUM　合計　平均

1 合計を求める

1 ＜オートSUM＞をクリックする

合計を表示するセルをクリックして**1**、＜ホーム＞タブの＜オートSUM＞をクリックします**2**。＜オートSUM＞は、＜ホーム＞タブのほか、＜数式＞タブにも用意されています。

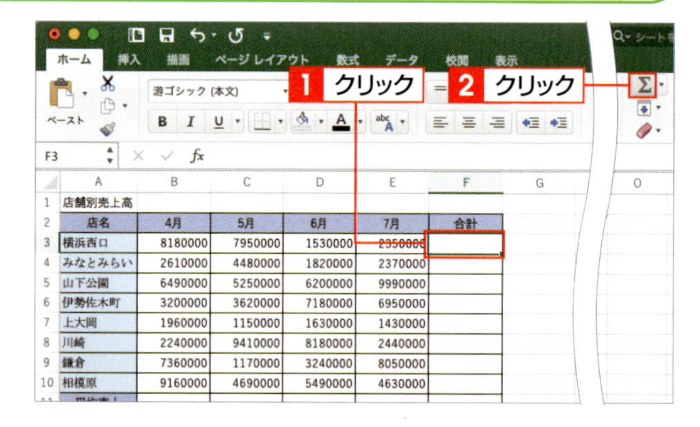

Memo 合計を表示するセル

合計を表示するセルは、連続するデータの下（あるいは右）にあるセルを選択します。

2 対象となるセル範囲が選択される

計算の対象となるセル範囲が選択されて色が付き、点線で囲まれます**1**。セル範囲に間違いがないか確認し、return を押します**2**。

SUM　=SUM(B3:E3)

	A	B	C	D	E	F
1	店舗別売上高					
2	店名	4月	5月	6月	7月	合計
3	横浜西口	8180000	7950000	1530000	2350000	=SUM(B3:E3)
4	みなとみらい	2610000	4480000	1820000	2370000	
5	山下公園	6490000	5250000	6200000	9990000	
6	伊勢佐木町	3200000	3620000	7180000	6950000	
7	上大岡	1960000	1150000	1630000	1430000	
8	川崎	2240000	9410000	8180000	2440000	
9	鎌倉	7360000	1170000	3240000	8050000	
10	相模原					
11	平均売上					

1 対象のセルが選択される

2 確認して return を押す

3 合計した結果が表示される

連続するデータの合計が表示されます。

F4

	A	B	C	D	E	F
1	店舗別売上高					
2	店名	4月	5月	6月	7月	合計
3	横浜西口	8180000	7950000	1530000	2350000	20010000
4	みなとみらい	2610000	4480000	1820000	2370000	
5	山下公園	6490000	5250000	6200000	9990000	
6	伊勢佐木町	3200000	3620000	7180000	6950000	
7	上大岡	1960000	1150000	1630000	1430000	
8	川崎	2240000	9410000	8180000	2440000	
9	鎌倉	7360000	1170000	3240000	8050000	
10	相模原	9160000	4690000	5490000	4630000	
11	平均売上					

合計が表示される

Keyword SUM関数

＜オートSUM＞を利用して合計を求めたセルには、「SUM関数」が入力されています。SUM関数は、指定したセル範囲に含まれる数値の合計を求める数式です。

2 平均を求める

1 <平均>をクリックする

平均を表示するセルをクリックして 1 、<ホーム>タブの<オートSUM>の ▾ をクリックし 2 、<平均>をクリックします 3 。

1 クリック
2 クリック
3 クリック

ホーム 挿入 描画 ページレイアウト 数式 デー

Σ 合計 / 平均 / 数値の個数 / 最大値 / 最小値 / その他の関数...

B11

	A	B	C	D	E
1	店舗別売上高				
2	店名	4月	5月	6月	7月
3	横浜西口	8180000	7950000	1530000	2350
4	みなとみらい	2610000	4480000	1820000	237
5	山下公園	6490000	5250000	6200000	999
6	伊勢佐木町	3200000	3620000	7180000	695
7	上大岡	1960000	1150000	1630000	143
8	川崎	2240000	9410000	8180000	244
9	鎌倉	7360000	1170000	3240000	805
10	相模原	9160000	4690000	5490000	463
11	平均売上				

2 対象となるセル範囲が選択される

計算の対象となるセル範囲が選択されて色が付き、点線で囲まれます 1 。セル範囲に間違いがないか確認し、return を押します 2 。

SUM =AVERAGE(B3:B10)

1 対象のセルが選択される
2 確認して return を押す

	A	B	C	D	E	F	G
1	店舗別売上高						
2	店名	4月	5月	6月	7月	合計	
3	横浜西口	8180000	7950000	1530000	2350000	20010000	
4	みなとみらい	2610000	4480000	1820000	2370000		
5	山下公園	6490000	5250000	6200000	9990000		
6	伊勢佐木町	3200000	362				
7	上大岡	1960000	115				
8	川崎	2240000	9410000	8180000	2440000		
9	鎌倉	7360000	1170000	3240000	8050000		
10	相模原	9160000	4690000	5490000	4630000		
11	平均売上	=AVERAGE(B3:B10)					

3 平均値が表示される

指定したセル範囲の平均値が表示されます。

Keyword AVERAGE関数

<オートSUM>を利用して平均を求めたセルには、「AVERAGE関数」が入力されています。AVERAGE関数は、指定したセル範囲に含まれる数値の平均値を求める数式です。

平均値が表示される

	A	B	C	D	E	F	G
1	店舗別売上高						
2	店名	4月	5月	6月	7月	合計	
3	横浜西口	8180000	7950000	1530000	2350000	20010000	
4	みなとみらい	2610000	4480000	1820000	2370000		
5	山下公園	6490000	5250000	6200000	9990000		
6	伊勢佐木町	3200000	3620000	7180000	6950000		
7	上大岡	1960000	1150000	1630000	1430000		
8	川崎	2240000	9410000	8180000	2440000		
9	鎌倉	7360000	1170000	3240000	8050000		
10	相模原	9160000	4690000	5490000	4630000		
11	平均売上	5150000					
12							

Column 対象となるセル範囲を修正する

<オートSUM>で計算をすると、対象となるセルの範囲が自動的に選択されます。範囲が間違って選択された場合は、正しい範囲をドラッグして修正します。

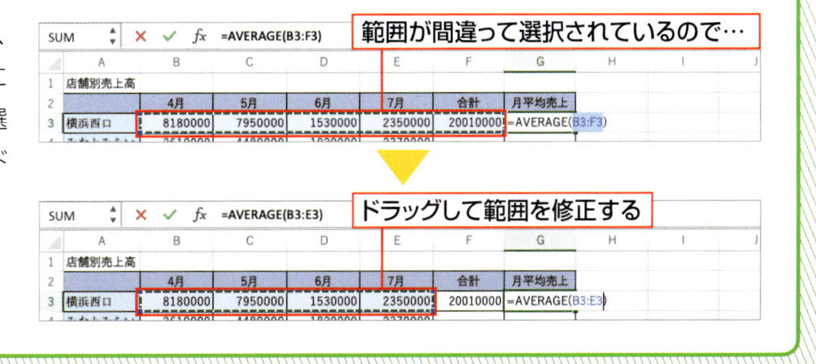

SECTION 13

最大値や最小値を求める

＜オートSUM＞には、前のセクションで紹介した合計や平均を求めるほかに、最大値や最小値、数値の個数を求める機能も用意されています。ここでは、最大値と最小値を求めてみましょう。最大値を求める数式をMAX関数、最小値を求める数式をMIN関数といいます。

覚えておきたいKeyword　オートSUM　最大値　最小値

1 最大値を求める

1 ＜最大値＞をクリックする

最大値を表示するセルをクリックします**1**。＜ホーム＞タブの＜オートSUM＞の▾をクリックし**2**、＜最大値＞をクリックします**3**。

1 クリック　2 クリック　3 クリック

Σ 合計
平均
数値の個数
最大値
最小値
その他の関数...

	A	B	C	D	E
1	店舗別売上高				
2		4月	5月	6月	7月
3	横浜西口	8180000	7950000	1530000	2350000
4	みなとみらい	2610000	4480000	1820000	2370000
5	山下公園	6490000	5250000	6200000	999000
6	伊勢佐木町	3200000	3620000	7180000	695000
7	上大岡	1960000	1150000	1630000	143000
8	川崎	2240000	9410000	8180000	244000
9	鎌倉	7360000	1170000	3240000	805000
10	相模原	9160000	4690000	5490000	463000
11	最大売上				

2 対象となるセル範囲が選択される

計算の対象となるセル範囲が選択されて色が付き、点線で囲まれます**1**。セル範囲に間違いがないか確認し、return を押します**2**。

SUM　=MAX(B3:B10)

1 対象のセルが選択される
2 確認して return を押す

	A	B	C	D	E	F	G	H
1	店舗別売上高							
2		4月	5月	6月	7月	合計		
3	横浜西口	8180000	7950000	1530000	2350000	20010000		
4	みなとみらい	2610000	4480000	1820000	2370000			
5	山下公園	6490000	5250000	6200000	9990000			
6	伊勢佐木町	3200000	3620					
7	上大岡	1960000	1150					
8	川崎	2240000	9410000	8180000	2440000			
9	鎌倉	7360000	1170000	3240000	8050000			
10	相模原	9160000	4690000	5490000	4630000			
11	最大売上	=MAX(B3:B10)						
12								

3 最大値が表示される

指定したセル範囲の最大値が表示されます。

最大値が表示される

	A	B	C	D	E	F
1	店舗別売上高					
2		4月	5月	6月	7月	合計
3	横浜西口	8180000	7950000	1530000	2350000	20010000
4	みなとみらい	2610000	4480000	1820000	2370000	
5	山下公園	6490000	5250000	6200000	9990000	
6	伊勢佐木町	3200000	3620000	7180000	6950000	
7	上大岡	1960000	1150000	1630000	1430000	
8	川崎	2240000	9410000	8180000	2440000	
9	鎌倉	7360000	1170000	3240000	8050000	
10	相模原	9160000	4690000	5490000	4630000	
11	最大売上	9160000				
12						

Keyword　MAX関数

MAX関数は、指定したセル範囲に含まれる数値の中で最大値を求める数式です。

2 最小値を求める

1 <最小値>をクリックする

最小値を表示するセルをクリックします1。<ホーム>タブの<オートSUM>の▾をクリックし2、<最小値>をクリックします3。

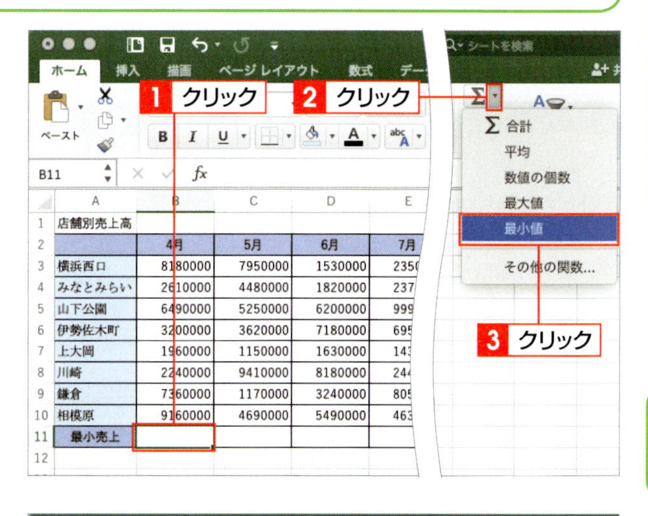

2 対象となるセル範囲が選択される

計算の対象となるセル範囲が選択されて色が付き、点線で囲まれます1。セル範囲に間違いがないか確認し、return を押します2。

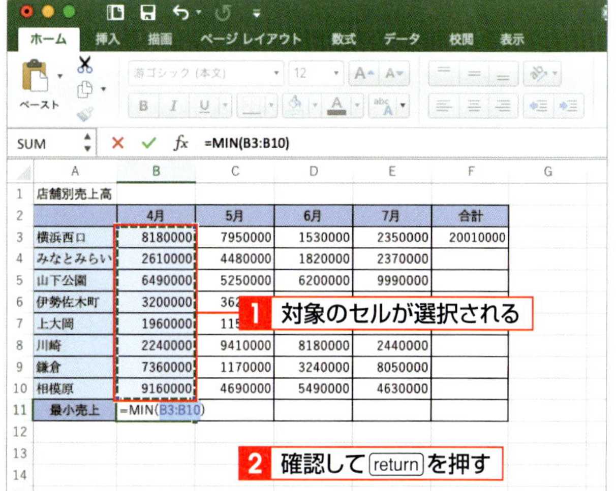

3 最小値が表示される

指定したセル範囲の最小値が表示されます。

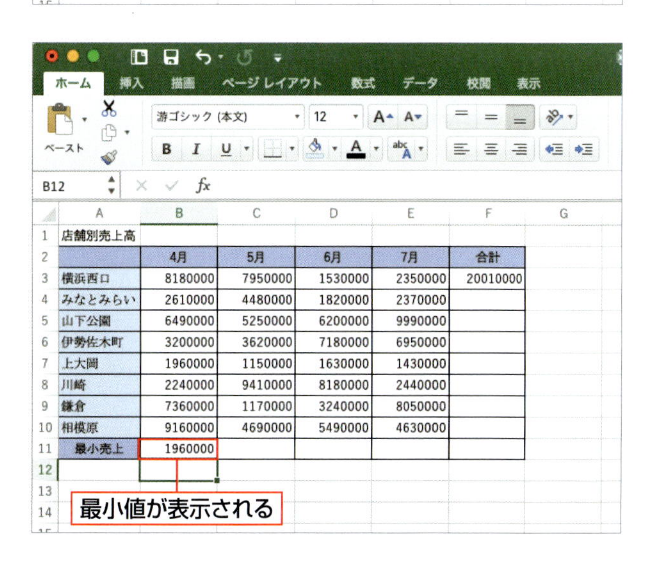

MIN関数は、指定したセル範囲に含まれる数値の中で最小値を求める数式です。

SECTION 14

数式を入力して計算する

セルに数式を入力することによって、計算を実行することもできます。数式には、実際の数値を入力するかわりに、セルの位置を指定して計算させることもできます。セルの位置を利用すると、参照先のデータを修正した場合に、計算結果が自動的に更新されます。

覚えておきたいKeyword　数式　セルの位置　算術演算子

1 セルに数式を入力する

1 セルに半角で「=」を入力する

計算結果を表示するセルに、半角で「=」を入力します 1。

	A	B	C	D	E
1	店舗別売上高			(単位：千円)	
2	店舗名	昨年同期売上	今期同期売上	増減	
3	横浜西口	18457	20010	=	
4	みなとみらい	9842	11280		
5	山下公園	28230	2793[illegible]		
6	伊勢佐木町	23420	2095[illegible]		
7	上大岡	6023	6170		
8	川崎	23565	22270		

SUM　=

1 「=」を入力する

Keyword　セル参照

数式の中で、数値のかわりにセルの位置を指定することを「セル参照」といいます。セル参照を使うと、そのセルに入力されている値を使って計算できます。

2 参照するセルを指定する

参照するセル（ここではセル[C3]）をクリックすると 1、セルの位置が入力されます。

	A	B	C	D	E
1	店舗別売上高			(単位：千円)	
2	店舗名	昨年同期売上	今期同期売上	増減	
3	横浜西口	18457	20010	=C3	
4	みなとみらい	9842	11280		
5	山下公園				

SUM　=C3

1 クリック　セルの位置が入力される

3 算術演算子を入力する

計算式（ここでは「引き算」）に使用する算術演算子「-」を入力します 1。

	A	B	C	D	E
1	店舗別売上高			(単位：千円)	
2	店舗名	昨年同期売上	今期同期売上	増減	
3	横浜西口	18457	20010	=C3-	
4	みなとみらい	9842	11280		
5	山下公園	28230	2793[illegible]		
6	伊勢佐木町	23420	2095[illegible]		
7	上大岡	6023	6170		
8	川崎	23565	22270		
9	鎌倉	19450	19820		

SUM　=C3-

1 「-」を入力する

Memo　数式の入力

数式は、はじめに「=」を入力し、続けて計算式を入力します。計算式に使用する算術演算子には、「+」（足し算）、「-」（引き算）、「*」（かけ算）、「/」（割り算）などを指定します。算術演算子はすべて半角文字で入力します。

4 参照するセルを指定する

参照するセル（ここではセル［B3］）をクリックすると 1 、セルの位置が入力されます。

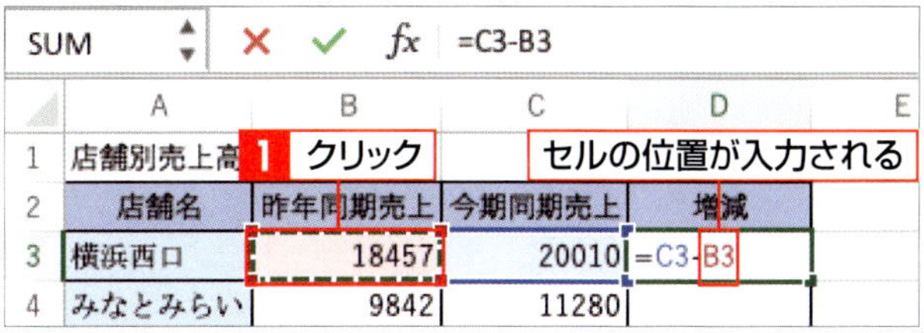

SUM =C3-B3

1 クリック
セルの位置が入力される

	A	B	C	D
1	店舗別売上高			
2	店舗名	昨年同期売上	今期同期売上	増減
3	横浜西口	18457	20010	=C3-B3
4	みなとみらい	9842	11280	

5 計算結果が表示される

return を押すと、計算結果が表示されます。

return を押すと、計算結果が表示される

	A	B	C	D
1	店舗別売上高			
2	店舗名	昨年同期売上	今期同期売上	増減
3	横浜西口	18457	20010	1553
4	みなとみらい	9842	11280	

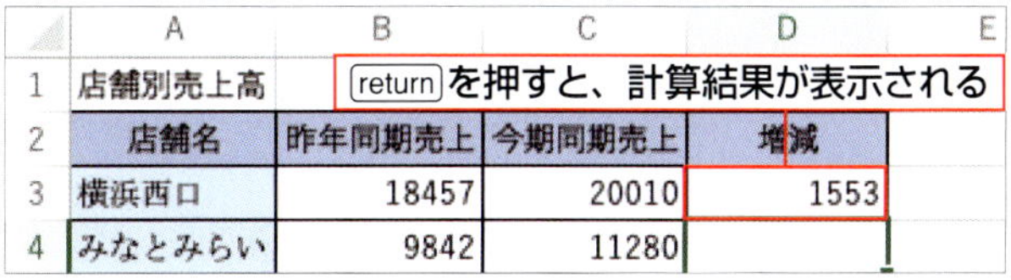

2 ほかのセルに数式をコピーする

1 フィルハンドルをドラッグする

数式が入力されているセルをクリックして 1 、フィルハンドルを下方向へドラッグします 2 。

1 クリック
2 ドラッグ

	A	B	C	D
1	店舗別売上高			（単位：千円）
2	店舗名	昨年同期売上	今期同期売上	増減
3	横浜西口		20010	1553
4	みなとみらい	9842	11280	
5	山下公園	28230	27930	
6	伊勢佐木町		20950	
7	上大岡	6023	6170	
8	川崎	23565	22270	
9	鎌倉	19450	19820	

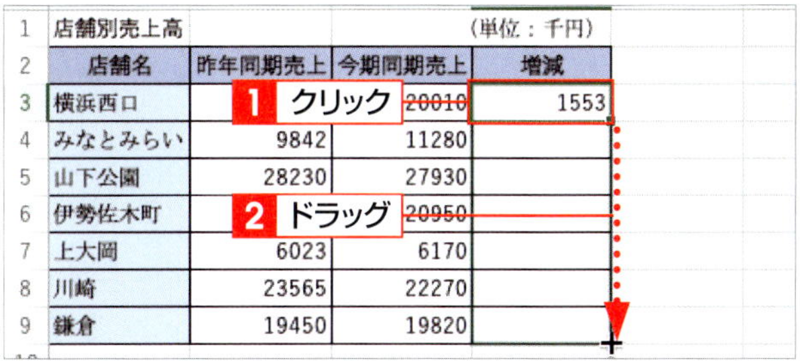

2 数式がコピーされる

マウスのボタンを離すと、ドラッグしたセルに数式がコピーされて、計算結果が表示されます。

	A	B	C	D
1	店舗別売上高			（単位：千円）
2	店舗名	昨年同期売上	今期同期売上	増減
3	横浜西口	18457	20010	1553
4	みなとみらい	9842	11280	1438
5	山下公園	28230	27930	-300
6	伊勢佐木町	23420	20950	-2470
7	上大岡	6023	6170	147
8	川崎	23565	22270	-1295
9	鎌倉	19450	19820	370

数式がコピーされる

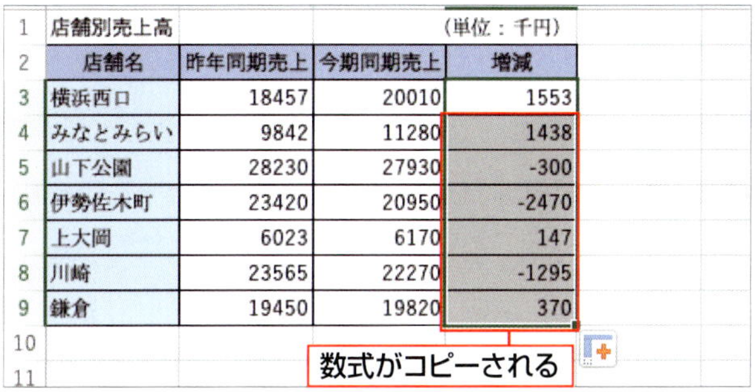

Column 数式のコピーは相対参照で行われる

数式をコピーすると、数式内のセルの位置はコピー先のセルの位置に合わせて、自動的に変更されます。このような参照方式を「相対参照」といいます。

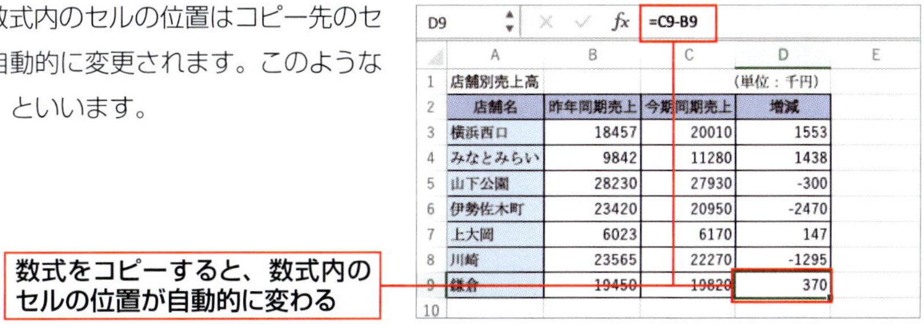

D9 =C9-B9

	A	B	C	D
1	店舗別売上高			（単位：千円）
2	店舗名	昨年同期売上	今期同期売上	増減
3	横浜西口	18457	20010	1553
4	みなとみらい	9842	11280	1438
5	山下公園	28230	27930	-300
6	伊勢佐木町	23420	20950	-2470
7	上大岡	6023	6170	147
8	川崎	23565	22270	-1295
9	鎌倉	19450	19820	370

数式をコピーすると、数式内のセルの位置が自動的に変わる

SECTION 15

数値や日付の表示形式を変更する

表示形式は、数値などを目的に合ったスタイルでセルに表示するための機能です。表内のデータに応じて、金額では桁区切りスタイル、割合ではパーセントスタイルを設定すると、見やすい表になります。また、日付の表示も西暦、和暦など好みの表示に切り替えができます。

覚えておきたいKeyword　桁区切りスタイル　パーセントスタイル　日付の表示形式

1 数値を桁区切りスタイルで表示する

1 ＜桁区切りスタイル＞をクリックする

桁区切りスタイルで表示するセル範囲を選択し 1 、＜ホーム＞タブの＜桁区切りスタイル＞をクリックします 2 。

1 セル範囲を選択する
2 クリック

店舗別売上高　2019/8/20

	4月	5月	6月	7月	合計
横浜西口	8180000	7950000	1530000	2350000	20010000
みなとみらい	2610000	4480000	1820000	2370000	11280000
山下公園	6490000	5250000	6200000	9990000	27930000
伊勢佐木町	3200000	3620000	7180000	6950000	20950000
上大岡	1960000	1150000	1630000	1430000	6170000
川崎	2240000	9410000	8180000	2440000	22270000
鎌倉	7360000	1170000	3240000	8050000	19820000
相模原	9160000	4690000	5490000	4630000	23970000

2 桁区切りスタイルで表示される

選択したセル範囲の数値が、3桁ごとに「,」で区切られて表示されます。

店舗別売上高　2019/8/20

	4月	5月	6月	7月	合計
横浜西口	8,180,000	7,950,000	1,530,000	2,350,000	20,010,000
みなとみらい	2,610,000	4,480,000	1,820,000	2,370,000	11,280,000
山下公園	6,490,000	5,250,000	6,200,000	9,990,000	27,930,000
伊勢佐木町	3,200,000	3,620,000	7,180,000	6,950,000	20,950,000
上大岡	1,960,000	1,150,000	1,630,000	1,430,000	6,170,000
川崎	2,240,000	9,410,000	8,180,000	2,440,000	22,270,000
鎌倉	7,360,000	1,170,000	3,240,000	8,050,000	19,820,000
相模原	9,160,000	4,690,000	5,490,000	4,630,000	23,970,000

数値が3桁ごとに「,」で区切られる

Column パーセントスタイルに変更する

パーセントスタイルに変更するには、セル範囲を選択して、＜ホーム＞タブの＜パーセントスタイル＞をクリックします 1 。

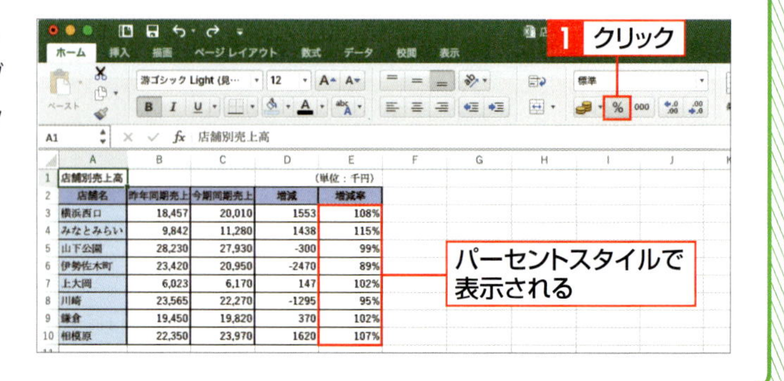

店舗別売上高　（単位：千円）

店舗名	昨年同期売上	今期同期売上	増減	増減率
横浜西口	18,457	20,010	1553	108%
みなとみらい	9,842	11,280	1438	115%
山下公園	28,230	27,930	-300	99%
伊勢佐木町	23,420	20,950	-2470	89%
上大岡	6,023	6,170	147	102%
川崎	23,565	22,270	-1295	95%
鎌倉	19,450	19,820	370	102%
相模原	22,350	23,970	1620	107%

2 日付の表示形式を変更する

1 <その他の番号書式>をクリックする

日付が入力されているセルをクリックします **1**。<番号書式>の ▾ をクリックし **2**、<その他の番号書式>をクリックします **3**。

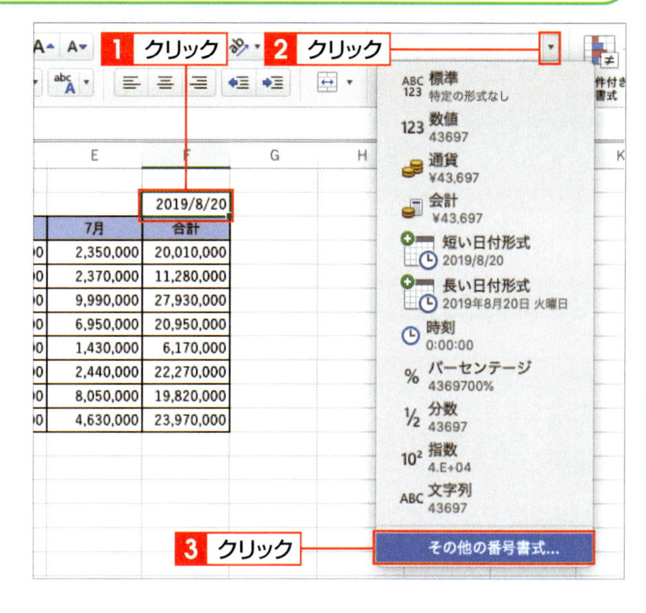

Memo 日付の表示形式

日付の表示形式は、手順 **2** で表示されるメニューから選択することもできます。<短い日付形式>と<長い日付形式>が設定できます。

2 日付の表示形式を指定する

<セルの書式設定>ダイアログボックスの<表示形式>に<日付>が選択された状態で表示されます。<カレンダーの種類>で<グレゴリオ暦>を選択し **1**、<種類>で表示したい日付形式をクリックして **2**、<OK>をクリックします **3**。

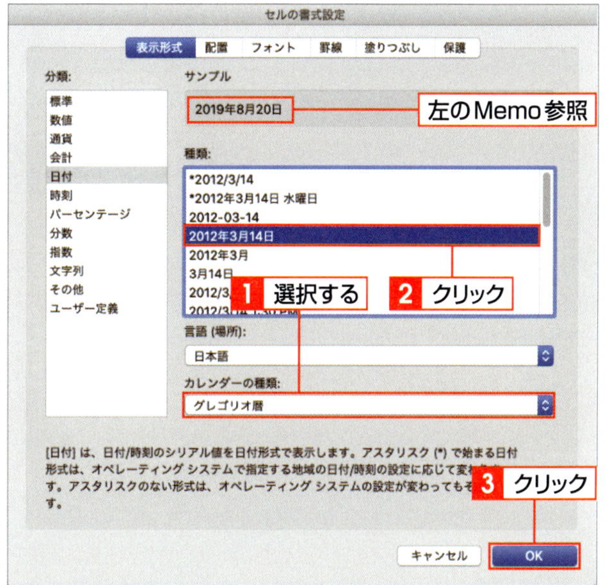

Memo サンプル欄で確認する

選択した表示形式は、<セルの書式設定>ダイアログボックスの<サンプル>欄に表示されるので、確認してから設定しましょう。

3 日付の表示形式が変更される

日付の表示形式が変更されます。

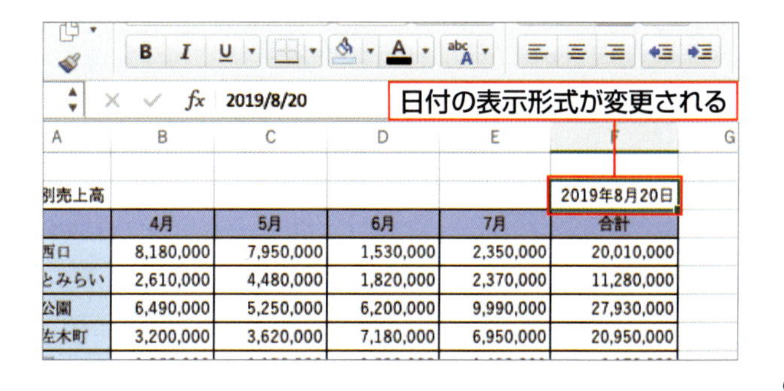

Hint 表示形式を和暦に設定する

<セルの書式設定>ダイアログボックスの<カレンダーの種類>で<和暦>を選択すると、<種類>で和暦が指定できます。

SECTION 16

列幅や行の高さを変更する

セル内の文字列の長さや文字サイズに合わせて、列幅や行の高さをバランスよく調整すると、表の見栄えがよくなります。列幅や行の高さを変更するには、列番号や行番号の境界をドラッグします。セル内のデータに合わせて、列幅を自動的に調整することもできます。

覚えておきたいKeyword　列幅　列番号　行の高さ

1 列幅を変更する

1 列の境界にポインターを合わせる

幅を変更する列番号の境界にマウスポインターを合わせると1、✛の形に変わります。

F2　fx 2019/8/20

1 マウスポインターを合わせる

	A	B	C	D	E
1					
2	店舗別売上高				
3		4月	5月	6月	7月
4	横浜西口	8,180,000	7,950,000	1,530,000	2,350,000
5	みなとみらい	2,610,000	4,480,000	1,820,000	2,370,000
6	山下公園	6,490,000	5,250,000	6,200,000	9,990,000
7	伊勢佐木町	3,200,000	3,620,000	7,180,000	6,950,000
8	上大岡	1,960,000	1,150,000	1,630,000	1,430,000

2 変更したい位置までドラッグする

そのまま、列の幅を変更したい位置までドラッグします1。

1 ドラッグ

幅: 15.00 (110 ピクセル)

	A	B	C	D	E
1					
2	店舗別売上高				
3		4月	5月	6月	7月
4	横浜西口	8,180,000	7,950,000	1,530,000	2,350,000
5	みなとみらい	2,610,000	4,480,000	1,820,000	2,370,000
6	山下公園	6,490,000	5,250,000	6,200,000	9,990,000
7	伊勢佐木町	3,200,000	3,620,000	7,180,000	6,950,000
8	上大岡	1,960,000	1,150,000	1,630,000	1,430,000

3 列幅が変更される

列幅が変更されます。

F2　fx 2019/8/20

列幅が変更される

	A	B	C	D	E
1					
2	店舗別売上高				
3		4月	5月	6月	7
4	横浜西口	8,		1,530,000	2,3
5	みなとみらい	2,610,000	4,480,000	1,820,000	2,3
6	山下公園	6,490,000	5,250,000	6,200,000	9,9
7	伊勢佐木町	3,200,000	3,620,000	7,180,000	6,9
8	上大岡	1,960,000	1,150,000	1,630,000	1,4

Memo 行の高さを変更する

行の高さを変更するときは、行番号の境界にマウスポインターを合わせ、✛の形に変わった状態で上下にドラッグします。

2 セル内のデータに列幅を合わせる

1 列の境界をダブルクリックする

幅を変更する列番号の右側の境界にマウスポインターを合わせ、✛の形に変わった状態で、ダブルクリックします 1 。

1 マウスポインターを合わせてダブルクリック

	A	B	C	D	E	F
1						
2	店舗別売上高					
3		4月	5月	6月	7月	合計
4	横浜西口	8,180,000	7,950,000	1,530,000	2,350,000	20,010,000
5	みなとみらい	2,610,000	4,480,000	1,820,000	2,370,000	11,280,000
6	山下公園	6,490,000	5,250,000	6,200,000	9,990,000	27,930,000
7	伊勢佐木町	3,200,000	3,620,000	7,180,000	6,950,000	20,950,000
8	上大岡	1,960,000	1,150,000	1,630,000	1,430,000	6,170,000
9	川崎	2,240,000	9,410,000	8,180,000	2,440,000	22,270,000
10	鎌倉	7,360,000	1,170,000	3,240,000	8,050,000	19,820,000
11	相模原	9,160,000	4,690,000	5,490,000	4,630,000	23,970,000

2 列幅が変更される

対象となる列内のセルで、もっとも長い文字列に合わせて、列幅が調整されます。

セルのデータの文字数に合わせて、列幅が変更される

3 複数の列の幅を同時に変更する

1 変更するすべての列を選択する

幅を変更するすべての列の列番号をドラッグして選択します 1 。

1 ドラッグして選択する

2 変更したい位置までドラッグする

いずれかの列番号の境界を、列幅を変更したい位置までドラッグします 1 。

1 ドラッグ

Memo 複数の行の高さを変更する

複数の行の高さを同時に変更するときは、高さを変更するすべての行の行番号をドラッグして選択し、行番号の境界を上下にドラッグします。

3 複数の列幅が変更される

選択した列の幅が同時に変更されます。

複数の列の幅が同時に変更される

Memo 列幅はすべて同じになる

選択した列の幅を同時に変更すると、それらの列はすべて同じ幅になります。

SECTION 17

セルを結合する

隣接する複数のセルは、結合して1つのセルとして扱うことができます。表のタイトルや見出しなどは、セルを結合することで、罫線や配置などの処理がしやすくなります。セルの結合は、文字をセルの中央に揃えて結合する方法と、文字配置を維持したまま結合する方法の2つがあります。

覚えておきたいKeyword　セルを結合して中央揃え　横方向に結合　セルの結合

1 セルを結合して文字列を中央に揃える

1 ＜セルを結合して中央揃え＞をクリックする

結合するセル（ここではセル［A2］から［F2］）を選択します1。＜ホーム＞タブの＜セルを結合して中央揃え＞をクリックします2。

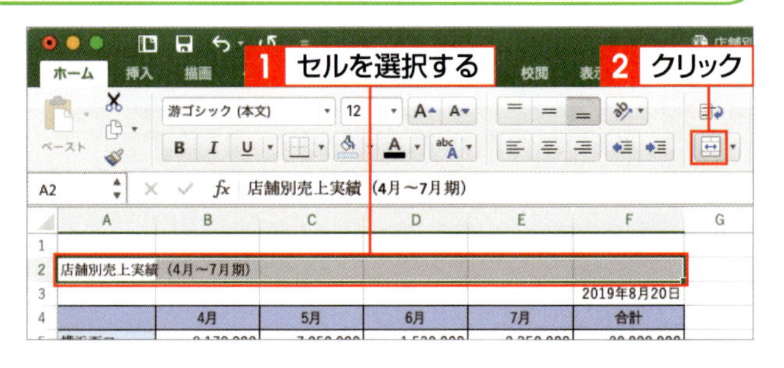

2 セルが結合される

選択したセルが結合され、セル内の文字列が中央揃えに設定されます。

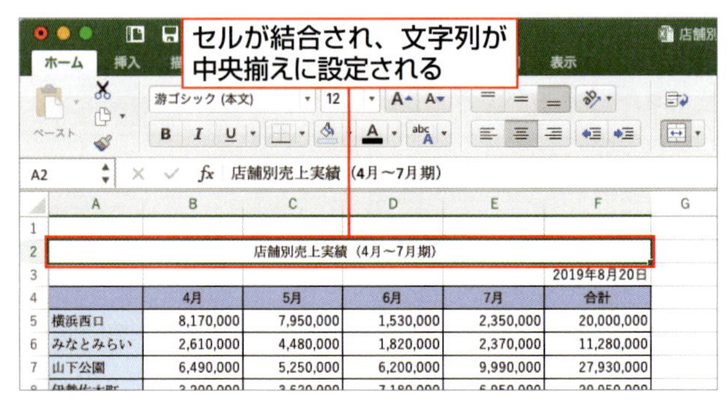

Hint　セルの結合を解除する

セルの結合を解除する場合は、結合されているセルを選択し、＜セルを結合して中央揃え＞をクリックします。

Column　メニューから選択する

セルを結合して文字列を中央に揃えるには、＜セルを結合して中央揃え＞の▼をクリックして、メニューの＜セルを結合して中央揃え＞をクリックする方法もあります。

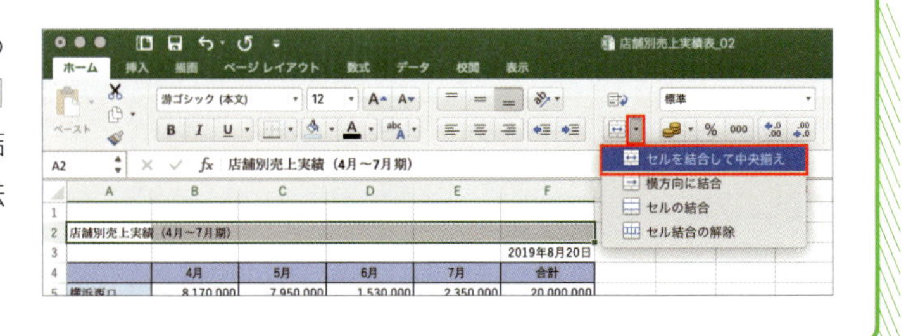

2 文字配置を維持したままセルを結合する

1 <横方向に結合>をクリックする

結合するセル（ここではセル［E3］から［F3］）を選択します1。<ホーム>タブの<セルを結合して中央揃え>の▾をクリックし2、<横方向に結合>をクリックします3。

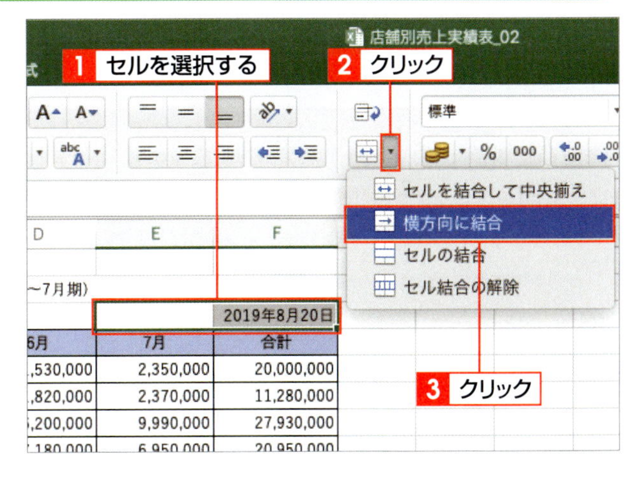

2 セルが結合される

文字列の配置が右揃えのまま、セルが結合されます。

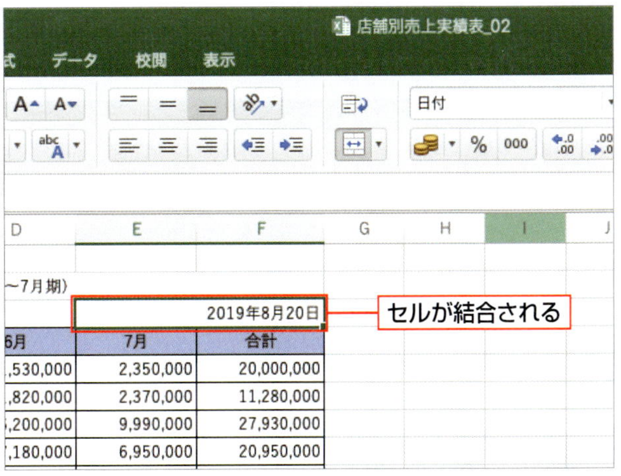

Hint 横方向に結合後の文字配置

この方法でセルを結合したあとの文字の配置は、結合前の設定が維持されます。選択したセル範囲に複数のデータが入っていた場合は、左上側のセルのデータのみが残ります。ただし、空白のセルは無視されます。

Column <横方向に結合>と<セルの結合>の違い

<横方向に結合>は行方向のみが結合されます。列方向の結合は行いません。<セルの結合>は行方向、列方向ともまとめて結合されます。

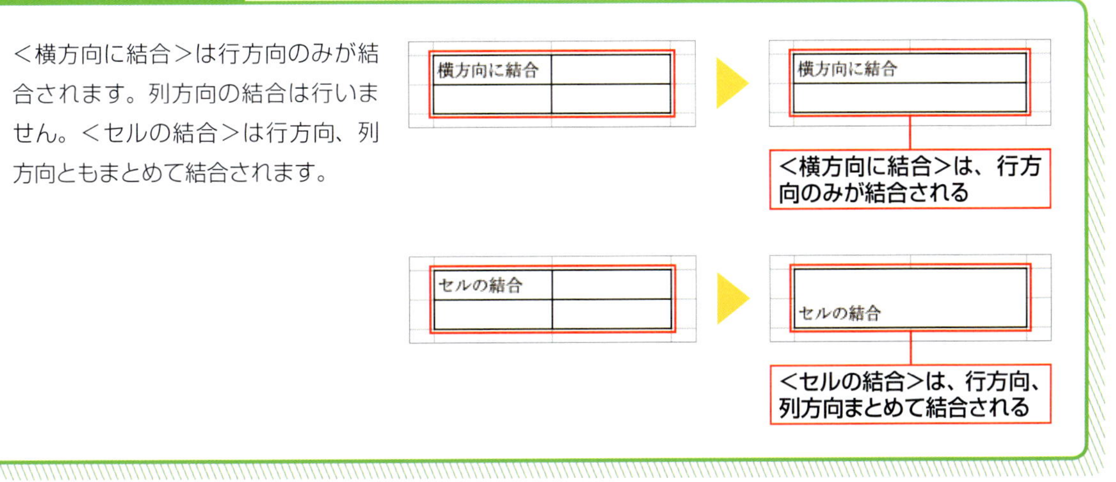

SECTION 18

文字サイズやフォントを変更する

セルに入力した文字のサイズやフォントの種類などは、任意に変更できます。用途に合わせた文字サイズやフォントに変更することで、見た目に美しい表を作成できます。とくに、表のタイトルや表内の見出し、項目などは、大きくしたり目立たせたりすると効果的です。

覚えておきたいKeyword　文字サイズ　フォント　ポイント（pt）

1 文字サイズを変更する

1 文字サイズを指定する

文字サイズを変更するセルをクリックします 1。<ホーム>タブの<フォントサイズ>の▼をクリックし 2、使用する文字サイズをクリックします 3。ここでは<16>を指定します。

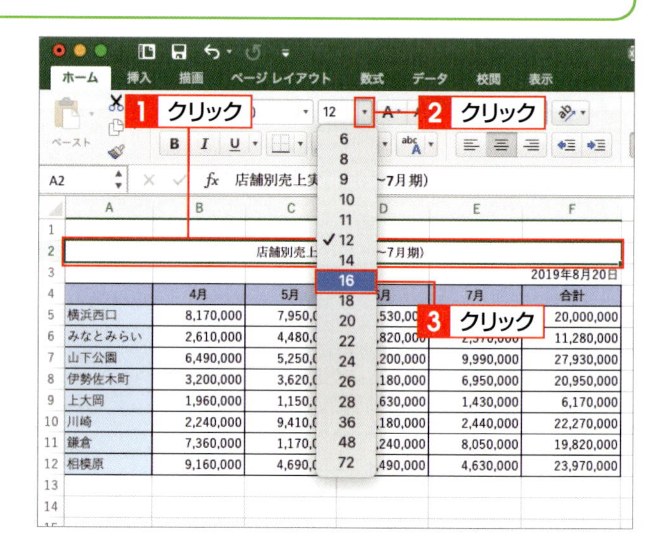

2 文字サイズが変更される

セル内の文字サイズが変更されます。

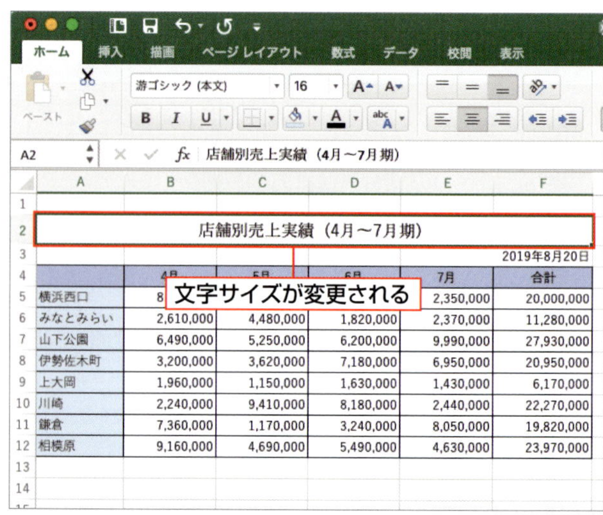

Memo 文字サイズの指定

文字サイズはポイント（pt）という単位で指定します。「1pt」は約0.35mmです。<フォントサイズ>ボックスに直接数値を入力することでも、文字サイズを変更できます。この場合は、0.5ポイント単位での指定も可能です。

2 フォントを変更する

1 セルを選択する

フォントを変更するセルをクリックして 1 、＜ホーム＞タブの＜フォント＞の ▾ をクリックします 2 。

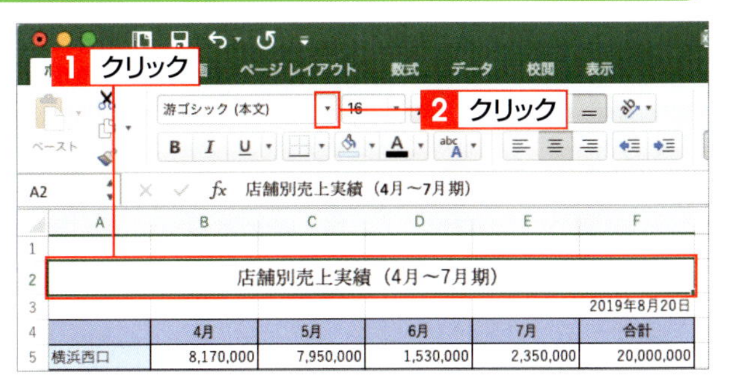

2 フォントを指定する

表示された一覧から、使用するフォントをクリックします 1 。ここでは＜ヒラギノ丸ゴ ProN＞を指定します。

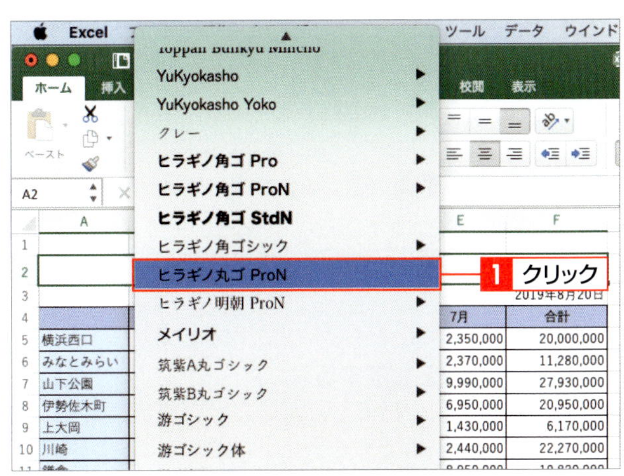

Memo フォントの一覧

一覧に表示されているフォント名は、そのフォントの書体見本を兼ねています。フォントを選ぶときの参考にすると便利です。なお、ここに表示されるフォントの種類は、お使いのMacの環境によって異なる場合があります。

3 フォントが変更される

指定したフォントに変更されます。

フォントが変更される

Column 一部の文字を変更する

セルを編集可能な状態にして文字列の一部分を選択し（P.48参照）、文字サイズやフォントの変更を行うと、セル内の一部の文字だけを変更できます。

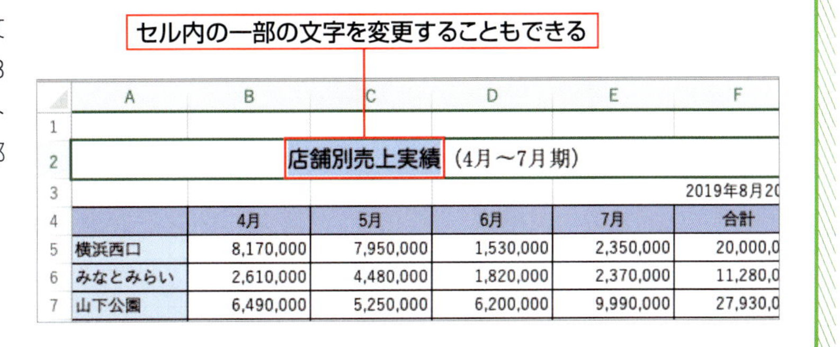

SECTION 19

文字に色を付ける・下線を引く

文字や数値には、用途に応じて色を付けたり、下線を引いたりできます。一部の文字に色を付けたり下線を引いたりすることで、その部分を強調させることができます。ただし、文字の色を薄くしすぎると読みづらくなるので注意が必要です。下線は文字と同じ色で設定されます。

覚えておきたいKeyword　フォントの色　下線　二重下線

1 文字に色を付ける

1 セルを選択する

文字に色を付けるセルをクリックします1。

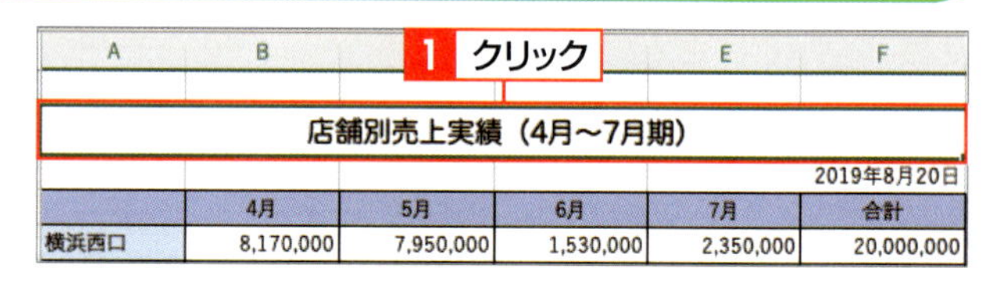

	4月	5月	6月	7月	合計
横浜西口	8,170,000	7,950,000	1,530,000	2,350,000	20,000,000

2 使用する色を指定する

＜ホーム＞タブの＜フォントの色＞のをクリックし1、使用する色をクリックします2。ここでは＜濃い赤＞を指定します。

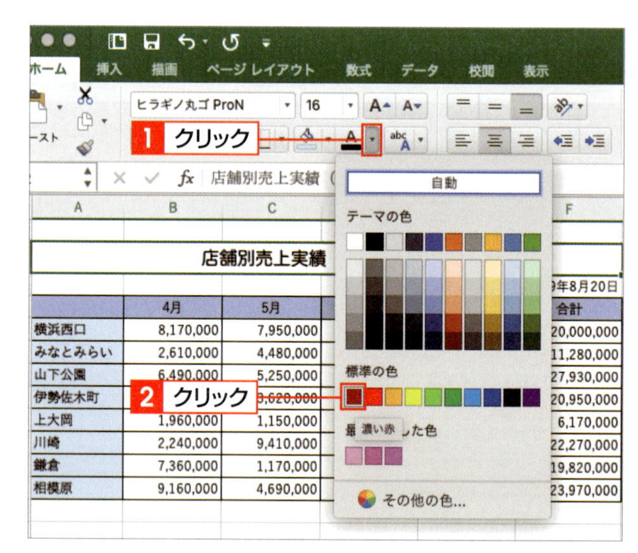

Memo 一覧にない色を付ける

手順2で＜その他の色＞をクリックすると、一覧にない色を選択できます（P.59参照）。

3 文字の色が変更される

文字が指定した色に変更されます。

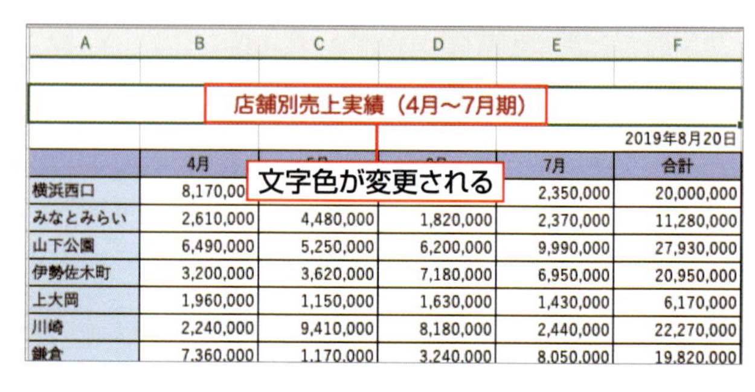

Hint 一部の文字に色を付ける

セルを編集可能な状態にして文字列の一部分を選択し（P.48参照）、使用する色を指定すると、セル内の一部の文字だけに色を付けることができます。

2 文字に下線を引く

1 <下線>をクリックする

文字に下線を付けるセルをクリックし 1 、<ホーム>タブの<下線>をクリックします 2 。

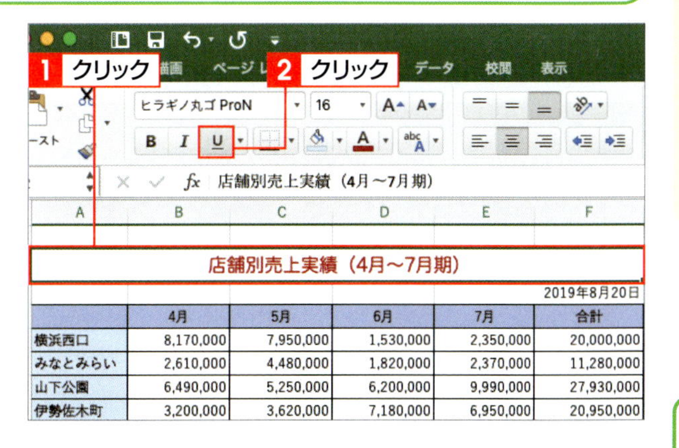

	4月	5月	6月	7月	合計
横浜西口	8,170,000	7,950,000	1,530,000	2,350,000	20,000,000
みなとみらい	2,610,000	4,480,000	1,820,000	2,370,000	11,280,000
山下公園	6,490,000	5,250,000	6,200,000	9,990,000	27,930,000
伊勢佐木町	3,200,000	3,620,000	7,180,000	6,950,000	20,950,000

Hint 下線を解除する

下線の設定を解除するには、下線を設定したセルを選択して<下線>をクリックします。

2 文字に下線が付く

文字に下線が付きます。下線は文字と同じ色で設定されます。

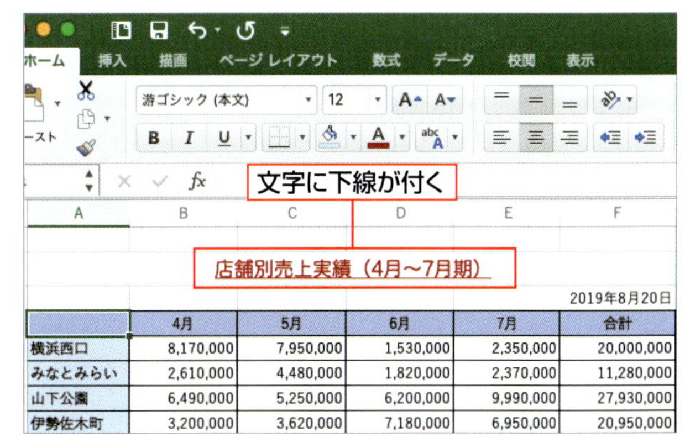

	4月	5月	6月	7月	合計
横浜西口	8,170,000	7,950,000	1,530,000	2,350,000	20,000,000
みなとみらい	2,610,000	4,480,000	1,820,000	2,370,000	11,280,000
山下公園	6,490,000	5,250,000	6,200,000	9,990,000	27,930,000
伊勢佐木町	3,200,000	3,620,000	7,180,000	6,950,000	20,950,000

Hint 二重下線を引く

<下線>の▾をクリックすると、<二重下線>を引くこともできます。

Column 会計用の下線を引く

下線には、ここで紹介したもの以外に<下線（会計）><二重下線（会計）>が用意されています。会計用の下線を引くには、<番号書式>の▾をクリックして、<その他の番号書式>をクリックします（P.69参照）。<セルの書式設定>ダイアログボックスが表示されるので、<フォント>をクリックして<下線>をクリックし、使用する下線の種類を指定します。

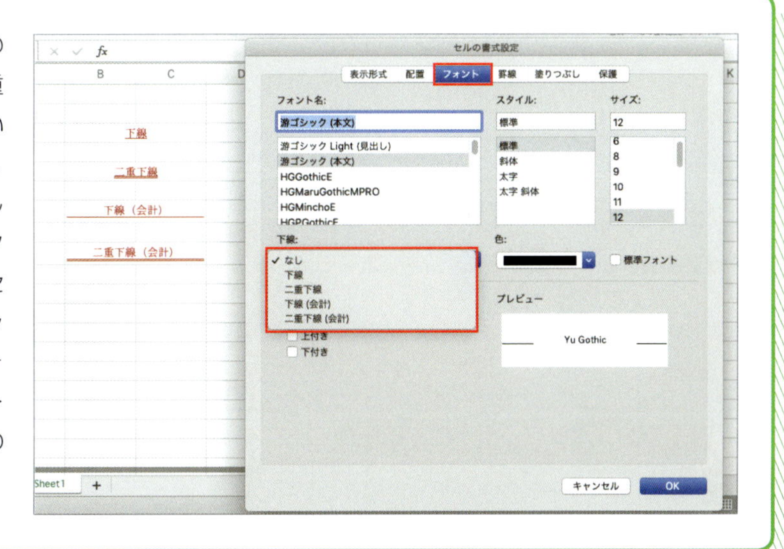

SECTION 20

文字列の配置を変更する

文字列がセルの幅よりも長くて一部が表示されない場合は、文字列を折り返したり、文字サイズを縮小するなどして、全体を表示させることができます。また、文字列を縦書きにしたり、回転させたりすることもできるので、必要に応じて利用しましょう。

覚えておきたい Keyword　折り返して全体を表示する　縦書きテキスト　縮小して全体を表示する

1 文字列を折り返して全体を表示する

1 <折り返して全体を表示する>をクリックする

セル内に文字が収まっていないセルをクリックして1、<ホーム>タブの<折り返して全体を表示する>をクリックします2。

Hint　セルの高さは自動調整される

文字列を折り返すと、セルの高さは自動的に調整されます。調整されない場合は、行番号の境界をドラッグして広げます（P.70参照）。

2 文字列が折り返される

文字列が折り返され、全体が表示されます。

2 文字列を縦書きにして表示する

1 <縦書きテキスト>をクリックする

文字列を縦書きにするセルをクリックします1。<ホーム>タブの<文字の向き>をクリックし2、<縦書きテキスト>をクリックしてオンにします3。

Hint　文字列を回転して表示する

<文字の向き>をクリックして表示される一覧から、回転角度を選ぶこともできます。

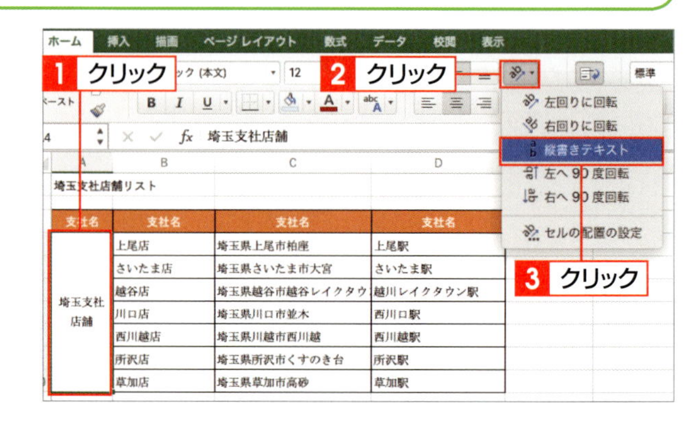

2 文字列が縦書きになる

文字列が縦書き表示になります。

Hint 縦書きを解除する

縦書きの状態を解除するには、<文字の向き>をクリックし、再度<縦書きテキスト>をクリックしてオフにします。

埼玉支社店舗リスト			
支社名	支社名	支社名	支社名
埼玉支社店舗	上尾店	埼玉県上尾市柏座	上尾駅
	さいたま店	埼玉県さいたま市大宮	さいたま駅
	越谷店	埼玉県越谷市越谷レイクタウ	越川レイクタウン駅
	川口店	埼玉県川口市並木	西川口駅
	西川越店	埼玉県川越市西川越	西川越駅
	所沢店	埼玉県所沢市くすのき台	所沢駅
	草加店	埼玉県草加市高砂	草加駅

文字列が縦書き表示になる

3 文字列をセルの幅に合わせる

1 <セルの配置の設定>をクリックする

文字列をセルの幅に合わせるセルをクリックします**1**。<ホーム>タブの<文字の向き>をクリックし**2**、<セルの配置の設定>をクリックします**3**。

2 <縮小して全体を表示する>をオンにする

<セルの書式設定>ダイアログボックスの<配置>が表示されます。<縮小して全体を表示する>をクリックしてオンにし**1**、<OK>をクリックします**2**。

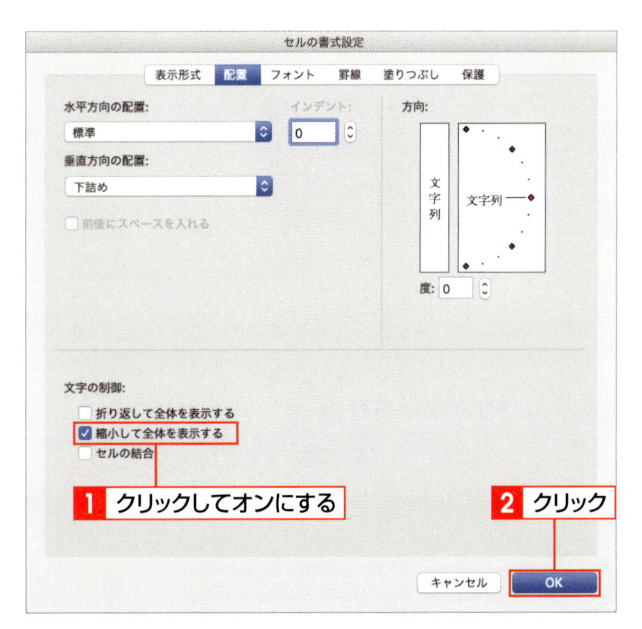

3 文字列が縮小される

セルの幅に合わせて、文字列が自動的に縮小されて表示されます。

支社名	支社名	支社名	支社名
埼玉支社店舗	上尾店	埼玉県上尾市柏座	上尾駅
	さいたま店	埼玉県さいたま市大宮	さいたま駅
	越谷店	埼玉県越谷市越谷レイクタウン	越川レイクタウン駅
	川口店	埼玉県川口市並木	西川口駅
	西川越店	埼玉県川越市西川越	西川越駅
	所沢店	埼玉県所沢市くすのき台	所沢駅
	草加店	埼玉県草加市高砂	草加駅

文字列がセルの幅に合わせて縮小される

SECTION 21

ふりがなを表示する

読み方が難しい漢字などには、ふりがなを表示しておくと便利です。ふりがなは、文字列を入力したときに保存される読みの情報を利用しているので、Excelで入力した文字であれば、<ホーム>タブの<ふりがなの表示／非表示>をクリックするだけで、自動的に表示できます。

覚えておきたいKeyword　ふりがなの表示　ふりがなの編集　ふりがなの設定

1 ふりがなを表示する

1 <ふりがなの表示／非表示>をクリックする

ふりがなを表示するセル範囲を選択します 1。<ホーム>タブの<ふりがなの表示／非表示>をクリックします 2。

	A	B	C
1	会員名簿		
2	氏名	住所	会員種別
3	高梨 美鈴	東京都渋谷区神南x-x-x	一般会員
4	清水 光昭	東京都品川区目黒x-x-x-x	一般会員
5	中野 成人	埼玉県さいたま市大宮xx	賛助会員
6	定塚 健太郎	千葉県千葉市中央区x-x-x	一般会員
7	石毛 貴文	千葉県船橋市東船橋x-x-x	一般会員
8	武藤 多美子	神奈川県鎌倉市xxx	一般会員
9			

2 ふりがなが表示される

選択したセル範囲にふりがなが表示されます。

	A	B	C
1	会員名簿		
2	氏名	住所	会員種別
3	タカナシ ミスズ 高梨 美鈴	東京都渋谷区神南x-x-x	一般会員
4	シミズ ミツアキ 清水 光昭	東京都品川区目黒x-x-x-x	一般会員
5	ナカノ セイジン 中野 成人	埼玉県さいたま市大宮xx	賛助会員
6	ジョウヅカケンタロウ 定塚 健太郎	千葉県千葉市中央区x-x-x	一般会員
7	イシゲ タカフミ 石毛 貴文	千葉県船橋市東船橋x-x-x	一般会員
8	ムトウ タミコ 武藤 多美子	神奈川県鎌倉市xxx	一般会員
9			

Memo ふりがなを表示するための条件

ふりがなの表示機能は、セルに文字列を入力した際に保存される読み情報を利用しています。このため、ほかのアプリケーションで入力したデータをコピーした場合などは、ふりがなが表示されません。また、入力時に表示される変換候補を使って入力した文字も、ふりがなが表示されない場合があります。

2 ふりがなを編集する

1 ふりがなを編集可能な状態にする

ふりがなを変更するセルをクリックします 1 。<ホーム>タブの<ふりがなの表示／非表示>の ▾ をクリックし 2 、<ふりがなの編集>をクリックします 3 。

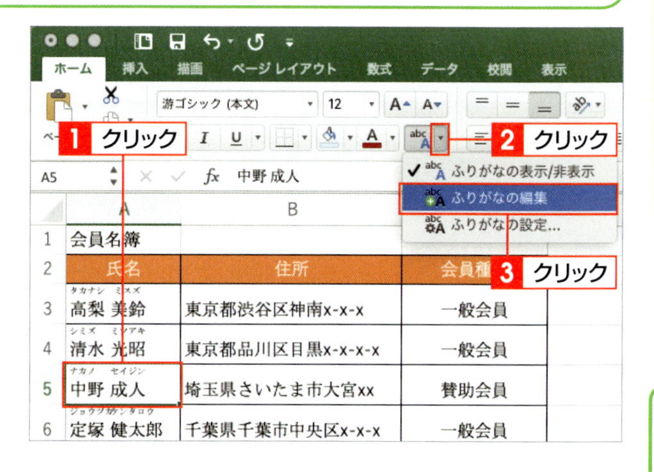

Hint ふりがなが見づらい場合

ふりがなが小さくて見づらい場合は、シートを拡大表示すると見やすくなります（P.28参照）。

2 ふりがなを修正する

ふりがなが編集可能な状態になります。ふりがなを修正し 1 、return を押します 2 。なお、ふりがなをひらがなで入力して control ＋ K を押すと、カタカナに変換できます。

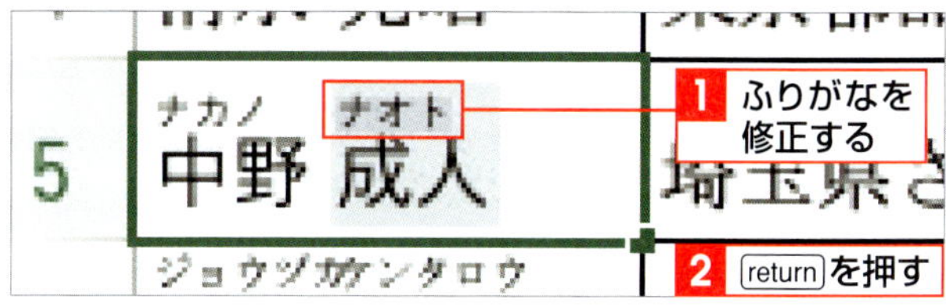

3 ふりがなを確定する

ふりがなが確定します。

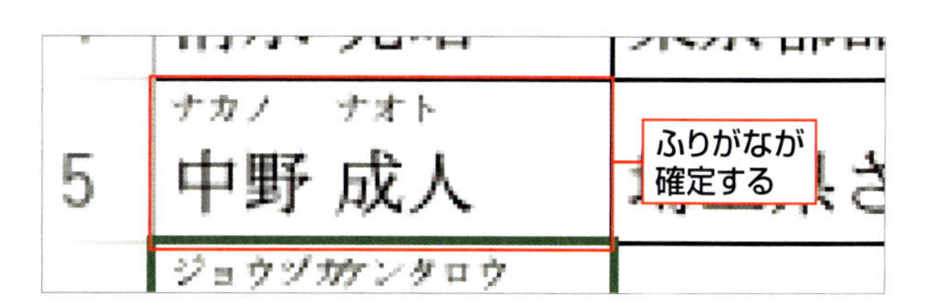

Column ふりがなの種類や配置などを変更する

ふりがなの種類や配置、フォントなどは、<ふりがなの設定>ダイアログボックスで変更できます。<ふりがなの設定>ダイアログボックスを表示するには、<ふりがなの表示／非表示>の ▾ をクリックして 1 、<ふりがなの設定>をクリックします 2 。

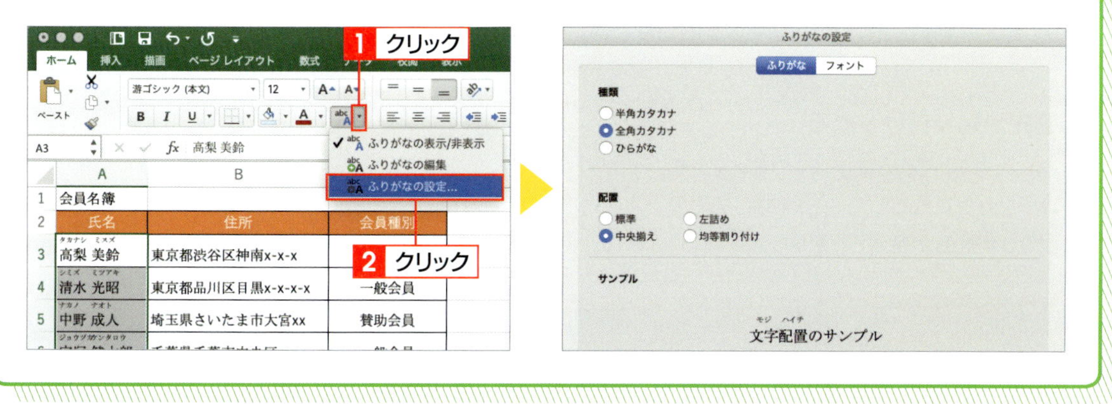

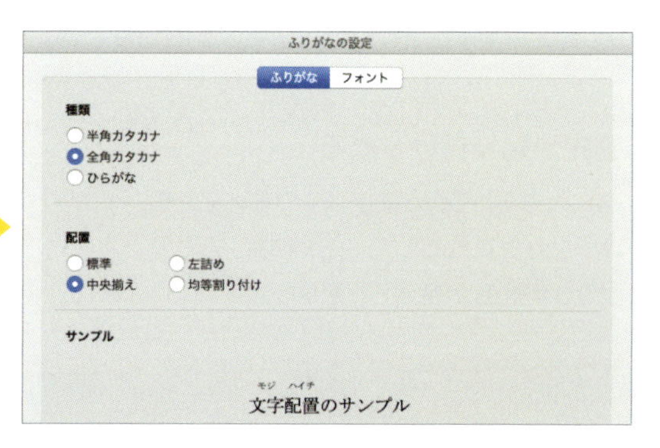

SECTION 22

書式をコピーする

セル内の文字はそのままで、別のセルに設定されている罫線や背景色、文字書式などの書式のみをコピーして貼り付けることができます。書式のみのコピーを利用すると、同じ書式を繰り返し設定する手間が省けるので、効率的です。書式を連続して貼り付けることもできます。

覚えておきたい Keyword　書式のコピー　書式の貼り付け　書式の連続貼り付け

1 セルの書式をコピーして貼り付ける

1 書式をコピーする

書式（ここでは背景色）が設定されているセル範囲を選択し 1 、<ホーム>タブの<書式を別の場所にコピーして適用>をクリックします 2 。

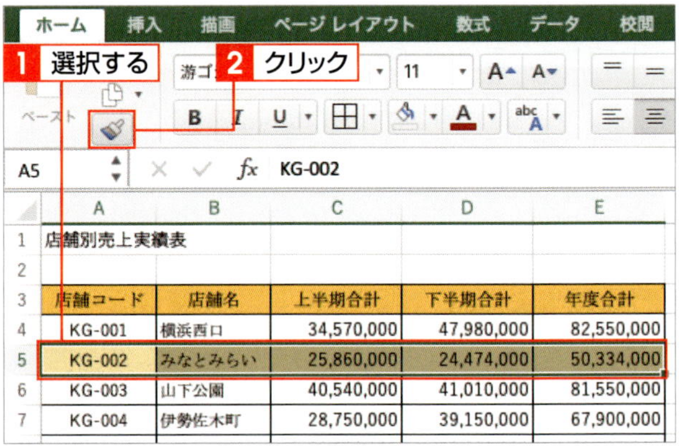

1 選択する
2 クリック

	A	B	C	D	E
1	店舗別売上実績表				
2					
3	店舗コード	店舗名	上半期合計	下半期合計	年度合計
4	KG-001	横浜西口	34,570,000	47,980,000	82,550,000
5	KG-002	みなとみらい	25,860,000	24,474,000	50,334,000
6	KG-003	山下公園	40,540,000	41,010,000	81,550,000
7	KG-004	伊勢佐木町	28,750,000	39,150,000	67,900,000

2 貼り付ける位置を指定する

書式がコピーされ、マウスポインターの形が 🖌 に変わるので、書式を貼り付ける位置でクリックします 1 。

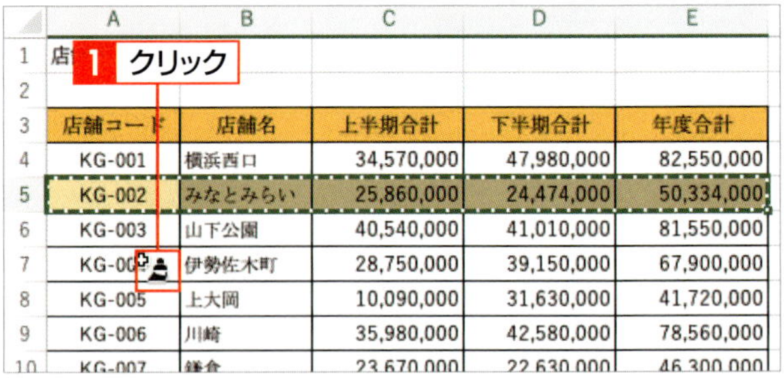

1 クリック

	A	B	C	D	E
1	店				
2					
3	店舗コード	店舗名	上半期合計	下半期合計	年度合計
4	KG-001	横浜西口	34,570,000	47,980,000	82,550,000
5	KG-002	みなとみらい	25,860,000	24,474,000	50,334,000
6	KG-003	山下公園	40,540,000	41,010,000	81,550,000
7	KG-004	伊勢佐木町	28,750,000	39,150,000	67,900,000
8	KG-005	上大岡	10,090,000	31,630,000	41,720,000
9	KG-006	川崎	35,980,000	42,580,000	78,560,000
10	KG-007	鎌倉	23,670,000	22,630,000	46,300,000

3 書式が貼り付けられる

セル内に入力されていた文字はそのままで、書式だけが貼り付けられます。ここでは、もとのセルと同じ背景色が適用されました。

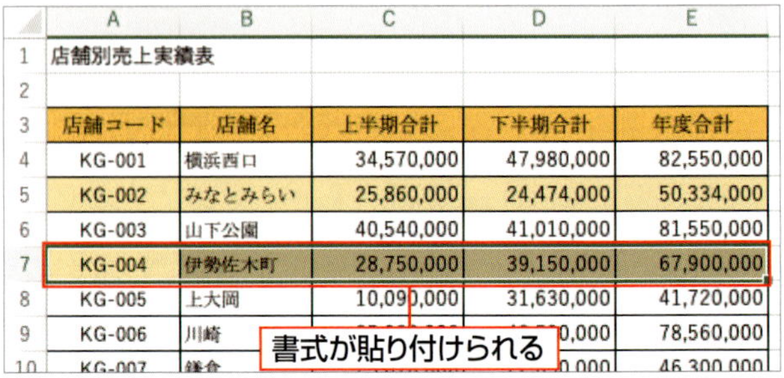

	A	B	C	D	E
1	店舗別売上実績表				
2					
3	店舗コード	店舗名	上半期合計	下半期合計	年度合計
4	KG-001	横浜西口	34,570,000	47,980,000	82,550,000
5	KG-002	みなとみらい	25,860,000	24,474,000	50,334,000
6	KG-003	山下公園	40,540,000	41,010,000	81,550,000
7	KG-004	伊勢佐木町	28,750,000	39,150,000	67,900,000
8	KG-005	上大岡	10,090,000	31,630,000	41,720,000
9	KG-006	川崎	[illegible]	[illegible]	78,560,000
10	KG-007	鎌倉	[illegible]	[illegible]	46,300,000

書式が貼り付けられる

2 セルの書式を連続して貼り付ける

1 書式をコピーする

書式が設定されているセル範囲を選択し1、<ホーム>タブの<書式を別の場所にコピーして適用>をダブルクリックします2。

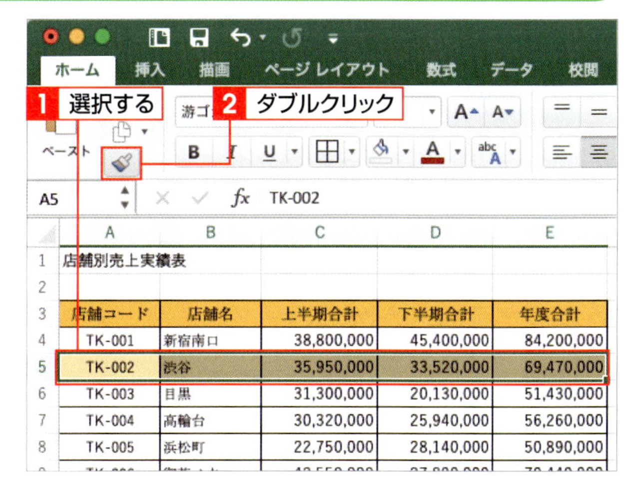

2 書式が続けて貼り付けられる

書式を貼り付ける位置でクリックすると、書式が貼り付けられます1。マウスポインターの形は のままなので、続けて別のセルにも書式を貼り付けることができます2。

1 クリックして書式を貼り付ける

2 続けて貼り付けることができる

3 書式の貼り付けを終了する

貼り付けが完了したら、<書式を別の場所にコピーして適用>をクリックします1。書式の貼り付けが終了し、マウスポインターがもとの形に戻ります。

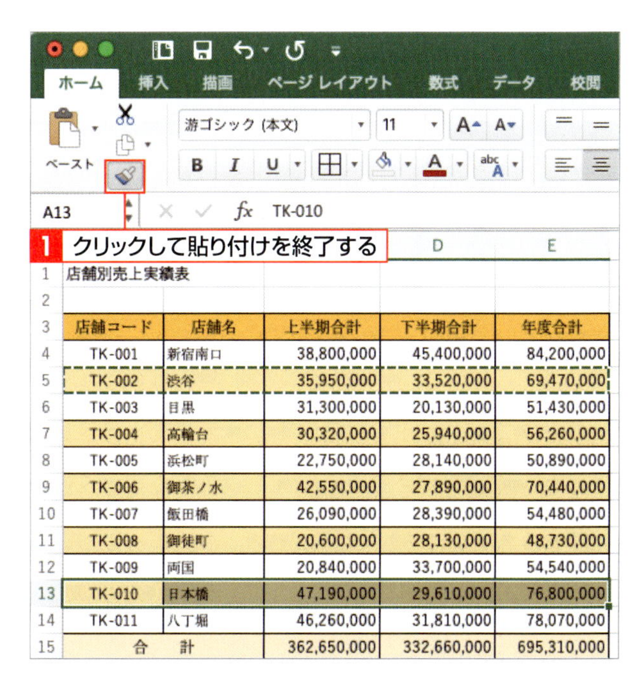

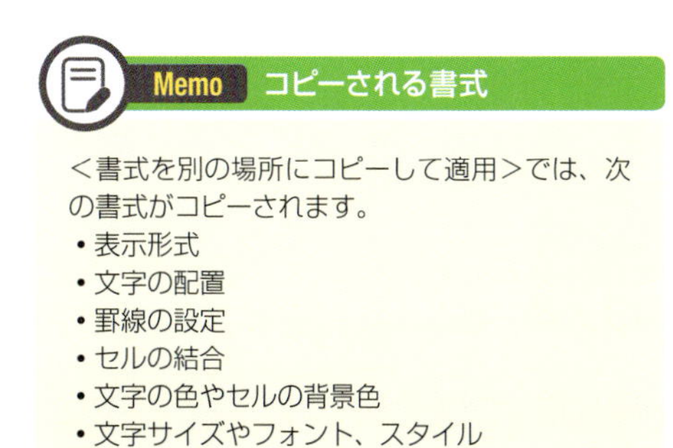

Memo コピーされる書式

<書式を別の場所にコピーして適用>では、次の書式がコピーされます。

- 表示形式
- 文字の配置
- 罫線の設定
- セルの結合
- 文字の色やセルの背景色
- 文字サイズやフォント、スタイル

SECTION 23

形式を選択して貼り付ける

コピーやカットしたデータを貼り付ける場合、そのまま貼り付けると、もとのセルに入力されている値や数式、書式もいっしょにコピーされます。値のみを貼り付けたり、もとの列幅を保持して貼り付けたりしたい場合は、貼り付けるときに条件を指定します。

覚えておきたい Keyword　コピー　値の貼り付け　元の列幅を保持

1 値のみを貼り付ける

1 データをコピーする

コピーするセル範囲を選択し 1、<ホーム>タブの<コピー>をクリックします 2。

1 選択する　2 クリック

I4　=SUM(C4:H4)

店舗別売上実績表

店舗コード	店舗名	上半期合計	10月	11月	12月	1月
ST-001	上尾	26,960,000	6,380,000	6,720,000	9,990,000	1,660,000
ST-002	さいたま	24,340,000	3,320,000	1,330,000	3,570,000	3,230,000
ST-003	川口	29,550,000	7,420,000	1,250,000	4,920,000	8,760,000
ST-004	川越	33,870,000	5,500,000	7,130,000	6,700,000	3,620,000
ST-005	所沢	33,820,000	3,700,000	2,870,000	6,550,000	7,500,000
ST-006	越谷	31,420,000	7,870,000	1,070,000	6,070,000	2,750,000
合計		179,960,000	34,190,000	20,370,000	37,800,000	27,520,000

2 <値の貼り付け>をクリックする

貼り付け先のセルをクリックし 1、<ホーム>タブの<ペースト>の ▾ をクリックして 2、<値の貼り付け>をクリックします 3。

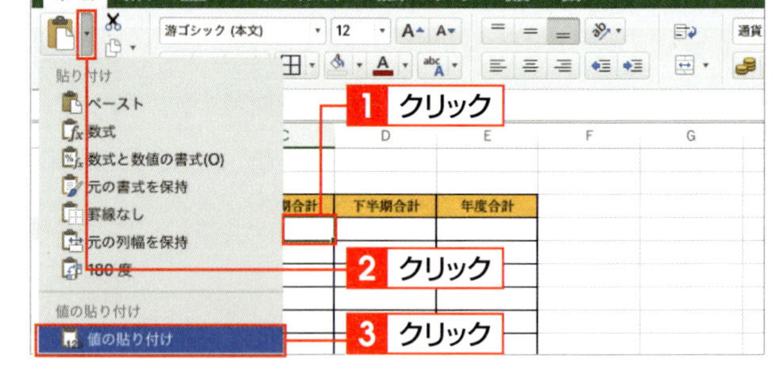

3 セルの値のみが貼り付けられる

数式や背景色などの書式が取り除かれて、セルの値のみが貼り付けられます。

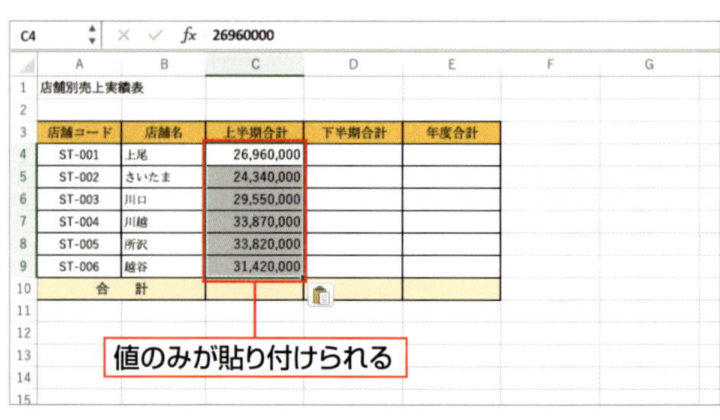

Memo 値の貼り付け

セルに書式が設定されている場合、通常のコピーと貼り付けを実行すると書式もコピーされます。<値の貼り付け>を利用すると、書式を除いた値だけを貼り付けることができます。

2 もとの列幅を保持して貼り付ける

1 データをコピーする

コピーするセル範囲を選択し1、＜ホーム＞タブの＜コピー＞をクリックします2。

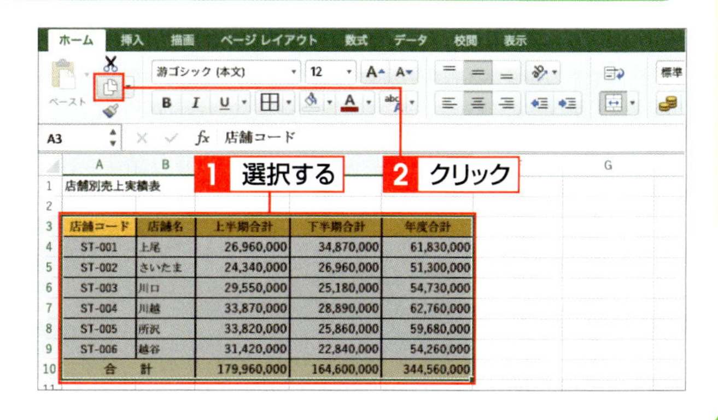

店舗コード	店舗名	上半期合計	下半期合計	年度合計
ST-001	上尾	26,960,000	34,870,000	61,830,000
ST-002	さいたま	24,340,000	26,960,000	51,300,000
ST-003	川口	29,550,000	25,180,000	54,730,000
ST-004	川越	33,870,000	28,890,000	62,760,000
ST-005	所沢	33,820,000	25,860,000	59,680,000
ST-006	越谷	31,420,000	22,840,000	54,260,000
合	計	179,960,000	164,600,000	344,560,000

2 ＜元の列幅を保持＞をクリックする

貼り付け先のセルをクリックし、＜ホーム＞タブの＜ペースト＞の▾をクリックして1、＜元の列幅を保持＞をクリックします2。

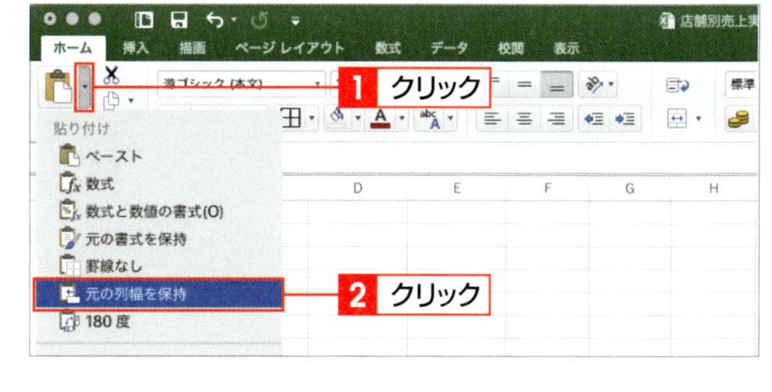

3 もとの列幅でセル範囲が貼り付けられる

コピーもとの列幅と同じ列幅で、セル範囲が貼り付けられます。

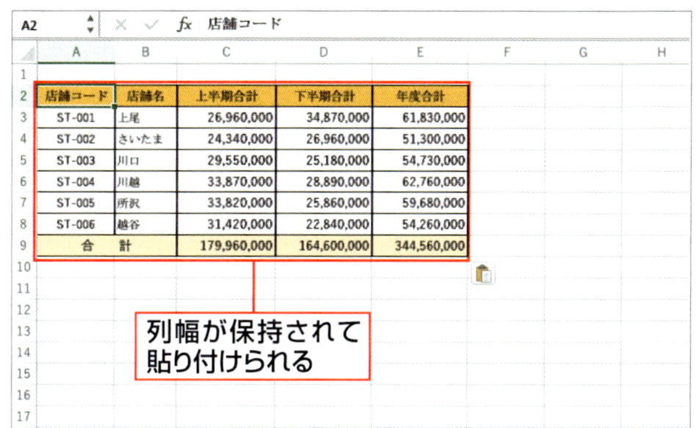

Memo 元の列幅を保持

単なる貼り付けを行ったあとに列幅を変更することもできます。貼り付けを行ったあとに表示される＜ペーストのオプション＞を利用します（Column参照）。

Column ＜ペーストのオプション＞を利用する

コピーしたセル範囲を貼り付けると、右下に＜ペーストのオプション＞が表示されます。このコマンドをクリックして、表示されるメニューから貼り付けたあとの結果を変更することもできます。

ペーストのオプション

元の書式を保持(K)
✓ 貼り付け先のテーマを使用(D)
貼り付け先の書式に合わせる(M)
値のみ(V)
値と数値の書式(N)
値と元の書式(U)
元の列幅を保持(W)
書式のみ(F)
セルのリンク(L)

SECTION 24

行や列を挿入・削除する

表の作成中や作成後に、新しい行や列が必要になることがあります。また、不要な行や列ができてしまうこともあります。このような場合は、必要な箇所に行や列を挿入し、不要な列や行を削除します。削除する際は、データも同時に削除されるので注意が必要です。

覚えておきたいKeyword　行／列の挿入　行／列の削除　挿入オプション

1 行や列を挿入する

1 <シートの行を挿入>をクリックする

行を挿入する下側の行番号（ここでは[6]）をクリックします 1。<ホーム>タブの<挿入>の▾をクリックし 2、<シートの行を挿入>をクリックします 3。

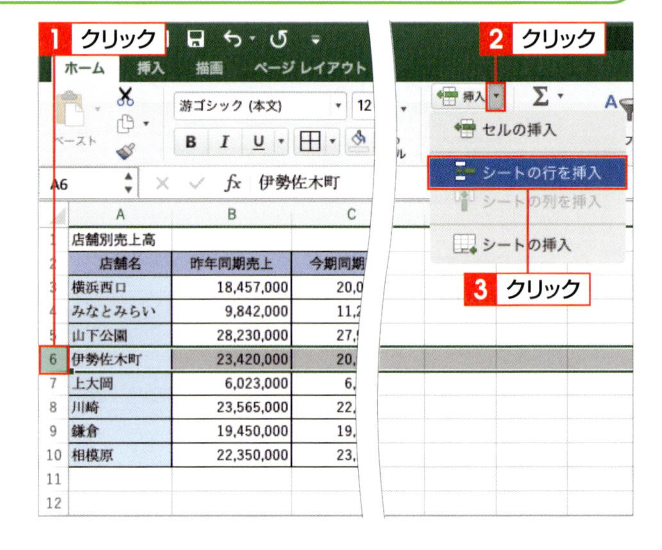

Memo 列を挿入する

列を挿入するときは、列番号をクリックして、手順 3 で<シートの列を挿入>をクリックすると、選択した列の左側に列が挿入されます。

2 行が挿入される

選択した行の上に、新しく行が追加されます。

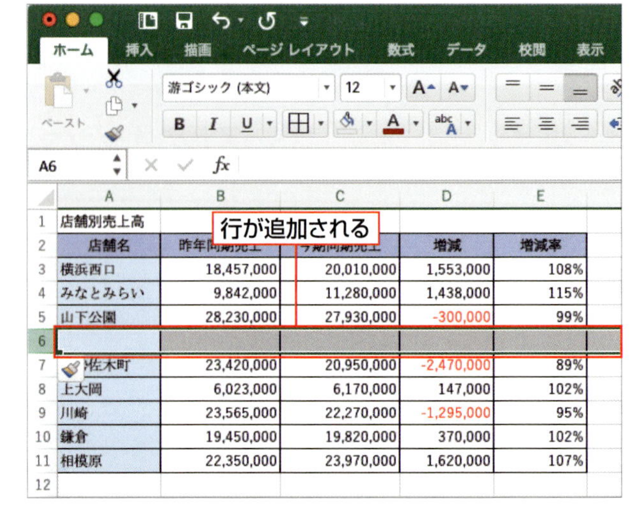

2 列や行を削除する

1 <シートの列を削除>をクリックする

削除する列の列番号（ここでは［D］）をクリックします 1。<ホーム>タブの<削除>の▾をクリックし 2、<シートの列を削除>をクリックします 3。

今期同期売上	増減	増減率
20,010,000	1,553,000	108%
11,280,000	1,438,000	115%
27,930,000	-300,000	99%
20,950,000	-2,470,000	89%
6,170,000	147,000	102%
22,270,000	-1,295,000	95%
19,820,000	370,000	102%
23,970,000	1,620,000	107%

Memo 行を削除する

行を削除するときは、行番号をクリックして、手順 3 で<シートの行を削除>をクリックします。

2 列が削除される

選択した列が削除されます。

今期同期売上	増減率
20,010,000	108%
11,280,000	115%
27,930,000	99%
20,950,000	89%
6,170,000	102%
22,270,000	95%
19,820,000	102%
23,970,000	107%

Hint 複数の行や列の挿入・削除

複数の行や列を選択したあとに、挿入や削除の操作を実行すると、選択した数だけの行や列をまとめて挿入できます。同様に、削除もまとめて実行できます。

Column 挿入した行や列の書式の適用

挿入した行には、上側にある行と同じ書式が適用されます。下の行の書式と同じにしたい場合や、書式を消去したい場合は、行を挿入すると表示される<挿入オプション>をクリックして、表示されるメニューから<下と同じ書式を適用>または<書式のクリア>をクリックします。
また、列を挿入した場合は、左側にある列の書式が適用されます。右側にある列の書式を適用したい場合や、書式を消去したい場合は、同様に<挿入オプション>を利用します。

SECTION 25

セルを挿入・削除する

行単位や列単位だけでなく、セル単位で挿入や削除をすることもできます。セルの場合は、挿入や削除後のセルの移動方向を指定する必要があります。挿入したセルには、上や左のセルの書式が適用されますが、不要な場合は消去できます。

覚えておきたいKeyword　セルの挿入　セルの削除　挿入オプション

1 セルを挿入する

1 ＜セルの挿入＞をクリックする

セルを挿入したい位置にあるセル範囲を選択します 1。＜ホーム＞タブの＜挿入＞の▼をクリックし 2、＜セルの挿入＞をクリックします 3。

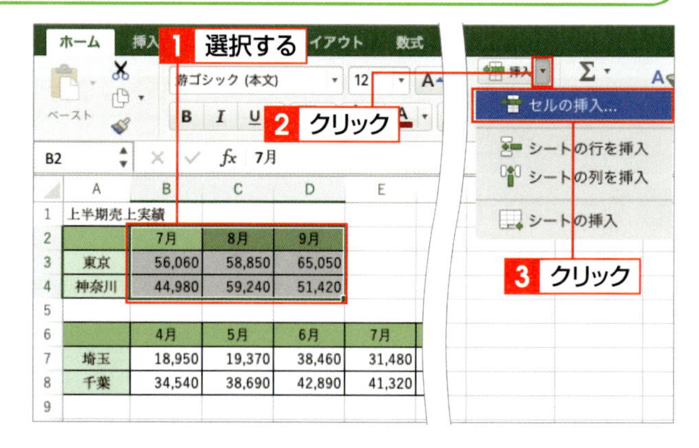

2 セルの移動方向を指定する

＜挿入＞ダイアログボックスが表示されるので、挿入後のセルの移動方向を指定します 1。ここでは＜右方向にシフト＞をクリックしてオンにし、＜OK＞をクリックします 2。

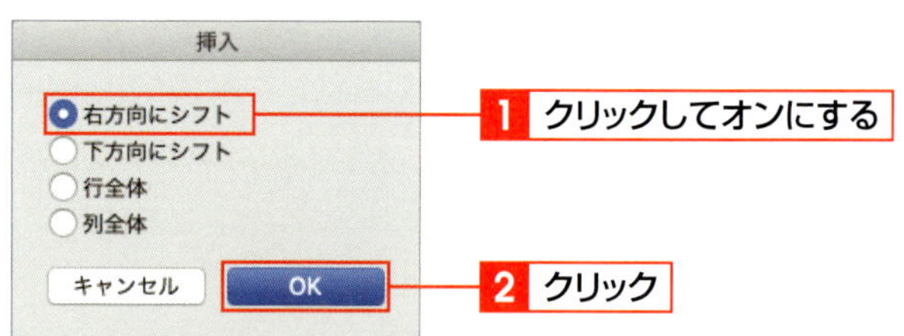

3 セルが挿入される

空白のセルが挿入され、選択したセルが右方向に移動します。

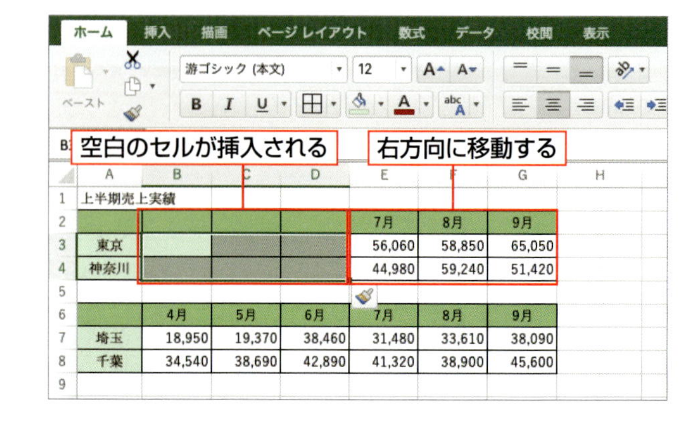

2 セルを削除する

1 ＜セルの削除＞をクリックする

削除するセル範囲を選択します1。＜ホーム＞タブの＜削除＞の▾をクリックして2、＜セルの削除＞をクリックします3。

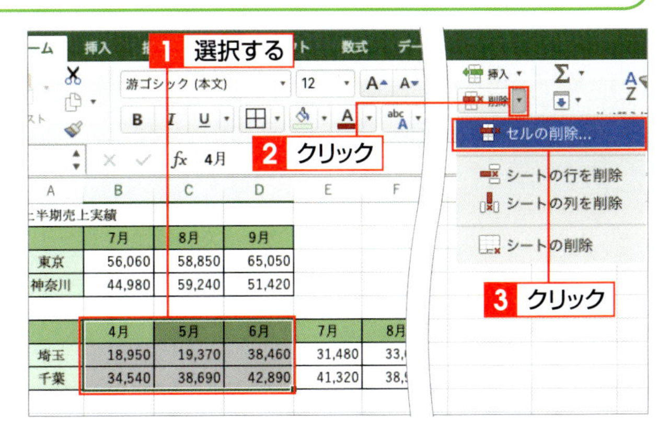

2 セルの移動方向を指定する

＜削除＞ダイアログボックスが表示されるので、削除後のセルの移動方向を指定します1。ここでは＜左方向にシフト＞をクリックしてオンにし、＜OK＞をクリックします2。

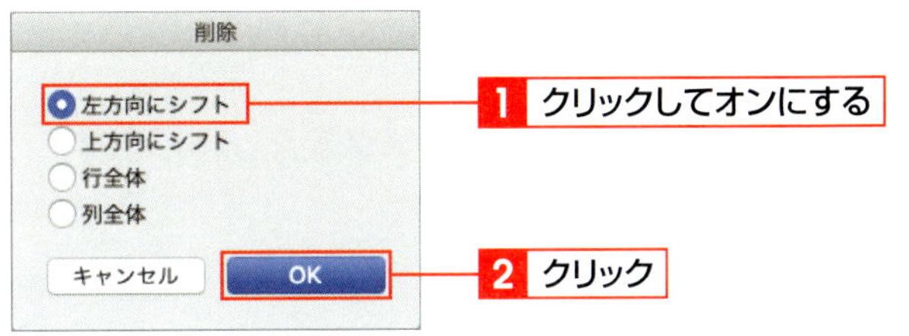

3 セルが削除される

セルが削除され、その右側にあるセルが左方向に移動します。

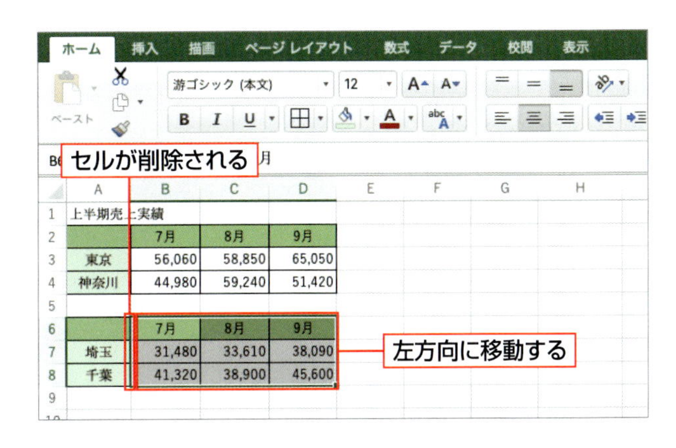

Column 挿入したセルの書式の適用

挿入したセルには、上のセルあるいは左のセルの書式が適用されます。下側のセルや右側のセルの書式と同じにしたい場合や、書式を消去したい場合は、＜挿入オプション＞をクリックして、表示されるメニューから適用される書式を変更したり、消去したりできます。

SECTION 26

ワークシートを操作する

標準の設定では、1枚のワークシートが表示されていますが、ワークシートは必要に応じて**追加したり、削除したり**できます。また、ブック内やブック間でワークシートを**移動やコピー**することもできます。**シート名を変更したり、シート見出しに色を付けたり**することも可能です。

覚えておきたいKeyword　シートの追加／削除　シート名の変更　シートの移動／コピー

1 ワークシートを追加する

1 <新しいシート>をクリックする

<新しいシート>をクリックします 1。

2 新しいワークシートが追加される

新しいワークシートが追加されます。

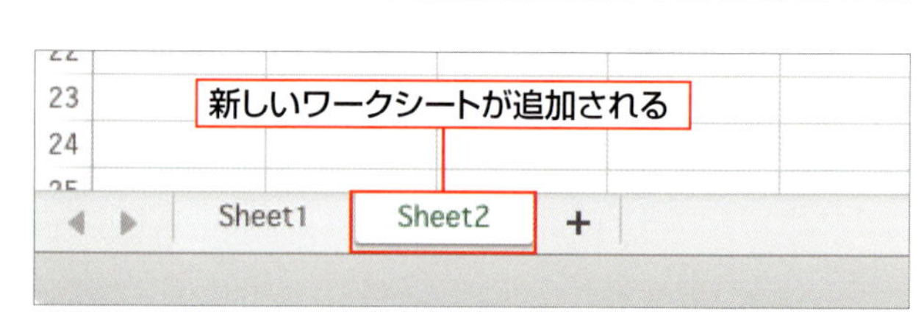

2 表示するワークシートを切り替える

1 シート見出しをクリックする

切り替えたいワークシートのシート見出し（ここでは「Sheet1」）をクリックします 1。

2 ワークシートが切り替わる

表示するワークシートが切り替わります。

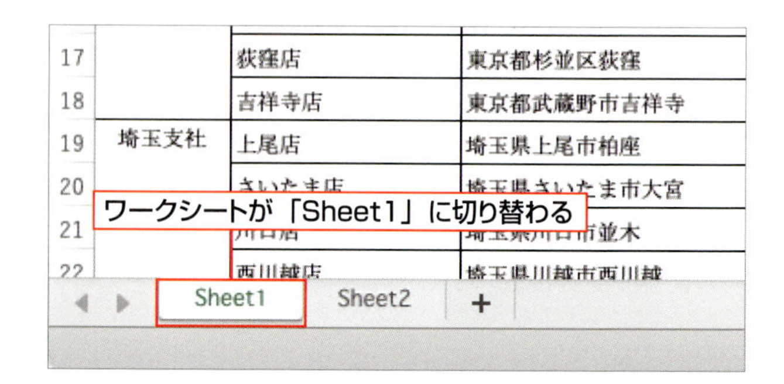

3 ワークシートを削除する

1 シート見出しをクリックする

削除するワークシートのシート見出しをクリックします 1。

2 <シートの削除>をクリックする

<ホーム>タブの<削除>の ▾ をクリックして 1、<シートの削除>をクリックします 2。

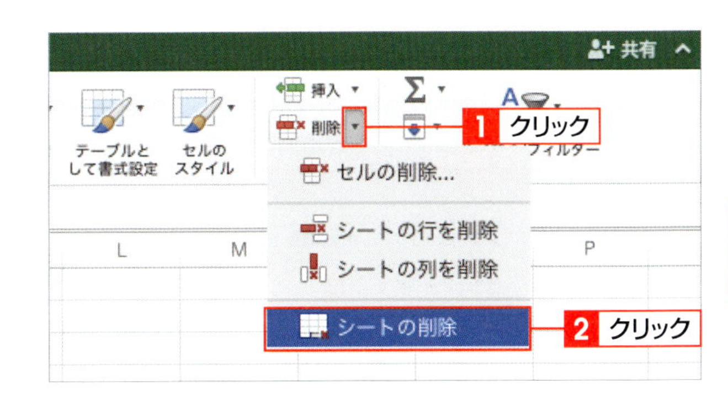

3 <削除>をクリックする

シートにデータが入力されている場合は確認のダイアログボックスが表示されるので、<削除>をクリックします 1。

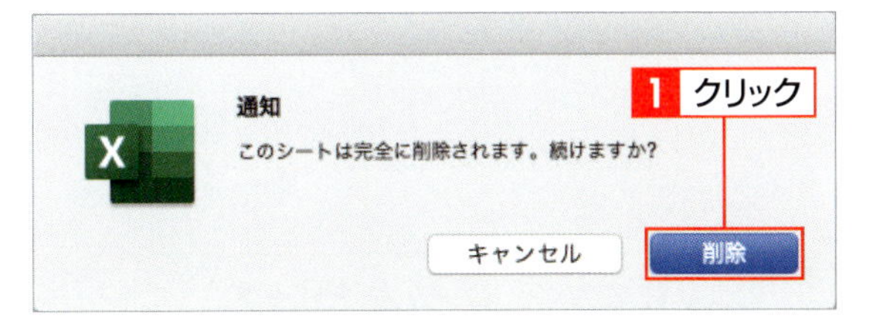

4 シートが削除される

選択したシートが削除されます。

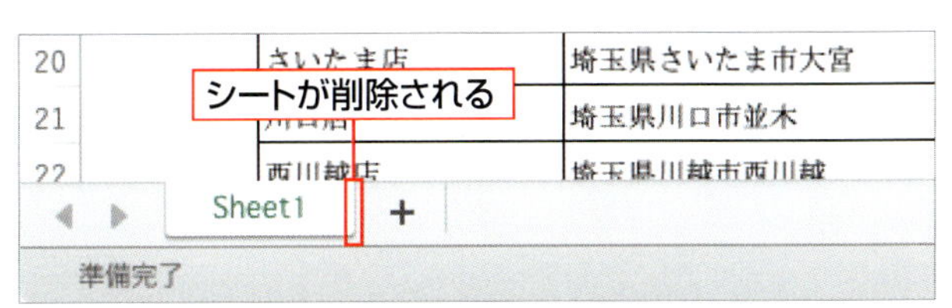

4 シート名を変更する

1 シート見出しをダブルクリックする

シート見出しをダブルクリックすると 1、シート名が選択されます。

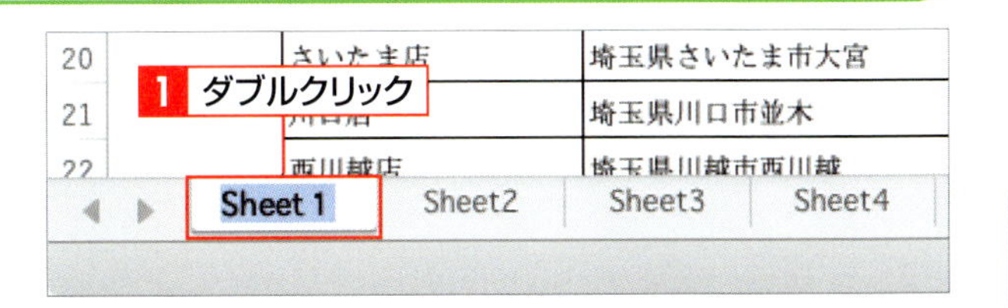

2 シート名を入力する

新しいシート名を入力して return を押すと 1、シート名が変更されます。

5 ワークシートを移動・コピーする

1 シート見出しをクリックする

移動（コピー）したいシート見出しをクリックします1。

2 移動先へドラッグする

シート見出しを移動先へドラッグすると1、シートの移動先に▼マークが表示されます。

3 移動先でマウスのボタンを離す

移動先でマウスのボタンを離すと1、その位置にシートが移動します。

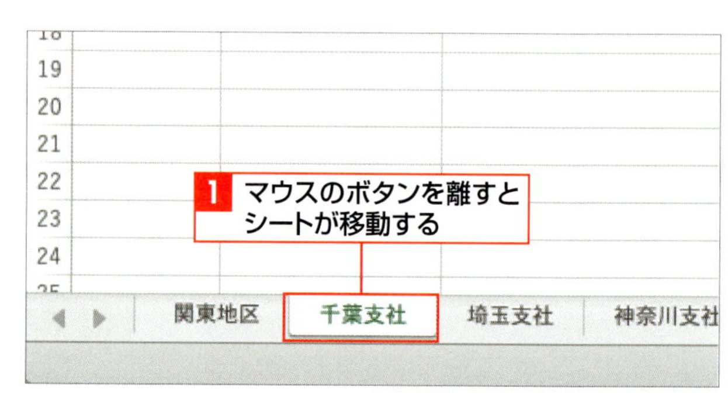

ワークシートをコピーするには、同様の手順でシート見出しをドラッグし、挿入する位置で option を押しながらマウスのボタンを離します。

6 シート見出しに色を付ける

1 シート見出しをクリックする

色を付けるシート見出しをクリックします1。

2 <シート見出しの色>を指定する

<ホーム>タブの<書式>をクリックし1、<シート見出しの色>をポイントして2、見出しの色をクリックします。ここでは、<赤>を指定します3。

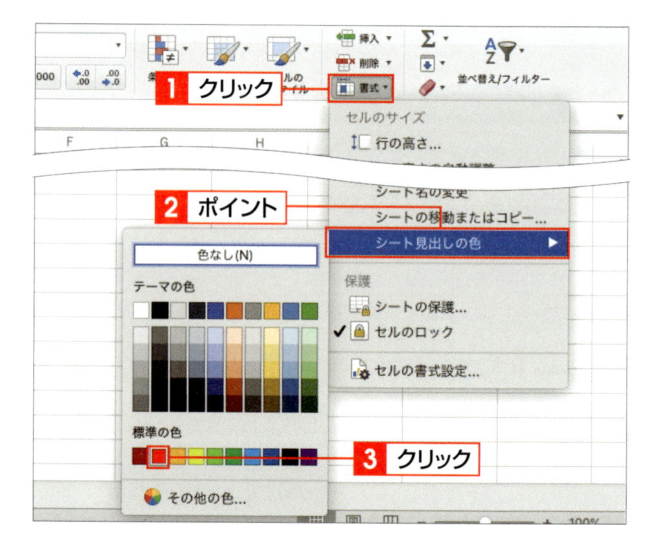

3 シート見出しに色が付く

シート見出しに色が付きます。

7 ブック間でワークシートを移動・コピーする

1 シート見出しをクリックする

移動（コピー）したいワークシートのシート見出しをクリックします 1。

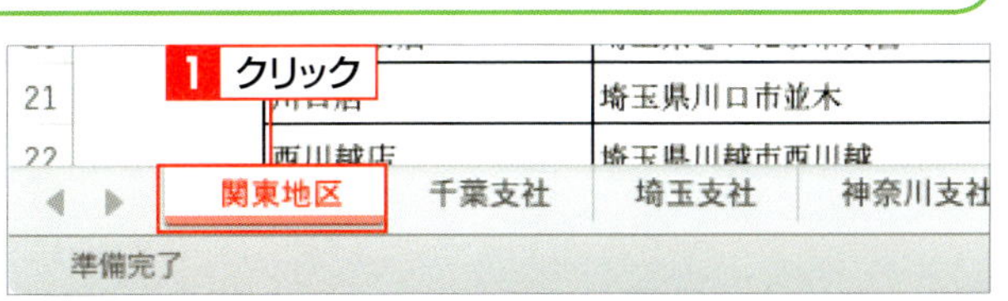

2 ＜シートの移動またはコピー＞をクリックする

＜ホーム＞タブの＜書式＞をクリックして 1、＜シートの移動またはコピー＞をクリックします 2。

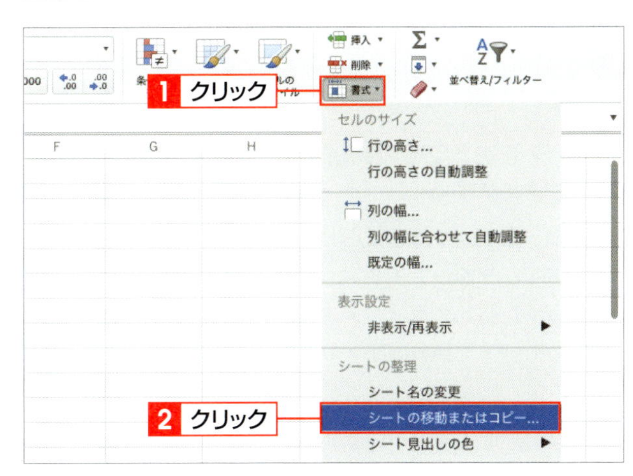

Hint ほかのブックに移動する

既存のブックに移動（コピー）する場合は、移動先（コピー先）のブックを開いておく必要があります。

3 移動（コピー）先を指定する

＜移動またはコピー＞ダイアログボックスが表示されるので、移動先（コピー先）のブックを指定します 1。ここでは＜（新しいブック）＞を指定して、＜OK＞をクリックします 2。

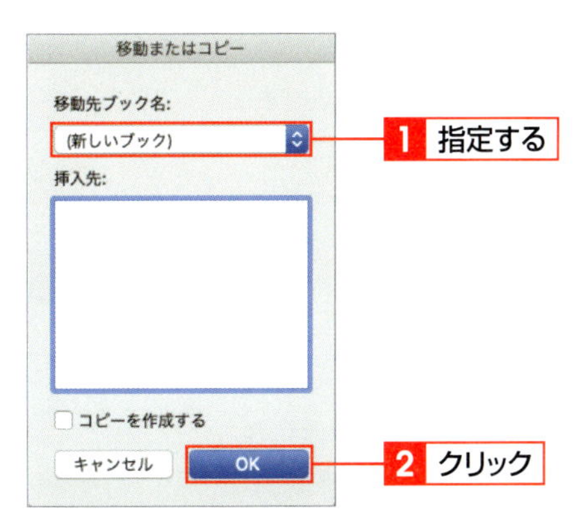

4 ワークシートが移動される

新しいブックにワークシートが移動されます。

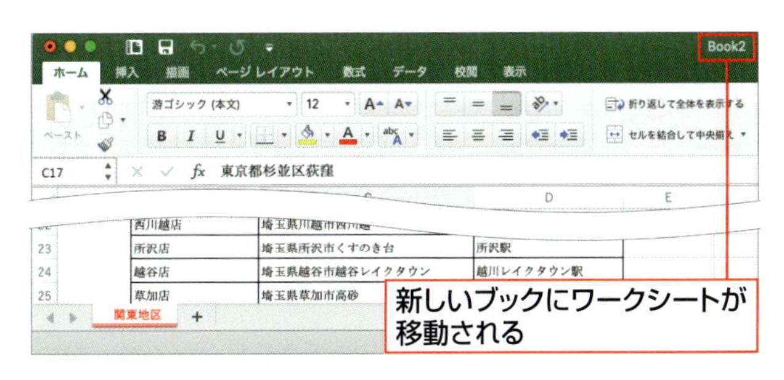

ブック間でワークシートをコピーするには、＜移動またはコピー＞ダイアログボックスで＜コピーを作成する＞をクリックしてオンにします。

SECTION 27

見出しを固定する

表が大きくなると、下や横へスクロールしたときに先頭の見出しが見えなくなり、どのデータがどの見出しに対応するのかわからなくなります。<ウィンドウ枠の固定>を使って行や列の見出し部分を固定しておくと、スクロールしても、常に見出しが表示されているのでわかりやすくなります。

覚えておきたいKeyword　ウィンドウ枠の固定　列の固定　行と列の固定

1 見出しの列を固定する

1 <ウィンドウ枠の固定>をクリックする

ここでは、見出しの列を固定します。固定する列の右側の、先頭のセル（ここではセル[C1]）をクリックし 1 、<表示>タブをクリックして 2 、<ウィンドウ枠の固定>をクリックします 3 。

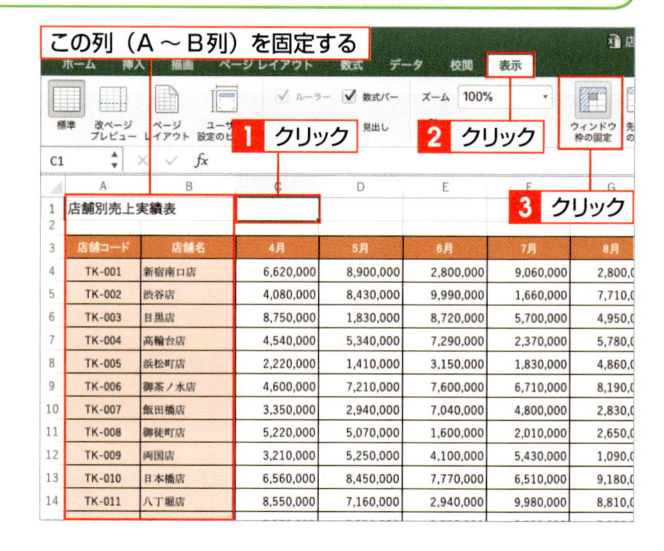

	A	B	C	D	E	F	G
1	店舗別売上実績表						
2							
3	店舗コード	店舗名	4月	5月	6月	7月	8月
4	TK-001	新宿南口店	6,620,000	8,900,000	2,800,000	9,060,000	2,800,(
5	TK-002	渋谷店	4,080,000	8,430,000	9,990,000	1,660,000	7,710,(
6	TK-003	目黒店	8,750,000	1,830,000	8,720,000	5,700,000	4,950,(
7	TK-004	高輪台店	4,540,000	5,340,000	7,290,000	2,370,000	5,780,(
8	TK-005	浜松町店	2,220,000	1,410,000	3,150,000	1,830,000	4,860,(
9	TK-006	御茶ノ水店	4,600,000	7,210,000	7,600,000	6,710,000	8,190,(
10	TK-007	飯田橋店	3,350,000	2,940,000	7,040,000	4,800,000	2,830,(
11	TK-008	御徒町店	5,220,000	5,070,000	1,600,000	2,010,000	2,650,(
12	TK-009	両国店	3,210,000	5,250,000	4,100,000	5,430,000	1,090,(
13	TK-010	日本橋店	6,560,000	8,450,000	7,770,000	6,510,000	9,180,(
14	TK-011	八丁堀店	8,550,000	7,160,000	2,940,000	9,980,000	8,810,(

<ウィンドウ枠の固定>をクリックすると、このコマンドの名前は<ウィンドウ枠固定の解除>に変化します。

2 見出しの列が固定される

見出しの列が固定され、画面をスクロールしても常に見出しの列（ここではA～B列）が表示される状態になります。固定した位置には、境界線が表示されます。セルの罫線を設定している場合、境界線は見えづらい場合があります。

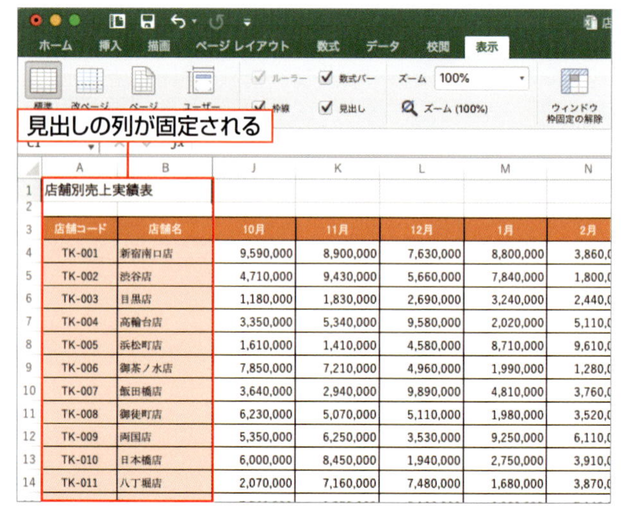

	A	B	J	K	L	M	N
1	店舗別売上実績表						
2							
3	店舗コード	店舗名	10月	11月	12月	1月	2月
4	TK-001	新宿南口店	9,590,000	8,900,000	7,630,000	8,800,000	3,860,(
5	TK-002	渋谷店	4,710,000	9,430,000	5,660,000	7,840,000	1,800,(
6	TK-003	目黒店	1,180,000	1,830,000	2,690,000	3,240,000	2,440,(
7	TK-004	高輪台店	3,350,000	5,340,000	9,580,000	2,020,000	5,110,(
8	TK-005	浜松町店	1,610,000	1,410,000	4,580,000	8,710,000	9,610,(
9	TK-006	御茶ノ水店	7,850,000	7,210,000	4,960,000	1,990,000	1,280,(
10	TK-007	飯田橋店	3,640,000	2,940,000	9,890,000	4,810,000	3,760,(
11	TK-008	御徒町店	6,230,000	5,070,000	5,110,000	1,980,000	3,520,(
12	TK-009	両国店	5,350,000	6,250,000	3,530,000	9,250,000	6,110,(
13	TK-010	日本橋店	6,000,000	8,450,000	1,940,000	2,750,000	3,910,(
14	TK-011	八丁堀店	2,070,000	7,160,000	7,480,000	1,680,000	3,870,(

ウィンドウ枠の固定を解除するには、<表示>タブの<ウィンドウ枠固定の解除>をクリックします。

2 行と列を同時に固定する

1 <ウィンドウ枠の固定>をクリックする

ここでは、行と列の両方を固定します。固定する位置の右下のセル（ここではセル［C4］）をクリックし 1 、<表示>タブをクリックして 2 、<ウィンドウ枠の固定>をクリックします 3 。

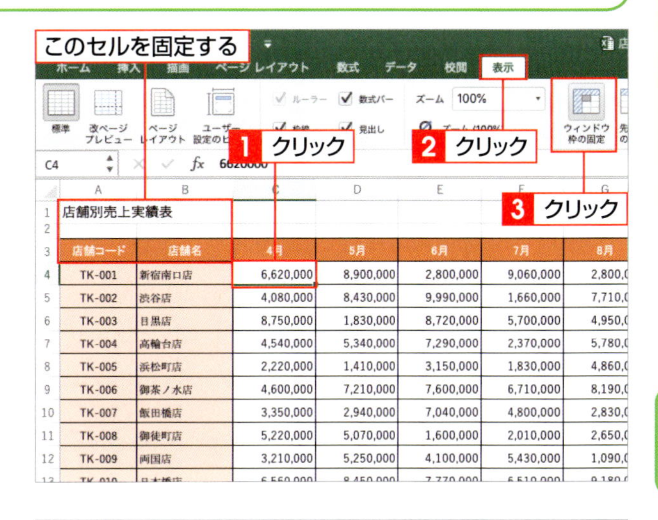

2 指定した位置で行と列が固定される

ウィンドウ枠が固定され、選択したセルの上側と左側に境界線が表示されます。画面をスクロールしても、どちらか1方向ずつ連動してスクロールするようになります。

ウィンドウ枠が固定される
このペアの矢印だけが連動してスクロールする

Column 見出しの行を固定する

見出しの行を固定する場合は、固定する行の1つ下のセル（ここではセル［A4］）、または1つ下の行（ここでは［行4］）をクリックします。続いて、<表示>タブをクリックして、<ウィンドウ枠の固定>をクリックします。なお、<先頭行の固定>や<先頭列の固定>を利用すると、先頭行や先頭列を固定できます。この場合は、事前にセルをクリックして指定する必要はありません。

固定する行の1つ下のセル、または1つ下の行をクリック

SECTION 28

改ページ位置を変更する

印刷時のページ区切りの位置は、印刷領域に対応して自動的に設定されますが、レイアウト的にちょうどよい位置で改ページされるとは限りません。改ページプレビューを利用すると、ドラッグ操作やコマンド操作でページの区切り位置を変更できます。

覚えておきたいKeyword　改ページ　改ページプレビュー　ページ区切りの挿入

1 現在のページ区切り位置を確認する

1 改ページプレビューに切り替える

＜表示＞タブをクリックして1、＜改ページプレビュー＞をクリックします2。

	A	B	C	D	E	F	G	H	I
1	店舗別売上実績表								
2									
3	店舗コード	店舗名	4月	5月	6月	7月	8月	9月	上半期合計
4	TK-001	新宿南口店	6,620,000	8,900,000	2,800,000	9,060,000	2,800,000	8,620,000	38,800,000
5	TK-002	渋谷店	4,080,000	8,430,000	9,990,000	1,660,000	7,710,000	4,080,000	35,950,000
6	TK-003	目黒店	8,750,000	1,830,000	8,720,000	5,700,000	4,950,000	1,350,000	31,300,000
7	TK-004	高輪台店	4,540,000	5,340,000	7,290,000	2,370,000	5,780,000	5,000,000	30,320,000
8	TK-005	浜松町店	2,220,000	1,410,000	3,150,000	1,830,000	4,860,000	9,280,000	22,750,000
9	TK-006	御茶ノ水店	4,600,000	7,210,000	7,600,000	6,710,000	8,190,000	8,240,000	42,550,000
10	TK-007	飯田橋店	3,350,000	2,940,000	7,040,000	4,800,000	2,830,000	5,130,000	26,090,000
11	TK-008	御徒町店	5,220,000	5,070,000	1,600,000	2,010,000	2,650,000	4,050,000	20,600,000

2 ページ区切り位置が表示される

画面の表示が改ページプレビューに切り替わり、ページ区切りの位置を示す青い破線が表示されます。

	A	B	C	D	E	F	G	H	I
13	TK-010	日本橋店	6,560,000	8,450,000	7,770,000	6,510,000	9,180,000	8,720,000	47,190,000
14	TK-011	八丁堀店	8,550,000	7,160,000	2,940,000	9,980,000	8,810,000	8,820,000	46,260,000
15	東京支社計		57,700,000	61,990,000	63,000,000	56,060,000	58,850,000	65,050,000	362,650,000
16	KG-001	横浜西口店						7,550,000	34,570,000
17	KG-002	みなとみらい店						5,030,000	25,860,000
18	KG-003	山下公園店	6,490,000	5,250,000	6,200,000	9,990,000	7,300,000	5,310,000	40,540,000
19	KG-004	伊勢佐木町店	3,200,000	3,620,000	7,180,000	6,950,000	4,870,000	2,930,000	28,750,000
20	KG-005	上大岡店	1,960,000	1,150,000	1,630,000	1,430,000	1,430,000	2,490,000	10,090,000
21	KG-006	川崎店	2,240,000	9,410,000	8,180,000	2,440,000	4,950,000	8,760,000	35,980,000
22	KG-007	鎌倉店	7,360,000	1,170,000	3,240,000	8,050,000	2,180,000	1,670,000	23,670,000
23	KG-008	相模原店	9,160,000	4,690,000	5,490,000	4,630,000	9,190,000	5,250,000	38,410,000
24	KG-009	本厚木店	8,360,000	4,630,000	4,840,000	2,320,000	6,680,000	2,900,000	29,730,000
25	KG-010	新松田店	8,090,000	8,890,000	7,580,000	4,450,000	6,070,000	9,530,000	44,610,000
26	横浜支社計		57,640,000	51,240,000	47,690,000	44,980,000	59,240,000	51,420,000	312,210,000
27	ST-001	上尾店	1,810,000	6,720,000	4,810,000	920,000	5,010,000	7,690,000	26,960,000
28	ST-002	さいたま店	7,900,000	1,330,000	9,660,000	1,320,000	1,450,000	2,680,000	24,340,000
29	ST-003	川口店	1,730,000	1,250,000	4,450,000	7,380,000	6,970,000	7,770,000	29,550,000
30	ST-004	川越店	1,760,000	7,130,000	4,590,000	6,760,000	5,620,000	8,010,000	33,870,000
31	ST-005	所沢店	1,790,000	1,870,000	9,590,000	9,650,000	8,620,000	2,300,000	33,820,000

Keyword　ページ区切り位置

ページ区切り線は、印刷時に改ページされる位置を示す線です。ページ区切り線に囲まれた範囲が1ページとして印刷されます。

2 ページ区切り位置を変更する

1 ページ区切り位置をポイントする

ページ区切りの位置を示す破線にマウスポインターを合わせると1、ポインターの形が⇕に変わります。

	A	B	C	D	E	F	G	H	I
16	KG-001	横浜西口店	8,170,000	7,950,000	1,530,000	2,350,000	7,020,000	7,550,000	34,570,000
17							9,550,000	5,030,000	25,860,000
18							7,300,000	5,310,000	40,540,000
19	KG-004	伊勢佐木町店	3,200,000	3,620,000	7,180,000	6,950,000	4,870,000	2,930,000	28,750,000
20	KG-005	上大岡店	1,960,000	1,150,000	1,630,000	1,430,000	1,430,000	2,490,000	10,090,000
21	KG-006	川崎店	2,240,000	9,410,000	8,180,000	2,440,000	4,950,000	8,760,000	35,980,000
22	KG-007	鎌倉店	7,360,000	1,170,000	3,240,000	8,050,000	2,180,000	1,670,000	23,670,000
23	KG-008	相模原店	9,160,000	4,690,000	5,490,000	4,630,000	9,190,000	5,250,000	38,410,000
24	KG-009	本厚木店	8,360,000	4,630,000	4,840,000	2,320,000	6,680,000	2,900,000	29,730,000
25	KG-010	新松田店	8,090,000	8,890,000	7,580,000	4,450,000	6,070,000	9,530,000	44,610,000

2 変更する位置までドラッグする

ポインターの形が変わった状態で、ページ区切りの位置を示す破線を変更したい位置までドラッグします1。

	A	B	C	D	E	F	G	H	I
13	TK-010	日本橋店	6,560,000	8,450,000	7,770,000	6,510,000	9,180,000	8,720,000	47,190,000
14	TK-011	八丁堀店	8,550,000	7,160,000	2,940,000	9,980,000	8,810,000	8,820,000	46,260,000
15	東京支社計		57,700,000	61,990,000	63,000,000	56,060,000	58,850,000	65,050,000	362,650,000
16	KG-001	横浜西口店	8,170,000	7,950,000	1,530,000	2,350,000	7,020,000	7,550,000	34,570,000
17	KG-002	みなとみらい店	2,610,000	4,480,000	1,820,000	2,370,000	9,550,000	5,030,000	25,860,000
18	KG-003	山下公園店	6,490,000	5,250,000	6,200,000	9,990,000	7,300,000	5,310,000	40,540,000
19	KG-004	伊勢佐木町店	3,200,000	3,620,000	[illegible]	[illegible]	[illegible]	2,930,000	28,750,000
20	KG-005	上大岡店	1,960,000	1,150,000	[illegible]	[illegible]	[illegible]	2,490,000	10,090,000
21	KG-006	川崎店	2,240,000	9,410,000	8,180,000	2,440,000	4,950,000	8,760,000	35,980,000
22	KG-007	鎌倉店	7,360,000	1,170,000	3,240,000	8,050,000	2,180,000	1,670,000	23,670,000
23	KG-008	相模原店	9,160,000	4,690,000	5,490,000	4,630,000	9,190,000	5,250,000	38,410,000
24	KG-009	本厚木店	8,360,000	4,630,000	4,840,000	2,320,000	6,680,000	2,900,000	29,730,000
25	KG-010	新松田店	8,090,000	8,890,000	7,580,000	4,450,000	6,070,000	9,530,000	44,610,000
26	横浜支社計		57,640,000	51,240,000	47,690,000	44,980,000	59,240,000	51,420,000	312,210,000
27	ST-001	上尾店	1,810,000	6,720,000	4,810,000	920,000	5,010,000	7,690,000	26,960,000
28	ST-002	さいたま店	7,900,000	1,330,000	9,660,000	1,320,000	1,450,000	2,680,000	24,340,000
29	ST-003	川口店	1,730,000	1,250,000	4,450,000	7,380,000	6,970,000	7,770,000	29,550,000
30	ST-004	川越店	1,760,000	7,130,000	4,590,000	6,760,000	5,620,000	8,010,000	33,870,000
31	ST-005	所沢店	1,790,000	1,870,000	9,590,000	9,650,000	8,620,000	2,300,000	33,820,000

1 ドラッグ

2ページ

3 ページ区切り位置が変更される

ページ区切りの位置が変更されます。

	A	B	C	D	E	F	G	H	I
13	TK-010	日本橋店	6,560,000	8,450,000	7,770,000	6,510,000	9,180,000	8,720,000	47,190,000
14	TK-011	八丁堀店	8,550,000	7,160,000	2,940,000	9,980,000	8,810,000	8,820,000	46,260,000
15	東京支社計		57,700,000	61,990,000	63,000,000	56,060,000	58,850,000	65,050,000	362,650,000
16	KG-001	横浜西口店	8,170,000	7,950,000	1,530,000	2,350,000	7,020,000	7,550,000	34,570,000
17	KG-002	みなとみらい店	2,610,000	4,480,000	1,820,000	2,370,000	9,550,000	5,030,000	25,860,000
18	KG-003	山下公園店	6,490,000	5,250,000	6,200,000	9,990,000	7,300,000	5,310,000	40,540,000
19	KG-004	伊勢佐木町店	[illegible]	[illegible]	[illegible]	[illegible]	[illegible]	2,930,000	28,750,000
20	KG-005	上大岡店	[illegible]	[illegible]	[illegible]	[illegible]	[illegible]	2,490,000	10,090,000
21	KG-006	川崎店	2,240,000	9,410,000	8,180,000	2,440,000	4,950,000	8,760,000	35,980,000
22	KG-007	鎌倉店	7,360,000	1,170,000	3,240,000	8,050,000	2,180,000	1,670,000	23,670,000
23	KG-008	相模原店	9,160,000	4,690,000	5,490,000	4,630,000	9,190,000	5,250,000	38,410,000
24	KG-009	本厚木店	8,360,000	4,630,000	4,840,000	2,320,000	6,680,000	2,900,000	29,730,000
25	KG-010	新松田店	8,090,000	8,890,000	7,580,000	4,450,000	6,070,000	9,530,000	44,610,000
26	横浜支社計		57,640,000	51,240,000	47,690,000	44,980,000	59,240,000	51,420,000	312,210,000
27	ST-001	上尾店	1,810,000	6,720,000	4,810,000	920,000	5,010,000	7,690,000	26,960,000
28	ST-002	さいたま店	7,900,000	1,330,000	9,660,000	1,320,000	1,450,000	2,680,000	24,340,000
29	ST-003	川口店	1,730,000	1,250,000	4,450,000	7,380,000	6,970,000	7,770,000	29,550,000
30	ST-004	川越店	1,760,000	7,130,000	4,590,000	6,760,000	5,620,000	8,010,000	33,870,000

ページ区切り位置が変更される

2ページ

Hint 画面を標準表示に戻す

画面を標準表示に戻すには、<表示>タブの<標準>をクリックします。

3 ページ区切りを挿入する

1 <ページ区切りの挿入>をクリックする

ページ区切りを挿入する位置の下の行（ここでは［行16］）をクリックします1。<ページレイアウト>タブをクリックして2、<改ページ>をクリックし3、<ページ区切りの挿入>をクリックします4。

店舗別売上実績4-9

ホーム　挿入　描画　ページ レイアウト　数式　データ　校閲　表示

1 クリック

2 クリック

3 クリック

4 クリック

ページ区切りの挿入

ページ区切りの解除

すべての改ページを解除

A16　KG-001

	A	B	C	D	E	F	G	H	I
11	TK-008	御徒町店	5,220,000	5,070,000	1,600,000	[illegible]	[illegible]	[illegible]	20,600,000
12	TK-009	両国店	3,210,000	5,250,000	4,100,000	[illegible]	[illegible]	[illegible]	20,840,000
13	TK-010	日本橋店	6,560,000	8,450,000	7,770,000	6,510,000	9,180,000	8,720,000	47,190,000
14	TK-011	八丁堀店	8,550,000	7,160,000	2,940,000	9,980,000	8,810,000	8,820,000	46,260,000
15	東京支社計		57,700,000	61,990,000	63,000,000	56,060,000	58,850,000	65,050,000	362,650,000
16	KG-001	横浜西口店	8,170,000	7,950,000	1,530,000	2,350,000	7,020,000	7,550,000	34,570,000
17	KG-002	みなとみらい店	2,610,000	4,480,000	1,820,000	2,370,000	9,550,000	5,030,000	25,860,000
18	KG-003	山下公園店	6,490,000	5,250,000	6,200,000	9,990,000	7,300,000	5,310,000	40,540,000
19	KG-004	伊勢佐木町店	3,200,000	3,620,000	7,180,000	6,950,000	4,870,000	2,930,000	28,750,000
20	KG-005	上大岡店	1,960,000	1,150,000	1,630,000	1,430,000	1,430,000	2,490,000	10,090,000
21	KG-006	川崎店	2,240,000	9,410,000	8,180,000	2,440,000	4,950,000	8,760,000	35,980,000
22	KG-007	鎌倉店	7,360,000	1,170,000	3,240,000	8,050,000	2,180,000	1,670,000	23,670,000
23	KG-008	相模原店	9,160,000	4,690,000	5,490,000	4,630,000	9,190,000	5,250,000	38,410,000
24	KG-009	本厚木店	8,360,000	4,630,000	4,840,000	2,320,000	6,680,000	2,900,000	29,730,000
25	KG-010	新松田店	8,090,000	8,890,000	7,580,000	4,450,000	6,070,000	9,530,000	44,610,000

2 ページ区切りが挿入される

選択した行の上側に、ページ区切りが挿入されます。

	A	B	C	D	E	F	G	H	I
11	TK-008	御徒町店	5,220,000	5,070,000	1,600,000	2,010,000	2,650,000	4,050,000	20,600,000
12	TK-009	両国店	3,210,000	5,250,000	4,100,000	5,430,000	1,090,000	1,760,000	20,840,000
13	TK-010	日本橋店	6,560,000	8,450,000	7,770,000	6,510,000	9,180,000	8,720,000	47,190,000
14	TK-011	八丁堀店	8,550,000	7,160,000	2,940,000	9,980,000	8,810,000	8,820,000	46,260,000
15	東京支社計		57,700,000	61,990,000	63,000,000	56,060,000	58,850,000	65,050,000	362,650,000
16	KG-001	横浜西口店	8,170,000	7,950,000	1,530,000	2,350,000	7,020,000	7,550,000	34,570,000
17	KG-002	みなとみらい店	2,610,000	4,480,000	1,820,000	2,370,000	9,550,000	5,030,000	25,860,000
18	KG-003	山下公園店	6,490,000	5,250,000	6,200,000	9,990,000	7,300,000	5,310,000	40,540,000
19	KG-004	伊勢佐木町店	[illegible]	[illegible]	[illegible]	[illegible]	[illegible]	2,930,000	28,750,000
20	KG-005	上大岡店	[illegible]	[illegible]	[illegible]	[illegible]	[illegible]	2,490,000	10,090,000
21	KG-006	川崎店	2,240,000	9,410,000	8,180,000	2,440,000	4,950,000	8,760,000	35,980,000
22	KG-007	鎌倉店	7,360,000	1,170,000	3,240,000	8,050,000	2,180,000	1,670,000	23,670,000
23	KG-008	相模原店	9,160,000	4,690,000	5,490,000	4,630,000	9,190,000	5,250,000	38,410,000
24	KG-009	本厚木店	8,360,000	4,630,000	4,840,000	2,320,000	6,680,000	2,900,000	29,730,000
25	KG-010	新松田店	8,090,000	8,890,000	7,580,000	4,450,000	6,070,000	9,530,000	44,610,000
26	横浜支社計		57,640,000	51,240,000	47,690,000	44,980,000	59,240,000	51,420,000	312,210,000
27	ST-001	上尾店	1,810,000	6,720,000	4,810,000	920,000	5,010,000	7,690,000	26,960,000
28	ST-002	さいたま店	7,900,000	1,330,000	9,660,000	1,320,000	1,450,000	2,680,000	24,340,000
29	ST-003	川口店	1,730,000	1,250,000	4,450,000	7,380,000	6,970,000	7,770,000	29,550,000

ページ区切りが挿入される

2ページ

Hint ページ区切りを解除する

ページ区切り位置の線の直下にあるセルをクリックします。<ページレイアウト>タブをクリックして、<改ページ>をクリックし、<ページ区切りの解除>をクリックします。

SECTION 29

ヘッダーとフッターを挿入する

全ページにファイル名、ページ番号、日付などの同じ情報を印刷したいときは、ヘッダーやフッターを挿入します。シートの上部余白に印刷される情報をヘッダー、下部余白に印刷される情報をフッターといいます。ヘッダーとフッターは、ページレイアウト表示で設定します。

覚えておきたい Keyword　ヘッダー　フッター　ページレイアウト表示

1 ヘッダーを設定する

1 ページレイアウト表示に切り替える

<表示>タブをクリックして 1 、<ページレイアウト>をクリックします 2 。

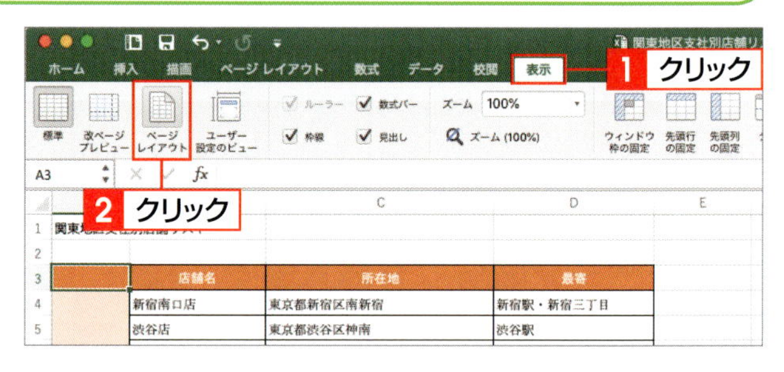

2 ヘッダーを挿入する位置を指定する

ページレイアウト表示に切り替わり、マウスポインターを上部余白に移動させると、ヘッダーを挿入する領域が表示されます。ここでは、右側のボックスをクリックします 1 。

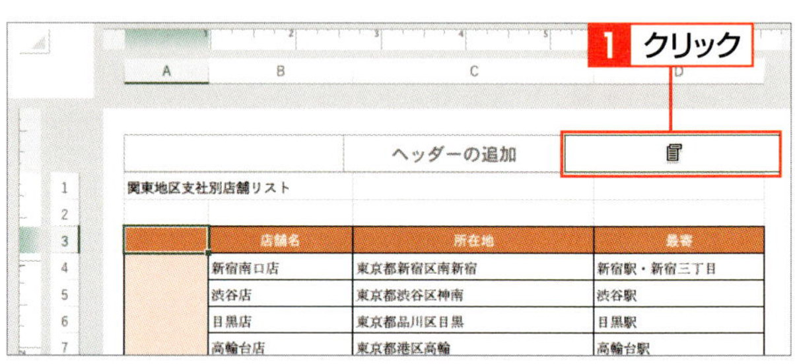

3 <ファイル名>をクリックする

表示される<ヘッダーとフッター>タブをクリックします 1 。ここではファイル名を挿入するために、<ファイル名>をクリックします 2 。ボックス内にファイル名を表す記号が表示されます。

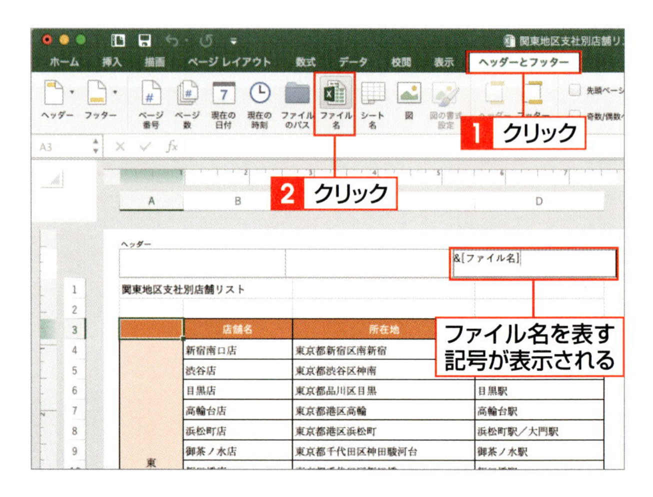

ヘッダーやフッターは、左側、中央部、右側のいずれかに表示できます。

4 ヘッダーが挿入される

ヘッダー領域以外をクリックすると 1 、ヘッダーに実際のファイル名が表示されます。

Hint ヘッダーとフッターの挿入

ヘッダーやフッターは、<ヘッダーとフッター>タブのコマンドを利用して挿入するほか、文字を直接入力することもできます。

2 フッターを設定する

1 フッターを挿入する位置を指定する

画面を下方向にスクロールしてフッター部分を表示します。フッターを挿入する領域が表示されます。ここでは、中央のボックスをクリックします 1 。

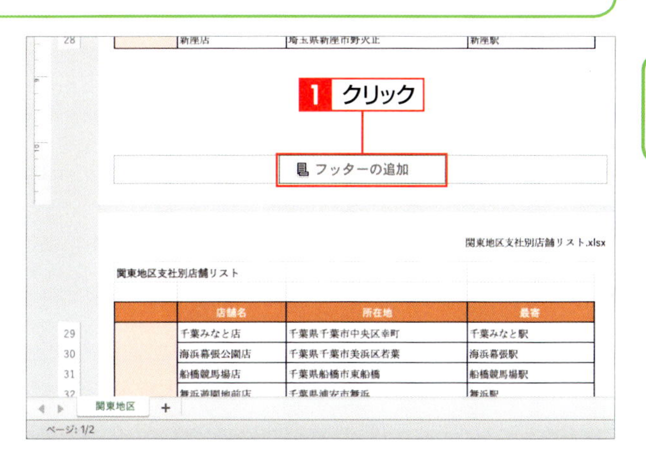

Hint フッター領域へ移動する

ヘッダー領域を選択している場合は、<ヘッダーとフッター>タブをクリックして、<フッターへ移動>をクリックするとフッターに移動します。

2 <ページ番号>をクリックする

<ヘッダーとフッター>タブをクリックします 1 。ここではページ番号を挿入するために、<ページ番号>をクリックします 2 。ボックス内にページ番号を表す記号が表示されます。

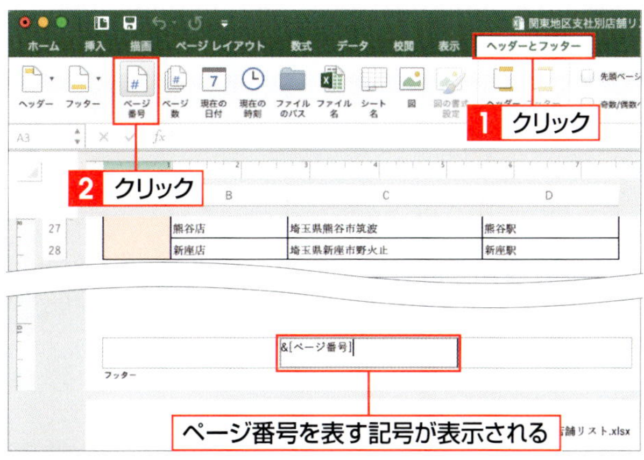

3 フッターが挿入される

フッター領域以外をクリックすると 1 、フッターに実際のページ番号が表示されます。

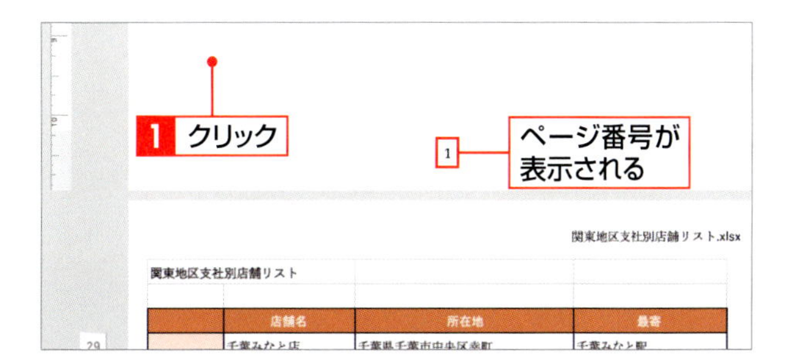

Hint 画面を標準表示に戻す

画面を標準表示に戻すには、<表示>タブの<標準>をクリックします。

SECTION 30

印刷範囲を設定する

ワークシートの印刷では、印刷範囲を指定して印刷することもできます。ワークシートの一部のセル範囲だけを印刷する場合は、あらかじめ印刷範囲を設定しておきます。印刷範囲はまとまったセル範囲だけでなく、離れた場所にある複数のセル範囲を設定することもできます。

覚えておきたい Keyword　印刷範囲　プリント範囲の設定　プリント範囲の解除

1 印刷範囲を設定する

1 セル範囲を選択する

印刷の対象となるセル範囲を選択します 1。

	A	B	C	D
1	関東地区支社別店舗リスト			
2				
3		店舗名	所在地	最寄
4	東京支社	新宿南口店	東京都新宿区南新宿	新宿駅・新宿三丁目
5		渋谷店	東京都渋谷区神南	渋谷駅
6		目黒店	東京都品川区目黒	目黒駅
7		高輪台店	東京都港区高輪	高輪台駅
8		浜松町店	東京都港区浜松町	浜松町駅／大門駅
9		御茶ノ水店	東京都千代田区神田駿河台	御茶ノ水駅
10		飯田橋店	東京都千代田区飯田橋	飯田橋駅
11		御徒町店	東京都台東区上野	御徒町駅／上野御徒町
12		両国店	東京都墨田区横網	両国駅
13		日本橋店	東京都中央区日本橋	日本橋駅
14		八丁堀店	東京都中央区八丁堀	八丁堀駅
15		虎ノ門店	東京都港区虎ノ門	虎ノ門駅
16		中野店	東京都中野区中野	中野駅
17		荻窪店	東京都杉並区荻窪	荻窪駅
18		吉祥寺店	東京都武蔵野市吉祥寺	吉祥寺駅
19		上尾店	埼玉県上尾市柏座	上尾駅
20		さいたま店	埼玉県さいたま市大宮	さいたま駅
21		川口店	埼玉県川口市並木	西川口駅

関東地区

1 セル範囲を選択する

2 <プリント範囲の設定>をクリックする

<ページレイアウト>タブをクリックして 1、<印刷範囲>をクリックし 2、<プリント範囲の設定>をクリックします 3。

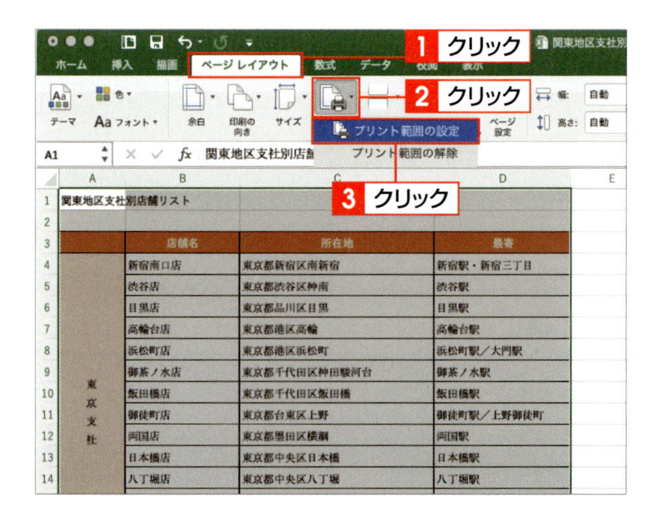

Hint 一度だけ印刷する場合

目的のセル範囲を一度だけ印刷する場合は、印刷したいセル範囲を選択して、<プリント>ダイアログボックス（P.104参照）の<印刷>で<選択範囲>を選択して印刷します。

3 印刷範囲が設定される

選択したセル範囲が印刷対象に設定され、<名前ボックス>に「Print_Area」と表示されます。

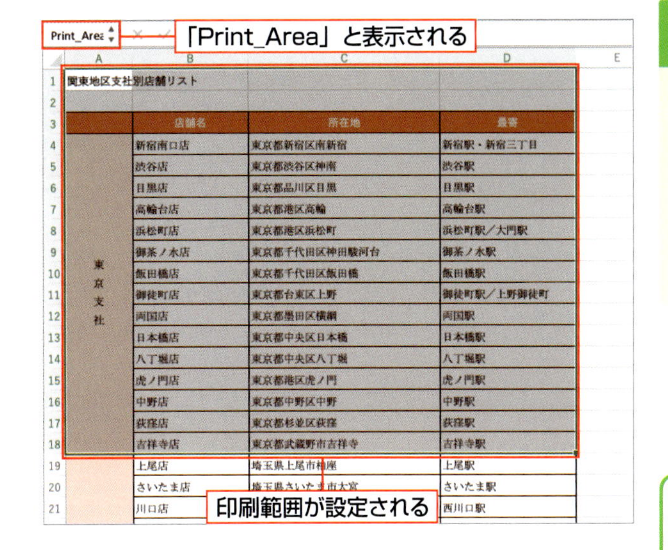

	A	B	C	D
1	関東地区支社別店舗リスト			
2				
3		店舗名	所在地	最寄
4	東京支社	新宿南口店	東京都新宿区南新宿	新宿駅・新宿三丁目
5		渋谷店	東京都渋谷区神南	渋谷駅
6		目黒店	東京都品川区目黒	目黒駅
7		高輪台店	東京都港区高輪	高輪台駅
8		浜松町店	東京都港区浜松町	浜松町駅／大門駅
9		御茶ノ水店	東京都千代田区神田駿河台	御茶ノ水駅
10		飯田橋店	東京都千代田区飯田橋	飯田橋駅
11		御徒町店	東京都台東区上野	御徒町駅／上野御徒町
12		両国店	東京都墨田区横網	両国駅
13		日本橋店	東京都中央区日本橋	日本橋駅
14		八丁堀店	東京都中央区八丁堀	八丁堀駅
15		虎ノ門店	東京都港区虎ノ門	虎ノ門駅
16		中野店	東京都中野区中野	中野駅
17		荻窪店	東京都杉並区荻窪	荻窪駅
18		吉祥寺店	東京都武蔵野市吉祥寺	吉祥寺駅
19		上尾店	埼玉県上尾市柏座	上尾駅
20		さいたま店	埼玉県さいたま市大宮	さいたま駅
21		川口店		西川口駅

Hint 印刷範囲の確認をする

設定した印刷範囲は、<プリント>ダイアログボックスのプレビューで確認できます（P.104参照）。

2 複数の範囲を印刷範囲に設定する

1 最初のセル範囲を選択する

印刷の対象となる、最初のセル範囲を選択します 1 。

	A	B	C	D
16		中野店		中野駅
17		荻窪店	東京都杉並区荻窪	荻窪駅
18		吉祥寺店	東京都武蔵野市吉祥寺	吉祥寺駅
19	埼玉支社	上尾店	埼玉県上尾市柏座	上尾駅
20		さいたま店	埼玉県さいたま市大宮	さいたま駅
21		川口店	埼玉県川口市並木	西川口駅
22		西川越店	埼玉県川越市西川越	西川越駅
23		所沢店	埼玉県所沢市くすのき台	所沢駅
24		越谷店	埼玉県越谷市越谷レイクタウン	越川レイクタウン駅
25		草加店	埼玉県草加市高砂	草加駅
26		春日部店	埼玉県春日部市梅田	北春日部駅
27		熊谷店	埼玉県熊谷市筑波	熊谷駅
28		新座店	埼玉県新座市野火止	新座駅
29	千葉	千葉みなと店	千葉県千葉市中央区幸町	千葉みなと駅
30		海浜幕張公園店	千葉県千葉市美浜区若葉	海浜幕張駅
31		船橋競馬場店	千葉県船橋市東船橋	船橋競馬場駅
32		舞浜遊園地前店	千葉県浦安市舞浜	舞浜駅
33		八幡店	千葉県市川市八幡	本八幡駅／京成八幡駅
34		松虫姫公園店	千葉県印西市鎌苅	印旛日本医大駅
35		銚子店	千葉県銚子市栄町	銚子駅

2 次のセル範囲を選択する

⌘を押しながら、印刷の対象となる別のセル範囲を選択します 1 。<ページレイアウト>タブの<印刷範囲>をクリックして、<プリント範囲の設定>をクリックすると（前ページ参照）、離れたセル範囲を印刷範囲に設定できます。

	A	B	C	D
32	千葉	舞浜遊園地前店	千葉県浦安市舞浜	舞浜駅
33		八幡店	千葉県市川市八幡	本八幡駅／京成八幡駅
34		松虫姫公園店		印旛日本医大駅
35		銚子店		銚子駅
36		木更津店		木更津駅
37		津田沼店	千葉県船橋津田沼	長津田駅／新津田沼駅
38		鴨川店	千葉県鴨川市滑谷	安房鴨川駅
39	神奈川支社	横浜西口店	神奈川県横浜市西区南幸	横浜駅
40		みなとみらい店	神奈川県横浜市西区みなとみらい	みなとみらい駅
41		山下公園店	神奈川県横浜市中区山下町	元町中華街駅
42		伊勢佐木町店	神奈川県横浜市中区長者町	伊勢佐木長者町
43		上大岡店	神奈川県横浜市港南区上大岡西	上大岡駅
44		川崎店	神奈川県川崎市川崎区日新町	川崎駅
45		鎌倉店	神奈川県鎌倉市台	北鎌倉駅
46		相模原店	神奈川県相模原市南区古淵	古淵駅
47		本厚木店	神奈川県厚木市田村町	本厚木駅
48		新松田店	神奈川県足柄上郡開成町	新松田駅／松田駅
49		小田原店	神奈川県小田原市城山	小田原駅
50				
51				
52				

Hint 印刷範囲の解除

印刷範囲の設定を解除するには、<ページレイアウト>タブの<印刷範囲>をクリックし、<プリント範囲の解除>をクリックします。

2ページ目以降に見出しを付けて印刷する

表が複数ページにまたがるような場合、そのまま印刷すると、2ページ目以降には見出し（行のタイトル）の行が印刷されないため、各項目がどの見出しに対応しているのかわからなくなってしまいます。このようなときは、すべてのページに見出しが印刷されるように設定します。

覚えておきたいKeyword　見出しの設定　印刷タイトル　タイトル行

1 見出しの行を設定する

1 ＜印刷タイトル＞をクリックする

＜ページレイアウト＞タブをクリックして 1、＜印刷タイトル＞をクリックします 2。

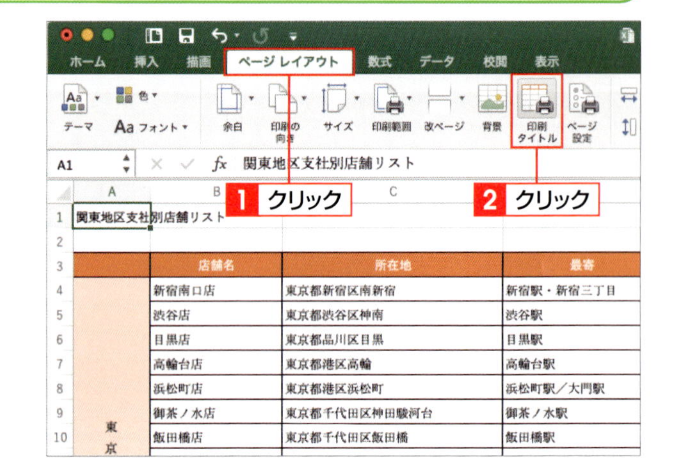

2 ＜タイトル行＞をクリックする

＜ページ設定＞ダイアログボックスの＜シート＞が表示されるので、＜タイトル行＞をクリックします 1。

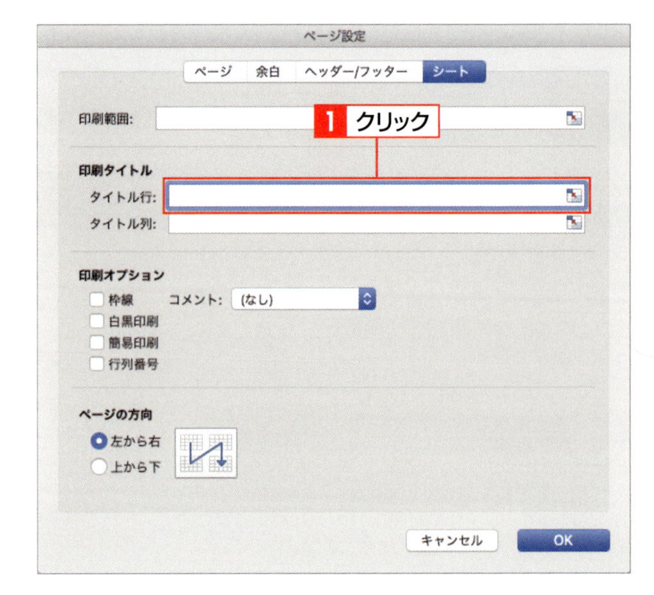

3 見出しに設定する行を指定する

見出しに設定する行（ここでは行1～3）をドラッグして指定します 1。ドラッグ中はダイアログボックスが折りたたまれます。

1 ドラッグ

ドラッグ中はダイアログボックスが折りたたまれる

4 ＜OK＞をクリックする

＜ページ設定＞ダイアログボックスの＜OK＞をクリックします 1。

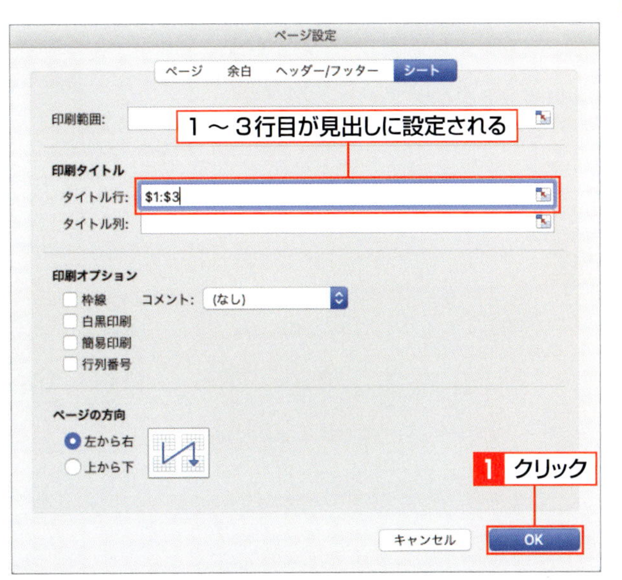

Memo 「$1:$3」の意味

＜タイトル行＞に表示される「$1:$3」は、表の1行目から3行目までをタイトル行に指定しているという意味です。

5 2ページ目以降に見出しが設定される

＜ファイル＞メニューから＜プリント＞をクリックして、＜プリント＞ダイアログボックスを表示します。 ＞ をクリックすると 1、2ページ目以降に見出しが付いていることが確認できます。

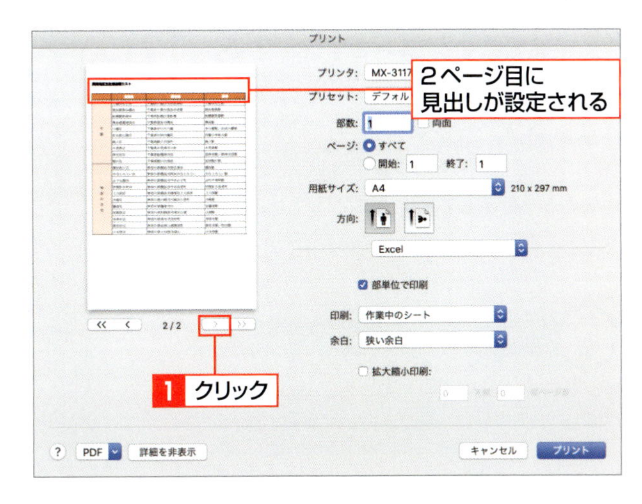

SECTION 32

1ページに収まるように印刷する

表を印刷したとき、列や行が指定した用紙に収まりきらずにはみ出してしまう場合があります。このようなときは、＜プリント＞ダイアログボックスで＜拡大縮小印刷＞をクリックしてオンにし、シートを1ページに収まるように設定します。

覚えておきたい Keyword　プリント　拡大縮小印刷　印刷プレビュー

1 拡大縮小印刷を設定する

1 ＜プリント＞をクリックする

＜ファイル＞メニューをクリックして 1、＜プリント＞をクリックします 2。

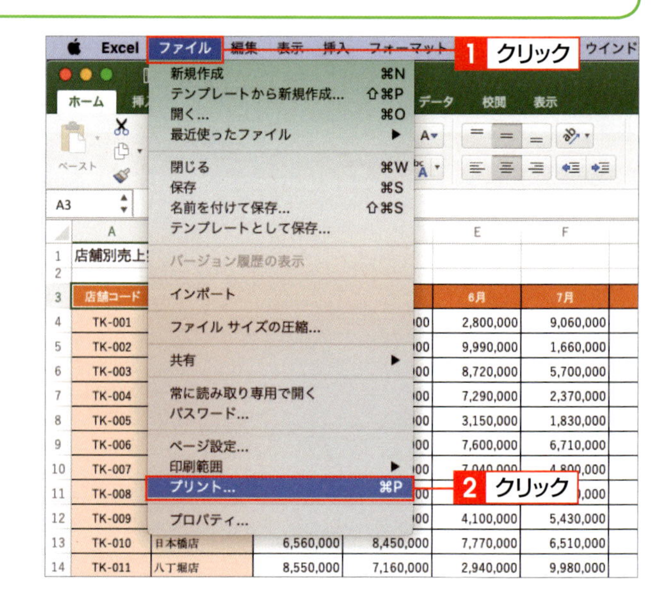

2 ＜拡大縮小印刷＞をオンにする

＜拡大縮小印刷＞をクリックしてオンにし 1、＜縦＞と＜総ページ数＞を「1」に設定します 2。プレビューでページが1ページに収まっていることを確認して 3、＜プリント＞をクリックします 4。

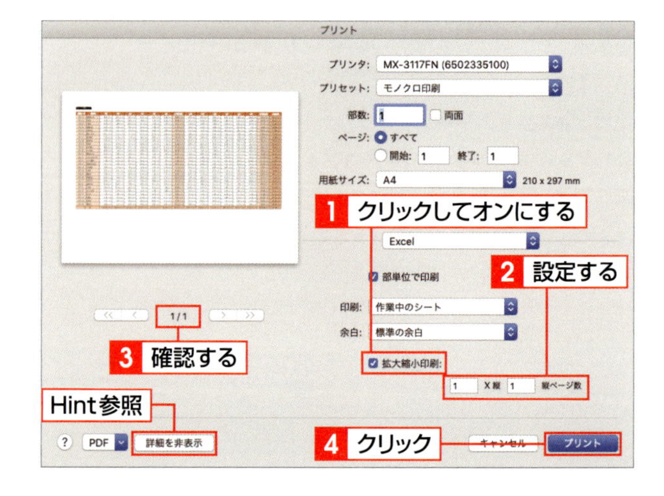

Hint 詳細を表示する

＜プリント＞ダイアログボックスが簡易な設定画面で表示された場合は、左下の＜詳細を表示＞をクリックして詳細な設定画面にします。

第2章

Excelを もっと便利に活用しよう

SECTION 01

関数を入力して計算する

特定の計算を行うために、あらかじめ定義されている数式を関数といいます。関数を使うと、関数名と計算に必要な引数を指定するだけで、目的の値をかんたんに計算できます。ここでは、<数式>タブのコマンドを使った関数の入力方法と、手動で関数を入力する方法を紹介します。

覚えておきたい Keyword　関数　引数　数式パレット

1 <数式>タブのコマンドを使って関数を入力する

1 関数を指定する

関数を入力するセル(ここでは[B12]) をクリックして 1 、<数式>タブをクリックします 2 。<その他の関数>をクリックして 3 、<統計>をポイントし 4 、<AVERAGE>をクリックします 5 。

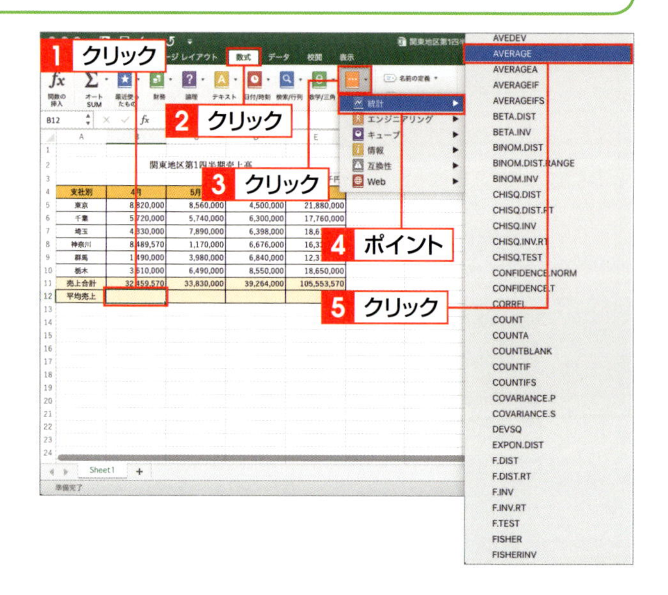

Memo ここでの目的

ここではAVERAGE関数を使用して、表中の「東京」から「栃木」までの4月の売上額(セル[B5]からセル[B10])の平均値を求めます。

2 引数を指定する

<数式パレット>が表示され、<数値1>に引数となるセル番地が自動的に入力されるので、間違いがないか確認します 1 。この例では、売上合計を計算したセル[B11]が計算範囲に含まれているので、修正が必要です。

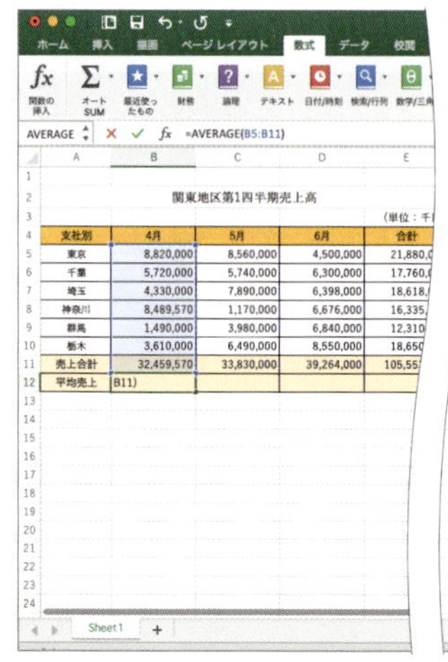

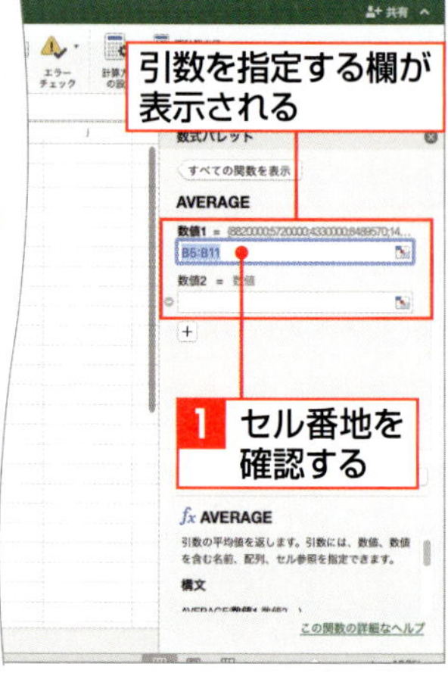

Hint <数式パレット>の表示位置

<数式パレット>は画面の右側に表示されます。<数式パレット>の上部をドラッグすると、ワークシート上に自由に配置できます。

3 引数を修正する

セル[B5] からセル[B10] までをドラッグして、選択し直します 1。選択後、<数式パレット>の<完了>をクリックします 2。

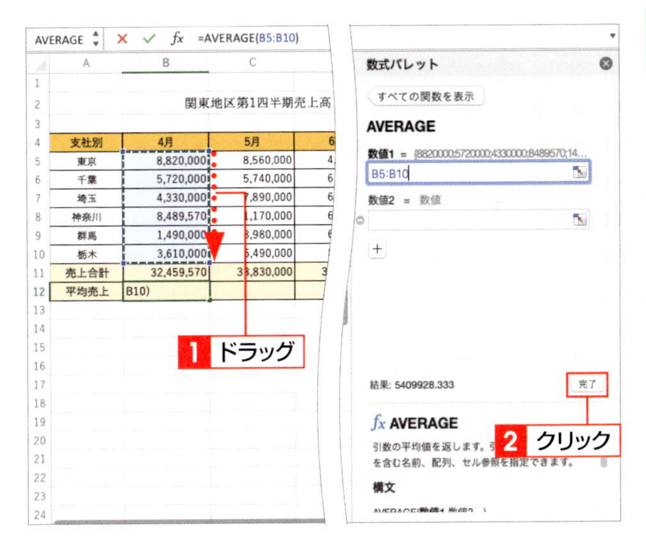

4 計算結果が表示される

[B12] セルにAVERAGE関数が入力され、計算結果が表示されます。⊗ をクリックして 1、<数式パレット>を閉じます。

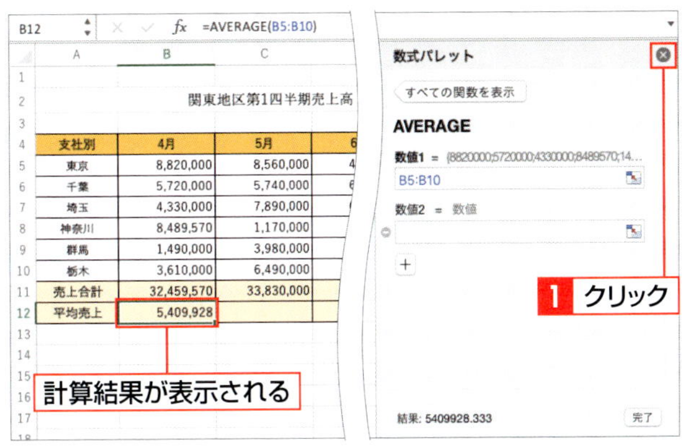

Column <数式パレット>を使って関数を入力する

<数式パレット>を利用して関数を入力することもできます。関数を入力するセルをクリックして、数式バーあるいは<数式>タブの<関数の挿入>をクリックすると 1、画面の右側に<数式パレット>が表示されます 2。一覧で関数をクリックすると、その関数の説明や使い方が表示されるので、これを参考にして関数を選択して入力できます。

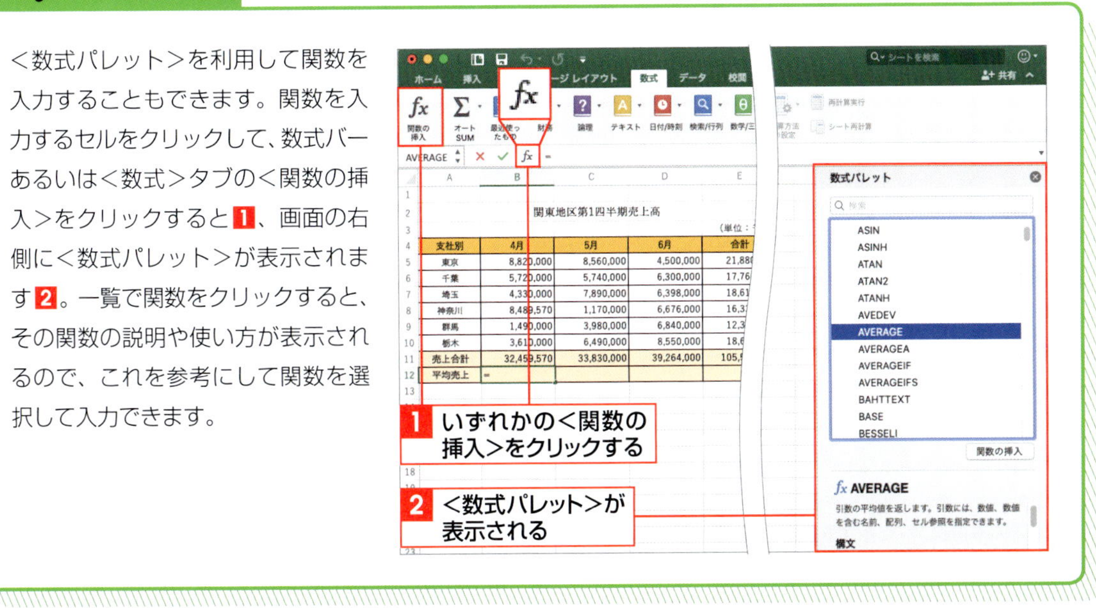

2 関数を直接入力する

1 関数名を直接入力する

関数を入力するセル（ここでは[C12]）をクリックし、半角の「=」に続けて関数名を1文字以上入力します。ここでは、「AV」と2文字入力しています 1。「数式オートコンプリート」が表示されるので、入力したい関数名をクリックします 2。

AVERAGE　×　✓　fx　=AV

	A	B	C	D	E
2			関東地区第1四半期売上高		
3					(単位：千円)
4	支社別	4月	5月	6月	合計
5	東京	8,820,000	8,560,000	4,500,000	21,880,000
6	千葉	5,720,000	5,740,000	6,300,000	17,760,000
7	埼玉	4,330,000	7,890,000	6,398,000	18,618,000
8	神奈川	8,489,570	1,170,000	6,676,000	16,335,570
9	群馬	1,490,000	3,980,000	6,840,000	12,310,000
10	栃木	3,610,000	6,490,000	8,550,000	18,650,000
11	売上合計	32,459,570	33,830,000	39,264,000	105,553,570
12	平均売上	5,409,928	=AV		

最近使った関数
AVERAGE
関数
AVEDEV
AVERAGE
AVERAGEA
AVERAGEIF
AVERAGEIFS

1 「=AV」と入力する

2 クリック

Hint 関数の入力候補

初めに関数名の先頭文字を1文字入力し、「数式オートコンプリート」に表示される候補が多い場合には、2文字目を入力すると候補が絞られるので、効率的に選択できます。

2 関数名が入力される

クリックした関数名と「(」(左カッコ) が入力されます。

AVERAGE　×　✓　fx　=AVERAGEA(

	A	B	C	D	E
2			関東地区第1四半期売上高		
3					(単位：千円)
4	支社別	4月	5月	6月	合計
5	東京	8,820,000	8,560,000	4,500,000	21,880,000
6	千葉	5,720,000	5,740,000	6,300,000	17,760,000
7	埼玉	4,330,000	7,890,000	6,398,000	18,618,000
8	神奈川	8,489,570	1,170,000	6,676,000	16,335,570
9	群馬	1,490,000	3,980,000	6,840,000	12,310,000
10	栃木	3,610,000	6,490,000	8,550,000	18,650,000
11	売上合計	32,459,570	33,830,000	39,264,000	105,553,570
12	平均売上	5,409,928	=AVERAGE(		

関数名と「(」が入力される

Column 関数の書式

関数は、先頭に「=」(等号) を付けて関数名を入力し、後ろに引数を「()」で囲んで指定します。引数とは、関数の処理に必要な数値や文字列のことです。引数に連続するセル範囲を指定するときは、開始セルと終了セルを「:」(コロン) で区切ります。右の例では、セル [B5] からセル [B10] までが引数として指定されています。

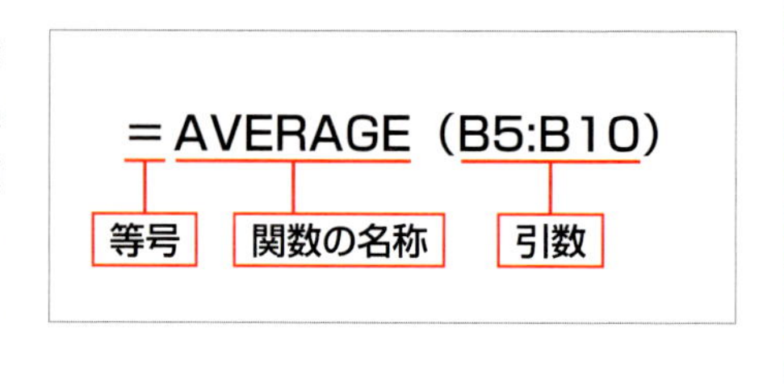

3 引数を指定する

平均を求める対象となるセル範囲を（ここではセル［C5］からセル［C10］まで）ドラッグし **1**、「)」（右カッコ）を入力して return を押します **2**。

クリップボード　フォント

VLOOKUP　=AVERAGE(C5:C10)

	A	B	C	D	E
2	関東地区第1四半期売上高				
3					（単位：千円）
4	支社別	4月	5月	6月	合計
5	東京	8,820,000	8,560,000	4,500,000	21,880,000
6	千葉	5,720,000	5,740,000	6,300,000	17,760,000
7	埼玉	4,330,000	7,890,000	6,3	3,000
8	神奈川	8,489,570	1,170,000	6,676,000	16,335,570
9	群馬	1,490,000	3,980,000	6,840,000	12,310,000
10	栃木	3,610,000	6,490,000	8,550,000	18,650,000
11	売上合計	32,459,570	33,830,000	39,264,000	105,553,570
12	平均売上	5,409,928	=AVERAGE(C5:C10)		
13					
14					

1 ドラッグ

2 「)」を入力して return を押す

Hint 「)」（右カッコ）の入力

ここでは最後に「)」（右カッコ）を入力していますが、手順 **1** のあとで return を押しても、「)」が自動的に入力されます。

4 計算結果が表示される

関数が入力され、計算結果が表示されます。

C13

	A	B	C	D	E
2	関東地区第1四半期売上高				
3					（単位：千円）
4	支社別	4月	5月	6月	合計
5	東京	8,820,000	8,560,000	4,500,000	21,880,000
6	千葉	5,720,000	5,740,000	6,300,000	17,760,000
7	埼玉	4,330,000	7,890,000	6,398,000	18,618,000
8	神奈川	8,489,570	1,170,000	6,676,000	16,335,570
9	群馬	1,490,000	3,980,000	6,840,000	12,310,000
10	栃木	3,610,000	6,490,000	8,550,000	18,650,000
11	売上合計	32,459,570	33,830,000	39,264,000	105,553,570
12	平均売上	5,409,928	5,638,333		
13					
14					
15					

計算結果が表示される

Column 関数の入力方法

Excelで関数を入力するには、主に以下の方法があります。

①<数式>タブの関数の種類別のコマンドを使う。
②<数式>タブや<数式バー>の<関数の挿入>コマンドを使う。
③数式バーやセルに直接入力する。

また、<数式>タブの<最近使ったもの>をクリックすると、最近使用した関数が10個表示されます。そこから選択して関数を入力することもできます。

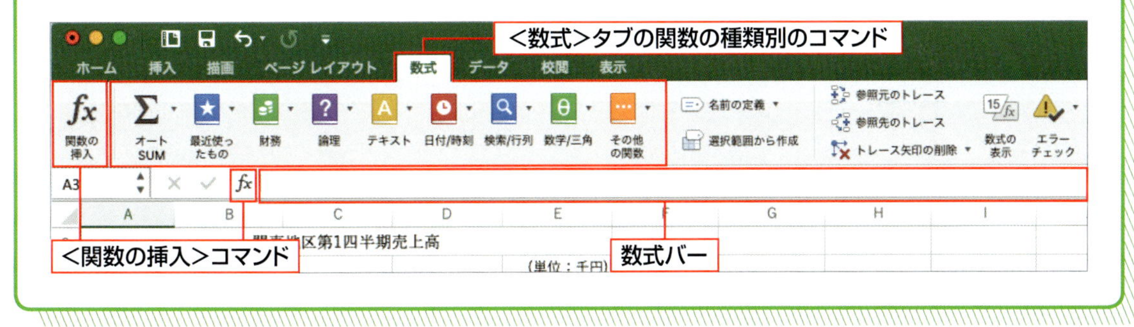

SECTION 02

3つの参照方式を知る

数式内でセルの位置を指定すると（P.66参照）、そのセルのデータを参照して計算が行われます。これをセル参照といいます。セルの参照方式には、相対参照、絶対参照、複合参照の3種類があります。ここでは、これらの参照方式の違いを確認しておきましょう。

覚えておきたいKeyword　相対参照　絶対参照　複合参照

1 相対参照・絶対参照・複合参照の違い

● 相対参照

相対参照でセル［D1］に入力されている数式をセル［D2］にコピーすると、参照先がセル［A2］と［B2］に変化します。

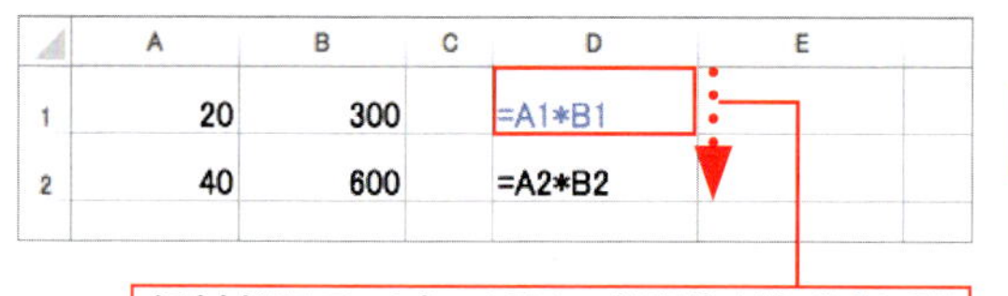

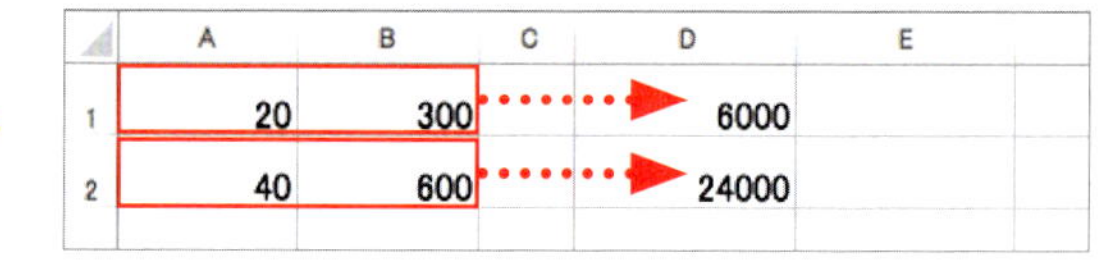

● 絶対参照

絶対参照でセル［D1］に入力されている数式をセル［D2］にコピーすると、参照先はセル［A1］と［B1］のまま固定されます。

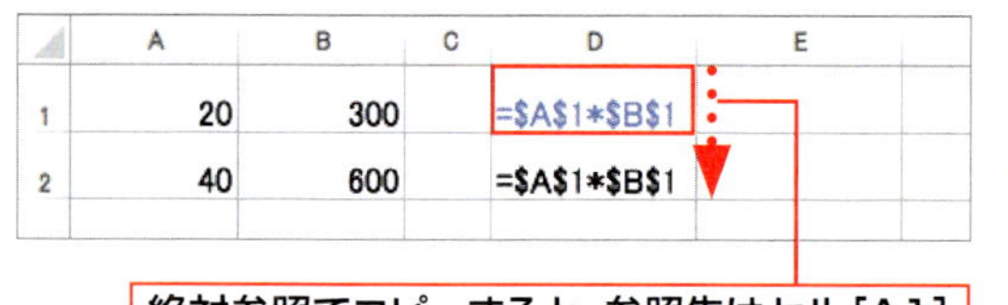

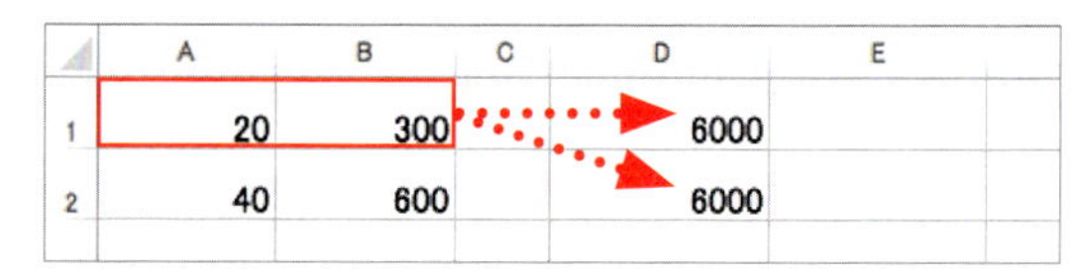

● 複合参照（列が相対参照、行が絶対参照）

行だけを絶対参照にして、セル［D1］に入力されている数式をセル［D2］とセル［E1］［E2］にコピーすると、参照先の行だけが固定されます（本書では解説していません）。

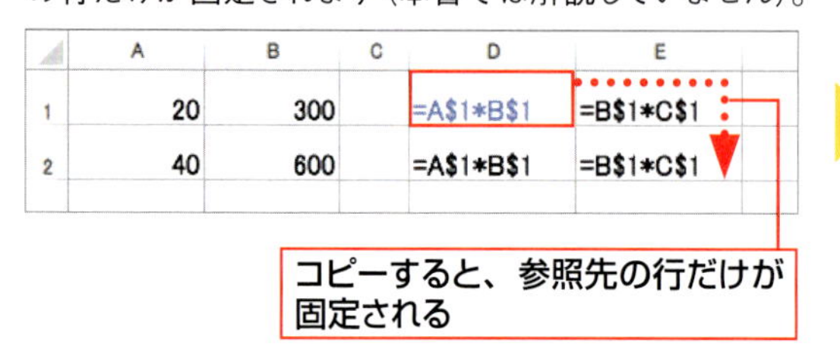

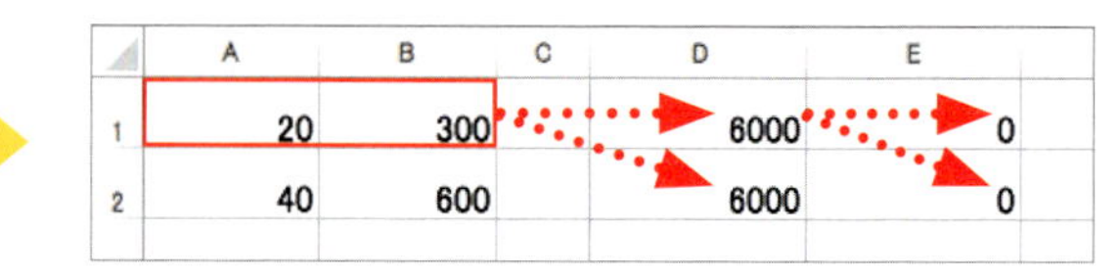

● 複合参照（列が絶対参照、行が相対参照）

列だけを絶対参照にして、セル［D1］に入力されている数式をセル［D2］とセル［E1］［E2］にコピーすると、参照先の列だけが固定されます（本書では解説していません）。

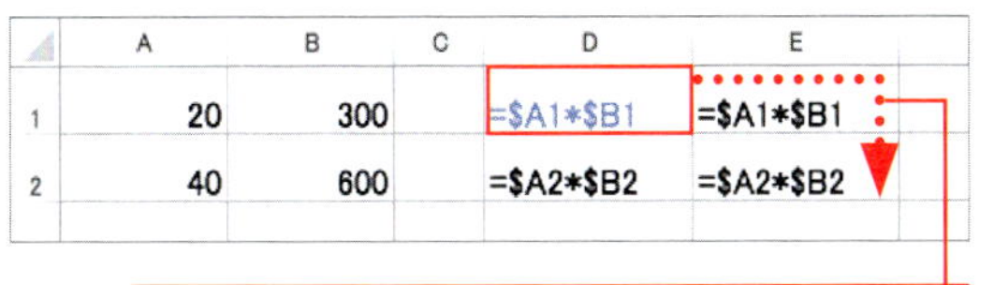

A B C D E
1 20 300 6000 6000
2 40 600 24000 24000

2 参照方式を切り替える

1 セルの位置を指定する

「=」を入力して、参照先のセル［A1］をクリックします 1。セル［B1］は相対参照になっています。

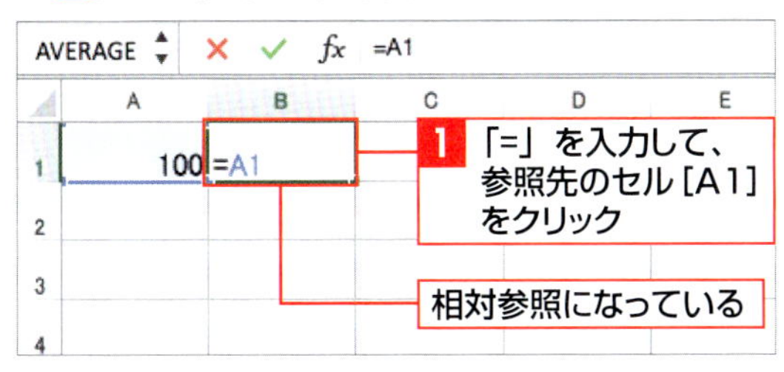

2 絶対参照に切り替える

⌘を押しながらTを押すと、絶対参照に切り替わります。

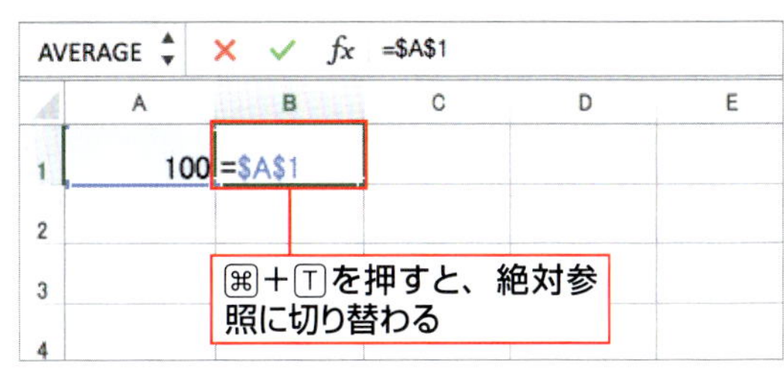

3 複合参照に切り替える

続けて、⌘を押しながらTを押すと、「列が相対参照、行が絶対参照」の複合参照に切り替わります。

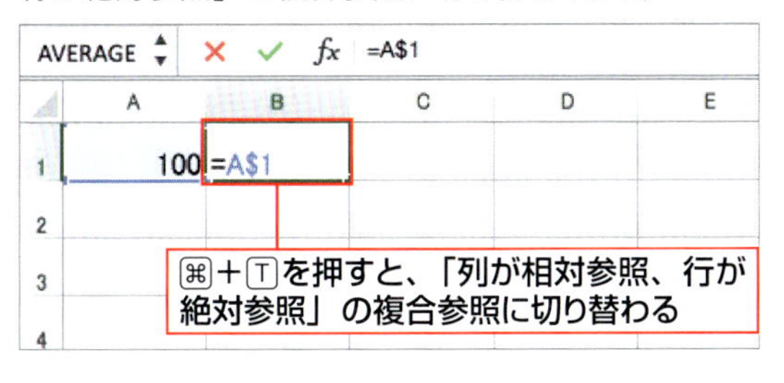

4 別の複合参照に切り替える

続けて、⌘を押しながらTを押すと、「列が絶対参照、行が相対参照」の参照方式に切り替わります。

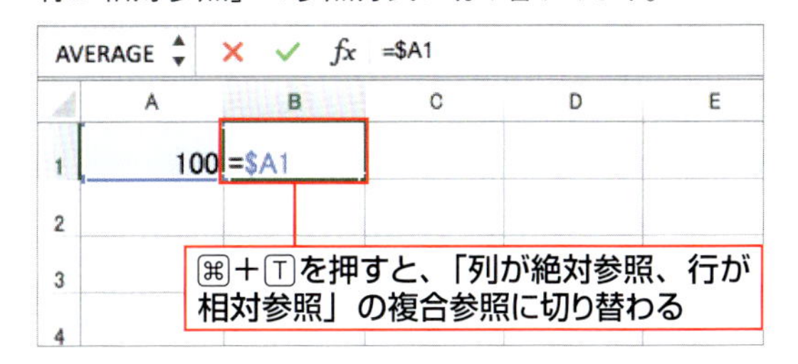

Column それぞれの参照方式の特徴

方式	内　容
相対参照	数式が入力されているセルを基点として、ほかのセルの位置を相対的な位置関係で指定する方式です。数式が入力されているセルをコピーすると、参照するセルの位置も自動的に更新されます。
絶対参照	参照するセルの位置を固定する方式です。数式が入力されているセルをコピーしても、参照するセルの位置は変わりません。
複合参照	相対参照と絶対参照を組み合わせた方式です。「列が相対参照、行が絶対参照」、「列が絶対参照、行が相対参照」の2種類があります。

SECTION 03

絶対参照を利用する

Excelの初期設定では、セル参照で入力された数式をコピーすると、コピー先に合わせて参照先のセルの位置も変更されます。このため、常に特定のセルを参照させたいときは、間違った結果が表示されたり、エラーが発生したりします。この場合は、参照方式を絶対参照に変更すると解決します。

覚えておきたい Keyword　相対参照　絶対参照　参照先セルの固定

1 相対参照で数式をコピーするとエラーになる

1 数式を入力する

ここでは、入場料の団体割引金額を求めるために、セル［B5］とセル［C3］を参照した数式「=B5*(1−C3)」をセル［C5］に入力します 1。

AVERAGE　=B5*(1-C3)

	A	B	C
2	ギャラリー入場料		
3		団体割引率	20%
4		通常料金	団体料金
5	大人	2,500	=B5*(1-C3)
6	大学生	1,800	
7	中・高生	1,200	
8	小学生	800	
9	＊未就学児は無料		
10			

参照セル

1 「=B5*(1−C3)」と入力する

2 数式をコピーする

return を押して計算結果を求めます 1。セル［C5］のフィルハンドル（P.46参照）をドラッグして 2、下のセルに数式をコピーします。

C5　=B5*(1-C3)

	A	B	C
2	ギャラリー入場料		
3		団体割引率	20%
4		通常料金	団体料金
5	大人	2,500	2,000
6	大学生	1,800	
7	中・高生	1,200	
8	小学生	800	
9	＊未就学児は無料		
10			

1 return を押して計算結果を求める

2 ドラッグ

3 計算結果が表示される

正しい計算結果を求めることができません。

C6　=B6*(1-C4)

	A	B	C
2	ギャラリー入場料		
3		団体割引率	20%
4		通常料金	団体料金
5	大人	2,500	2,000
6	大学生	1,800	#VALUE!
7	中・高生	1,200	-2,398,800
8	小学生	800	#VALUE!
9	＊未就学児は無料		
10			

正しい計算結果が表示されない

Memo　相対参照でのコピー

ここでは、セル［C5］をセル範囲［C6:C8］にコピーする際、相対参照を使用しています。そのため、セル［C3］へのセル参照も自動的に変更されてしまい、正しい計算結果が求められません。

2 エラーを避けるために絶対参照でコピーする

1 セルを固定する

割引率のセルを常に参照させるために、セル［C3］を固定します。セル［C5］に入力されているセルの位置［C3］の文字をドラッグして選択し1、⌘を押しながらTを押します2。

AVERAGE　=B5*(1-C3)

	A	B	C	D	E
2	ギャラリー入場料				
3		団体割引率	20%		
4		通常料金	団体料金		
5	大人	2,500	=B5*(1-C3)		
6	大学生	1,800			
7	中・高生	1,200			
8	小学生	800			
9	＊未就学児は無料				
10					
11					

1「C3」を選択する

2 ⌘＋Tを押す

2 絶対参照に切り替わる

セル［C3］が［C3］に変わり、絶対参照になります。

AVERAGE　=B5*(1-C3)

	A	B	C	D	E
2	ギャラリー入場料				
3		団体割引率	20%		
4		通常料金	団体料金		
5	大人	2,500	=B5*(1-C3)		
6	大学生	1,800			
7	中・高生	1,200			
8	小学生	800			
9	＊未就学児は無料				
10					
11					

セル［C3］が絶対参照に変わる

Memo 「$」（ドル）記号

「$」（ドル）は、参照先のセルを固定するための記号です。列番号や行番号の前に「$」を付けると、そのセルが固定され、絶対参照になります。

3 数式をコピーする

returnを押して計算結果を求めます1。セル［C5］のフィルハンドルをドラッグして2、下のセルに数式をコピーします。

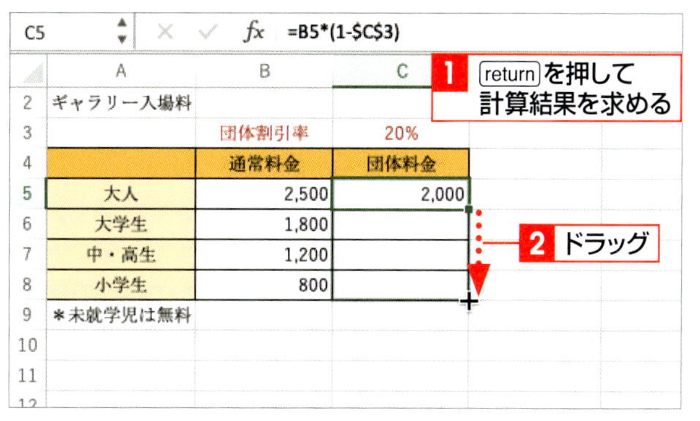

4 計算結果が表示される

正しい計算結果が求められます。

C6　=B6*(1-C3)

	A	B	C	D	E
2	ギャラリー入場料				
3		団体割引率	20%		
4		通常料金	団体料金		
5	大人	2,500	2,000		
6	大学生	1,800	1,440		
7	中・高生	1,200	960		
8	小学生	800	640		
9	＊未就学児は無料				
10					
11					

正しい計算結果が表示される

Memo 絶対参照でのコピー

ここでは、参照を固定したいセル［C3］を絶対参照に変更しています。そのため、セル［C5］を［C6:C8］にコピーしても、セル［C3］へのセル参照が保持され、正しい計算結果が求められます。

SECTION 04

関数を使いこなす

ここでは、よく使われる関数とその使い方を紹介します。関数の書式や引数の指定方法などがわからない場合でも、<数式パレット>の下にかんたんな説明が表示されるので、指示どおりにセル番地や条件などを入力すれば、数式をかんたんに入力できます。

覚えておきたいKeyword　関数　書式　引数

1 端数を四捨五入する ― ROUND関数

1 関数を指定する

結果を表示するセル（ここでは[E5]）をクリックします1。<数式>タブをクリックして2、<数学／三角>をクリックし3、<ROUND>をクリックします4。

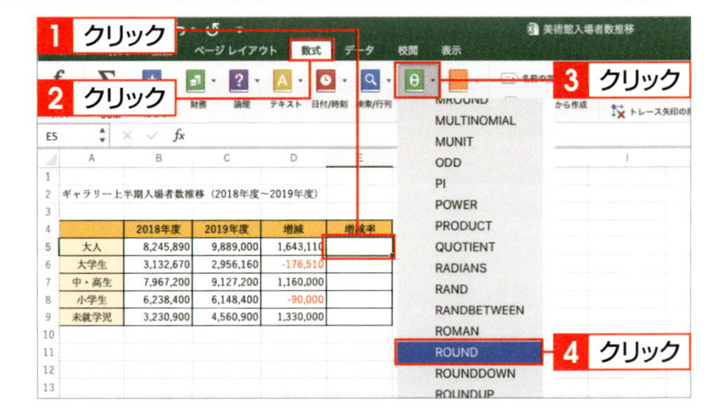

Hint 端数を切り上げる

端数を切り上げる場合は、手順4で<ROUNDUP>をクリックし、同様に操作します。

2 数値と引数を指定する

<数式パレット>が表示されます。<数値>に、もとデータを入力したセルの位置（ここでは「G5」）を入力します1。<桁数>に、小数点以下を四捨五入するために「0」と入力して2、<完了>をクリックします3。

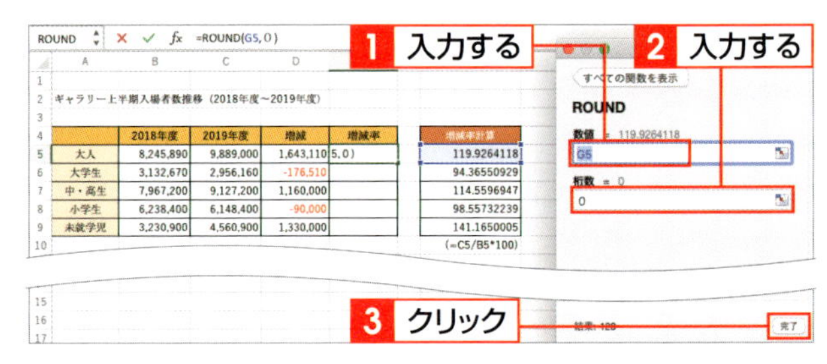

3 端数が四捨五入して表示される

小数点以下の数値が四捨五入されて表示されます。セル[E5]のフィルハンドルをドラッグして1、下のセルに数式をコピーします。

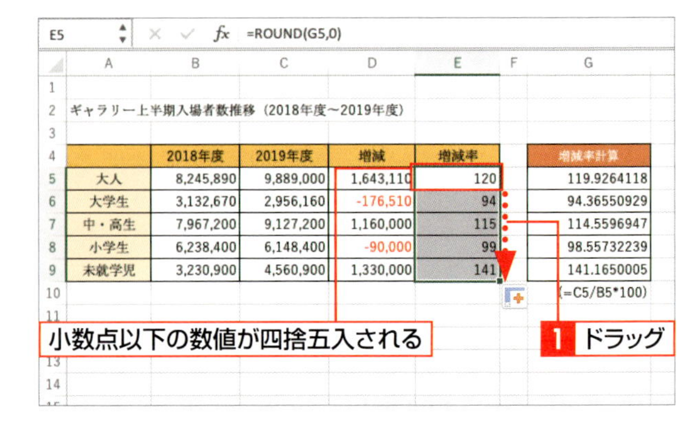

Keyword ROUND関数

指定した桁数で数値を四捨五入します。桁数「0」を指定すると小数点第1位で四捨五入されます。

書式：ROUND（数値，桁数）

2 条件を満たすセルの数値を合計する ── SUMIF関数

1 関数を指定する

結果を表示するセル（ここでは[F4]）をクリックします。＜数式＞タブをクリックして 1 、＜数学／三角＞をクリックし 2 、＜SUMIF＞をクリックします 3 。

2 範囲と検索条件を指定する

＜数式パレット＞が表示されます。＜範囲＞に、検索対象となるセル範囲（ここでは「B4：B18」）を入力して 1 、＜検索条件＞に、条件を入力したセル（ここでは「E4」）を入力します 2 。＜合計範囲＞には、計算の対象となるセル（ここでは「C4：C18」）を入力して 3 、＜完了＞をクリックします 4 。

Hint セルの指定

＜数式パレット＞では、セルの位置やセル範囲を直接入力するかわりに、対象のセルをクリックしたり、セル範囲をドラッグするなどして入力することもできます。

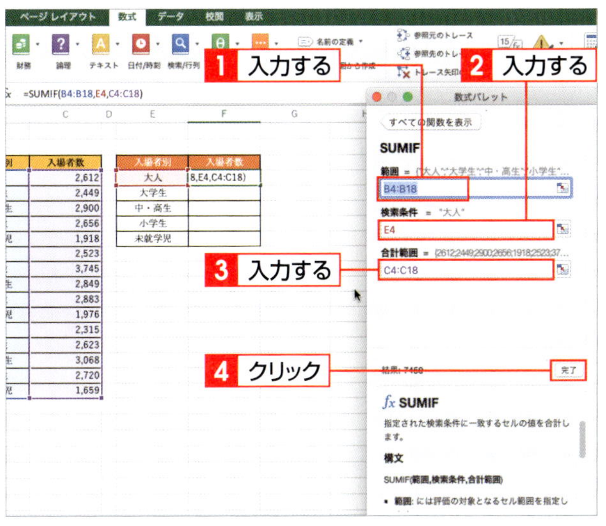

3 条件を満たすセルの数値が合計される

条件を満たすセルの数値が合計されます。セル[F4]のフィルハンドルをドラッグして 1 、下のセルに数式をコピーします。

Keyword SUMIF関数

指定した範囲から、検索条件を満たすセルの値を合計します。「合計範囲」を指定した場合は合計範囲の数値を合計し、省略した場合は「範囲」の数値を合計します。

書式：SUMIF（範囲，検索条件，［合計範囲］）

F4 =SUMIF(B4:B18,E4,C4:C18)

2019年8月連休入場者数

日付	入場者別	入場者数		入場者別	入場者数
8月10日	大人	2,612		大人	7,450
8月10日	大学生	2,449		大学生	8,817
8月10日	中・高生	2,900		中・高生	8,817
8月10日	小学生	2,656		小学生	8,259
8月10日	未就学児	1,918		未就学児	5,553
8月11日	大人	2,523			
8月11日	大学生	3,745			
8月11日	中・高生	2,849			
8月11日	小学生	2,883			
8月11日	未就学児	1,976			
8月12日	大人	2,315			
8月12日	大学生	2,623			
8月12日	中・高生	3,068			
8月12日	小学生	2,720			
8月12日	未就学児	1,659			

1 ドラッグ

条件を満たすセルの数値が合計される

3 条件によって処理を振り分ける ― IF関数

1 関数を指定する

結果を表示するセル（ここでは[D4]）をクリックします。<数式>タブをクリックして 1、<論理>をクリックし 2、<IF>をクリックします 3。

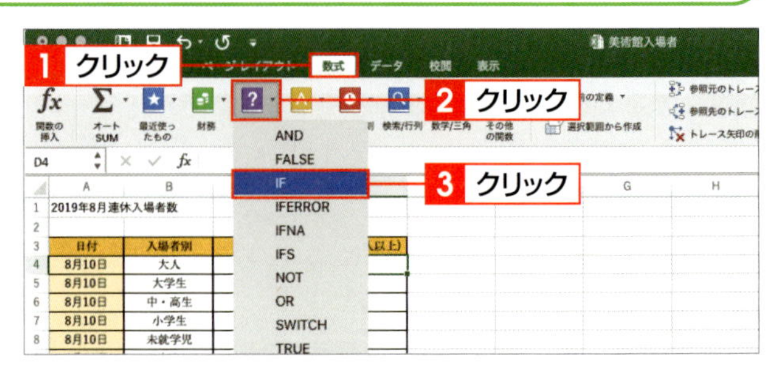

2 条件を指定する

<数式パレット>が表示されます。<論理式>に、セル[C4]の値が「2500」以上か否かを判断する式「C4>2500」を入力します 1。

3 処理方法を指定する

<値が真の場合>に、セル[C4]の値が2500より大きい場合に表示する「"達成"」を入力します 1。<値が偽の場合>に、2500以下の場合に表示する「"未達成"」を入力して 2、<完了>をクリックします 3。

Hint 「"」の入力

引数の中で文字列を指定する場合は、半角の「"」（ダブルクォーテーション）で囲む必要があります。なお、<数式パレット>を利用した場合、「"」は自動的に入力されます。

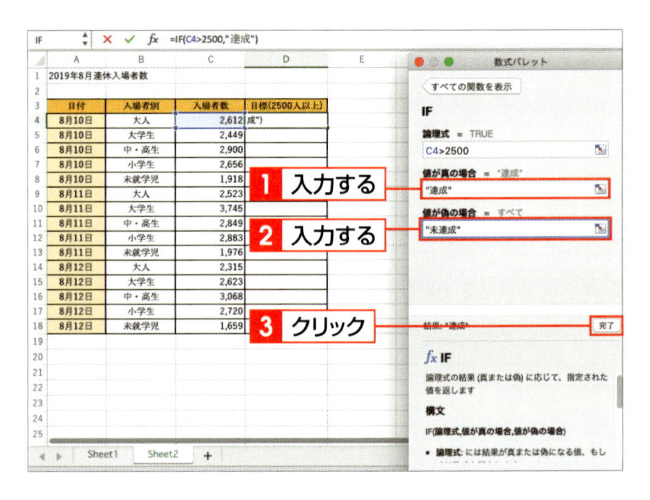

4 結果が表示される

セル[D4]に「達成」と表示されます。セル[D4]のフィルハンドルをドラッグして 1、下のセルに数式をコピーすると、入場者数が2500より大きい場合は「達成」、2500以下の場合は「未達成」と表示されます。

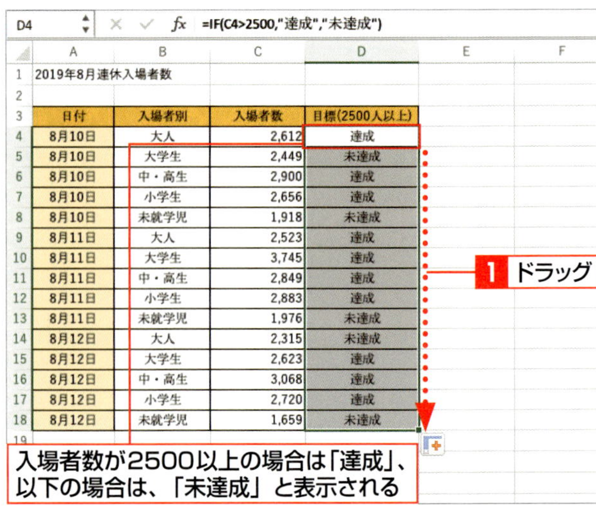

Keyword IF関数

「論理式」で指定した条件を満たす場合は、「真の場合」で指定した値を表示し、満たさない場合は、「偽の場合」で指定した値を表示します。

書式：IF(論理式, 真の場合, 偽の場合)

4 表からデータを抽出する ── VLOOKUP関数

1 関数を指定する

結果を表示するセル（ここでは［B4］）をクリックします**1**。＜数式＞タブをクリックして**2**、＜検索／行列＞をクリックし**3**、＜VLOOKUP＞をクリックします**4**。

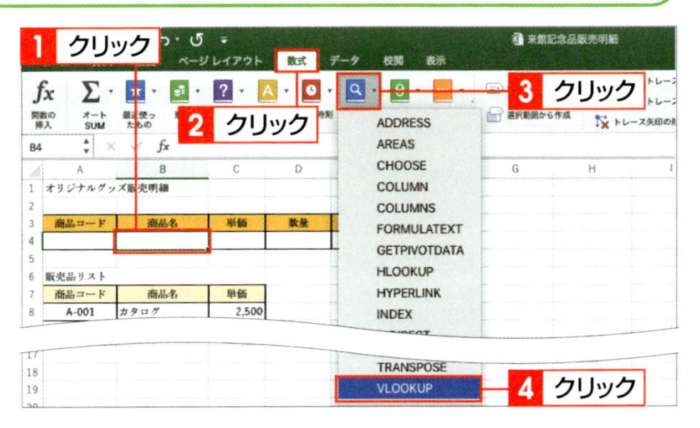

2 検索値と範囲を指定する

＜数式パレット＞が表示されます。＜検索値＞に、検索値を入力するセルの位置（ここでは「A4」）を入力します**1**。＜範囲＞に、対象のデータが入力されているセル範囲（ここでは「A8：C15」）を入力します**2**。

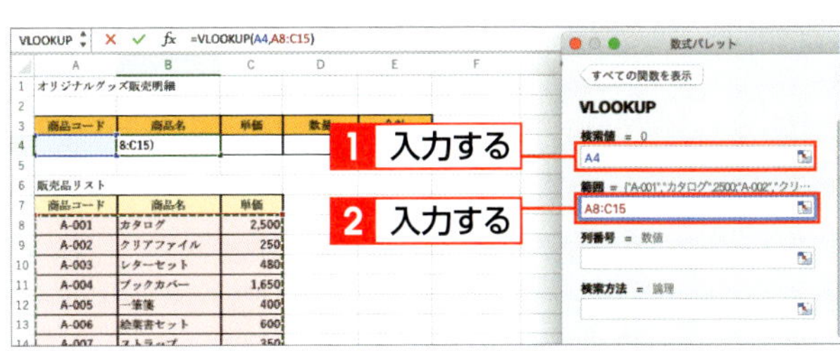

3 列番号と検索方法を指定する

＜列番号＞に、検索値が入力されているセルの「列番号」（ここでは「2」、Keyword参照）を入力します**1**。＜検索方法＞に、検索値と完全に一致する値だけが検索されるように「0」と入力し**2**、＜完了＞をクリックします**3**。

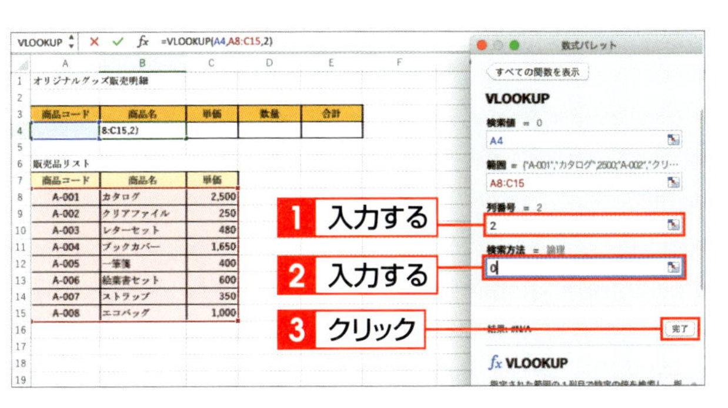

4 データを抽出する

「商品コード」を入力すると**1**、対応する「商品名」が表示されます。
「単価」を抽出してセル［C4］に表示する場合は、列番号を「3」と指定します。数式は「＝VLOOKUP（A4,A8:C15,3,0）」となります。

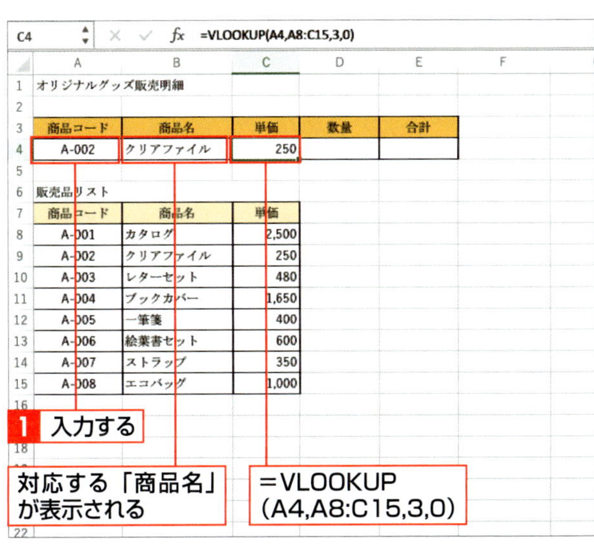

Keyword VLOOKUP関数

指定した「範囲」から「検索値」と一致するデータを検索し、一致するデータがあると、「列番号」で指定した列（指定した範囲の左端の列から1、2、3…と数える）にあるデータを表示します。

書式：VLOOKUP（検索値，範囲，列番号，検索方法）

SECTION 05

数式のエラーを解決する

数式の参照先が間違っていたり、参照先の値にミスがあったりして、計算結果が正しく求められないような場合は、セルにエラーインジケーターとエラー値が表示されます。表示されるエラー値は、エラーの内容によって異なります。ここでは、エラーの内容と、その解決方法を紹介します。

覚えておきたい Keyword　エラー値　エラーチェックオプション　エラーのトレース

1 エラー値「#VALUE!」

1 参照先を修正する

数式の参照先や引数の型、演算子などが間違っているときに表示されます。これらの間違いを修正すると 1 、エラーが解決されます。

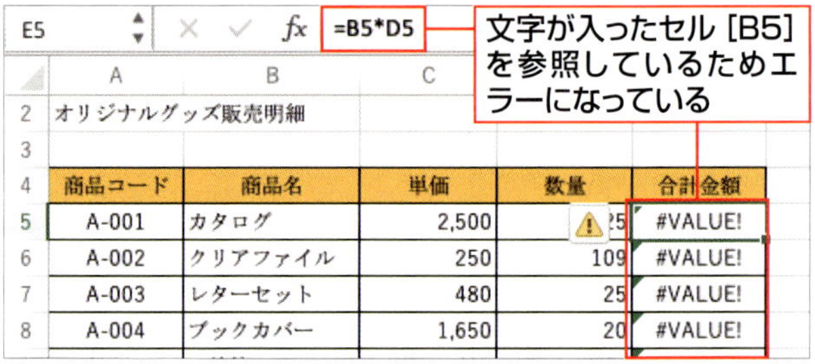

E5　=B5*D5

文字が入ったセル [B5] を参照しているためエラーになっている

	A	B	C	D	E
2	オリジナルグッズ販売明細				
3					
4	商品コード	商品名	単価	数量	合計金額
5	A-001	カタログ	2,500	25	#VALUE!
6	A-002	クリアファイル	250	109	#VALUE!
7	A-003	レターセット	480	25	#VALUE!
8	A-004	ブックカバー	1,650	20	#VALUE!

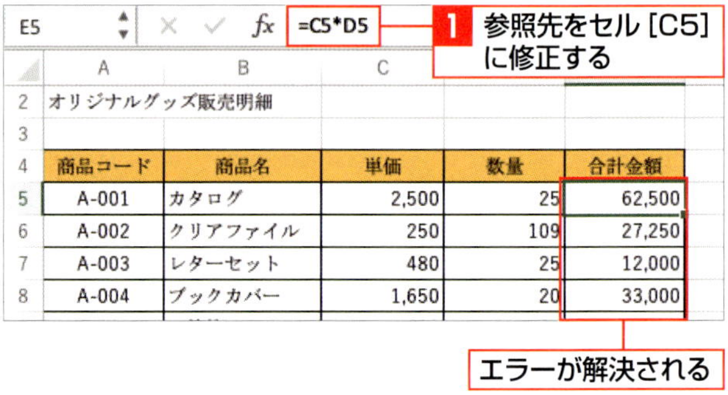

E5　=C5*D5

1 参照先をセル [C5] に修正する

	A	B	C	D	E
2	オリジナルグッズ販売明細				
3					
4	商品コード	商品名	単価	数量	合計金額
5	A-001	カタログ	2,500	25	62,500
6	A-002	クリアファイル	250	109	27,250
7	A-003	レターセット	480	25	12,000
8	A-004	ブックカバー	1,650	20	33,000

エラーが解決される

Column <エラーチェックオプション>の利用

数式になんらかのエラーがあると、セルの左上にエラーインジケーターが表示されます。このセルをクリックすると、<エラーチェックオプション>が表示されます。このコマンドをクリックすると、エラーの内容に応じた処理を選択できます。

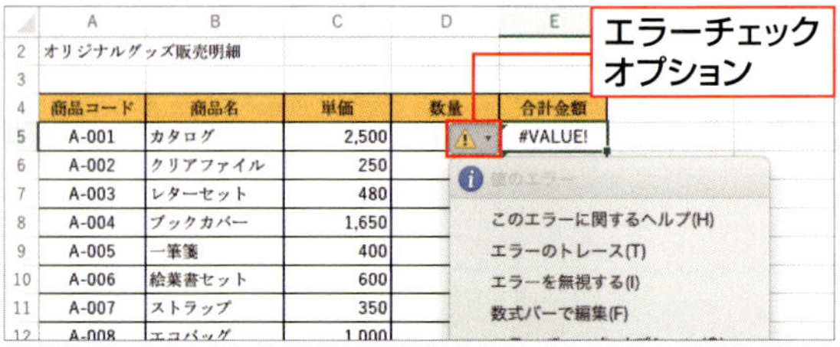

エラーチェックオプション

	A	B	C	D	E
2	オリジナルグッズ販売明細				
3					
4	商品コード	商品名	単価	数量	合計金額
5	A-001	カタログ	2,500		#VALUE!
6	A-002	クリアファイル	250		
7	A-003	レターセット	480		
8	A-004	ブックカバー	1,650		
9	A-005	一筆箋	400		
10	A-006	絵葉書セット	600		
11	A-007	ストラップ	350		
12	A-008	エコバッグ	1,000		

このエラーに関するヘルプ(H)
エラーのトレース(T)
エラーを無視する(I)
数式バーで編集(F)

2 エラー値「#DIV/0!」

1 セルに数値を入力する

割り算の除数（割るほうの数）の値に「0」が入力されているときや、空白のときに表示されます。セルに数値を入力すると 1 、エラーが解決されます。

F6 =C6/D6

	A	B	C	D	E	F
1	オリジナルグッズ販売明細					
2						
3	商品コード	商品名	販売金額	目標金額	差異	達成率
4	A-001	カタログ	62,500	50,000	12,500	125%
5	A-002	クリアファイル	27,250	25,000	2,250	109%
6	A-003	レターセット	12,000		12,000	#DIV/0!
7	A-004	ブックカバー	33,000	35,000	-2,000	94%
8	A-005	一筆箋	18,000	15,000	3,000	120%

セル［D6］が空白になっているためエラーになっている

F6 =C6/D6

	A	B	C	D	E	F
1	オリジナルグッズ販売明細					
2						
3	商品コード	商品名	販売金額	目標金額	差異	達成率
4	A-001	カタログ	62,500	50,000	12,500	125%
5	A-002	クリアファイル	27,250	25,000	2,250	109%
6	A-003	レターセット	12,000	10,000	2,000	120%
7	A-004	ブックカバー	33,000	35,000	-2,000	94%
8	A-005	一筆箋	18,000	15,000	3,000	120%

1 セル［D6］に数値を入れる

エラーが解決される

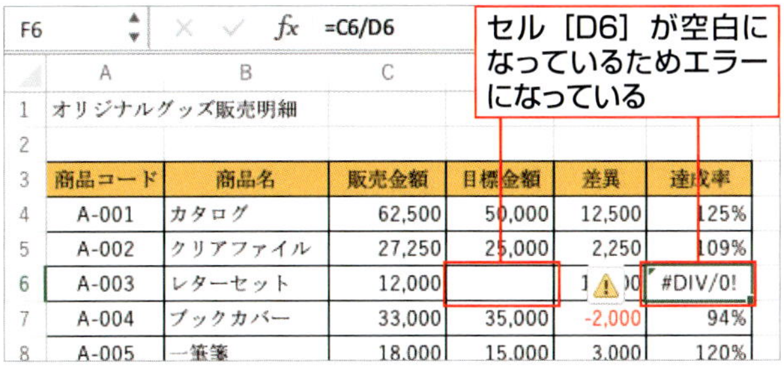

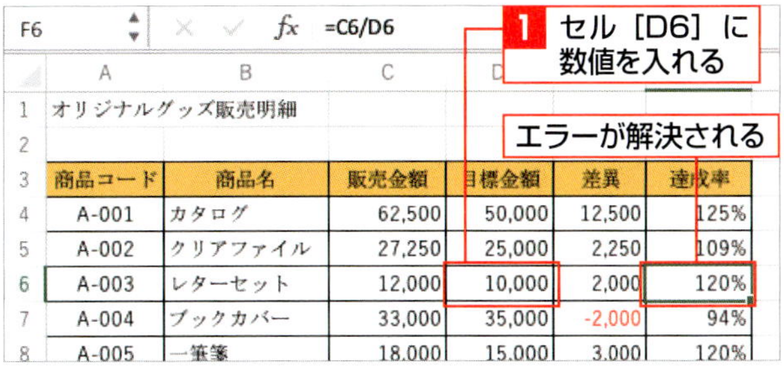

3 エラー値「#N/A」

1 検索値を修正する

検索を行う関数で、検索した値が検索範囲内に存在しないときに表示されます。検索値を修正すると 1 、エラーが解決されます。

E7 =VLOOKUP(E4,A4:C11,2,0)

	A	B	C	D	E
1	オリジナルグッズ販売明細				
2					
3	商品コード	商品名	単価		検索番号（商品コード）
4	A-001	カタログ	2,500		A-0001
5	A-002	クリアファイル	250		
6	A-003	レターセット	480		検索結果（商品名）
7	A-004	ブックカバー	1,650		#N/A
8	A-005	一筆箋	400		
9	A-006	絵葉書セット	600		
10	A-007	ストラップ			
11	A-008	エコバッグ			
12					

セル範囲［A4：C11］に検索値「A-0001」が存在しないためエラーになっている

E7 =VLOOKUP(E4,A4:C11,2,0)

	A	B	C	D	E
1	オリジナルグッズ販売明細				
2					
3	商品コード	商品名	単価		検索番号（商品コード）
4	A-001	カタログ	2,500		A-001
5	A-002	クリアファイル	250		
6	A-003	レターセット	480		検索結果（商品名）
7	A-004	ブックカバー	1,650		カタログ
8	A-005	一筆箋	400		
9	A-006	絵葉書セット	600		
10	A-007	ストラップ	350		
11	A-008	エコバッグ	1,000		
12					

1 検索値を修正する

エラーが解決される

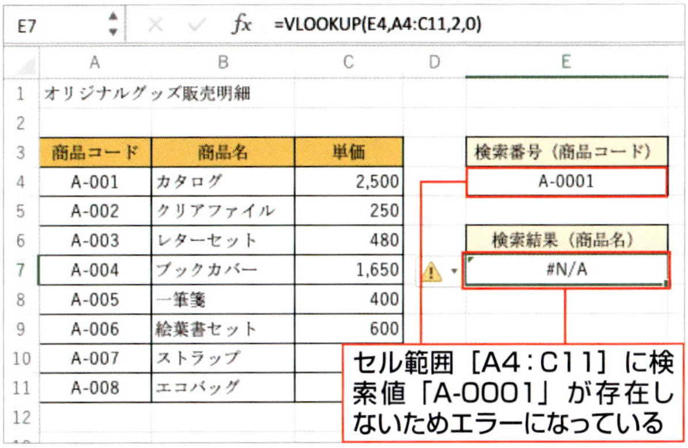

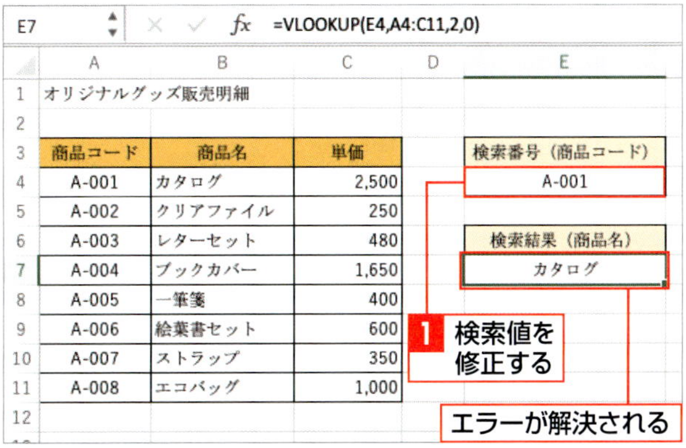

4 エラーをトレースする

1 ＜参照元のトレース＞をクリックする

エラーが表示されているセルをクリックします1。＜数式＞タブをクリックして2、＜参照元のトレース＞をクリックします3。

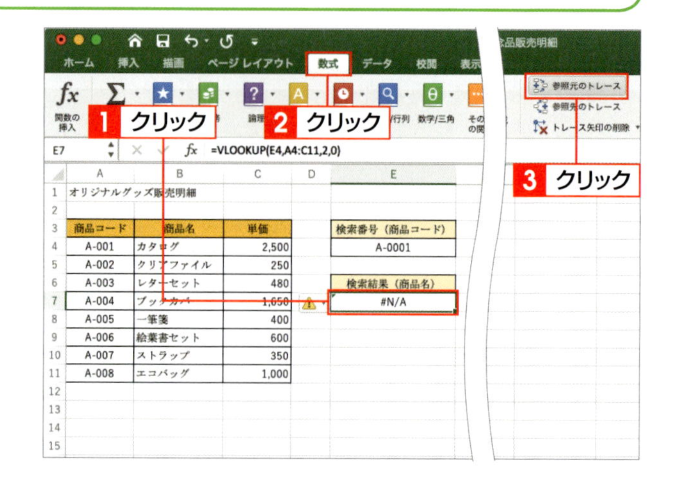

Memo そのほかの方法

エラーが表示されているセルをクリックして、＜エラーチェックオプション＞をクリックし、＜エラーのトレース＞をクリックしても（P.118参照）、参照もとからトレース矢印が表示されます。

2 参照もとがトレースされる

数式が参照しているセルから、トレース矢印が表示されます。トレースされた参照もとを確認することで、エラーの原因を調べることができます。＜数式＞タブの＜トレース矢印の削除＞をクリックすると、矢印が削除されます。

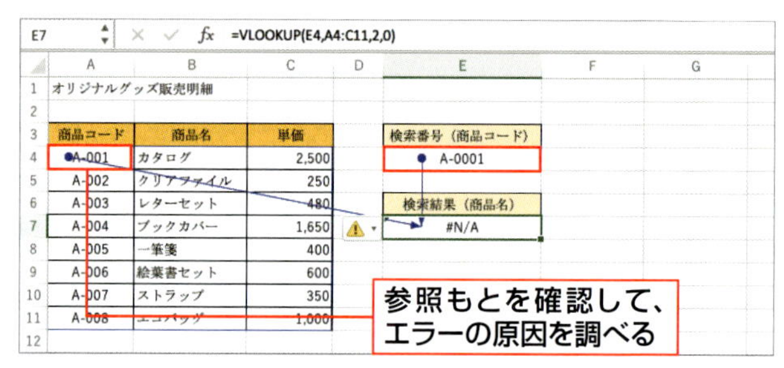

5 ワークシート全体のエラーを確認する

1 ＜エラーのトレース＞をクリックする

＜数式＞タブをクリックして1、＜エラーチェック＞をクリックします2。＜エラーチェック＞ダイアログボックスが表示され、エラーのあるセルが選択されます。＜エラーのトレース＞をクリックします3。

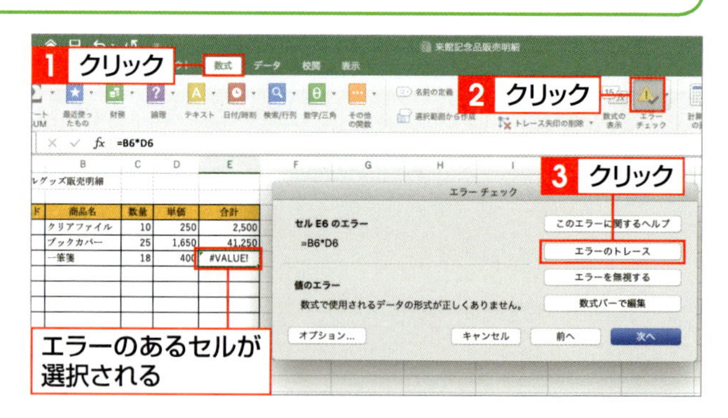

2 エラーの原因を確認する

数式が参照しているセルからトレース矢印が表示されるので、エラーの原因を調べます1。右の例では、文字が入ったセル［B6］を参照しているため、「=B6*D6」のかけ算を実行できません。この段階では修正は行わずに、＜次へ＞をクリックします2。

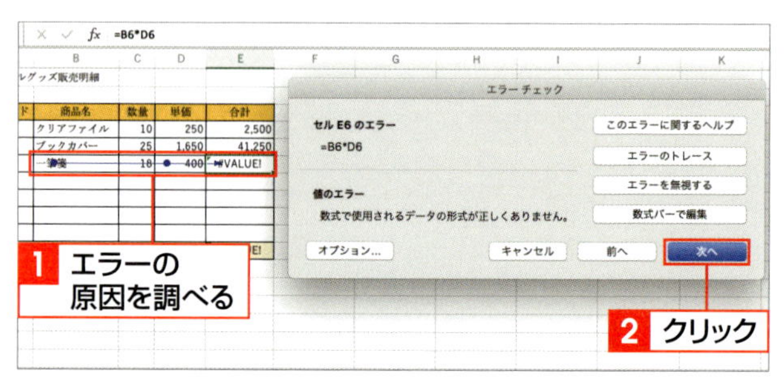

3 次のエラーへ移動する

次のエラーのあるセルが選択されます。<エラーのトレース>をクリックして 1 、トレース矢印を表示させ、原因を調べます 2 。<次へ>をクリックします 3 。

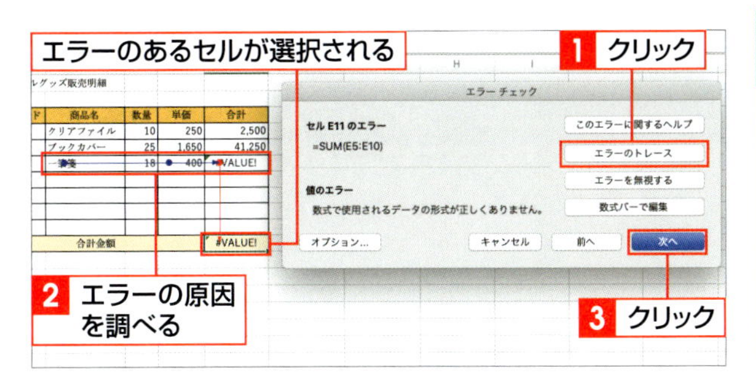

4 エラーチェックが終了する

手順を繰り返して、すべてのエラーをチェックします。エラーのチェックが終了するとメッセージが表示されるので、<OK>をクリックします 1 。

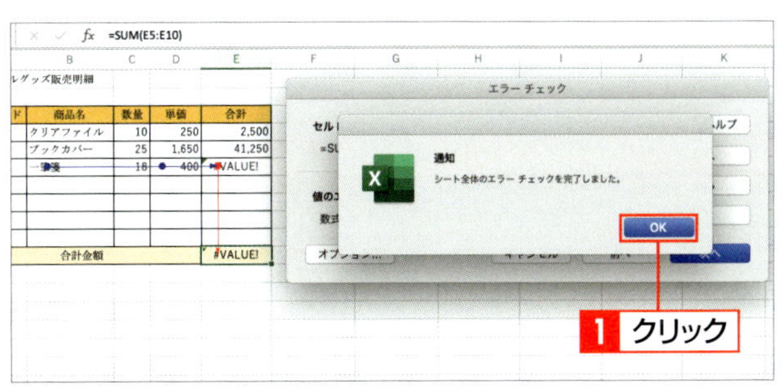

5 数式を修正する

確認した結果、この例のエラーはすべてセル[E6] の数式のミスが原因であることが確認できました。数式を修正して 1 、エラーを解決します。

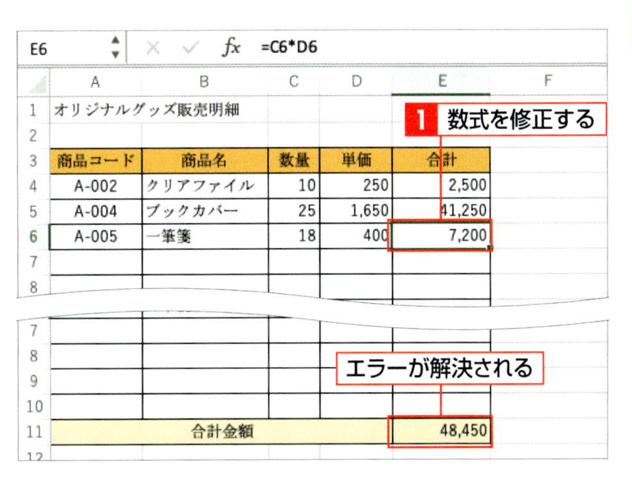

Hint エラーの確認

ここでは、トレース矢印が同じ場所を示していることで、セル [E6] の数式ミスであることが確認できます。「=B6*D6」を「=C6*D6」に修正します。

Column そのほかのエラー値

エラー値	原因と解決方法
#NAME?	関数名やセル範囲に定義した名前が間違っているときに表示されます。関数名や数式内の文字を修正すると、エラーは解決されます。
#NULL!	指定した2つ以上のセル範囲に共通部分がないときに表示されます。参照しているセル範囲を修正すると、エラーは解決されます。
#NUM!	引数として指定できる数値の範囲を超えているときに表示されます。Excel で処理可能な範囲に収まるように修正すると、エラーは解決されます。
#REF!	数式で参照しているセルがある列や行を削除したときに表示されます。参照先を修正すると、エラーは解決されます。
#####	数式のエラーではありませんが、セルの幅が狭くて計算結果などを表示できないときに表示されます。セルの幅を広げると、エラーは解決されます。

SECTION

06 条件付き書式を利用する

条件付き書式を利用すると、指定した条件を満たすセルに文字色やセルの背景色を付けることができます。また、セル範囲のデータの最大値や最小値を自動計算して、データを相対的に評価し、セルにグラデーションや単色のデータバーを表示させることもできます。

覚えておきたい Keyword　条件付き書式　セルの強調表示ルール　データバー

1 指定値より大きいセルに色を付ける

1 セル範囲を選択する

対象となるセル範囲を選択します 1。

1 セル範囲を選択する

駅別チラシ配布数

	4月	5月	6月	7月	合計
中野駅	36,210	59,510	99,710	76,890	272,320
新宿駅	68,460	99,020	87,910	90,945	346,335
信濃町駅	45,370	34,850	32,370	44,450	157,040
四ツ谷駅	80,940	53,350	43,890	53,600	231,780
飯田橋駅	58,950	45,240	68,940	99,930	273,060
御茶ノ水駅	78,450	87,560	77,600	43,670	287,280
神田駅	25,870	26,990	35,670	23,456	111,986
東京駅	81,360	56,750	96,660	82,340	317,110
新橋駅	63,250	75,100	82,050	70,340	290,740

2 ＜指定の値より大きい＞をクリックする

＜ホーム＞タブの＜条件付き書式＞をクリックします 1。＜セルの強調表示ルール＞をポイントし 2、＜指定の値より大きい＞をクリックします 3。

1 クリック
セルの強調表示ルール
上位/下位ルール
データ バー
カラー スケール
アイコン セット
新しいルール...
ルールのクリア
ルールの管理...
指定の値より大きい...
指定の値より小さい...
指定の範囲内...
指定の値に等しい...
文字列...
日付...
重複する値...
その他のルール...
2 ポイント
3 クリック

3 条件を指定する

＜新しい書式ルール＞ダイアログボックスが表示されるので、条件となる値（ここでは「70,000」）を入力して 1、書式を指定し 2、＜OK＞をクリックします 3。

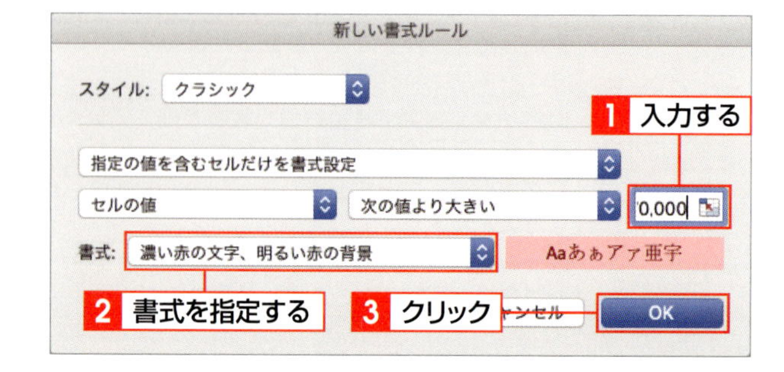

4 結果が表示される

指定した値（70,000）よりも数値が大きいセルに、色が付いて表示されます。

指定値より大きいセルに色が付く

	4月	5月	6月	7月	合計
中野駅	36,210	59,510	99,710	76,890	272,320
新宿駅	68,460	99,020	87,910	90,945	346,335
信濃町駅	45,370	34,850	32,370	44,450	157,040
四ツ谷駅	80,940	53,350	43,890	53,600	231,780
飯田橋駅	58,950	45,240	68,940	99,930	273,060
御茶ノ水駅	78,450	87,560	77,600	43,670	287,280
神田駅	25,870	26,990	35,670	23,456	111,986
東京駅	81,360	56,750	96,660	82,340	317,110
新橋駅	63,250	75,100	82,050	70,340	290,740

2 セルの値の大小を示すバーを表示する

1 セル範囲を選択する

データバーを表示するセル範囲を選択します **1**。

駅別チラシ配布数

1 セル範囲を選択する

	4月	5月	6月	7月	合計
中野駅	36,210	59,510	99,710	76,890	272,320
新宿駅	68,460	99,020	87,910	90,945	346,335
信濃町駅	45,370	34,850	32,370	44,450	157,040
四ツ谷駅	80,940	53,350	43,890	53,600	231,780
飯田橋駅	58,950	45,240	68,940	99,930	273,060
御茶ノ水駅	78,450	87,560	77,600	43,670	287,280
神田駅	25,870	26,990	35,670	23,456	111,986
東京駅	81,360	56,750	96,660	82,340	317,110
新橋駅	63,250	75,100	82,050	70,340	290,740

2 データバーを指定する

<ホーム>タブの<条件付き書式>をクリックします **1**。<データバー>をポイントし **2**、<塗りつぶし(グラデーション)>の<赤のデータバー>をクリックします **3**。

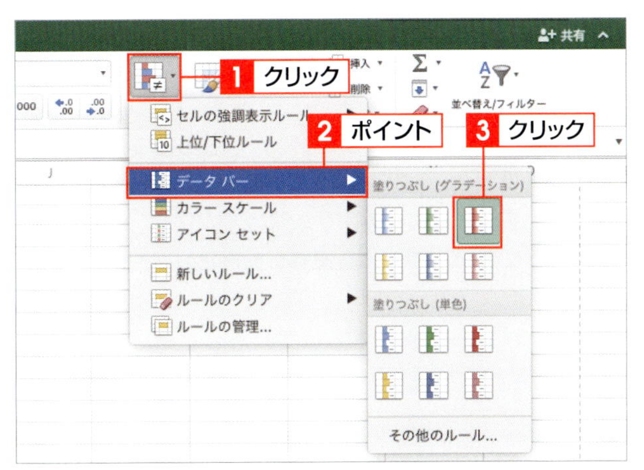

3 データバーが表示される

セルの値の大小に応じて、セルにグラデーションでデータバーが表示されます。

駅別チラシ配布数

	4月	5月	6月	7月	合計
中野駅	36,210	59,510	99,710	76,890	272,320
新宿駅	68,460	99,020	87,910	90,945	346,335
信濃町駅	45,370	34,850	32,370	44,450	157,040
四ツ谷駅	80,940	53,350	43,890	53,600	231,780
飯田橋駅	58,950	45,240	68,940	99,930	273,060
御茶ノ水駅	78,450	87,560	77,600	43,670	287,280
神田駅	25,870	26,990	35,670	23,456	111,986
東京駅	81,360	56,750	96,660	82,340	317,110
新橋駅	63,250	75,100	82,050	70,340	290,740

セルにデータバーが表示される

Hint 条件付き書式の解除

設定を解除したいセル範囲を選択して、<ホーム>タブの<条件付き書式>をクリックし、<ルールのクリア>から<選択したセルからルールをクリア>をクリックします。また、<シート全体からルールをクリア>をクリックすると、表示しているワークシートにあるすべてのルールが解除されます。

SECTION 07

グラフを作成する

グラフを利用すると、データを視覚的に表現できます。<おすすめグラフ>を利用すると、表の内容に最適なグラフをかんたんに作成できます。また、<挿入>タブに用意されているグラフの種類のコマンドから作成することもできます。

覚えておきたい Keyword　グラフ　おすすめグラフ　グラフタイトル

1 グラフを作成する

1 グラフにする範囲を選択する

グラフのもとになるセル範囲を選択します 1。

1 セル範囲を選択する

単位：千円

店舗名	4月	5月	6月	7月	8月	合計
新宿南口店	6,620	8,900	2,800	9,060	2,800	30,180
渋谷店	4,080	8,430	9,990	1,660	7,710	31,870
目黒店	8,750	1,830	8,720	5,700	4,950	29,950
高輪台店	4,540	5,340	7,290	2,370	5,780	25,320
浜松町店	2,220	1,410	3,150	1,830	4,860	13,470

2 グラフの種類を指定する

<挿入>タブをクリックして 1、<おすすめグラフ>をクリックし 2、使用するグラフをクリックします 3。ここでは<集合縦棒>を指定します。

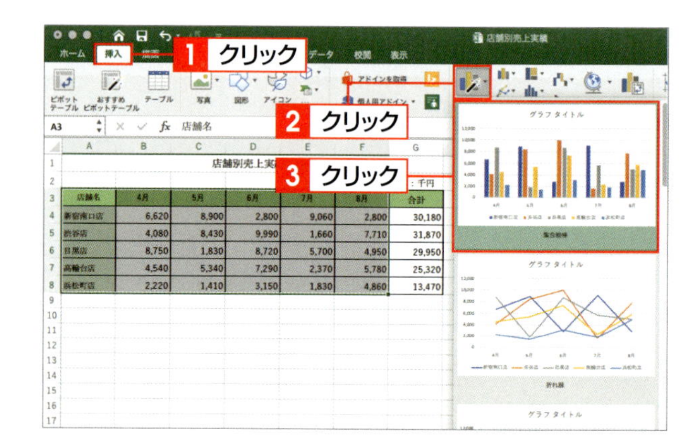

3 グラフが作成される

指定した種類のグラフが作成されます。

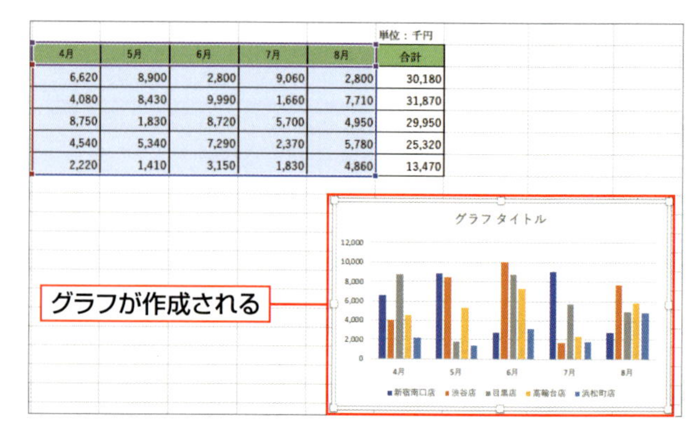

Memo　おすすめグラフ

グラフのもとになるセル範囲を選択して<挿入>タブの<おすすめグラフ>をクリックすると、セル範囲のデータに適したグラフが表示されます。

2 グラフタイトルを入力する

1 グラフタイトルをクリックする

作成したグラフに表示されている「グラフタイトル」（あるいは「Chart Title」）をクリックして**1**、編集可能な状態にします。

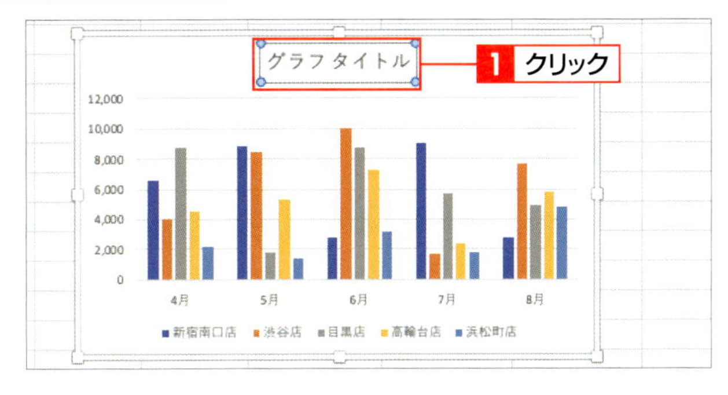

2 タイトルを入力する

グラフタイトルを入力して**1**、グラフタイトル以外の部分をクリックします**2**。

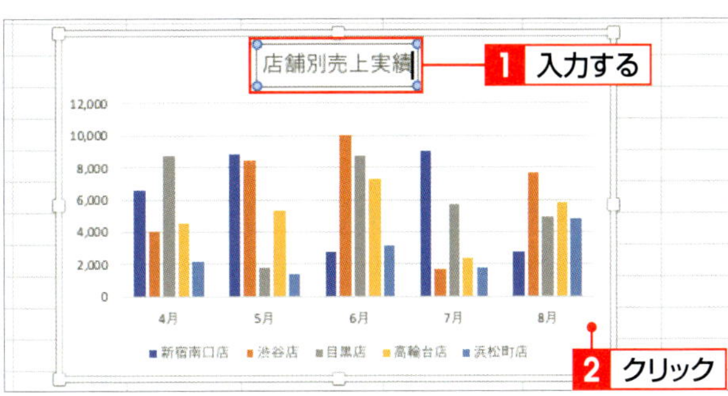

3 グラフタイトルが表示される

入力したグラフタイトルが表示されます。

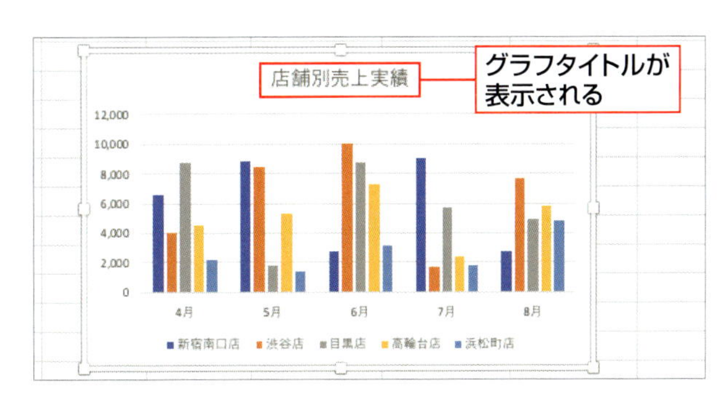

Column グラフの種類を選んで作成する

<挿入>タブに用意されている、グラフの種類のコマンドからグラフを作成することもできます。<挿入>タブをクリックして、グラフの種類のコマンドをクリックし、表示された一覧から目的のグラフをクリックします。

SECTION 08

グラフの位置やサイズを変更する

作成したグラフは、任意の位置に移動したり、サイズを自由に変更したりできます。特に情報が多いグラフの場合は、サイズが小さいと見づらいので、拡大して見やすくすると効率的です。また、グラフをもとデータとは別のワークシートに移動することもできます。

覚えておきたい Keyword　グラフ　グラフの移動　グラフのサイズ変更

1 グラフを移動する

1 グラフをドラッグする

グラフエリア内のグラフ要素のない部分をクリックして 1 、グラフを移動する場所までドラッグします 2 。

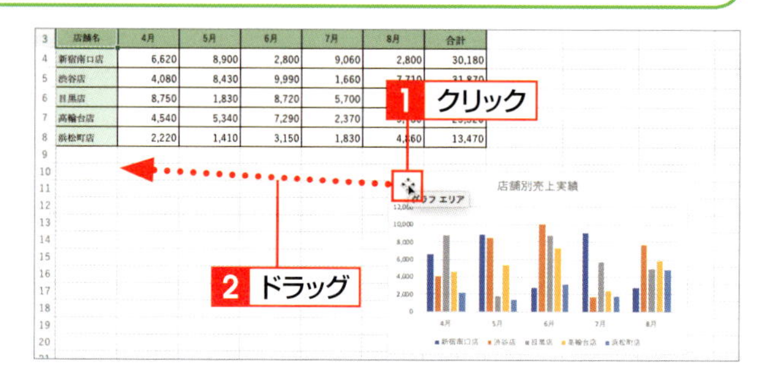

2 グラフが移動される

移動先でマウスのボタンを離すと、グラフが移動します。

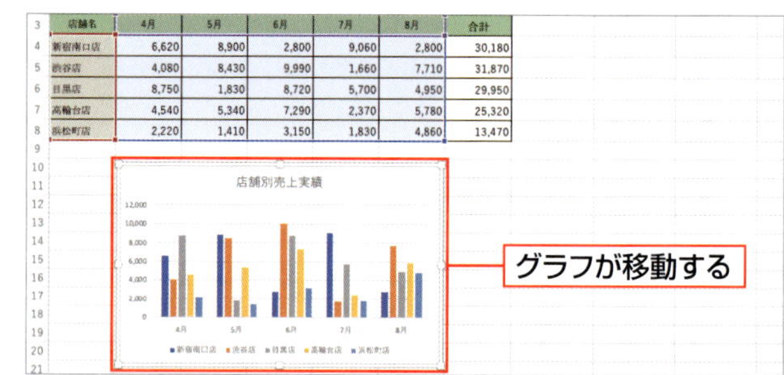

Column 別のワークシートに移動する

作成したグラフを別のワークシートに移動させたいときは、グラフを選択して<グラフのデザイン>タブの<グラフの移動>をクリックします。<グラフの移動>ダイアログボックスが表示されるので、<新しいシート>をクリックして、<OK>をクリックします。

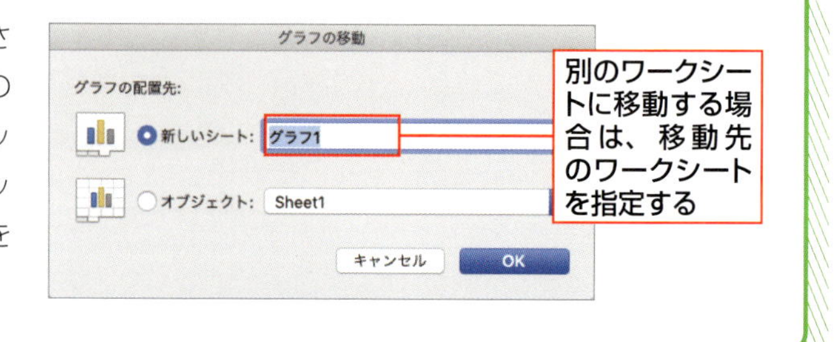

2 グラフのサイズを変更する

1 グラフをクリックする

グラフをクリックして 1 、四隅に表示されたサイズ変更ハンドルにマウスポインターを合わせます 2 。

2 サイズ変更ハンドルをドラッグする

グラフが目的のサイズになるまでドラッグします 1 。

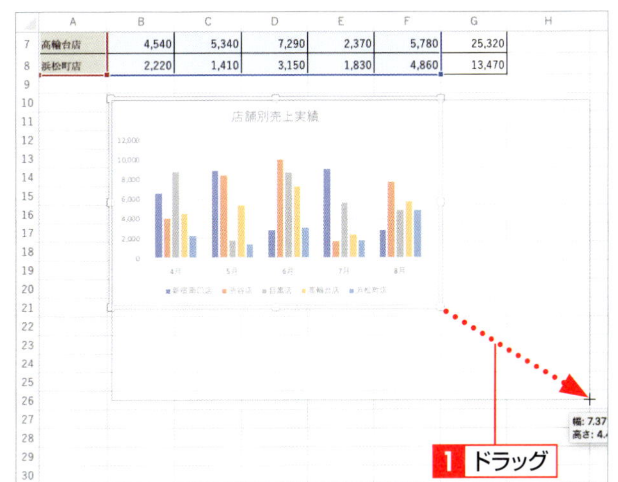

3 グラフのサイズが変更される

グラフのサイズが、ドラッグした大きさに変更されます。

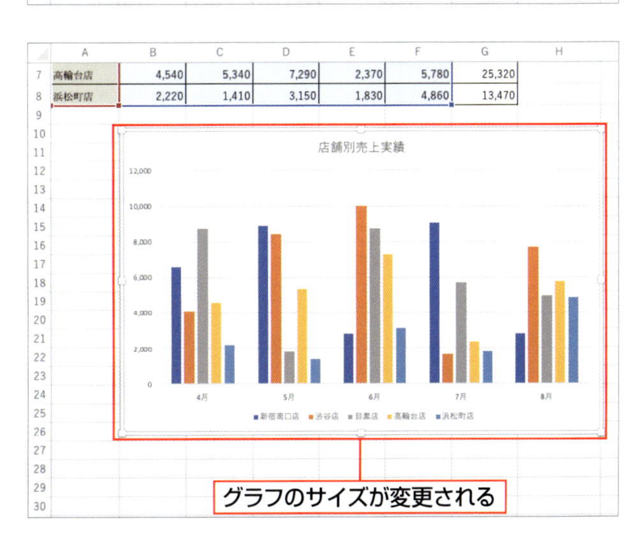

縦横比を変えずにサイズを変更する

グラフの縦横比を変えずにサイズを変更したい場合は、shift を押しながら四隅のサイズ変更ハンドルをドラッグします。

SECTION 09

グラフ要素を追加する

作成した直後のグラフには、通常、グラフタイトルと凡例だけが表示されています。そのほかに必要な要素がある場合は、<グラフのデザイン>タブを利用して、適宜追加する必要があります。ここでは、軸ラベルを追加して書式を変更します。

覚えておきたい Keyword　グラフ要素　軸ラベル　書式ウィンドウ

1 グラフに軸ラベルを追加する

1 軸ラベルを指定する

グラフをクリックして、<グラフのデザイン>タブをクリックします 1。<グラフ要素を追加>をクリックし 2、<軸ラベル>をポイントして 3、<第 1 縦軸>をクリックします 4。

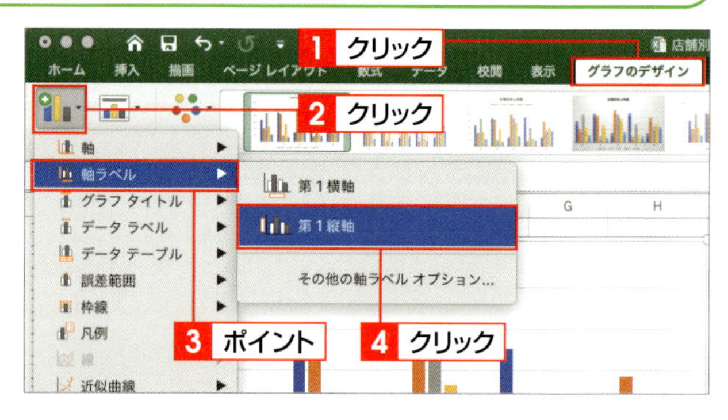

2 軸ラベルエリアが表示される

グラフの左側に、「軸ラベル」（あるいは「Axis Title」）と表示されたエリアが表示されます。

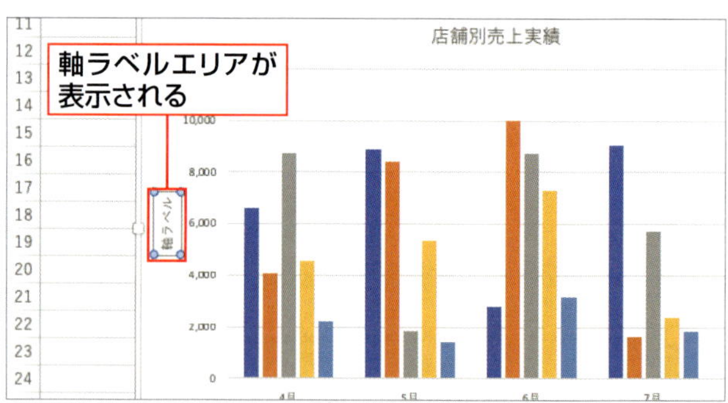

Keyword グラフ要素

グラフ要素とは、グラフタイトル、グラフ、目盛、凡例などのグラフを構成する要素のことです。

3 軸ラベルを入力する

軸ラベルエリアをクリックして、軸ラベルを入力します 1。軸ラベルエリア以外の場所をクリックすると 2、軸ラベルが確定します。

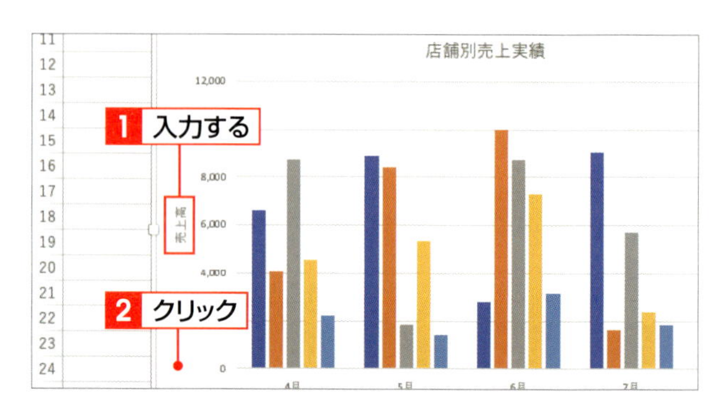

Keyword 軸ラベル

軸ラベルとは、グラフの横方向と縦方向の軸に付ける名前のことです。

2 軸ラベルの文字方向を変える

1 軸ラベルをクリックする

軸ラベルをクリックします1。

2 ＜書式ウィンドウ＞をクリックする

＜書式＞タブをクリックして1、＜書式ウィンドウ＞をクリックします2。

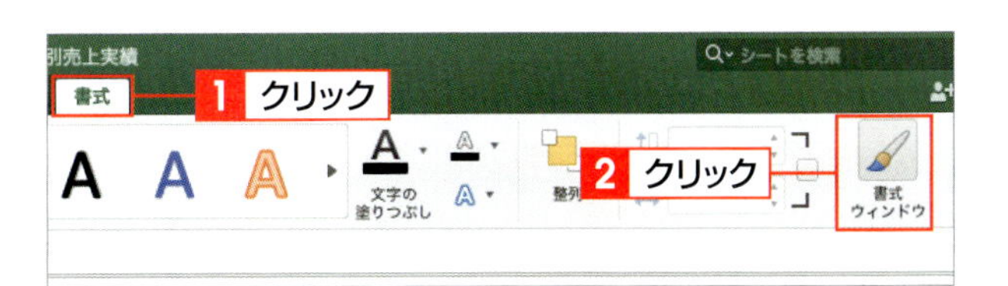

3 テキストの方向を指定する

＜軸ラベルの書式設定＞ウィンドウが表示されます。＜文字のオプション＞をクリックして1、＜テキストボックス＞をクリックします2。＜文字列の方向＞右横のコマンドをクリックし3、＜垂直＞をクリックします4。

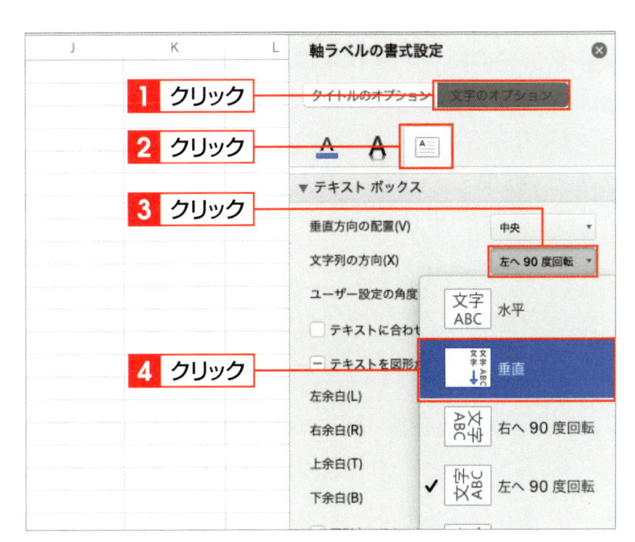

4 軸ラベルが縦書きになる

軸ラベルの文字方向が、縦書き（垂直）に変更されます。

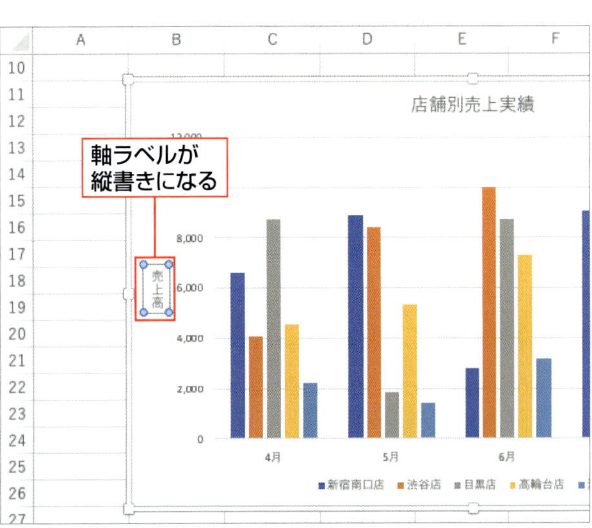

Memo 書式設定ウィンドウ

グラフ要素の書式などを変更する際は、その要素をクリックして選択し、＜書式ウィンドウ＞をクリックして、＜書式設定＞ウィンドウを表示します。ウィンドウの名称は、選択したグラフ要素によって異なります。ウィンドウ右上の⊗をクリックすると、＜書式設定＞ウィンドウが閉じます。

SECTION 10

グラフのレイアウトやデザインを変更する

作成したグラフは、クイックレイアウトを利用してレイアウトを変更したり、あらかじめ用意されているグラフのスタイルを適用するなどして、より見栄えのよいグラフにできます。また、グラフの配色を変更したり、グラフの種類を変更することもできます。

覚えておきたいKeyword　クイックレイアウト　グラフのスタイル　グラフの種類の変更

1 グラフのレイアウトを変更する

1 グラフのレイアウトを指定する

グラフをクリックして**1**、<グラフのデザイン>タブをクリックし**2**、<クイックレイアウト>をクリックします**3**。レイアウトの一覧が表示されるので、使用するレイアウトをクリックします**4**。ここでは<レイアウト5>を指定します。

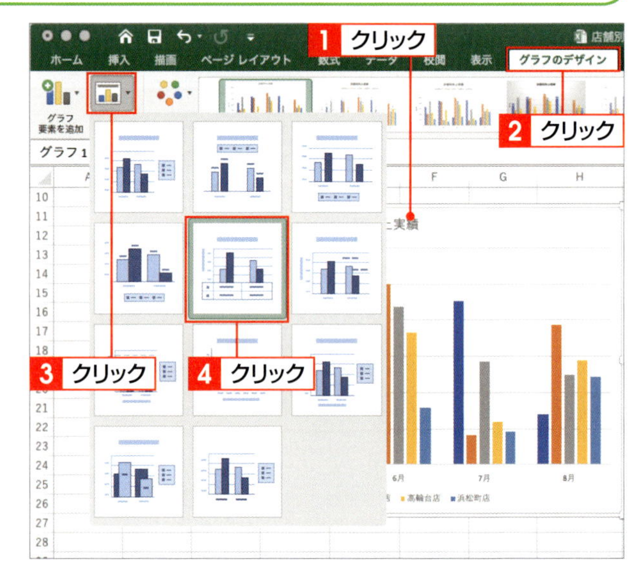

2 レイアウトが変更される

グラフのレイアウトが変更されます。ここでは、グラフの下側にデータが表示されるレイアウトに変更しています。

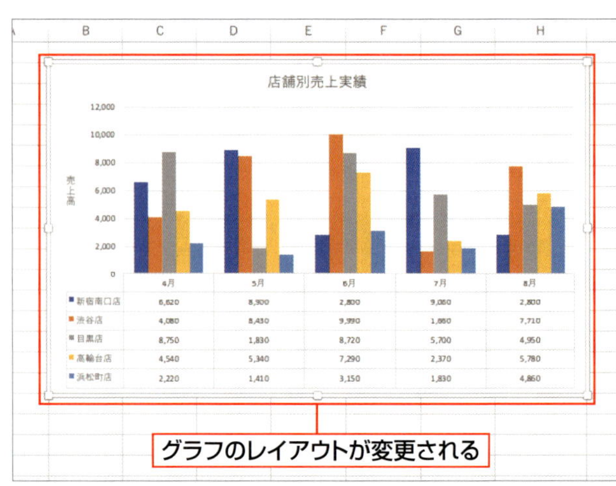

Hint グラフの種類を変更する

グラフの種類は、グラフを作成したあとから変更することもできます。変更するグラフをクリックして、<グラフのデザイン>タブの<グラフの種類の変更>をクリックし、変更したいグラフの種類を選択します。

2 グラフのデザインを変更する

1 スタイル一覧を表示する

グラフをクリックして 1 、<グラフのデザイン>タブをクリックします 2 。<グラフのスタイル>をポイントすると 3 、 ▼ が表示されます。

2 スタイルを指定する

▼ をクリックすると 1 、スタイルの一覧が表示されるので、使用するスタイルをクリックします 2 。ここでは<スタイル4>を指定します。

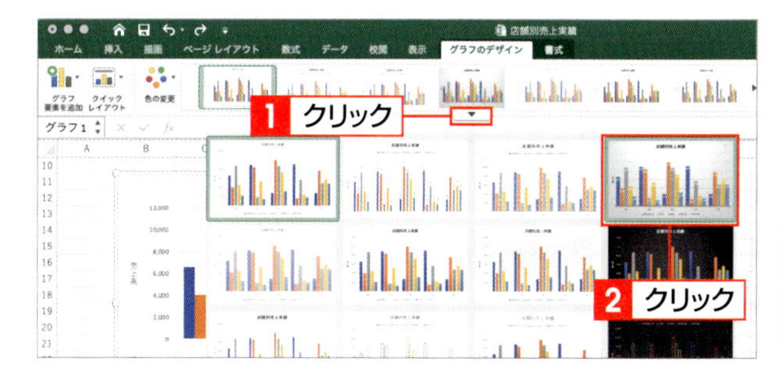

3 グラフのスタイルが変更される

グラフのスタイルが変更されます。ここでは、グラフの背景に薄い色が付いたスタイルに変更しています。

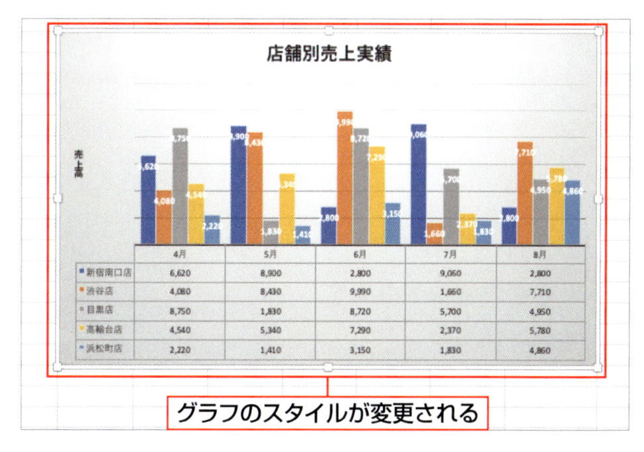

	4月	5月	6月	7月	8月
新宿南口店	6,620	8,900	2,800	9,060	2,800
渋谷店	4,080	8,430	9,990	1,660	7,710
目黒店	8,750	1,830	8,720	5,700	4,950
高輪台店	4,540	5,340	7,290	2,370	5,780
浜松町店	2,220	1,410	3,150	1,830	4,860

Column グラフの配色を変更する

グラフは、あらかじめ設定されている配色で作成されますが、配色を変更することもできます。グラフをクリックして、<グラフのデザイン>タブの<色の変更>をクリックし、配色パターンを選択します。グラフを白黒印刷する場合は、「モノクロ」の配色パターンを選択しましょう。

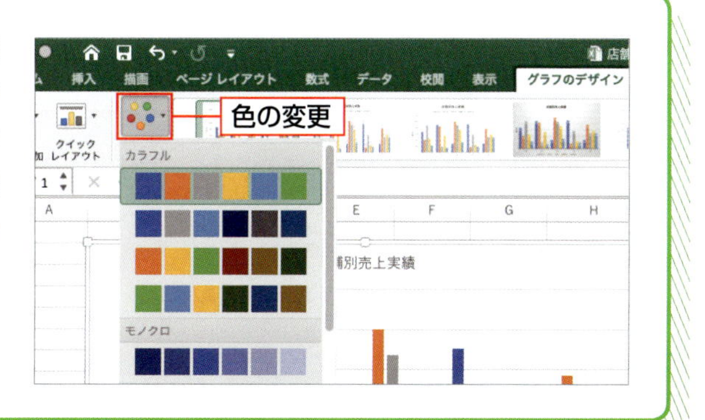

SECTION 11

グラフの目盛範囲と表示単位を変更する

グラフの縦軸の数値の差が少なくて大小の比較がしにくい場合は、目盛の範囲を変更すると比較がしやすくなります。また、数値の桁数が多いと、グラフの見栄えがあまりよくありません。この場合は、表示単位を変更すると、グラフが見やすくなります。

覚えておきたい Keyword　目盛範囲　軸の書式設定　表示単位

1 目盛の最小値と表示単位を変更する

1 縦（値）軸をクリックする

縦（値）軸をクリックします 1。

1 クリック

2 <書式ウィンドウ>をクリックする

<書式>タブをクリックして 1、<書式ウィンドウ>をクリックします 2。

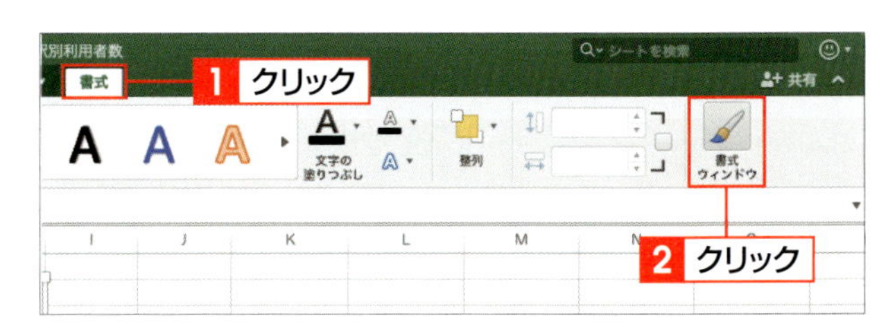

3 <最小値>を変更する

<軸の書式設定>ウィンドウが表示されます。<境界値>の<最小値>に「200000」と入力して 1、return を押します 2。

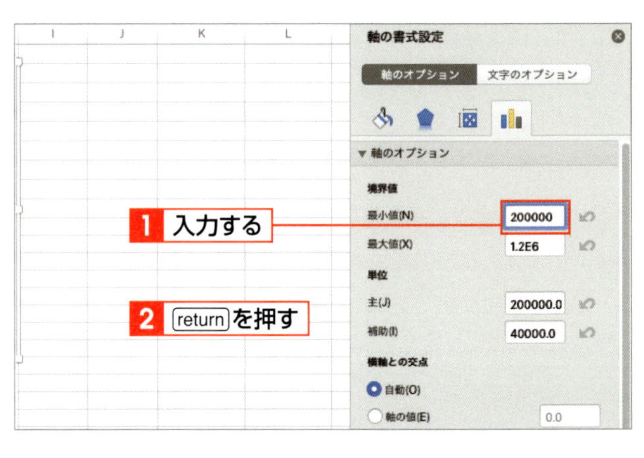

Hint 設定した軸の数値をもとに戻す

設定した軸の数値をもとに戻すには、再度<軸の書式設定>ウィンドウを表示して、数値ボックスの右に表示されている<リセット>をクリックします。

4 表示単位を指定する

<軸の書式設定>ウィンドウのスクロールバーをドラッグします1。<表示単位>のをクリックして2、表示単位（ここでは<千>）をクリックします3。

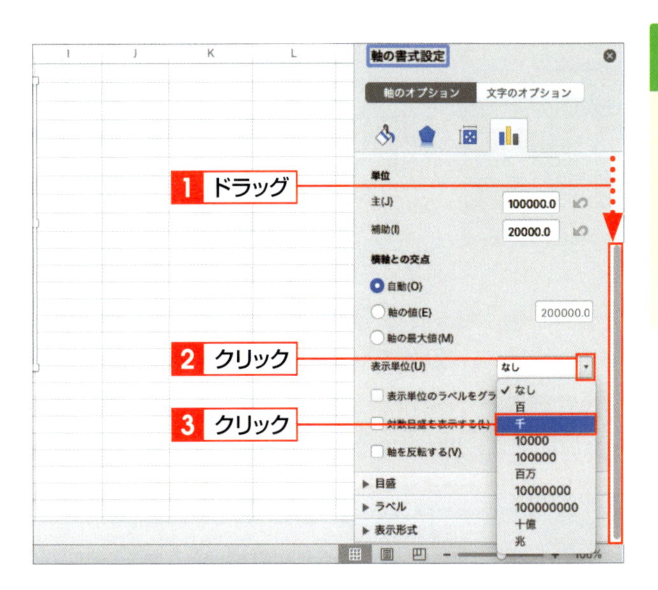

Memo 表示単位の一覧

手順2で表示される表示単位の一覧が、日本語と英語が混在した状態で表示される場合があります。その場合は、<Thousands>をクリックします。

5 表示単位のラベルをオンにする

<表示単位のラベルをグラフに表示する>をオンかオフに設定します。ここでは、クリックしてオンにします1。

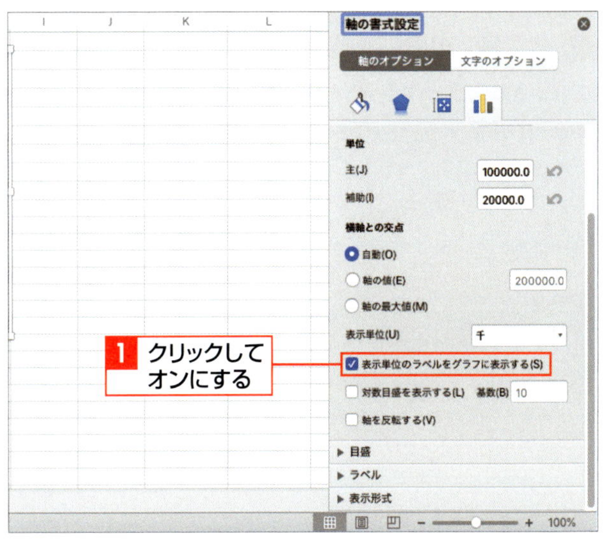

6 軸の最小値と表示単位が変更される

軸の最小値と表示単位が変更されます。

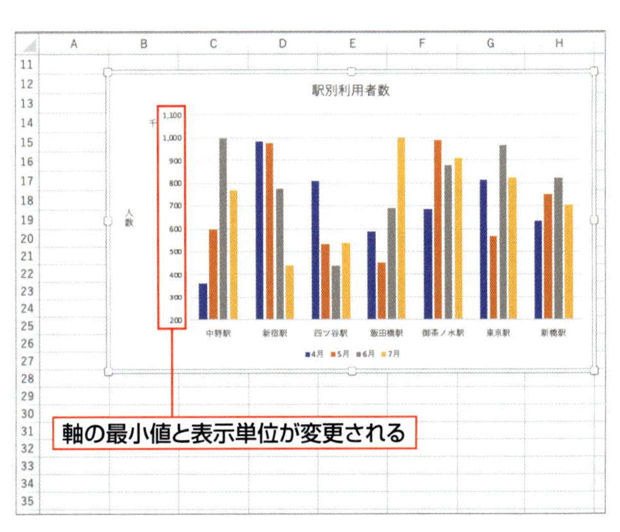

Memo 表示単位のラベル

手順5で<表示単位のラベルをグラフに表示する>をオンにすると、指定した単位「千」がグラフ上に表示されます。ここでは、ラベルを縦書きに変更しています（P.129参照）。

SECTION 12

データを並べ替える

データベース形式の表を利用すると、数値の小さい順や大きい順、五十音順などで並べ替えができます。並べ替えを行う際は、基準となるフィールド（列）を指定します。基準となるフィールドは1つだけでなく、複数のフィールド（列）を指定して並べ替えができます。

覚えておきたいKeyword　並べ替え　昇順　降順

1 データを昇順・降順で並べ替える

1 並べ替えの方法を指定する

並べ替えの基準となるフィールド（ここではC列の「担当者」）のセルをクリックします **1**。<データ>タブをクリックして **2**、<昇順>をクリックします **3**。

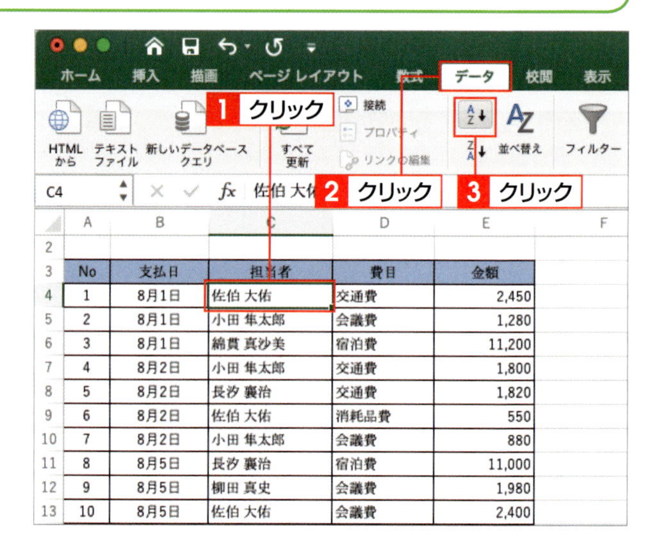

> **Memo 正しく並べ替えられない！**
>
> セル結合して入力したタイトルなど、ほかの行と異なる列幅のセルがある場合は、並べ替えはできません。また、ほかのセルからコピーしたデータが混在していると、同じ内容でも正しく並べ替えができない場合があります。

2 データが並べ替えられる

表のデータが、担当者の昇順で並べ替えられます。

No	支払日	担当者	費目	金額
2	8月1日	小田 隼太郎	会議費	1,280
4	8月2日	小田 隼太郎	交通費	1,800
7	8月2日	小田 隼太郎	会議費	880
11	8月5日	小田 隼太郎	消耗品費	1,100
1	8月1日	佐伯 大佑	交通費	2,450
6	8月2日	佐伯 大佑	消耗品費	550
10	8月5日	佐伯 大佑	会議費	2,400
19	8月7日	佐伯 大佑	交通費	980
5	8月2日	長汐 襄治	交通費	
8	8月5日	長汐 襄治	宿泊費	
12	8月6日	長汐 襄治	消耗品費	1,320
16	8月7日	長汐 襄治	交通費	3,200
9	8月5日	柳田 真史	会議費	1,980
13	8月6日	柳田 真史	交通費	880
17	8月7日	柳田 真史	会議費	4,500
3	8月1日	綿貫 真沙美	宿泊費	11,200
14	8月6日	綿貫 真沙美	交通費	730
18	8月7日	綿貫 真沙美	交通費	1,120

データが担当者の昇順で並べ替わる

> **Hint データベース形式の表**
>
> データベース形式の表とは、列ごとに同じ種類のデータが入力され、先頭行に列の見出しが入力されている一覧表のことです。1件分のデータを「レコード」（1レコード=1行）、1列分のデータを「フィールド」といいます。

2 2つの条件を指定して並べ替える

1 <並べ替え>をクリックする

表内のいずれかのセルをクリックします 1。<データ>タブをクリックして 2、<並べ替え>をクリックします 3。

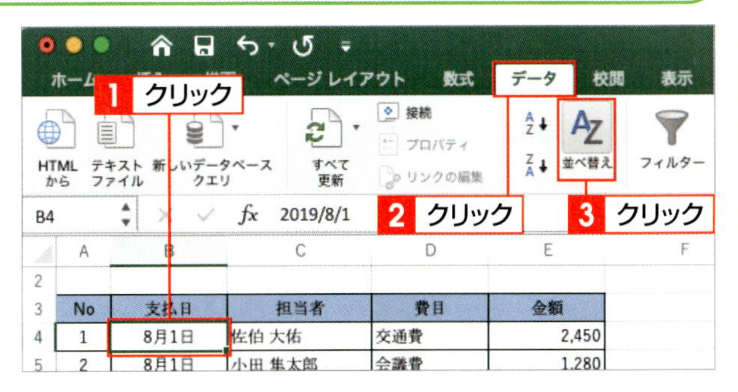

2 最優先されるキーを指定する

<並べ替え>ダイアログボックスが表示されます。<最優先されるキー>の<列>をクリックして 1、「担当者」をクリックし 2、+ をクリックします 3。

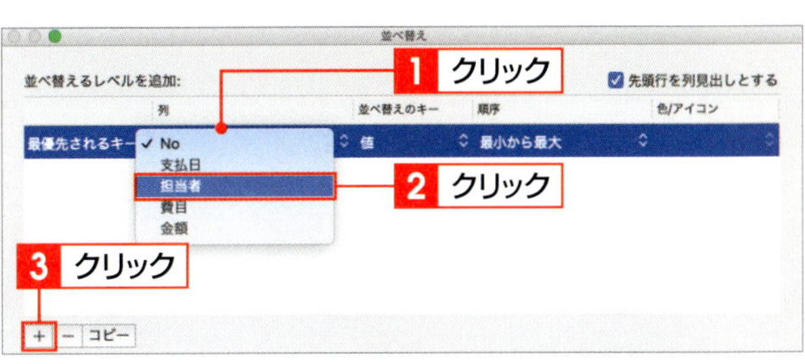

3 次に優先されるキーを指定する

<次に優先されるキー>を指定する行が追加されるので、この行の<列>をクリックして 1、「費目」をクリックします 2。

4 順序を指定する

<順序>を選択します。ここではどちらも<昇順（A～Z）>を指定して 1、<OK>をクリックします 2。

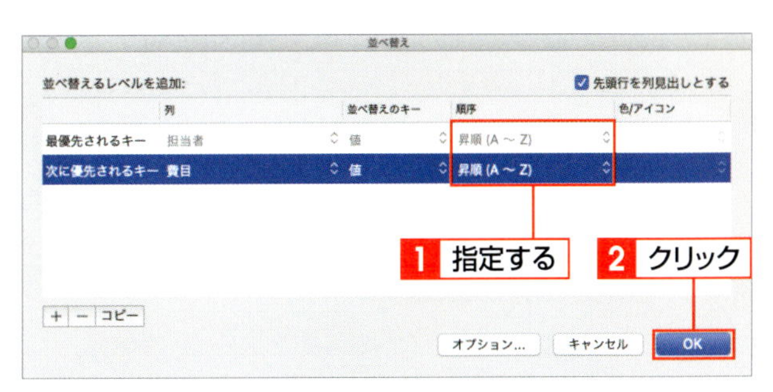

5 データが並べ替えられる

指定した2つのフィールド（「担当者」と「費目」）を基準に、データが昇順で並べ替えられます。

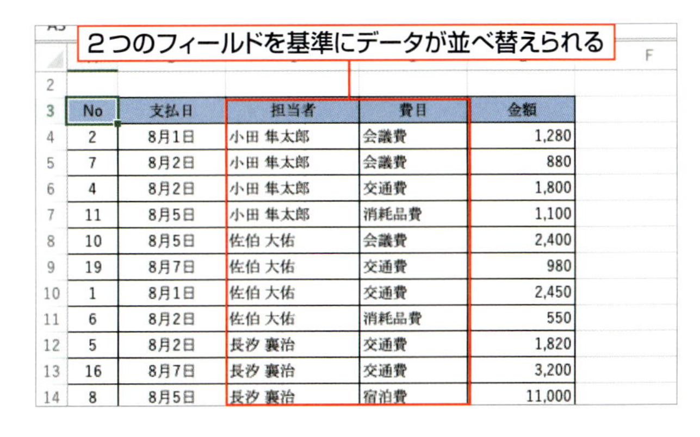

No	支払日	担当者	費目	金額
2	8月1日	小田 隼太郎	会議費	1,280
7	8月2日	小田 隼太郎	会議費	880
4	8月2日	小田 隼太郎	交通費	1,800
11	8月5日	小田 隼太郎	消耗品費	1,100
10	8月5日	佐伯 大佑	会議費	2,400
19	8月7日	佐伯 大佑	交通費	980
1	8月1日	佐伯 大佑	交通費	2,450
6	8月2日	佐伯 大佑	消耗品費	550
5	8月2日	長汐 襄治	交通費	1,820
16	8月7日	長汐 襄治	交通費	3,200
8	8月5日	長汐 襄治	宿泊費	11,000

Hint もとに戻せるように工夫する

表をもとの状態に戻す必要がある場合は、あらかじめ表をほかのワークシートにコピーしておくか、もと通りに並び替えるための連番を入力しておきましょう。この例では「No」の列に連番を入力しています。

SECTION 13

条件に合ったデータを抽出する

Excelには、データの中から特定の条件に合うデータをすばやく抽出して表示するフィルター機能が用意されてます。フィルター機能を利用すると、フィールド（列）の項目を指定して、大量のデータの中から目的に合ったものをかんたんに探し出すことができます。

覚えておきたいKeyword　フィルター　データの抽出　フィルターのクリア

1 フィルターを設定する

1 ＜フィルター＞をクリックする

表内のいずれかのセルをクリックします 1。＜データ＞タブをクリックして 2、＜フィルター＞をクリックします 3。

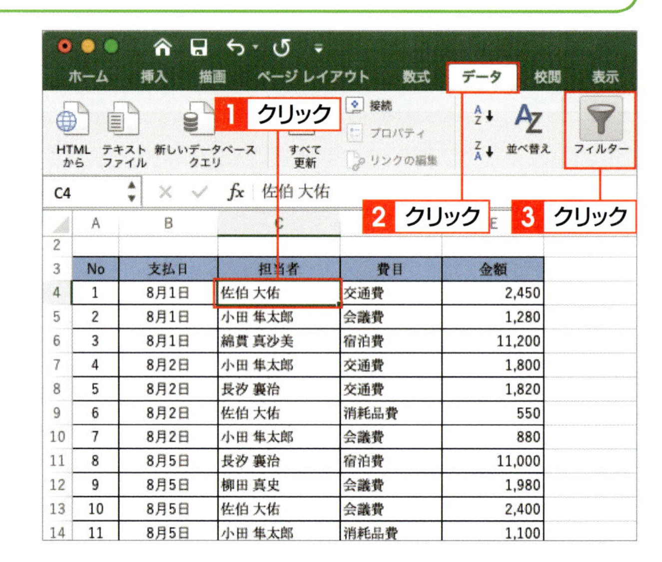

	A	B	C	D	E
3	No	支払日	担当者	費目	金額
4	1	8月1日	佐伯 大佑	交通費	2,450
5	2	8月1日	小田 隼太郎	会議費	1,280
6	3	8月1日	綿貫 真沙美	宿泊費	11,200
7	4	8月2日	小田 隼太郎	交通費	1,800
8	5	8月2日	長汐 襄治	交通費	1,820
9	6	8月2日	佐伯 大佑	消耗品費	550
10	7	8月2日	小田 隼太郎	会議費	880
11	8	8月5日	長汐 襄治	宿泊費	11,000
12	9	8月5日	柳田 真史	会議費	1,980
13	10	8月5日	佐伯 大佑	会議費	2,400
14	11	8月5日	小田 隼太郎	消耗品費	1,100

2 フィルターが設定される

フィルターが設定され、すべての列見出しに ▼ が表示されます。

フィルターが設定される

	A	B	C	D	E
3	No	支払日	担当者	費目	金額
4	1	8月1日	佐伯 大佑	交通費	2,450
5	2	8月1日	小田 隼太郎	会議費	1,280
6	3	8月1日	綿貫 真沙美	宿泊費	11,200
7	4	8月2日	小田 隼太郎	交通費	1,800
8	5	8月2日	長汐 襄治	交通費	1,820
9	6	8月2日	佐伯 大佑	消耗品費	550
10	7	8月2日	小田 隼太郎	会議費	880
11	8	8月5日	長汐 襄治	宿泊費	11,000
12	9	8月5日	柳田 真史	会議費	1,980
13	10	8月5日	佐伯 大佑	会議費	2,400
14	11	8月5日	小田 隼太郎	消耗品費	1,100
15	12	8月6日	長汐 襄治	消耗品費	1,320
16	13	8月6日	柳田 真史	交通費	880
17	14	8月6日	綿貫 真沙美	交通費	730
18	16	8月7日	長汐 襄治	交通費	3,200

Hint フィルターが設定されない

表内に空白の行や列があると、それ以降のデータは1つの表として認識されず、フィルターは設定されません。空白の行や列は削除してから、フィルターの設定をしましょう。

2 条件に合ったデータを抽出する

1 条件を指定するウィンドウを表示する

抽出に使用するフィールドの列見出し（ここでは「費目」）の▼をクリックすると 1 、条件を指定するウィンドウが表示されます。

1 クリック

条件を指定するウィンドウが表示される

2 抽出項目を指定する

項目の一覧で、抽出する項目（ここでは「交通費」）以外をクリックしてオフにします 1 。✖をクリックして 2 、条件を指定するウィンドウを閉じます。

Memo データの抽出方法

条件を指定するウィンドウの検索ボックスに、抽出したい文字列を入力しても同様に抽出できます。

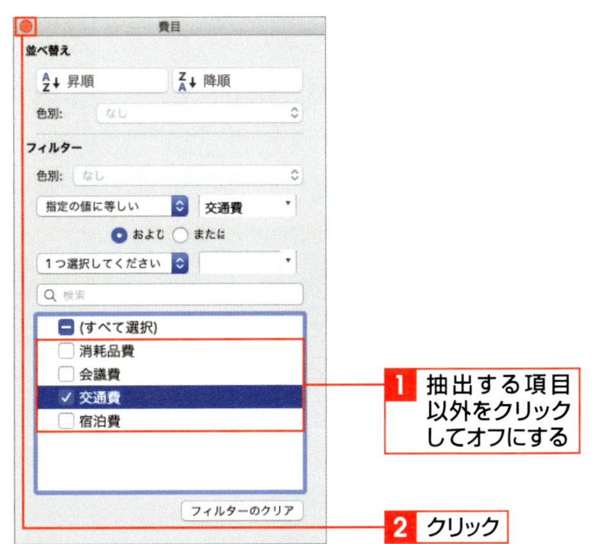

3 データが抽出される

条件に合ったデータだけが抽出されます。

	A	B	C	D	E
3	No	支払日	担当者	費目	金額
4	1	8月1日	佐伯 大佑	交通費	2,450
7	4	8月2日	小田 隼太郎	交通費	1,800
8	5	8月2日	長汐 襄治	交通費	1,820
16	13	8月6日	柳田 真史	交通費	880
17	14	8月6日	綿貫 真沙美	交通費	730
18	16	8月7日	長汐 襄治	交通費	3,200
20	18	8月7日	綿貫 真沙美	交通費	1,120
21	19	8月7日	佐伯 大佑	交通費	980

データが抽出される

Memo 抽出を解除する

抽出を解除するには、列見出しの▼をクリックして条件を抽出するウィンドウを表示し、<フィルターのクリア>をクリックします。

SECTION 14

ピボットテーブルを作成する

データベース形式の表から特定のフィールド（項目）を取り出して集計した表をピボットテーブルといいます。ピボットテーブルを利用すると、データをさまざまな角度から分析して表示できるので、いろいろな観点からデータを確認できます。

覚えておきたい Keyword　ピボットテーブル　おすすめピボットテーブル　ピボットテーブルのフィールド

1 ピボットテーブルを作成する

1 <ピボットテーブル>をクリックする

表内のいずれかのセルをクリックします 1。<挿入>タブをクリックして 2、<ピボットテーブル>をクリックします 3。

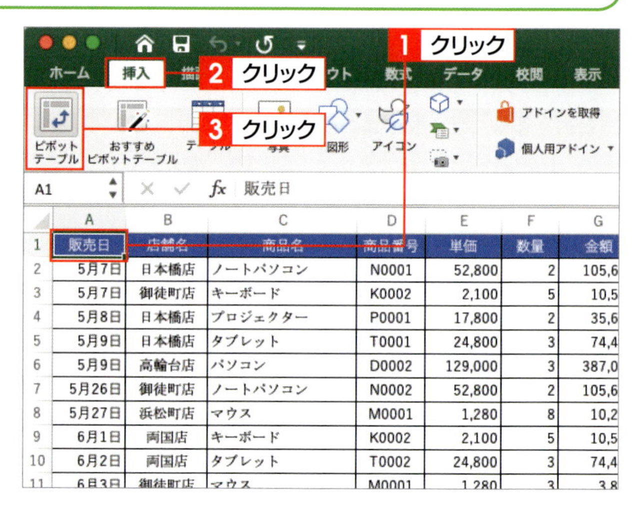

Hint ピボットテーブルをすばやく作成する

手順 3 で<おすすめピボットテーブル>をクリックすると、表のデータに応じてフィールドを配置したピボットテーブルが作成されます。必要に応じて、フィールドの配置を変更して使います。

2 テーブルの範囲と作成先を指定する

<ピボットテーブルの作成>ダイアログボックスが表示されます。選択されたテーブルの範囲を確認して 1、<新規ワークシート>をクリックしてオンにし 2、<OK>をクリックします 3。新しいシートにピボットテーブルが作成され、<ピボットテーブルのフィールド>が表示されます。

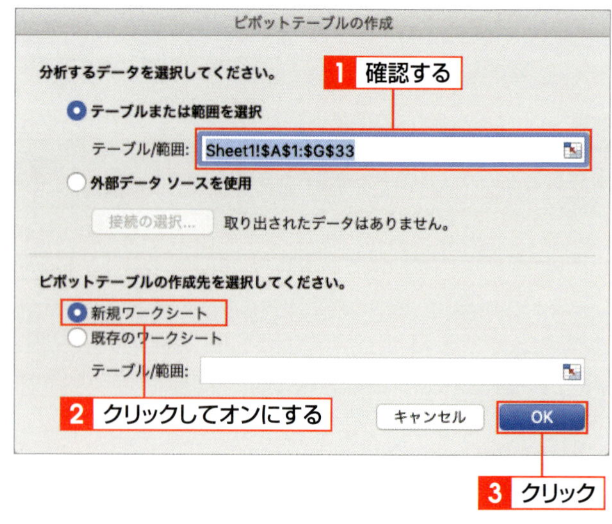

Memo 空のピボットテーブルが作成される

手順 3 で<OK>をクリックすると、それぞれのエリアに何も設定されていない空のピボットテーブルが作成されます。

2 ピボットテーブルにフィールドを配置する

1 「商品名」を<列>に、「店舗名」を<行>に配置する

フィールド名の一覧から、「商品名」を<列>にドラッグします 1。続いて、「店舗名」を<行>にドラッグします 2。

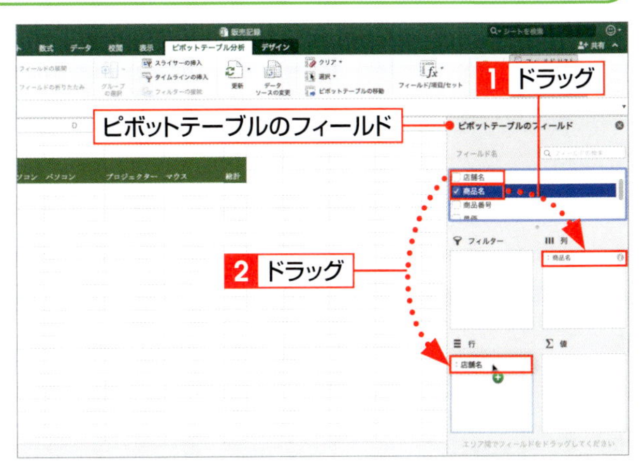

Memo　フィールドを移動する

それぞれのエリアに配置したフィールドは、ほかのフィールドにドラッグして移動させることができます。1つのエリアに複数のフィールドを配置することもできます。

2 「金額」を<値>に配置する

フィールド名の一覧から、「金額」を<値>にドラッグします 1。

3 「販売日」を<フィルター>に配置する

フィールド名の一覧から、「販売日」を<フィルター>にドラッグします 1。

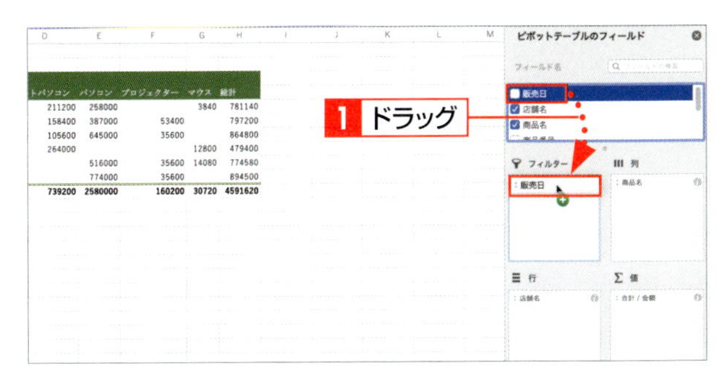

4 ピボットテーブルが作成される

ピボットテーブルが作成されます。

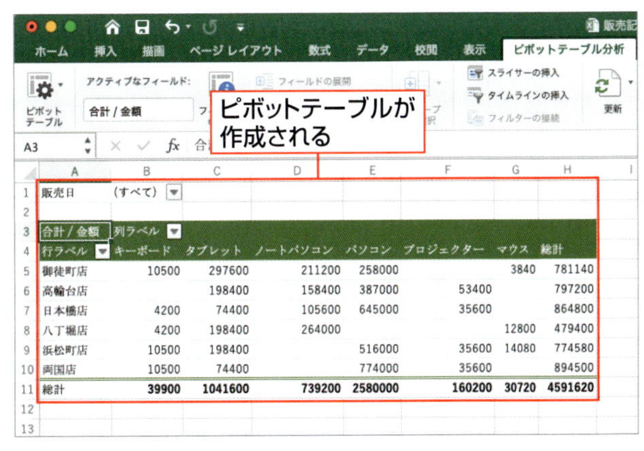

Memo　フィールドを削除する

削除したいフィールドをそれぞれのエリアから<ピボットテーブルのフィールド>の外にドラッグすると、フィールドを削除できます。

SECTION 15

ピボットテーブルを編集・操作する

ピボットテーブルは、あらかじめ用意されている一覧から好みのデザインを選択するだけで、かんたんにスタイルを変更できます。また、フィルターボタンを利用してデータを絞り込んだり、スライサーやタイムラインを挿入してデータを絞り込んだりすることもできます。

覚えておきたい Keyword　フィルター　スライサー　タイムライン

1 ピボットテーブルのスタイルを変更する

1 スタイル一覧を表示する

ピボットテーブル内のセルをクリックして1、<デザイン>タブをクリックし2、<ピボットテーブルスタイル>をポイントすると3、▼が表示されます。

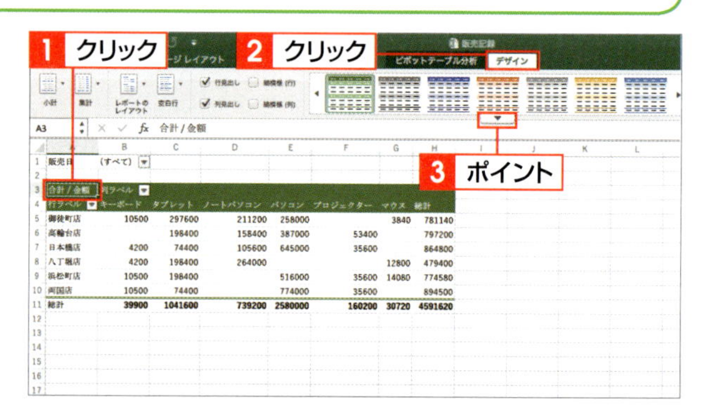

2 スタイルを指定する

▼をクリックして1、表示される一覧から使用したいスタイルをクリックします2。ここでは<ピボットスタイル（濃色）5>をクリックします。

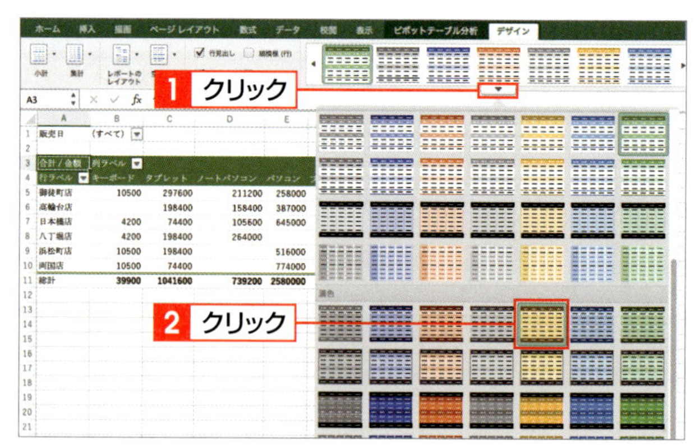

3 スタイルが変更される

ピボットテーブルのスタイルが変更されます。<ピボットテーブルのフィールド>が表示されている場合は、⊗をクリックして閉じます1。

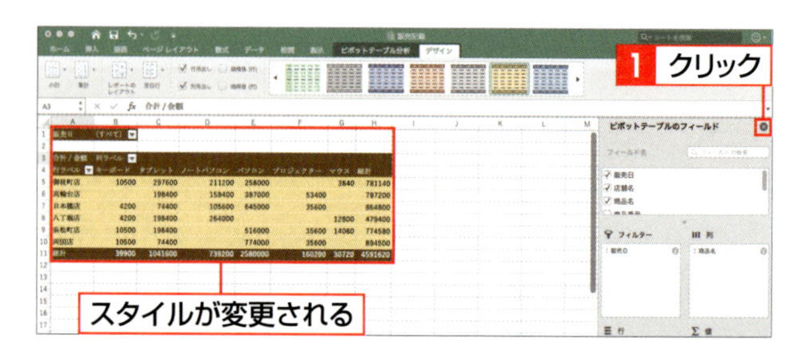

2 表示するデータを絞り込む

1 フィールドを指定する

<列ラベル>の▼をクリックします 1。条件を指定するウィンドウが表示されるので、<並べ替え>で「商品名」をクリックします 2。

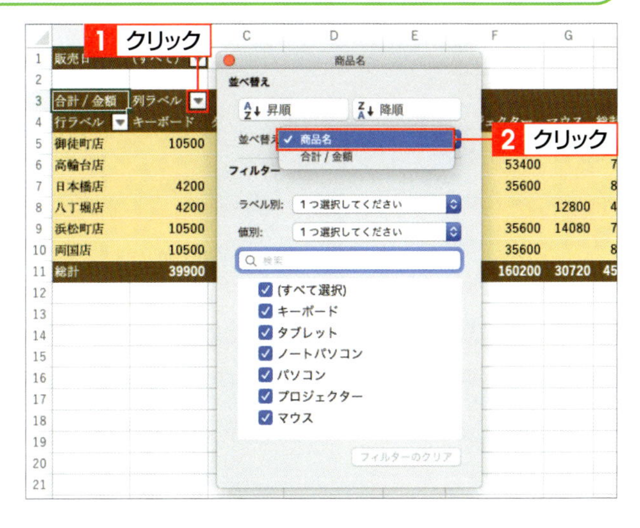

2 絞り込む項目を指定する

絞り込むフィールドを指定します。ここでは、「タブレット」「パソコン」以外をクリックしてオフにします 1。⊗をクリックして 2、条件を指定するウィンドウを閉じます。

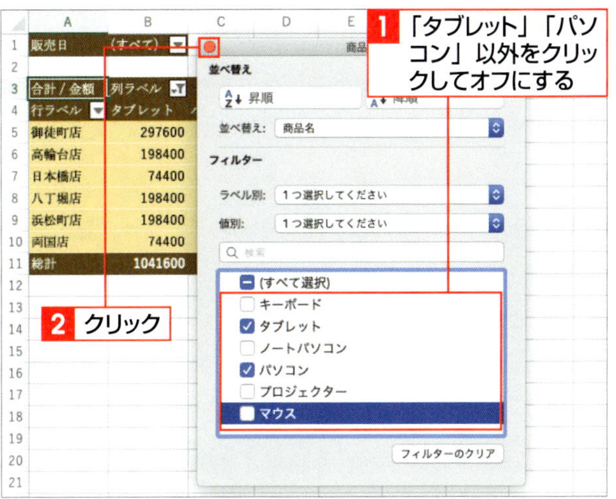

<フィルター>に追加した「販売日」で絞り込むこともできます。<(すべて)>の▼をクリックして、販売日を指定します。

3 データが絞り込まれる

指定したフィールド(「タブレット」と「パソコン」)のデータだけが表示されます。

行ラベル	タブレット	パソコン	総計
御徒町店	297600	258000	555600
高輪台店	198400	387000	585400
日本橋店	74400	645000	719400
八丁堀店	198400		198400
浜松町店	198400	516000	714400
両国店	74400	774000	848400
総計	1041600	2580000	3621600

絞り込みを解除するには、<列ラベル>の▼をクリックして条件を指定するウィンドウを表示し、<フィルターのクリア>をクリックします。

3 スライサーを追加する

1 ＜スライサーの挿入＞をクリックする

ピボットテーブル内のセルをクリックして**1**、＜ピボットテーブル分析＞タブをクリックし**2**、＜スライサーの挿入＞をクリックします**3**。

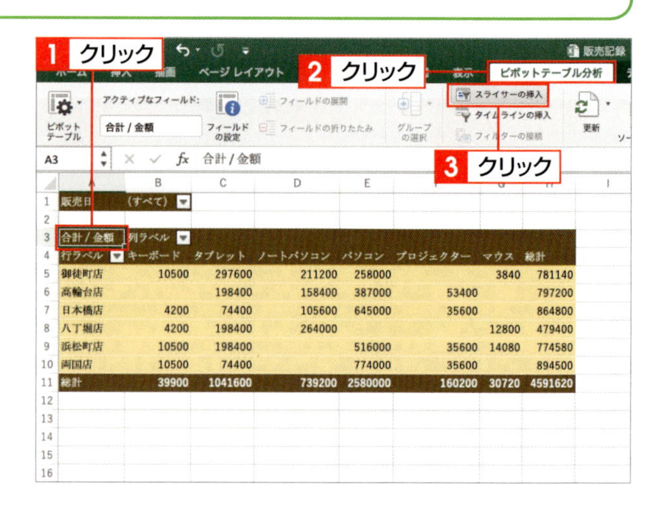

Keyword スライサー

スライサーは、ピボットテーブルのデータを絞り込むための機能です。

2 フィールドを指定する

＜スライサーの挿入＞ダイアログボックスが表示されます。絞り込みに使用するフィールド（ここでは「店舗名」）をクリックしてオンにし**1**、＜OK＞をクリックします**2**。

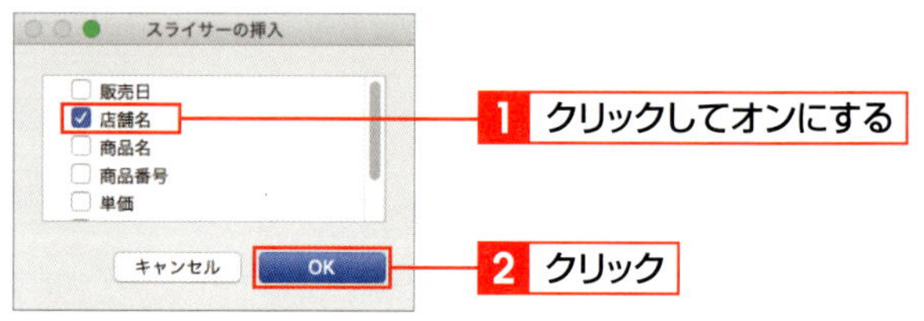

3 スライサーが挿入される

スライサーが挿入されます。

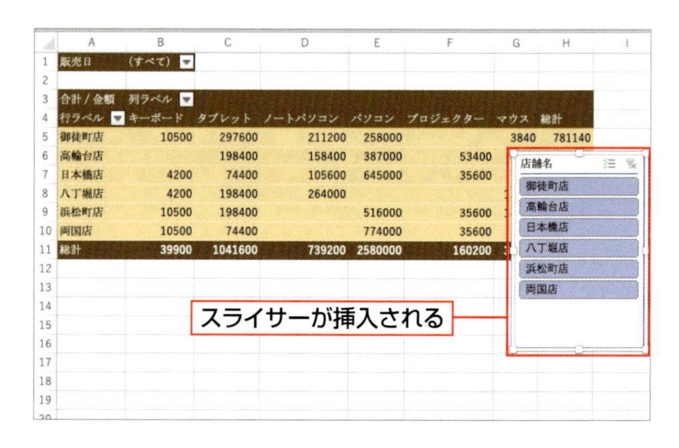

Memo スライサーのスタイル

スライサーをクリックして、＜スライサー＞タブの＜スライサースタイル＞を利用すると、スライサーのスタイルを変更できます。

4 データを絞り込む

スライサーで絞り込むフィールド（ここでは「八丁堀店」）をクリックすると**1**、そのデータだけが表示されます。

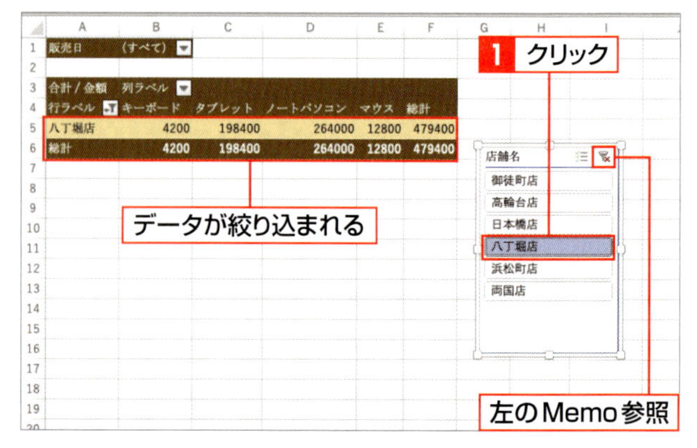

Memo 絞り込みを解除する

絞り込みを解除するには、スライサーの右上の＜フィルターのクリア＞をクリックします。

第2章 Excelをもっと便利に活用しよう

4 タイムラインを追加する

1 <タイムラインの挿入>をクリックする

ピボットテーブル内のセルをクリックして**1**、<ピボットテーブル分析>タブをクリックし**2**、<タイムラインの挿入>をクリックします**3**。

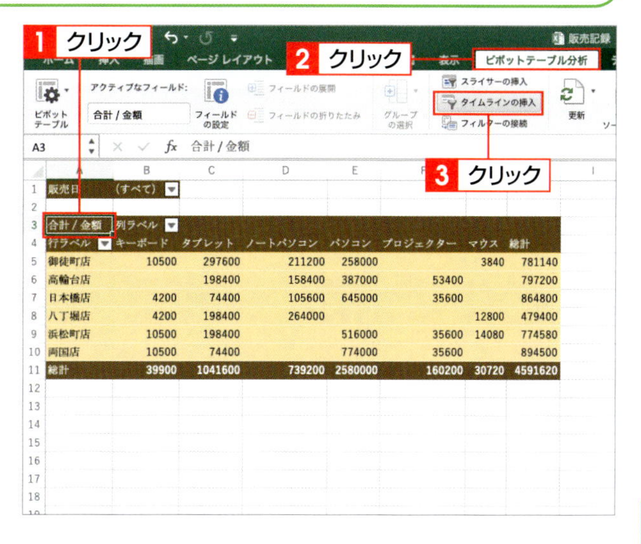

New タイムライン

ライムラインは、ピボットテーブルのデータを年、四半期、月、日のいずれかの期間で絞り込むことができる機能です。タイムラインを挿入するには、日付フィールドが必要です。

2 フィールドを指定する

<タイムラインの挿入>ダイアログボックスが表示されます。絞り込みに使用するフィールドをクリックしてオンにし**1**、<OK>をクリックします**2**。

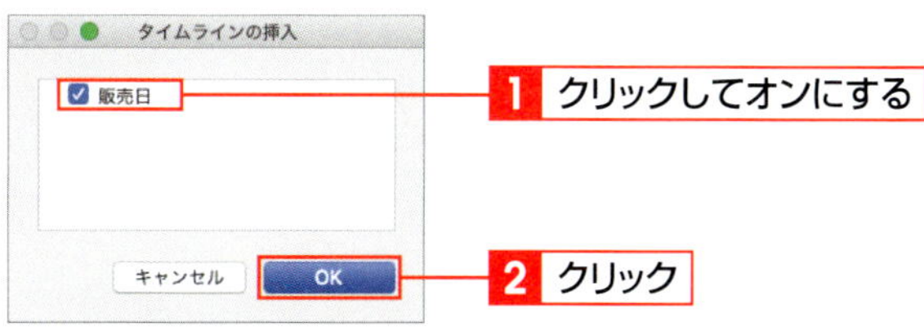

3 タイムラインが挿入される

タイムラインが挿入されます。スクロールバーをドラッグして**1**、絞り込む期間を表示します。

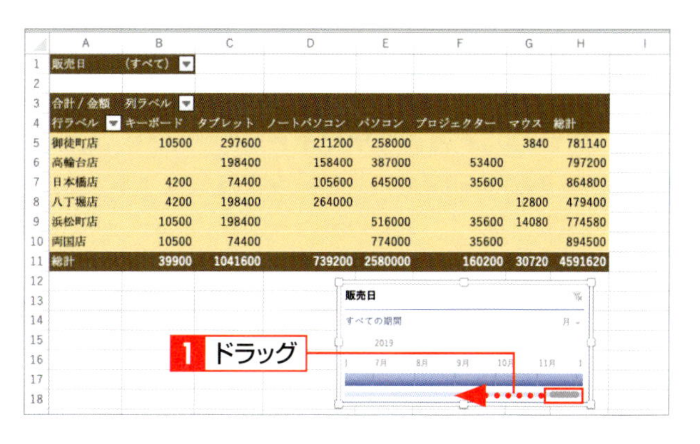

Memo タイムラインのスタイル

タイムラインをクリックして、<オプション>タブの<タイムラインのスタイル>を利用すると、タイムラインのスタイルを変更できます。

4 データを絞り込む

絞り込みたい期間（ここでは2019年の「7月」と「8月」）をドラッグして選択すると**1**、その期間のデータだけが表示されます。

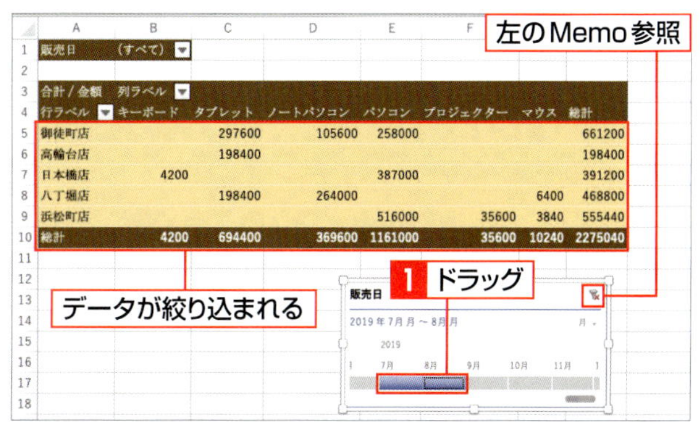

Memo 絞り込みを解除する

絞り込みを解除するには、タイムラインの右上の<フィルターのクリア>をクリックします。

SECTION 16

テキストボックスを利用して自由に文字を配置する

セルの枠や位置などに影響されずに自由に文字を配置したい場合は、テキストボックスを利用します。テキストボックスには、縦書きと横書きの2種類があるので、目的に応じて使い分けます。入力した文字は、通常のセル内の文字と同様に書式を設定できます。

覚えておきたい Keyword　テキストボックス　文字配置　図形のスタイル

1 テキストボックスを挿入して文字を入力する

1 ＜横書きテキストボックスの描画＞をクリックする

＜挿入＞タブをクリックします 1。＜テキスト＞をクリックして 2、＜テキストボックス＞の▼をクリックし 3、＜横書きテキストボックスの描画＞をクリックします 4。

2 テキストボックスを作成する

テキストボックスの始点にマウスポインターを合わせて 1、目的の大きさになるまで対角線上にドラッグします 2。

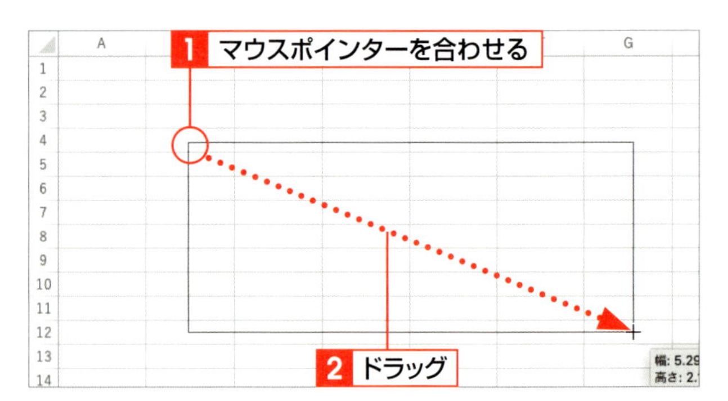

3 文字を入力する

テキストボックスが作成されるので、文字を入力します 1。

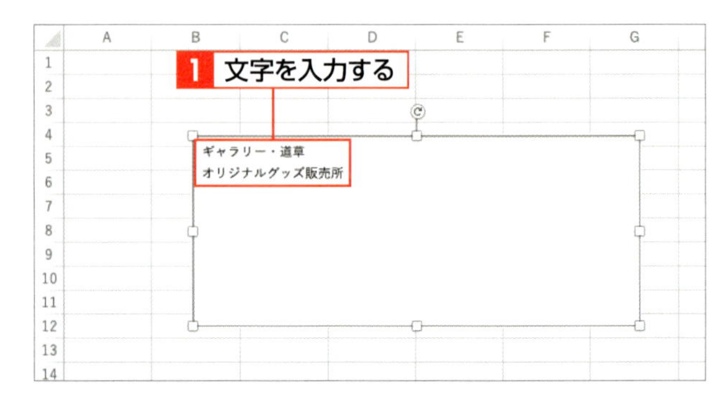

Hint 文字が入力できない！

テキストボックスの選択状態を解除すると、文字を入力できません。その場合は、テキストボックスをクリックして選択します。

2 文字書式と配置を変更する

1 文字サイズとフォントを変更する

P.74の方法で「ギャラリー・道草」を「ヒラギノ角ゴStdN」の「40pt」に、「オリジナルグッズ販売所」を「ヒラギノ丸ゴProN」の「28pt」に変更します。

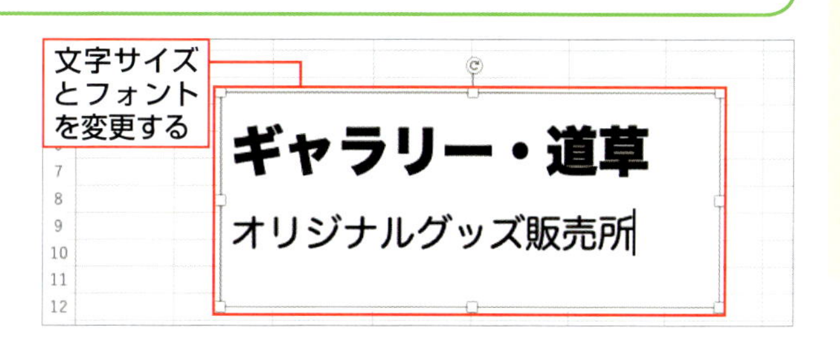

2 文字配置を変更する

テキストボックスの枠線上をクリックして選択するか、文字列を選択します 1 。<ホーム>タブの<上下中央揃え>をクリックし 2 、続いて<文字列中央揃え>をクリックすると 3 、文字がテキストボックスの中央に配置されます。

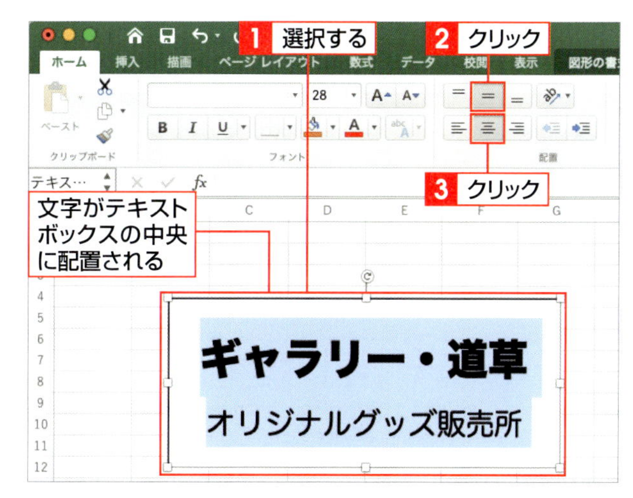

3 テキストボックスにスタイルを設定する

1 スタイルを指定する

テキストボックスをクリックして、<図形の書式設定>タブをクリックします 1 。<図形のスタイル>をポイントすると表示される ▼ をクリックして 2 、表示される一覧からスタイルをクリックします 3 。

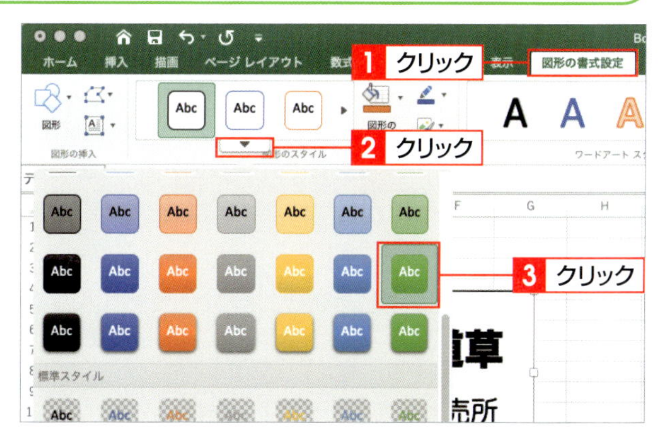

2 スタイルが設定される

テキストボックスにスタイルが設定されます。

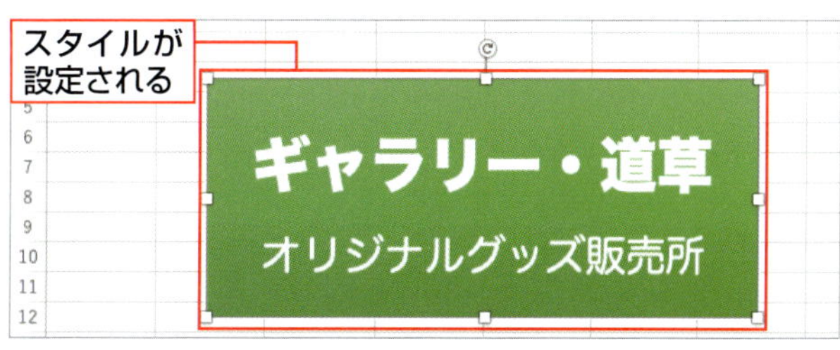

SECTION 17

ワークシートをPDFに変換する

Excelで作成した文書をPDFファイルとして保存することができます。PDFファイルとして保存すると、レイアウトや書式、画像などがそのまま維持されるので、MacやWindowsなどパソコンの環境に依存せずに、同じ見た目で文書を表示できます。

覚えておきたいKeyword　PDF　名前を付けて保存　ファイル形式

1 ワークシートをPDFとして保存する

1 <名前を付けて保存>をクリックする

<ファイル>メニューをクリックして 1 、<名前を付けて保存>をクリックします 2 。

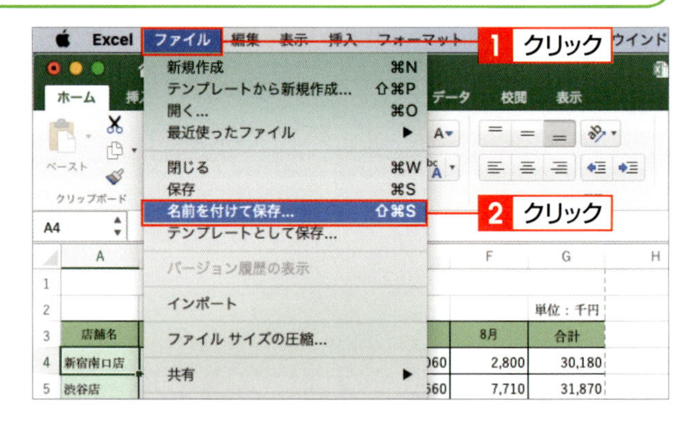

Keyword PDFファイル

PDFファイルは、アドビシステム社によって開発された電子文書の規格の1つです。

2 ファイル名を入力する

ダイアログボックスが表示されるので、ファイル名を入力します 1 。

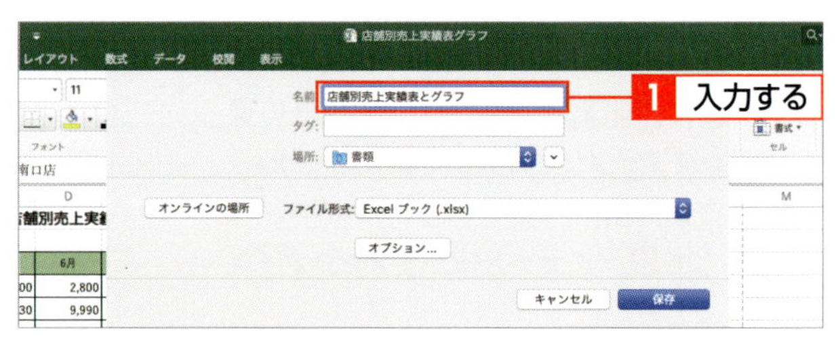

3 保存場所を指定する

<場所>ボックス右側の ⌄ をクリックすると 1 、ダイアログボックスが広がるので、保存場所を指定します 2 。

4 <PDF>をクリックする

<ファイル形式>のボックスをクリックして、<PDF>をクリックします 1 。

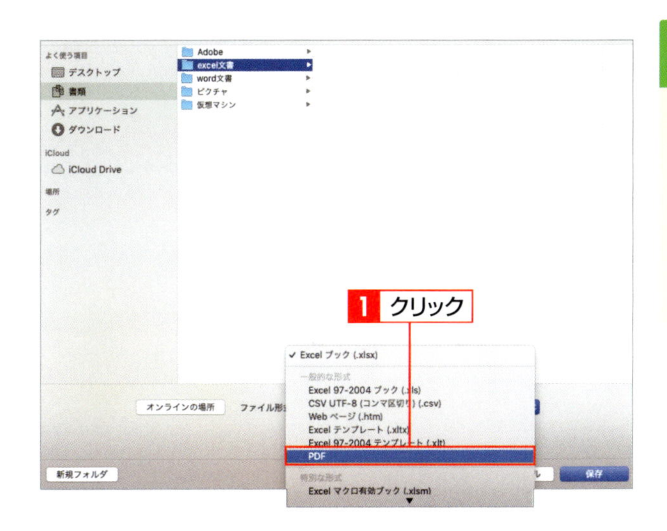

Memo ファイルアクセスの許可

手順 1 のあとに<ファイルアクセスを許可>ダイアログボックスが表示された場合は、<選択>をクリックして、表示されるダイアログボックスで<アクセス権を付与>をクリックします。

5 <保存>をクリックする

<シート>をクリックしてオンにし 1 、<保存>をクリックします 2 。

Memo ブックをPDFに変換する

手順 1 で<ブック>をクリックしてオンにすると、ブック内の複数のワークシートをPDFに変換できます。

Column <プリント>ダイアログボックスから保存する

PDFファイルは、<プリント>ダイアログボックスから保存することもできます。<ファイル>メニューから<プリント>をクリックして、ダイアログボックス左下の<PDF>をクリックし 1 、<PDFとして保存>をクリックします 2 。

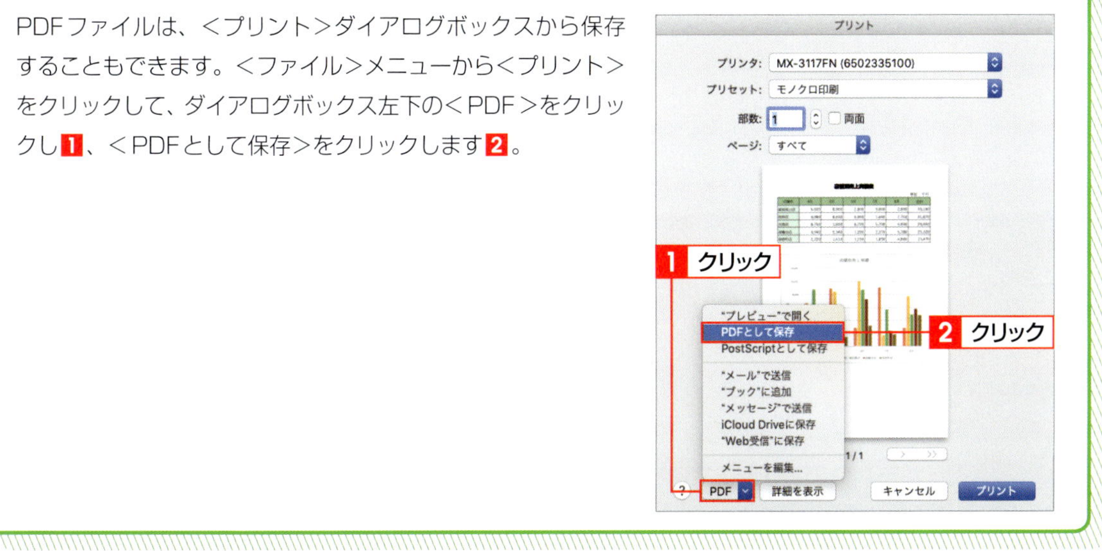

2 PDFファイルを開く

1 <Finder>をクリックする

Dockに表示されている<Finder>をクリックします 1。

2 PDFファイルをダブルクリックする

PDFファイルの保存場所を指定して 1、PDFファイルをダブルクリックします 2。

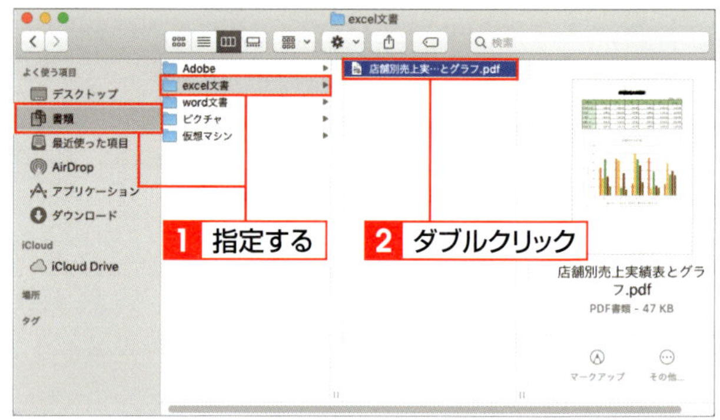

3 PDFファイルがプレビューされる

PDFファイルがプレビューされます。🔴をクリックすると 1、プレビューが閉じます。

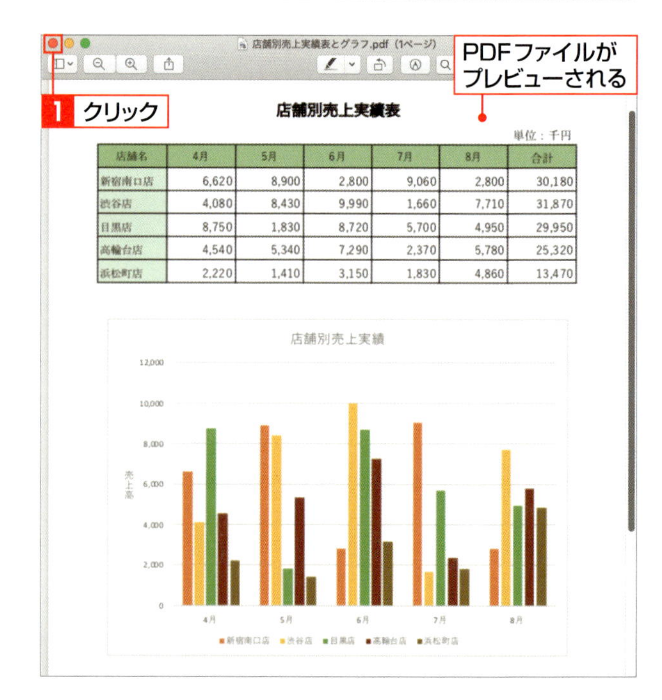

店舗別売上実績表

単位：千円

店舗名	4月	5月	6月	7月	8月	合計
新宿南口店	6,620	8,900	2,800	9,060	2,800	30,180
渋谷店	4,080	8,430	9,990	1,660	7,710	31,870
目黒店	8,750	1,830	8,720	5,700	4,950	29,950
高輪台店	4,540	5,340	7,290	2,370	5,780	25,320
浜松町店	2,220	1,410	3,150	1,830	4,860	13,470

第3章

Wordの基本操作をマスターしよう

Word 2019 for Macの概要

Word 2019 for Mac（以下、Word 2019）は、リボンが改良され、カスタマイズも可能になりました。また、デジタルペン機能、学習ツール、翻訳機能、アイコン、3Dモデルなどが新規に搭載されています。フォーカスモードも復活しました。

覚えておきたいKeyword　デジタルペン　学習ツール　翻訳ツール

1 リボンが改良された

タブ名が一部変更されるなど、リボンインターフェイスが改良されました。初期設定では、9つのタブが表示されます。また、クイックアクセスツールバーがカスタマイズできるようになりました。よく使うコマンドをクイックアクセスツールバーに追加しておくと、タブで機能を探すより効率的です。リボンのカスタマイズも拡張されました。タブやグループ名を変更したり、リボンの表示／非表示を切り替えたりできます。

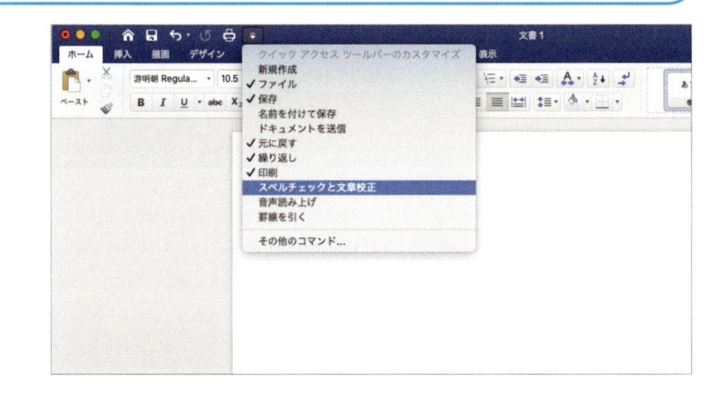

・Word 2019のリボン

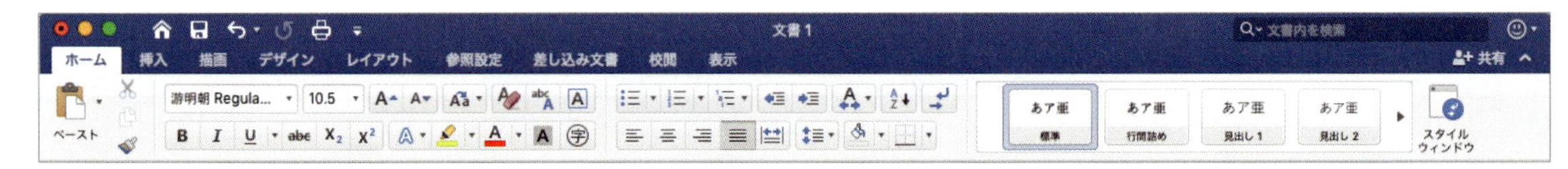

2 デジタルペンを利用した描画機能の搭載

＜描画＞タブのデジタルペン機能を利用して、ペンや指、マウスを使って文書に直接書き込みをしたり、図形を描いたり、文字列を強調表示したりできます。書き込みには鉛筆、ペン、蛍光ペンなどのツールが利用でき、太さや色を変更したり、新しいペンを追加したりすることもできます。

第3章 Wordの基本操作をマスターしよう

3 学習ツールの搭載

学習ツールは、列幅や文字間隔を調整したり、ページの色を変更したりして、文書を読みやすくするための機能です。音声読み上げ機能も搭載されており、文書を音声で聞くこともできます。読み上げられている語句は強調表示され、読み上げ速度を変更することも可能です。

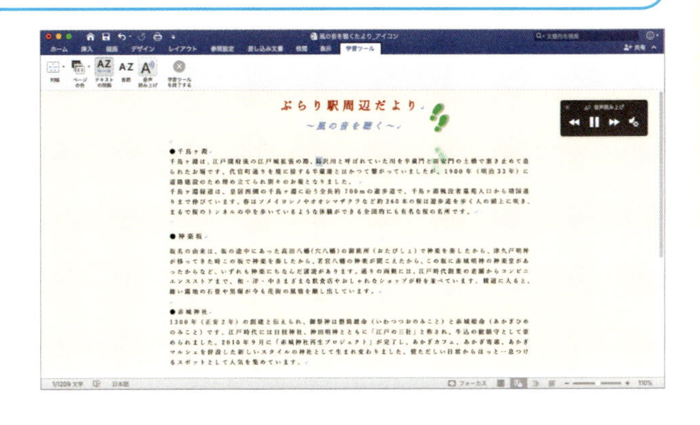

4 翻訳ツールの利用

マイクロソフトの自動翻訳サービス（Microsoft Translator）を利用して、単語、語句、文書の選択範囲、文書全体を別の言語に翻訳できます。翻訳したい文書や文書の範囲を選択して、翻訳言語を指定すると、指定した言語で翻訳結果が瞬時に表示されます。

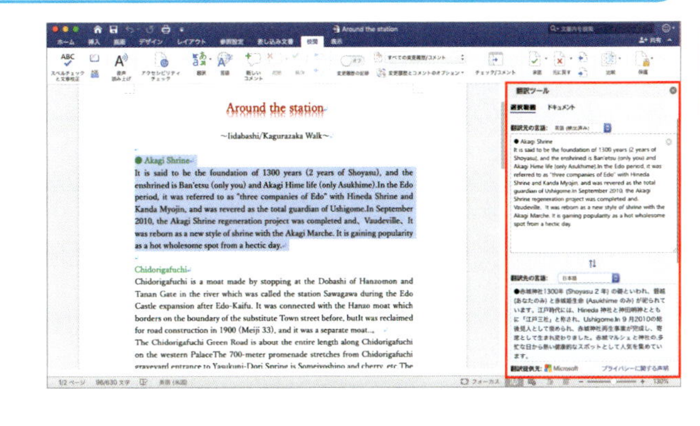

5 フォーカスモードの復活

Word 2011に搭載されていた全画面表示モードが、Word 2019ではフォーカスモードとして復活しました。フォーカスモードは、文書を読むのに適したモードで、すべてのツールバーが非表示になり、文書が画面いっぱいに表示されます。背景のテクスチャを変更することもできます。画面上部にマウスポインターを移動すると、リボンやツールバーが表示されます。

SECTION 02

Word 2019の画面構成と表示モード

Word 2019の画面は、メニューバーとリボンメニュー、文書ウィンドウから構成されています。画面各部分の名称と機能は、Wordを利用する際の基本的な知識なので、ここでしっかり確認しておきましょう。また、Word 2019には4つの画面表示モードが用意されています。

覚えておきたいKeyword　文書ウィンドウ　タブ　表示モード

基本的な画面構成

Word 2019には、4つの画面表示モードが用意されています。既定の画面表示は下図の「印刷レイアウト表示」です。初期設定では9種類のタブが表示されていますが、特定の作業のときだけ表示されるタブもあります。

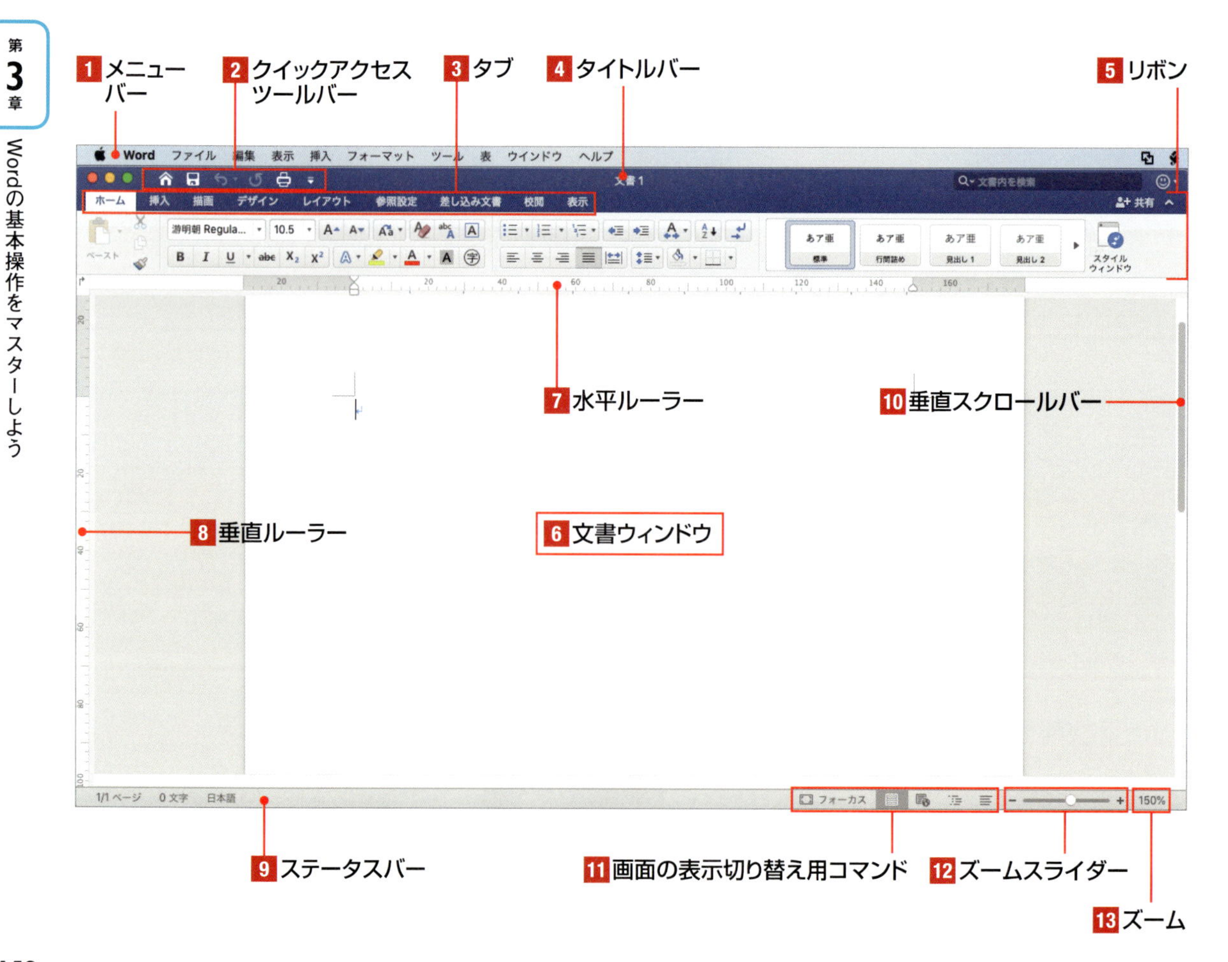

1 メニューバー
Wordで使用できるすべてのコマンドが、メニューごとにまとめられています。

2 クイックアクセスツールバー
よく使用されるコマンドが表示されています。

3 タブ
初期状態では9つのタブが用意されています。名前の部分をクリックしてタブを切り替えます。

4 タイトルバー
作業中の文書名（ファイル名）が表示されます。

5 リボン
コマンドをタブごとに分類して表示します。

6 文書ウィンドウ
ここに文字を入力し、画像や表などを挿入して、文書を作成していきます。表示形式はモードによって異なります。

7 水平ルーラー
インデントやタブの設定、ページ左右の余白の設定などを行います。初期設定では表示されませんが、＜表示＞タブの＜ルーラー＞をクリックしてオンにすると表示されます。

8 垂直ルーラー
ページ上下の余白や、表作成時の行の高さなどを設定します。初期設定では表示されませんが、＜表示＞タブの＜ルーラー＞をクリックしてオンにすると表示されます。

9 ステータスバー
ページ番号や文字カウント、現在の言語、スペルチェックと文章校正などを表示します。

10 垂直スクロールバー
文書を縦にスクロールするときに使用します。画面の横移動が可能な場合には、画面の下に水平スクロールバーが表示されます。

11 画面の表示切り替え用コマンド
画面の表示モードを切り替えます。

12 ズームスライダー
スライダーを左右にドラッグして、文書ウィンドウの表示倍率を切り替えます。

13 ズーム
現在の表示倍率が表示されます。クリックすると＜拡大/縮小＞ダイアログボックスが表示され、ページの拡大／縮小を設定できます。

2 画面の表示モード

Word 2019には、4つの画面表示モードが用意されています。目的に応じて切り替えて作業しましょう。表示モードは、画面右下にある表示切り替え用コマンドをクリックするか、＜表示＞タブから切り替えができます。また、＜表示＞メニューで切り替えることもできます。

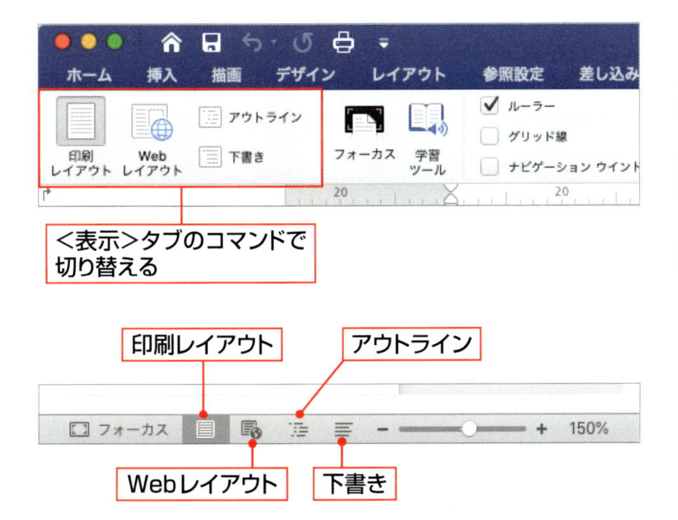

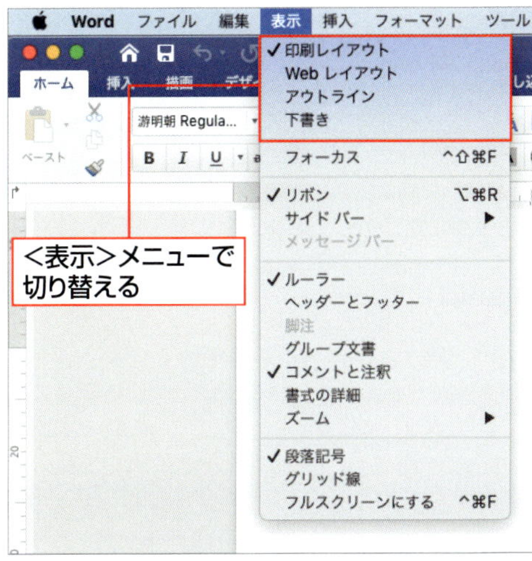

3 ４種類の画面表示モード

● 印刷レイアウト表示

通常の文書作成作業にもっとも適した表示モードで、印刷結果に近いイメージで表示されます。初期設定ではこの表示が選択されています。

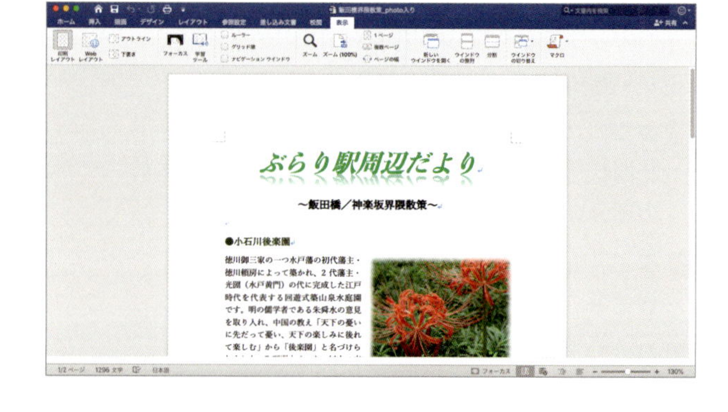

● Webレイアウト表示

実際にWebブラウザーに表示される状態を確認しながら作業できる表示モードです。

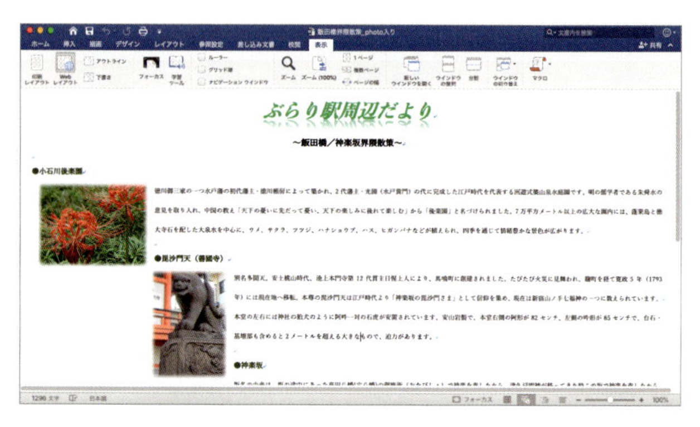

● アウトライン表示

論文など、ページ数の多い文書を作成するのに適した表示モードです。文章が階層で表示されるので、章や見出しごとに順序を入れ替える、項目のレベルを変更する、などの操作がかんたんにできます。

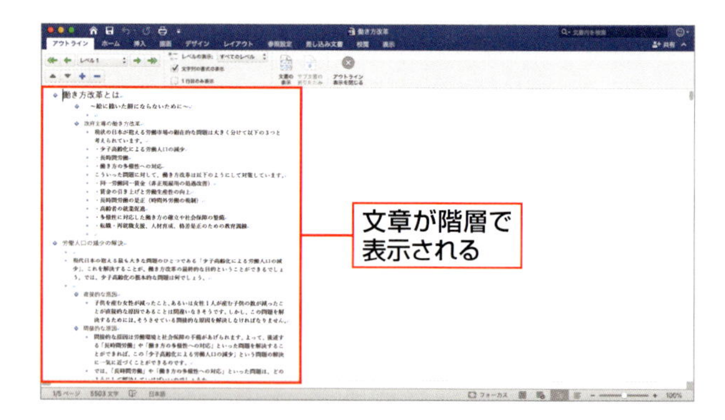

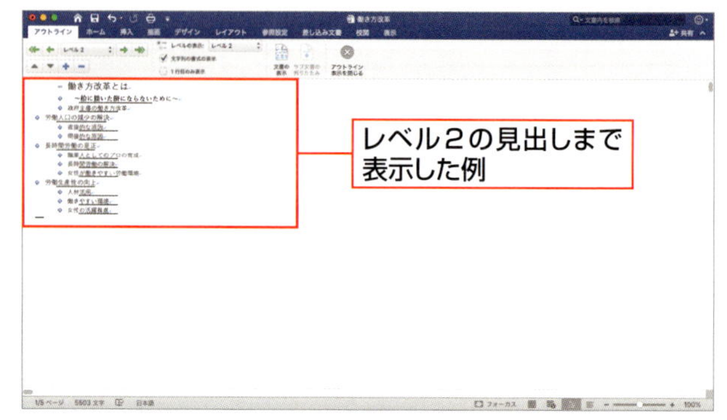

下書き表示

図形や写真などは表示されず、テキストだけ表示されるモードです。文章のみを入力・編集したい場合に適しています。

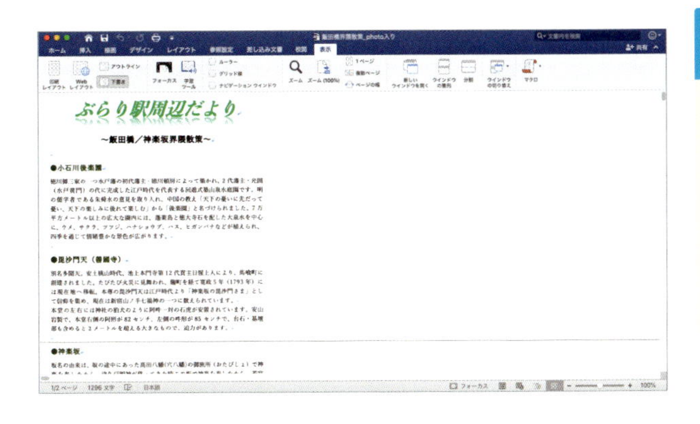

Column ナビゲーションウィンドウ

複数ページにわたる文書を閲覧したり編集したりするには、ナビゲーションウィンドウを利用すると便利です。ナビゲーションウィンドウは、＜表示＞タブの＜ナビゲーションウィンドウ＞をクリックしてオンにすると、画面の左側に表示されます。以下の4つのウィンドウで構成されています。

- **縮小表示ウィンドウ**
  編集中の各ページをサムネイル（縮小表示）で表示します。
- **見出しマップ**
  ＜スタイル＞で設定した見出しを目次のように並べて表示し、クリックすると当該の見出しへジャンプできます。
- **変更履歴ウィンドウ**
  書式設定やコメントの記入などの作業履歴を表示します。
- **検索と置換**
  文章から文字列を検索したり、置換したりするときに使用します。

・縮小表示ウィンドウ

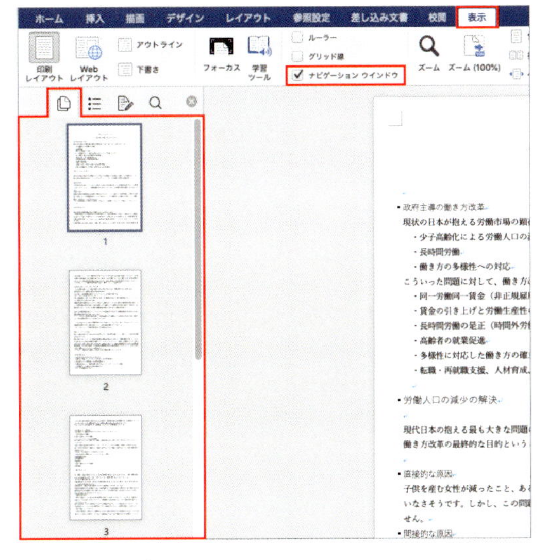

・見出しマップ

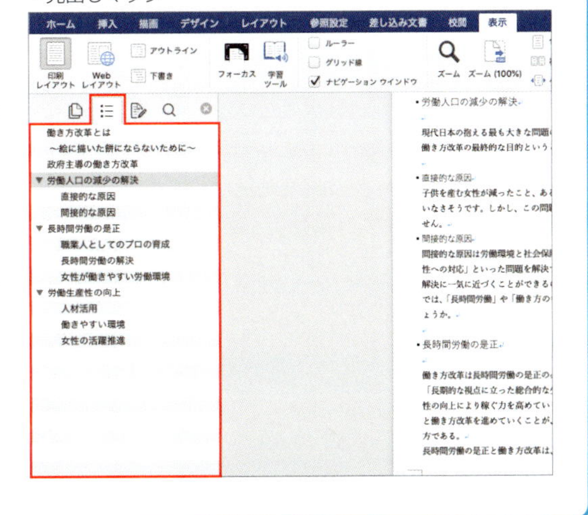

SECTION 03 文字入力の準備をする

文字を入力する前に、入力方法や入力モードの設定をしておきましょう。ここでは、Macに標準装備されている日本語入力プログラムで説明します。それ以外の日本語入力システム（ATOKなど）を利用している場合は、付属のマニュアル（あるいはヘルプ）を確認してください。

覚えておきたい Keyword　日本語環境設定　入力方法　入力モード

1 ローマ字入力とかな入力を切り替える

1 ＜“日本語”環境設定を開く＞をクリックする

メニューバーの入力メニューをクリックして 1 、＜“日本語”環境設定を開く＞をクリックします 2 。

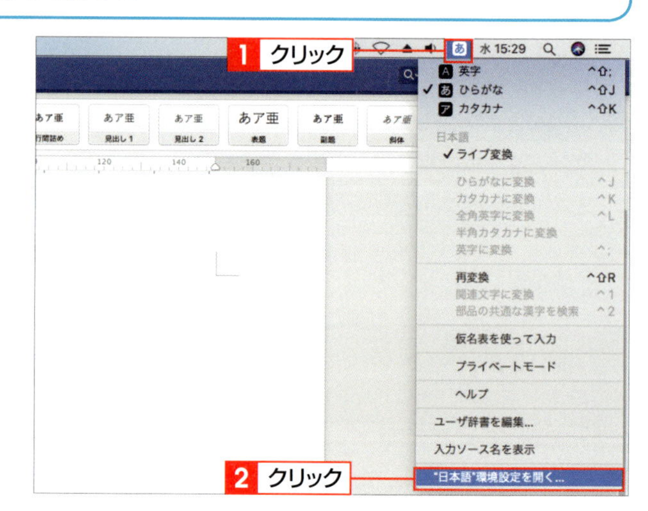

2 入力方法を指定する

＜キーボード＞の＜入力ソース＞画面が表示されます。＜入力方法＞で使用する入力方法を指定し 1 、 をクリックします 2 。

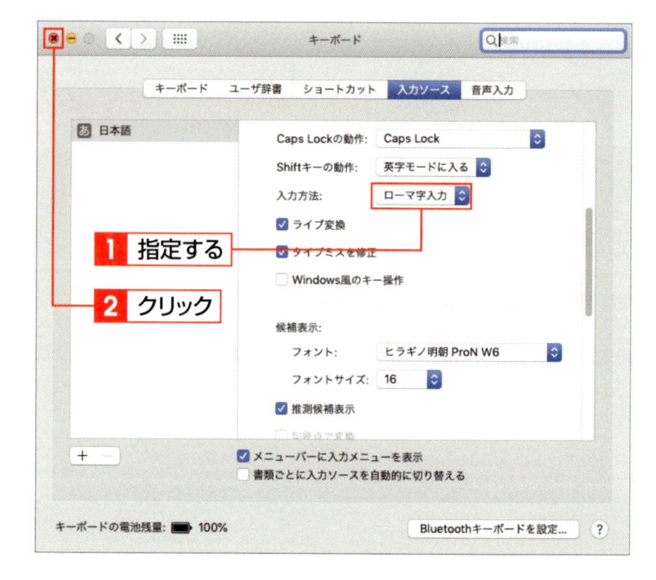

Hint 入力文字の設定

＜入力ソース＞では、句読点の種類、caps や shift を押したときの動作、/ ¥ で入力する文字なども設定できます。

2 入力モードをショートカットキーで切り替える

1 <ひらがな>入力モードの状態

<ひらがな>入力モードの状態で、⌘を押しながら space を押します 1。

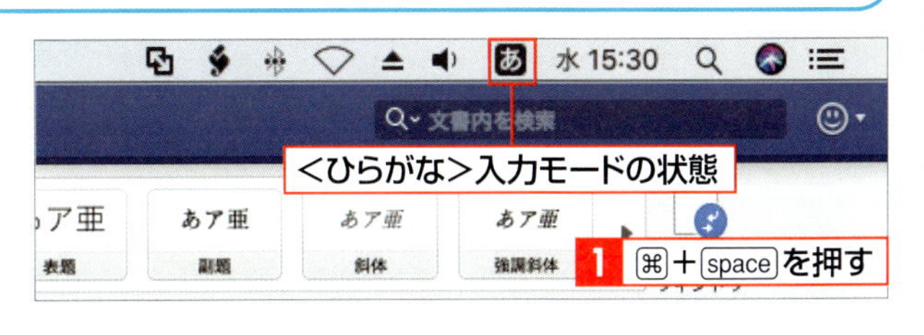

2 <英字>入力モードに切り替わる

<英字>入力モードに切り替わります。再度、⌘を押しながら space を押します 1。

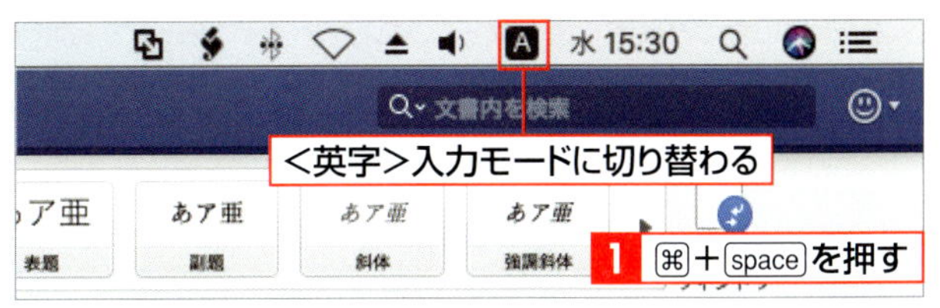

3 <ひらがな>入力モードに戻る

<ひらがな>入力モードに戻ります。

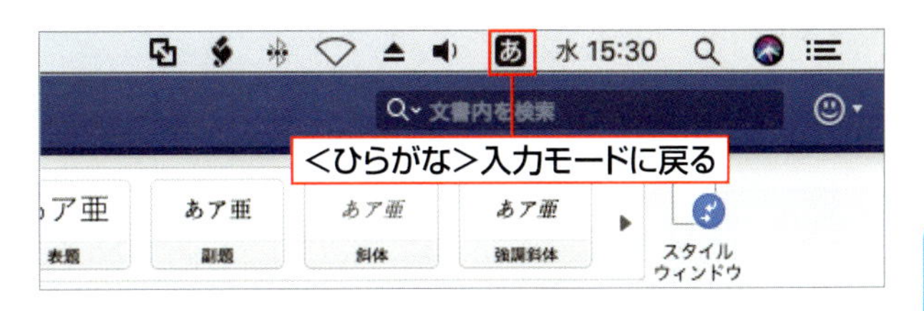

3 入力モードを入力メニューで切り替える

1 入力モードを指定する

入力メニューをクリックして 1、表示されるメニューから使用する入力モードをクリックして指定します 2。

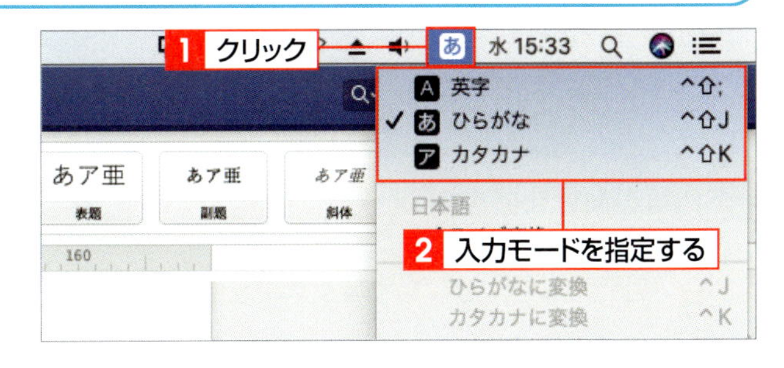

Column 入力モードを追加する

初期設定では、<英字><ひらがな><カタカナ>の3つの入力モードがメニューに表示されます。そのほかに使用頻度が多い入力モードがあれば、メニューに追加できます。前ページの方法で<キーボード>の<入力ソース>画面を表示して、<入力モード>で設定します。

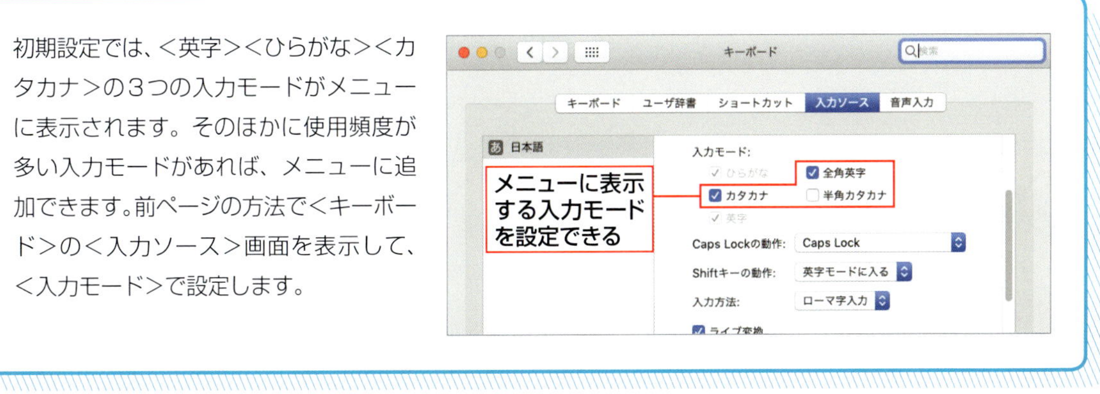

SECTION 04

文書を作成するための準備をする

文書を作成するときは、最初に用紙のサイズ、用紙の向き、余白、1行の文字数と1ページの行数などのページ設定を行います。各設定項目は文書の作成後でも変更できますが、レイアウトがくずれてしまうこともあるので、文書の作成前に設定しておきましょう。

覚えておきたいKeyword　用紙サイズ／向き　余白　文字数と行数

1 用紙のサイズと向き、余白を設定する

1 用紙のサイズを設定する

<レイアウト>タブをクリックします1。<サイズ>をクリックして2、使用する用紙のサイズ（ここでは<A4>）をクリックします3。

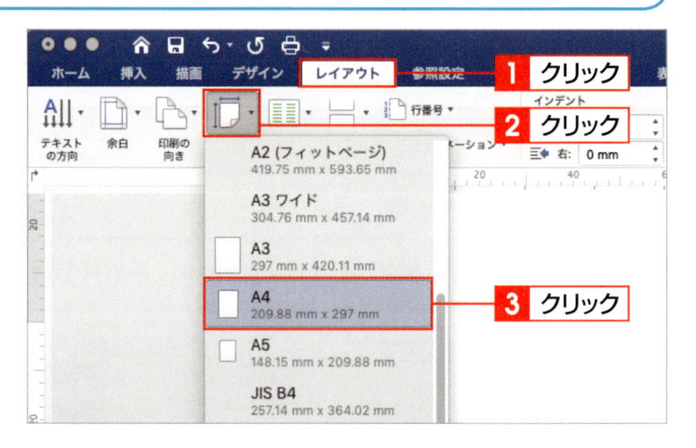

Memo 用紙サイズの種類

メニューに表示される用紙サイズの種類は、使用しているプリンターによって異なります。

2 用紙の向きを設定する

<レイアウト>タブの<印刷の向き>をクリックし1、使用する用紙の向き（ここでは<縦>）をクリックします2。

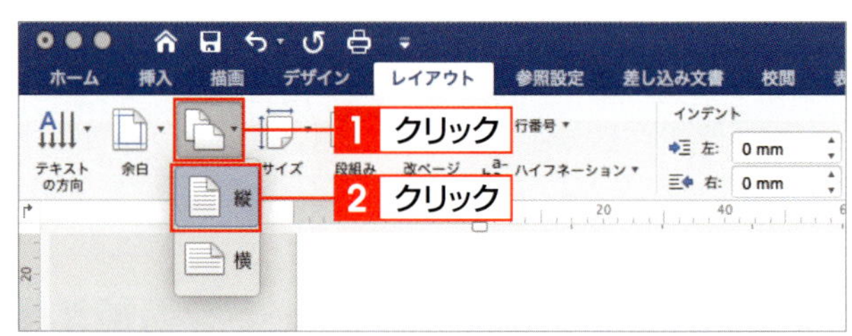

3 <余白>を設定する

<レイアウト>タブの<余白>をクリックし1、設定する余白の大きさ（ここでは<標準>）をクリックします2。

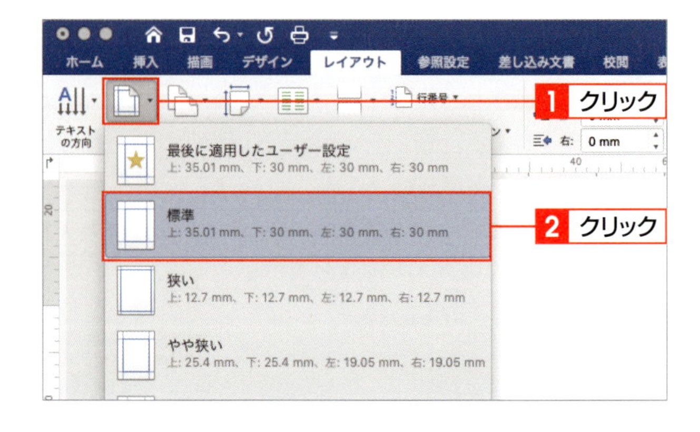

Memo 余白の設定

<文書>ダイアログボックス（次ページ参照）の<余白>をクリックし、<上><下><左><右>で数値を指定して余白を設定することもできます。

2 文字数や行数を設定する

1 <文書のレイアウト>をクリックする

<フォーマット>メニューをクリックして1、<文書のレイアウト>をクリックします2。

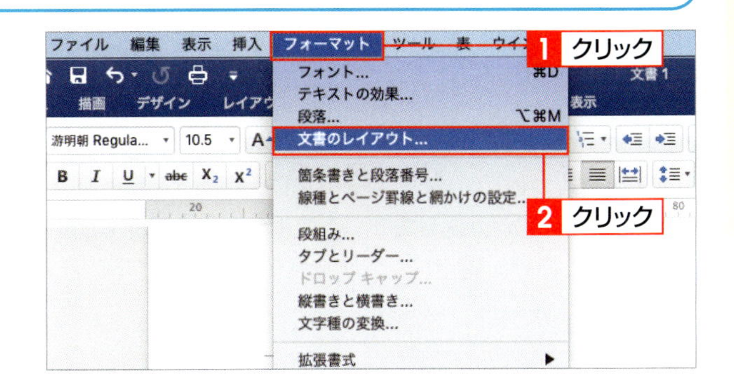

2 文字数と行数を設定する

<文書>ダイアログボックスの<文字数と行数>が表示されます。<文字数と行数を指定する>をクリックしてオンにし1、1ページあたりの文字数と行数を指定して2、<OK>をクリックします3。

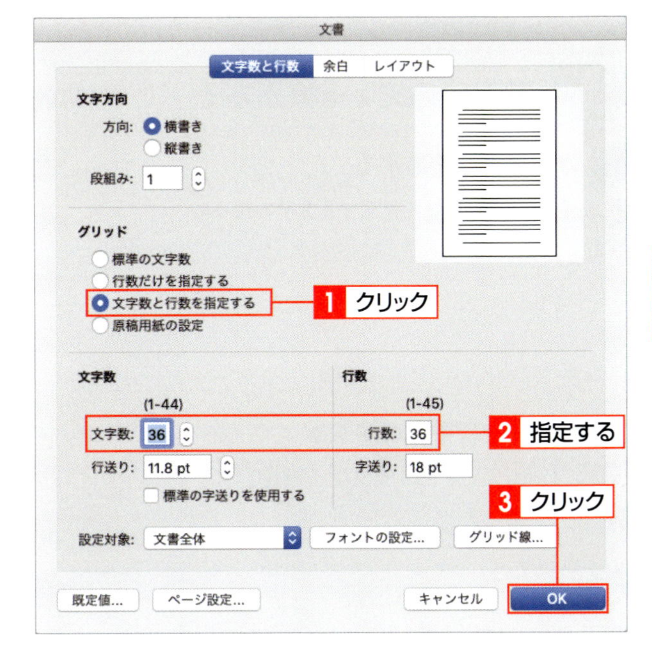

Hint 文字数と行数

文字数や行数は、余白の大きさとフォントサイズによって自動的に最適値が設定されます。あえて変更する必要がない場合は、<標準の文字数>をオンにします。

Column ページ設定

用紙サイズと向きは、<文書>ダイアログボックスで<ページ設定>をクリックすると表示される<ページ設定>ダイアログボックスでも設定できます。

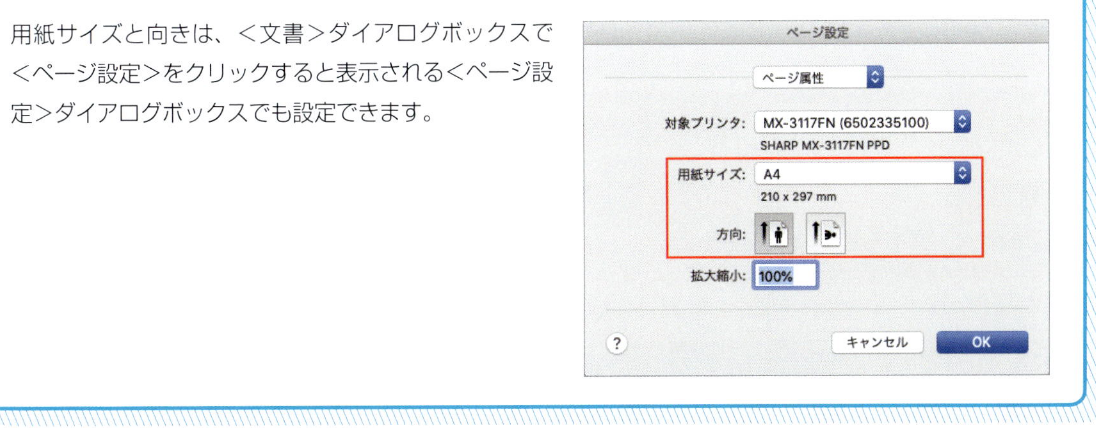

SECTION
05 文字列を修正する

文字を入力していると、キーの打ち間違いで誤った文字が入力されたり、誤った変換をしたまま確定してしまうことがあります。このようなときは最初から入力するのではなく、入力済みの文字の一部を修正したり、確定した文字を再変換したりすることで、効率よく修正できます。

覚えておきたい Keyword　文字の修正　再変換　推測候補

1 確定後の文字を修正する

1 カーソルを移動する

← を押して、カーソルを修正する文字の後ろに移動します 1。

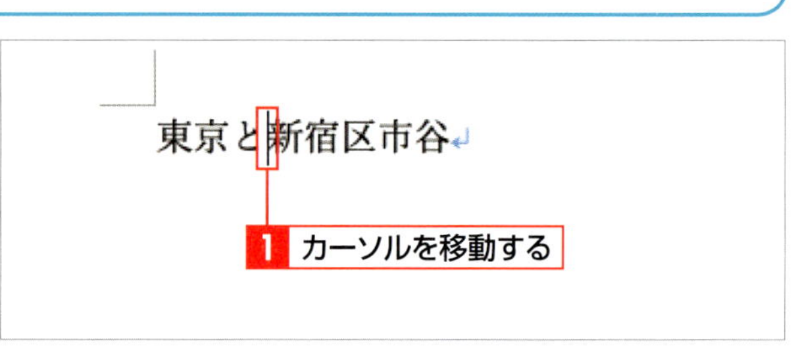

2 修正する文字を削除する

delete を押して、修正する文字を削除します 1。

3 正しい文字を入力して変換する

正しい文字を入力して、変換します 1。

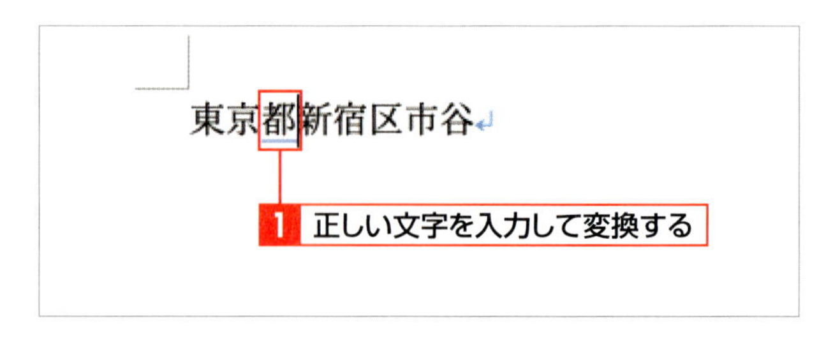

4 確定する

return を押して、文字の変換を確定します 1。

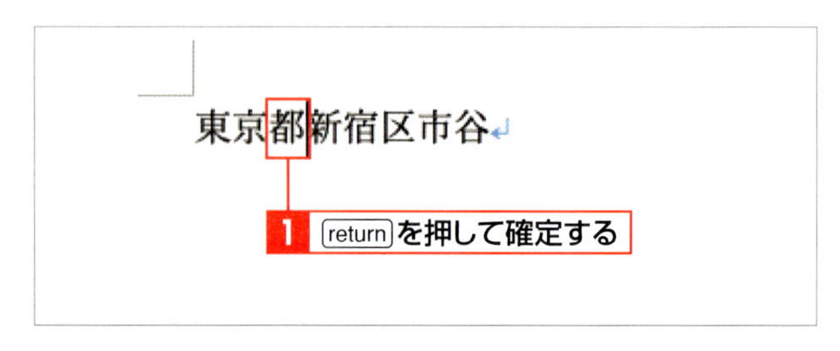

2 確定後の文字を再変換する

1 文字を選択する

再変換する文字をドラッグして選択します（P.162参照）1。

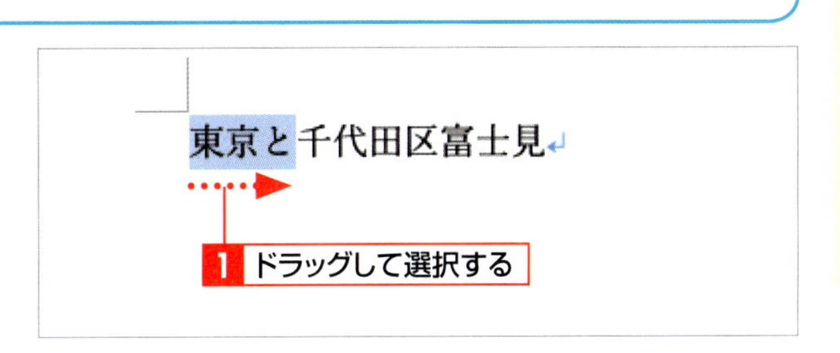

2 <再変換>をクリックする

メニューバーの<入力>メニューをクリックして1、<再変換>をクリックします2。

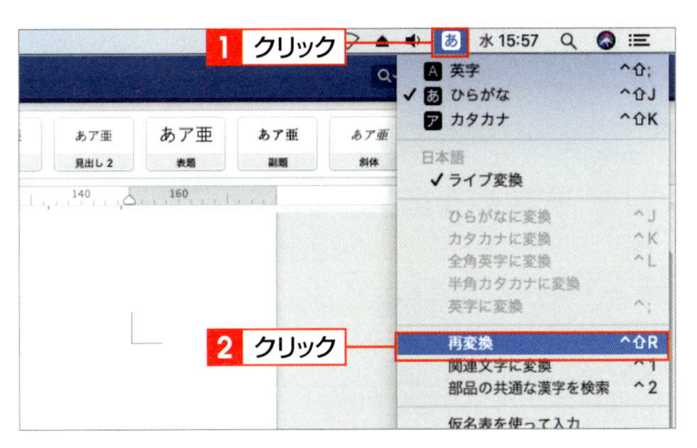

control + shift + R を押しても、再変換できます。

3 変換し直す

space を押して変換し直します。推測候補が表示されているときは、↑↓を押して選択します1。

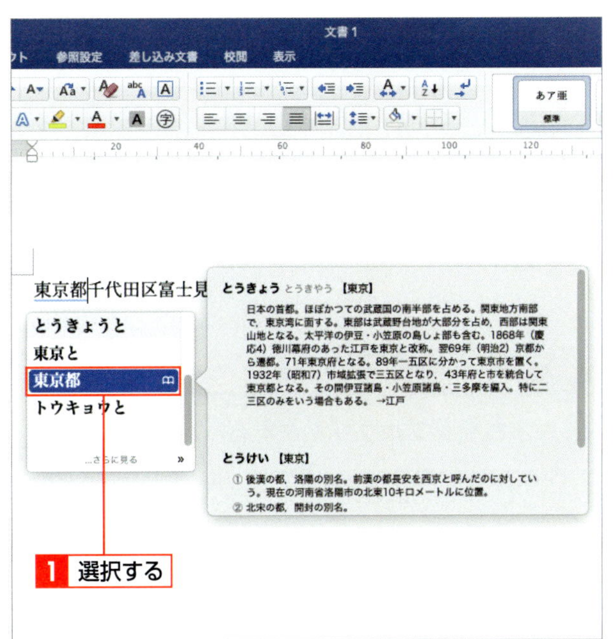

Keyword 推測候補

入力中の文字を推測して候補の文字を表示する機能です。たとえば「こんにちは」と入力する際に「こんに」と入力すれば、推測された文字が表示され、選択して入力できます。また、誤って「こんいちは」と入力した場合でも、推測候補に「こんにちは」と表示され、正しい文字を入力できます。

4 変換を確定する

return を押して、変換を確定します1。

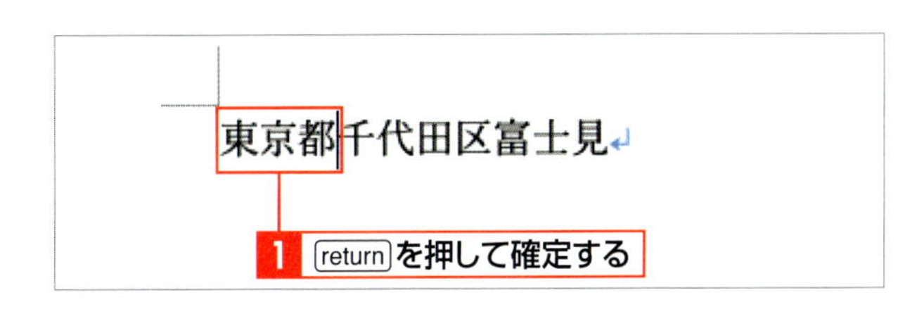

SECTION 06

文字列を選択する

文字列や段落の選択は、文書の作成や編集を行ううえで、もっとも基本的な操作の1つです。文字列や段落を選択するには、選択したい対象をドラッグするのが基本です。選択対象によっては、ダブルクリックや、ほかのキーと組み合わせることで選択することもできます。

覚えておきたいKeyword　文字列の選択　段落の選択　行の選択

1 文字列を選択する

1 文字列をドラッグする

選択する文字列の先頭にマウスポインターを移動して 1 、目的の位置までドラッグします 2 。

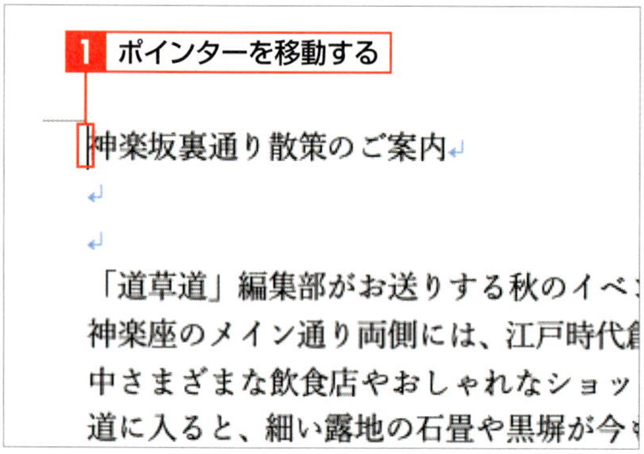

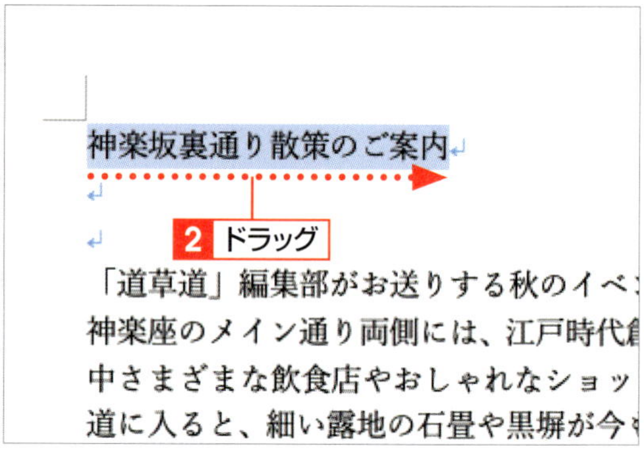

2 段落を選択する

1 左余白をダブルクリックする

ページの左余白をダブルクリックすると 1 、その右にある段落が選択されます。

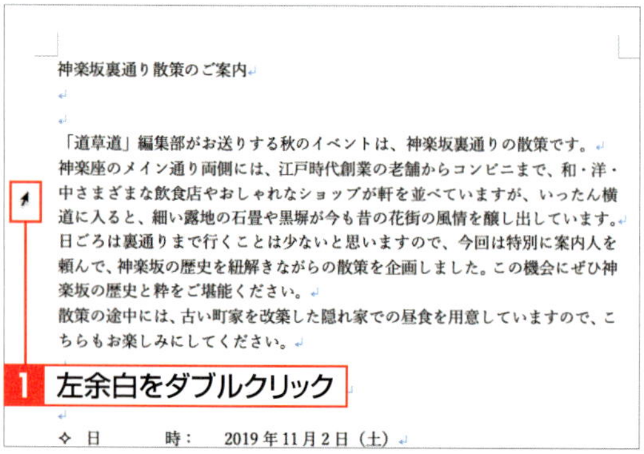

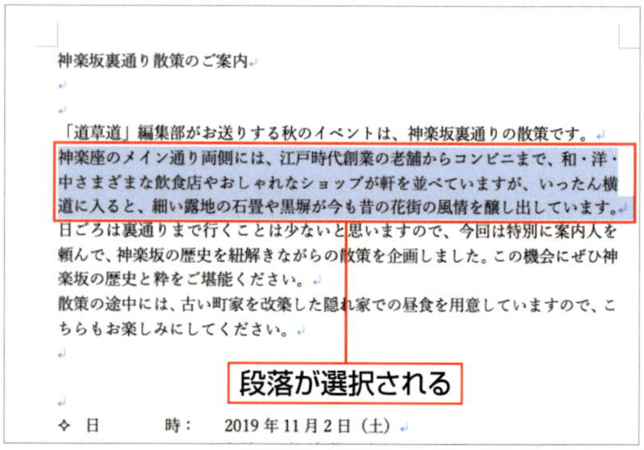

3 行を選択する

1 行を1行選択する

ページの左余白をクリックすると 1 、その右にある行が選択されます。

1 左余白をクリック

2 複数の行を選択する

ページの左余白を縦にドラッグすると 1 、ドラッグした範囲にある複数の行が選択されます。

1 左余白をドラッグ

ドラッグした範囲の行が選択される

Column そのほかの選択方法

- **1つの文章を選択する（句点「。」まで）**
  選択する文章（句点「。」で区切られた範囲）のいずれかの箇所を⌘を押しながらクリックすると、1つの文章が選択されます。

- **ブロック選択する**
  選択する範囲をoptionを押しながらドラッグすると、ドラッグした軌跡を対角線とする四角形の範囲が選択されます。

- **離れた場所にある複数の文字列を選択する**
  最初の文字列を選択したあと、別の文字列を⌘を押しながらドラッグして選択すると、複数の文字列が同時に選択されます。

- **単語を選択する**
  選択する単語の上をダブルクリックすると、その単語が選択されます。

SECTION 07
文字列をコピー・移動する

文書を作成・編集するときは、同じ文字を繰り返し入力する、文字を移動するなどの操作をよく利用します。これらの作業は、コピー、カット、ペースト機能を利用することでかんたんに実行できます。また、ショートカットキーを使ってコピーや移動を実行することもできます。

覚えておきたい Keyword　コピー　カット　ペースト

1 文字列をコピーする

1 ＜コピー＞をクリックする

コピーする文字列を選択して 1、＜ホーム＞タブの＜コピー＞をクリックします 2。

2 ＜ペースト＞をクリックする

文字列を貼り付ける位置をクリックしてカーソルを移動し 1、＜ホーム＞タブの＜ペースト＞をクリックします 2。

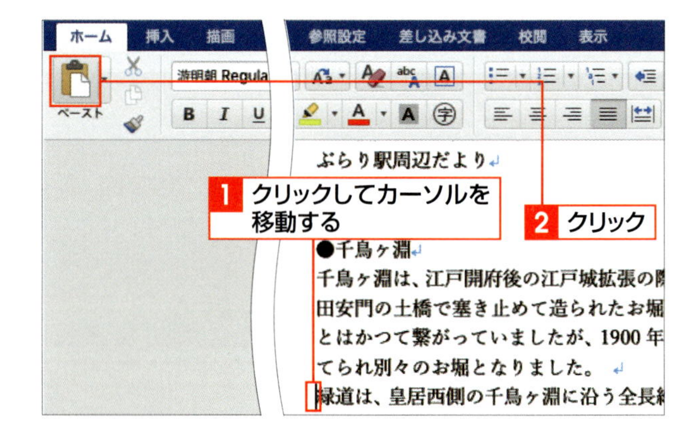

3 文字列が貼り付けられる

クリックした位置に、コピーした文字列が貼り付けられます。

第 3 章 Wordの基本操作をマスターしよう

2 文字列を移動する

1 <カット>をクリックする

移動する文字列を選択して1、<ホーム>タブの<カット>をクリックします2。

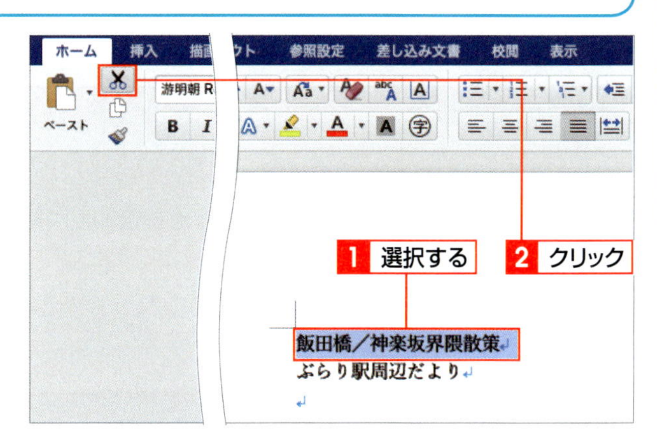

Hint コピーとカットの違い

文字列をコピーすると、もとの文字列はそのまま残ります。文字列をカットすると、もとの文字列は削除されます。

2 <ペースト>をクリックする

文字列を移動する位置をクリックして、カーソルを移動します1。<ホーム>タブの<ペースト>をクリックします2。

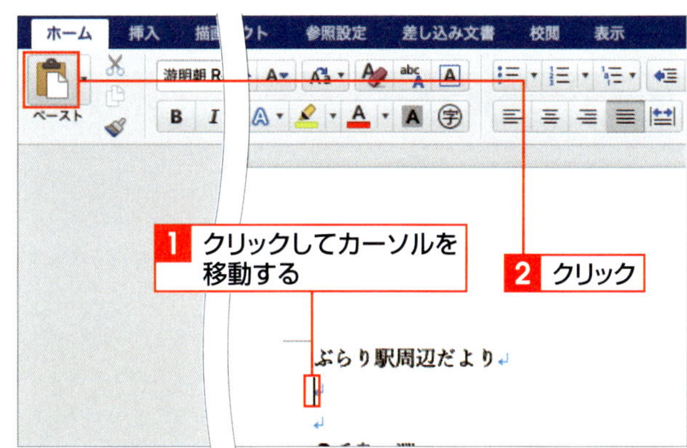

3 文字列が貼り付けられる

カットした文字列が貼り付けられます。

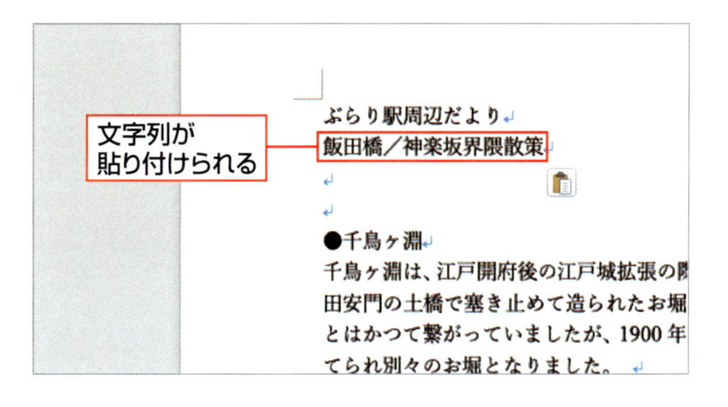

Hint ペーストのオプション

<ペースト>を実行したあとに表示される<ペーストのオプション>をクリックすると、貼り付けた文字列の書式を貼り付け先の書式に合わせたり、テキストのみの貼り付けに変更したりできます。

Column ショートカットキーを利用する

文字列のコピー、カット、ペーストは、ショートカットキーで行うこともできます。マウスで操作するのが面倒な場合は、ショートカットキーを使うと便利です。

操作	ショートカットキー
コピー	⌘+C
カット	⌘+X
ペースト	⌘+V

SECTION 08

日付やあいさつ文を入力する

Wordには日付や時刻、あいさつ文などの定型句を入力する機能が用意されています。日付や時刻は、パソコンの内蔵時計によって自動的に現在の日時が取得できます。定型句では、登録されているあいさつ文などを入力できるほか、よく使う文を定型句として登録できます。

覚えておきたいKeyword　日付と時刻　入力オートフォーマット　定型句

1 日付を入力する

1 ＜日付と時刻＞をクリックする

日付を挿入する位置をクリックし1、＜挿入＞タブをクリックして2、＜日付と時刻＞をクリックします3。

1 クリック　2 クリック　3 クリック

2 日付の表示形式を指定する

＜日付と時刻＞ダイアログボックスが表示されます。＜言語の選択＞で＜日本語＞を選択して1、＜カレンダーの種類＞で＜グレゴリオ暦＞を選択し2、使用する表示形式をクリックして3、＜OK＞をクリックします4。

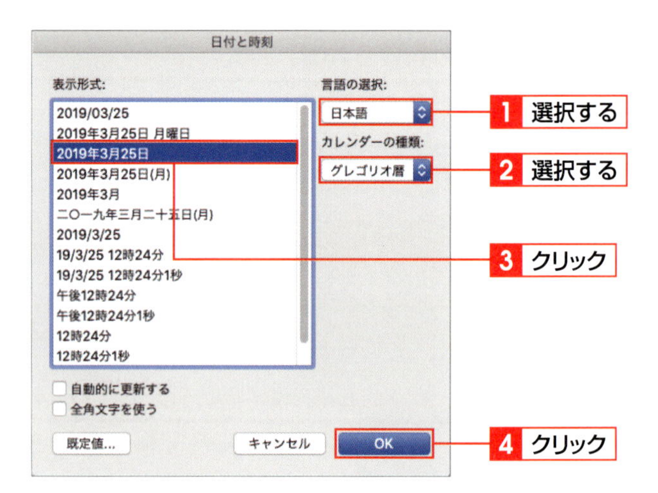

Step UP　日付と時刻の自動更新

右のダイアログボックスで＜自動的に更新する＞をクリックしてオンにすると、文書を開いたり印刷したりする際に、挿入した日時が自動的に更新されるようになります。

3 日付が入力される

現在の日付が入力されます。

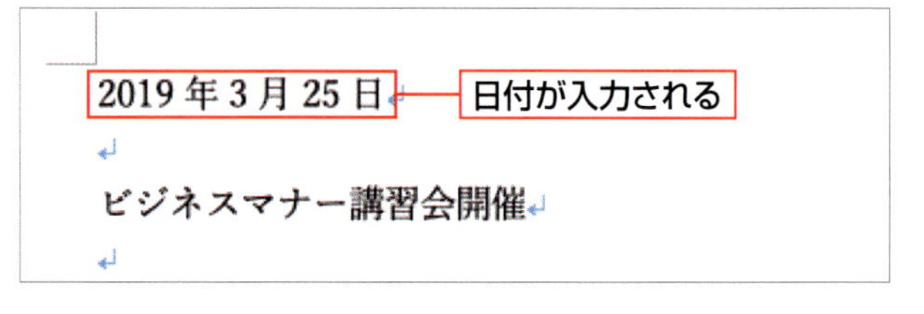

2 あいさつ文を入力する

1 「拝啓」と入力して改行する

「拝啓」と入力します 1。return を押して改行すると 2、「敬具」が自動的に右揃えで入力されます。

「拝啓」などの頭語を入力して改行すると、「敬具」などの結語が自動的に入力されます。この機能を「入力オートフォーマット」といいます。

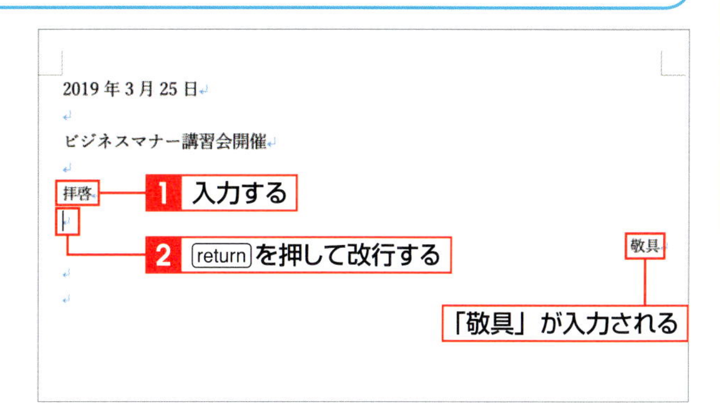

2 <定型句>をクリックする

<挿入>メニューをクリックして 1、<定型句>をポイントし 2、<定型句>をクリックします 3。

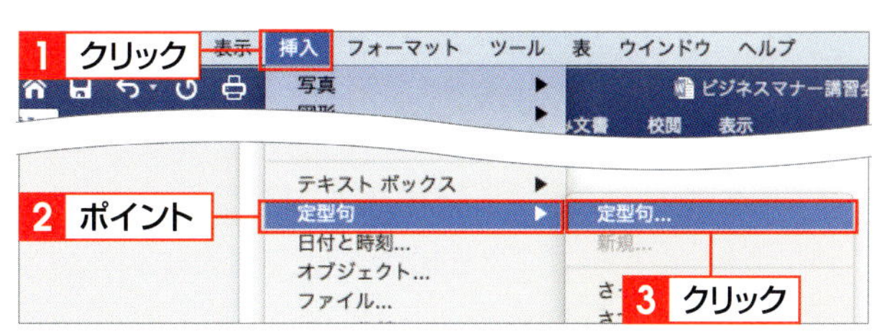

3 定型句を選択する

<オートコレクト>の<定型句>画面が表示されます。挿入する定型句をクリックし 1、<挿入モード>をクリックします 2。
ここでは、あらかじめ登録しておいた定型句を指定しています（Column参照）。

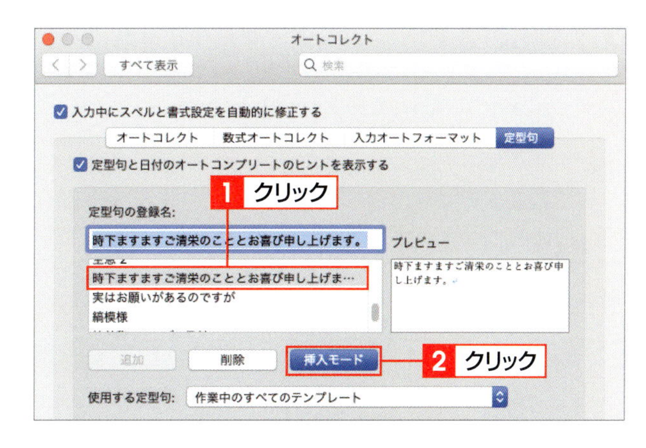

4 あいさつ文が入力される

選択したあいさつ文が入力されます。

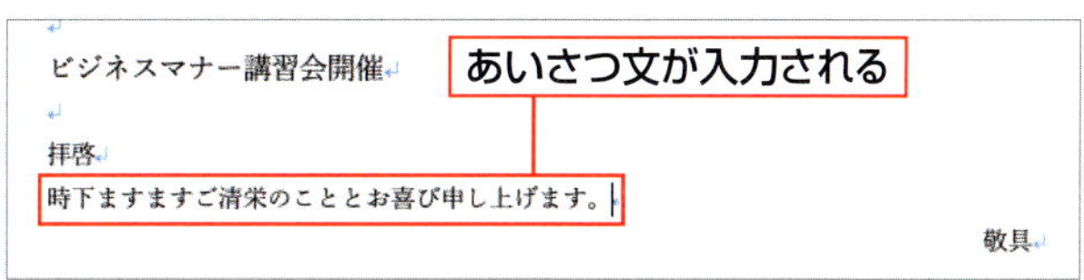

Column 定型句を登録する

頻繁に使う文章がある場合は、定型句として登録しておくと便利です。登録する文章を選択して、<挿入>メニューの<定型句>をポイントし、<新規>をクリックします。表示されたダイアログボックスで<OK>をクリックすると、定型句を登録できます。

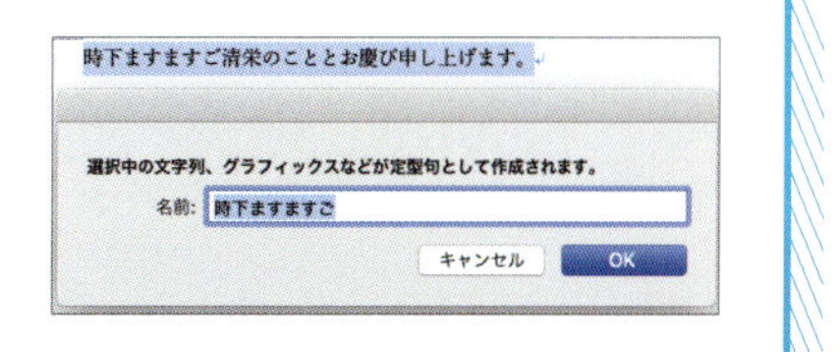

SECTION 09

箇条書きを入力する

行頭に「・」などの記号と空白文字に続いて文字列を入力して改行すると、箇条書きが自動的に作成されます。また、「1.」「2.」などの番号を先頭に入力した場合は、改行すると自動的に連番が振られます。この機能は、自動入力をサポートする入力オートフォーマット機能の1つです。

覚えておきたいKeyword　箇条書き　インデント　段落番号

1 箇条書きを入力する

1 「・」とtabに続けて文字を入力する

「・」（中黒）を入力してtabを押し1、文字を入力して2、returnを押します3。

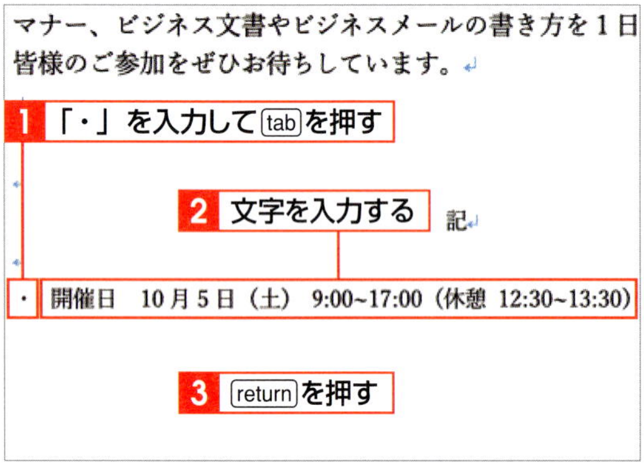

マナー、ビジネス文書やビジネスメールの書き方を1日
皆様のご参加をぜひお待ちしています。
1 「・」を入力してtabを押す
2 文字を入力する
記
・ 開催日　10月5日（土）　9:00~17:00（休憩 12:30~13:30）
3 returnを押す

2 行頭文字が自動的に入力される

次の行に「・」が自動的に入力され、インデント（P.182参照）が設定されます。

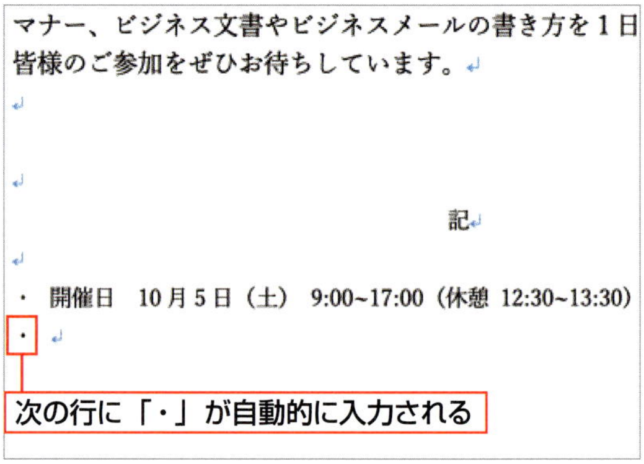

マナー、ビジネス文書やビジネスメールの書き方を1日
皆様のご参加をぜひお待ちしています。
記
・ 開催日　10月5日（土）　9:00~17:00（休憩 12:30~13:30）
・
次の行に「・」が自動的に入力される

3 2行目の文字を入力する

2行目の「・」に続けて文字を入力し1、returnを押します2。

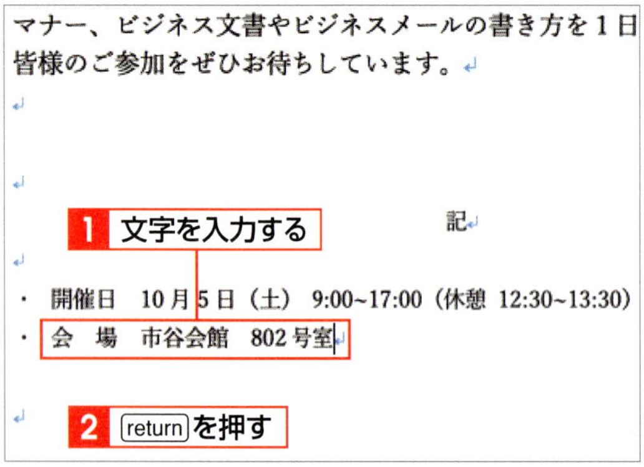

マナー、ビジネス文書やビジネスメールの書き方を1日
皆様のご参加をぜひお待ちしています。
1 文字を入力する
記
・ 開催日　10月5日（土）　9:00~17:00（休憩 12:30~13:30）
・ 会　場　市谷会館　802号室
2 returnを押す

4 3行目の文字を入力する

同様の手順で、以降の箇条書きを入力します1。

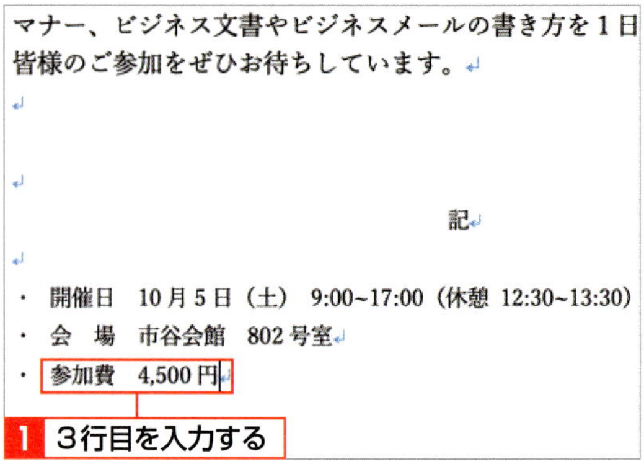

マナー、ビジネス文書やビジネスメールの書き方を1日
皆様のご参加をぜひお待ちしています。
記
・ 開催日　10月5日（土）　9:00~17:00（休憩 12:30~13:30）
・ 会　場　市谷会館　802号室
・ 参加費　4,500円
1 3行目を入力する

2 箇条書きを解除する

1 最後の行で return を押す

箇条書きの最後の行で改行し 1 、追加された行で何も入力せずに return を押します 2 。

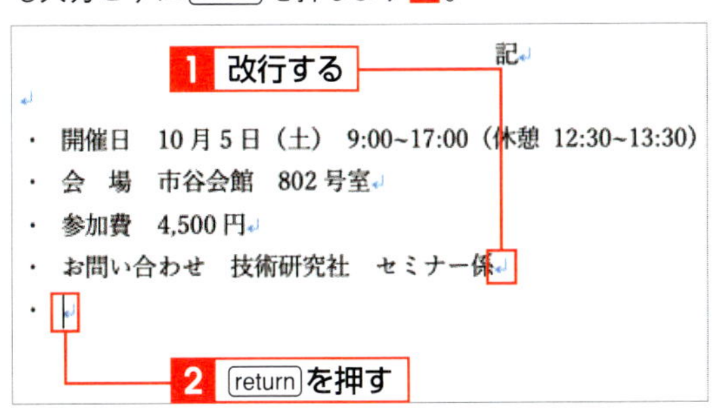

2 箇条書きが解除される

箇条書きが解除されます。以降、改行しても行頭に「・」は付きません。

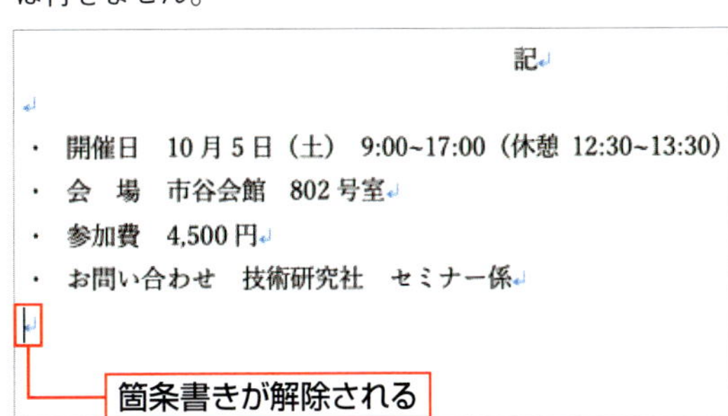

3 インデントを残して箇条書きを解除する

1 最後の行で delete を押す

箇条書きの最後の行で改行し 1 、追加された行で何も入力せずに delete を押します 2 。

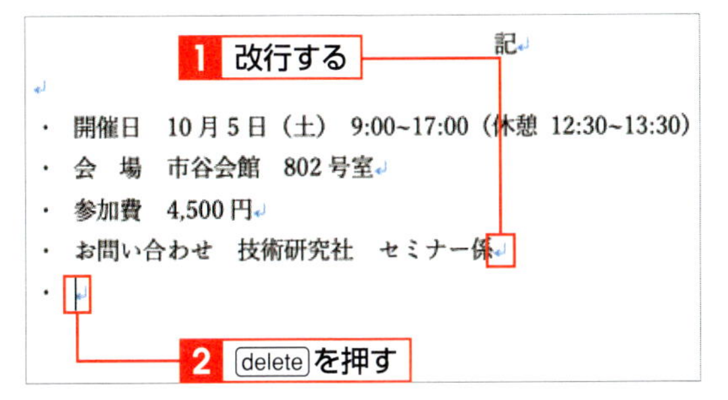

2 箇条書きが解除される

インデントを残して箇条書きが解除されます。

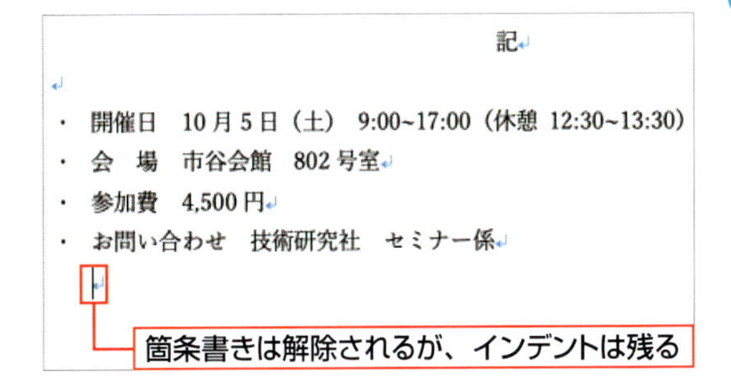

4 箇条書きの中に段落番号のない行を設定する

1 段落番号を削除する

段落番号を削除したい行の先頭にカーソルを移動し 1 、delete を押します 2 。

2 段落番号のない行が設定される

段落番号が削除され、番号が自動的に振り直されます。

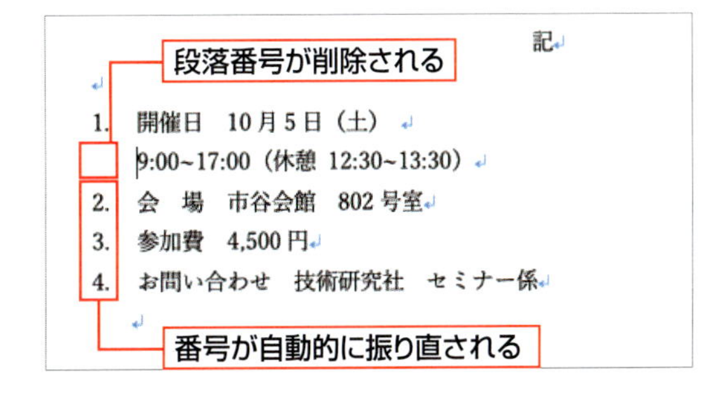

SECTION 10

記号や特殊文字を入力する

記号や特殊文字を入力するには、記号の読みを入力して変換する方法と、<記号と特殊文字>ダイアログボックスから選択して入力する方法があります。読みがわからない記号は、<記号と特殊文字>ダイアログボックスから入力しましょう。

覚えておきたいKeyword　記号　特殊文字　囲い文字

1 読みから変換して記号を入力する

1 記号の読みを入力する

記号の読みを入力して**1**、space を2回押します**2**。ここでは「あめ」と入力しています。日本語入力環境によっては、すぐに漢字に変換される場合もありますが、操作方法は同じです。

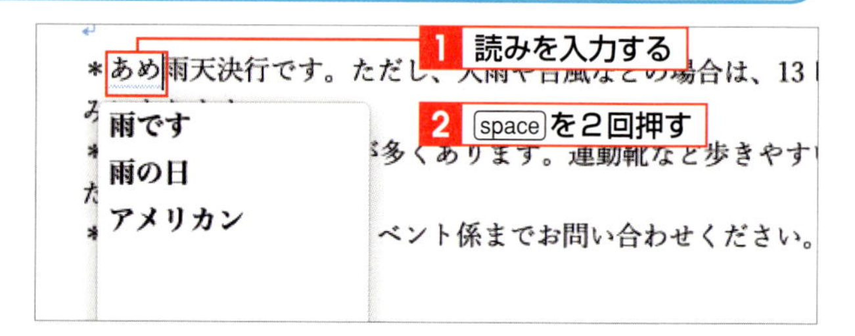

2 記号を指定する

変換候補が表示されるので、目的の記号をダブルクリックします**1**。

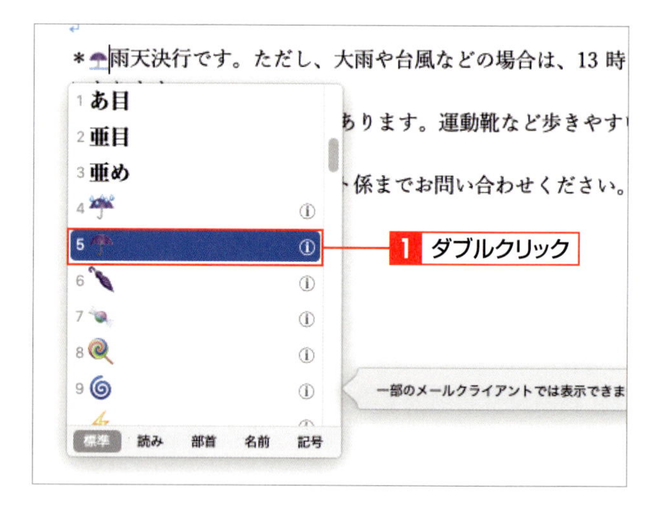

Memo 記号の入力

記号によっては、変換候補に表示されていても文書上に入力できない場合があります。また、文書上に記号を入力できても、プリンターで正しく印刷できない場合があります。

3 記号を確定する

記号が挿入されるので、return を押します**1**。

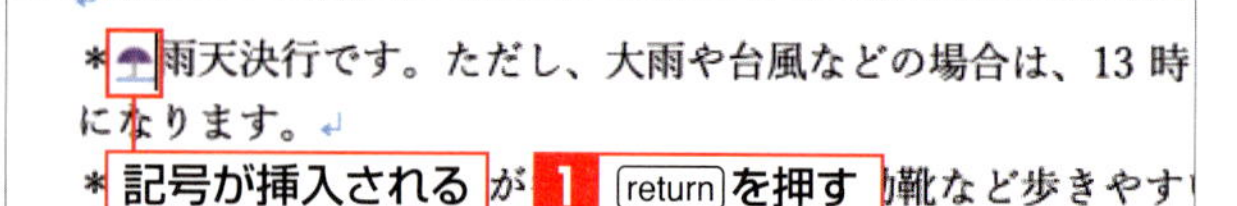

4 記号が入力される

記号が確定されます。

2 <記号と特殊文字>ダイアログボックスを利用する

1 <記号と特殊文字>をクリックする

記号を挿入する位置をクリックして1、カーソルを移動します。<挿入>タブをクリックして2、<記号と特殊文字>をクリックします3。

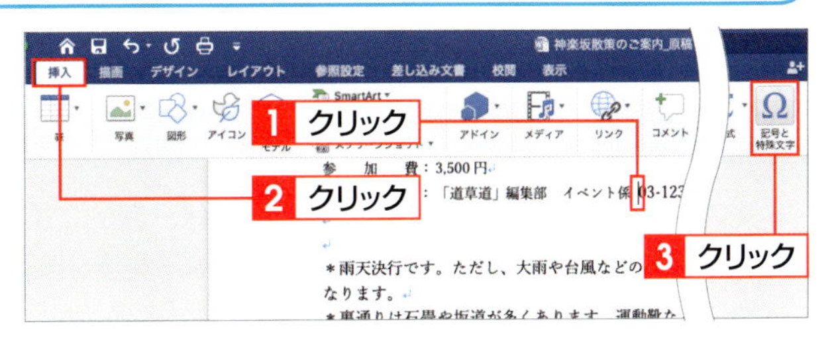

2 記号を指定する

<記号と特殊文字>ダイアログボックスが表示されます。<フォント>を選択して1、記号の種類を選択します2。目的の記号を探してクリックすると3、クリックした記号が拡大表示されるので、確認して<挿入>をクリックします4。

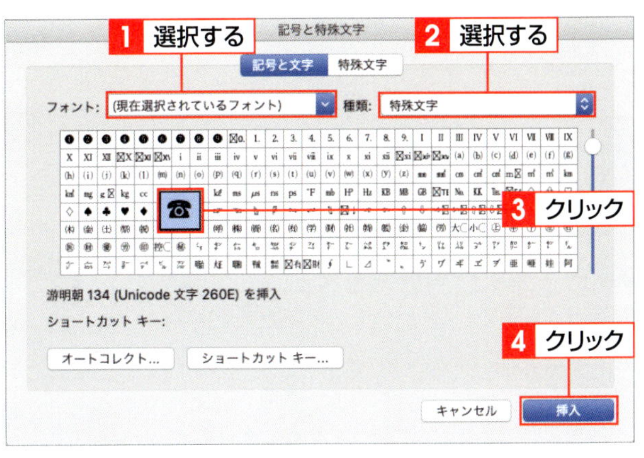

3 記号が入力される

選択した記号が挿入されます。<閉じる>をクリックして1、<記号と特殊文字>ダイアログボックスを閉じます。

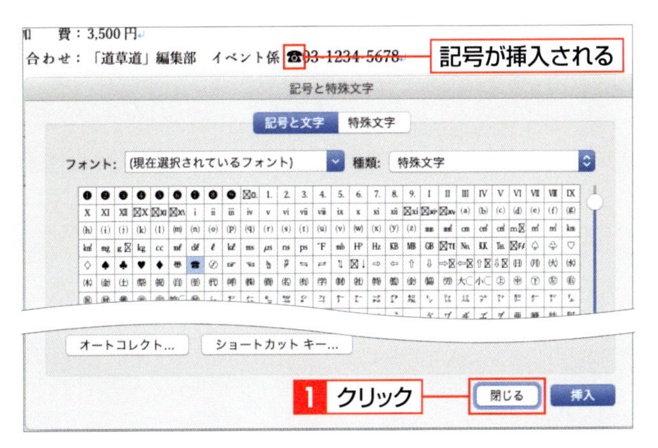

Column 囲い文字を作成する

囲い文字とは、「秘」などの文字を○印などで囲んだものです。一般的に利用される囲い文字は、<記号と特殊文字>ダイアログボックスで入力できますが、<ホーム>タブの<囲い文字>字をクリックすると表示される<囲い文字>ダイアログボックスを利用すると、オリジナルの囲い文字を作成できます。

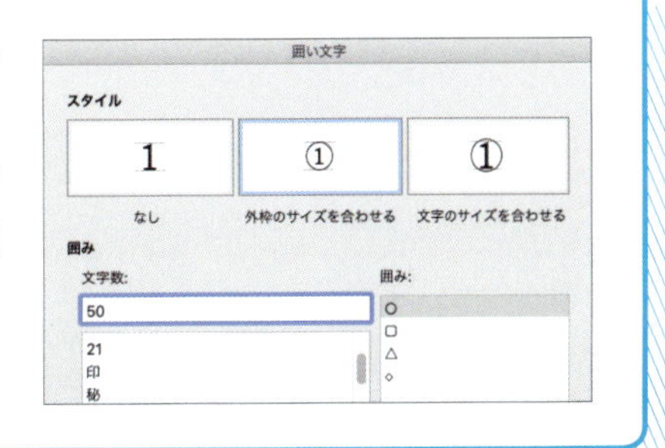

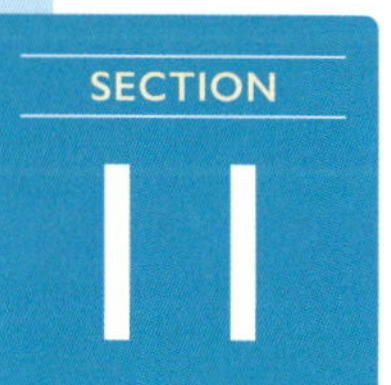

文字サイズやフォントを変更する

文字サイズ（フォントサイズ）やフォントは、目的に応じて変更できます。タイトルやキャッチコピーなどの重要な部分は、文字サイズやフォントを変えることで目立たせることができます。文字サイズやフォントを変更するには、<ホーム>タブの各コマンドを利用します。

覚えておきたいKeyword　文字サイズ　フォントサイズ　フォント

1 文字サイズを変更する

1 文字サイズを指定する

文字サイズ（フォントサイズ）を変更する文字列を選択します1。<ホーム>タブの<フォントサイズ>の▾をクリックし2、使用する文字サイズ（ここでは<16>）をクリックします3。

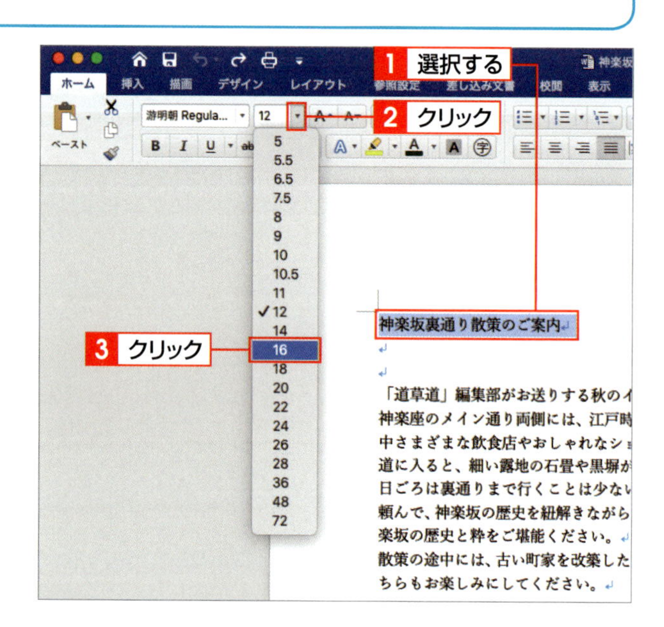

2 文字サイズが変更される

文字サイズが指定した大きさに変更されます。

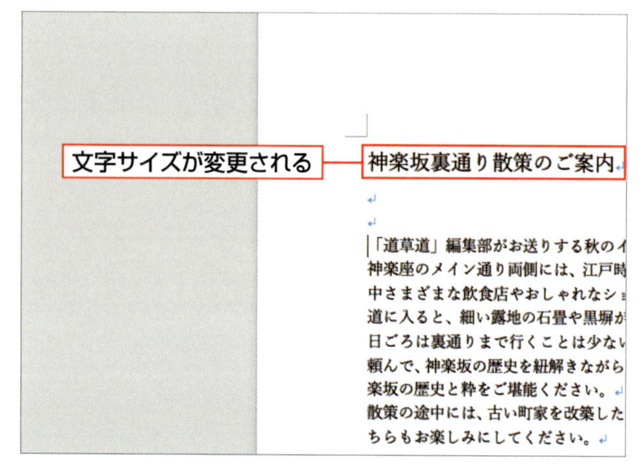

Memo 文字サイズ

文字サイズはポイント（pt）という単位で指定します。「1pt」は約0.35mmです。<フォントサイズ>ボックスに直接数値を入力して指定することでも、文字サイズを変更できます。この場合は、0.5ポイント単位での指定も可能です。

2 フォントを変更する

1 フォントの一覧を表示する

フォントを変更する文字列を選択し 1 、<ホーム>タブの<フォント>の ▾ をクリックします 2 。

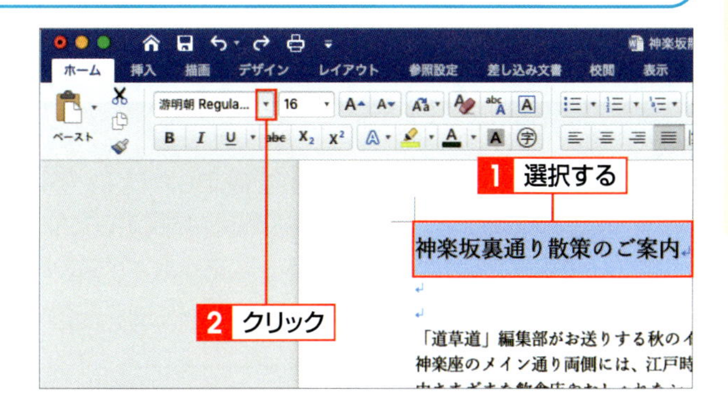

2 フォントを指定する

フォントの一覧が表示されるので、使用するフォント（ここでは<ヒラギノ丸ゴPro>）をクリックします 1 。

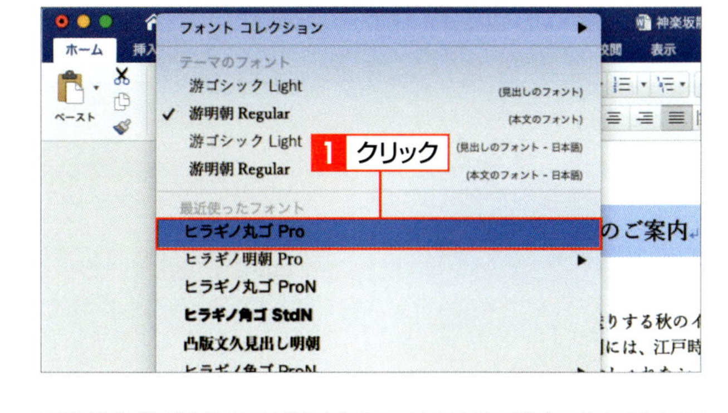

3 フォントが変更される

文字列が指定したフォントに変更されます。

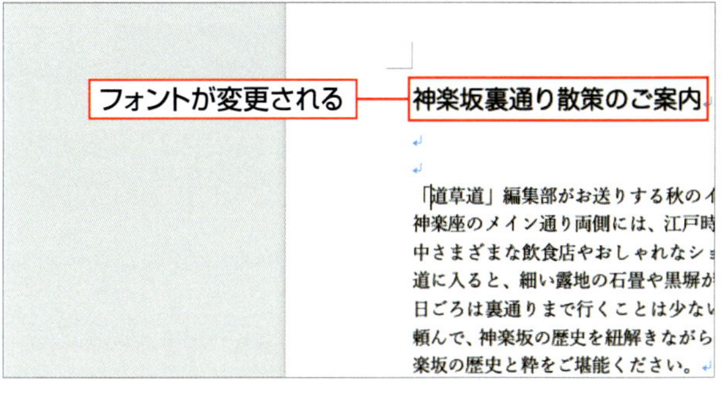

Memo フォントの一覧

一覧に表示されているフォント名は、そのフォントの書体見本を兼ねています。フォントを選ぶときの参考にすると便利です。なお、ここに表示されるフォントの種類は、お使いのMacの環境によって異なる場合があります。

Column フォントサイズの拡大／縮小を利用する

<ホーム>タブの<フォントサイズの拡大>や<フォントサイズの縮小>をクリックすると、文字のサイズを1単位（あらかじめ<フォントサイズ>に用意されている単位）ずつ拡大／縮小できます。

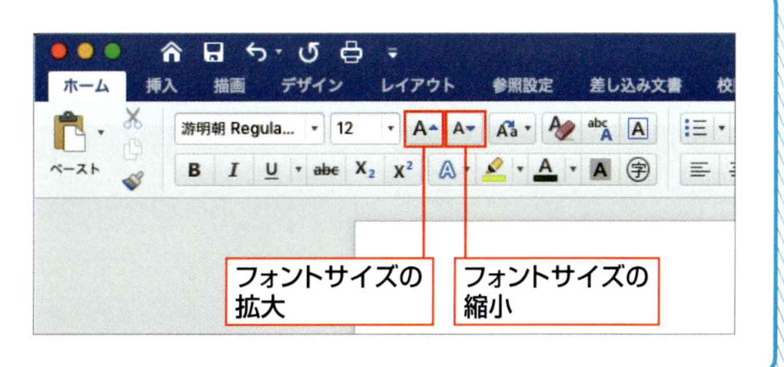

SECTION 12

文字に太字や下線、効果、色を設定する

文字に太字や斜体などのスタイルを設定したり、いろいろな種類の下線を引いたりして文字を強調させることができます。また、文字の効果を設定したり、文字色を付けるなどして、文字を装飾することもできます。これらの設定には、<ホーム>タブの各コマンドを利用します。

覚えておきたいKeyword　太字／下線　文字の効果　フォントの色

1 文字を太字にする

1 <太字>をクリックする

太字にする文字列を選択して1、<ホーム>タブの<太字>をクリックします2。

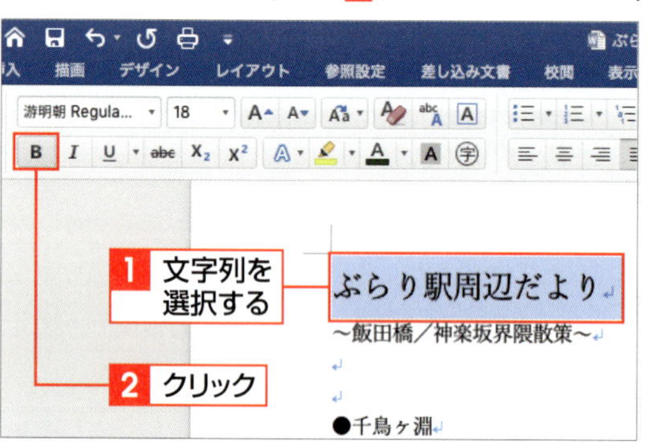

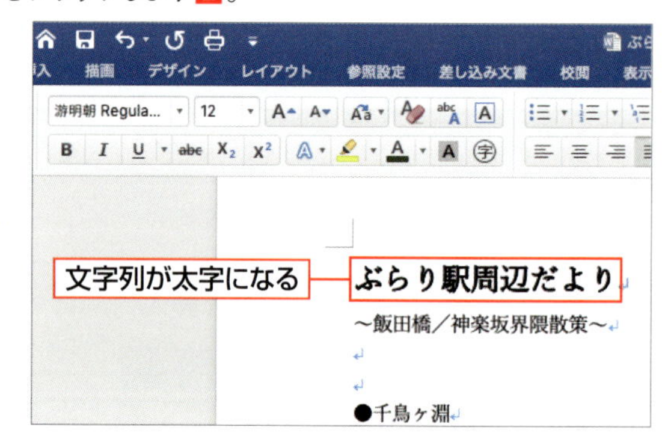

2 文字に下線を引く

1 下線の種類を指定する

下線を引く文字列を選択して1、<下線>のをクリックし2、使用する下線をクリックします3。ここでは<点線の下線>をクリックします。

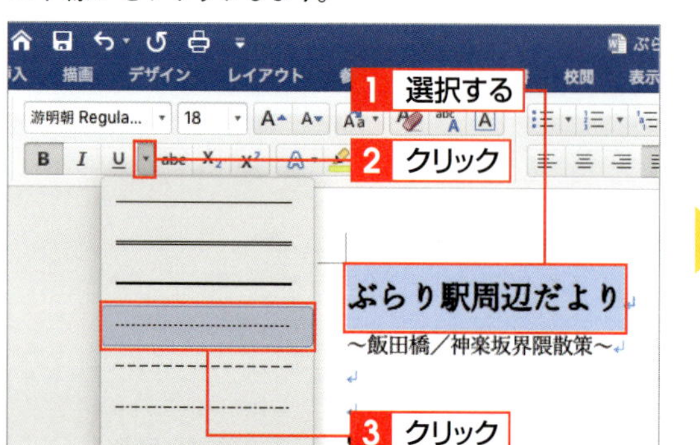

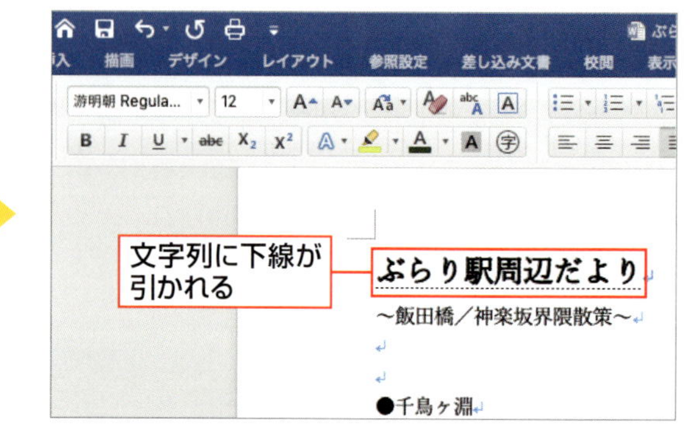

3 文字に効果を付ける

1 文字の効果を指定する

効果を付ける文字列を選択して、＜文字の効果＞をクリックし 1 、使用する効果をクリックします 2 。ここでは＜塗りつぶし（グラデーション）- 青、アクセント5、反射＞をクリックします。

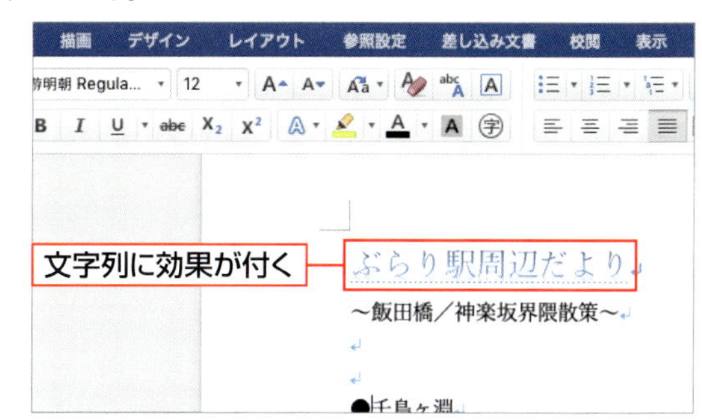

4 文字に色を付ける

1 設定する色を指定する

色を付ける文字列を選択して、＜フォントの色＞の▾をクリックし 1 、使用する色をクリックします 2 。ここでは＜濃い赤＞をクリックします。

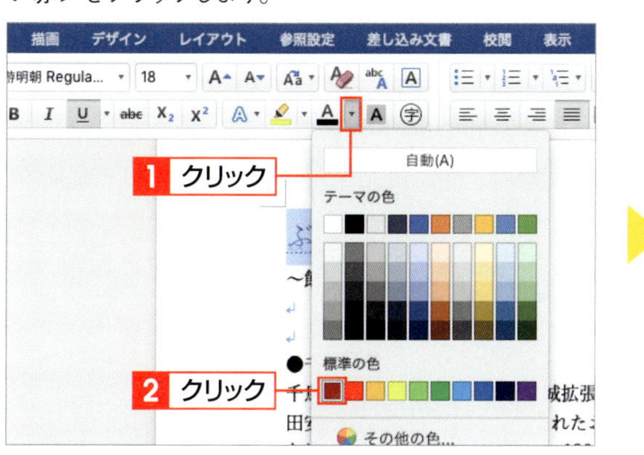

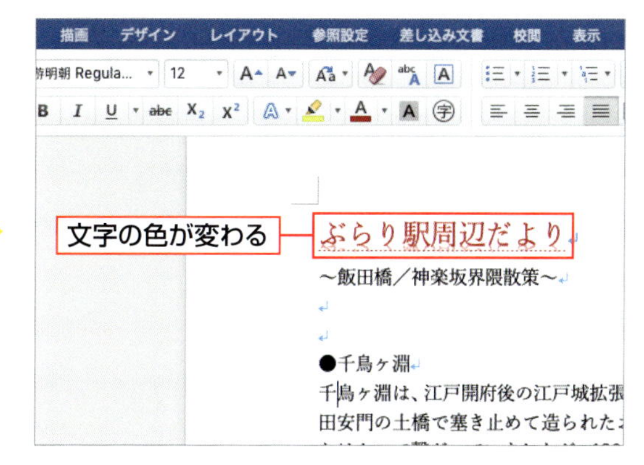

Column そのほかの文字装飾

文字の装飾には、ここで紹介した太字や下線、文字の効果やフォントの色以外にも、斜体、取り消し線、下付き、上付きなどを設定できます。

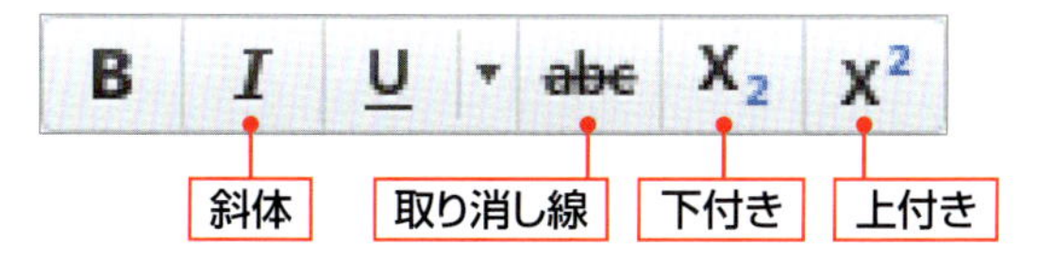

斜体	*斜体*
取り消し線	~~取り消し線~~
下付き	CO_2
上付き	mm^2

SECTION 13

囲み線や網かけを設定する

文字列や段落には、囲み線や網かけを付けて装飾できます。強調したい文章やタイトルなどに使うと、目に留まりやすくなります。囲み線や網かけの設定は、それぞれのコマンドを使う方法と、＜線種とページ罫線と網かけの設定＞を使う方法があります。

覚えておきたい Keyword　囲み線　文字の網かけ　線種とページ罫線と網かけの設定

1 ＜囲み線＞と＜文字の網かけ＞を使う

1 ＜囲み線＞をクリックする

囲み線と網かけを設定する文字列を選択して 1 、＜ホーム＞タブの＜囲み線＞をクリックします 2 。

2 ＜文字の網かけ＞をクリックする

文字列を選択したまま、＜文字の網かけ＞をクリックします 1 。

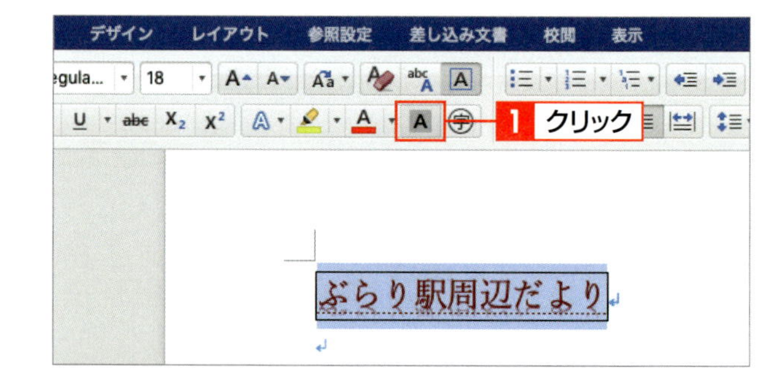

3 囲み線と網かけが設定される

選択した文字列に、囲み線と網かけが設定されます。

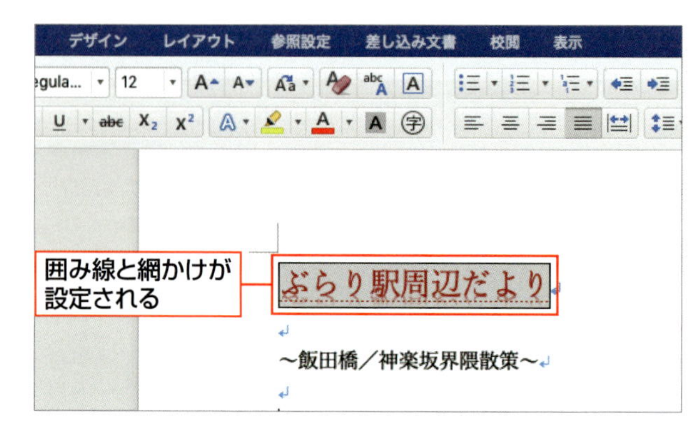

Hint　線の種類や色の指定

＜囲み線＞と＜網かけ＞を利用すると、0.5pt の囲み線と薄いグレーの網かけが設定されます。その際、囲み線の種類や色、網かけの色は指定できません。これらを任意に指定する場合は、次ページの方法で設定します。

2 ＜線種とページ罫線と網かけの設定＞ダイアログボックスを使う

1 ＜線種とページ罫線と網かけの設定＞をクリックする

囲み線と網かけを設定する文字列を選択します 1。＜罫線＞の▾をクリックし 2、＜線種とページ罫線と網かけの設定＞をクリックします 3。

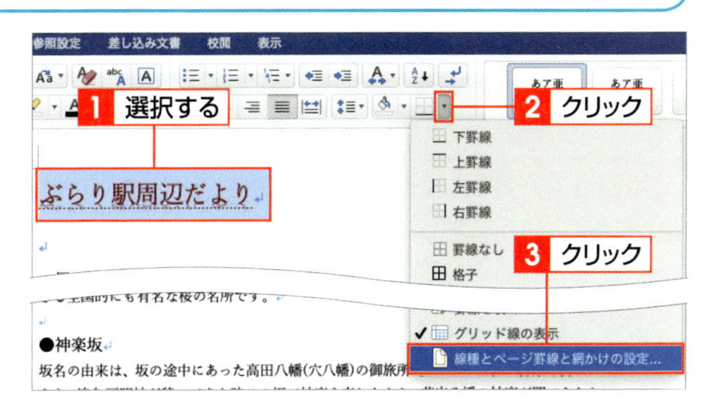

2 囲み線を設定する

＜線種とページ罫線と網かけの設定＞ダイアログボックスの＜罫線＞が表示されます。＜設定＞で囲み方を指定し 1、線の種類、色、太さを指定して 2、設定対象を選択します 3。ここでは、＜設定＞に＜影＞、罫線に＜二重線＞＜薄い緑＞＜0.5pt＞、設定対象は＜文字＞を選択します。

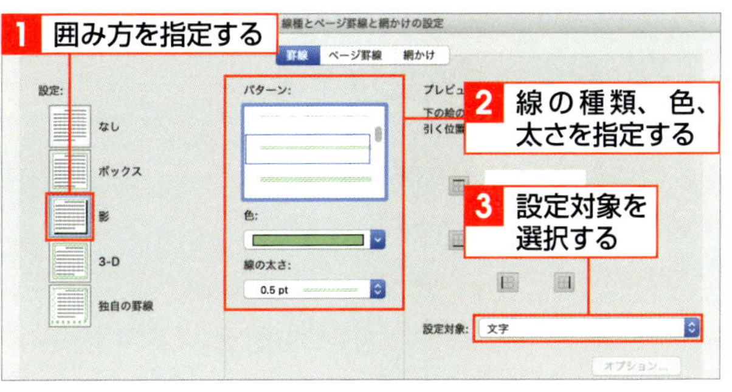

3 網かけを設定する

＜網かけ＞をクリックします 1。塗りつぶしの色、網掛けのスタイルと色を指定して 2、設定対象を選択し 3、＜OK＞をクリックします 4。ここでは、塗りつぶしの色を「なし」に、網かけのスタイル名を「50%」、色を「薄い緑」、設定対象は＜文字＞を選択します。

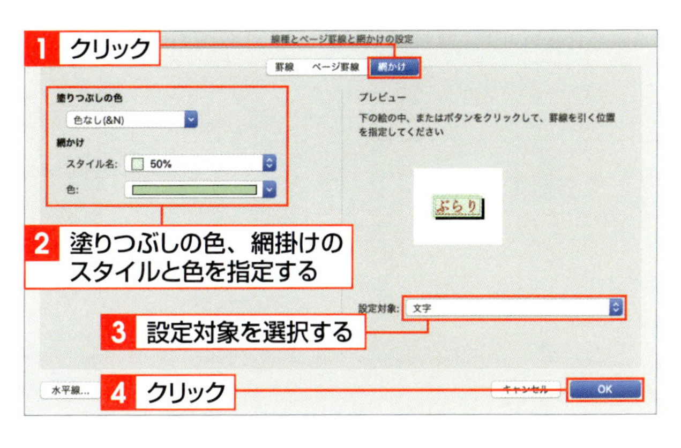

4 囲み線と網かけが設定される

文字列に囲み線と網かけが設定されます。

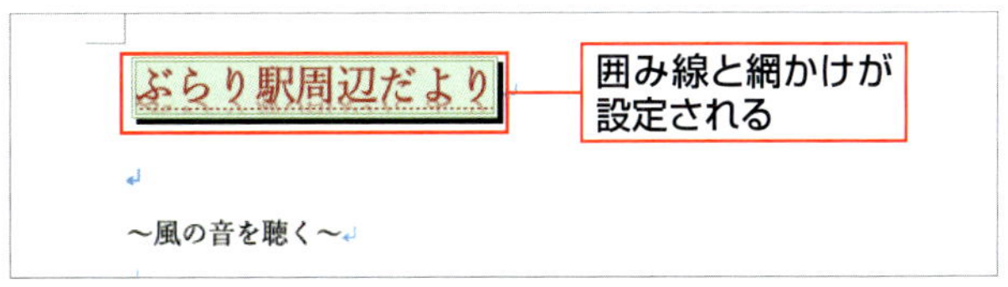

Column 設定対象を段落にする

ここでは、囲み線や網かけの設定対象を＜文字＞にしましたが、＜段落＞にすると、右図のように段落に設定されます。

さわやか駅周辺便り

SECTION 14

文字列や段落の配置を変更する

Wordで入力した文章は、初期設定では左揃えで配置されますが、ビジネス文書などでは、タイトルは中央に、日付は右揃えに配置することが一般的です。また、英数字混じりの文章の行末がきれいに揃わない場合は、両端揃えにすると均一に揃って見やすくなります。

覚えておきたいKeyword　右揃え　文字列中央揃え　両端揃え

1 文字列を右に揃える

1 段落にカーソルを移動する

配置を変更する段落をクリックして 1 、カーソルを移動します。

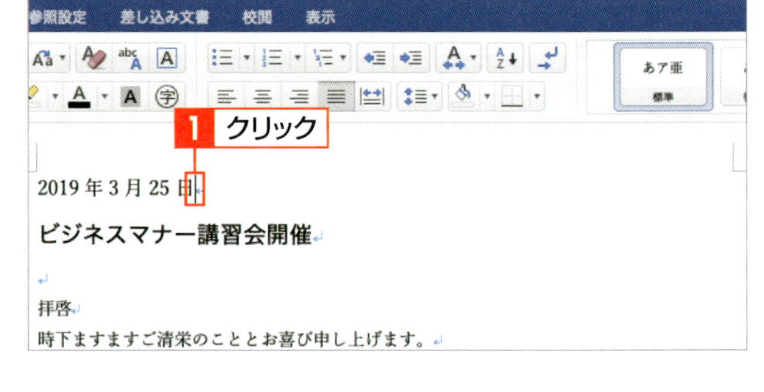

2 <右揃え>をクリックする

<ホーム>タブの<右揃え>をクリックします 1 。

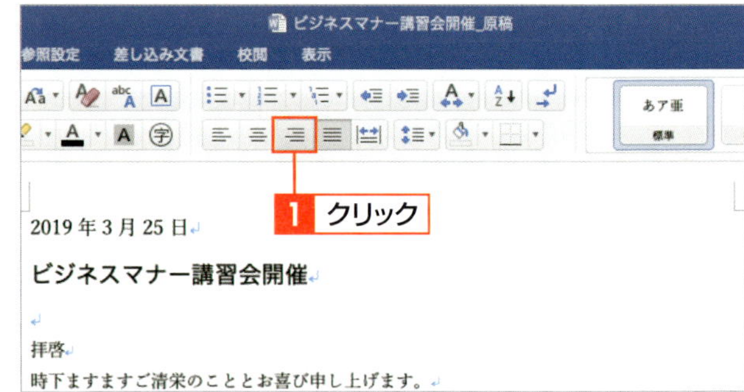

3 段落が右揃えになる

カーソルを置いた段落が、右揃えに設定されます。

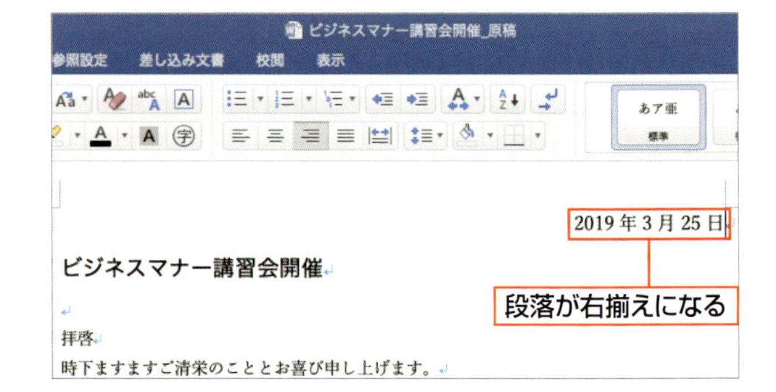

2 文字列を中央に揃える

1 段落にカーソルを移動する

配置を変更する段落をクリックして 1 、カーソルを移動します。

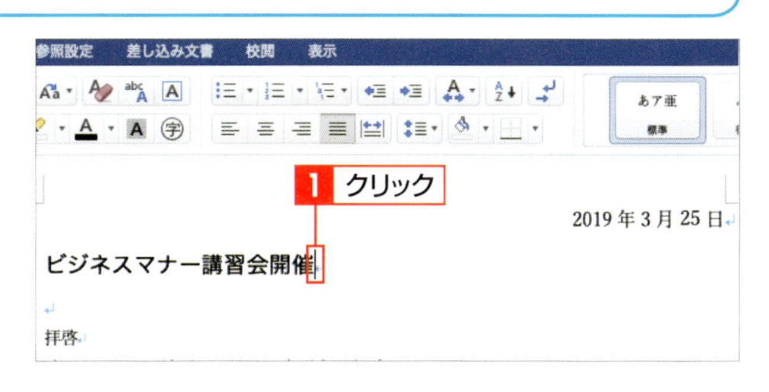

2 ＜文字列中央揃え＞をクリックする

＜ホーム＞タブの＜文字列中央揃え＞をクリックします 1 。

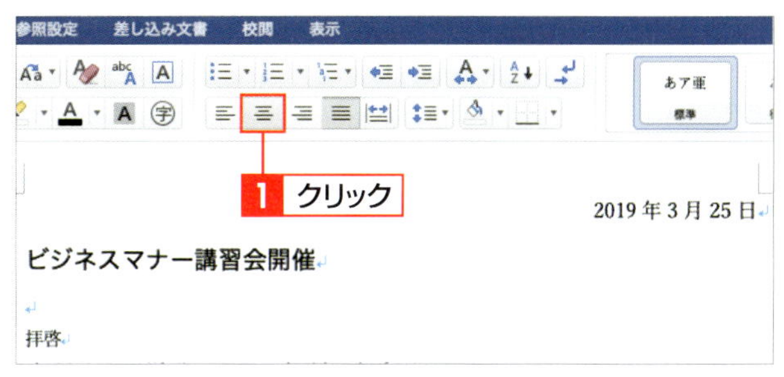

3 段落が中央揃えになる

カーソルを置いた段落が、文書の中央に揃えられます。

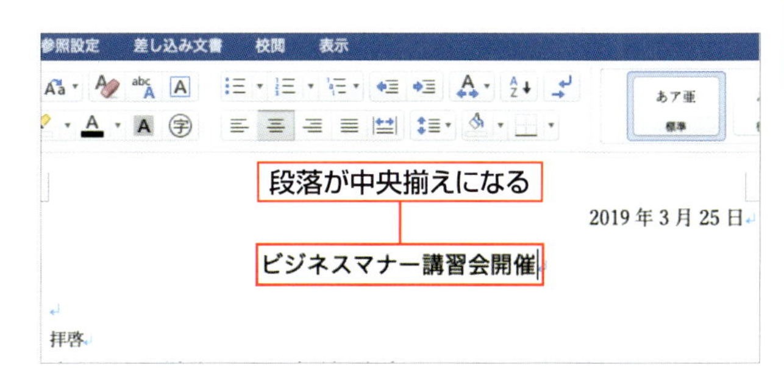

Column 行末が揃っていない場合

入力した文章の行末がきれいに揃わないことがあります。これは、文章内に英数字が入力されていたり、文字幅が文字ごとで異なるプロポーショナルフォント（MS P明朝やMS Pゴシックなど）を使って、「左揃え」に設定している場合などに見られる不都合です。この場合は、段落を「両端揃え」に変更すると、行末が揃うようになります。

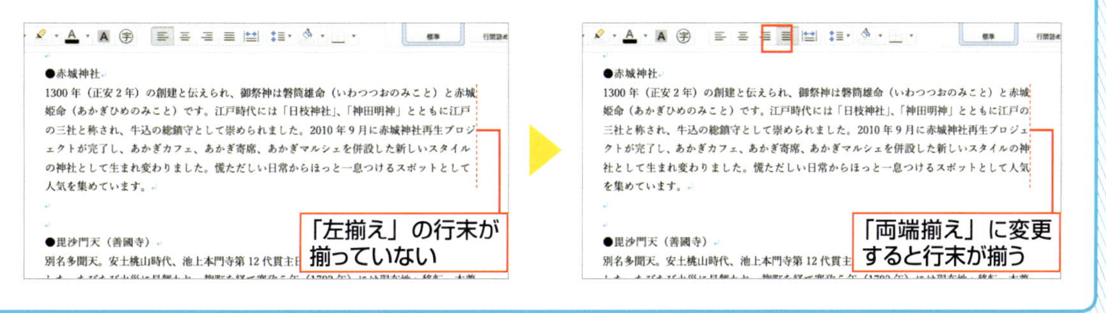

箇条書きの項目を同じ位置に揃える

箇条書きなどで、それぞれの項目を同じ縦位置に揃えたいときは、タブを利用します。タブを設定する場合は、編集記号を表示しておくと、タブの位置がわかりやすくなります。タブの挿入や位置の移動は、ルーラー上で行います。タブやルーラーが表示されていないときは、最初に表示させます。

覚えておきたいKeyword　編集記号　ルーラー　タブ

1 編集記号やルーラーを表示する

1 編集記号を表示する

＜ホーム＞タブの＜編集記号の表示／非表示＞をクリックすると 1 、タブやスペース、改行などの編集記号が表示されます。

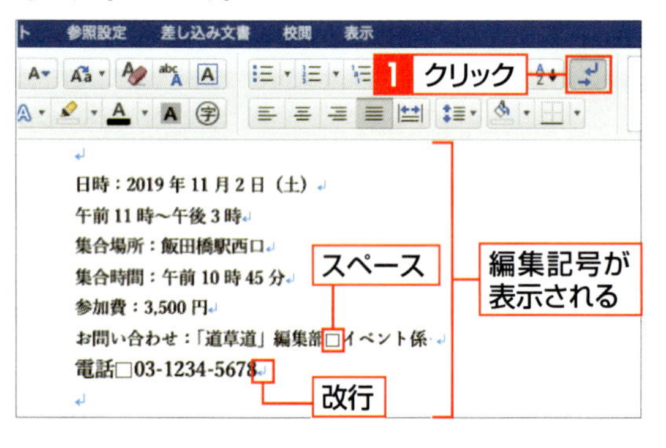

2 ルーラーを表示する

＜表示＞タブをクリックして 1 、＜ルーラー＞をクリックしてオンにすると 2 、ルーラーが表示されます。

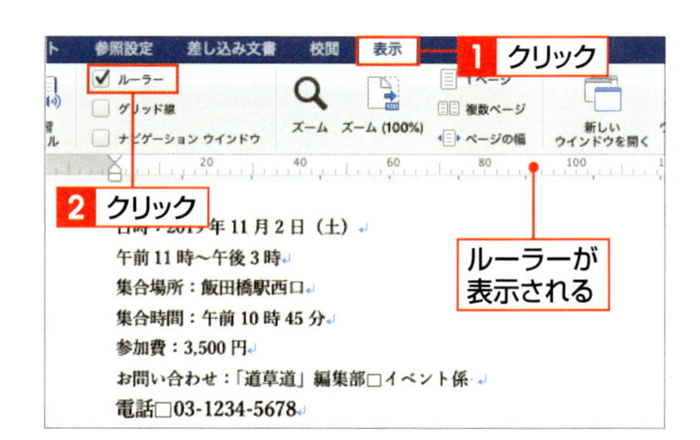

2 タブ位置を設定する

1 タブ位置を指定する

タブを設定する段落を選択して 1 、ルーラー上でタブを入れたい位置をクリックします 2 。

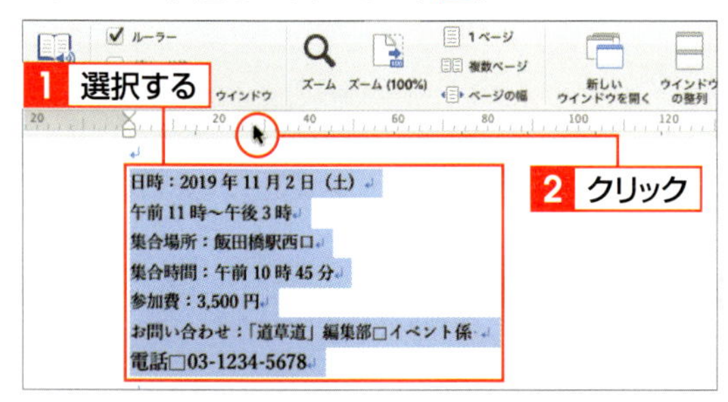

2 文字の前にカーソルを移動する

クリックした位置にタブマーカーが表示されます。揃えたい文字の前にカーソルを移動します 1 。

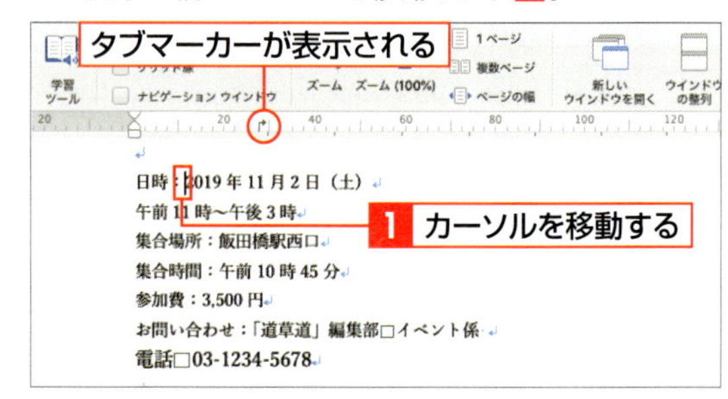

3 タブを挿入する

[tab] を押すと 1 、タブが挿入され、文字列がタブマーカーの位置に揃います。

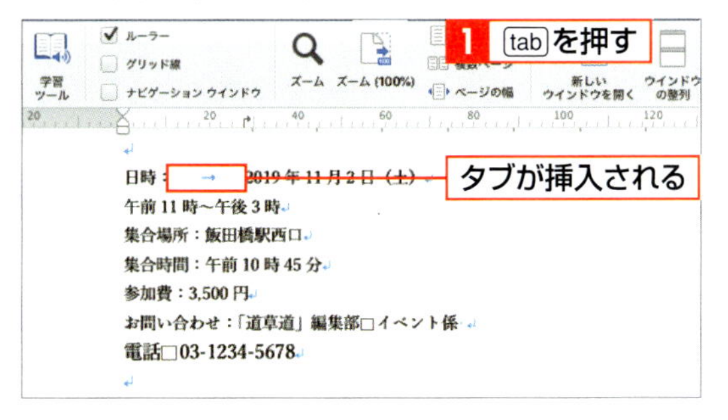

4 文字列がタブ位置に揃う

ほかの行も同様の方法でタブを挿入して、文字列を揃えます。

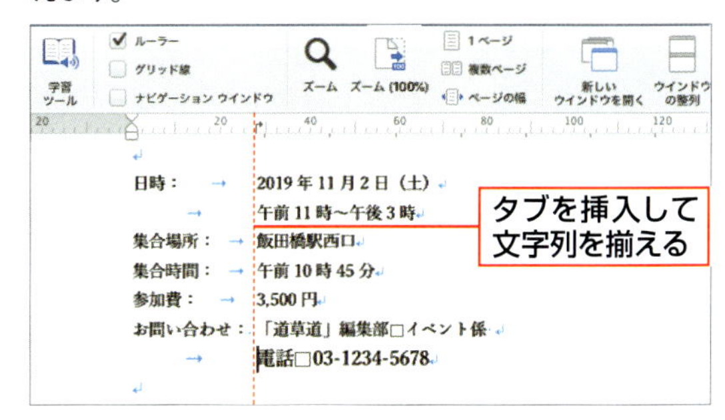

3 タブ位置を変更する

1 タブマーカーをドラッグする

タブ位置を変更する段落を選択して 1 、タブマーカーを目的の位置までドラッグします 2 。

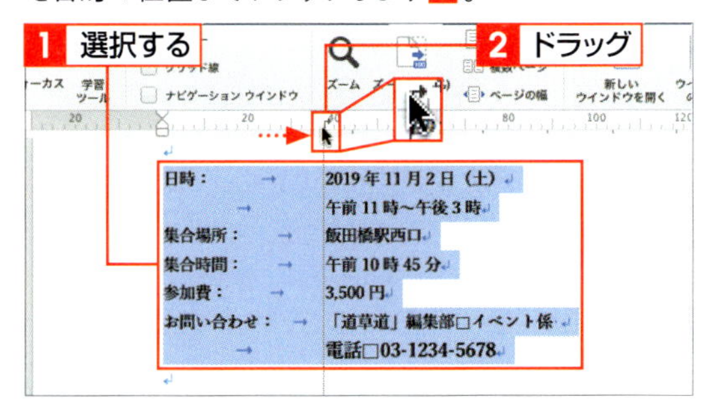

2 タブ位置が変更される

タブの位置が変更されて、文字列が新しいタブ位置に揃います。

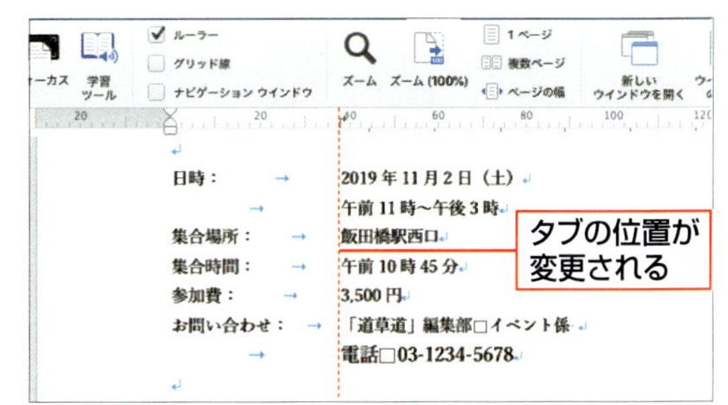

4 文字列の両端を揃える

1 割り付け幅を指定する

文字列を選択して 1 、＜ホーム＞タブの＜均等割り付け＞をクリックします 2 。割り付ける幅を文字数で指定して 3 、＜OK＞をクリックします 4 。

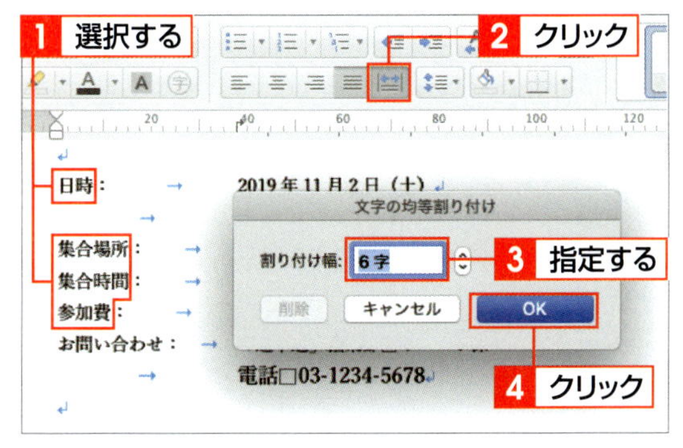

2 文字列の両端が揃う

文字列の幅が指定した文字数に割り付けられ、文字列の両端が揃います。

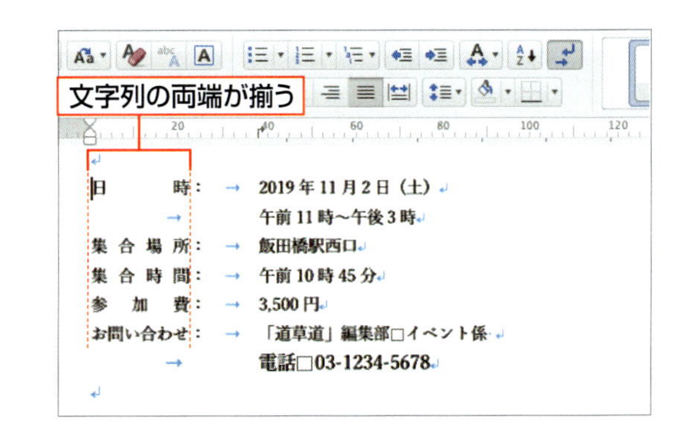

SECTION 16

段落や行の左端を調整する

段落や行の左端を字下げしたり、左右の幅を狭くしたりするときは、インデント機能を利用します。インデントを利用すると、1行目だけを字下げする、段落の2行目以降を字下げする、すべての行の左端を字下げするなどして、文章にメリハリを付けることができます。

覚えておきたいKeyword　インデント　字下げ　ぶら下げ

1 段落の左右の幅を調整する

1 段落を選択する

インデントを設定する段落を選択します 1。

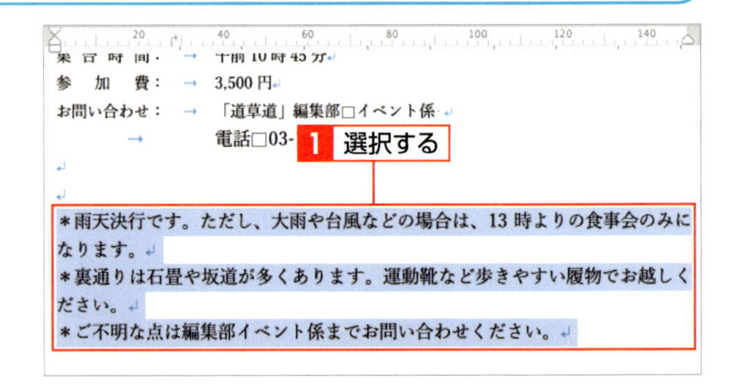

Keyword　インデント（字下げ）

インデント（字下げ）とは、段落や行の左端・右端を周りの文章よりも下げる機能のことです。

2 左インデントを設定する

左インデントマーカー（次ページColumn参照）を、目的の位置までドラッグします 1。

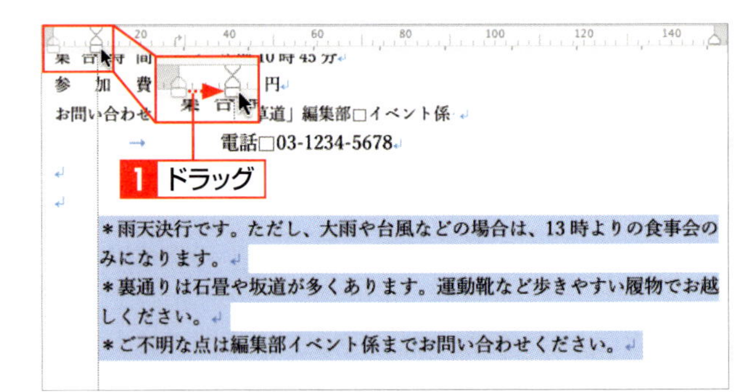

3 右インデントを設定する

右インデントマーカー（次ページColumn参照）を、目的の位置までドラッグします 1。段落の左端と右端が下がり、段落の左右の幅が狭くなります。

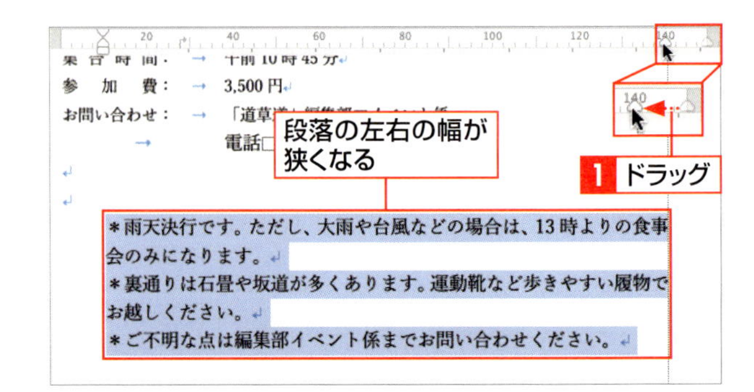

2 段落の２行目以降の左端を下げる

1 段落を選択する

インデントを設定する段落を選択します 1 。

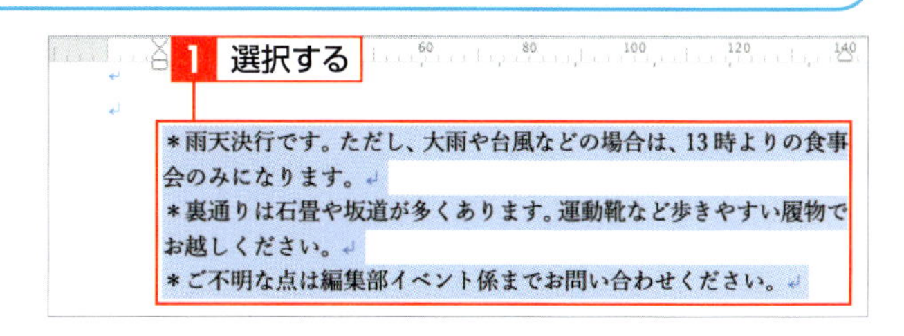

2 ぶら下げインデントを設定する

ぶら下げインデントマーカー（Column 参照）を、目的の位置までドラッグします 1 。

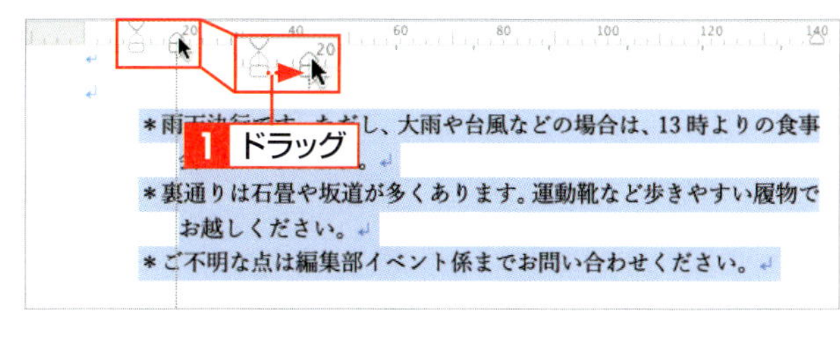

3 1行目にカーソルを移動する

段落の２行目の左端が下がります。１行目の文章の始まりの部分に、カーソルを移動します 1 。

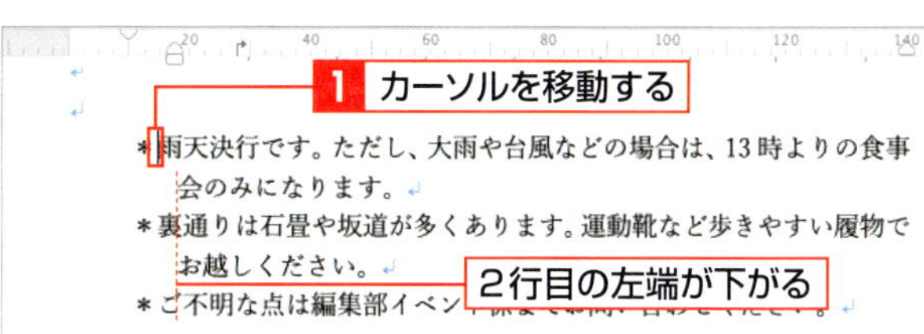

4 1行目と2行目の左端を揃える

tab 押すと 1 、１行目と２行目の左端が揃います。

Column インデントの種類

インデントとは、段落や行の左端·右端を下げる機能のことです。インデントには、次の４種類があります。

- **1行目のインデント**
  段落の１行目だけを字下げします（字下げ処理）。
- **ぶら下げインデント**
  段落の２行目以降を字下げします（ぶら下げ処理）。
- **左インデント**
  段落の行すべてを字下げします。
- **右インデント**
  段落の行すべての行末を左に移動します。

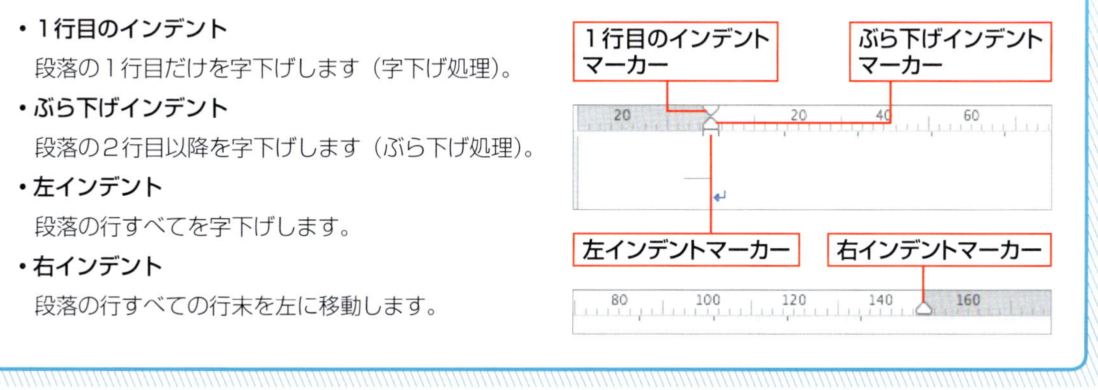

SECTION 17

段落に段落番号や行頭文字を設定する

入力オートフォーマットを利用することで、自動的に箇条書きを作成できますが（P.168参照）、すでに入力済みの段落に段落番号や行頭文字（記号）を設定することもできます。段落番号は書式を変更したり、行頭文字を任意に選んだりできます。

覚えておきたいKeyword　箇条書き　段落番号　行頭文字

1 段落に連続した番号を振る

1 段落を選択する

番号を振る段落を選択します 1。

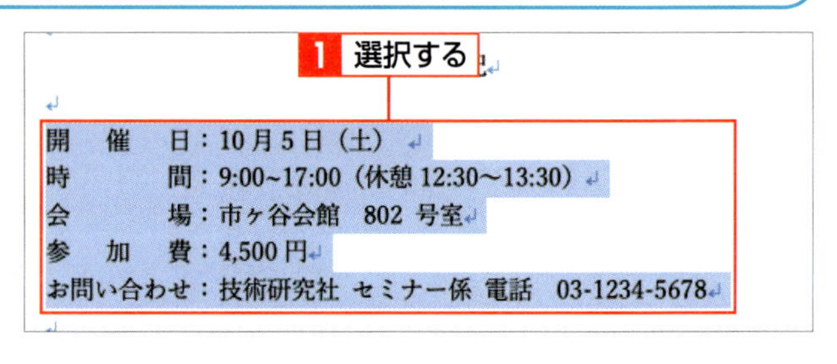

2 段落番号を指定する

＜ホーム＞タブの＜段落番号＞の▾をクリックして 1、＜番号ライブラリ＞で使用する段落番号をクリックします 2。

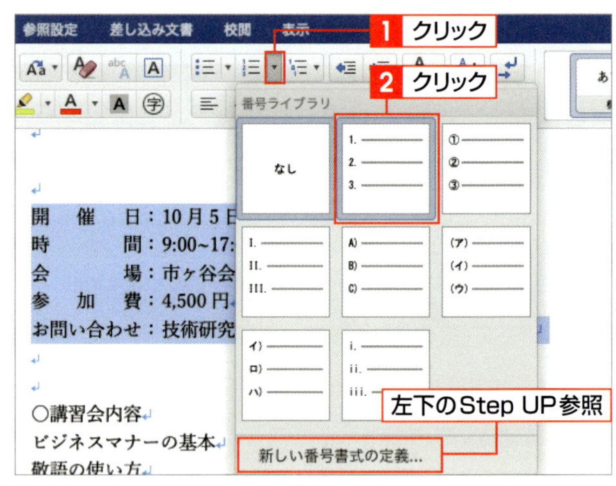

3 連続した番号が振られる

段落に連続した番号が振られます。

Step UP 番号の書式

＜番号ライブラリ＞一覧の下にある＜新しい番号書式の定義＞をクリックすると、番号のスタイルやフォントなどを変更できます。

2 段落に行頭文字を付ける

1 段落を選択する

行頭文字を設定する段落を選択します1。

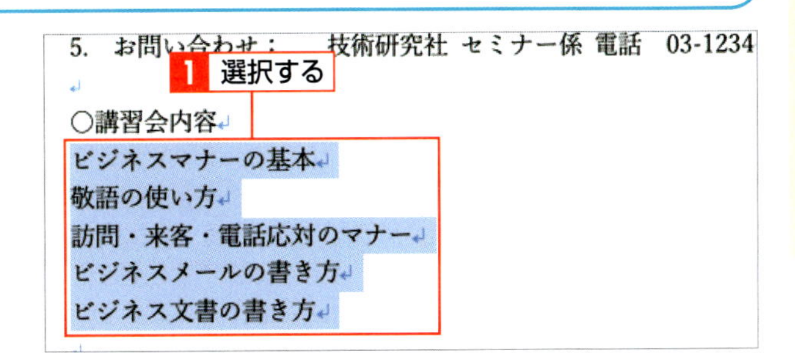

2 行頭文字を指定する

<ホーム>タブの<箇条書き>の▾をクリックして1、<行頭文字ライブラリ>で使用する行頭文字をクリックします2。

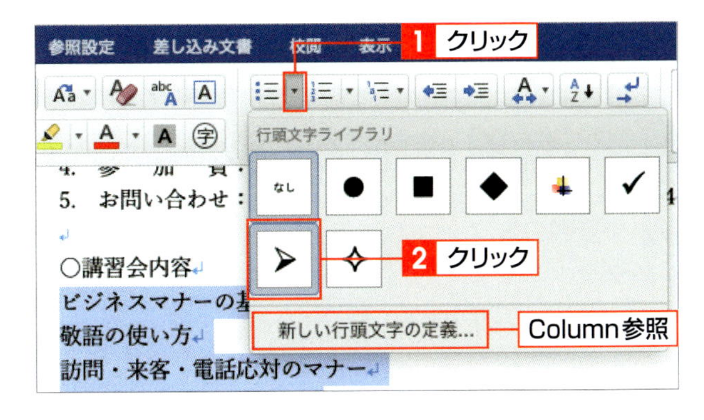

3 行頭文字が設定される

段落に行頭文字が設定されます。

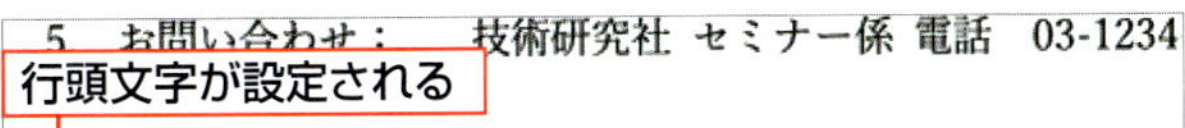

Hint 設定を解除する

段落番号や行頭文字の設定を解除するには、それぞれ設定している<段落番号>や<箇条書き>をクリックして delete を押します。

Column 一覧にない行頭文字を選ぶ

<行頭文字ライブラリ>の一覧に表示されていない記号を行頭文字で利用することもできます。一覧の下にある<新しい行頭文字の定義>をクリックすると、<箇条書きの書式設定>ダイアログボックスが表示されます。<記号と文字>をクリックし1、表示される<記号と特殊文字>ダイアログボックスで使用する記号をクリックして2、<OK>をクリックすると3、一覧に表示されます。

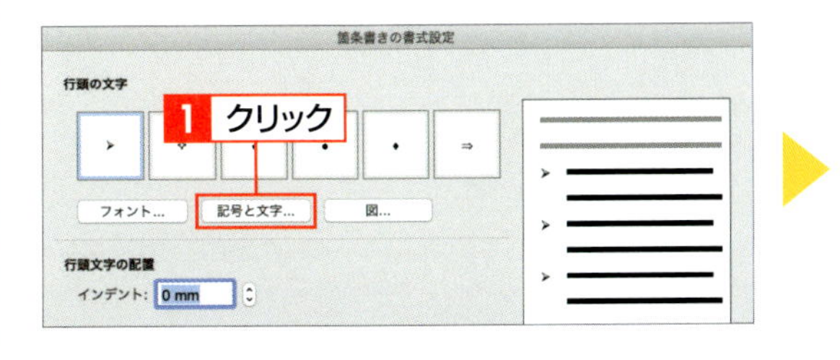

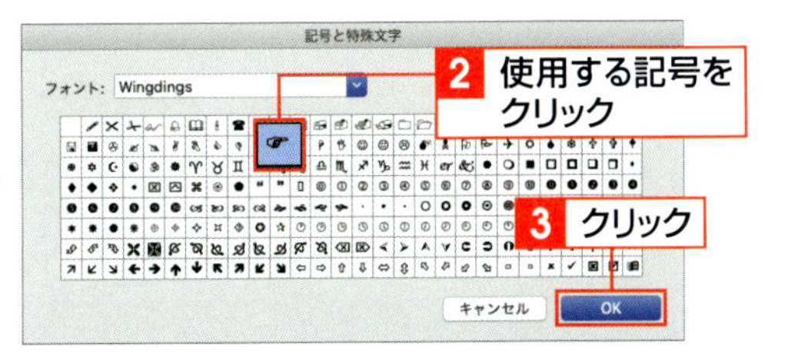

SECTION 18

行間隔や段落の間隔を調整する

文書全体の行間はページ設定で調整できますが、一部の段落だけ行間を変更したい場合や、段落の前や後ろに空きを入れたい場合は、＜線と段落の間隔＞を利用します。行間の調整は1行の高さの倍数やポイント数で指定できます。段落の間隔は、段落の前後で別々に指定できます。

覚えておきたいKeyword　線と段落の間隔　行間　間隔

1 行間を「1行」の高さの倍数で設定する

1 ＜行間のオプション＞をクリックする

行間を変更する段落を選択します 1。＜ホーム＞タブの＜線と段落の間隔＞をクリックし 2、＜行間のオプション＞をクリックします 3。

1 選択する
2 クリック
3 クリック
1.0
1.15
1.5
2.0
2.5
3.0
行間のオプション...
4. 参　加　費：　4,500円
○講習会内容
ビジネスマナーの基本
敬語の使い方
訪問・来客・電話応対のマナー
ビジネスメールの書き方
ビジネス文書の書き方

2 行間隔を指定する

＜段落＞ダイアログボックスの＜インデントと行間隔＞が表示されます。＜行間＞で＜倍数＞を指定して 1、＜設定値＞に「1.2」と入力し 2、＜OK＞をクリックします 3。

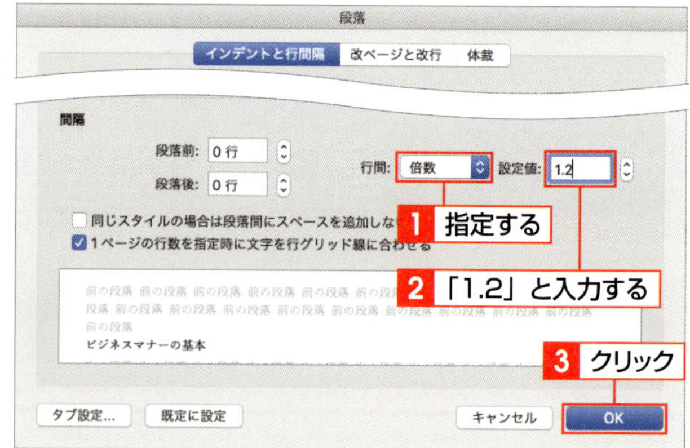

3 行の間隔が広がる

行の間隔が「1行」の1.2倍に設定されます。

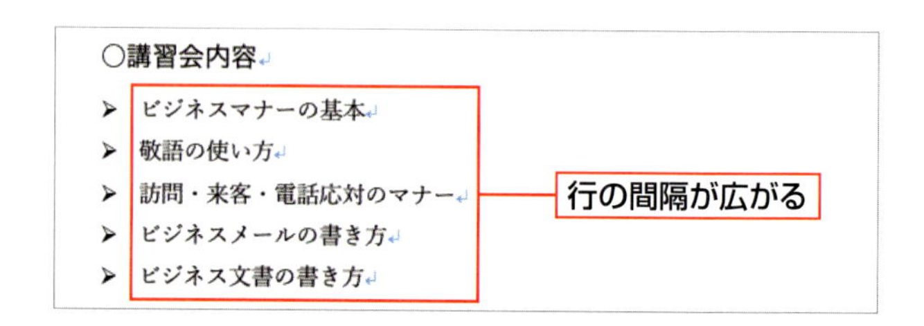

2 段落の前後の間隔を広げる

1 ＜行間のオプション＞をクリックする

前後の間隔を広げる段落を選択します 1。＜ホーム＞タブの＜線と段落の間隔＞をクリックし 2、＜行間のオプション＞をクリックします 3。

1 選択する
2 クリック
3 クリック

2 段落前後の間隔を指定する

＜段落＞ダイアログボックスの＜インデントと行間隔＞が表示されます。＜段落前＞と＜段落後＞をそれぞれ「0.5行」に設定し 1、＜OK＞をクリックします 2。

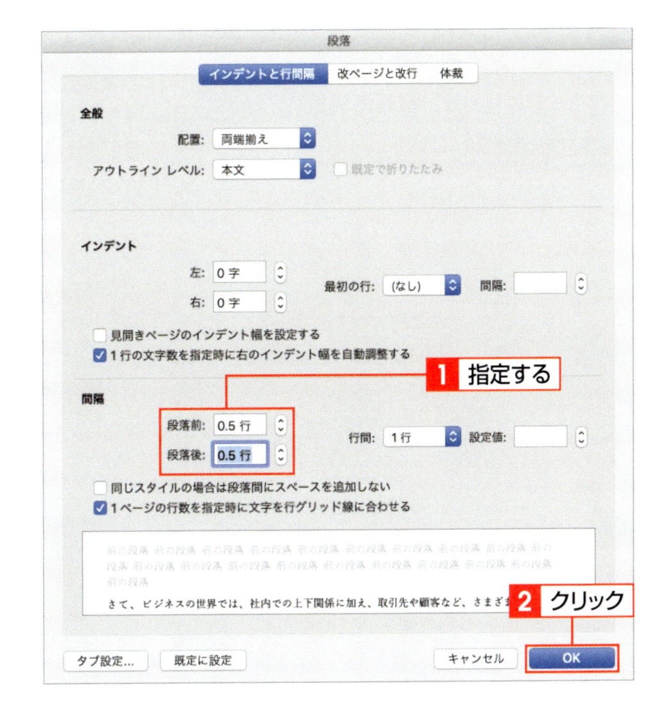

3 段落の前後の間隔が広がる

選択した段落の前後に0.5行分の空きが設定されます。

段落の前後の間隔が広がる

Hint 行間隔をもとに戻すには

行間を変更前の状態に戻すには、＜段落＞ダイアログボックスの＜インデントと行間隔＞を表示して、＜段落前＞＜段落後＞は「0行」、＜行間＞は「1行」、＜設定値＞は空欄の初期値に戻します。

改ページ位置を変更する

Wordでは、1ページに指定している行数を超えると自動的に改ページされます。ページの区切り位置を変えたい場合は、手動で改ページを挿入できます。また、改ページ位置の自動修正機能を利用すると、段落の途中などでページが分割されないように設定することもできます。

覚えておきたいKeyword　改ページ　ページ区切り　改ページ位置の自動修正

1 改ページ位置を手動で設定する

1 改ページ位置を指定する

次のページに送りたい段落の先頭に、カーソルを移動します 1 。

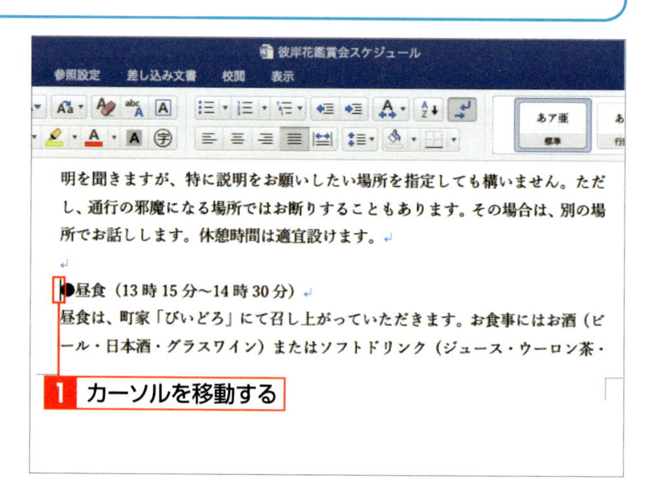

2 ＜改ページ＞をクリックする

＜レイアウト＞タブをクリックして 1 、＜改ページ＞をクリックし 2 、＜改ページ＞をクリックします 3 。

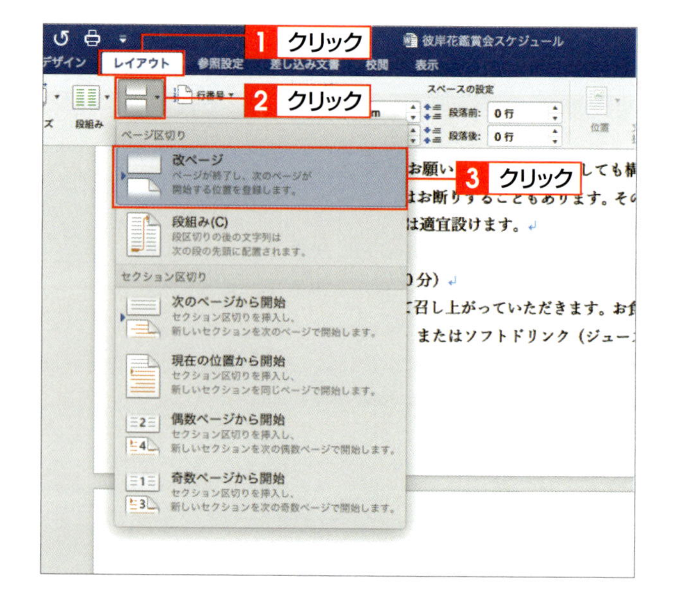

3 改ページが挿入される

指定した位置で改ページされ、カーソルを置いた段落以降が、次のページに送られます。

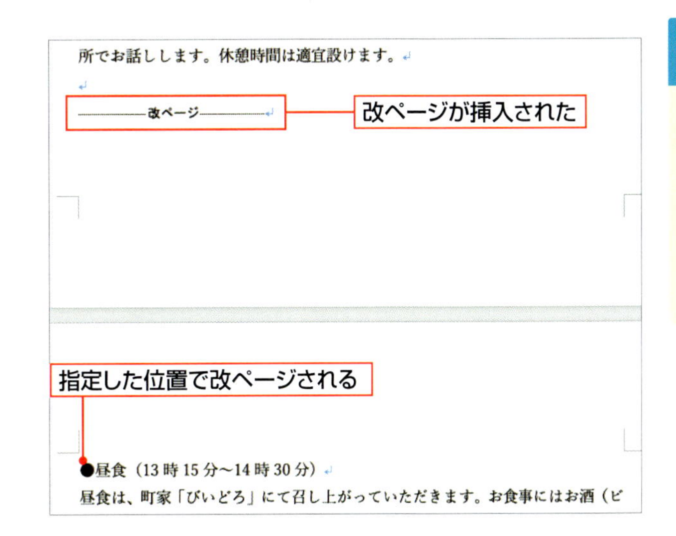

Hint ショートカットキーを使う

次のページに送りたい段落の先頭にカーソルを移動し、⌘を押しながらreturnを押しても、カーソルを置いた位置に改ページが挿入されます。

2 改ページ位置の設定を解除する

1 改ページ位置を削除する

表示されている改ページ位置を選択 **1**、あるいはクリックして、delete を押します **2**。

明を聞きますが、特に説明をお願いしたい場所を指定しても構いません。ただし、通行の邪魔になる場所ではお断りすることもあります。その場合は、別の場所でお話しします。休憩時間は適宜設けます。

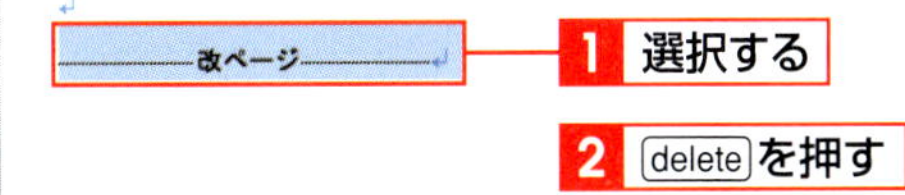

2 改ページが解除される

改ページ位置の設定が解除されます。

明を聞きますが、特に説明をお願いしたい場所を指定しても構いません。ただし、通行の邪魔になる場所ではお断りすることもあります。その場合は、別の場所でお話しします。休憩時間は適宜設けます。

●昼食（13時15分～14時30分）

昼食は、町家「びいどろ」にて召し上がっていただきます。お食事にはお酒（ビール・日本酒・グラスワイン）またはソフトドリンク（ジュース・ウーロン茶・

改ページ位置の設定が解除される

Memo 改ページ位置が表示されない

改ページ位置が表示されていない場合は、＜ホーム＞タブの＜編集記号の表示／非表示＞をクリックすると表示されます（P.180参照）。

Column 改ページ位置の自動修正機能を利用する

ページの区切りは、段落の途中などで分割されないように、条件をあらかじめ設定しておくこともできます。＜ホーム＞タブの＜線と段落の間隔＞をクリックして、＜行間のオプション＞をクリックします。＜段落＞ダイアログボックスが表示されるので、＜改ページと改行＞をクリックして、＜改ページ位置の自動修正＞で改ページの条件を指定します。

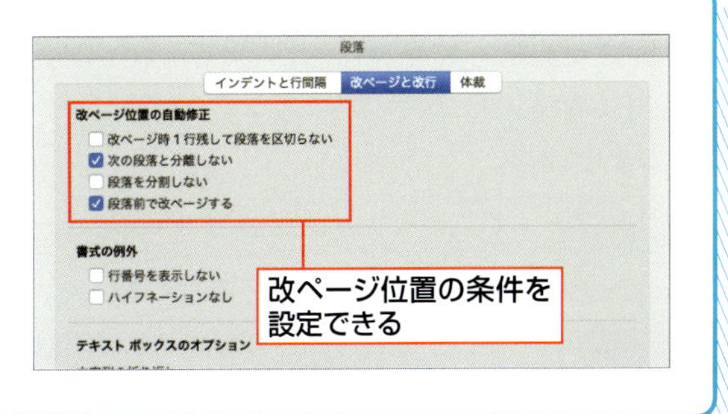

SECTION 20

書式だけをほかの文字列にコピーする

同じ書式を別の文字列や段落に繰り返し設定するのは手間がかかります。この場合は、書式のコピー／貼り付け機能を利用すると、設定している書式だけをコピーして、別の文字列や段落に貼り付けることができます。連続して貼り付けることもできるので、作業が効率化できます。

覚えておきたい Keyword　書式のコピー　書式の貼り付け　書式の連続貼り付け

1 設定済みの書式をほかの文字列に適用する

1 書式をコピーする

コピーしたい書式が設定されている文字列を選択して 1 、<ホーム>タブの<書式を別の場所にコピーして適用>をクリックします 2 。

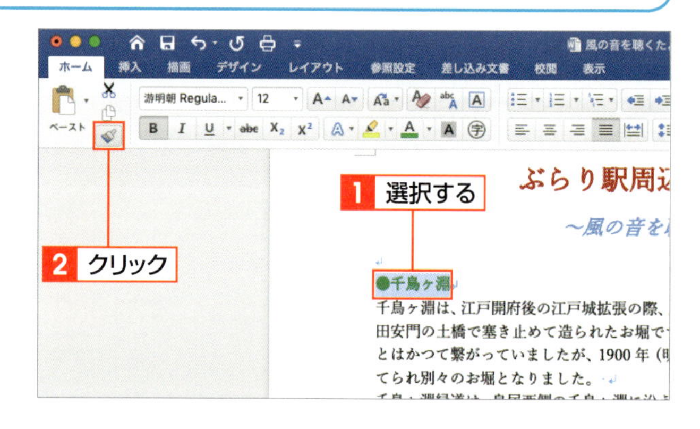

Memo　コピーする文字列の書式

この例では、書式をコピーする文字列に、文字色と太字の設定をしています。

2 文字列をドラッグする

マウスポインターの形が に変わった状態で、書式を貼り付けたい文字列をドラッグします 1 。

●千鳥ヶ淵
千鳥ヶ淵は、江戸開府後の江戸城拡張の際、局沢川と呼ばれていた川を半蔵門と田安門の土橋で塞き止めて造られたお堀です。代官町通りを境に接する半蔵濠とはかつて繋がっていましたが、1900年（明治33年）に道路建設のため埋め立てられ別々のお堀となりました。
千鳥ヶ淵緑道は、皇居西側の千鳥ヶ淵に沿う全長約700mの遊歩道で、千鳥ヶ淵戦没者墓苑入口から靖国通りまで伸びています。春はソメイヨシノやオオシマザクラなど約260本の桜は遊歩道を歩く人の頭上に咲き、まるで桜のトンネルの中を歩いているような体験ができる全国的にも有名な桜の名所です。

●神楽坂
坂名の由来は、坂の途中にあった高田八幡(穴八幡)の御旅所（おたびしょ）で神楽を奏したから、津久戸明神が移ってきた時この坂で神楽を奏したから、若宮八

1 ドラッグ

3 書式が適用される

コピーした書式が貼り付けられて、文字列の見た目が変化します。

●千鳥ヶ淵
千鳥ヶ淵は、江戸開府後の江戸城拡張の際、局沢川と呼ばれていた川を半蔵門と田安門の土橋で塞き止めて造られたお堀です。代官町通りを境に接する半蔵濠とはかつて繋がっていましたが、1900年（明治33年）に道路建設のため埋め立てられ別々のお堀となりました。
千鳥ヶ淵緑道は、皇居西側の千鳥ヶ淵に沿う全長約700mの遊歩道で、千鳥ヶ淵戦没者墓苑入口から靖国通りまで伸びています。春はソメイヨシノやオオシマザクラなど約260本の桜は遊歩道を歩く人の頭上に咲き、まるで桜のトンネルの中を歩いているような体験ができる全国的にも有名な桜の名所です。

●神楽坂
坂名の由来は、坂の途中にあった高田八幡(穴八幡)の御旅所（おたびしょ）で神楽を奏したから、津久戸明神が移ってきた時この坂で神楽を奏したから、若宮八

書式が貼り付けられる

2 書式を連続してほかの文字列に適用する

1 書式をコピーする

コピーしたい書式が設定されている文字列を選択して 1 、<書式を別の場所にコピーして適用>をダブルクリックします 2 。

2 文字列をドラッグする

マウスポインターの形が に変わった状態で、書式を貼り付けたい文字列をドラッグします 1 。

3 書式が適用される

コピーした書式が貼り付けられて、文字列の見た目が変化します。続けて、書式を貼り付けたい別の文字列をドラッグします 1 。

4 書式の貼り付けを終了する

必要な回数だけ書式の貼り付けを繰り返します。貼り付けが終了したら esc を押すか、<書式を別の場所にコピーして適用>をクリックし 1 、書式の貼り付けを終了します。

SECTION 21

縦書きの文書を作成する

Wordでは、縦書きの文書を新規に作成できます。また、作成済みの文書や文書の一部を縦書きに変更することもできます。文書を縦書きにすると、半角で入力されている文字は横倒しの状態で表示されますが、<縦中横>を使って縦書きに変更できます。

覚えておきたいKeyword　縦書き　テキストの方向　縦中横

1 横書きの文書を縦書きに変更する

1 <縦書き>をクリックする

<レイアウト>タブをクリックして 1 、<テキストの方向>をクリックし 2 、<縦書き>をクックします 3 。

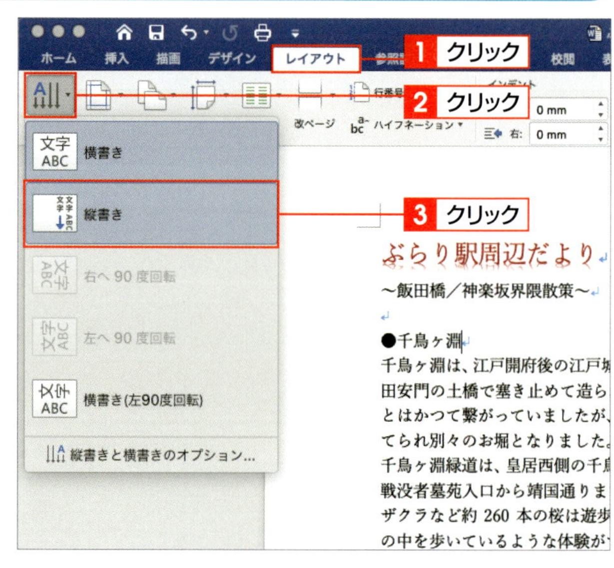

2 文書が縦書きに変わる

文書が縦書きに変更されます。用紙の向きは自動的に横置き（横長）になります。

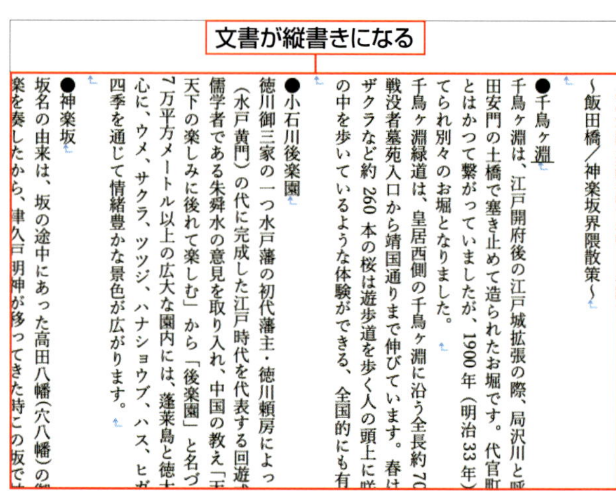

Memo 縦書き文書を新規に作る

縦書きの文書を新規に作成する場合も、手順 1 と同様の方法で作成できます。また、次ページの方法で縦書きを指定しても、縦書きの文書を新規に作成できます。

2 文書の途中から縦書きにする

1 <文書のレイアウト>をクリックする

縦書きに変更したい箇所にカーソルを移動します1。<フォーマット>メニューをクリックし2、<文書のレイアウト>をクリックします3。

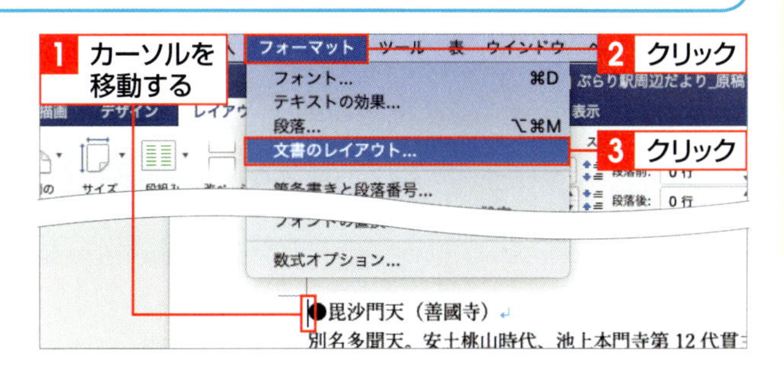

2 <縦書き>と設定対象を指定する

<文書>ダイアログボックスの<文字数と行数>が表示されます。<文字方向>で<縦書き>をクリックしてオンにし1、<設定対象>で<これ以降>を選択して2、<OK>をクリックします3。

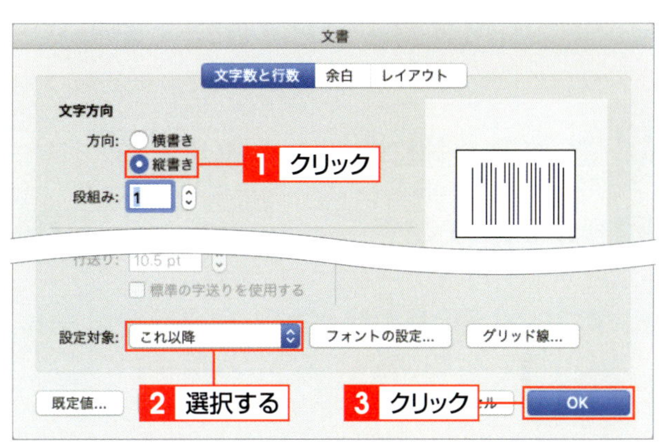

3 指定した文書が縦書きになる

カーソルを置いた箇所以降の文書が縦書きになり、用紙の向きが自動的に横置き（横長）になります。

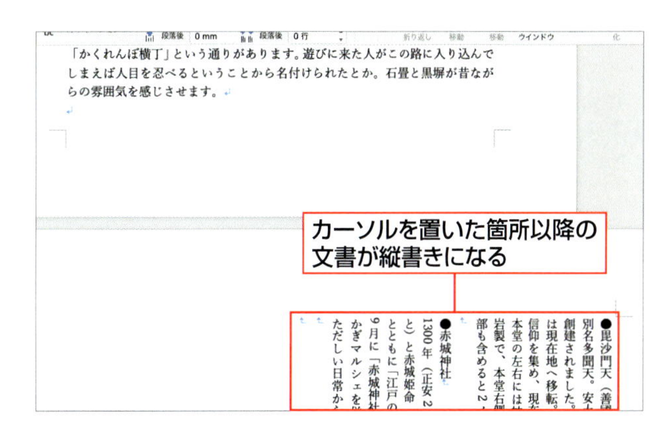

Hint 一部を縦書きにする

一部を縦書きに変更したいときは、縦書きに変更したい箇所を選択して、2の手順2の<設定対象>で<選択している文字列>を選択します。

Column 欧文や数字を縦書きにする

半角で入力されている欧文や数字を縦書きにすると、横倒しの状態で表示されます。この場合は、<縦中横>を使って、文字を縦書きに変更します。縦書きにしたい文字を選択して、<ホーム>タブの<拡張書式>をクリックし、<縦中横>をクリックします。<縦中横>ダイアログボックスが表示されるので、プレビューで確認して<OK>をクリックします。

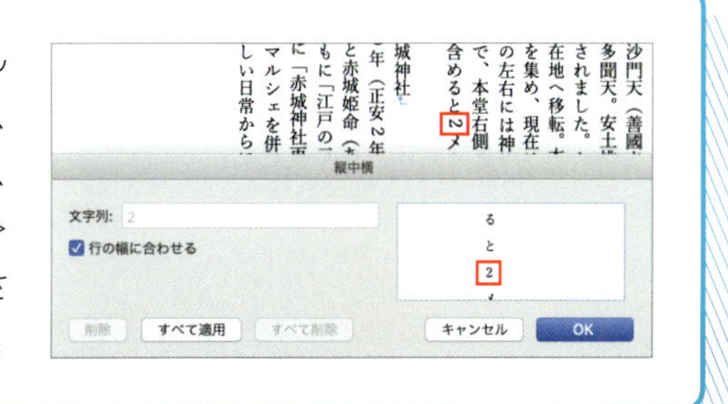

SECTION

22 段組みを設定する

1行の文字数が長くて文章が読みにくい場合は、段組みを利用すると読みやすくなります。段組みは、＜レイアウト＞タブの＜段組み＞を使ってかんたんに設定できます。また、＜段組み＞ダイアログボックスを使うと、段の幅や間隔を変更したり、境界線を引いたりできます。

覚えておきたい Keyword　段組み　境界線　改ページ

1 文書全体に段組みを設定する

1 段数を指定する

＜レイアウト＞タブをクリックして 1 、＜段組み＞をクリックし 2 、設定する段数（ここでは＜2段＞）をクリックします 3 。

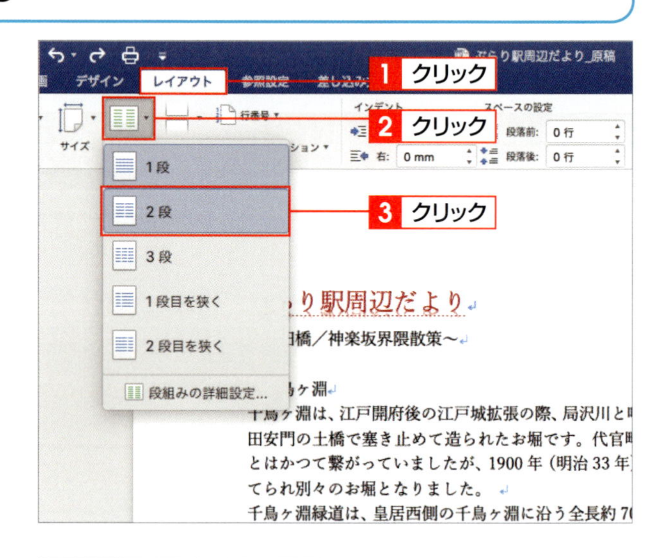

Step UP 左右の段幅を変える

＜段組み＞のメニューには、3段組みまでの設定が用意されています。1段目を狭くしたり、2段目を狭くしたりすることもできます。

2 文書に段組みが設定される

文書全体が2段組みに設定されます。

文書全体が2段組みになる

ぶらり駅周辺だより
～飯田橋／神楽坂界隈散策～

●千鳥ヶ淵
千鳥ヶ淵は、江戸開府後の江戸城拡張の際、局沢川と呼ばれていた川を半蔵門と田安門の土橋で塞き止めて造られたお堀です。代官町通りを境に接する半蔵濠とはかつて繋がっていましたが、1900年（明治33年）に道路建設のため埋め立てられ別々のお堀となりました。
千鳥ヶ淵緑道は、皇居西側の千鳥ヶ淵に沿う全長約700mの遊歩道で、千鳥ヶ淵戦没者墓苑入口から靖国通りまで伸びています。春はソメイヨシノや時代を代表する回遊式築山泉水庭園です。明の儒学者である朱舜水の意見を取り入れ、中国の教え「天下の憂いに先だって憂い、天下の楽しみに後れて楽しむ」から「後楽園」と名づけられました。
7万平方メートル以上の広大な園内には、蓬莱島と徳大寺石を配した大泉水を中心に、ウメ、サクラ、ツツジ、ハナショウブ、ハス、ヒガンバナなどが植えられ、四季を通じて情緒豊かな景色が広がります。

●神楽坂
坂名の由来は、坂の途中にあった高田八幡（穴八幡）の御旅所（おたびしょ）で神楽を奏したから、津久戸明神が移

Hint 段組みを設定する範囲

文章を選択せずに段組みを設定すると、文書全体に段組みが設定されます。文章の一部だけ段組みを変更する場合は、次ページの方法で設定します。

2 文書の一部に段組みを設定する

1 段組みにする範囲を選択する

段組みにする範囲を選択します1。<レイアウト>タブをクリックして2、<段組み>をクリックし3、<段組みの詳細設定>をクリックします4。

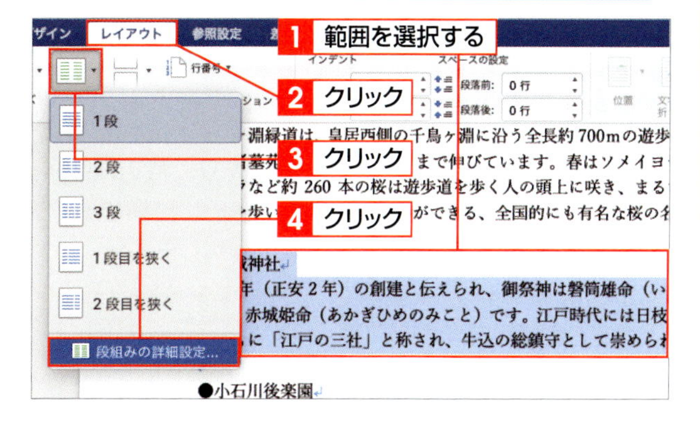

2 段数と設定対象を指定する

<段組み>ダイアログボックスが表示されるので、設定する段数を指定し1、<境界線を引く>をクリックしてオンにします2。<設定対象>で<選択している文字列>を選択して3、<OK>をクリックします4。

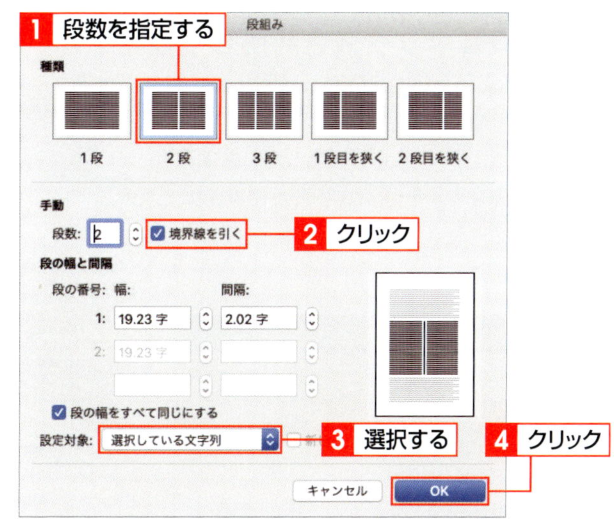

3 選択した範囲に段組みが設定される

選択した範囲に、段間に境界線を引いた段組みが設定されます。

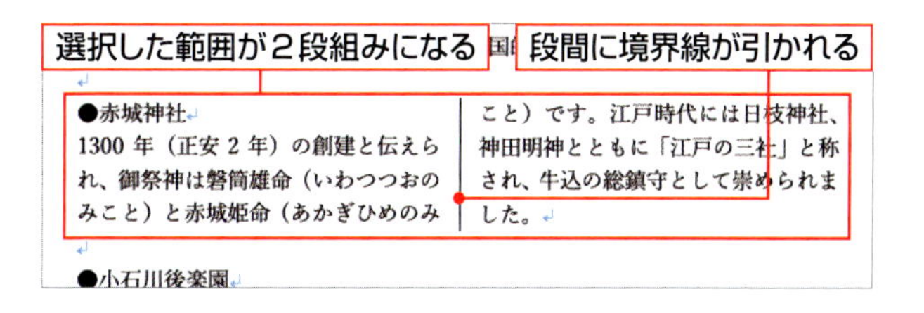

Column 段組みの文章を区切りのよい位置で改行する

段組みにした文章を区切りのよい位置で改行したいときは、「段組み」を設定します。段を変えたい位置にカーソルを移動し、<レイアウト>タブの<改ページ>をクリックして1、<段組み>をクリックすると2、指定した位置以降の段落が改行されます。

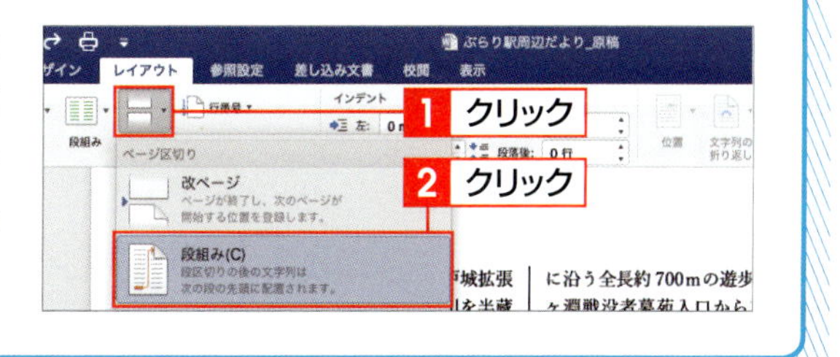

SECTION 23

文字列を検索・置換する

文書内にある特定の文字列を探したり、特定の文字列をほかの文字列と置き換えたりするときは、検索や置換機能を使うことで、効率的に作業できます。検索と置換には、画面右上にある検索ボックスやナビゲーションウィンドウを利用します。

覚えておきたいKeyword　検索　置換　検索ボックス

1 検索ボックスを利用して検索する

1 文字を入力して検索する

検索ボックスをクリックし、検索したい文字列を入力して確定すると 1、文字列が検索され、黄色のマーカー付きで表示されます。

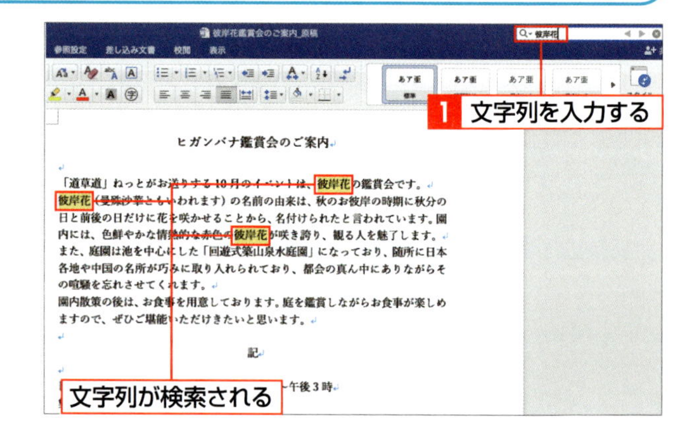

Hint 検索を取り消す

検索ボックスに入力した文字を消去したり、検索結果を取り消したりするには、検索ボックスの右端にある⊗をクリックします。

2 ナビゲーションウインドウを利用して検索する

1 ナビゲーションウインドウを表示する

＜表示＞タブをクリックし 1、＜ナビゲーションウインドウ＞をクリックしてオンにします 2。画面左にナビゲーションウインドウが表示されるので、＜検索と置換＞をクリックします 3。

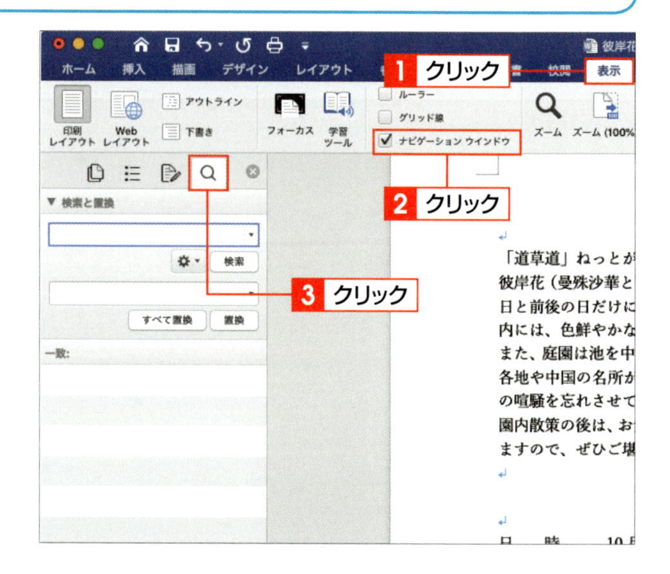

2 文字列を検索する

検索したい文字列を入力して確定すると1、文字列が検索されます。検索された文字列は、黄色のマーカー付きで表示されます。

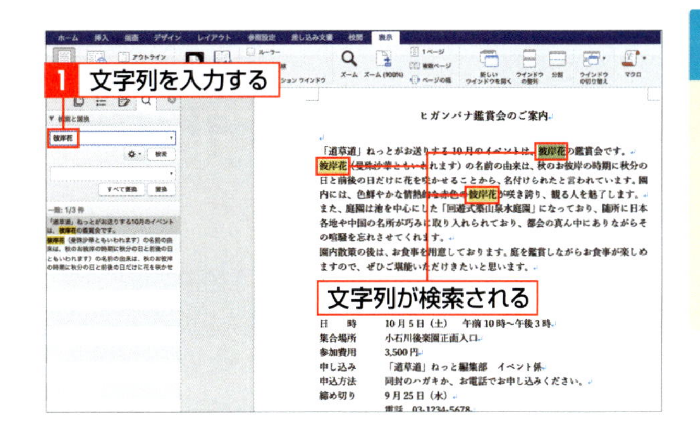

Memo そのほかの方法

ナビゲーションウインドウの<検索と置換>は、検索ボックスの🔍▾をクリックし、<検索結果をサイドバーに表示する>や<置換>をクリックしても表示されます。

3 文字列を置換する

1 検索文字列と置換文字列を入力する

前ページの方法でナビゲーションウィンドウの<検索と置換>を表示します。上のボックスに検索文字列を入力して1、下のボックスに置き換える文字列を入力し2、<すべて置換>をクリックします3。

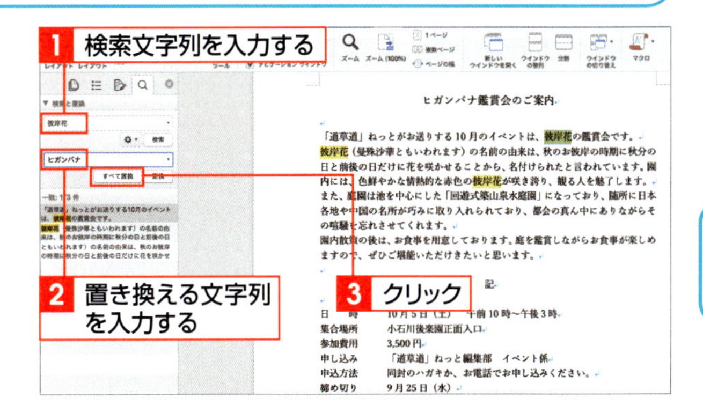

2 文字列が置換される

検索した文字列が指定した文字列にすべて置き換えられ、確認のダイアログボックスが表示されるので、<OK>をクリックします1。<サイドバーを閉じる>をクリックして2、ナビゲーションウィンドウを閉じます。

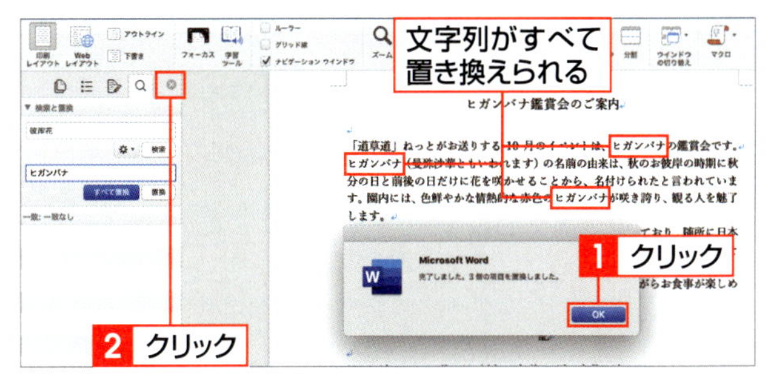

Column 1つずつ確認しながら置換する

文字列をまとめて一気に置換するのではなく、1つずつ確認しながら置換したい場合は、<置換>をクリックします。検索した文字列が強調表示されるので、置換する場合は<置換>をクリックします。置換したくない場合は<検索>をクリックすると、次の文字列が検索されます。

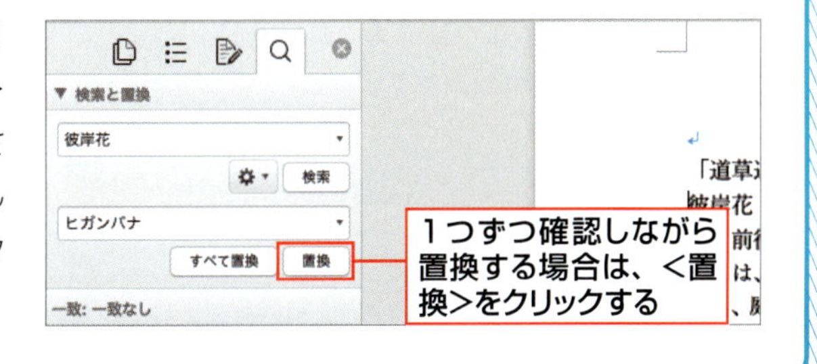

SECTION 24

タイトルロゴを作成する

文書のタイトルなどにワードアートを利用すると、あらかじめ登録されたデザインの中から選択するだけで、見栄えのよい文字をかんたんに作成できます。挿入したワードアートに文字の効果や図形のスタイルなどを設定して、スタイルや形状を変更することもできます。

覚えておきたいKeyword　ワードアート　文字の効果　図形のスタイル

1 ワードアートを挿入する

1 スタイルを指定する

<挿入>タブをクリックして1、<ワードアート>をクリックし2、使用するワードアートのスタイルをクリックします3。

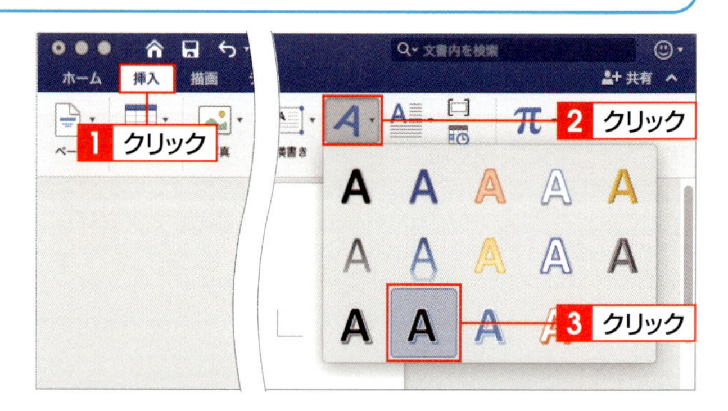

2 ワードアートが挿入される

選択したスタイルのワードアートが挿入されます。

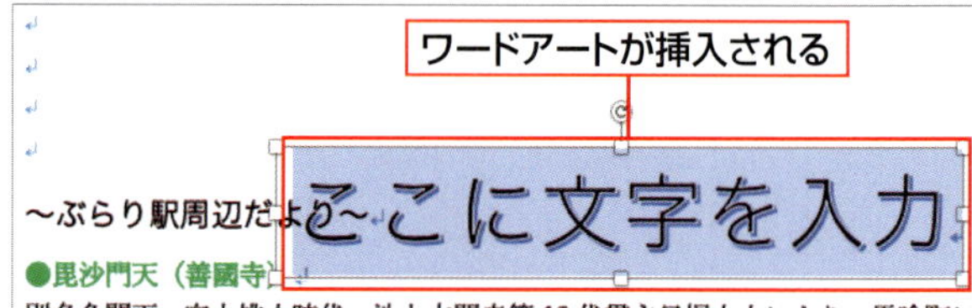

3 文字を入力する

タイトルの文字を入力します1。入力が完了したら、ワードアート以外の場所をクリックします。

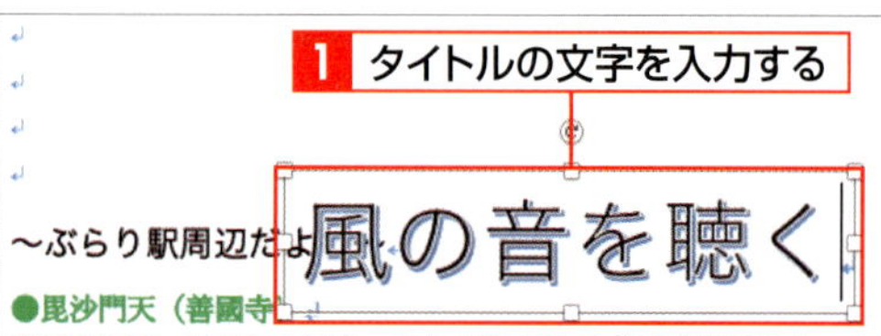

2 ワードアートを移動する

1 マウスポインターを合わせる

ワードアートの上にマウスポインターを合わせると**1**、ポインターの形がに変わります。

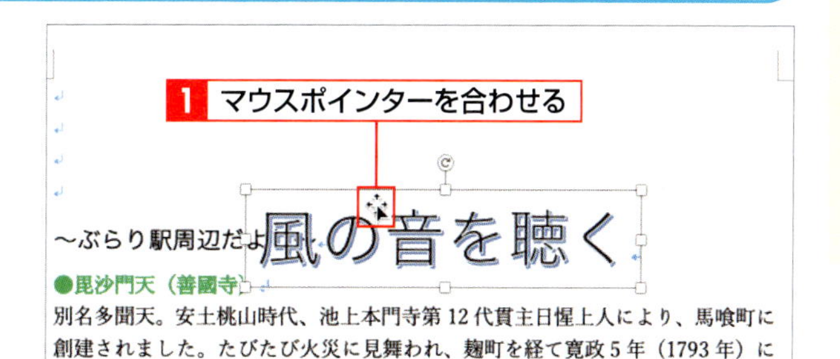

2 ワードアートをドラッグする

マウスポインターの形が変わった状態で、目的の位置までドラッグします**1**。

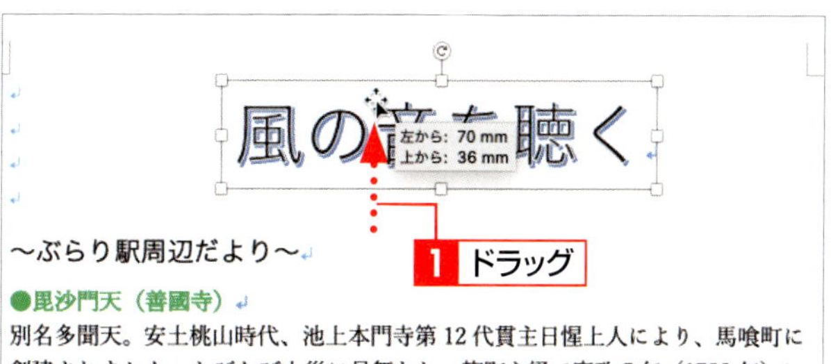

3 ワードアートが移動される

目的の位置でマウスのボタンを離すと、ワードアートが移動します。

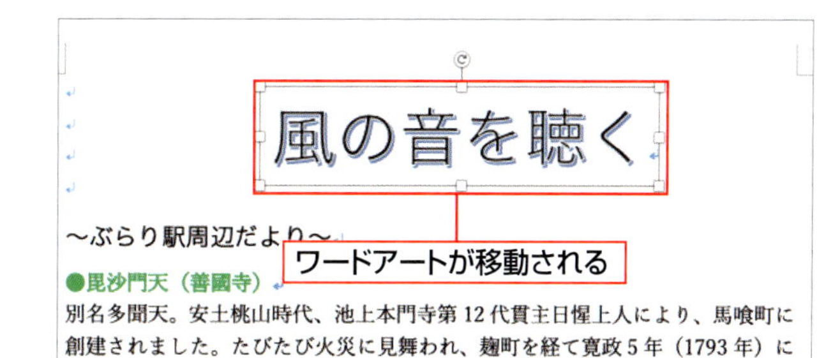

Column ワードアートの選択

ワードアートを移動したり、サイズを変更したりなどの編集を行うときは、ワードアートを選択します。ワードアートの中にカーソルが表示されているときは、ワードアートの枠線上をクリックすると、ワードアートを選択できます。ワードアートが選択状態でないときは、ワードアート上をクリックすると選択できます。

• ワードアートの中にカーソルがある場合

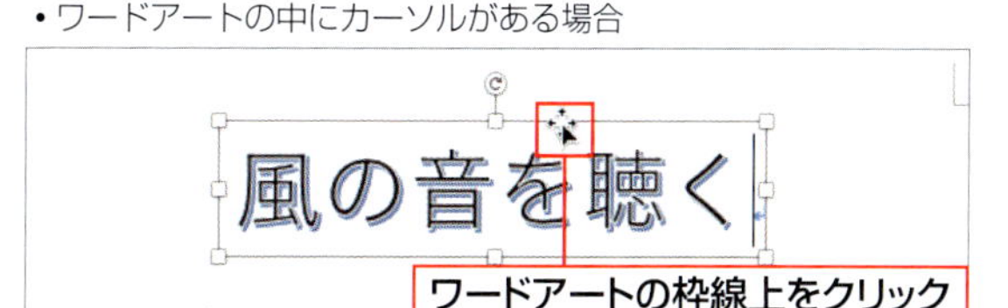

• ワードアートが選択状態でない場合

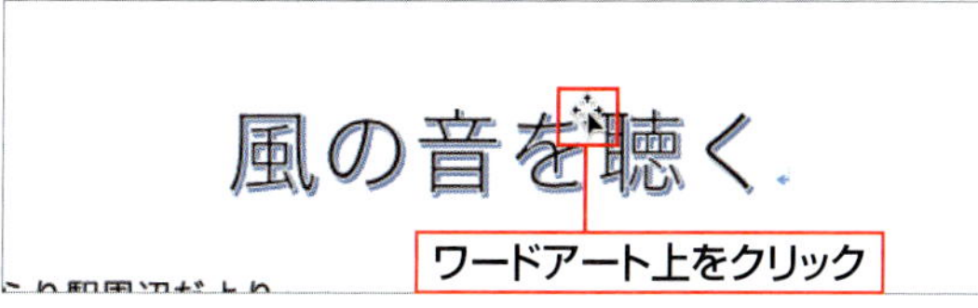

3 ワードアートのサイズを変更する

1 ワードアートを選択する

ワードアートをクリックして選択します 1 。

2 フォントサイズを指定する

<ホーム>タブをクリックします 1 。<フォントサイズ>の ▾ をクリックし 2 、サイズをクリックします 3 。ここではサイズを小さくするために<26>をクリックします。

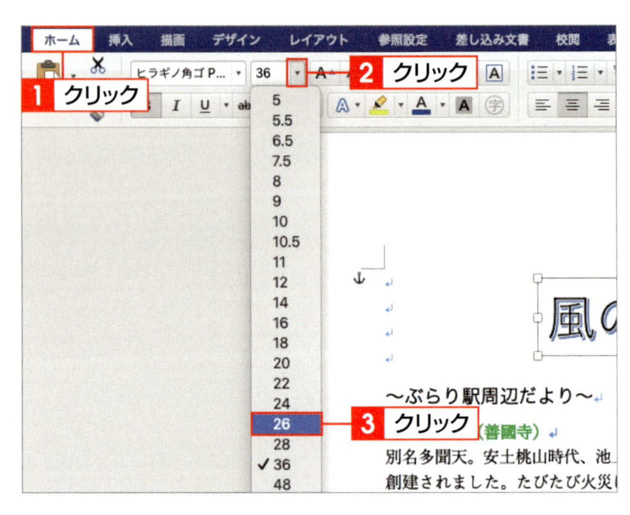

3 サイズが変更される

ワードアートが指定したサイズに変更されます。

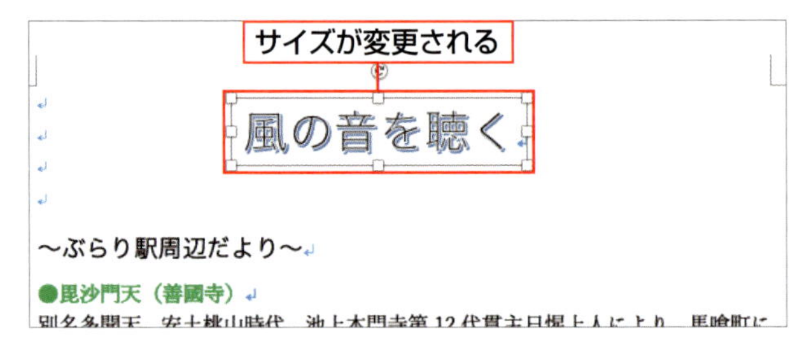

ワードアートはフォントサイズ以外にも、フォントの種類や太字などの変更ができます。

Column 文字色や輪郭の色、スタイルなどを変更する

ワードアートを選択すると表示される<図形の書式設定>タブのコマンドを使うと、ワードアートの文字色や輪郭の色、線の幅やスタイルなどを変更できます。また、<ワードアートスタイル>をクリックすると、ワードアートを別のスタイルに変更できます。

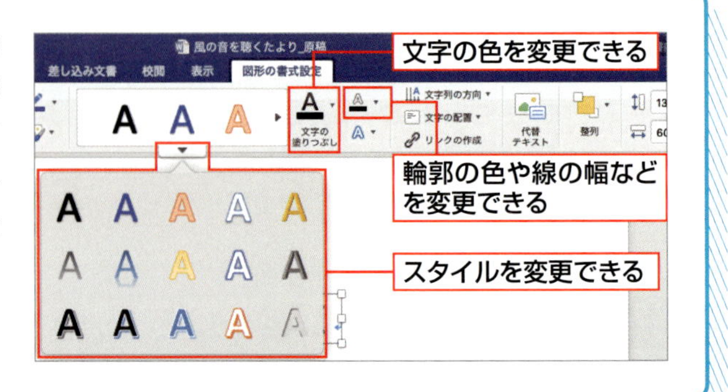

4 ワードアートに文字の効果を付ける

1 文字の効果を指定する

ワードアートをクリックして1、<図形の書式設定>タブをクリックします2。<文字の効果>をクリックして3、目的の効果（ここでは<変形>）をポイントし4、変形の種類（ここでは<逆矢じり>）をクリックします5。

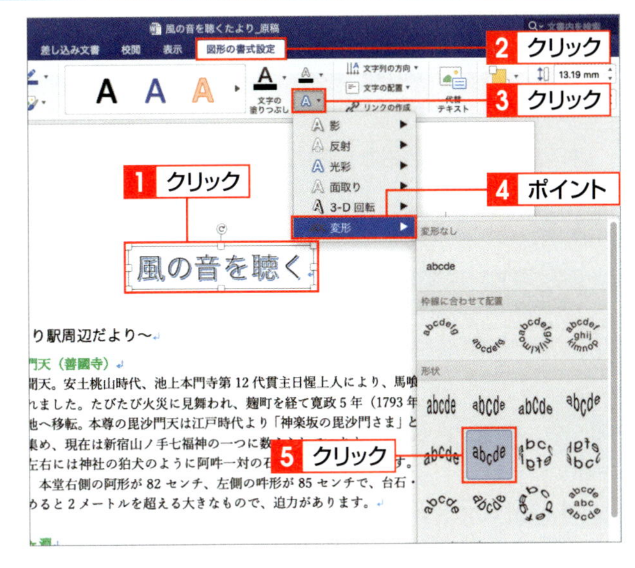

2 効果が設定される

ワードアートに変形の効果が設定されます。

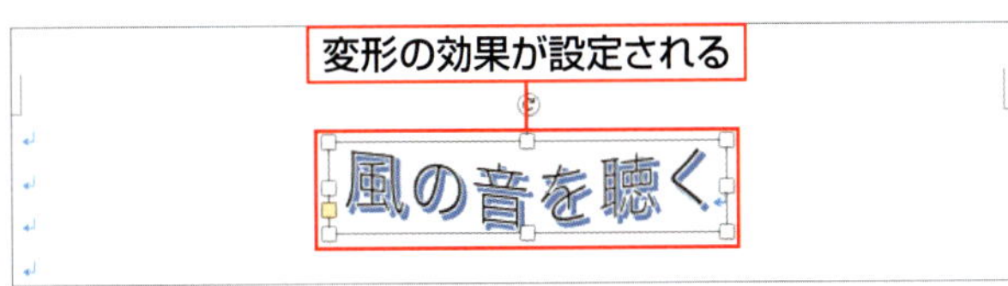

5 ワードアートのボックスにスタイルを設定する

1 スタイルを指定する

ワードアートをクリックして1、<図形の書式設定>タブをクリックします2。<図形のスタイル>をポイントすると表示される ▼ をクリックして3、使用するスタイルをクリックします4。

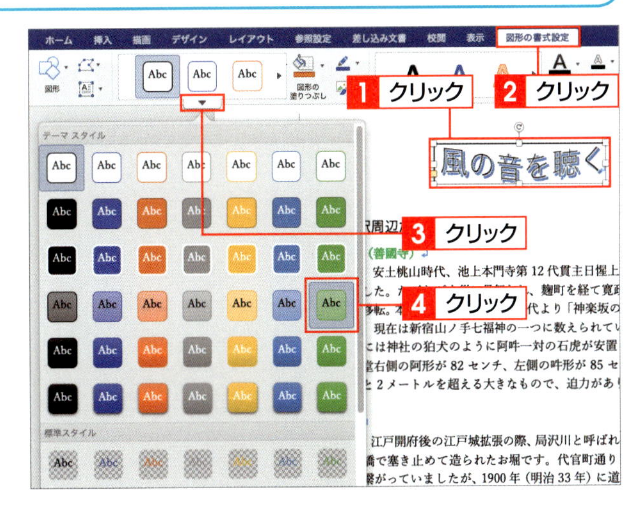

2 スタイルが設定される

ワードアートのボックスに、図形のスタイルが設定されます。

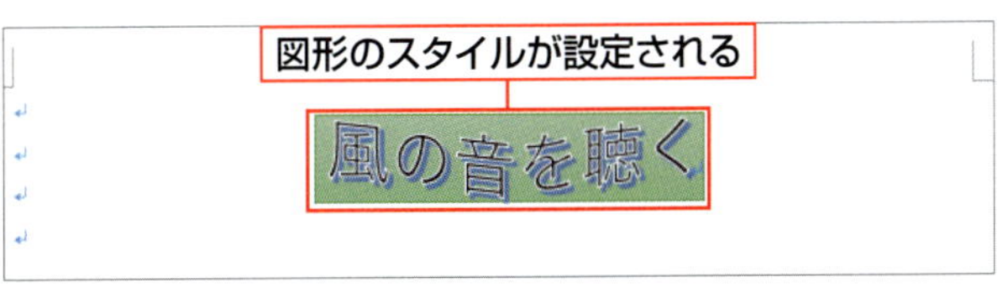

SECTION 25

横書き文書の中に縦書きの文章を配置する

本文とは別に、自由な位置に文章を挿入したいときは、テキストボックスを挿入します。テキストボックスを利用すると、横書きの文書の中に縦書きの文章を配置したり、本文から独立したコラムとして配置したりできます。テキストボックスには、テーマを設定することもできます。

覚えておきたいKeyword　テキストボックス　図形のスタイル　文字列の折り返し

1 テキストボックスを挿入する

1 <縦書きテキストボックスの描画>をクリックする

<挿入>タブをクリックして 1、<テキストボックスの作成>をクリックし 2、<縦書きテキストボックスの描画>をクリックします 3。

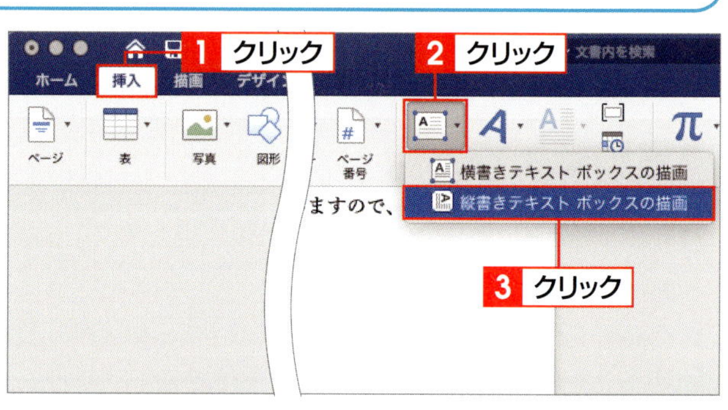

2 テキストボックスを挿入する

マウスポインターの形が十に変わるので、テキストボックスを挿入する位置にマウスポインターを移動して 1、目的の大きさになるまで対角線上にドラッグします 2。

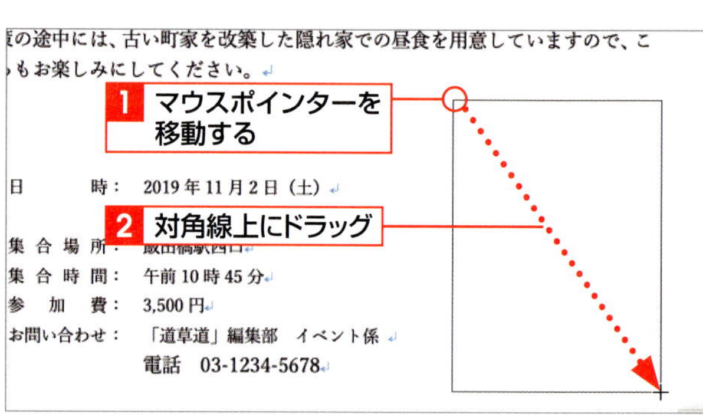

3 文字を入力する

テキストボックスが挿入されます。そのまま文章を入力して、文字の書式を設定します 1。

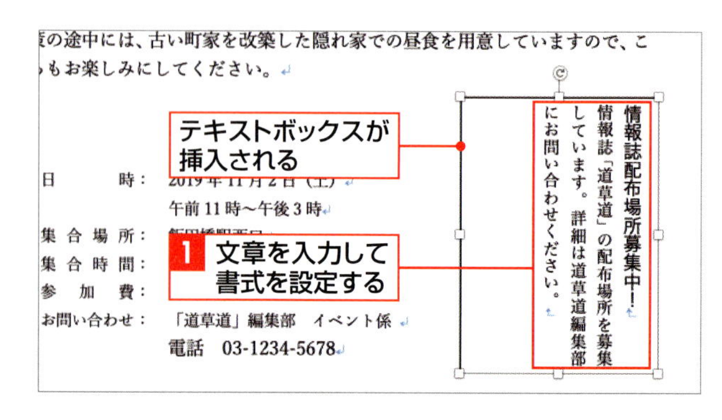

Memo 文字列の書式

テキストボックス内に入力した文字列は、通常の文章と同様に書式を設定できます（P.172～175参照）。

2 テキストボックスのサイズと位置を調整する

1 テキストボックスを選択する

テキストボックス内をクリックして 1 、テキストボックスを選択します。

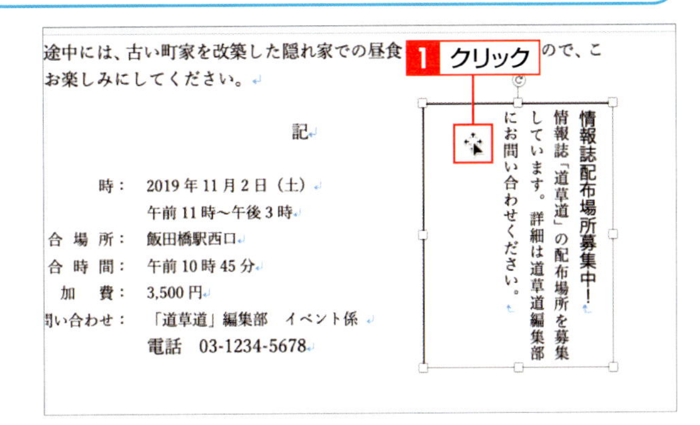

Memo テキストボックスの選択

テキストボックス内にカーソルが表示されている状態では、テキストボックスを選択できません。その場合はいったんテキストボックス以外の場所をクリックして、再度テキストボックス内をクリックします。

2 サイズを変更する

テキストボックスの周囲に四角形のハンドルが表示されます。ハンドルの上にマウスポインターを移動して、ポインターの形が ⇔ に変わった状態でドラッグします 1 。

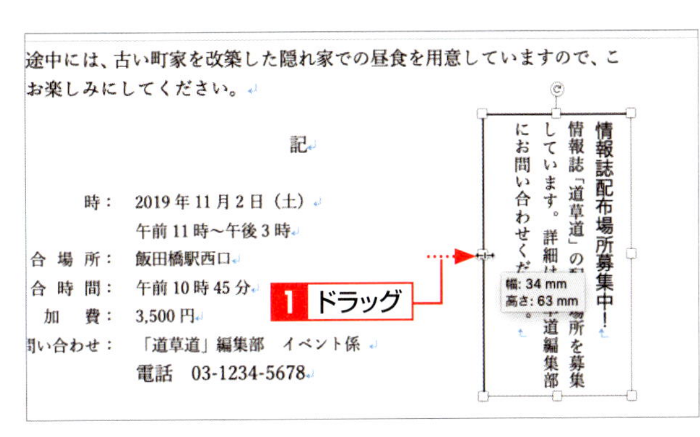

3 テキストボックスをドラッグする

テキストボックスのサイズが変更されます。続いて、テキストボックスの上にマウスポインターを移動し、ポインターの形が ✥ に変わった状態でドラッグします 1 。

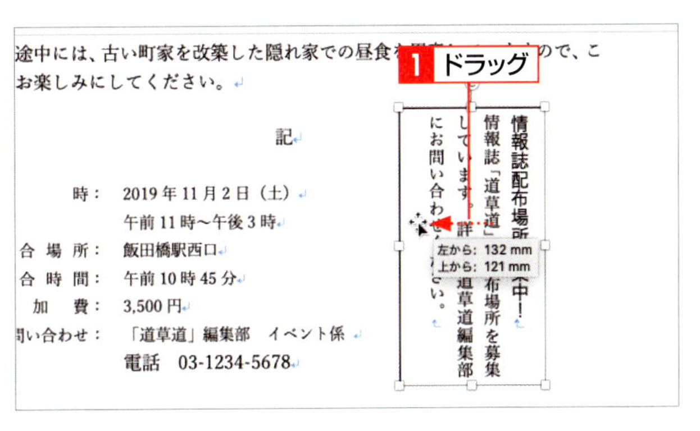

4 テキストボックスが移動される

テキストボックスが移動します。必要に応じてサイズと位置を調整します。

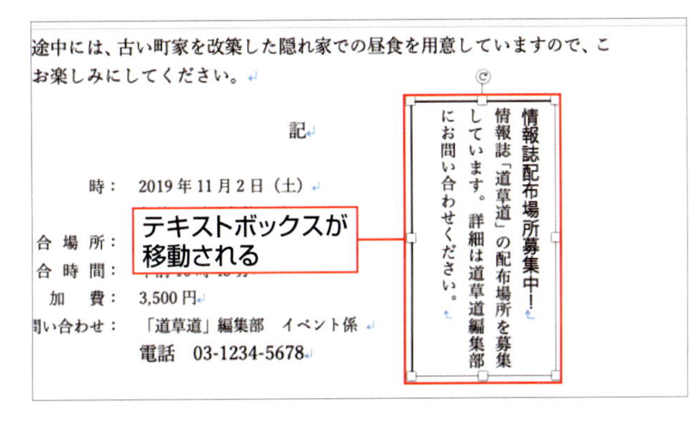

3 テキストボックスの枠線と文章との空きを調整する

1 <書式ウインドウ>をクリックする

テキストボックスをクリックします 1 。<図形の書式設定>タブをクリックして 2 、<書式ウインドウ>をクリックします 3 。

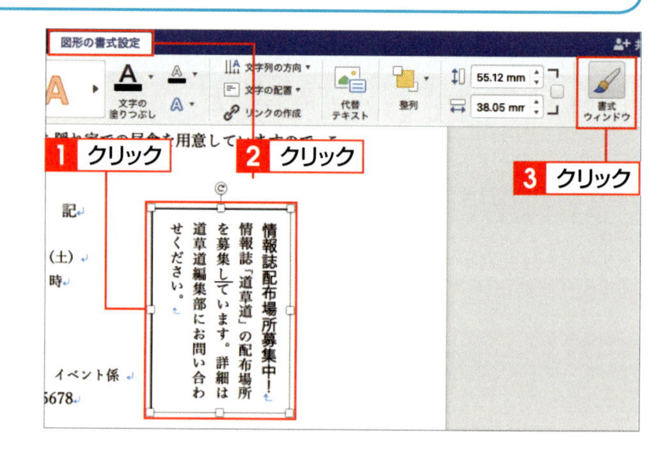

2 <テキストボックス>をクリックする

<図形の書式設定>ウィンドウが表示されるので、<文字のオプション>をクリックして 1 、<テキストボックス>をクリックします 2 。

3 上下左右の空きを設定する

<垂直方向の配置>で<中央>を選択します 1 。<左余白><右余白><上余白><下余白>で上下左右の余白を設定し（ここでは左右「3mm」上下「4mm」） 2 、 ⊗ をクリックします 3 。

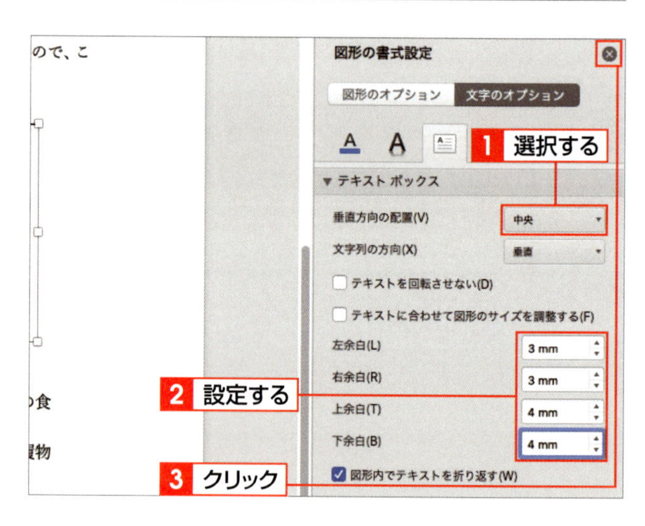

4 枠線と文章との空きが調整される

テキストボックス内の文章が左右中央に配置され、枠線と文章との空きが調整されます。

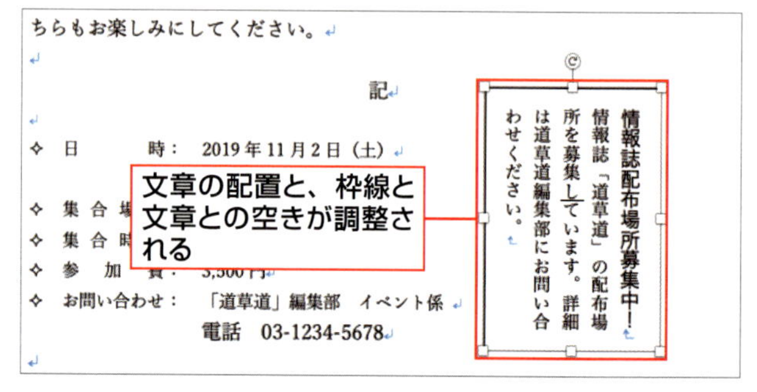

Step UP テキストの配置

<図形の書式設定>タブの<文字の配置>をクリックすると、文章の配置を<右><中央><左>から選択できます。

第3章 Wordの基本操作をマスターしよう

4 テキストボックスにスタイルを設定する

1 図形のスタイルを指定する

テキストボックスをクリックして 1 、<図形の書式設定>タブをクリックします 2 。<図形のスタイル>をポイントすると表示される ▼ をクリックして 3 、使用するスタイルをクリックします 4 。

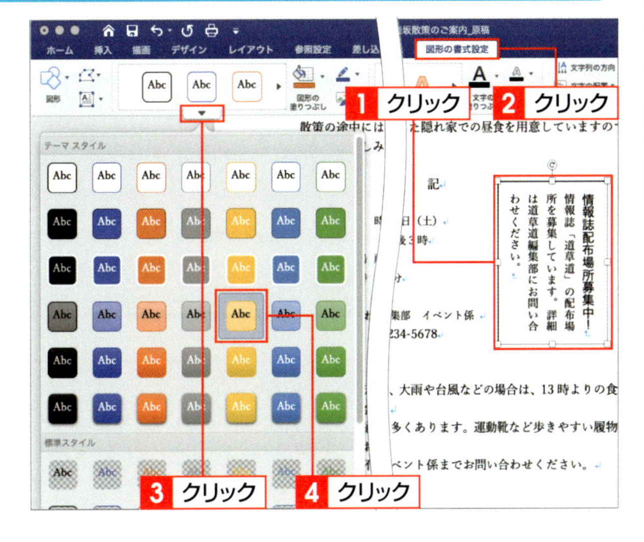

2 スタイルが設定される

テキストボックスにスタイルが設定されます。

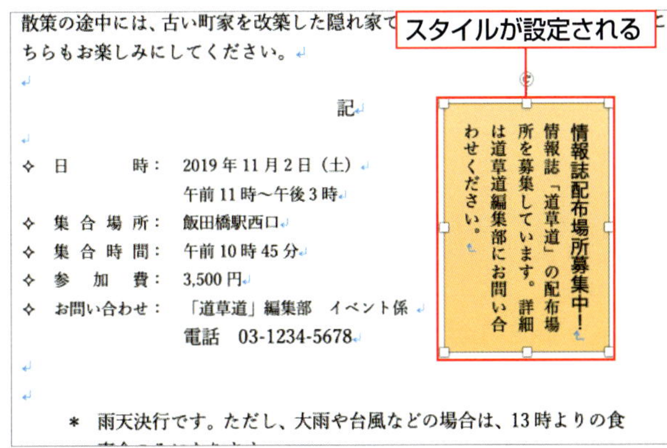

Step UP テキストボックスに効果を付ける

ほかの図形と同様に、テキストボックスにも効果を設定できます。テキストボックスをクリックして、<図形の書式設定>タブの<図形の効果>をクリックして、効果のスタイルと種類を指定します。

Column 外側の文章との間隔の調整

テキストボックスと外側の文章との空きを調整するときは、<レイアウトの詳細設定>ダイアログボックスの<文字列の折り返し>にある<文字列との間隔>で設定します。<レイアウトの詳細設定>ダイアログボックスを表示するには、<図形の書式設定>タブの<整列>をクリックして、<文字列の折り返し>をクリックし、表示されるメニューの<その他のレイアウトオプション>をクリックします。

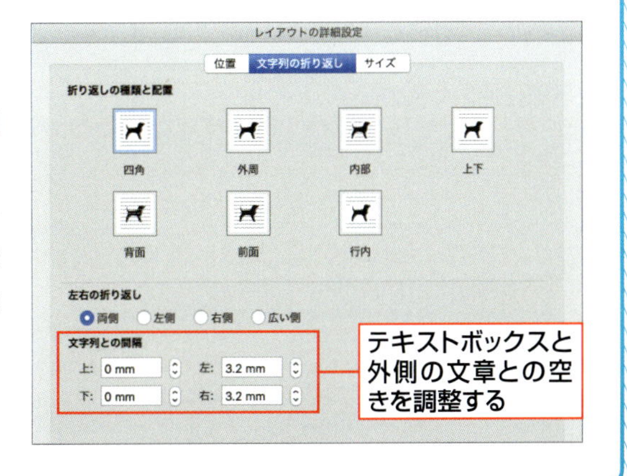

SECTION 26

写真を挿入する

文書には、写真などの画像データを挿入できます。挿入した画像は、不要な部分をトリミングしたり、写真の背景を自動で削除したりできます。削除する背景が正しく認識されない場合は調整できます。また、画像を文書の背景に配置することもできます。

覚えておきたいKeyword　図をファイルから挿入　トリミング　背景の削除

1 写真を挿入する

1 <図をファイルから挿入>をクリックする

写真を挿入する位置をクリックして、カーソルを移動します 1。<挿入>タブをクリックして 2、<写真>をクリックし 3、<図をファイルから挿入>をクリックします 4。

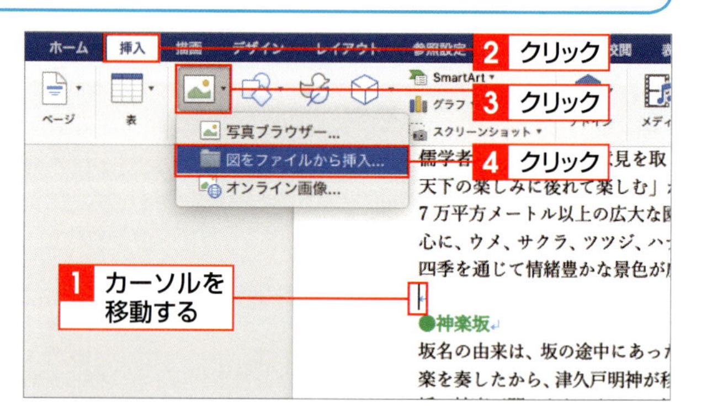

2 写真を指定する

ダイアログボックスが表示されるので、写真の保存場所を指定して 1、挿入する写真をクリックし 2、<挿入>をクリックします 3。

3 写真が挿入される

指定した位置に写真が挿入されます。

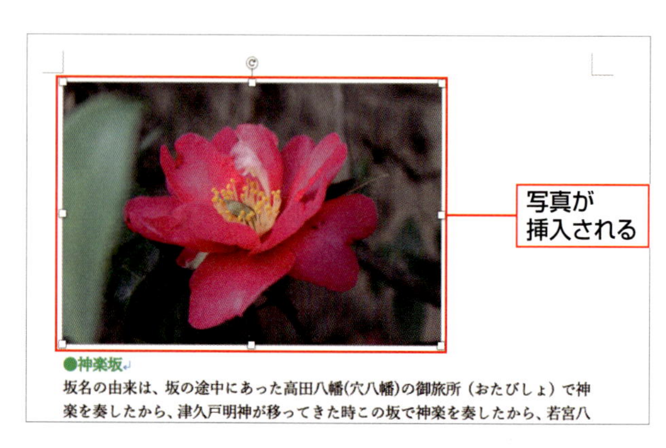

Memo そのほかの方法

メニューバーの<挿入>メニューをクリックして<写真>をポイントし、<画像をファイルから挿入>をクリックしても、手順 2 のダイアログボックスが表示されます。

2 写真をトリミングする

1 <トリミング>をクリックする

写真をクリックします 1 。<図の書式設定>タブをクリックし 2 、<トリミング>をクリックします 3 。

Keyword トリミング

トリミングとは、画像の不要な部分を非表示にすることです。トリミングされた画像は一時的に非表示になるだけで、実際にカットされるわけではありません（P.313のHint参照）。

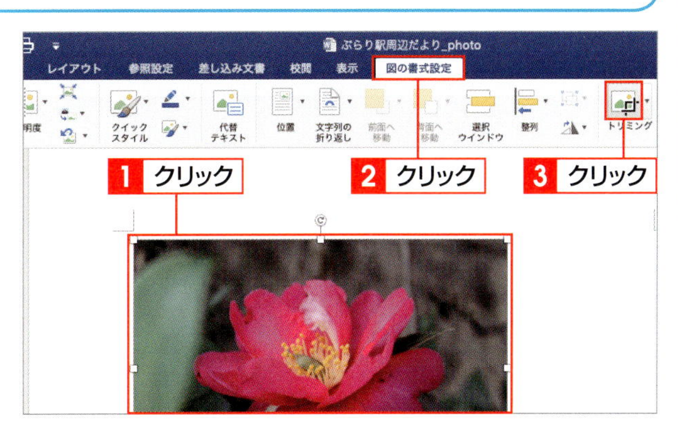

2 ハンドルをドラッグする

写真の周囲にトリミングハンドルが表示されるので、ハンドルを目的の位置までドラッグします 1 。

3 写真がトリミングされる

写真がトリミングされます。同様にトリミングしたい箇所をドラッグして指定し 1 、表示させたい部分だけ残るようにします。トリミングが終了したら、写真以外の箇所をクリックします。

Column 写真を図形の形に合わせてトリミングする

<図の書式設定>タブの<トリミング>の▾をクリックし、<図形に合わせてトリミング>から目的の形状を選択すると、写真を図形に合わせてトリミングできます。

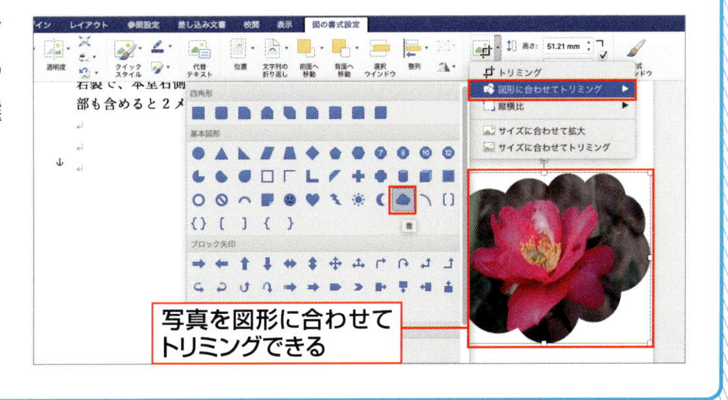

3 写真の背景を削除する

1 ＜背景の削除＞をクリックする

写真をクリックします1。＜図の書式設定＞タブをクリックし2、＜背景の削除＞をクリックします3。

2 トリミングの範囲を調整する

背景（削除される部分）が自動的に認識され、色が変わって表示されます。

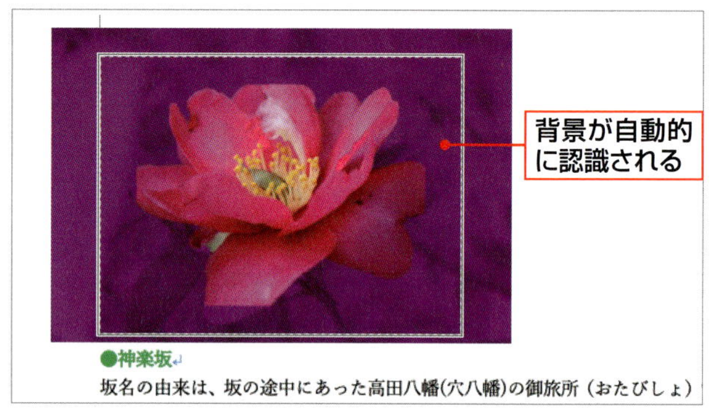

3 削除する部分や残す部分を指定する

削除する背景が正しく認識されていない場合や、残したい部分がある場合は、＜保持する領域としてマーク＞や＜削除する領域としてマーク＞をクリックして、削除したい箇所や残したい箇所をドラッグして指定します1。

4 背景が削除される

写真以外の場所をクリックすると、背景が削除されます。

4 写真を文書の背景に配置する

1 <テキストの背面へ移動>をクリックする

写真をクリックして1、<図の書式設定>タブをクリックします2。<文字列の折り返し>をクリックし3、<テキストの背面へ移動>をクリックします4。

2 写真の色を指定する

写真が文書の背景に挿入されます。文字を読みやすくするために<色>をクリックして1、目的の色をクリックします2。

3 写真の色が薄くなる

背景に挿入した写真の色が薄くなり、文章が読みやすくなります。写真の位置を調整して完成させます。

●赤城神社
1300年（正安2年）の創建と伝えられ、…のみこと）と赤城姫命（あかぎひめのみこと）です。江戸時代には日枝神社、神田明神とともに「江戸の三社」と称され、牛込の総鎮守として崇められました。

●小石川後楽園
徳川御三家の一つ水戸藩の初代藩主・徳川頼房によって築かれ、2代藩主・光圀（水戸黄門）の代に完成した江戸時代を代表する回遊式築山泉水庭園です。明の儒学者である朱舜水の意見を取り入れ、中国の教え「天下の憂いに先だって憂い、天下の楽しみに後れて楽しむ」から「後楽園」と名づけられました。
7万平方メートル以上の広大な園内には、蓬莱島と徳大寺石を配した大泉水を中心に、ウメ、サクラ、ツツジ、ハナショウブ、ハス、ヒガンバナなどが植えられ、四季を通じて情緒豊かな景色が広がります。

写真の色が薄くなり、文章が読みやすくなる

Memo 写真の色の調整

文書の背景に写真を配置する際、写真が濃いと文字が読みづらくなります。その場合は、写真の色を薄く調整しましょう。

SECTION 27

アイコンを挿入する

Word 2019では、アイコンやそのほかのSVG画像を文書に挿入することができます。カテゴリ別に分類されたSVGファイルのアイコンが大量に用意されているので、文書に合わせて利用できます。アイコンを図形に変換すると、より自由な編集が可能になります。

覚えておきたいKeyword　アイコン　SVG形式　図形に変換

1 アイコンを挿入する

1 <アイコン>をクリックする

アイコンを挿入する位置をクリックしてカーソルを移動します 1。<挿入>タブをクリックして 2、<アイコン>をクリックします 3。

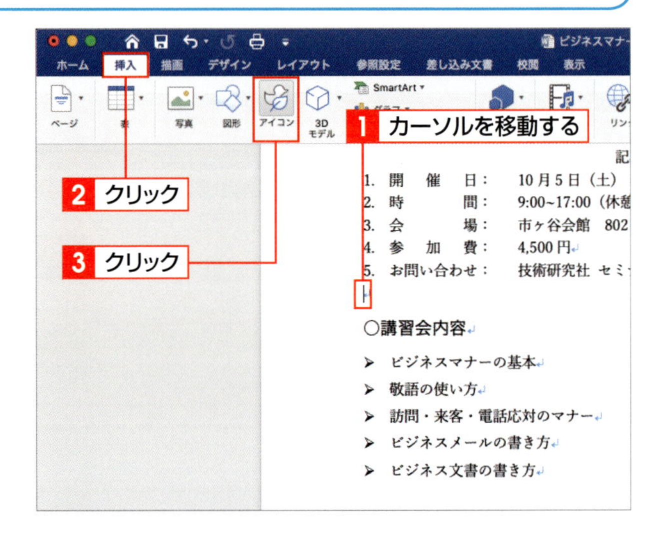

New アイコン

Office 2019には、カテゴリ別に分類されたSVGファイルのアイコンが大量に用意されています。

2 カテゴリを指定する

<アイコン>ウィンドウが表示されます。<ジャンプ先>をクリックして 1、一覧からアイコンのカテゴリ(ここでは<コミュニケーション>)をクリックします 2。

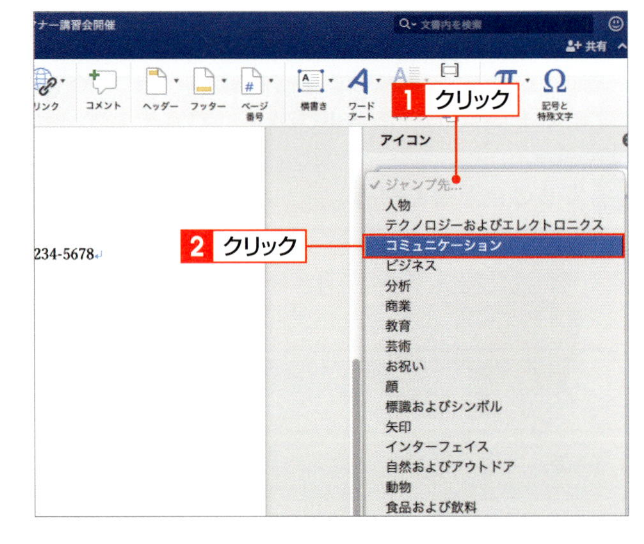

3 アイコンをクリックする

挿入するアイコンをクリックして1、＜挿入＞をクリックします2。

Keyword SVGファイル

SVG（Scalable Vector Graphics）ファイルは、ベクターデータと呼ばれる点の座標とそれを結ぶ線で再現される画像です。

4 アイコンが挿入される

指定した位置にアイコンが挿入されます。初期設定では、アイコンは行内に挿入されます。

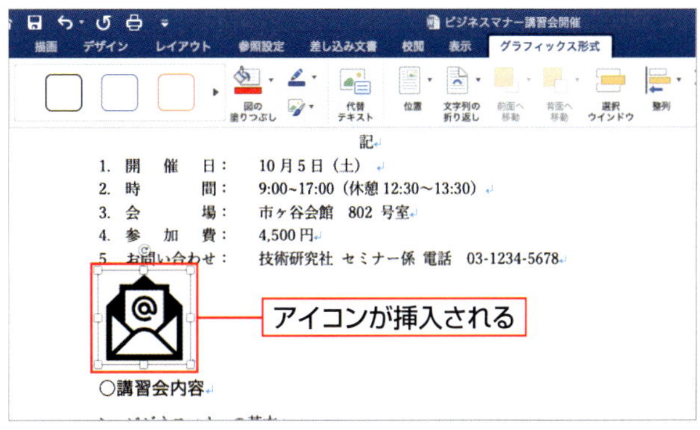

5 挿入する位置を指定する

＜グラフィックス形式＞タブをクリックして1、＜文字列の折り返し＞をクリックし2、＜テキストの前面へ移動＞をクリックします3。

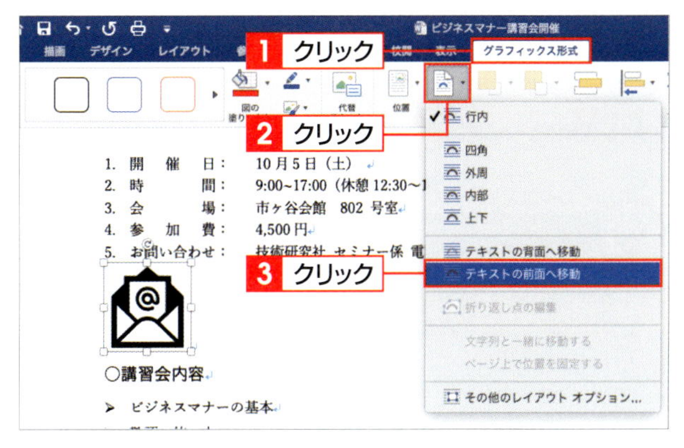

6 サイズと位置を調整する

ドラッグして、サイズと位置を調整します。

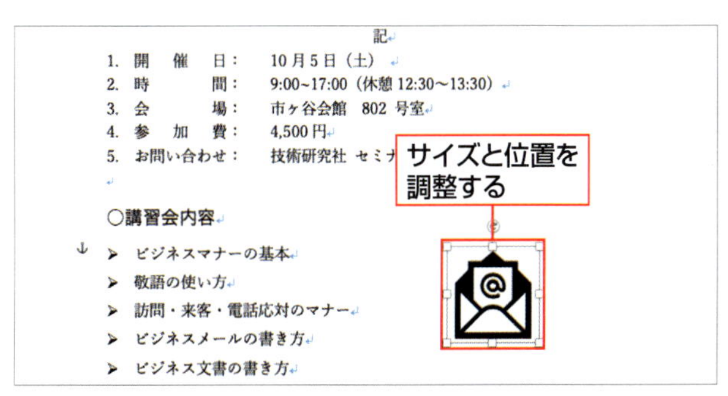

2 アイコンをカスタマイズする

1 <図形に変換>をクリックする

アイコンをクリックして 1 、<グラフィックス形式>タブをクリックし 2 、<図形に変換>をクリックします 3 。

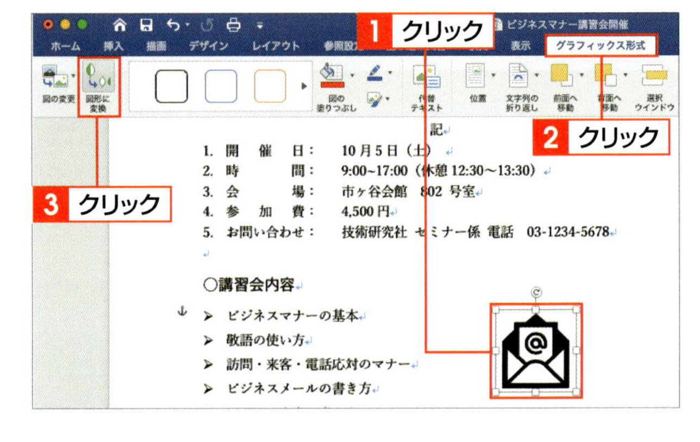

2 <はい>をクリックする

<通知>ダイアログボックスが表示されるので、<はい>をクリックします 1 。

3 アイコンが図形に変換される

アイコンが図形に変換されます。必要に応じて図形の位置を調整し、図形の一部をクリックします 1 。<図形の書式設定>タブをクリックして 2 、<図の塗りつぶし>の ▾ をクリックし 3 、使用する色(ここでは<赤>をクリックします 4 。

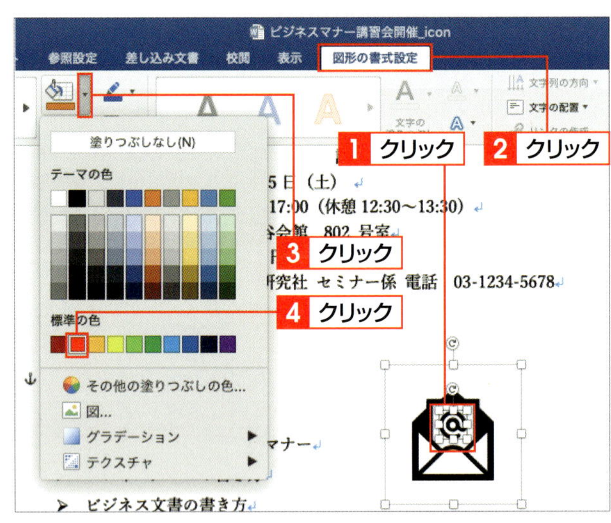

Hint 図形に変換する

アイコンを図形に変換すると、パーツごとに位置やサイズ、色などを変更できるようになります。

4 図形の一部の色が変更される

図形の一部の色が変更されます。

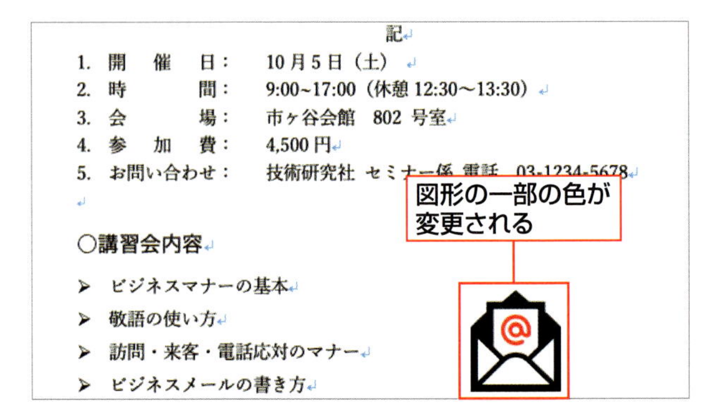

第3章 Wordの基本操作をマスターしよう

第4章

Wordをもっと便利に活用しよう

SECTION 01

文書にスタイルを適用する

Wordに用意されているスタイルを利用すると、段落や文字列などの書式をかんたんに設定できます。設定したスタイルは、スタイルセットでまとめて変更することも可能です。また、テーマを使うと、文書全体のフォントや配色、効果などをまとめて変更できます。

覚えておきたいKeyword　スタイル　スタイルセット　テーマ

1 スタイルを個別に設定する

1 スタイルを指定する

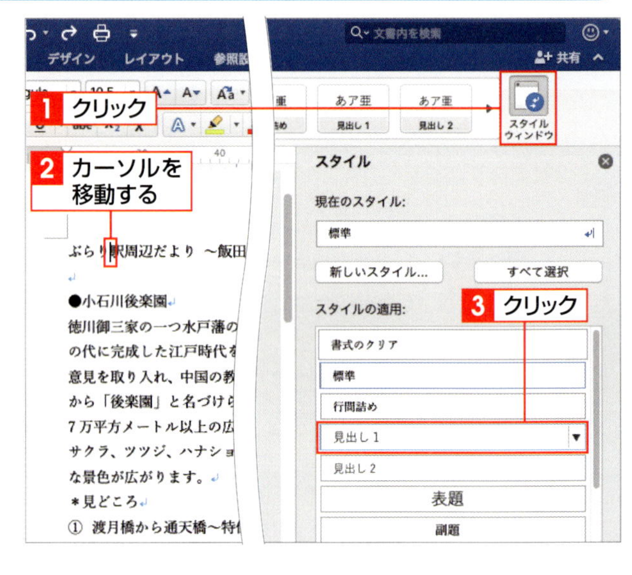

<ホーム>タブの<スタイルウインドウ>をクリックします 1。<スタイル>ウインドウが表示されるので、スタイルを設定したい段落にカーソルを移動し 2、目的のスタイル（ここでは<見出し1>）をクリックします 3。

Keyword スタイル

段落や文字列に設定しているフォントや文字サイズ、色、インデントなどの書式を合わせたものが「スタイル」です。Wordには、見出しや表題、強調太字、強調斜体などがスタイルとしてあらかじめ登録されています。

2 スタイルが設定される

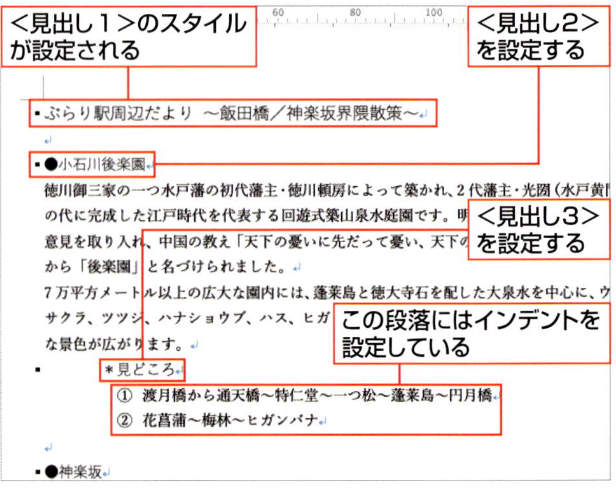

段落に<見出し1>のスタイルが設定されます。同様の方法で、ほかの段落にもスタイルを設定します。

Hint <ホーム>タブで設定する

スタイルは、<スタイルウインドウ>の左にある<スタイル>から設定することもできます。

2 スタイルをまとめて変更する

1 スタイルセットを指定する

<デザイン>タブをクリックして 1 、<スタイルセット>をポイントすると表示される  をクリックし 2 、使用するスタイルセット（ここでは<ファンシー>）をクリックします 3 。

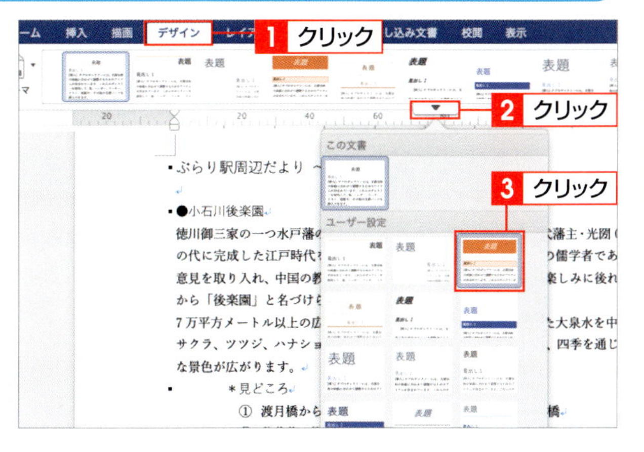

Keyword スタイルセット

スタイルセットとは、文書内に登録されているスタイルの書式をまとめた「パッケージ」のようなものです。スタイルセットを使うと、文書内のスタイルの書式をまとめて変更できます。

2 スタイルがまとめて変更される

スタイルの書式が一括で変更されます。設定したスタイルは、<スタイル>ウィンドウで確認できます。

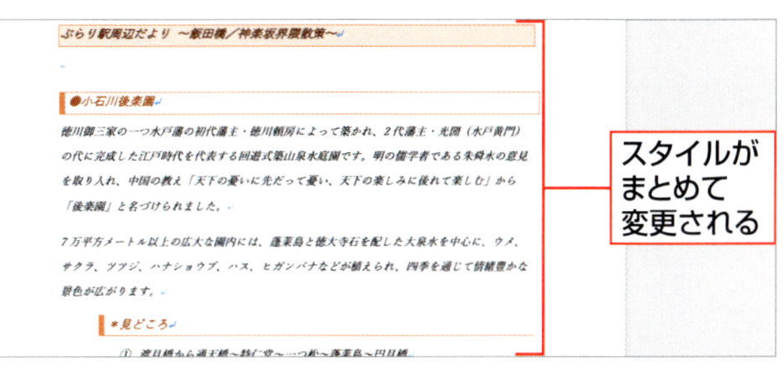

3 文書の全体的なデザインを変更する

1 テーマを指定する

<デザイン>タブをクリックして 1 、<テーマ>をクリックし 2 、使用するテーマ（ここでは<マディソン>）をクリックします 3 。

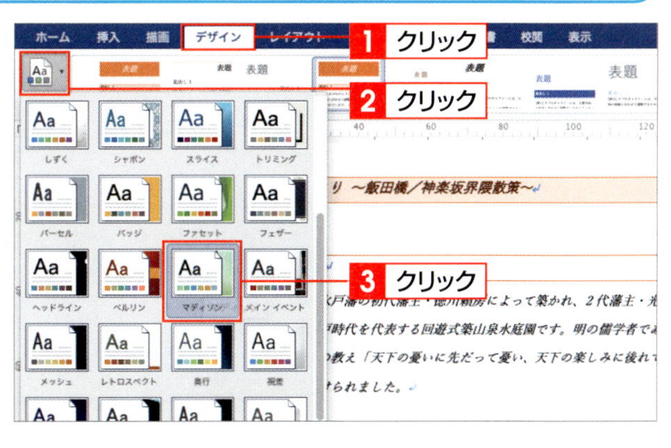

Keyword テーマ

テーマとは、文書全体の配色やフォント、効果のパターンなどをセットにしたものです。文書にテーマを適用すると、文書のイメージに合ったデザインをかんたんに設定できます。

2 テーマが設定される

文書全体が、指定したテーマに変更されます。<スタイル>ウィンドウの下にある<スタイルガイドの表示>や<書式設定ガイドの表示>をクリックしてオンにすると 1 、文章の左端にスタイルガイドが表示され、文書に適用されているスタイルをひと目で確認できます。

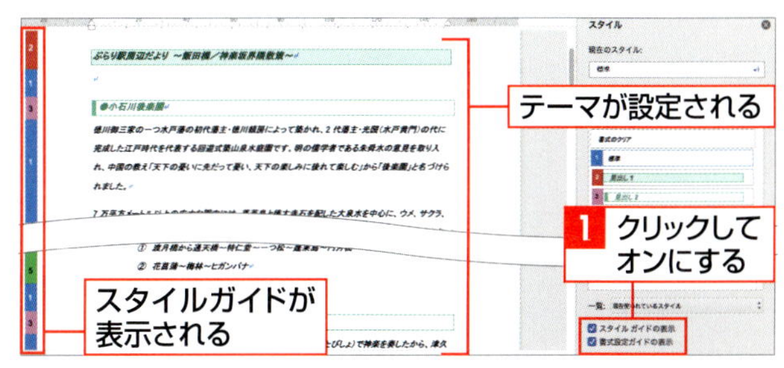

SECTION 02

ページ番号や作成日を挿入する

ページ全体に文書のタイトルや作成日時、ページ番号などを印刷したいときは、ヘッダーまたはフッターに挿入します。ページの上部余白に印刷される情報をヘッダー、ページの下部余白に印刷される情報をフッターといいます。ヘッダーやフッターは任意の位置に配置できます。

覚えておきたいKeyword　ヘッダー　フッター　ページ番号

1 フッターにページ番号を挿入する

1 ＜ページ番号＞をクリックする

＜挿入＞タブをクリックして 1 、＜ページ番号＞をクリックし 2 、＜ページ番号＞をクリックします 3 。

2 ページ番号の配置を変更する

＜ページ番号＞ダイアログボックスが表示されます。配置を右以外にする場合は、＜配置＞をクリックして位置を指定し 1 、＜OK＞をクリックします 2 。ここでは＜中央＞に設定します。

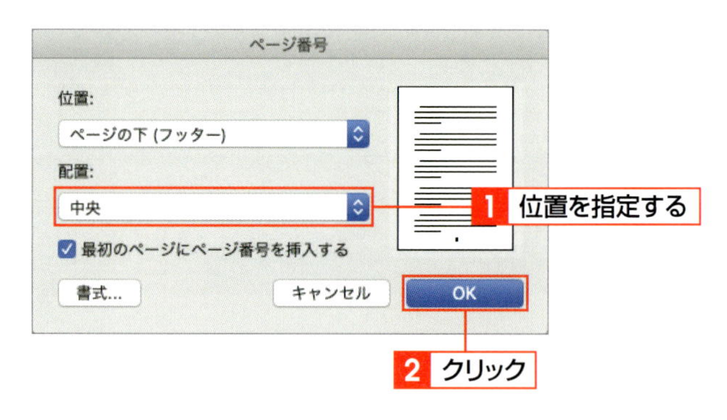

Hint 先頭ページのみ別指定

＜最初のページにページ番号を挿入する＞をクリックしてオフにすると、1ページ目のヘッダーやフッターを、2ページ目以降と別の設定にできます。

3 ページ番号が中央に表示される

フッターの中央にページ番号が挿入されます。

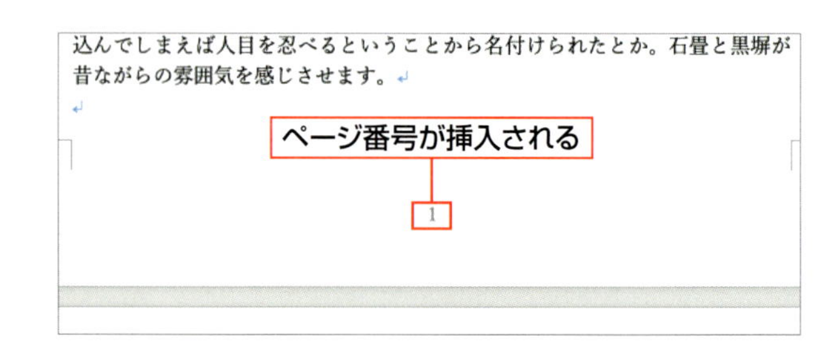

2 ヘッダーに作成日を挿入する

1 ＜ヘッダーの編集＞をクリックする

＜挿入＞タブをクリックして1、＜ヘッダー＞をクリックし2、＜ヘッダーの編集＞をクリックします3。

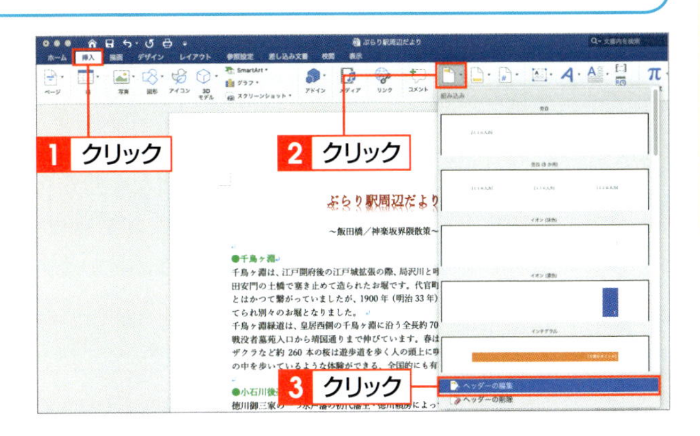

Memo 組み込みのヘッダー

＜ヘッダー＞をクリックして表示される一覧から組み込みのヘッダーを選択することもできます。

2 ＜日付と時刻＞をクリックする

ヘッダー領域が表示され、＜ヘッダーとフッター＞タブが表示されます。＜日付と時刻＞をクリックします1。

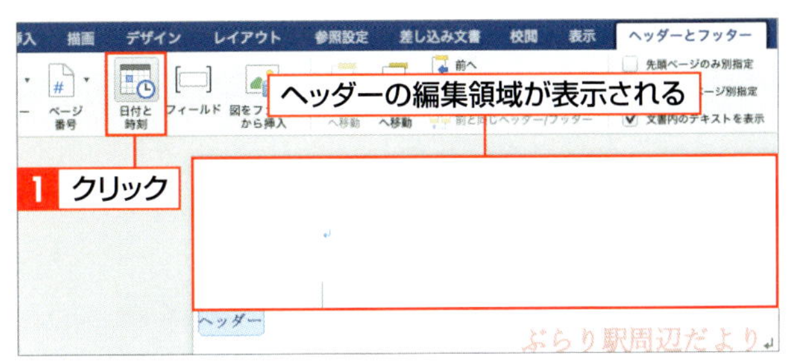

3 日付の表示形式を指定する

＜日付と時刻＞ダイアログボックスが表示されます。＜言語の選択＞で＜日本語＞を選択して1、＜カレンダーの種類＞で＜グレゴリオ暦＞を選択し2、使用する日付の表示形式をクリックして3、＜OK＞をクリックします4。

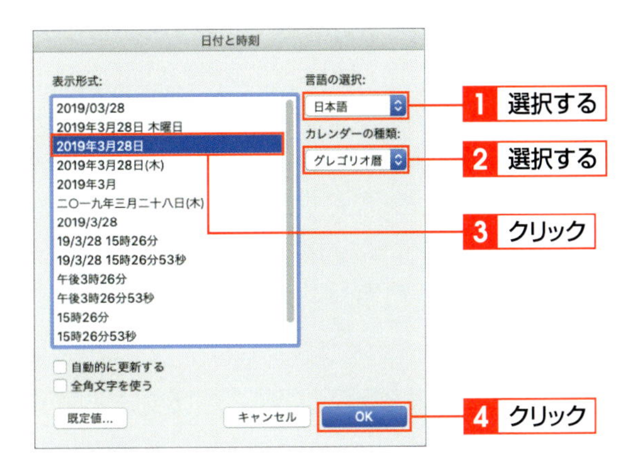

4 日付が表示される

ヘッダーに日付が表示されます。＜ヘッダーとフッター＞タブの＜ヘッダーとフッターを閉じる＞をクリックします1。

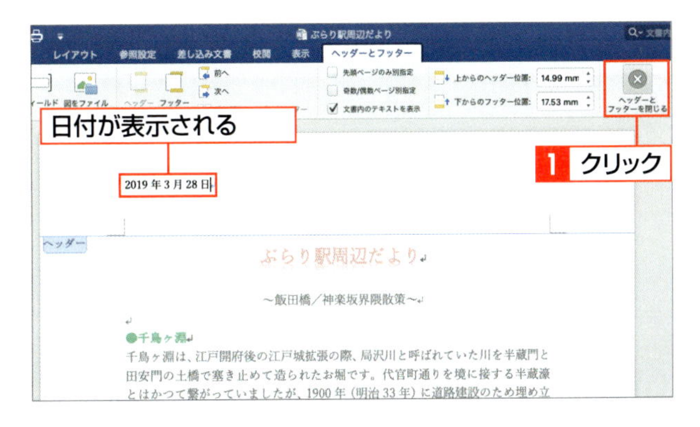

Hint ヘッダーやフッターを編集する

ヘッダーやフッターをダブルクリックすると、編集できる状態になります。文字の修正や、＜ホーム＞タブのコマンドでスタイルや配置の変更ができます。

SECTION 03

直線や図形を描く

Wordでは、直線や四角形、円などの単純なものから、ブロック矢印、星、リボン、吹き出しなどの複雑なものまで、さまざまな図形を描くことができます。図形は、曲線ほか2、3の例外を除き、描きたい図形を選んで、ページ上でドラッグするという方法でかんたんに描くことができます。

覚えておきたいKeyword　線　図形　フリーフォーム

1 直線を描く

1 <線>をクリックする

<挿入>タブをクリックして1、<図形>をクリックし2、<線>をクリックします3。

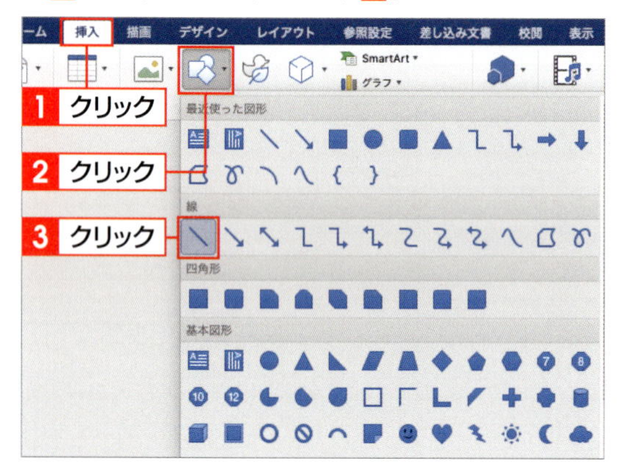

2 始点にポインターを移動する

マウスポインターの形が十に変わるので、直線の始点にポインターを移動します1。

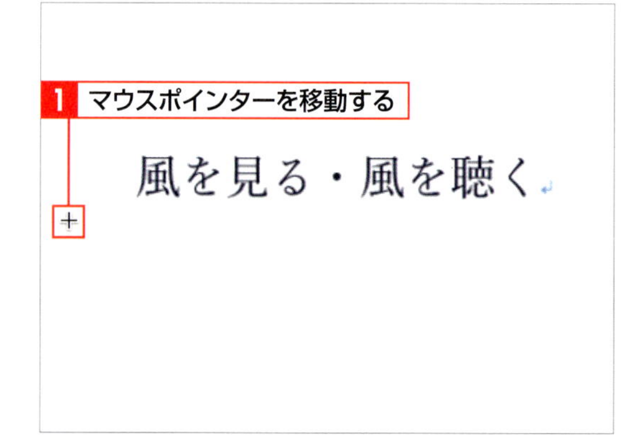

3 右方向にドラッグする

目的の長さになるまでドラッグします1。

4 直線が描かれる

ドラッグした長さの直線が描かれます。

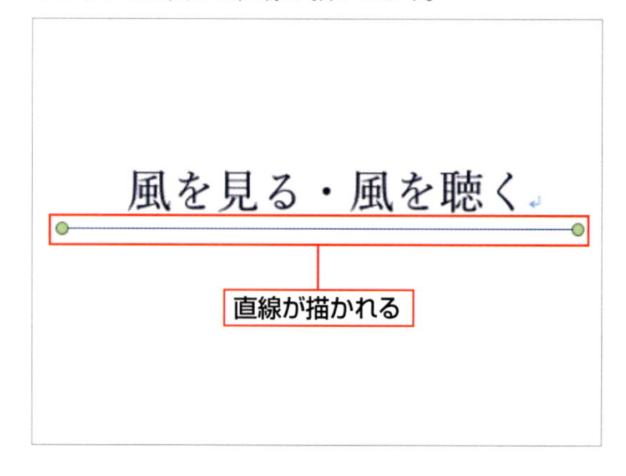

2 図形を描く

1 図形を指定する

＜挿入＞タブをクリックして1、＜図形＞をクリックし2、描画する図形をクリックします3。

2 始点にポインターを移動する

マウスポインターの形が十に変わるので、図形の始点にポインターを移動します1。

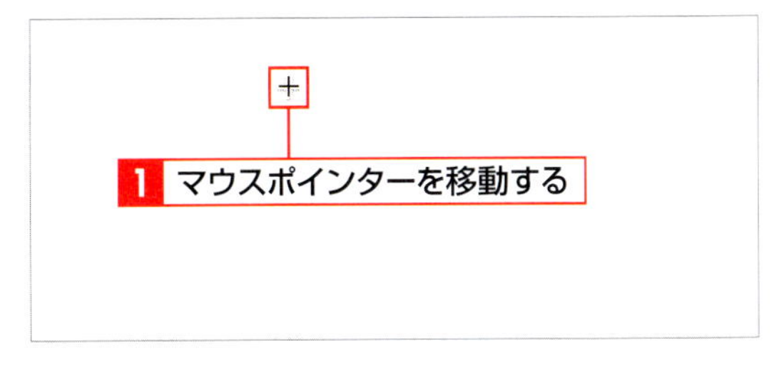

3 対角線上にドラッグする

対角線上にドラッグします1。

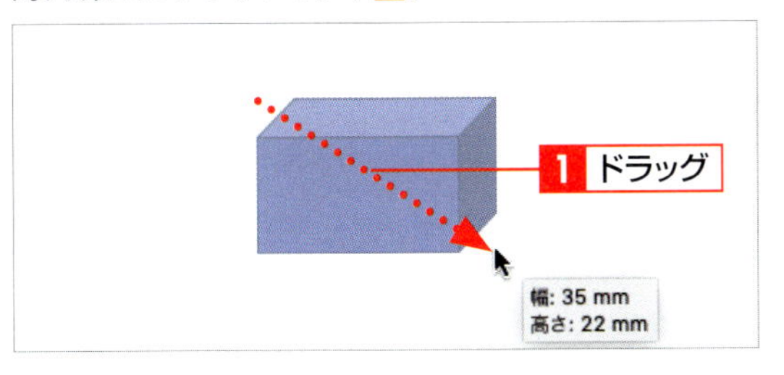

4 図形が描かれる

ドラッグした大きさの図形が描かれます。

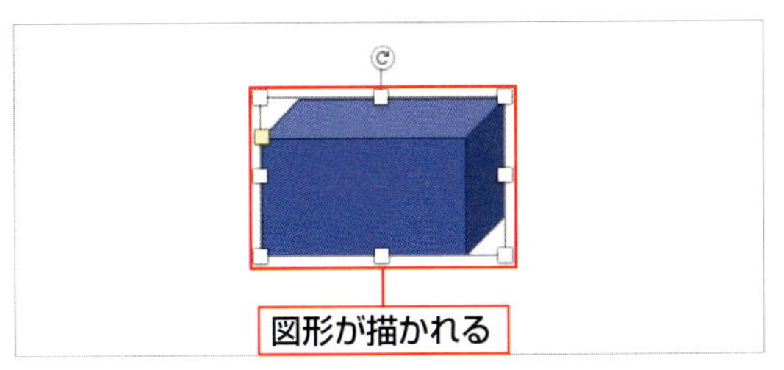

3 自由な形の図形を描く

1 ＜フリーフォーム＞をクリックする

＜挿入＞タブをクリックして1、＜図形＞をクリックし2、＜フリーフォーム＞をクリックします3。

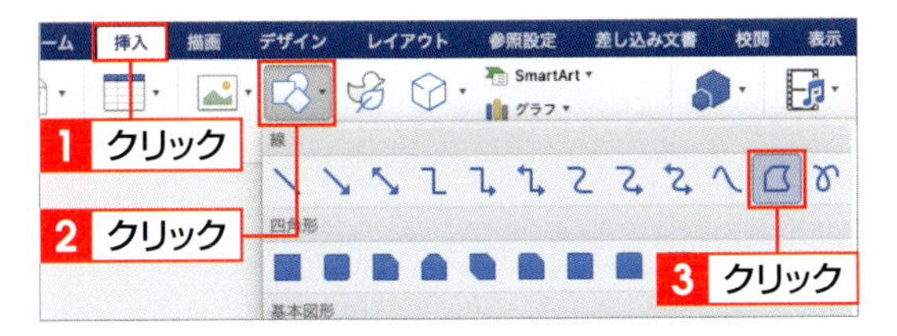

2 図形を描き始める

図形を描き始める位置をクリックします1。続けて、角になる位置をクリックします2。

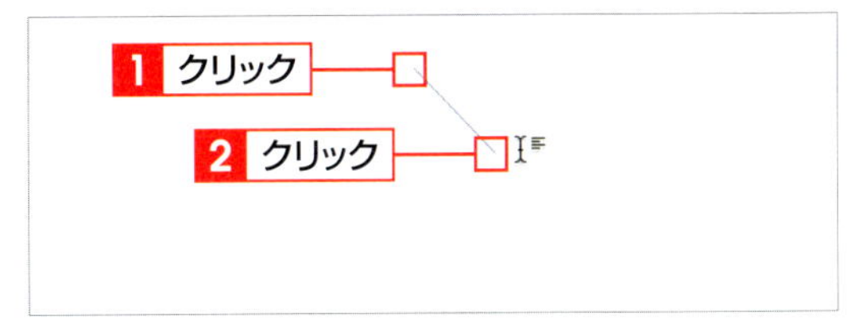

3 角になる位置でクリックする

角になる位置で順にクリックしていき1、最後に、描き始めた始点をもう一度クリックします2。

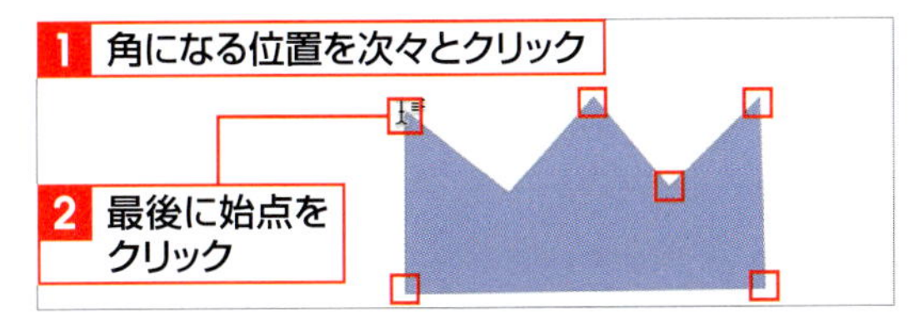

4 自由な形の図形が描かれる

自由な形の図形を描くことができます。

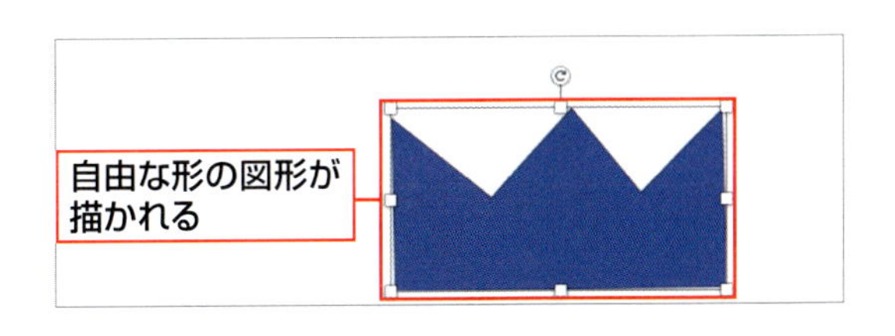

SECTION 04

図形を編集する

描いた図形は、線の太さや色を変えたり、あらかじめ色や枠線などが設定されている図形のスタイルを適用したり、反射や光彩などの図形の効果を設定したりできます。また、必要に応じて図形を回転させたり、上下や左右に反転させることもできます。

覚えておきたい Keyword　図形の枠線　図形の塗りつぶし　図形のスタイル

1 線の太さを変更する

1 図形をクリックする

図形をクリックします 1 。

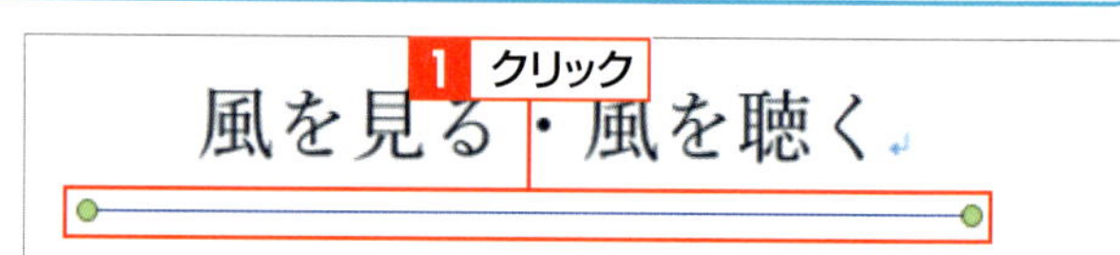

2 線の太さを指定する

<図形の書式設定>タブをクリックします 1 。<図形の枠線>の ▾ をクリックして 2 、<太さ>をポイントし 3 、使用する線の太さ（ここでは<4.5pt>）をクリックします 4 。6ptより太くしたいときは、メニューの下にある<その他の線>をクリックして指定します。

Memo 線の種類を変更する

線の種類を変更する場合は、<実線／点線>をポイントして、表示される一覧で線の種類を指定します。

3 線の太さが変更される

図形の線の太さが変更されます。

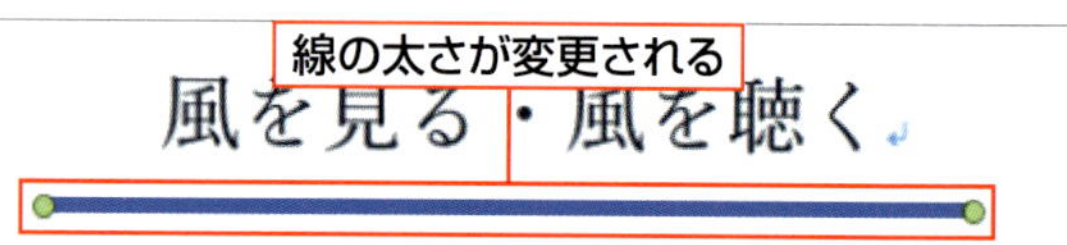

2 図形の色を変更する

1 色を指定する

図形をクリックします 1。＜図形の書式設定＞タブをクリックして 2、＜図形の塗りつぶし＞の ▾ をクリックし 3、使用する色（ここでは＜オレンジ＞）をクリックします 4。

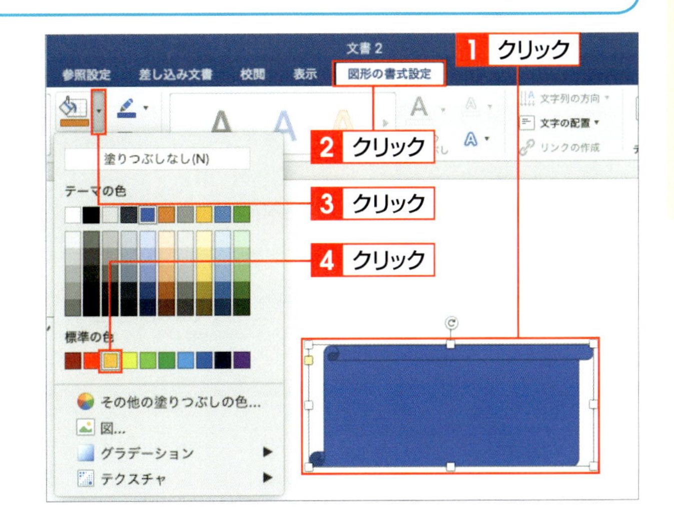

Memo 星とリボンの図形

ここで使用している図形は、＜挿入＞タブの＜図形＞をクリックして、＜星とリボン＞にある＜縦巻き＞をクリックすると、描くことができます。

2 図形の色が変更される

図形の色が変更されます。

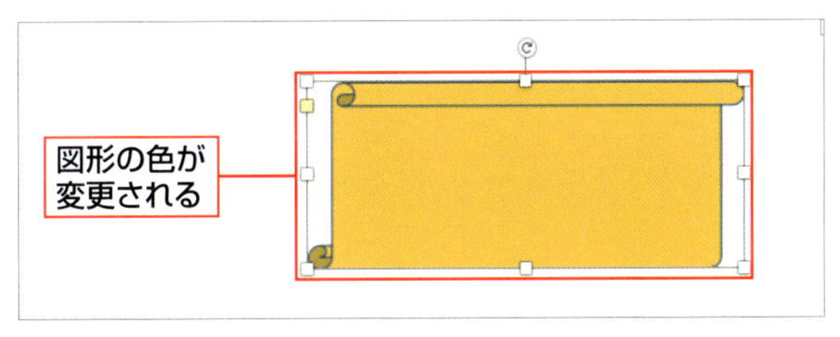

3 図形にスタイルを適用する

1 スタイルを指定する

図形をクリックします 1。＜図形の書式設定＞タブをクリックして 2、＜図形のスタイル＞をポイントすると表示される ▾ をクリックし 3、使用するスタイル（ここではパステル、緑、アクセント6）をクリックします 4。

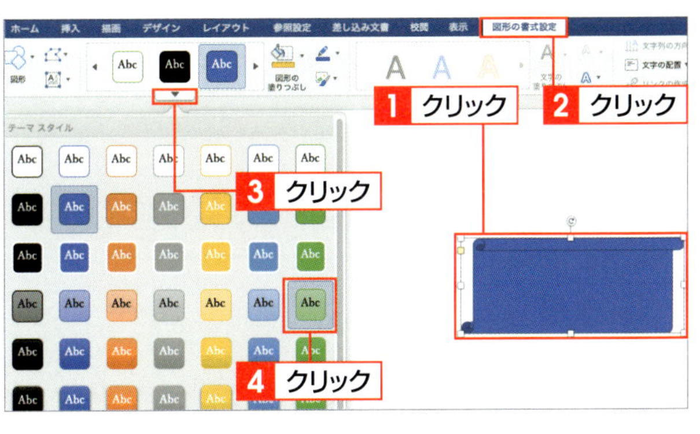

2 スタイルが適用される

図形にスタイルが適用されます。

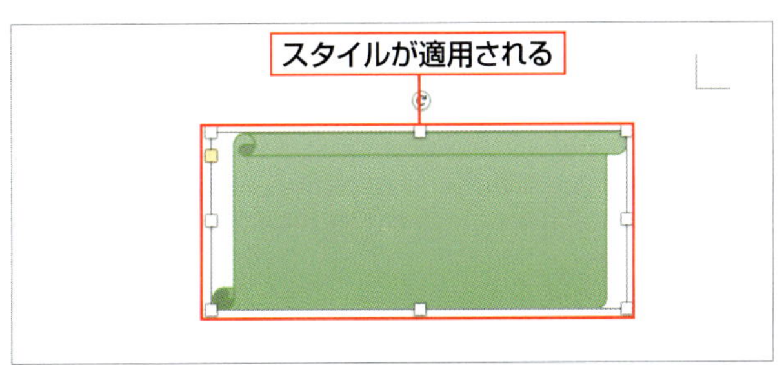

Memo 図形のスタイル

＜図形のスタイル＞を利用すると、色や枠線などがあらかじめ設定されているスタイルを適用できます。

4 図形に効果を付ける

1 効果を指定する

図形をクリックします。<図形の書式設定>タブをクリックして1、<図形の効果>をクリックします2。使用する効果(ここでは<反射>)をポイントして3、種類(<ここでは反射(弱):4pt オフセット>) をクリックします4。

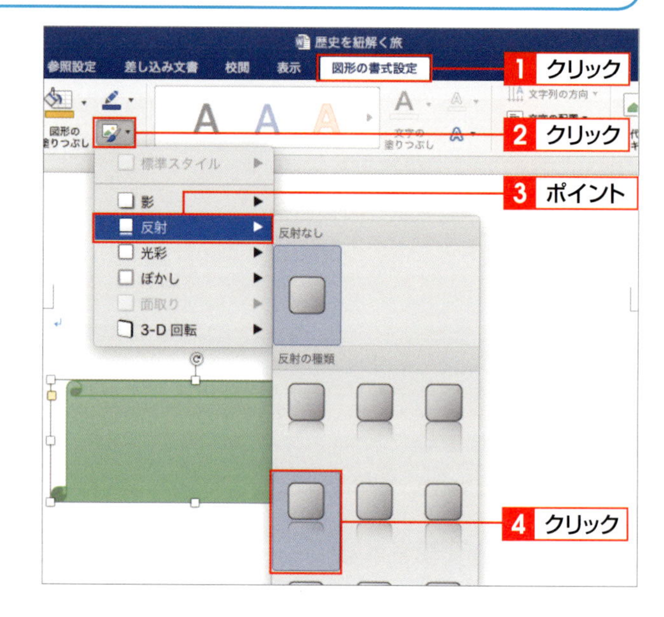

2 効果が設定される

図形に指定した効果が設定されます。

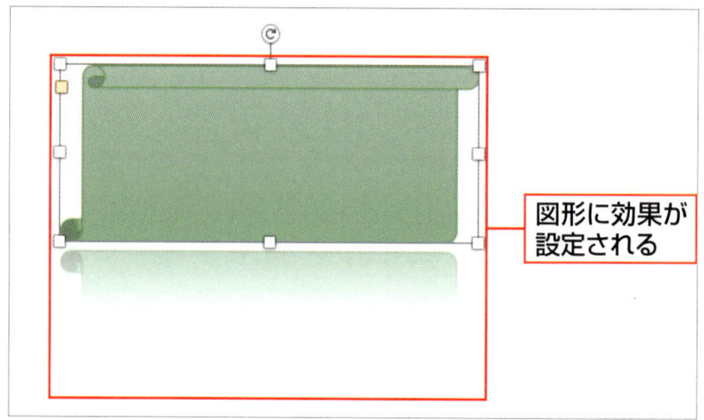

設定した効果を解除するときは、各効果の一覧にある<〇〇なし>(たとえば<反射>の場合は<反射なし>)をクリックします。

Column 図形の形状を変更する

図形をクリックすると、調整ハンドル□が表示されます。調整ハンドルをドラッグすると、図形の形状を変更できます。ただし、図形によっては、形状を変更できないものもあります。この場合は、調整ハンドルは表示されません。

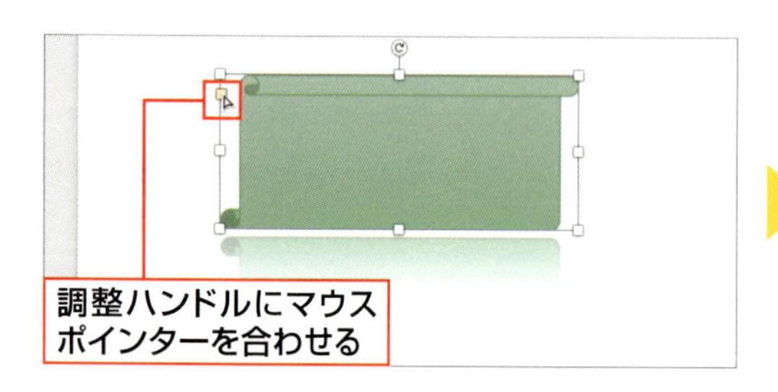

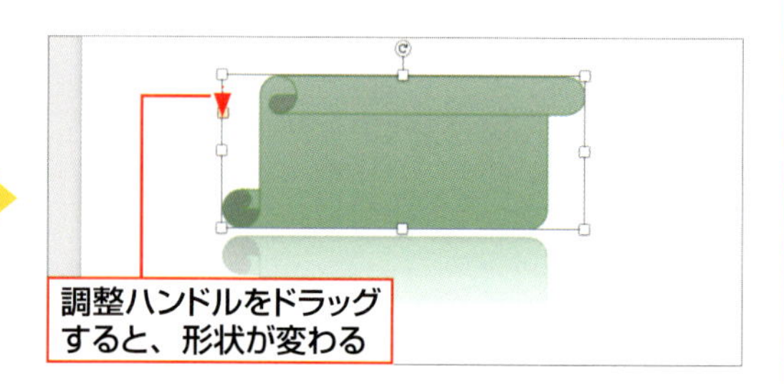

5 図形を回転する

1 図形をクリックする

図形をクリックすると、回転ハンドルが表示されます。回転ハンドルにマウスポインターを合わせると 1 、ポインターの形が に変わります。

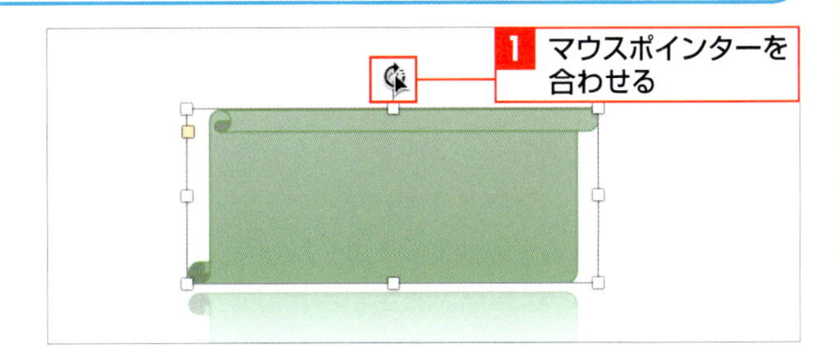

2 回転ハンドルをドラッグする

マウスポインターの形が変わった状態で、目的の傾きになるまで回転ハンドルをドラッグします 1 。

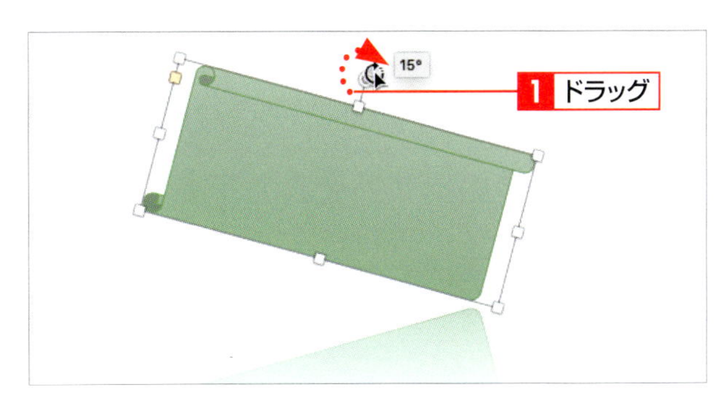

3 図形が回転される

図形が回転されます。

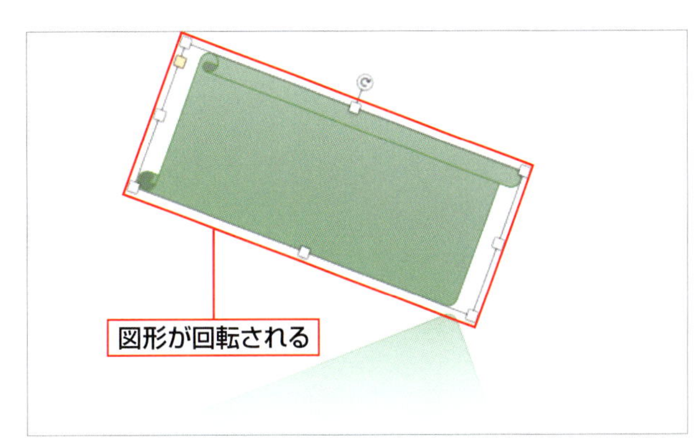

Column 図形を反転する

図形は上下左右に反転させることもできます。<図形の書式設定>タブをクリックして 1 、<整列>をクリックし 2 、<回転>をクリックして 3 、<上下反転>または<左右反転>をクリックします 4 。

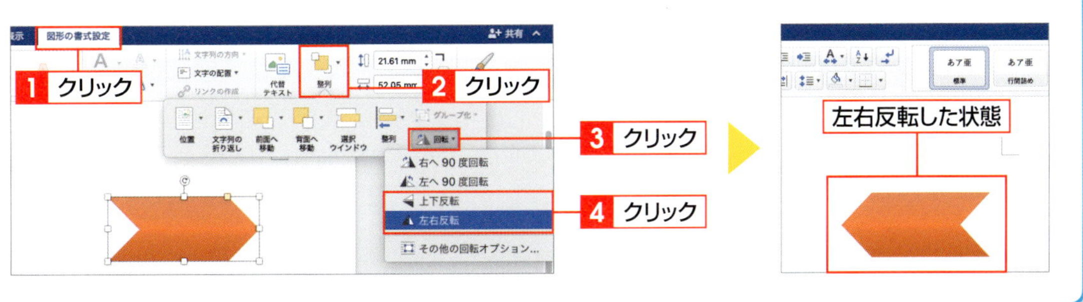

SECTION 05 図形の中に文字を配置する

図形の中には、文字を入力できます。入力した文字には、本文と同様にフォントや文字サイズ、文字色などの書式を設定できます。また、引き出し線の付いた図形も用意されており、図の説明を入れたい場合などに利用できます。

覚えておきたいKeyword　図形の中に文字を入力　吹き出し　引き出し線

1 図形の中に文字を入力する

1 文字を入力する

文字を入力する図形をクリックして**1**、文字を入力します**2**。

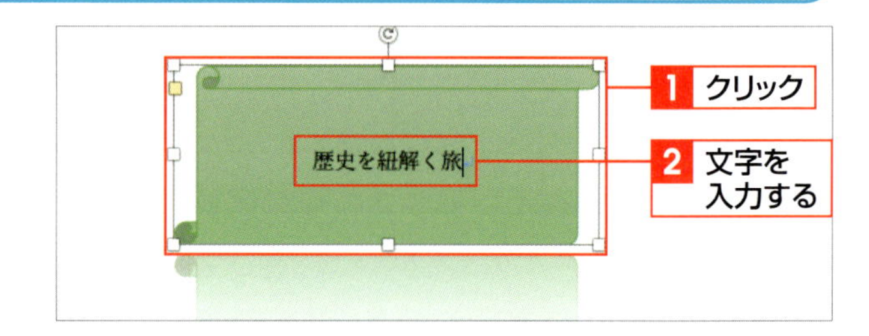

2 書式を設定する

図形と文字のバランスを考えながら、フォントや文字サイズ、文字配置などの書式を設定します。書式を設定したら、必要に応じて図形のサイズを調整します。

Memo フォントと文字サイズ

ここでは、フォントを「ヒラギノ角ゴProN W6」で文字サイズを24pt、文字色を「濃い赤」に設定しています。

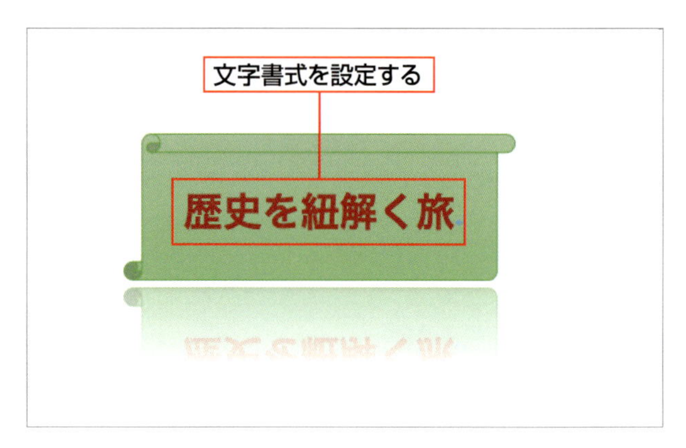

2 引き出し線の付いた図形を描く

1 吹き出しの形状を指定する

<挿入>タブをクリックして**1**、<図形>をクリックし**2**、描画する形（ここでは<雲形吹き出し>）をクリックします**3**。

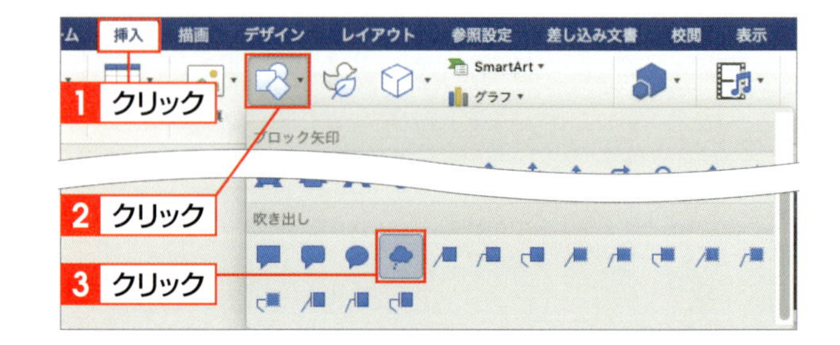

2 図形を描く

マウスポインターの形が十に変わった状態で、目的の大きさになるまで対角線上にドラッグします 1。

Keyword 引き出し線

引き出し線とは、吹き出しの図形から伸びている線状の部分のことで、対象のものを指し示す際などに利用されます。引き出し線の形状は、図形の形によって異なります。

3 文字を入力する

図形を選択した状態で文字を入力し 1、文字の書式を変更します 2。

Memo フォントと文字サイズ

ここでは、フォントを「ヒラギノ丸ゴProN」に、文字サイズを16ptに設定しています。

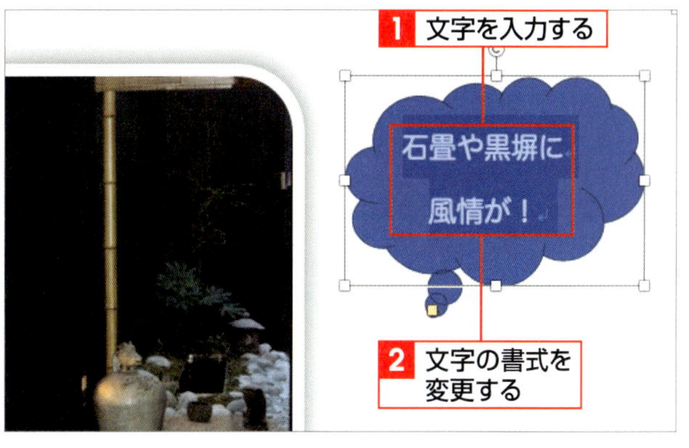

4 ハンドルにマウスポインターを合わせる

引き出し線の先端にあるハンドル□にマウスポインターを合わせます 1。

5 引き出し線の位置を調整する

ハンドルをドラッグすると 1、引き出し線の位置が調整されます。

Memo 引き出し線の変更

引き出し線の付いた図形をクリックすると表示される□をドラッグすると、引き出し線の位置や長さを変更できます。

SECTION 06

複数の図形を操作する

作成した図形は、位置を移動したり、コピーして増やしたりできます。複数の図形を描いたときは、整列したり、重ねて配置した図形の重なり順を変更したりもできます。また、図形をグループ化すると、複数の図形を1つの図形のようにまとめて扱うことができます。

覚えておきたいKeyword　移動／コピー　図形の整列　グループ化

1 図形を移動する

1 図形をドラッグする

移動する図形にマウスポインターを合わせてドラッグします 1。

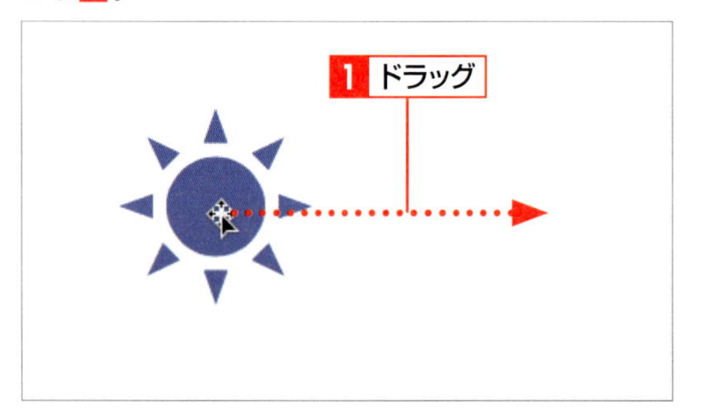

2 図形が移動される

図形が移動されます。shift を押しながらドラッグすると、水平・垂直方向に移動できます。

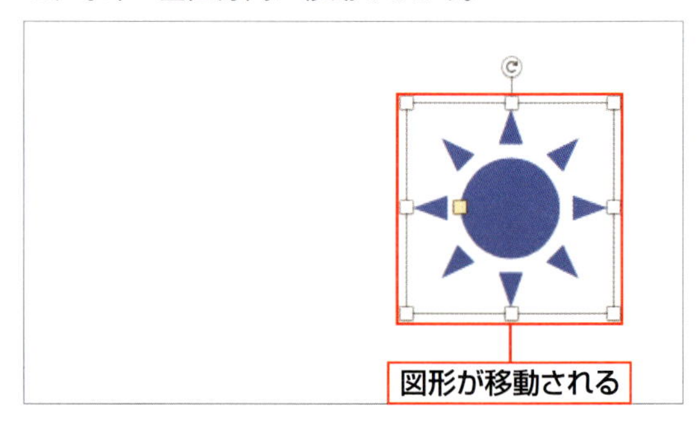

2 図形をコピーする

1 option を押しながら図形をドラッグする

コピーする図形にマウスポインターを合わせ、option を押しながらドラッグします 1。

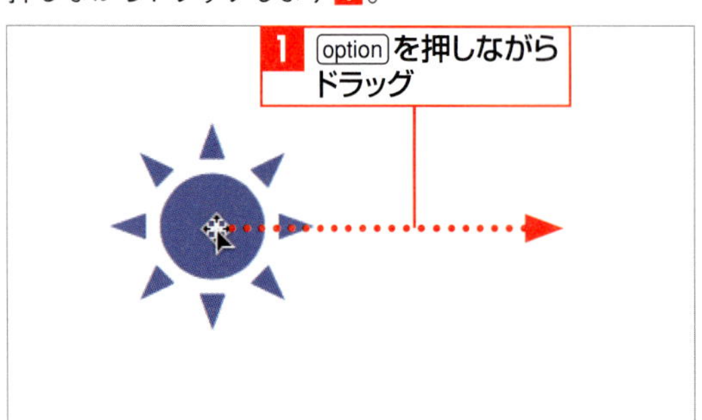

2 図形がコピーされる

図形がコピーされます。option と shift を押しながらドラッグすると、水平・垂直方向にコピーできます。

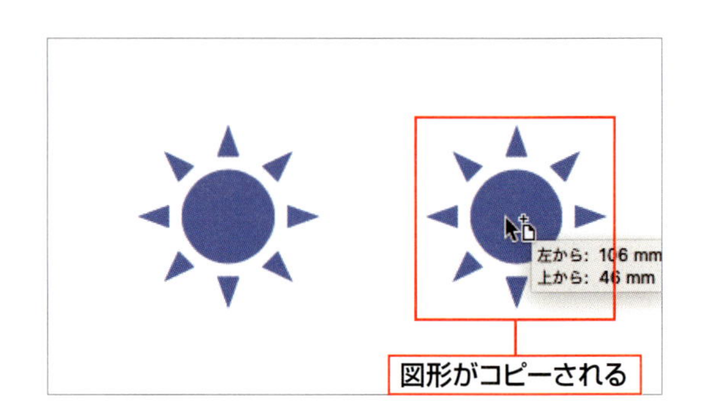

3 図形を整列する

1 ＜上下中央揃え＞をクリックする

整列させたい図形を shift （または ⌘） を押しながらクリックして選択し 1 、＜図形の書式設定＞タブをクリックします 2 。＜整列＞をクリックして 3 、＜整列＞をクリックし 4 、＜上下中央揃え＞をクリックします 5 。

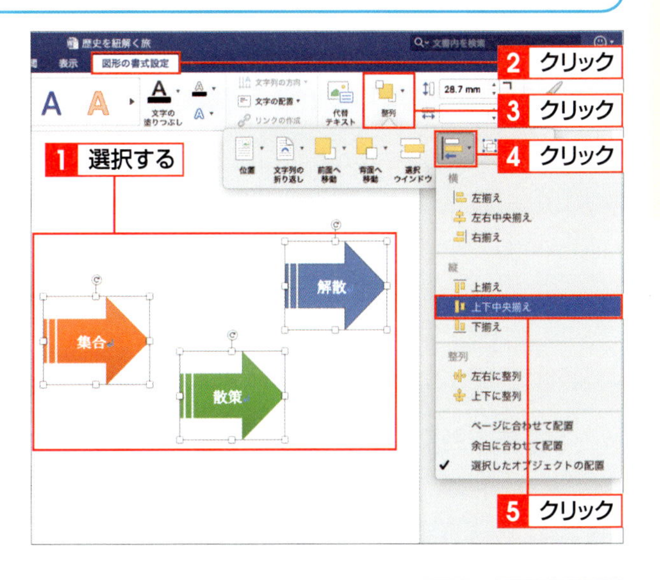

Memo コマンドの表示

画面のサイズが大きい場合は、＜整列＞をクリックして、＜上下中央揃え＞をクリックします。

2 ＜左右に整列＞をクリックする

もう一度＜整列＞をクリックして 1 、＜整列＞をクリックし 2 、＜左右に整列＞をクリックします 3 。

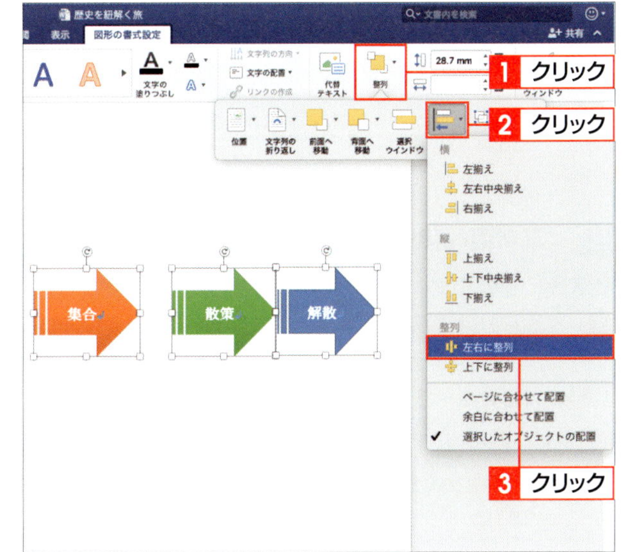

3 図形が整列される

図形が上下中央に、左右等間隔で配置されます。

図形が整列される

集合 散策 解散

4 図形の重なり順を変える

1 ＜背面へ移動＞をクリックする

重なり順を変えたい図形をクリックします 1。＜図形の書式設定＞タブをクリックして 2、＜整列＞をクリックし 3、＜背面へ移動＞をクリックします 4。

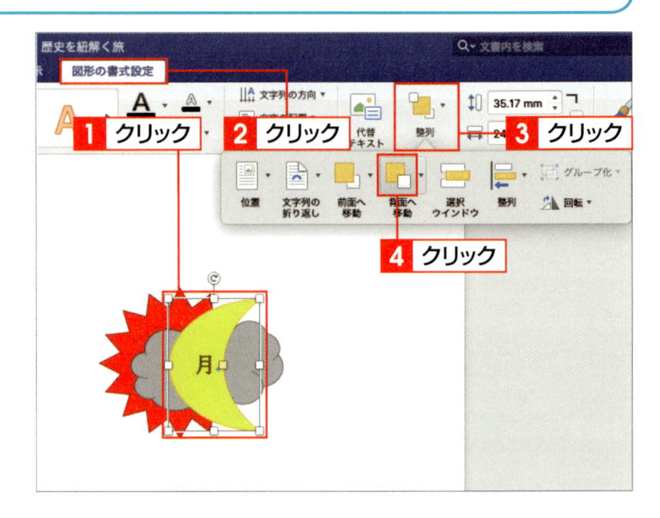

2 図形の重なり順が変わる

選択した図形が背面に移動し、図形の重なり順が変わります。

3 ＜最背面へ移動＞をクリックする

最背面に移動させたい図形をクリックします 1。＜図形の書式設定＞タブの＜整列＞をクリックして 2、＜背面へ移動＞の▾をクリックし 3、＜最背面へ移動＞をクリックします 4。

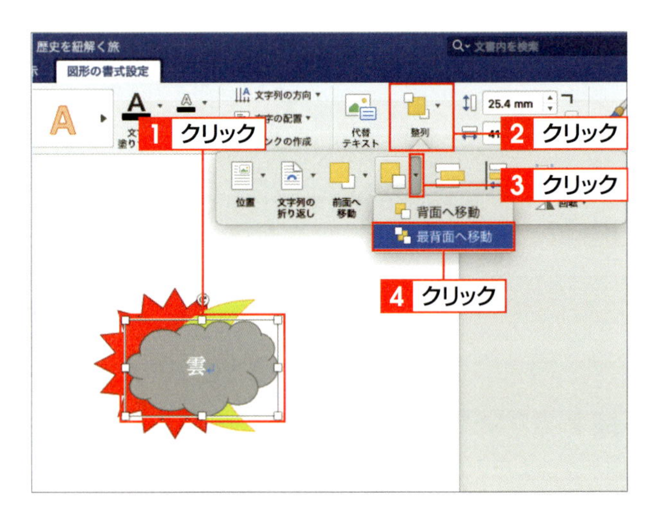

4 図形が最背面に移動される

選択した図形が最背面に移動されます。

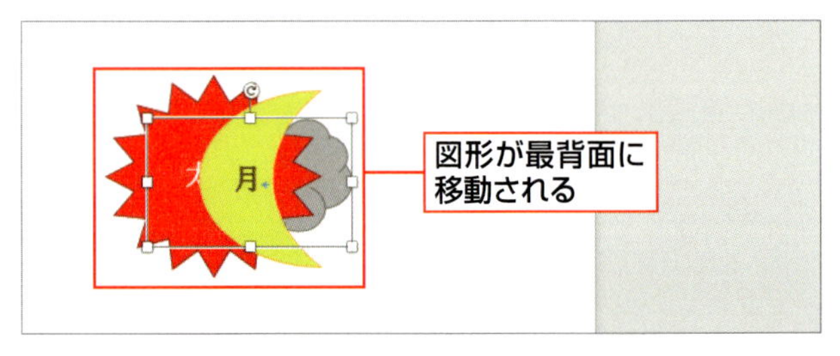

5 図形をグループ化する

1 <グループ化>をクリックする

グループ化する図形を shift （または ⌘） を押しながらクリックして選択し **1**、<図形の書式設定>タブをクリックします **2**。<整列>をクリックして **3**、<グループ化>をクリックし **4**、<グループ化>をクリックします **5**。

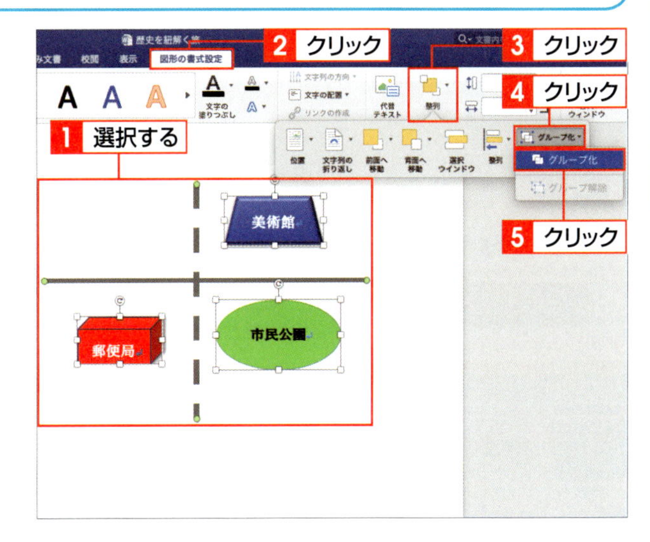

2 図形がグループ化される

選択した図形がグループ化され、1つのオブジェクトとして扱えるようになります。

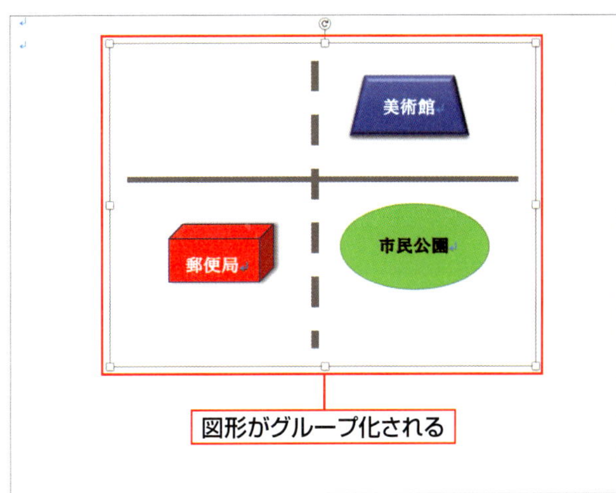

Memo 図形のグループ化

図形をグループ化すると、すべての図形を1つの図形として扱い、同時に移動、サイズ変更、回転、反転を行うことができます。また、図形の色や効果などをグループ化した図形に同時に設定することもできます。

3 図形をグループ単位で移動する

グループ化した図形は、移動やサイズの変更をまとめて行うことができます。

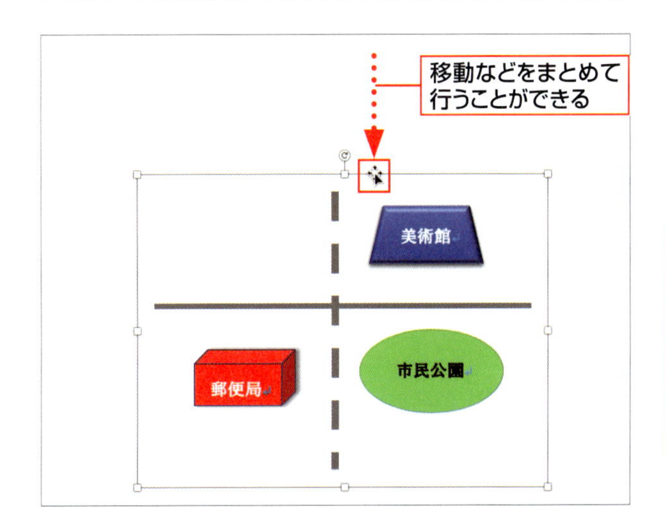

Hint グループ化を解除する

グループ化を解除するには、グループ化した図形をクリックして<整列>をクリックし、<グループ化>をクリックして、<グループ解除>をクリックします。

SECTION 07

表を作成する

Wordの文書で表を作成するには、行数と列数を指定して作成する方法と、罫線を1本ずつ引いて作成する方法があります。大きな表を作成する場合や、表のおおよその構成がわかっている場合は、前者の方法が便利です。<罫線を引く>を利用して、斜線を引くこともできます。

覚えておきたいKeyword　表の挿入　罫線を引く　罫線の削除

1 表を挿入する

1 表の列数と行数を指定する

表を挿入する位置にカーソルを移動します 1。<挿入>タブをクリックして 2、<表>をクリックし 3、表の列数と行数をドラッグして指定します 4。ここでは、5列4行の表を作成します。

2 表が挿入される

指定した列数と行数の表が挿入されます。

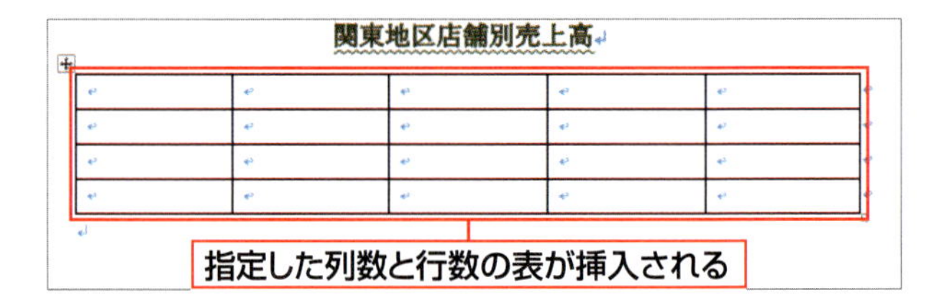

Column <表の挿入>ダイアログボックスを使う

<挿入>タブの<表>をクリックして、<表の挿入>をクリックすると、<表の挿入>ダイアログボックスが表示されます。このダイアログボックスで列数や行数を指定することでも、同様に表を作成できます。

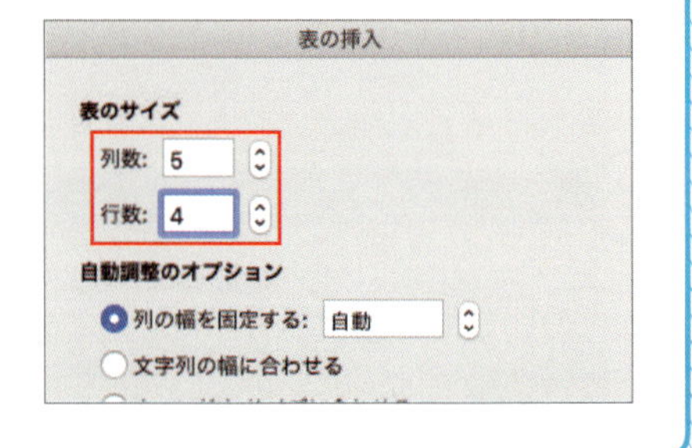

2 罫線を引く

1 セル内を対角線上にドラッグする

罫線を引く表をクリックして、<レイアウト>タブをクリックし 1 、<罫線を引く>をクリックします 2 。マウスポインターの形が🖉に変わるので、セル内を対角線上にドラッグします 3 。

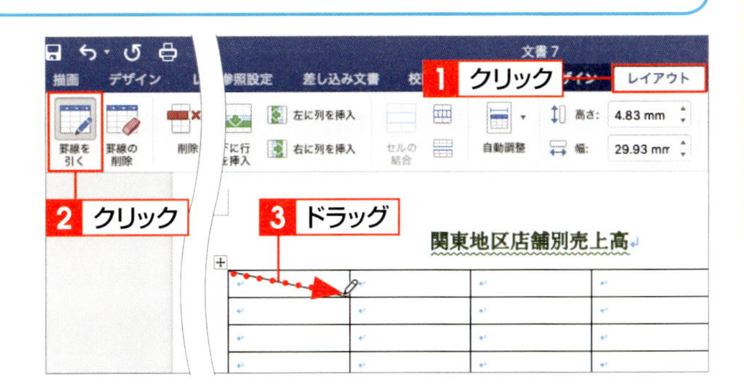

Memo <レイアウト>タブ

手順 1 でクリックする<レイアウト>タブは、表をクリックすると表示されるほうのタブです。

2 斜線が引かれる

セル内に斜線が引かれます。罫線を引いたら、<罫線を引く>をクリックするか 1 、表以外の部分をクリックして、マウスポインターをもとの形に戻します。

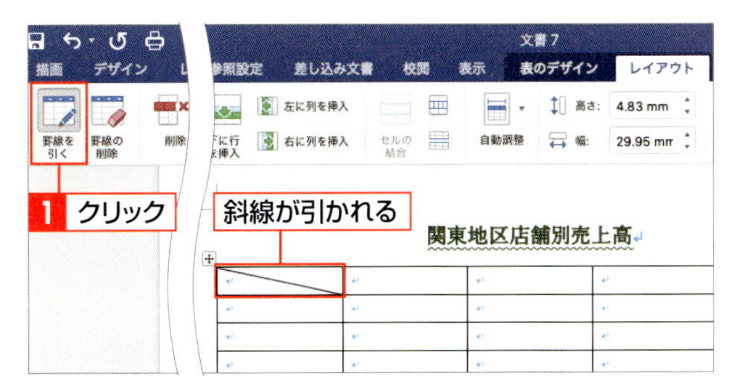

3 文字を入力する

1 セル内に文字を入力する

文字を入力するセルをクリックして、目的の文字を入力します 1 。

関東地区店舗別売上高

1 文字を入力する

	4月			

2 残りの文字を入力する

矢印キーや tab などを押して、カーソルを移動しながら、必要な文字を入力します 1 。

1 必要な文字を入力する

	4月	5月	6月	7月
新宿西口店	6620	8900	2800	9060
渋谷店	4080	8430	9990	1660
目黒店	8750	1830	8720	5700

Column 罫線を削除する

表を選択して<レイアウト>タブをクリックし、<罫線の削除>をクリックすると、マウスポインターの形が消しゴムに変わります。その状態で削除したい罫線をクリックあるいはドラッグすると、罫線を削除できます。

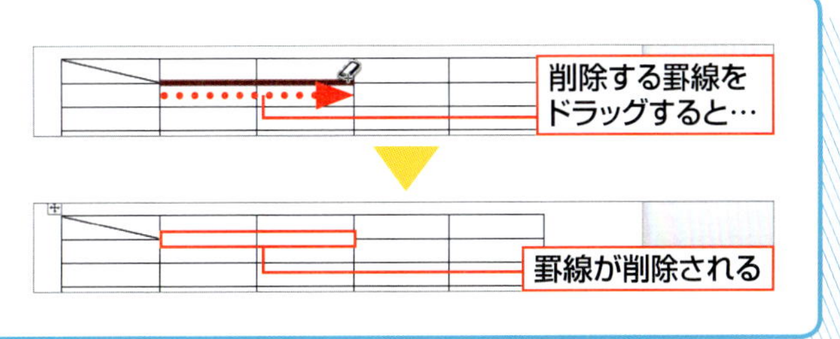

SECTION 08

行や列を挿入・削除する

表を作成したあとで、新たに項目を追加する必要がある場合は、行や列を挿入できます。行や列を挿入するときは、選択しているセルを基準として、行の場合は上か下に、列の場合は左か右に挿入が可能です。また、不要になった行や列を削除することもできます。

覚えておきたいKeyword　行／列の挿入　行／列の削除　表の削除

1 行や列を挿入する

1 セルをクリックする

表内のセルをクリックして、カーソルを置きます 1 。

1 クリック

関東地区店舗別売上高

	4月	5月	6月	7月
新宿西口店	6620	8900	2800	9060
渋谷店	4080	8430	9990	1660
目黒店	8750	1830	8720	5700

2 ＜上に行を挿入＞をクリックする

＜レイアウト＞タブをクリックして 1 、＜上に行を挿入＞をクリックします 2 。

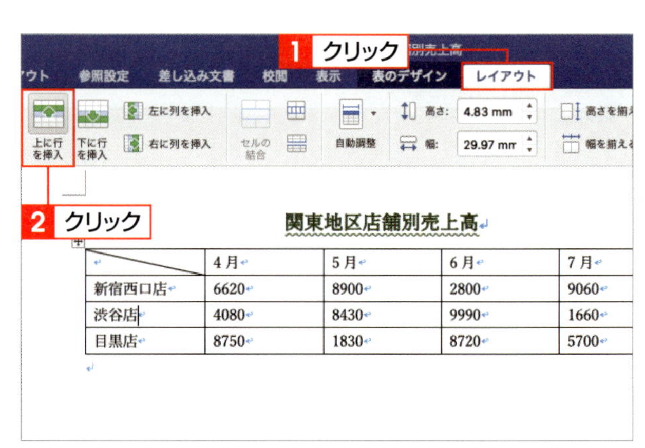

Memo 下に行を挿入する

カーソルを置いた行の下に行を挿入する場合は、手順 2 で＜下に行を挿入＞をクリックします。

3 行が挿入される

カーソルを置いた行の上に空白の行が挿入されます。

Memo 列を挿入する

列を挿入する場合は、表内のセルをクリックして＜レイアウト＞タブをクリックし、＜左に列を挿入＞あるいは＜右に列を挿入＞をクリックします。

2 行や列を削除する

1 <行の削除>をクリックする

削除する行をクリックしてカーソルを置きます1。<レイアウト>タブをクリックして2、<削除>をクリックし3、<行の削除>をクリックします4。

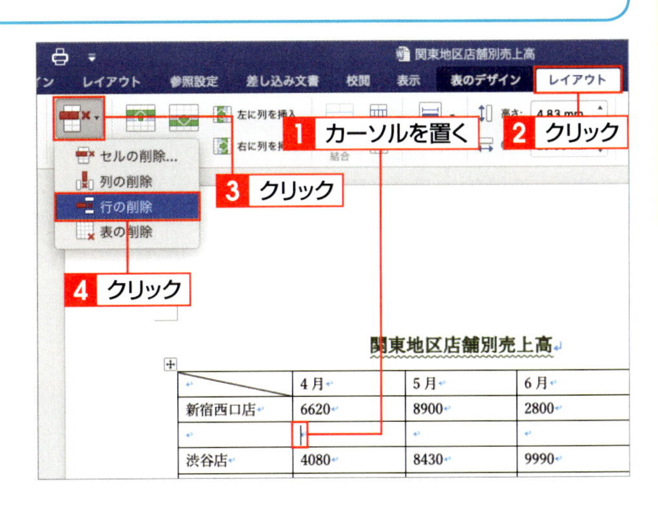

Memo 列を削除する

列を削除する場合は、削除する列をクリックして、手順4で<列の削除>をクリックします。

2 行が削除される

カーソルを置いた行が削除されます。

関東地区店舗別売上高

	4月	5月	6月	7月
新宿西口店	6620	8900	2800	9060
渋谷店	4080	8430	9990	1660
目黒店	8750	1830	8720	5700

行が削除される

Memo 複数の行／列を削除する

複数の行または列をドラッグして選択し、行または列の削除操作を行うと、複数の行や列を同時に削除できます。

3 表全体を削除する

1 <表の削除>をクリックする

表内のいずれかのセルをクリックします1。<レイアウト>タブをクリックして2、<削除>をクリックし3、<表の削除>をクリックします4。

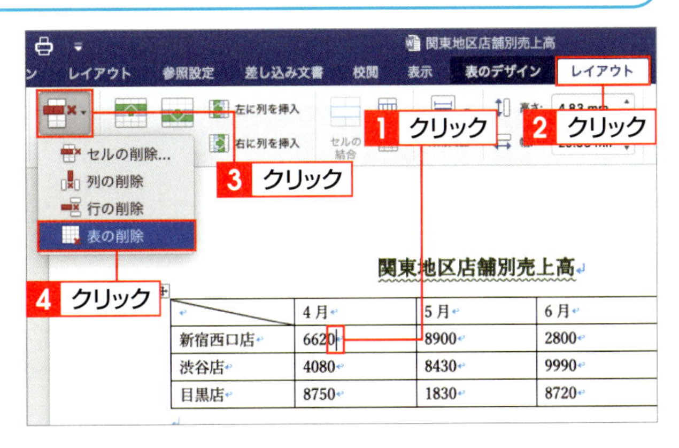

2 表が削除される

表全体が削除されます。

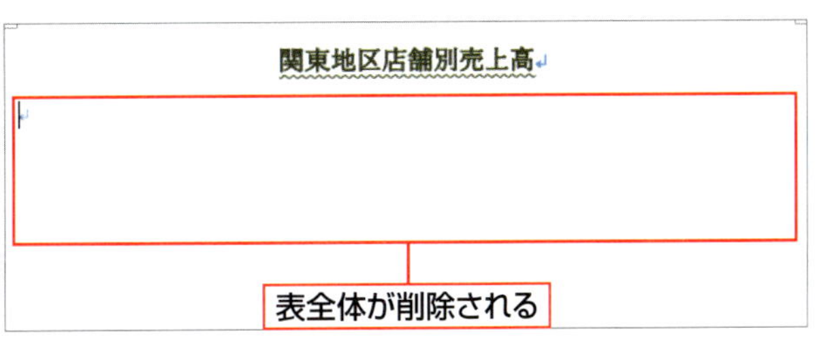

SECTION 09

セルや表を結合・分割する

複数の行や列にわたる項目に見出しを付けたり、1つの項目見出しの内容を2つに分けたいときなどは、セルを結合したり、分割したりできます。セルの結合は、隣接したセルであれば、縦横どちらの方向でも実行できます。また、作成した表を分割することもできます。

覚えておきたいKeyword　セルの結合　セルの分割　表の分割

1 セルを結合する

1 ＜セルの結合＞をクリックする

結合したいセルをドラッグして選択します 1。＜レイアウト＞タブをクリックして 2、＜セルの結合＞をクリックします 3。

1 選択する　2 クリック　レイアウト　3 クリック

店舗別売上実績表

	2018 年度	2019 年度
横浜西口店		
みなとみらい店		

2 セルが結合される

選択したセルが1つに結合されます。セル内に引いた斜線は、結合されたセルにそのまま残ります。

セルが結合される

店舗別売上実績表

	2018 年度	2019 年度
横浜西口店		
みなとみらい店		

Column セルにデータが入力されている場合

データが入力された状態でセルを結合すると、データは結合されたセル内に改行された形で残ります。

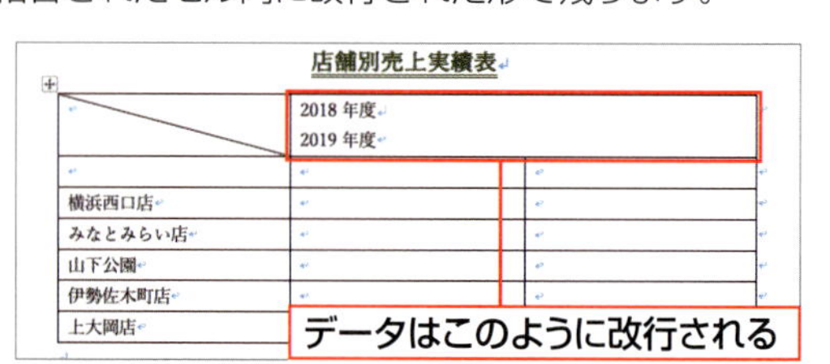

2 セルを分割する

1 ＜セルの分割＞をクリックする

分割するセルをドラッグして選択します 1。＜レイアウト＞タブをクリックして 2、＜セルの分割＞をクリックします 3。

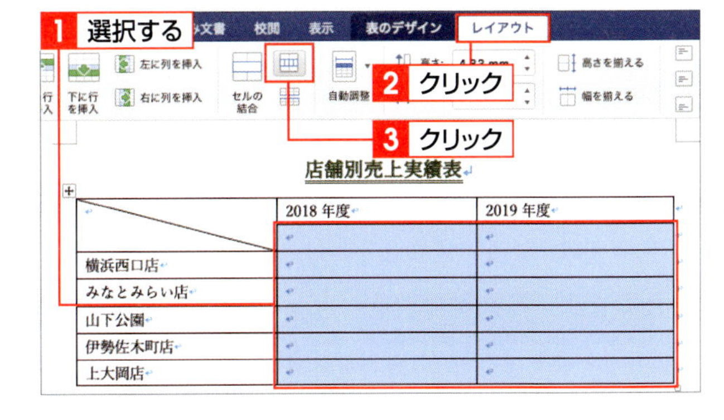

2 列数と行数を指定する

＜セルの分割＞ダイアログボックスが表示されます。列数と行数を指定して 1、＜OK＞をクリックします 2。ここでは、行数は変更せず、列数のみ「4」に指定します。

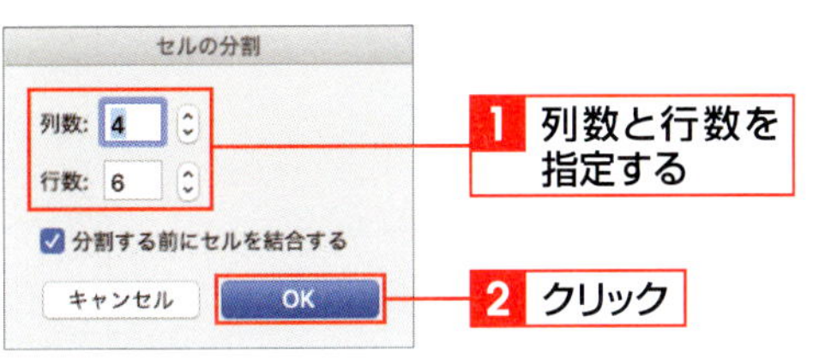

3 セルが分割される

指定した列数でセルが分割されます。

3 表を分割する

1 ＜表の分割＞をクリックする

表を分割したい位置にあるセルをクリックします 1。＜レイアウト＞タブをクリックして 2、＜表の分割＞をクリックします 3。

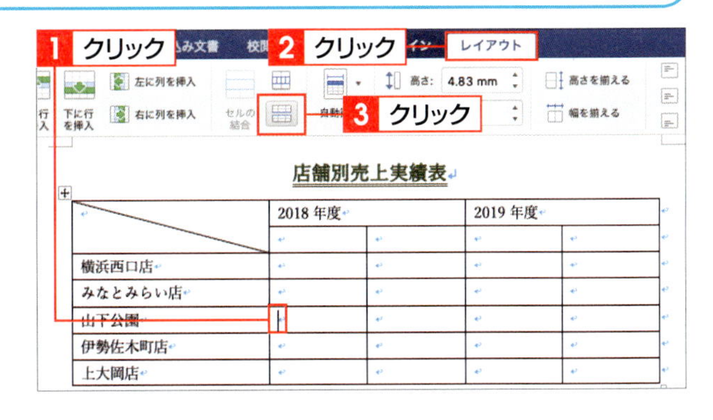

2 表が分割される

カーソルがある行を境にして、表が分割されます。

SECTION 10

列幅や行の高さを調整する

見た目が美しく、バランスのよい表を作るには、列幅や行の高さも重要な要素です。列幅や行の高さは、罫線をドラッグすることで調整できます。また、表全体の行の高さや列幅を均等に揃えたり、文字列のサイズに合わせて、列幅を自動調整することもできます。

覚えておきたいKeyword　列幅　行の高さ　均等揃え

1 列の幅を調整する

1 縦罫線にポインターを合わせる

調整する縦罫線にマウスポインターを合わせると1、ポインターの形が に変わります。

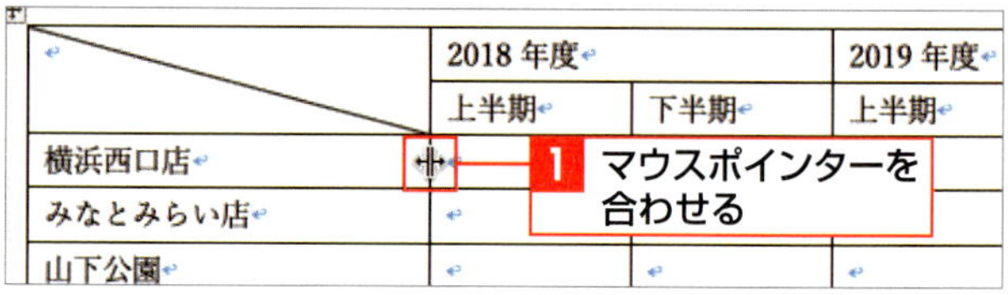

2 罫線をドラッグする

マウスポインターの形が変わった状態で罫線を左右にドラッグすると1、ドラッグした列の幅が調整されます。

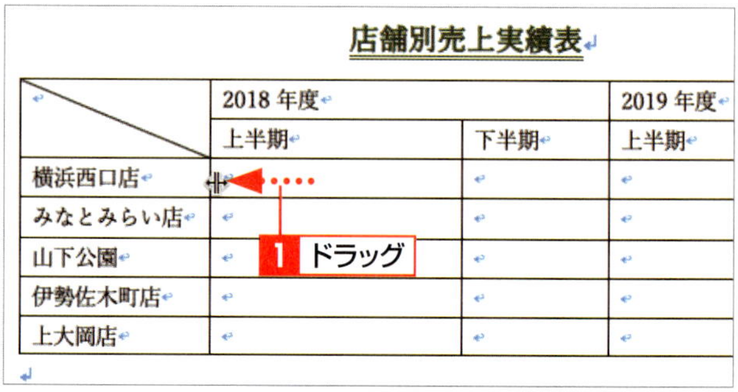

2 行の高さを調整する

1 横罫線にポインターを合わせる

調整する横罫線にマウスポインターを合わせると1、ポインターの形が に変わります。

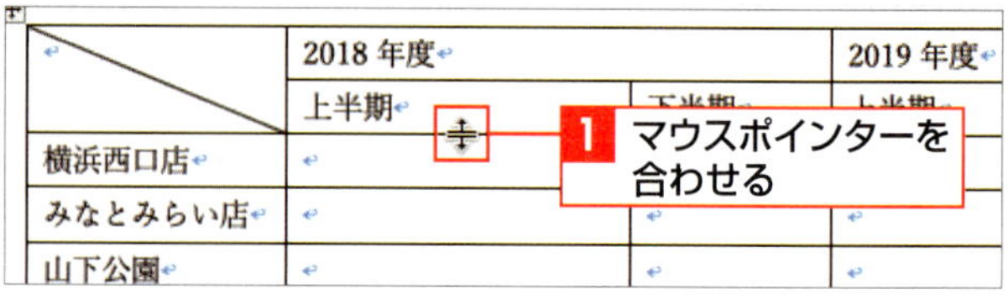

2 罫線をドラッグする

マウスポインターの形が変わった状態で罫線を上下にドラッグすると1、ドラッグした行の高さが調整されます。

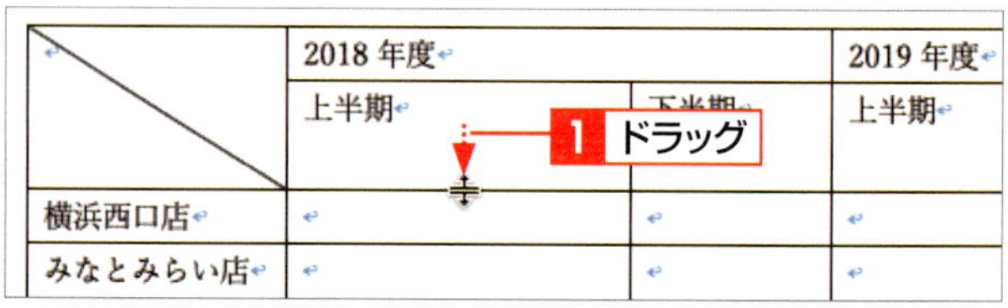

3 列の幅や行の高さを均等に揃える

1 <高さを揃える>をクリックする

表内のいずれかのセルをクリックします 1。<レイアウト>タブをクリックして 2、<高さを揃える>をクリックします 3。

Memo 列幅や行の高さの調整

列幅や行の高さを調整すると、表全体の大きさは変わらずに、ドラッグした列の幅や行の高さだけが変更されます。ほかの列幅や行の高さも必要に応じて調整しましょう。

2 行の高さが均等に揃う

すべての行が同じ高さに揃えられます。

行の高さが均等に揃う

店舗別売上実績表

	2018 年度		2019 年度	
	上半期	下半期	上半期	下半期
横浜西口店				
みなとみらい店				
山下公園				
伊勢佐木町店				
上大岡店				

3 <幅を揃える>をクリックする

幅を揃えるセルをドラッグして選択します 1。<レイアウト>タブをクリックして 2、<幅を揃える>をクリックします 3。

Hint 範囲を指定する

一部の列幅や行の高さを均等に揃えたいときは、目的のセルを選択することで範囲を指定して、<高さを揃える>や<幅を揃える>をクリックします。

4 列幅が均等に揃う

選択した列の幅が均等に揃えられます。

店舗別売上実績表

	2018 年度		2019 年度	
	上半期	下半期	上半期	下半期
横浜西口店				
みなとみらい店				
山下公園				
伊勢佐木町店				
上大岡店				

列幅が均等に揃う

Hint 文字列の幅に合わせる

文字列の長さに合わせて、列幅を調整することもできます。表内のいずれかのセルをクリックして、<レイアウト>タブの<自動調整>をクリックし、<文字列の幅に合わせる>をクリックします。

表に書式を設定する

表のセル内の文字は、本文と同じように、フォントや文字サイズ、文字配置などを変更できます。また、セルに色を付けたり、罫線のスタイルを変更することもできます。これらの書式を適宜設定して体裁を整えると、見栄えのよい表が作成できます。

覚えておきたいKeyword　文字配置　背景色　罫線のスタイル

1 セル内の文字配置を変更する

1 ＜中央揃え＞をクリックする

文字配置を変更するセルをドラッグして選択します 1。＜レイアウト＞タブをクリックして 2、設定したい配置（ここでは＜中央揃え＞）をクリックします 3。

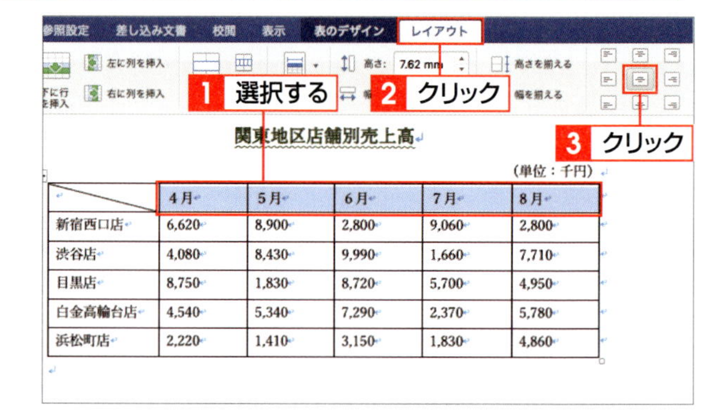

Memo　文字配置の設定

セル内の文字の配置は、＜ホーム＞タブで設定することもできます。

2 ＜中央揃え（右）＞をクリックする

セル範囲をドラッグして選択し 1、＜レイアウトタブ＞の＜中央揃え（右）＞をクリックします 2。

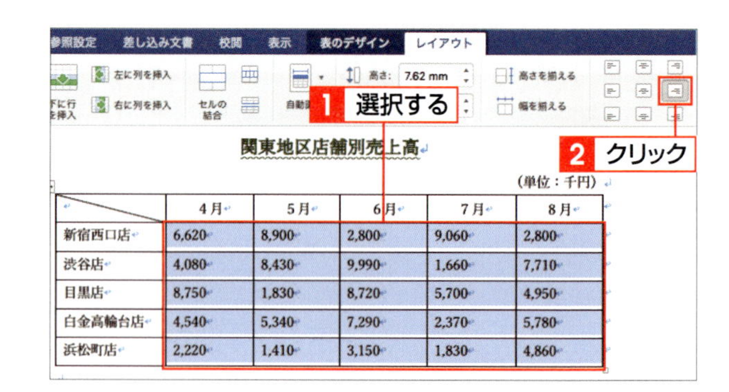

3 文字配置が変更される

選択したセル内の文字配置が変更されます。

文字が中央に揃う

（単位：千円）

	4月	5月	6月	7月	8月
新宿西口店	6,620	8,900	2,800	9,060	2,800
渋谷店	4,080	8,430	9,990	1,660	7,710
目黒店	8,750	1,830	8,720	5,700	4,950
白金高輪台店	4,540	5,340	7,290	2,370	5,780
浜松町店	2,220	1,410	3,150	1,830	4,860

数字が右に揃う

2 セルに背景色を付ける

1 <表のデザイン>タブをクリックする

背景色を付けたいセルをドラッグして選択し **1**、<表のデザイン>タブをクリックします **2**。

参照設定　差し込み文書　校閲　表示　表のデザイン　レイアウト

塗りつぶし

1 選択する

2 クリック

関東地区店舗別売上高

（単位：千円）

	4月	5月	6月	7月	8月
新宿西口店	6,620	8,900	2,800	9,060	2,800
渋谷店	4,080	8,430	9,990	1,660	7,710
目黒店	8,750	1,830	8,720	5,700	4,950
白金高輪台店	4,540	5,340	7,290	2,370	5,780
浜松町店	2,220	1,410	3,150	1,830	4,860

2 色を指定する

<塗りつぶし>の ▾ をクリックして **1**、使用する色（ここでは<オレンジ>）をクリックします **2**。

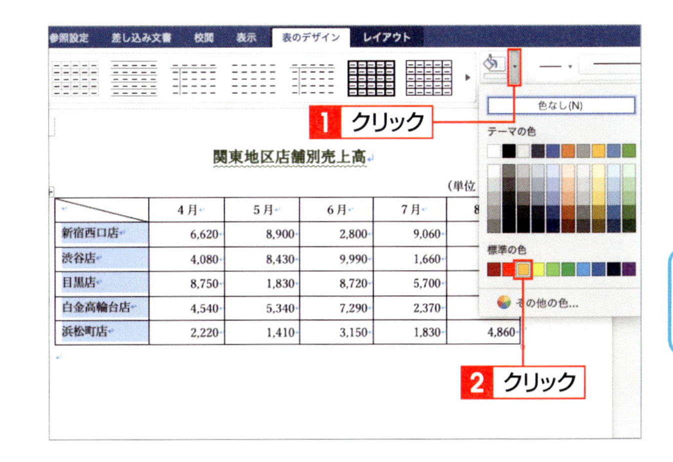

3 セルに背景色が設定される

選択したセルの背景に色が設定されます。

セルに背景色が設定される

関東地区店舗別売上高

（単位：千円）

	4月	5月	6月	7月	8月
新宿西口店	6,620	8,900	2,800	9,060	2,800
渋谷店	4,080	8,430	9,990	1,660	7,710
目黒店	8,750	1,830	8,720	5,700	4,950
白金高輪台店	4,540	5,340	7,290	2,370	5,780
浜松町店	2,220	1,410	3,150	1,830	4,860

4 列見出しに背景色を付ける

同様に、列見出しのセルにも背景色（ここでは<薄い緑>）を設定します。

同様に背景色を設定する

関東地区店舗別売上高

（単位：千円）

	4月	5月	6月	7月	8月
新宿西口店	6,620	8,900	2,800	9,060	2,800
渋谷店	4,080	8,430	9,990	1,660	7,710
目黒店	8,750	1,830	8,720	5,700	4,950
白金高輪台店	4,540	5,340	7,290	2,370	5,780
浜松町店	2,220	1,410	3,150	1,830	4,860

3 フォントを変更する

1 セルを選択する

フォントを変更するセルをドラッグして選択し 1、<ホーム>タブをクリックして 2、<フォント>の ▾ をクリックします 3。

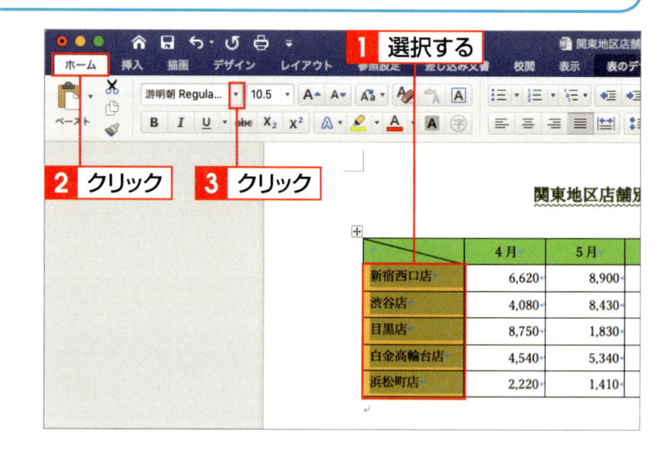

2 フォントを指定する

フォントの一覧が表示されるので、使用するフォント(ここでは<ヒラギノ丸ゴ ProN>)をクリックします 1。

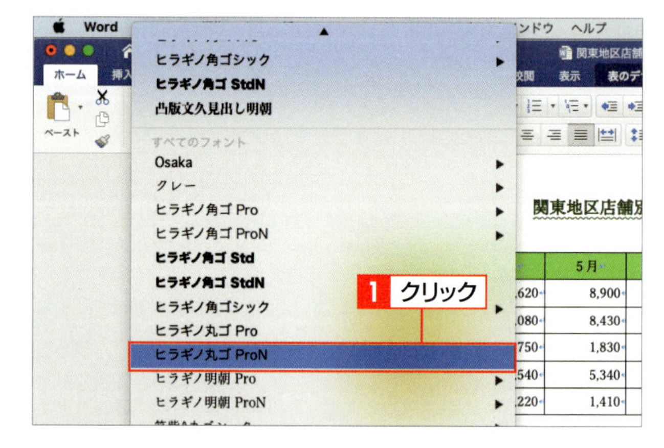

3 フォントが変更される

選択したセルのフォントが変更されます。

フォントが変更される

関東地区店舗別売上高

(単位:千円)

	4月	5月	6月	7月	8月
新宿西口店	6,620	8,900	2,800	9,060	2,800
渋谷店	4,080	8,430	9,990	1,660	7,710
目黒店	8,750	1,830	8,720	5,700	4,950
白金高輪台店	4,540	5,340	7,290	2,370	5,780
浜松町店	2,220	1,410	3,150	1,830	4,860

4 列見出しのフォントを変更する

同様に、列見出しのフォントも変更します。

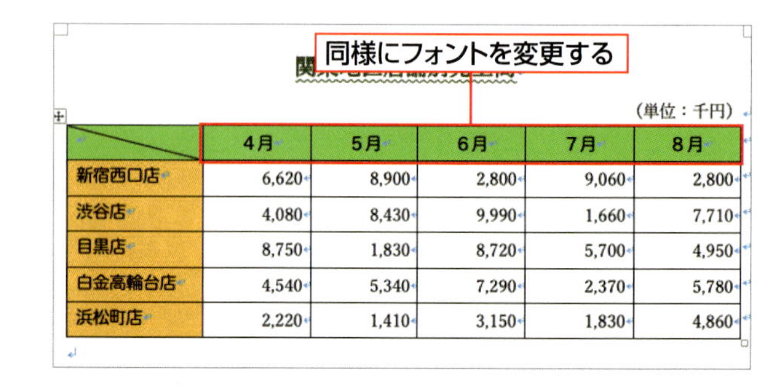

	4月	5月	6月	7月	8月
新宿西口店	6,620	8,900	2,800	9,060	2,800
渋谷店	4,080	8,430	9,990	1,660	7,710
目黒店	8,750	1,830	8,720	5,700	4,950
白金高輪台店	4,540	5,340	7,290	2,370	5,780
浜松町店	2,220	1,410	3,150	1,830	4,860

4 罫線のスタイルを変更する

1 <ペンのスタイル>をクリックする

表内のいずれかのセルをクリックして**1**、<表のデザイン>タブをクリックし**2**、<ペンのスタイル>をクリックします**3**。

	4月	5月	6月	7月	8月
新宿西口店	6,620	8,900	2,800	9,060	2,800
渋谷店	4,080	8,430	9,990	1,660	7,710
目黒店	8,750	1,830	8,720	5,700	4,950
白金高輪台店	4,540	5,340	7,290	2,370	5,780
浜松町店	2,220	1,410	3,150	1,830	4,860

2 罫線のスタイルを指定する

表示された一覧から、使用する罫線のスタイル（ここでは<二重線>）をクリックします**1**。

1 クリック
罫線なし

3 罫線をドラッグする

マウスポインターの形が🖌に変わった状態で、スタイルを変更したい罫線上をドラッグします**1**。

1 ドラッグ

4 罫線のスタイルが変更される

罫線のスタイルが変更されます。表以外の部分をクリックして、マウスポインターをもとの形に戻します。

罫線のスタイルが変更される

SECTION 12

グラフを作成する

Wordでグラフを作成するには、Excelのグラフ機能を利用します。Wordでグラフの種類を指定すると、Excelが自動的に起動します。Excelのワークシートに直接データを入力するか、Wordからデータを貼り付けると、Wordの文書内にグラフが挿入されます。

覚えておきたいKeyword　グラフ　Excel　データの選択

1 Wordの表からグラフを作成する

1 グラフの種類を指定する

グラフを挿入する位置にカーソルを移動して、＜挿入＞タブをクリックします 1 。＜グラフ＞をクリックして 2 、グラフの種類をクリックし 3 、目的のグラフをクリックします 4 。ここでは、＜縦棒＞の＜集合縦棒＞を指定します。

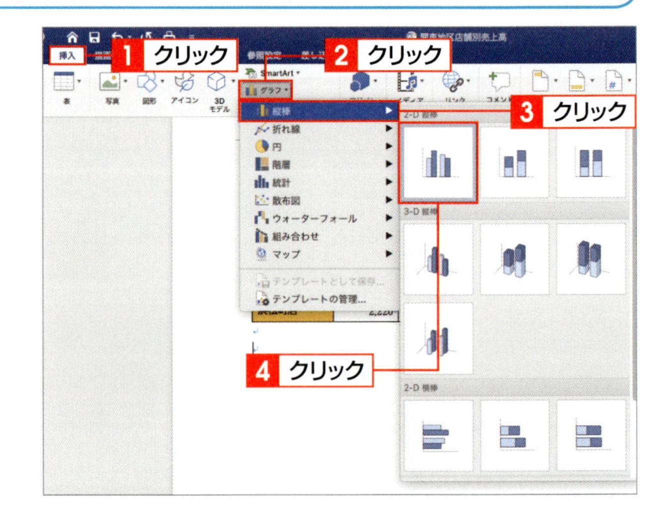

2 Excelが起動する

Excelが起動し、仮のデータが入ったワークシートが表示されます。

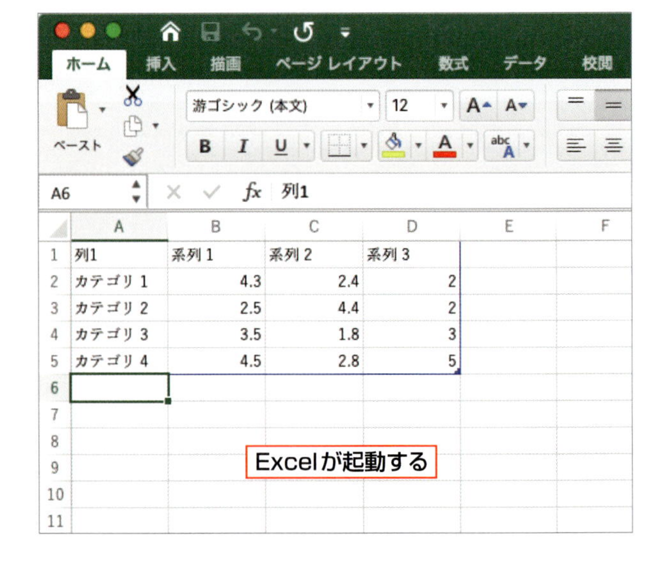

	A	B	C	D
1	列1	系列 1	系列 2	系列 3
2	カテゴリ 1	4.3	2.4	2
3	カテゴリ 2	2.5	4.4	2
4	カテゴリ 3	3.5	1.8	3
5	カテゴリ 4	4.5	2.8	5

3 Wordの表をコピーする

画面をWordに切り替えると、仮のグラフが表示されています。ここでは、あらかじめWordで作成した表をグラフのデータとして使います。表全体を選択して1、<ホーム>タブの<コピー>をクリックします2。

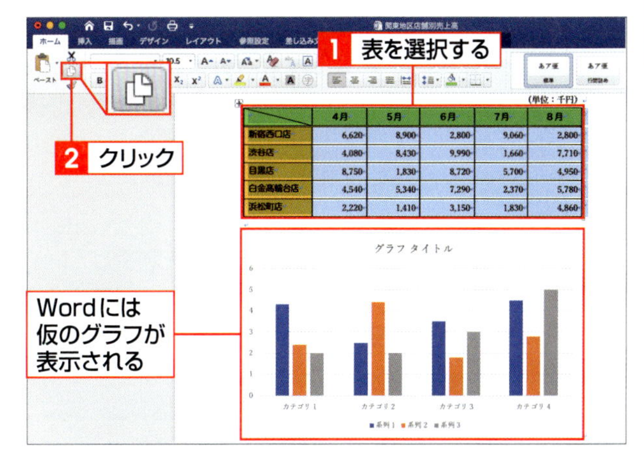

4 表をExcelに貼り付ける

画面をExcelに切り替えて、セル［A1］をクリックします1。<ホーム>タブの<ペースト>をクリックして2、表を貼り付けます。

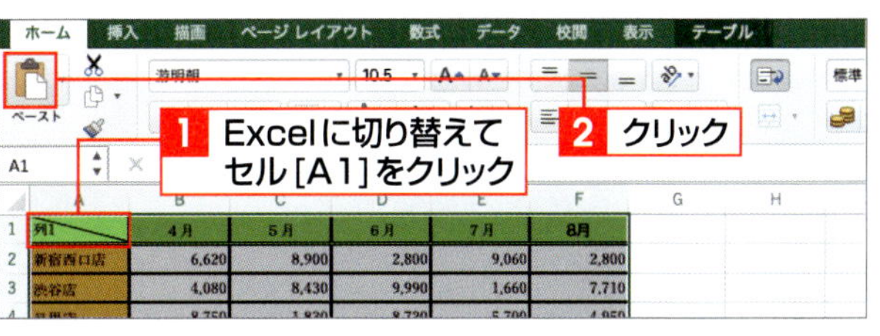

5 グラフが作成される

画面をWordに切り替えると、Word上のグラフにデータが反映されていることが確認できます。

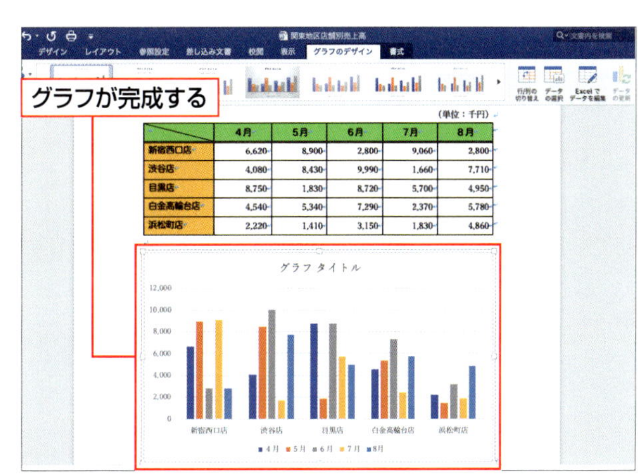

Memo データの参照範囲が違う場合

データの参照範囲が間違っている場合は、<グラフのデザイン>タブの<データの選択>をクリックして、データ範囲を修正します（Column参照）。

Column データの参照範囲を変更する

Word上のグラフにデータが正しく反映されていない場合は、グラフをクリックして、<グラフのデザイン>タブの<データの選択>をクリックします。Excelのシートと<データソースの選択>ダイアログボックスが表示されるので、グラフの参照範囲をドラッグして選択し1、<OK>をクリックします2。

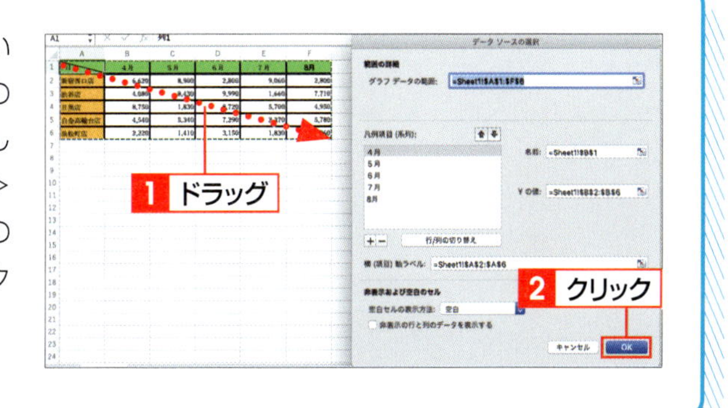

SECTION 13 グラフのレイアウトを変更する

作成したグラフは、クイックレイアウトを利用してレイアウトを変更したり、あらかじめ用意されているグラフのスタイルを適用するなどして、より見栄えのよいグラフに仕上げることができます。また、色の変更でグラフの配色を変更することもできます。

覚えておきたい Keyword　クイックレイアウト　グラフタイトル　グラフのスタイル

1 グラフのレイアウトを変更する

1 <クイックレイアウト>をクリックする

グラフをクリックして選択し 1 、<グラフのデザイン>タブをクリックします 2 。<クイックレイアウト>をクリックして 3 、適用するレイアウト（ここでは<レイアウト1>）をクリックします 4 。

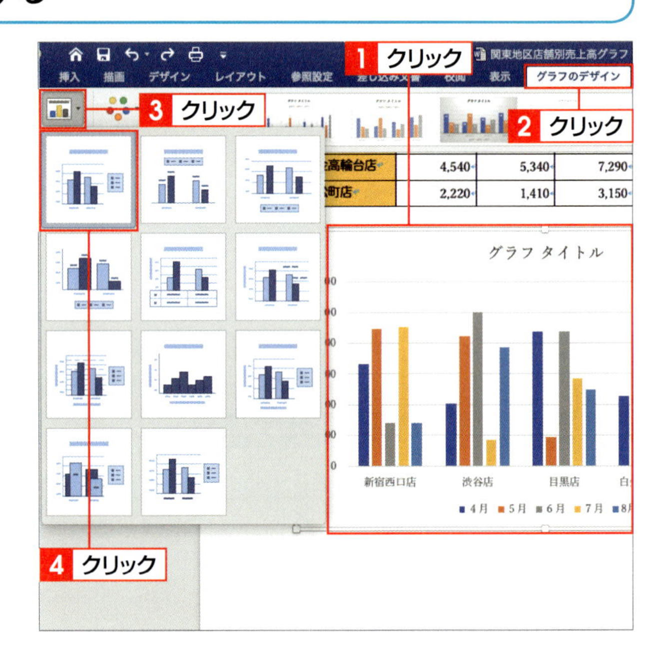

2 グラフのレイアウトが変更される

グラフのレイアウトが変更されます。

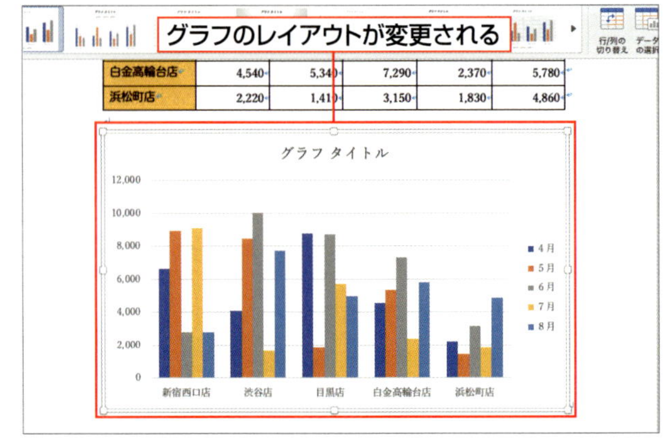

2 グラフタイトルを入力する

1 グラフタイトルをドラッグする

グラフ内の「グラフタイトル」（あるいは「Chart Title」）と表示されている部分をクリックし、ドラッグして文字を選択します**1**。

2 グラフタイトルを入力する

そのままグラフタイトルを入力します**1**。

3 グラフタイトルが表示される

グラフタイトル以外の部分をクリックすると、グラフタイトルが表示されます。

Memo 「グラフタイトル」がない場合

グラフの種類やレイアウトによっては、グラフタイトルが表示されていません。その場合は、グラフをクリックして、<グラフのデザイン>タブの<グラフ要素を追加>をクリックし、<グラフタイトル>をポイントして、タイトルを表示させる位置を指定します。

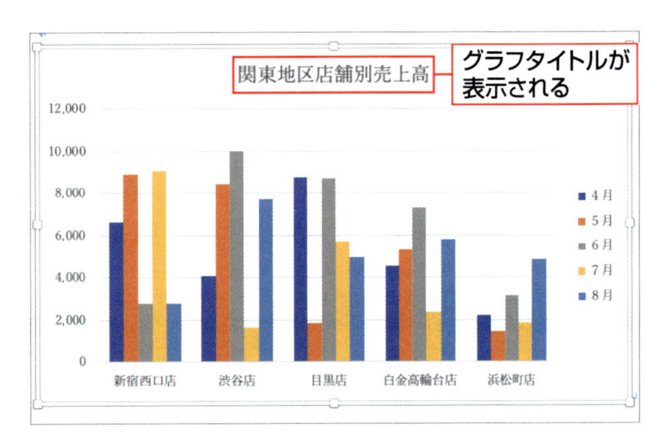

Column グラフのスタイルを変更する

グラフの色やスタイル、背景色などの書式があらかじめ設定されているグラフのスタイルを適用することもできます。<グラフのデザイン>タブの<グラフのスタイル>をポイントすると表示される▼をクリックして、表示されるスタイルの一覧から、適用したいスタイルをクリックします。また、<色の変更>をクリックすると、グラフの配色を変更できます。

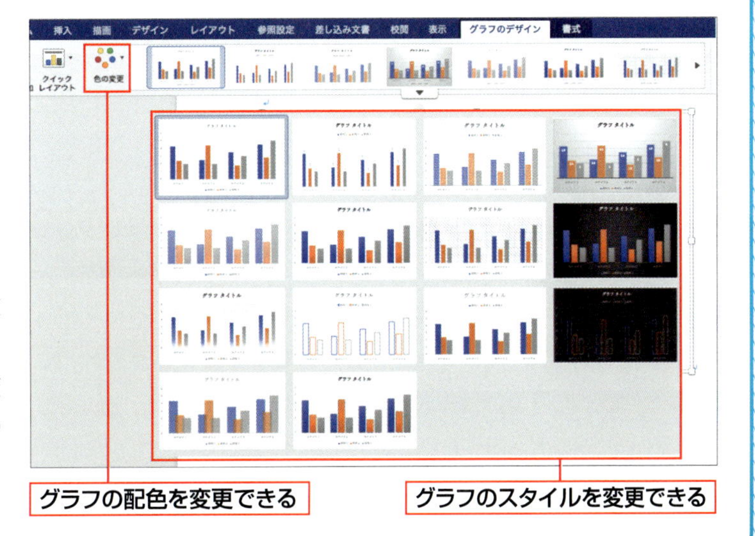

SECTION 14

単語を登録・削除する

会社名や人名などのよく使う文字列や、かんたんに変換されない専門用語などを単語登録しておくと、文書を効率的に作成できます。単語登録は、日本語入力システムのユーザ辞書を使った機能です。ここでは、「日本語環境設定」を使った単語登録の方法を紹介します。

覚えておきたいKeyword　単語登録　ユーザ辞書を編集　単語の削除

1 単語を登録する

1 ＜ユーザ辞書を編集＞をクリックする

メニューバーの入力メニューをクリックして 1、＜ユーザ辞書を編集＞をクリックします 2。

2 入力欄を追加する

＜キーボード＞の＜ユーザ辞書＞画面が表示されるので、左下の [+] をクリックします 1。

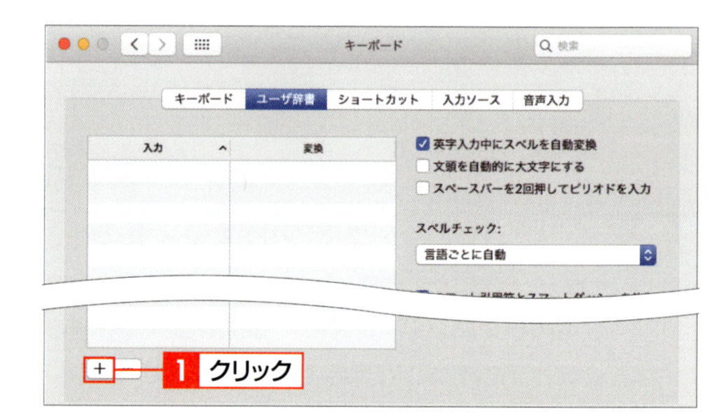

3 単語を登録する

＜入力＞ボックスをクリックして、変換する単語の読みを入力します 1。＜変換＞のボックスをクリックして、登録する単語を入力し 2、[return] を押します 3。入力が完了したら、✖をクリックして閉じます。

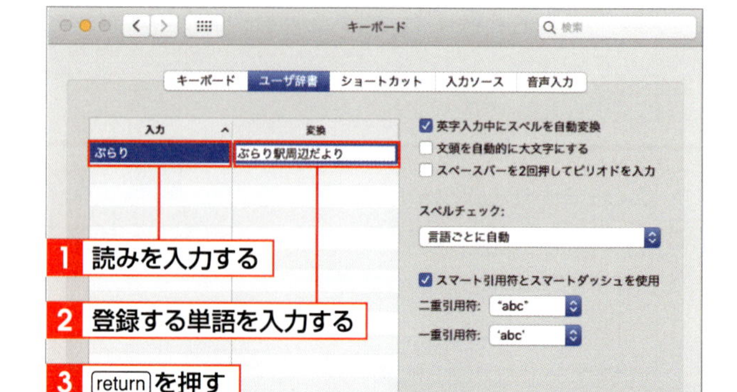

Memo 登録する単語

ユーザ辞書には、文字以外を登録することも可能です。たとえば、登録する単語を「①」、読み方を「まるいち」として登録することもできます。

2 登録した単語を入力する

1 登録した単語の読みを入力する

登録した単語の読みを入力すると1、単語候補一覧が表示されます。

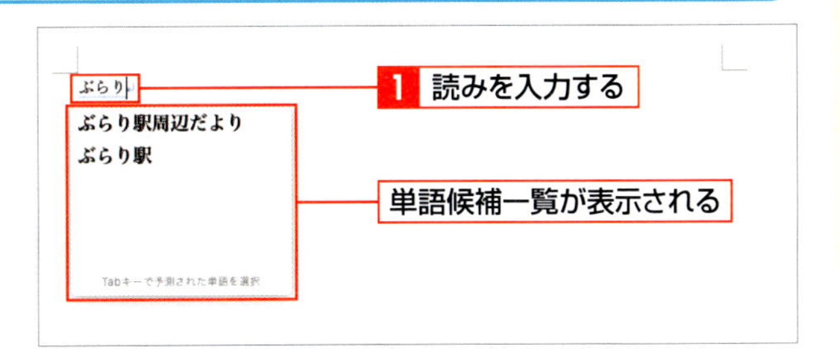

2 単語を入力する

tab を押して入力する単語を指定し1、return を押して入力します2。

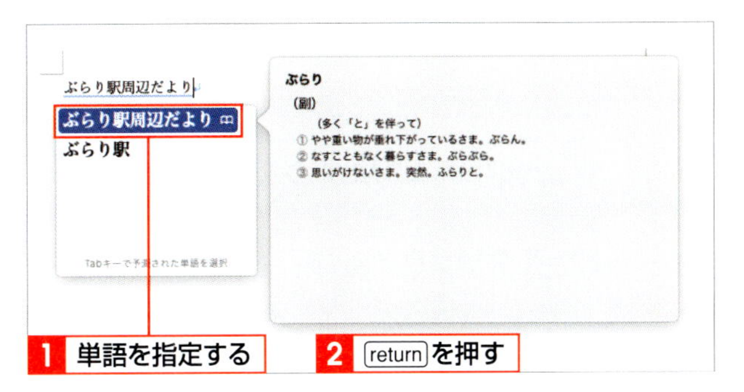

Memo 単語候補一覧

単語候補一覧には、ユーザ辞書に登録した単語のほかに、あらかじめ登録されている単語も表示されます。

3 登録した単語を削除する

1 削除したい単語をクリックする

前ページの方法で、<キーボード>の<ユーザ辞書>画面を表示します。単語一覧から削除したいものをクリックして1、− をクリックします2。

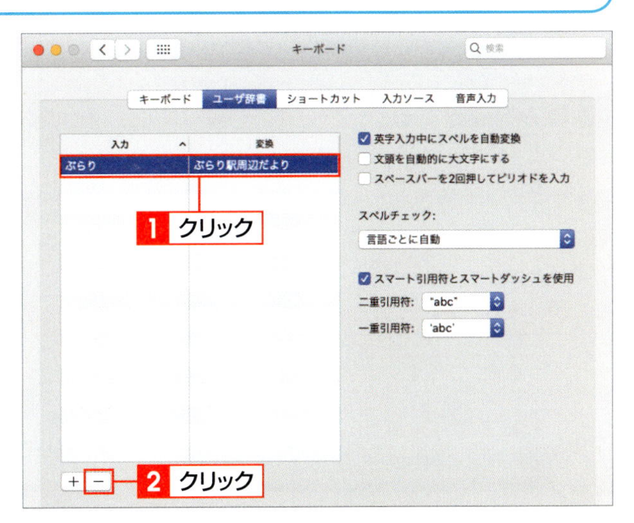

Memo 登録した単語の修正

登録した単語を修正する場合は、修正したい読みや単語をダブルクリックして入力状態にし、修正します。

2 登録した単語が削除される

登録した単語がユーザ辞書から削除されます。

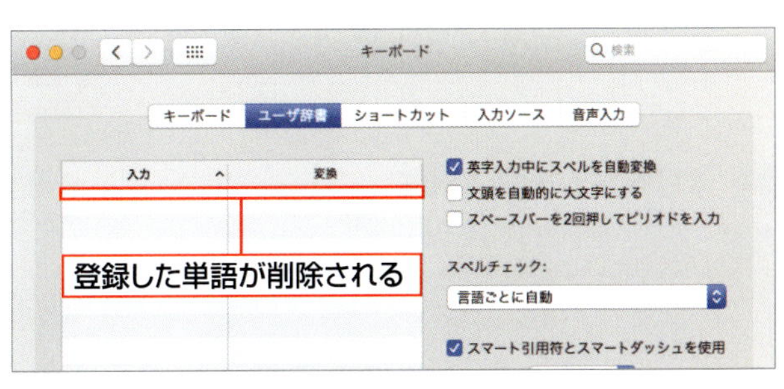

Hint 単語を削除する際の注意

登録した単語を削除する際、確認のメッセージは表示されず、いきなり削除されてしまうので注意しましょう。

SECTION 15

文字列にふりがなを付ける

人名や地名などに読みづらい漢字がある場合は、ふりがな（ルビ）を付けておくと読み間違えを防げます。ふりがなは、<ルビ>ダイアログボックスを使ってかんたんに設定できます。文書内の同じ文字列にふりがなをまとめて付けることもできます。

覚えておきたいKeyword　ルビ　設定対象　ふりがなの配置

1 文字列にふりがなを付ける

1 <ルビ>をクリックする

ふりがなを付ける文字列を選択して1、<ホーム>タブの<ルビ>をクリックします2。

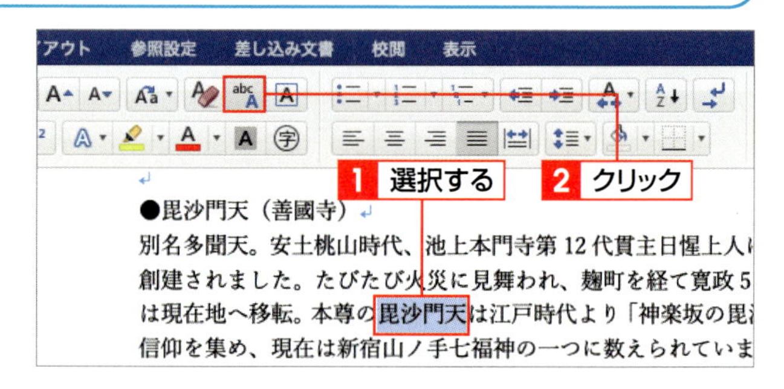

2 読みを確認する

<ルビ>ダイアログボックスが表示されます。自動的に読みが表示されるので、確認します1。読みが間違っている場合は修正します。必要であれば<フォント>と<サイズ>を指定して2、<OK>をクリックします3。

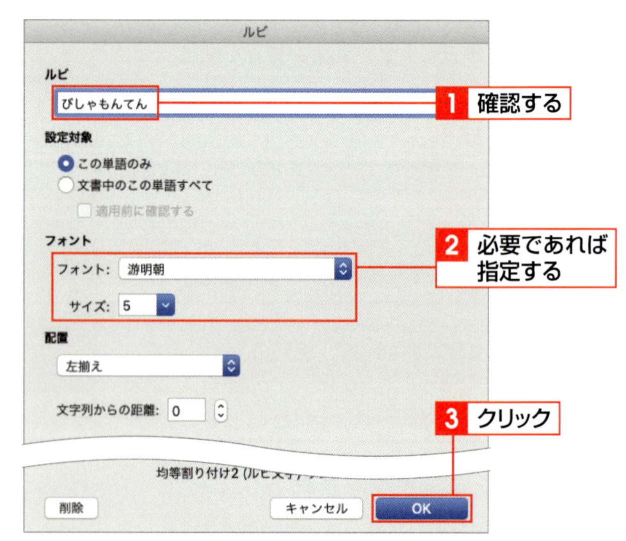

ふりがなを削除するときは、ふりがなを設定した文字列を選択して、<ルビ>ダイアログボックスを表示し、<削除>をクリックします。

3 ふりがなが表示される

選択した文字列にふりがなが表示されます。

●毘沙門天（善國寺）　ふりがなが表示される
別名多聞天。安土桃山時代、池上本門寺第12代貫主日惺上人により、
創建されました。たびたび火災に見舞われ、麹町を経て寛政5年（179
は現在地へ移転。本尊の毘沙門天（びしゃもんてん）は江戸時代より「神楽坂の毘沙門さま

2 文書中の同じ文字列にまとめてふりがなを付ける

1 設定対象を指定する

ふりがなを付ける文字列を選択して、<ルビ>ダイアログボックスを表示します（前ページ参照）。自動的に読みが表示されるので、確認します 1。読みが間違っている場合は修正します。<文書中のこの単語すべて>をクリックしてオンにし 2、<OK>をクリックします 3。

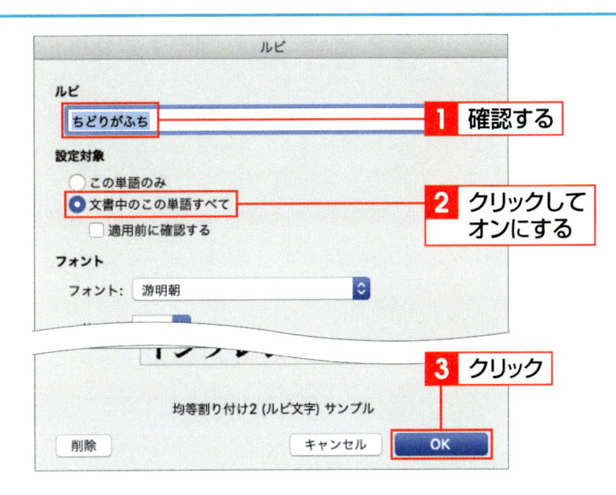

2 <OK>をクリックする

確認のメッセージが表示されるので、<OK>をクリックします 1。

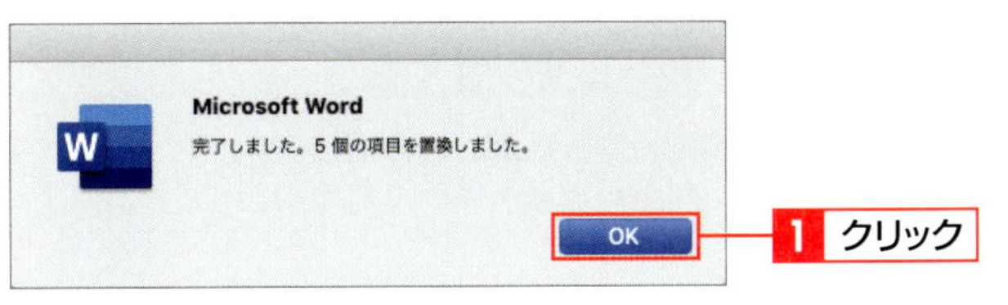

3 ふりがながまとめて設定される

文書中の該当する文字列すべてにふりがなが設定されます。

千鳥ヶ淵
千鳥ヶ淵は、江戸開府後の江戸城拡張の際、局沢川と呼ばれていた川を半蔵門と田安門の土橋で塞き止めて造られたお堀です。代官町通りを境に接する半蔵濠とはかつて繋がっていましたが、1900 年（明治 33 年）に道路建設のため埋め立てられ別々のお堀となりました。
千鳥ヶ淵緑道は、皇居西側の千鳥ヶ淵に沿う全長約 700m の遊歩道で、千鳥ヶ淵戦没者墓苑入口から靖国通りまで伸びています。春はソメイヨシノやオオシマザクラなど約 260 本の桜は遊歩道を歩く人の頭上に咲き、まるで桜のトンネルの中を歩いているような体験ができる、全国的にも有名な桜の名所です。

ふりがながまとめて設定される

Hint 付ける前に確認する

<ルビ>ダイアログボックスの<適用前に確認する>をクリックしてオンにすると、1つずつふりがなを付けるかを確認するメッセージが表示されます。<はい>をクリックすると選択されている文字列にふりがなが付き、次の文字列が表示されます。

Column ふりがなの配置と文字列からの距離

<ルビ>ダイアログボックスの<配置>欄では、ふりがなの配置や文字列とふりがなの間隔を設定できます。ふりがなの配置は、右図の6種類が用意されています。文字列とふりがなの間隔は、<文字列からの距離>に数値で指定します。数値を大きくすれば文字とふりがなの間隔は広がり、小さくすれば狭まります。

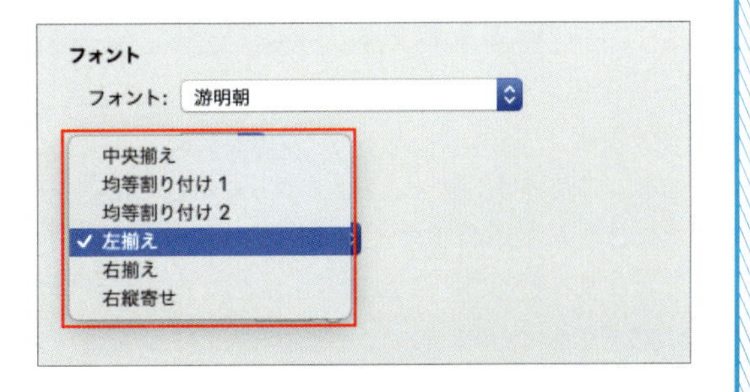

SECTION 16

学習ツールを利用する

学習ツールは、列幅や文字間隔を調整したり、ページの色を変更したりして、文書を読みやすくするための機能です。音声読み上げ機能も搭載されており、文書を音声で聞くこともできます。読み上げ速度を調整することも可能です。

覚えておきたいKeyword　学習ツール　音声読み上げ　フォーカスモード

1 学習ツールを使う

1 <学習ツール>に切り替える

<表示>タブをクリックして1、<学習ツール>をクリックします2。

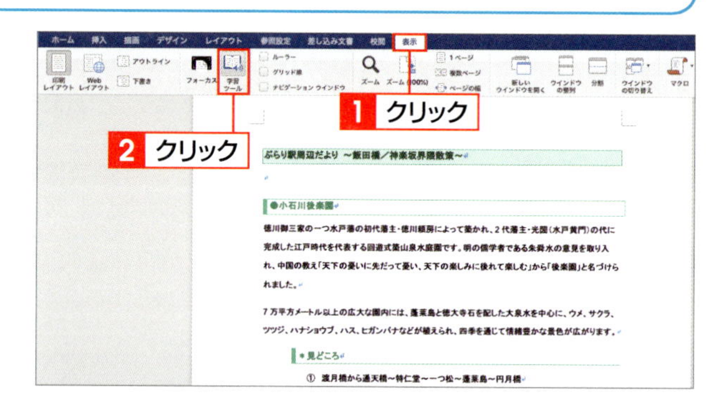

2 列幅を調整する

学習ツールに切り替わります。<列幅>をクリックすると1、列幅を調整できます。ここでは、<やや狭い>をクリックします2。

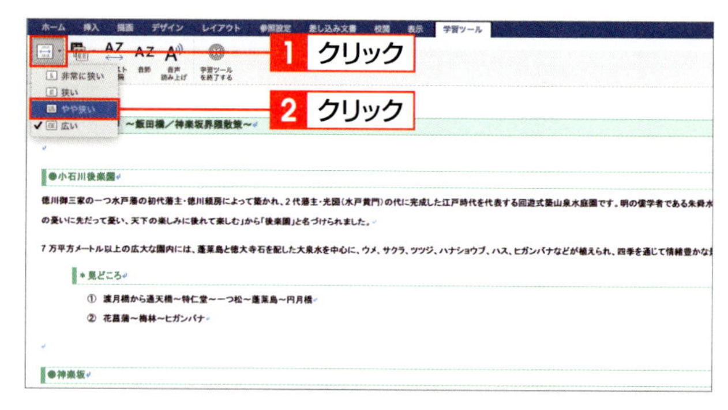

3 ページの色を変更する

<ページの色>をクリックすると1、<セピア>や<反転>にしたりと、ページの色を変更できます。ここでは、<セピア>をクリックします2。Office 365の場合は、<ページの色>をクリックすると色の一覧が表示されるので、目的の色をクリックします。

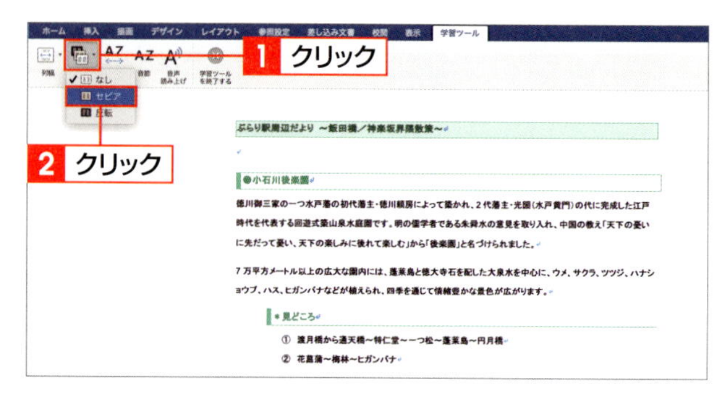

4 テキストの間隔を調整する

<テキストの間隔>をクリックすると 1 、文字間隔を広くしたり狭くしたりできます。

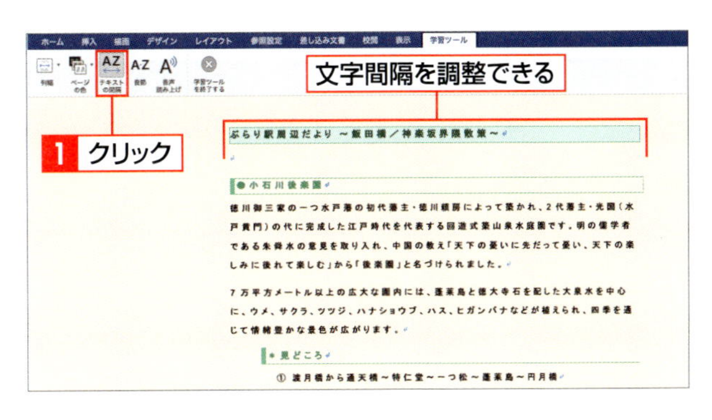

5 Wordで文書を読み上げる

<音声読み上げ>をクリックすると 1 、文書を音声で聞くことができます。<設定>をクリックして 2 、読み上げ速度をドラッグすると 3 、読み上げの速度を調整できます。<音声読み上げ>を再度クリックすると、読み上げが停止します。

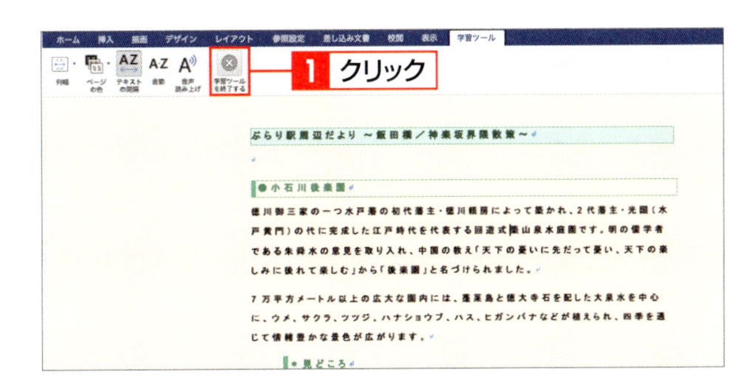

6 学習ツールを終了する

<学習ツールを終了する>をクリックすると 1 、通常の画面表示に戻ります。

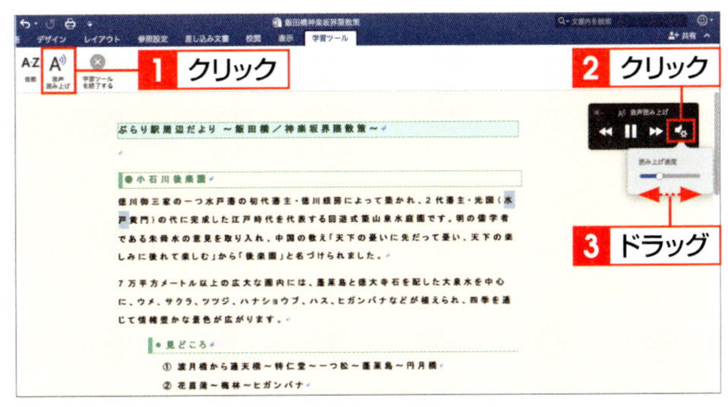

Column フォーカスモードを利用する

フォーカスモードは、文書を読むのに適したモードです。<表示>タブの<フォーカス>をクリックすると、すべてのツールバーが非表示になり、文書が画面いっぱいに表示されます。
画面上部にマウスポインターを移動すると、リボンやツールバーが表示されます。<背景>をクリックすると、背景のテクスチャを変更できます。画面左上の<終了>をクリックするか、esc を押すと、通常の画面表示に戻ります。

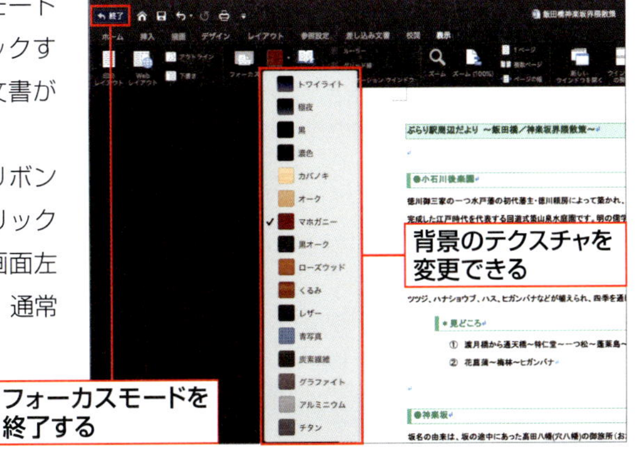

SECTION 17

翻訳機能を利用する

マイクロソフトの自動翻訳サービス（Microsoft Translator）を利用して、単語、語句、文書の選択範囲や、文書全体を別の言語に翻訳できます。翻訳したい文書や文書の範囲を選択して、翻訳言語を指定すると、指定した言語で翻訳結果が瞬時に表示されます。

覚えておきたい Keyword　翻訳　翻訳言語の設定　翻訳ツール

1 文書を翻訳する

1 ＜文書の翻訳言語の設定＞をクリックする

＜校閲＞タブをクリックして 1 、＜翻訳＞をクリックし 2 、＜文書の翻訳言語の設定＞をクリックします 3 。

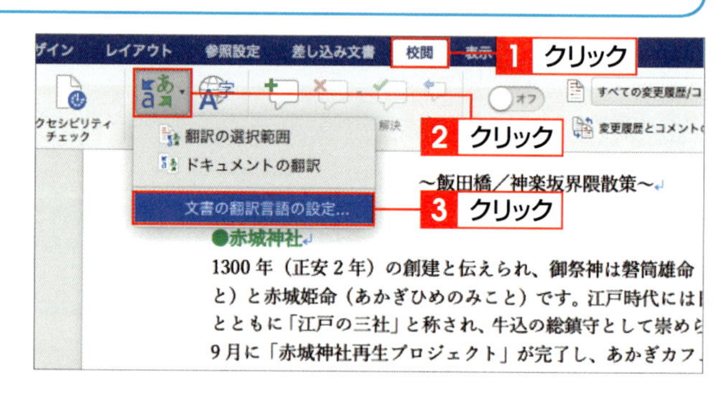

2 インテリジェントサービスをオンにする

初回は＜インテリジェントサービスを使用しますか？＞画面が表示されるので、＜オンにする＞をクリックします 1 。

New　翻訳機能

翻訳機能は、自動翻訳サービス（Microsoft Translator）を利用しています。そのため、不正確な文章が含まれている場合もあります。

3 ＜翻訳先の言語＞をクリックする

＜翻訳ツール＞ウィンドウが表示されます。＜翻訳元の言語＞は自動的に検出されます。＜翻訳先の言語＞をクリックします 1 。

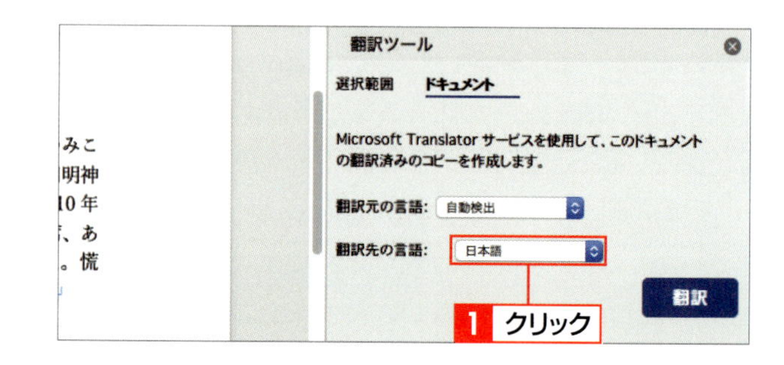

4 翻訳先の言語を指定する

表示される一覧から、翻訳先の言語を指定します。ここでは<英語>をクリックします 1 。

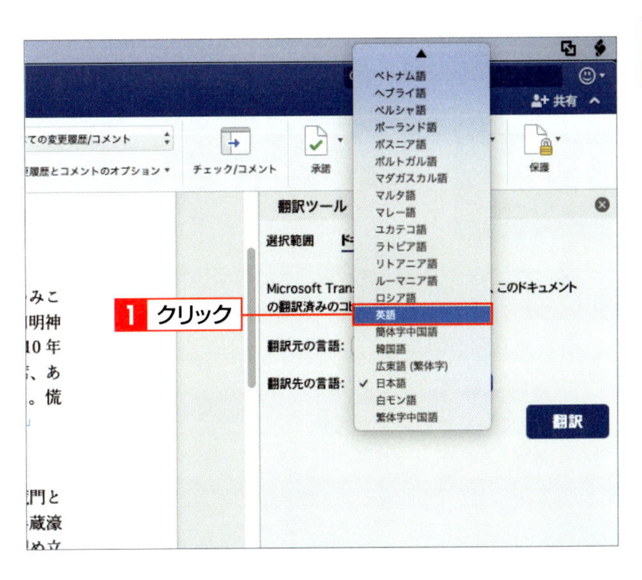

5 <翻訳>をクリックする

翻訳元の言語が指定されたのを確認して 1 、<翻訳>をクリックします 2 。

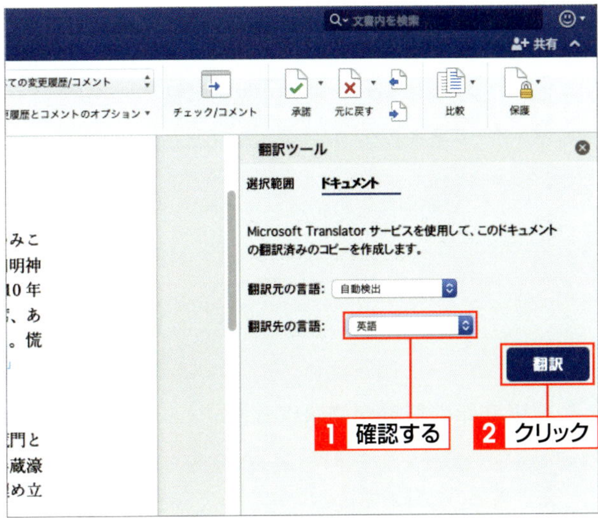

6 文書が翻訳される

翻訳された文書が別のウィンドウで表示されます。

文書が翻訳される

Around the station

～Iidabashi/Kagurazaka Walk～

● Akagi Shrine

It is said to be the foundation of 1300 years (2 years of Shoyasu), and the enshrined is Ban'etsu (only you) and Akagi Hime life (only Asukhime).In the Edo period, it was referred to as "three companies of Edo" with Hineda Shrine and Kanda Myojin, and was revered as the total guardian of Ushigome.In September 2010, the Akagi Shrine regeneration project was completed and、Vaudeville、It was reborn as a new style of shrine with the Akagi Marche. It is gaining popularity as a hot wholesome spot from a hectic day.

Chidorigafuchi

Chidorigafuchi is a moat made by stopping at the Dobashi of Hanzomon and Tanan Gate in the river which was called the station Sawagawa during the Edo

Hint 選択した文章を翻訳する

文書の一部を翻訳したい場合は、翻訳したい文章を選択して<翻訳>をクリックし、<翻訳の選択範囲>をクリックします。この場合は、画面右側の<翻訳ツール>ウィンドウに翻訳結果が表示されます。

SECTION 18

変更履歴とコメントを活用する

Wordには、文書の校閲に便利な変更履歴とコメント機能が用意されています。**変更履歴**を使うと、**いつ誰が修正したのかをひと目で確認**でき、その変更内容を文書に反映させるか、取り消すかを決めることができます。**コメントは、文書に貼る付箋（メモ書き）**のようなものです。

覚えておきたいKeyword　変更履歴の記録　コメント　承諾

1 変更履歴の記録を開始する

1 変更履歴の記録を開始する

＜校閲＞タブをクリックして**1**、＜変更履歴の記録＞の＜オフ＞をクリックします**2**。画面のサイズが小さい場合は＜変更履歴＞をクリックして、＜変更履歴の記録＞の＜オフ＞をクリックします。

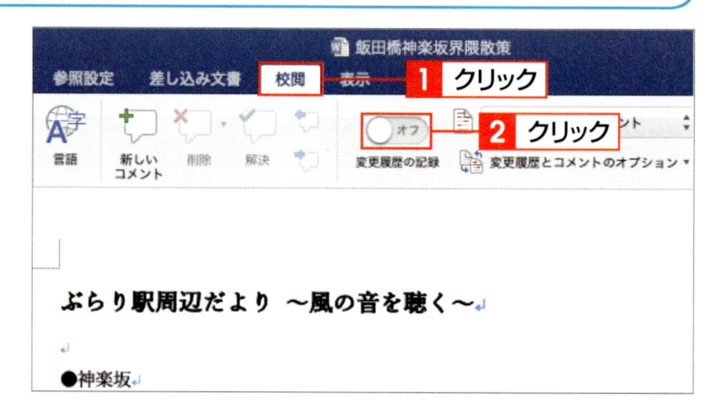

2 変更履歴の記録が開始される

＜変更履歴の記録＞の表示が＜オン＞に変わり、変更履歴の記録が開始されます。

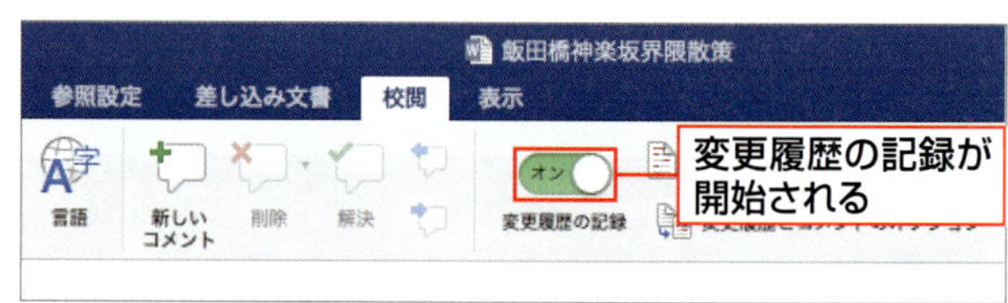

3 文章を校閲する

文字の書式を変更したり文字を削除したりすると、吹き出しに変更内容が表示されます。文字を修正すると文字が赤字で表示され、修正前の文字が吹き出しに表示されます。追加した文字は赤字で表示されます。修正箇所の文頭には、それぞれ罫線が付きます。

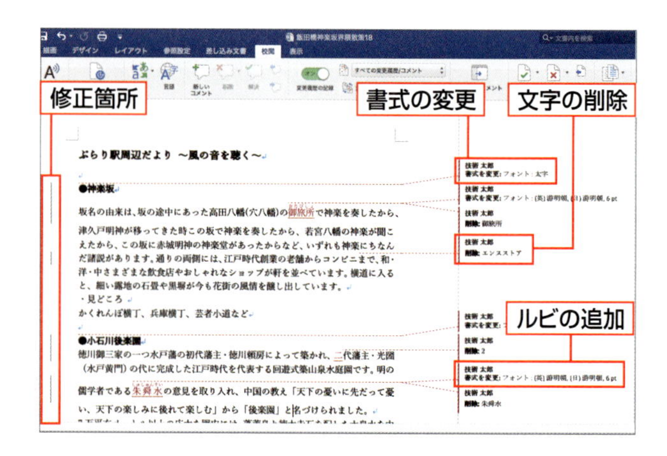

Memo 変更履歴の記録を終了する

変更履歴の記録を終了するには、＜校閲＞タブの＜変更履歴の記録＞の＜オン＞をクリックし、＜オフ＞に戻します。

第4章 Wordをもっと便利に活用しよう

2 コメントを挿入する

1 <新しいコメント>をクリックする

コメントを付ける文字を選択します1。<校閲>タブをクリックして2、<新しいコメント>をクリックします3。

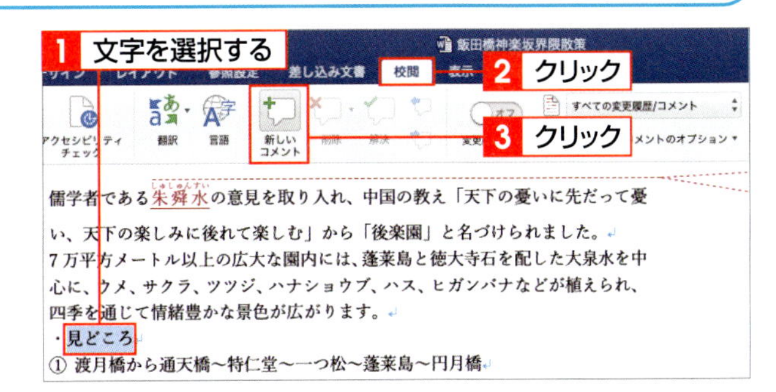

2 コメントを入力する

コメント用の吹き出しが表示されるので、コメントを入力します1。

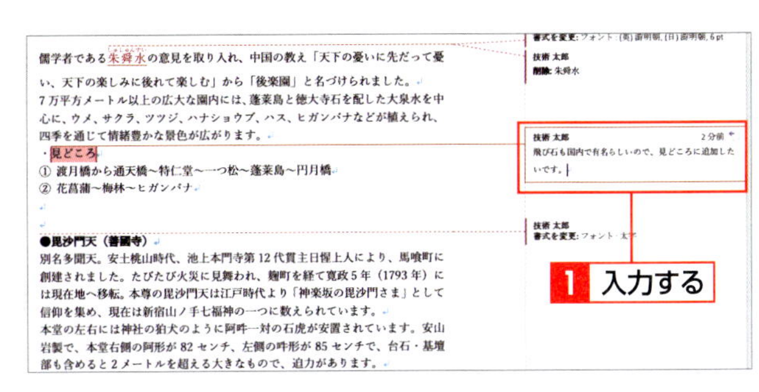

Hint コメントを削除する

コメントを削除するには、コメントを選択して<校閲>タブの<削除>をクリックします。

3 変更履歴とコメントの表示を設定する

1 履歴の表示/非表示を設定する

<校閲>タブをクリックして1、<変更履歴とコメントのオプション>をクリックし2、非表示にする項目(ここでは<書式設定>)をクリックします3。

画面のサイズが小さい場合は<変更履歴>をクリックして、<変更履歴とコメントのオプション>をクリックします。

2 指定した項目が非表示になる

クリックしてオフにした項目(ここでは<書式設定>)の変更履歴が、非表示になります。

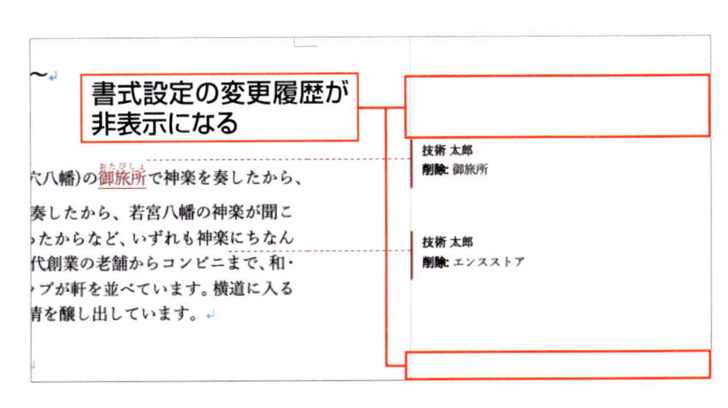

Memo チェックのオンとオフ

<変更履歴とコメントのオプション>では、それぞれの項目をクリックするたびにオンとオフが切り替わります。

4 変更内容を文書に反映させる

1 最初の変更箇所に移動する

文書の先頭にカーソルを移動します**1**。＜校閲＞タブをクリックして**2**、＜承諾＞をクリックします**3**。

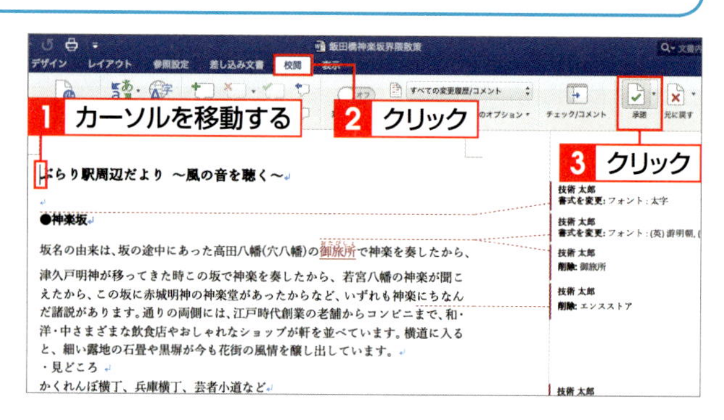

2 ＜承諾＞をクリックする

文書内の最初の変更箇所が選択されます。内容を確認し、問題がなければ再度＜承諾＞をクリックします**1**。

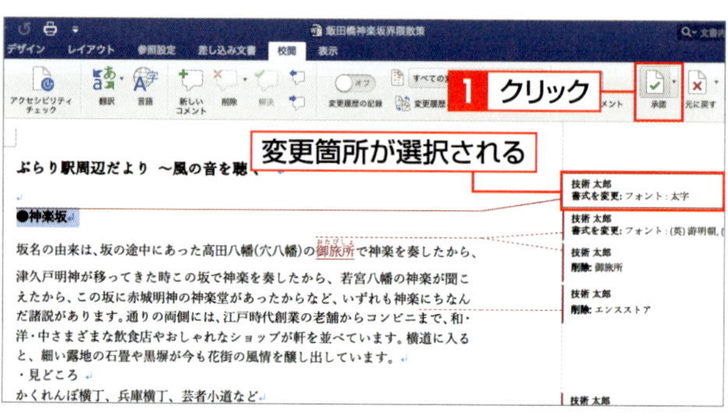

3 変更内容が文書に反映される

変更内容が文書に反映されて、変更履歴の吹き出しが消去されます。次の変更箇所にジャンプするので内容を確認し、＜承諾＞をクリックするか**1**、変更内容をもとに戻します（次ページ参照）。

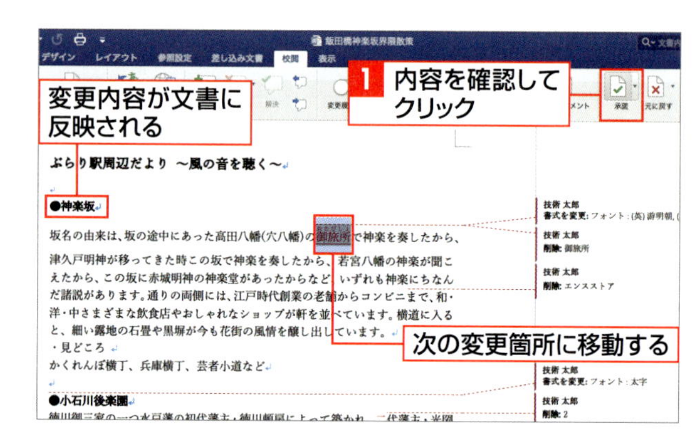

Column 変更をまとめて承諾する

変更箇所を個別に確認せずに、まとめて文書に反映させることもできます。＜承諾＞の▾をクリックし**1**、＜すべての変更を反映＞をクリックします**2**。

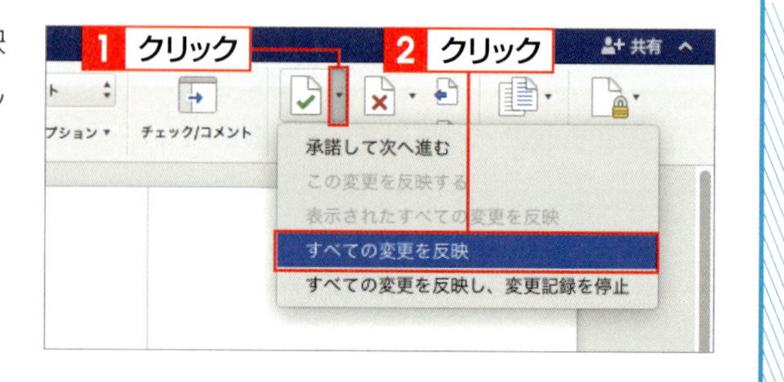

4 変更内容の反映が終了する

すべての変更内容の反映が完了するとメッセージが表示されるので、＜OK＞をクリックします1。

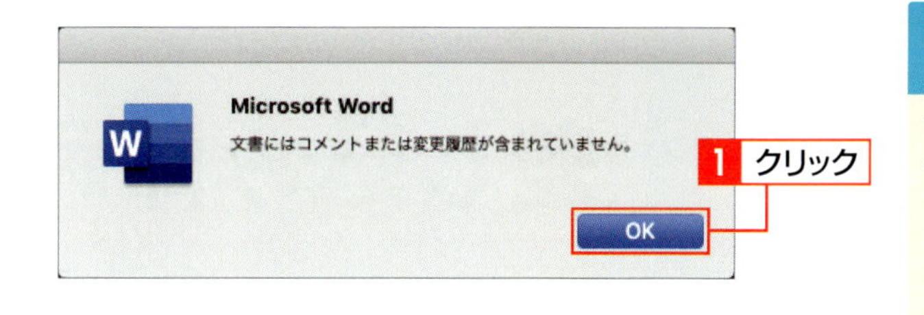

5 変更内容を取り消す

1 ＜元に戻す＞をクリックする

もとに戻す修正箇所にカーソルを移動します1。＜校閲＞タブをクリックして2、＜元に戻す＞をクリックします3。

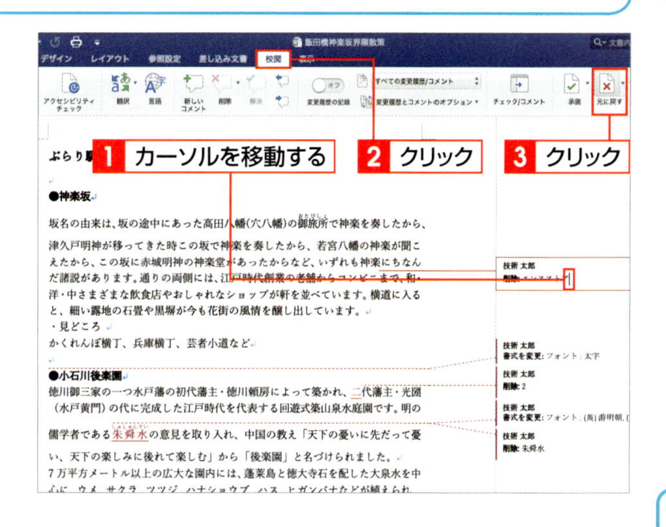

Memo フィールドコードが表示される

ルビを振った文字の変更を承諾あるいは取り消すと、フィールドコードが表示される場合があります。control を押しながらフィールドコードをクリックして、＜フィールドコードの表示／非表示＞をクリックすると、もとに戻すことができます。

2 修正が取り消される

修正が取り消され、次の修正箇所にジャンプします。

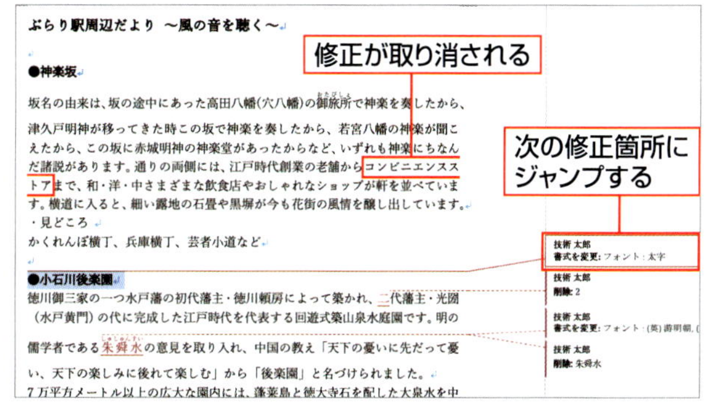

Column コメントに返信ができる

Word 2019では、コメントに対する返信を同じ吹き出しの中に書き込めるようになりました。対象の文字列のすぐ横でコメントに返信できるので、スムーズにやり取りができます。コメント内の＜返信＞をクリックするか、＜校閲＞タブの＜新しいコメント＞をクリックして返信を入力します。

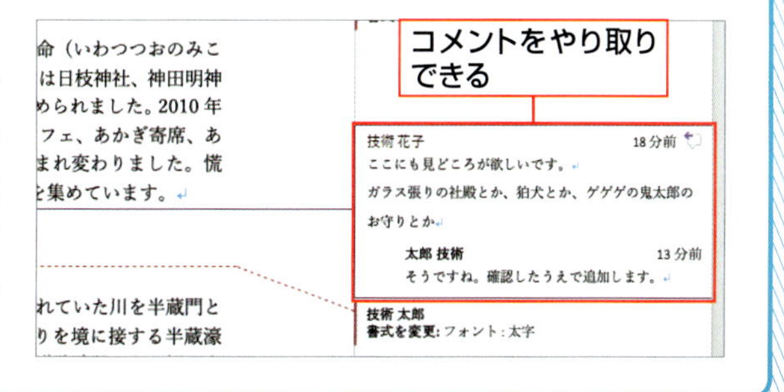

SECTION 19

差し込み印刷を利用する

案内状や招待状など、本文が共通で、宛名や住所部分のみを変更した文書を作成するときは、差し込み印刷機能を使うと便利です。文書に差し込む宛名や住所などのデータは、Excelのファイルや Outlookのアドレス帳などが利用できるほか、新規に作成することもできます。

覚えておきたいKeyword　差し込み印刷　宛先の選択　差し込みフィールドの挿入

1 作成する文書の種類を指定する

1 差し込み印刷を開始する

差し込み印刷に使用する文書を表示し、名前の後ろに付ける「様」を入力します1。＜差し込み文書＞タブをクリックし2、＜差し込み印刷の開始＞をクリックして3、＜レター＞をクリックします4。

2 メッセージを確認する

操作のヒントのメッセージが表示された場合は、確認して⊗をクリックします1。メッセージは閉じずに、そのままにしておいてもかまいません。

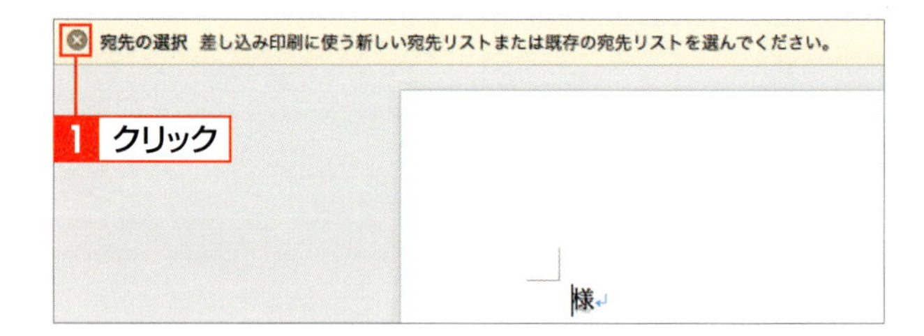

2 差し込むデータを指定する

1 差し込むデータを指定する

＜差し込み文書＞タブの＜宛先の選択＞をクリックして1、差し込むデータを指定します。ここでは、＜既存のリストを使用＞をクリックします2。

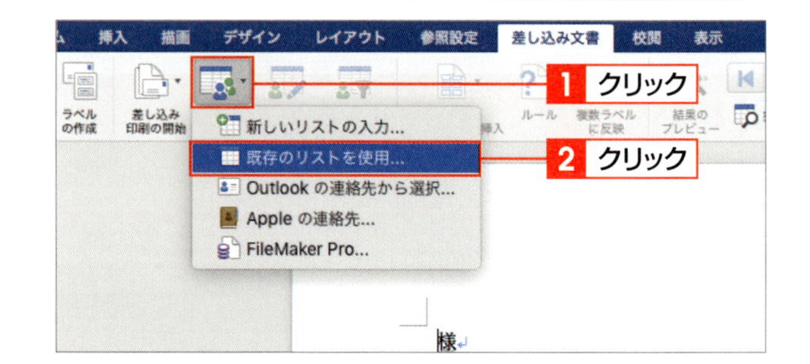

2 使用するファイルを開く

データファイルを選択するダイアログボックスが表示されます。ファイルの保存場所を指定して 1 、使用するファイルをクリックし 2 、<開く>をクリックします 3 。

差し込むデータには、Outlookのアドレス帳やExcelの住所録、Macに付属する連絡先やアドレスブックなどを利用できます。ここでは、Excelで作成した表を利用します。

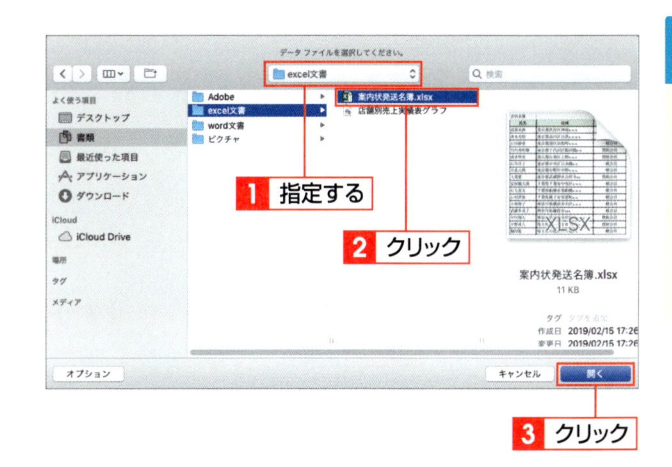

3 <はい>をクリックする

確認のメッセージが表示された場合は、<はい>をクリックします 1 。

キーチェーン"ログイン"のパスワードの入力を求められた場合は、パスワードを入力して、<常に許可>あるいは<許可>をクリックします。

4 使用するシートの範囲を指定する

データファイルにExcelを指定した場合は、<ブックを開く>ダイアログボックスが表示されます。使用するシートを指定して(ここでは「Sheet1」) 1 、住所が入力されているセル範囲を指定し(ここでは「A2:C18」) 2 、<OK>をクリックします 3 。

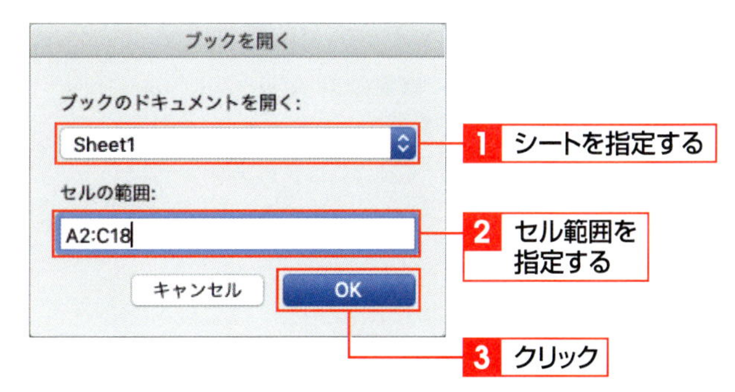

Column 差し込むデータにExcelのファイルを利用する場合

Excelで作成した表をデータファイルとして使用する場合は、右図のように、表の先頭行に「氏名」や「住所」などの列見出しを付けて作成します。この列見出しは、次ページで差し込むフィールドになります。表内には空白行や空白の列を入れないようにします。

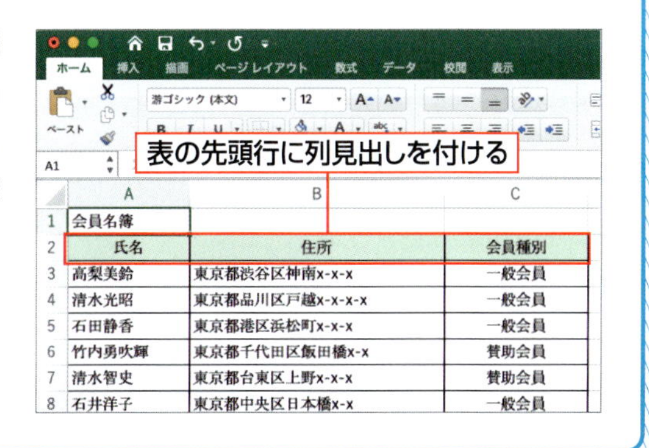

3 差し込みフィールドを挿入する

1 差し込むフィールドを指定する

名前を差し込む箇所（「様」の前）にカーソルを移動して 1、＜差し込み文書＞タブの＜差し込みフィールドの挿入＞をクリックします 2。前ページで設定したExcelの表の列見出しが表示されるので、文書に差し込むフィールドを指定します 3。ここでは､「氏名」をクリックします。

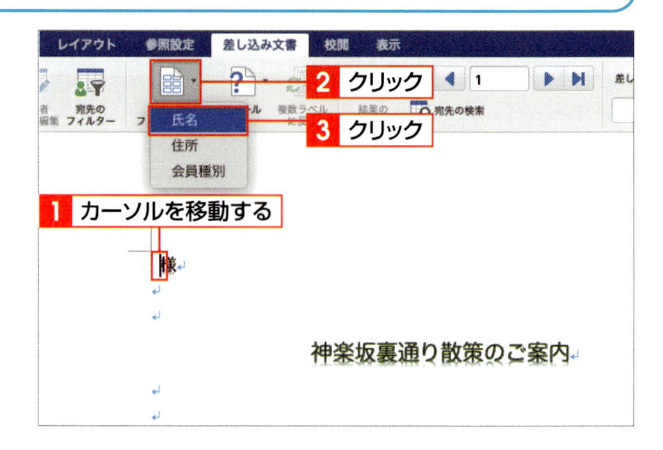

2 氏名フィールドが差し込まれる

「様」の前に、《氏名》のフィールドが挿入されます。

3 ＜結果のプレビュー＞をクリックする

＜差し込み文書＞タブの＜結果のプレビュー＞をクリックすると 1、実際のデータを差し込んだ状態が確認できます。＜次のレコード＞や＜前のレコード＞をクリックして 2、残りのデータを確認します。

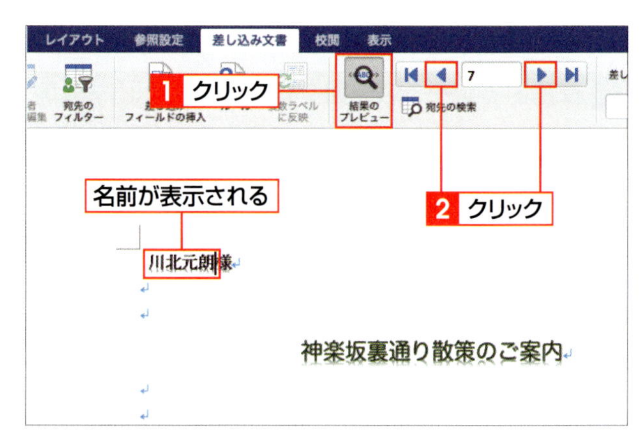

Column 差し込み印刷を設定した文書を開くと…

差し込み印刷を設定した文書を保存して再度開くと、P.259の手順 3 のメッセージが表示されます。また、差し込むデータにExcelファイルを使用している場合は、P.259の手順 4 の＜ブックを開く＞ダイアログボックスが表示されます。なお、＜差し込み印刷の開始＞をクリックして、＜標準のWord文書＞をクリックすると、差し込み印刷が解除され、通常のWord文書に戻ります。

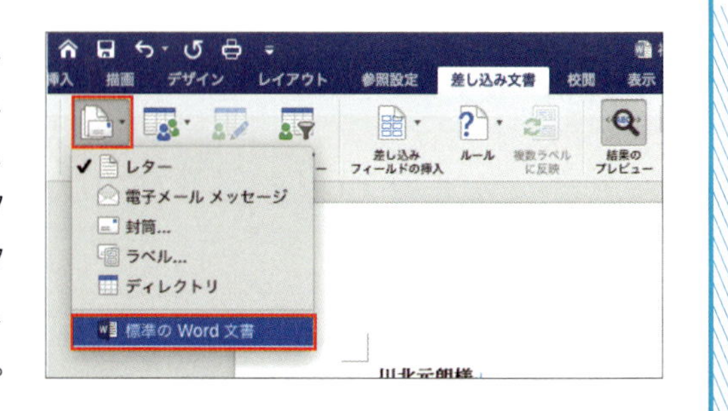

4 差し込んだデータを印刷する

1 <文書の印刷>をクリックする

<差し込み文書>タブの<差し込み範囲>のボックスをクリックして、印刷するデータ範囲を指定します（ここでは<すべて>）1。<完了と差し込み>をクリックし2、<文書の印刷>をクリックします3。

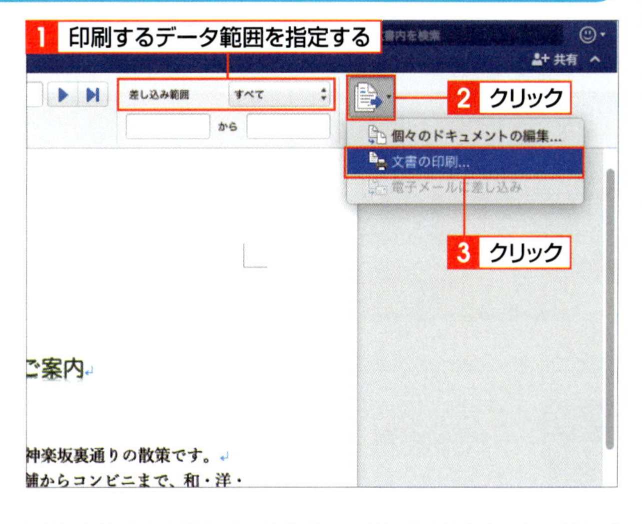

Hint 個々のドキュメントを編集する

<完了と差し込み>をクリックして<個々のドキュメントの編集>をクリックすると、差し込みデータにある件数分の文書が作成されます。文書を個別に編集する必要がある場合に利用しましょう。

2 <プリント>をクリックする

<プリント>ダイアログボックスが表示されます。<すべて>がオンになっていることを確認して1、1ページあたりの印刷する部数を指定し2、<プリント>をクリックすると3、印刷が開始されます。

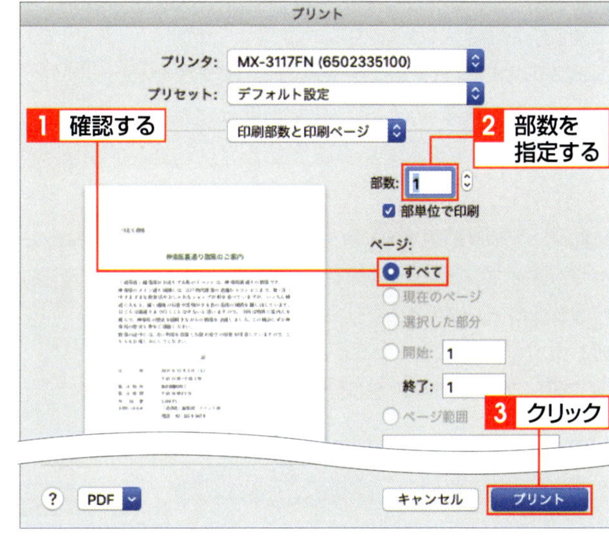

Hint 印刷する範囲を指定するには

<プリント>ダイアログボックスでは、印刷するページの範囲を指定できません。ページの範囲を指定して印刷する場合は、<差し込み範囲>のボックスから操作します（Column参照）。

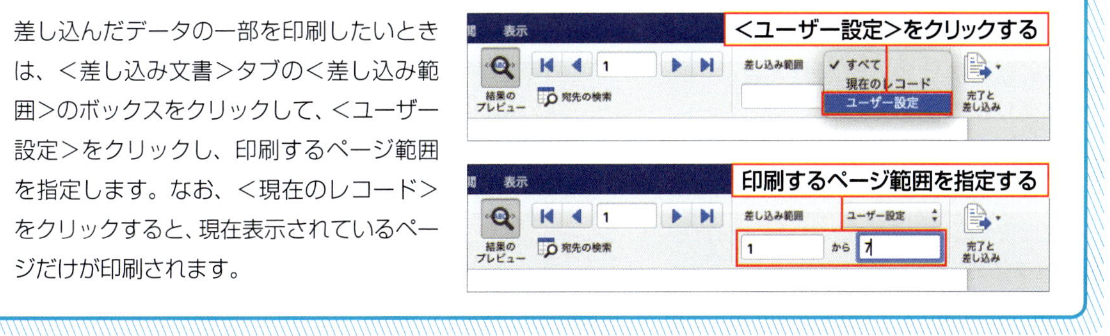

Column データの一部を指定して印刷する

差し込んだデータの一部を印刷したいときは、<差し込み文書>タブの<差し込み範囲>のボックスをクリックして、<ユーザー設定>をクリックし、印刷するページ範囲を指定します。なお、<現在のレコード>をクリックすると、現在表示されているページだけが印刷されます。

SECTION 20

ラベルを作成する

Wordのラベル作成機能を利用すると、はがきや封筒などに貼る宛名ラベルをかんたんに作成できます。市販の宛名ラベルには、いろいろなサイズの製品がありますが、Wordのラベル作成機能を利用すると、目的のラベルに合ったレイアウトでラベルを作成できます。

覚えておきたいKeyword　ラベル　フィールド名　差し込みフィールドの挿入

1 ラベルを指定する

1 差し込み印刷を開始する

<差し込み文書>タブをクリックして1、<差し込み印刷の開始>をクリックし2、<ラベル>をクリックします3。

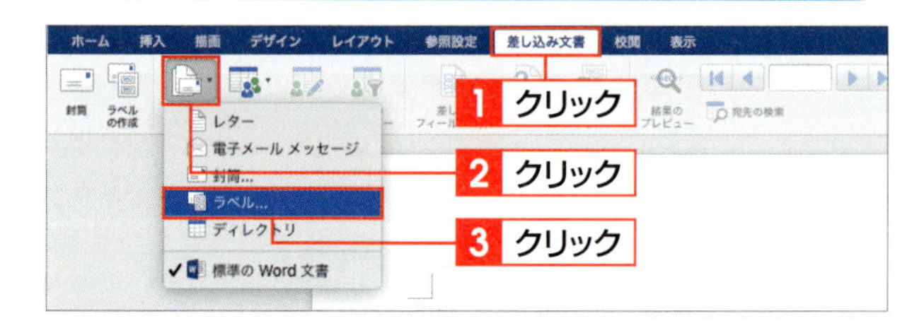

2 ラベル用紙を指定する

<ラベルオプション>ダイアログボックスが表示されるので、使用するプリンターの種類を指定します1。使用するラベルの製品名を指定して2、製品番号を指定し3、<OK>をクリックします4。

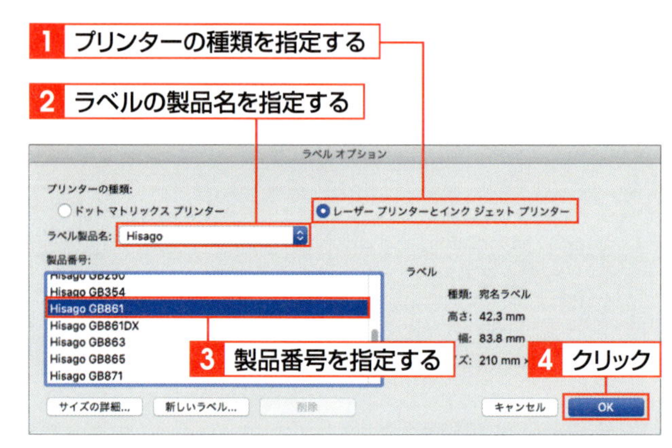

Memo オリジナルの用紙を使用する

一覧にない用紙を使用する場合は、<新しいラベル>をクリックして登録します。

2 新しいデータリストを作成する

1 <新しいリストの入力>をクリックする

選択したラベル用紙のレイアウトで、ラベルのひな型が作成されます。<差し込み文書>タブの<宛先の選択>をクリックし1、<新しいリストの入力>をクリックします2。

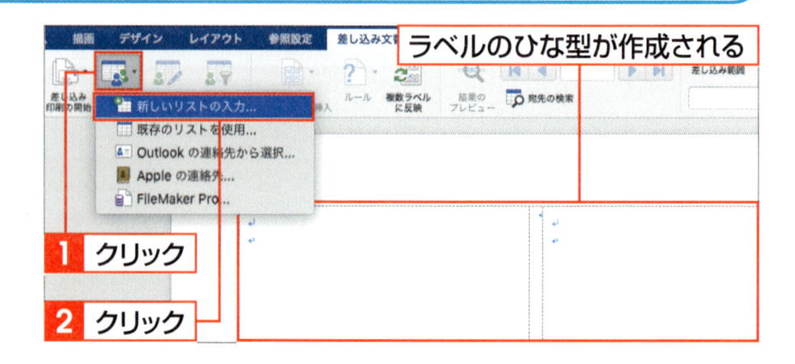

2 フィールドを設定する

<一覧のフィールドの編集>ダイアログボックスが表示され、あらかじめ用意されているフィールド名が表示されます。必要のないフィールド名をクリックして 1 、 − をクリックすると 2 、フィール名が削除されます。

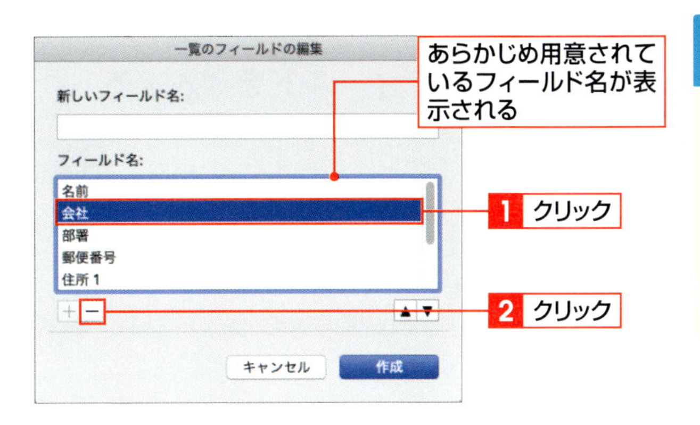

3 フィールド名の順番を入れ替える

順番を入れ替えるフィールド名をクリックし、▲ や ▼ をクリックして順番を入れ換えます 1 。設定が完了したら、<作成>をクリックします 2 。

Step UP フィールド名を追加する

一覧にないフィールド名を追加したい場合は、<新しいフィールド名>にフィールド名を入力し、＋をクリックします。

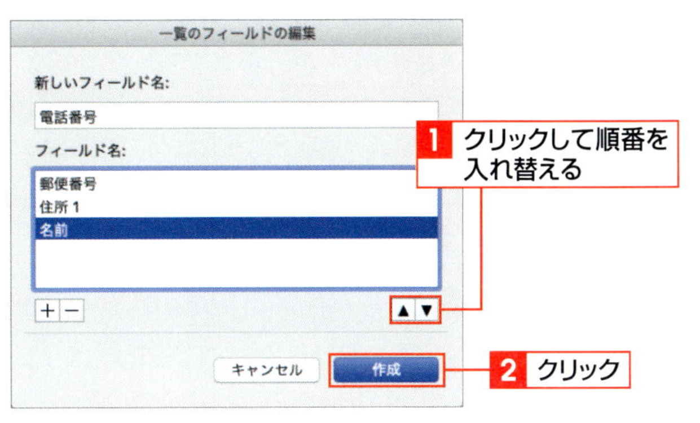

4 宛名住所を保存する

<保存>ダイアログボックスが表示されます。保存場所を指定して 1 、ファイル名を入力し 2 、<保存>をクリックします 3 。

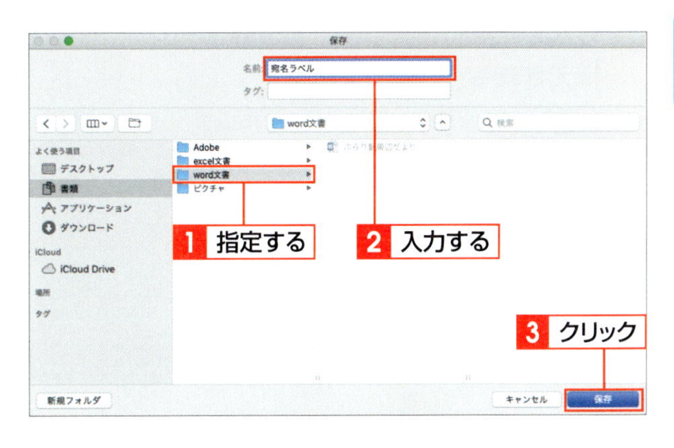

5 必要な情報を入力する

<一覧のエントリの編集>ダイアログボックスが表示されるので、必要な情報を入力します 1 。複数のデータがある場合は、＋ をクリックして、次の宛先を入力します 2 。すべてのデータの入力が完了したら、<OK>をクリックします 3 。

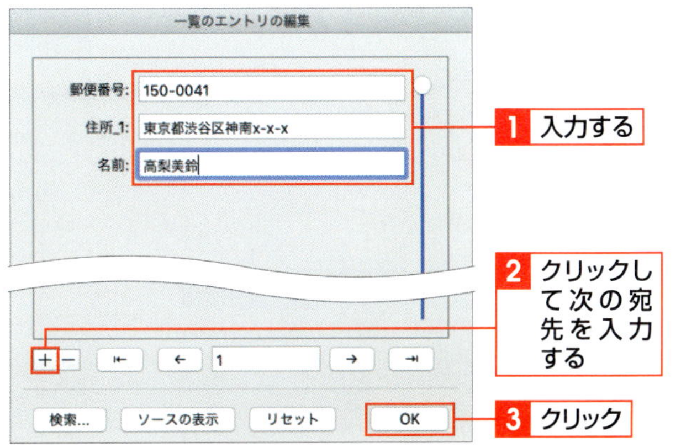

3 差し込みフィールドを挿入する

1 差し込むフィールドを指定する

フィールドを差し込む位置にカーソルを移動して1、＜差し込み文書＞タブの＜差し込みフィールドの挿入＞をクリックし2、フィールド名を指定します。ここでは「郵便番号」をクリックします3。

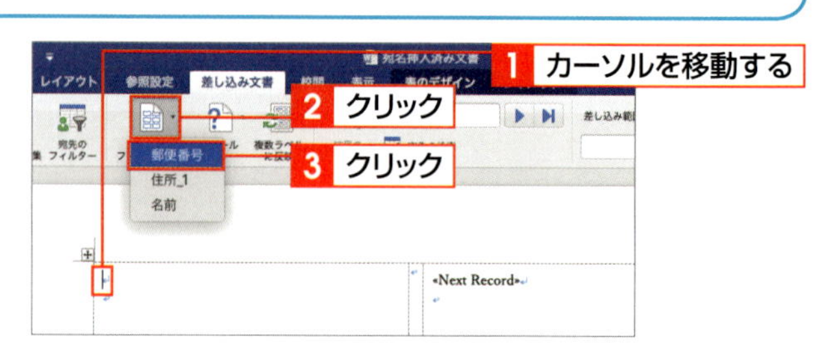

2 必要なフィールドを挿入する

カーソルの位置に郵便番号のフィールドが挿入されます。return を押して1、次の行にカーソルを移動し、残りの「住所1」と「名前」のフィールドを挿入します2。ここでは《名前》の後ろに「様」を入力します3。

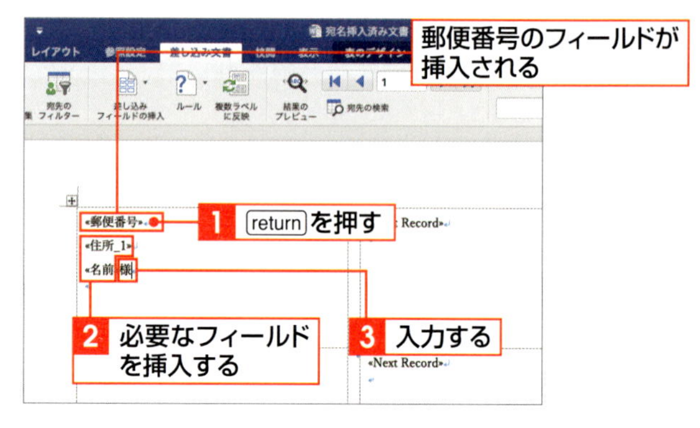

Hint フォントと文字サイズの指定

フィールドにフォントと文字サイズを指定して、宛名レベルに反映させることもできます。

3 ラベルに差し込みフィールドが挿入される

＜差し込み文書＞タブの＜複数ラベルに反映＞をクリックすると1、すべてのラベルに差し込みフィールドが挿入されます。

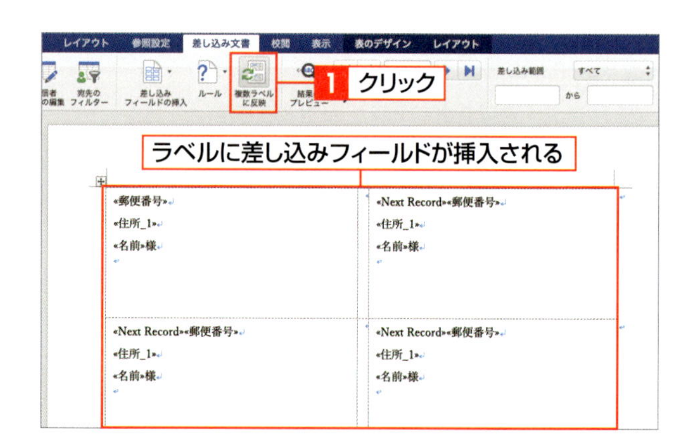

4 ＜結果のプレビュー＞をクリックする

＜差し込み文書＞タブの＜結果のプレビュー＞をクリックすると1、フィールドに宛先のデータが表示されます。

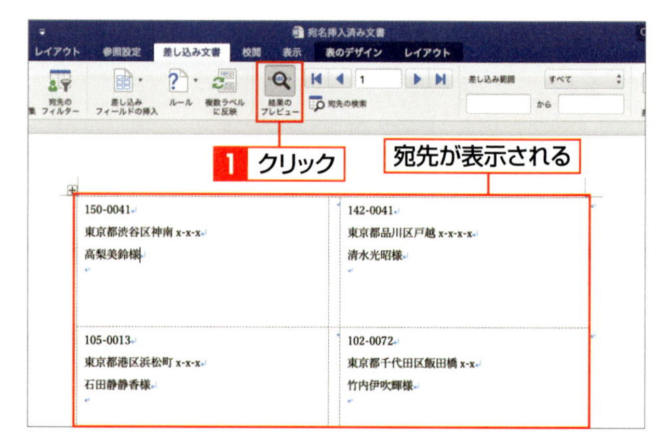

Memo 宛名ラベルを印刷する

宛名ラベルを印刷するには、＜差し込み文書＞タブの＜完了と差し込み＞をクリックして、＜文書の印刷＞をクリックします（P.261参照）。

第5章

PowerPointの操作をマスターしよう

SECTION 01

PowerPoint 2019 for Macの概要

PowerPoint 2019 for Mac（以下、PowerPoint 2019）には＜描画＞タブが搭載され、デジタルペンを利用してスライドに直接書き込みをすることができます。また、3Dモデルやオンラインビデオの挿入、画面切り替え効果の＜変形＞などが新規に搭載されています。

覚えておきたいKeyword　＜描画＞タブ　3Dモデル　オンラインビデオ

1 ＜描画＞タブの搭載

＜描画＞タブのデジタルペン機能を利用して、ペンや指、マウスを使ってスライドに直接書き込みをしたり、図形を描いたり、文字列を強調表示したりできます。書き込みには鉛筆、ペン、蛍光ペンなどのツールが利用でき、太さや色を変更したり、新しいペンを追加したりすることもできます。ペンでは文字飾りの効果も利用できます。

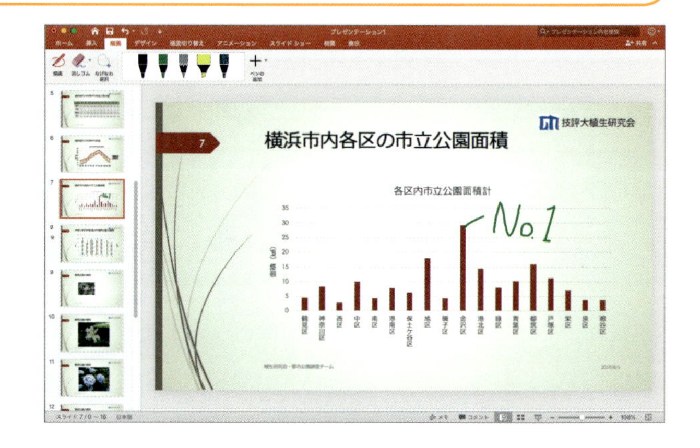

2 3Dモデルの挿入

パソコンに保存してある3D画像やオンラインソースから3Dモデルを挿入して、任意の方向に回転させたり傾けたりと、さまざまな視点で表示させることができます。3Dモデルを挿入すると、PowerPointで商品などのプレゼンテーションを行う際、立体的なイメージがつかみやすくなります。

なお、3DモデルはmacOSのバージョン10.11以前、およびバージョン10.13.0から10.13.3までは搭載されていません。

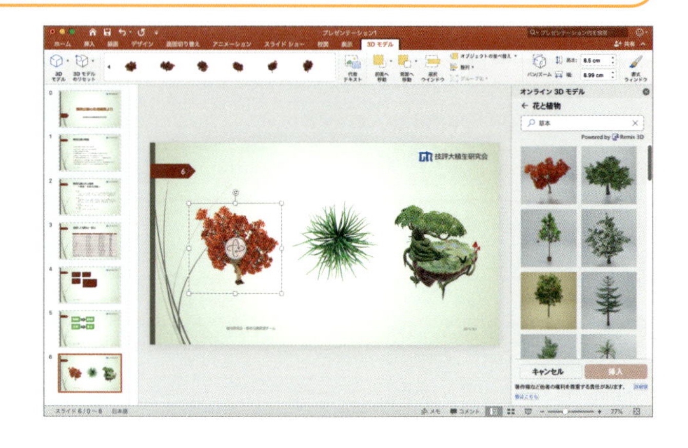

3 オンラインビデオの挿入

スライドにYouTubeまたはSlideShare.netのオンラインビデオを挿入することができます。挿入したビデオはWebサイトから直接再生されます。ビデオはPowerPointのプレゼンテーション内ではなく、Webサイトに保存されるため、ビデオを再生するにはインターネットに接続する必要があります。

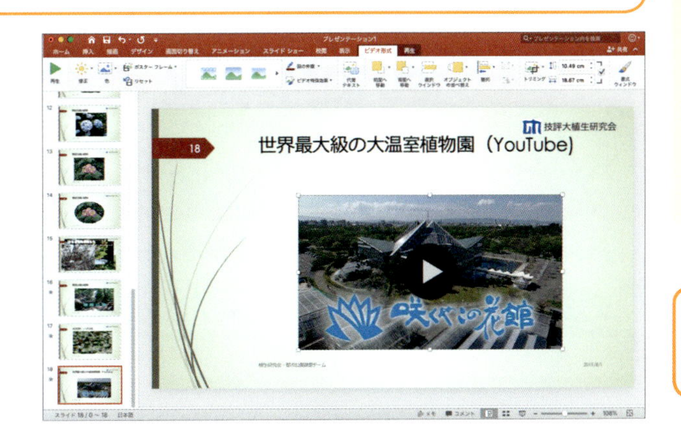

4 画面切り替え効果に<変形>が追加された

画面切り替え効果に<変形>が追加されました。<変形>を使用すると、スライドから次のスライドを切り替える際に、滑らかに移動するアニメーションを付けることができます。テキストや図形、ワードアート、SmartArtグラフィック、グラフなどのさまざまなオブジェクトに動きを付けることができます。

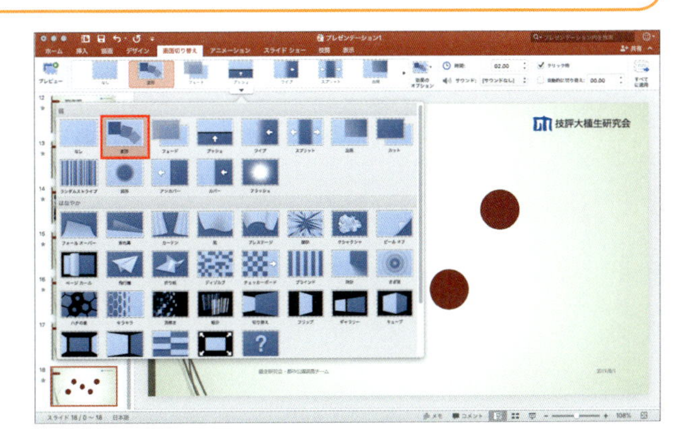

5 Officeテーマとバリエーション

PowerPointには、作成するスライドの内容に合わせて選択できるテーマが豊富に用意されています。テーマを利用すれば、見栄えがよいだけでなく、実用的なスライドをかんたんに作成できます。さらにテーマのバリエーションも用意されているので、配色やフォント、背景スタイルなどを個別にカスタマイズできます。

SECTION 02

PowerPoint 2019の画面構成と表示モード

PowerPoint 2019の画面は、Officeソフトに共通のメニューバーとリボンメニューのほかに、プレゼンテーション、ナビゲーション、スライド、ノートウィンドウなどで構成されています。また、PowerPoint 2019には6つの表示モードが用意されています。

覚えておきたいKeyword　画面構成　表示モード　プレゼンテーションウィンドウ

1 基本的な画面構成

PowerPoint 2019には、6つの表示モードが用意されていますが、既定は下図の「標準表示」です。画面左側の「ナビゲーションウィンドウ」は、スライド表示とアウトライン表示に切り替えができます。下図はスライド表示した状態です。

1 メニューバー
PowerPointで使用できるすべてのコマンドが、メニューごとにまとめられています。

2 クイックアクセスツールバー
よく使用されるコマンドが表示されています。

3 タブ
初期状態では9つのタブが用意されています。名前の部分をクリックしてタブを切り替えます。

4 タイトルバー
作業中のプレゼンテーション名（ファイル名）が表示されます。

5 リボン
コマンドをタブごとに分類して表示します。

6 プレゼンテーションウィンドウ
作業中のプレゼンテーションが表示されます。この画面でスライドを編集します。

7 ナビゲーションウィンドウ
「スライド」と「アウトライン」の2つの表示モードが用意されています。スライド表示は、各スライドのサムネイルが一覧で表示されます。アウトライン表示は、スライドのタイトルとテキストがアウトライン表示されます。<表示>タブで表示モードを切り替えます。

8 ステータスバー
スライドの総数と現在のスライドの番号が表示されます。

9 プレースホルダー
テキストや画像などを配置するためのエリアです。プレースホルダーには、あらかじめ書式が設定されています。設定されている書式は、スライドのテーマやレイアウトによって異なります。

10 スライドウィンドウ
スライドが表示されます。スライドの設定を変更したり、テキストやオブジェクトの挿入や編集を行ったりします。

11 ノートウィンドウ
プレゼンテーションを実施するときに参照するメモを入力する領域です。ここに入力した情報は、閲覧者には表示されません。

12 画面の表示切り替え用コマンド
画面の表示モードを切り替えます。

13 ズームスライダー
プレゼンテーションウィンドウの表示倍率を変更します。標準ではプレゼンテーションウィンドウサイズに合わせた倍率に設定されています。

2 画面の表示モード

PowerPoint 2019には、スライドの作成時に表示する「標準表示」、スライドに入力した文字のみを表示する「アウトライン表示」、スライドを縮小表示する「スライド一覧表示」、ノートウィンドウに入力した情報を表示する「ノート表示」のほかに、「発表者ツール」、「スライドショー」の計6つの表示モードが用意されています。表示モードは、画面右下の表示切り替え用コマンドか、<表示>タブもしくは<表示>メニューから切り替えができます。

● アウトライン表示

● スライド一覧表示

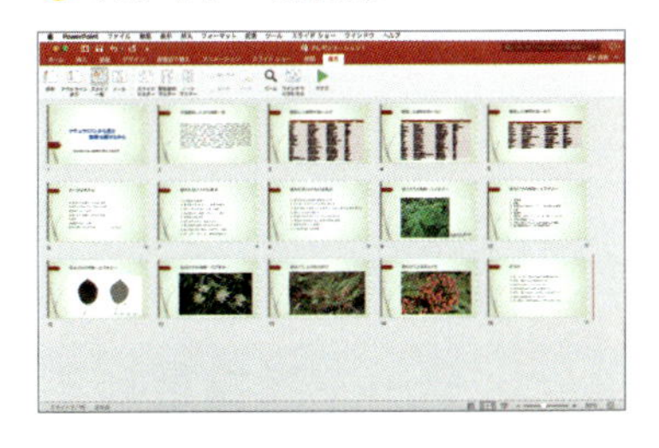

● ノート表示

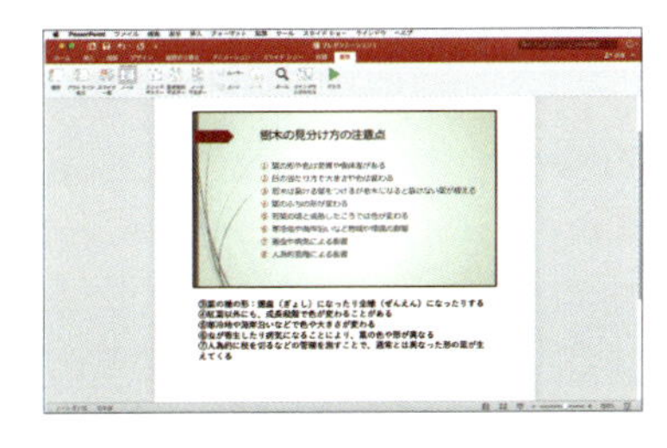

● 発表者ツール

SECTION 03

スライドを作成する

PowerPointには、作成するスライドの内容に合わせて選択できるテーマが豊富に用意されています。テーマを利用すれば、見栄えのよいスライドをかんたんに作成できます。テーマはあとから設定するとレイアウトがずれるなどするため、最初に設定するようにします。

覚えておきたい Keyword　新規作成　テンプレート　スライドのサイズ

1 白紙のスライドを新規に作成する

1 <新規作成>をクリックする

<ファイル>メニューをクリックして 1 、<新規作成>をクリックします 2 。

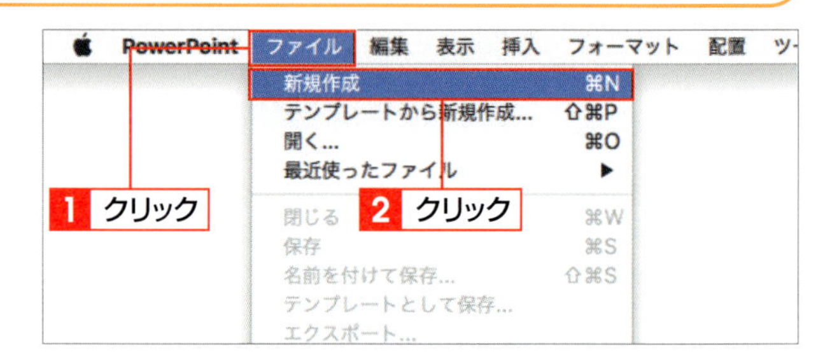

2 新しいスライドが作成される

白紙のスライドが新規に作成されます。

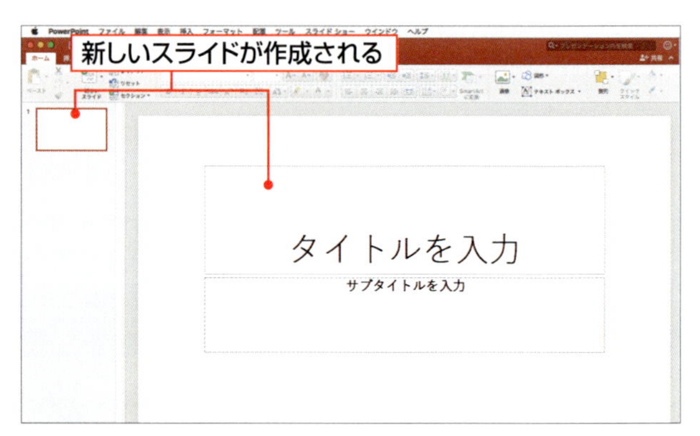

Memo 新規スライドの作成

ここでは、スライドをいったん閉じた状態から新しいスライドを作成する手順を紹介しています。

2 テーマを指定して新規スライドを作成する

1 <テンプレートから新規作成>をクリックする

<ファイル>メニューをクリックして 1 、<テンプレートから新規作成>をクリックします 2 。

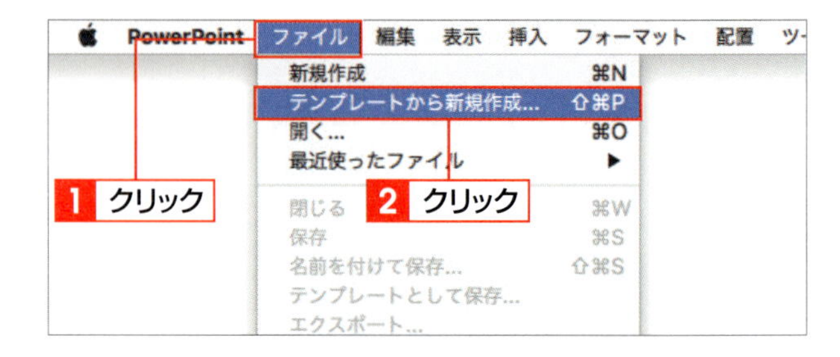

2 テーマを指定する

テンプレートの一覧が表示されます。スライドのテーマ（ここでは<ウィスプ>）をクリックし 1 、<作成>をクリックします 2 。

Hint Onlineテンプレート

画面右上の検索ボックスに目的のテンプレートをキーワードで入力すると、インターネット上に用意されたOnlineテンプレートを利用できます。

3 テーマを利用したスライドが作成される

選択したテーマが設定されたスライドが作成されます。

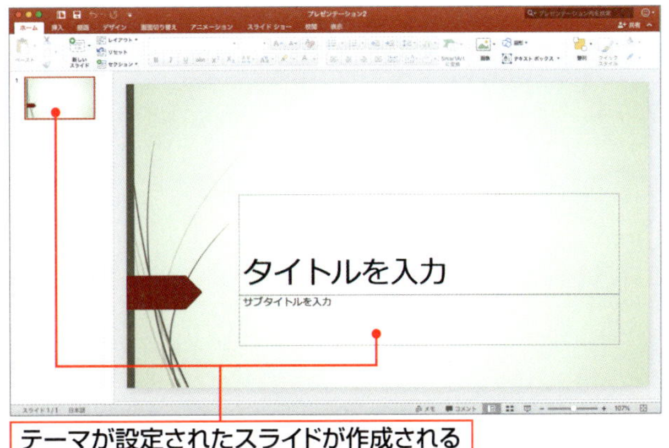

Memo スライドのテーマの変更

スライドを作成したあとでも、スライド全体のテーマや特定のスライドのテーマを変更できます（P.288参照）。

Column スライドのサイズを変更する

PowerPoint 2019の初期状態では、スライドのサイズが「ワイド画面（16：9）」に設定されます。スライドのサイズを変更したい場合は、<デザイン>タブの<スライドのサイズ>をクリックして<標準（4：3）>をクリックするか、メニューの下にある<ページ設定>をクリックして、表示される<ページ設定>ダイアログボックスで指定します。スライドのサイズは、プレゼンテーションに使用するプロジェクターなどの表示サイズに合わせるとよいでしょう。

SECTION 04

新しいスライドを追加する

新しいスライドを作成した直後は、スライドの表紙に相当する1ページ目だけが作成されます。スライドの本体になる2ページ目以降は、必要に応じて追加していきます。スライドを追加する際は、スライドの目的に応じてレイアウトを指定します。レイアウトはあとから変更することもできます。

覚えておきたいKeyword　スライドの追加　レイアウト　レイアウトの変更

1 レイアウトを指定してスライドを追加する

1 追加する位置を指定する

スライドを追加したい位置の前にあるスライドをクリックします1。

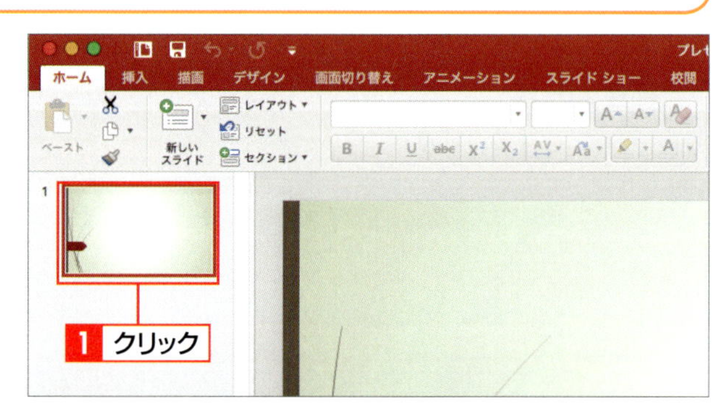

Memo　スライドの追加位置

スライドは、現在選択されているスライドの次に追加されます。新規に作成した直後は表紙だけが作成されるので、表紙の次に追加されます。

2 レイアウトを指定する

<ホーム>（もしくは<挿入>）タブをクリックして1、<新しいスライド>の▾をクリックし2、追加するスライドのレイアウト（ここでは<タイトルとコンテンツ>）をクリックします3。

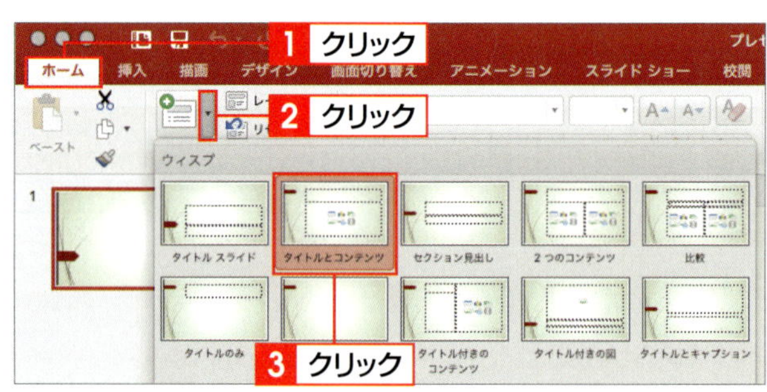

3 スライドが追加される

指定したレイアウトのスライドが、クリックしたスライドの次に追加されます。

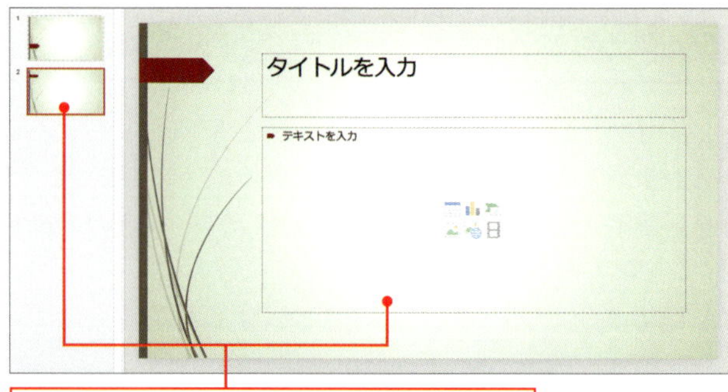

指定したレイアウトのスライドが追加される

Hint　スライドの追加とレイアウト

レイアウトを指定してスライドを追加した場合、そのレイアウトの設定が保持されます。同じレイアウトのスライドを続けて追加したい場合は、<新しいスライド>をクリックします。

2 スライドのレイアウトを変更する

1 スライドをクリックする

レイアウトを変更したいスライドをクリックします 1 。

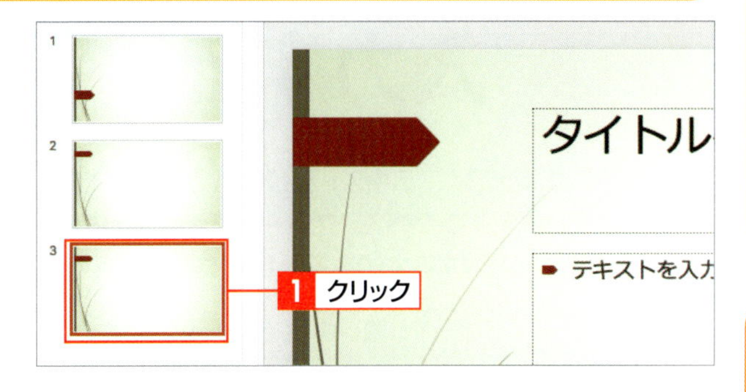

2 レイアウトを指定する

<ホーム>タブの<レイアウト>をクリックして 1 、変更したいレイアウト（ここでは<2つのコンテンツ>）をクリックします 2 。

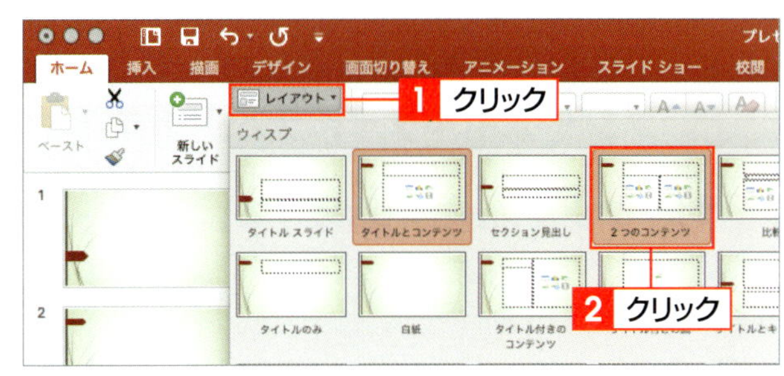

3 レイアウトが変更される

スライドのレイアウトが変更されます。

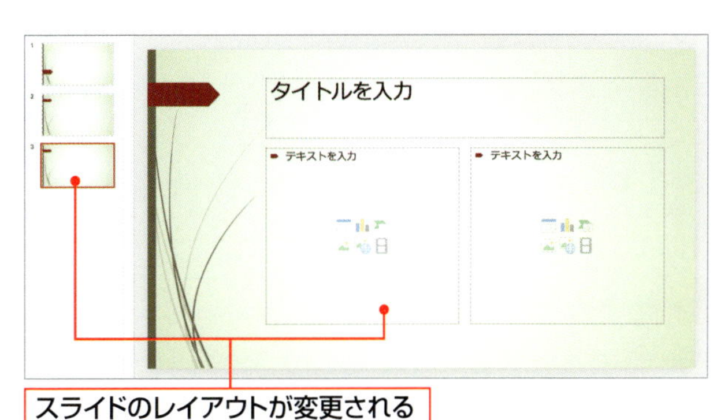

Column スライドのレイアウトの種類

使用できるスライドのレイアウトには、右のような種類があります。「コンテンツ」とあるものは、そのエリアに文字だけではなく表やグラフ、画像などを挿入できるものです。「タイトルのみ」「白紙」のレイアウトを選択すると、文字や画像などを自由に配置できます。作りたいスライドの内容に合わせて選択しましょう。

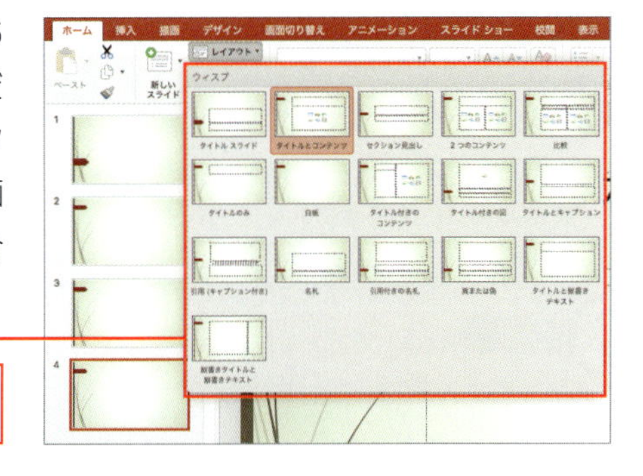

SECTION 05

スライドにテキストを入力する

スライドによっては、テキストなどを入力するためのプレースホルダーと呼ばれる枠があらかじめ用意されています。ここでは、プレースフォルダー内にテキストと、プレゼンテーションによく利用される箇条書きを入力する方法を紹介します。

覚えておきたいKeyword　プレースホルダー　コンテンツプレースホルダー　箇条書き

1 プレースホルダーにテキストを入力する

1 プレースホルダーをクリックする

プレースホルダーの内側をクリックして、カーソルを置きます1。

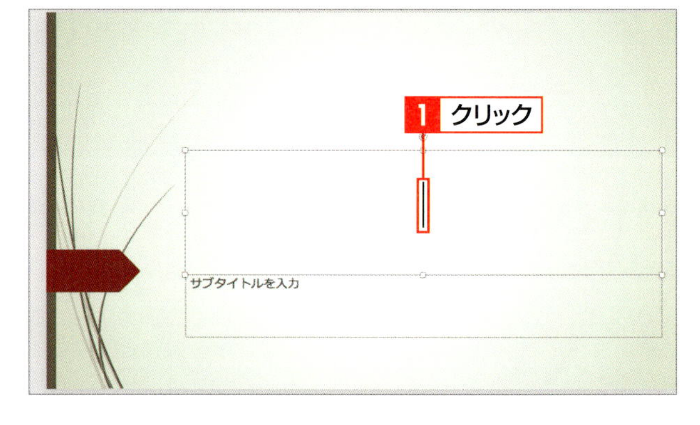

Keyword　プレースホルダー

スライド上にある枠で囲まれた領域のことを「プレースホルダー」といいます。内部に画像やグラフなどのアイコンが表示されたプレースホルダーを「コンテンツプレースホルダー」といいます。

2 テキストを入力する

プレースホルダーを選択した状態で、テキストを入力します1。

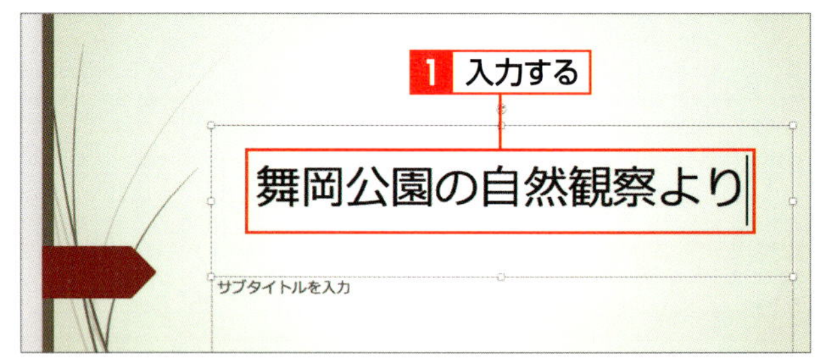

3 テキストを確定する

プレースホルダーの外側をクリックすると、テキストが確定されます1。同様に、もう1つのプレースホルダーにもテキストを入力します2。

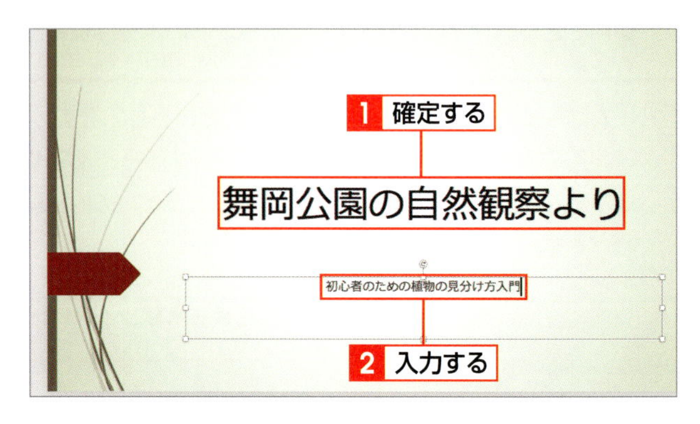

Hint　改行するには

プレースホルダー内にテキストを入力して、return を押すと改行されます。

2 箇条書きを入力する

1 箇条書きの記号を指定する

箇条書きを入力するプレースホルダー内をクリックします1。<ホーム>タブをクリックして2、<箇条書き>の▾をクリックし3、箇条書きに使用したい記号をクリックします4。

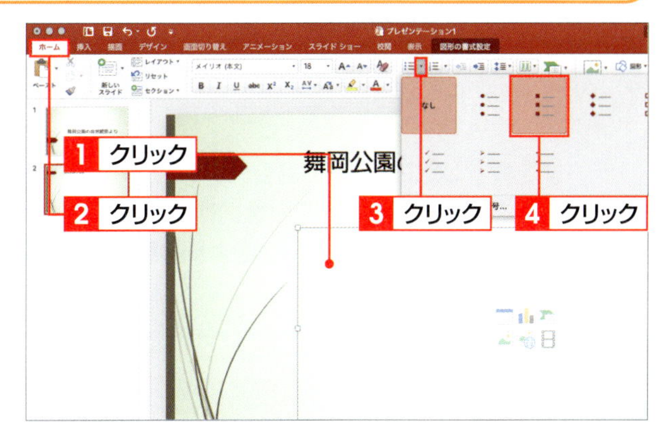

あらかじめ箇条書きの書式が設定されているプレースホルダーもありますが、同じ手順で変更できます。

2 箇条書きの記号が表示される

指定した箇条書きの記号が表示されます。

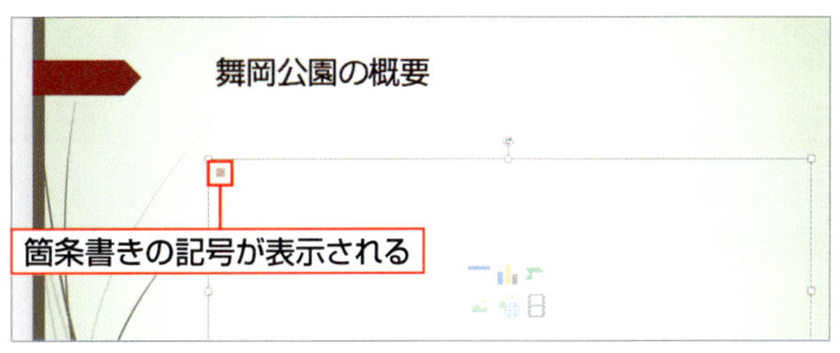

3 箇条書き項目を入力する

箇条書きの記号の後ろにテキストを入力して1、return を押します2。次の行の先頭に箇条書きの記号が表示されるので、同様の方法で必要な箇条書きの項目を入力します3。

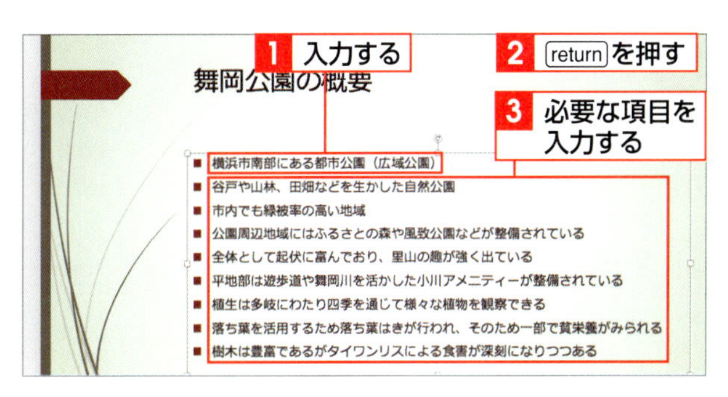

Column 箇条書きを解除する

箇条書きにした段落の一部を解除したいときは、箇条書きを解除する行を選択して1、<箇条書き>の▾をクリックし2、<なし>をクリックします3。

また、shift を押しながら return を押すと、次の行の箇条書きが解除されます。

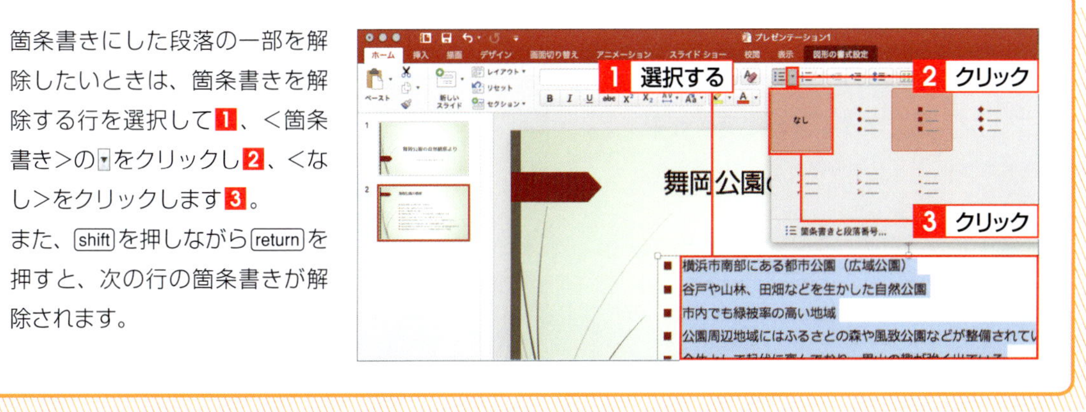

SECTION 06

テキストの書式を設定する

テーマを設定したスライドの場合、プレースホルダーに入力したテキストは、テーマによって設定された書式で表示されます。この書式は必要に応じて変更できます。テキストのサイズやフォント、色を変更して、プレゼンテーションをより効果的にします。

覚えておきたいKeyword　フォント　フォントサイズ　フォントの色

1 フォントと文字サイズを変更する

1 フォントを指定する

フォントを変更したいテキストを選択します**1**。＜ホーム＞タブの＜フォント＞の▾をクリックし**2**、使用したいフォント（ここでは＜ヒラギノ角ゴStd＞）をクリックします**3**。

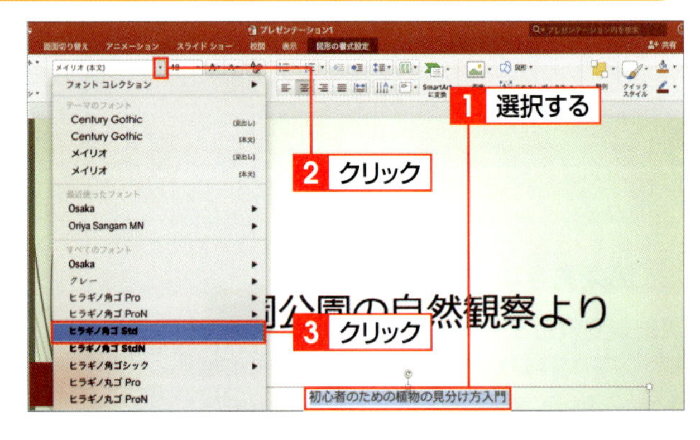

Memo フォントの種類

表示されるフォントの種類は、お使いのMacの環境によって異なる場合があります。

2 文字サイズを指定する

文字サイズを変更したいテキストを選択します**1**。＜ホーム＞タブの＜フォントサイズ＞の▾をクリックし**2**、使用したい文字サイズ（ここでは＜24＞）をクリックします**3**。

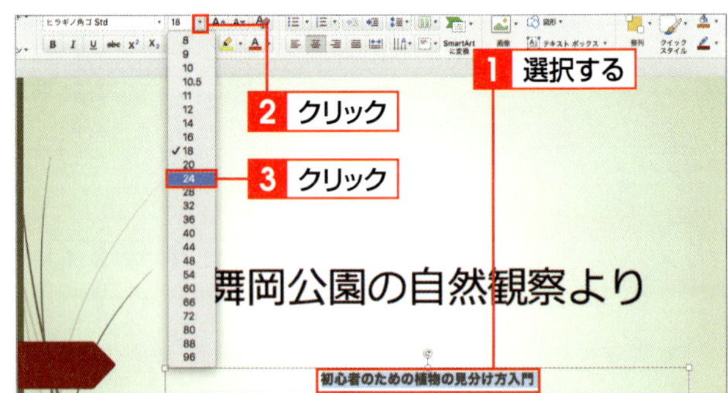

3 フォントと文字サイズが変更される

テキストのフォントと文字サイズが変更されます。

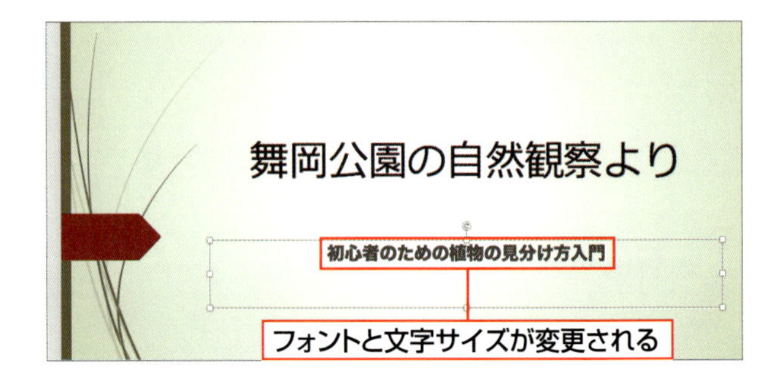

Hint 文字サイズを直接指定する

一覧にはない文字サイズを指定する場合は、＜フォントサイズ＞ボックスに直接数値を入力します。

2 文字色を変更する

1 色を指定する

文字色を変更したいテキストを選択して1、<ホーム>タブの<フォントの色>の▼をクリックし2、使用したい色（ここでは<濃い赤>）をクリックします3。

Hint 一覧にない色を使うには

フォントの色の一覧に使用したい色が見つからない場合は、手順3で<その他の色>をクリックし、<カラー>ダイアログボックスで色を指定します（P.59参照）。

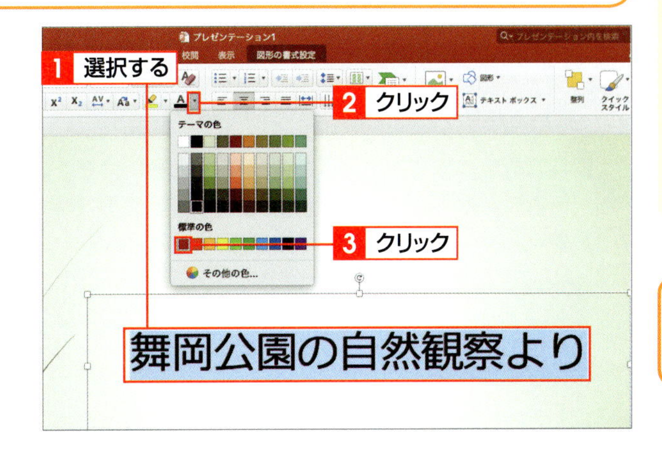

2 テキストの色が変更される

選択したテキストの色が、指定した色に変更されます。

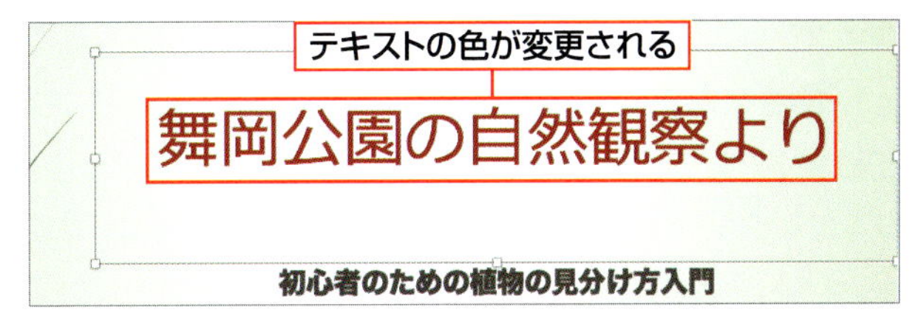

3 文字に効果を付ける

1 文字の効果を指定する

効果を付けたい文字を選択して1、<図形の書式設定>タブをクリックします2。<文字の効果>をクリックし3、使用したい文字効果（ここでは<光彩>）をポイントして4、効果の種類（ここでは<光彩、18ptオリーブ、アクセントカラー5>）をクリックします5。

Hint 文字スタイルの設定

テキストに影を付けたり傾けたりする場合は、<文字の効果>をクリックして、<影>や<変形>などを指定します。ただし、複数のスタイルを設定すると見づらくなることもあるので、注意が必要です。

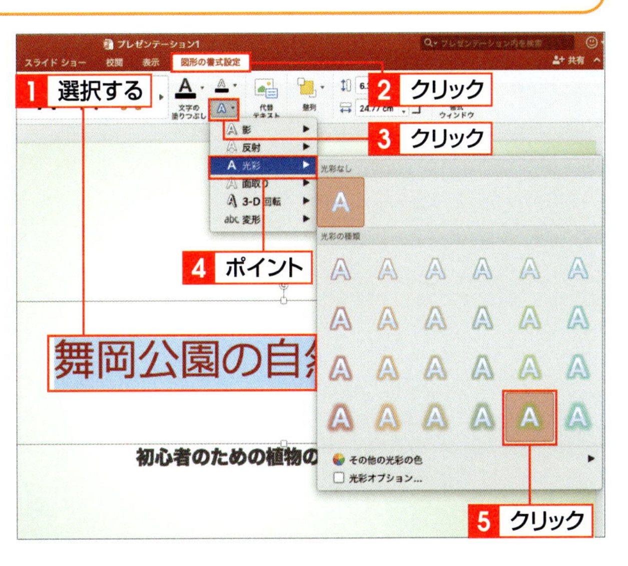

2 文字効果が設定される

選択したテキストに、文字の効果が設定されます。

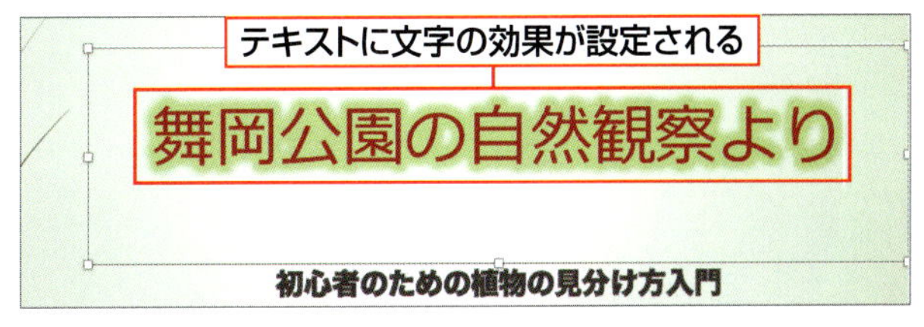

SECTION 07

箇条書きの記号を変更する

箇条書きを作成すると、行の先頭には記号が付きます。この記号を行頭文字といい、箇条書きにしたテキストを見やすくする効果があります。行頭文字は好みに応じて変更できます。また、①、②、③やa、b、cなどの段落番号に変更することもできます。

覚えておきたい Keyword　箇条書き　行頭文字　段落番号

1 行頭文字を変更する

1 段落を選択する

行頭文字を変更する段落を選択します 1。

2 行頭文字を指定する

<ホーム>タブをクリックして 1、<箇条書き>の ▾ をクリックし 2、使用したい行頭文字をクリックします 3。

3 行頭文字が変更される

選択した段落の行頭文字が変更されます。

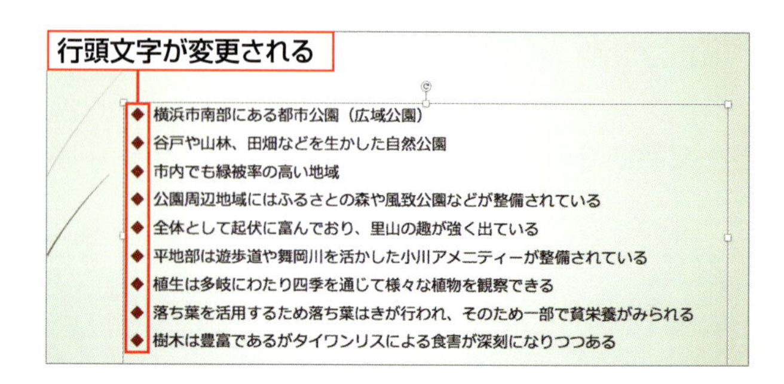

2 行頭に段落番号を設定する

1 段落を選択する

段落番号を設定する段落を選択します1。

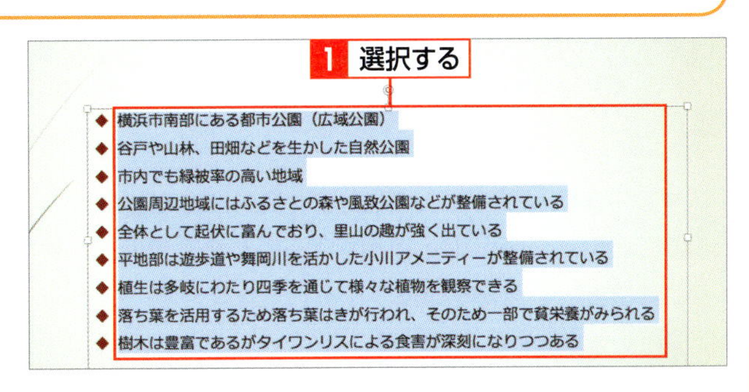

2 段落番号を指定する

＜ホーム＞タブの＜段落番号＞の▾をクリックし1、使用したい段落番号をクリックします2。

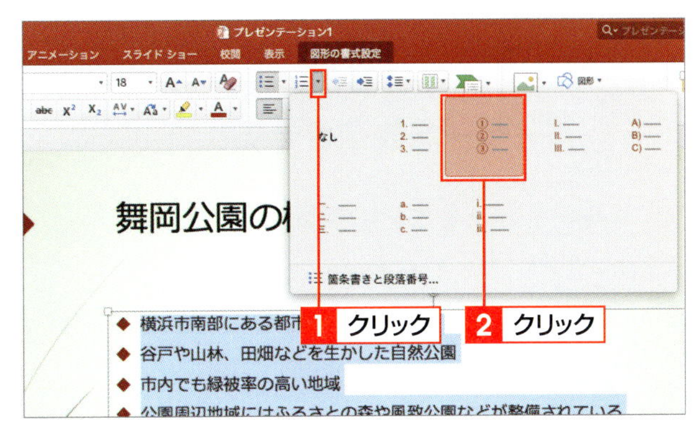

3 段落番号が設定される

選択した段落に段落番号が設定されます。

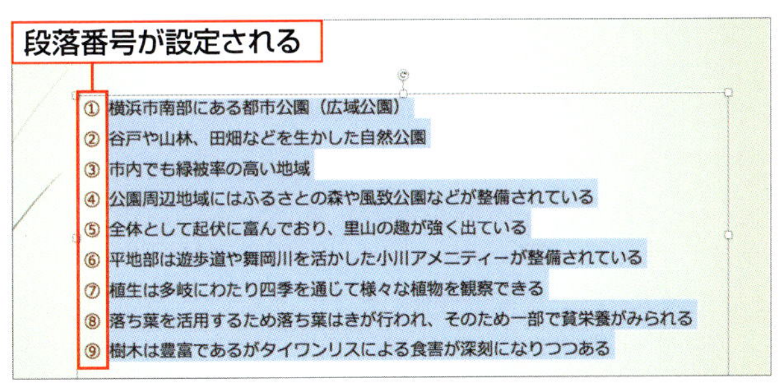

Column 行頭文字や段落番号の色やサイズを変更する

箇条書きや段落番号のメニューの下にある＜箇条書きと段落番号＞をクリックすると、＜箇条書きと段落番号＞ダイアログボックスが表示されます。このダイアログボックスの各タブで、色やサイズを変更できます。サイズは比率（パーセント）で設定します。

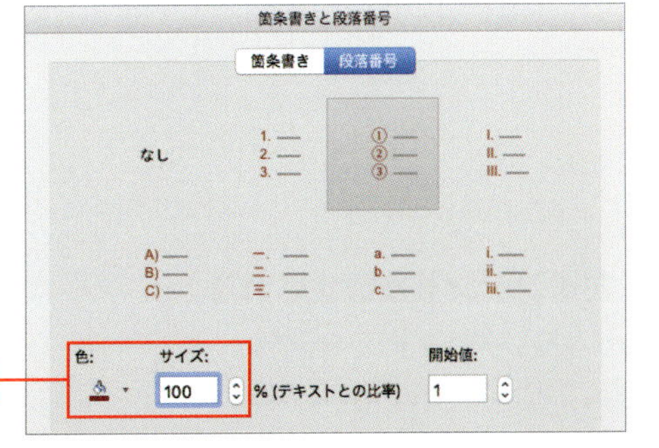

SECTION 08

インデントやタブを設定する

プレースホルダーに入力したテキストの文字位置は、通常は左端に揃いますが、インデントを設定することで、文字位置を移動させることができます。また、tabを押したときに入力されるスペースの大きさ（幅）を任意に指定することもできます。

覚えておきたいKeyword　ルーラー　インデント　タブ

1 ルーラーを表示させる

1 ＜ルーラー＞をオンにする

＜表示＞タブをクリックして 1 、＜ルーラー＞をクリックしてオンにします 2 。

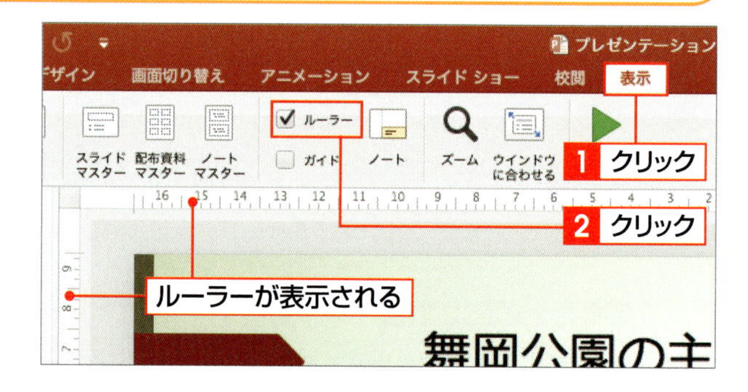

Keyword　ルーラー

ウィンドウ上部や左側に表示される定規のような目盛です。段落ごとのインデントや字下げ、タブの位置を調整する場合に使用します。

2 インデントを設定する

1 左インデントマーカーをドラッグする

インデントを設定する段落を選択して 1 、ルーラーにある左インデントマーカー▭を目的の位置までドラッグします 2 。

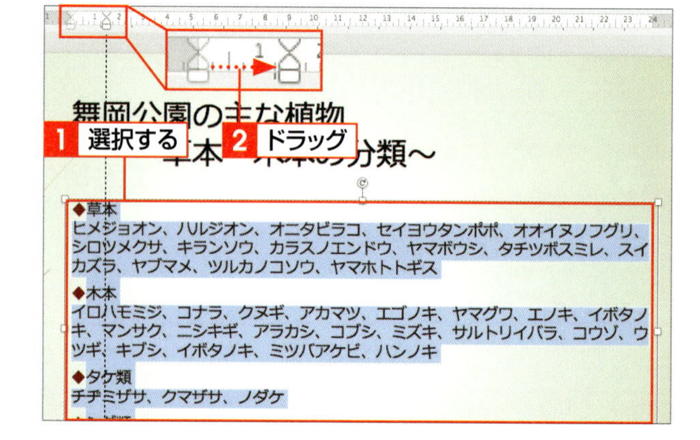

2 左インデントが設定される

左インデントが設定され、段落の左端が下がります。

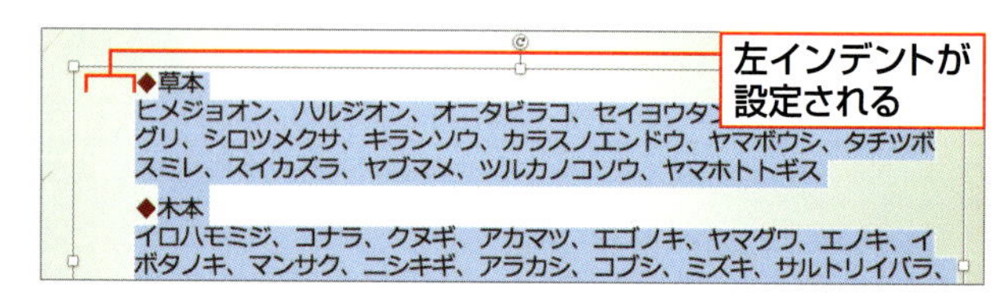

3 ぶら下げインデントマーカーをドラッグする

段落が選択された状態で、ルーラーにあるぶら下げインデントマーカー△を目的の位置までドラッグします 1。

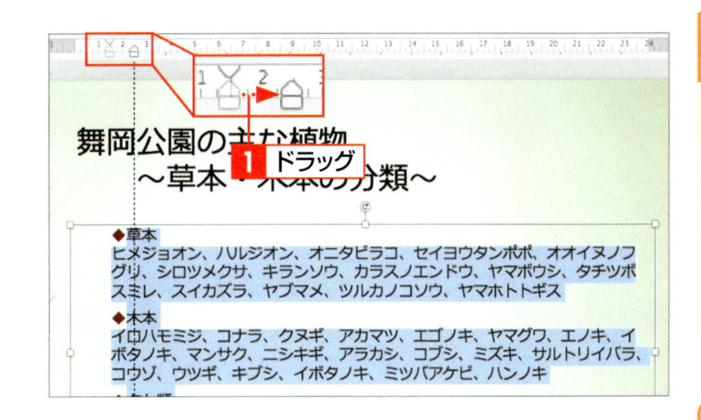

Memo インデントの設定

インデントの設定は、使用しているスタイルや段落の種類によって異なることがあります。

4 ぶら下げインデントが設定される

ぶら下げインデントが設定されます。

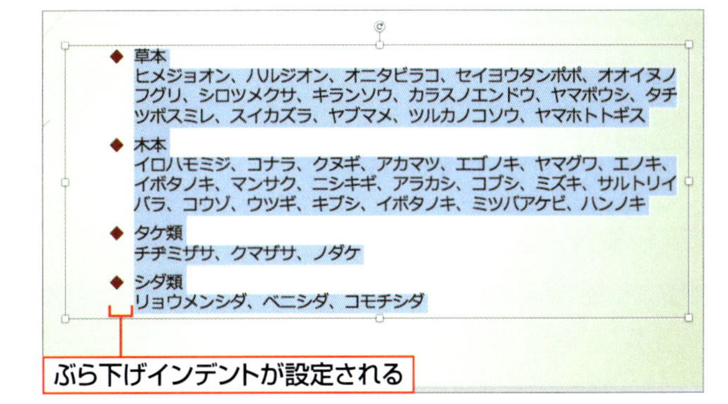

Keyword インデント

行頭の文字下げを指定するものです。左インデント、1行目のインデント、ぶら下げインデントなどがあります（P.183参照）。よく利用されるのは、左インデントと1行目のインデントです。

3 タブを設定する

1 タブ位置を指定する

タブを設定する段落を選択し 1、タブで揃えたい位置をルーラー上でクリックして指定します 2。

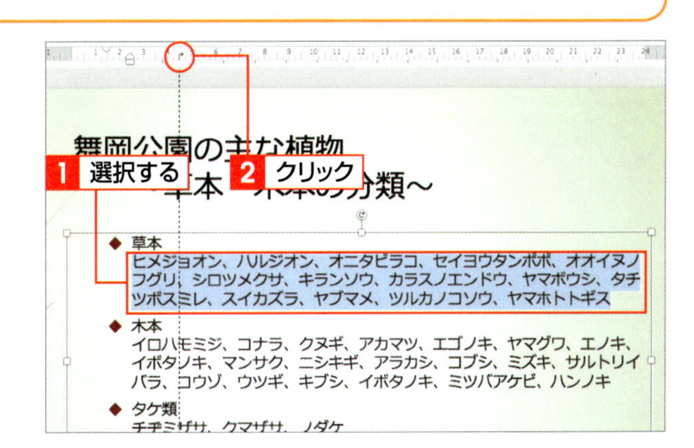

Keyword タブ

数文字分のスペースを空けるための機能です。space を押して文字列を揃えるより、きれいに揃えることができます。

2 タブを挿入する

段落の先頭をクリックして 1、tab を押すと 2、指定した大きさのタブが挿入されます。

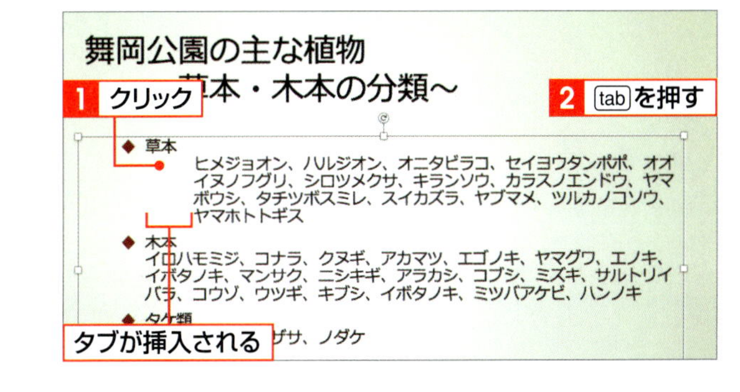

Memo 各行の先頭にタブを入れる

手順 2 のあと、2行目以降も同様にタブを挿入して先頭を揃えます。

SECTION 09

スライドを複製・移動・削除する

同じような内容のスライドを複数作成する場合は、そのたびに新しいスライドを追加するのではなく、すでに作成したスライドを複製して修正するほうが効率的です。また、作成したスライドを移動して順番を入れ替えたり、不要なスライドを削除したりすることもできます。

覚えておきたいKeyword　複製　移動　削除

1 スライドを複製する

1 <複製>をクリックする

複製するスライドをクリックします 1。<ホーム>タブをクリックして 2、<コピー>の▾をクリックし 3、<複製>をクリックします 4。

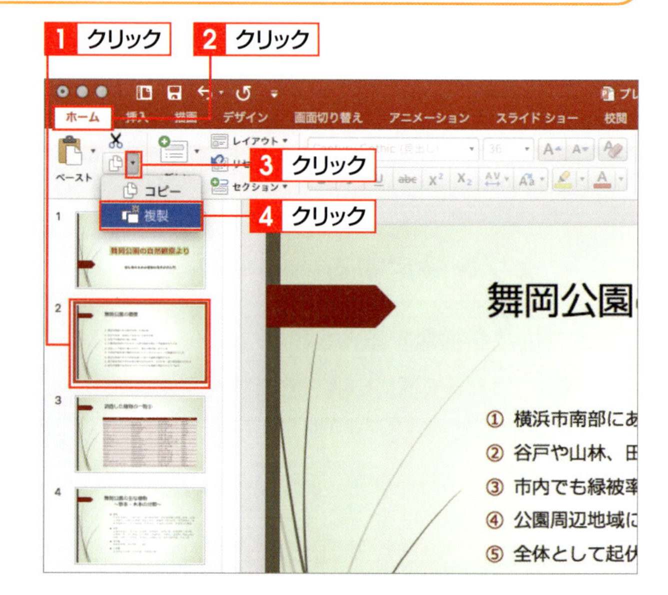

Hint 複製とコピーの違い

手順 4 で<複製>をクリックすると、すぐに新しいスライドが作成されます。<コピー>をクリックした場合は、<貼り付け>をクリックするまではスライドは作成されません。

2 スライドが複製される

選択したスライドの下に、複製されたスライドが追加されます。

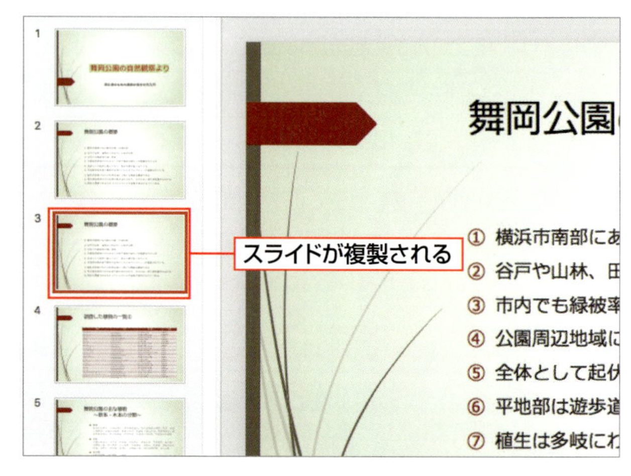

Hint 複数のスライドの複製

連続した複数のスライドを一度に複製したい場合は、shift を押しながら複数のスライドを選択して、複製を行います。離れた場所のスライドを同時に選択する場合は、⌘を押しながらクリックします。

2 スライドを移動する

1 スライドをドラッグする

移動したいスライドを目的の位置までドラッグします 1。

2 スライドが移動する

スライドが移動し、スライドの順序が入れ替わります。

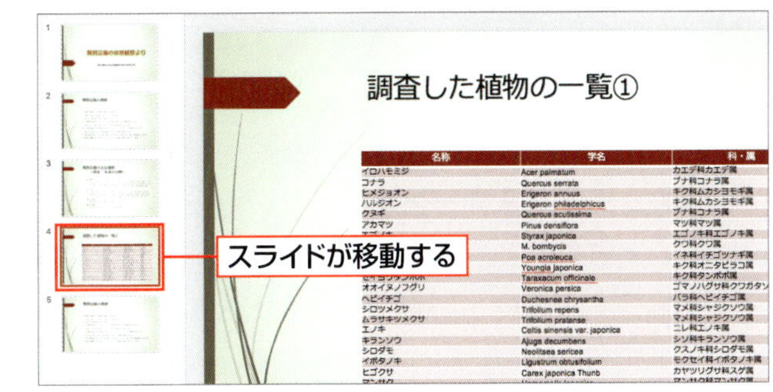

Memo そのほかの方法

<ホーム>タブの<カット>と<ペースト>を利用しても、スライドを移動できます。

3 スライドを削除する

1 <スライドの削除>をクリックする

削除したいスライドをクリックして 1、<編集>メニュークリックし 2、<スライドの削除>をクリックします 3。

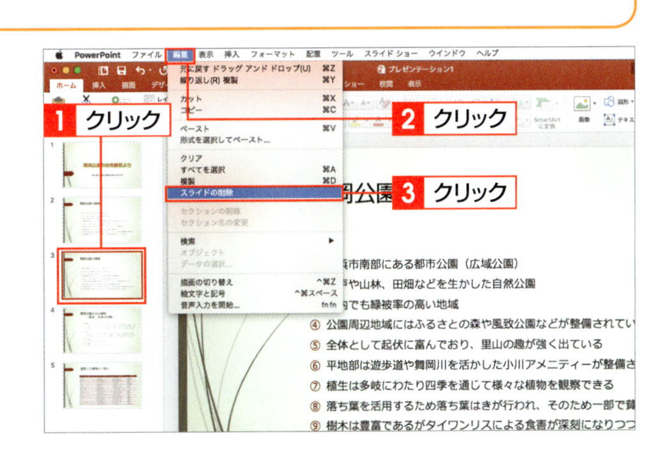

Memo そのほかの方法

スライドをクリックして、delete を押しても、削除できます。

2 スライドが削除される

選択したスライドが削除されます。

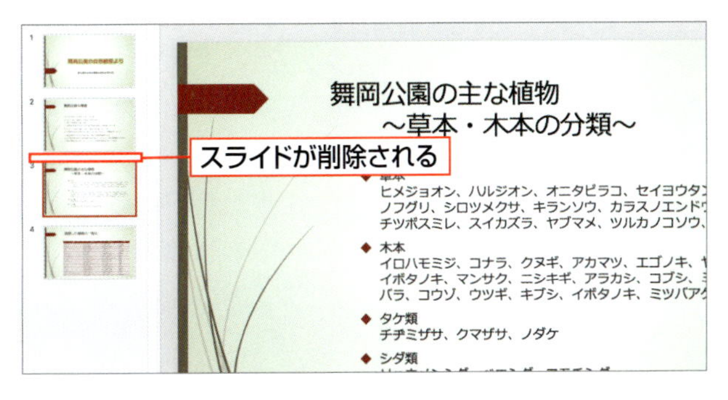

Hint 複数のスライドの移動や削除

複数のスライドを一度に移動または削除する場合は、複数のスライドを選択した状態で操作すると効率的です。

SECTION 10

ヘッダーやフッターを挿入する

ヘッダー・フッターとは、スライドや配布資料などの上下に表示される資料名や日付、ページ番号などの情報のことです。上部に表示する情報をヘッダー、下部に表示する情報をフッターといいます。ヘッダーはスライドマスターに挿入します。

覚えておきたい Keyword　ヘッダー　フッター　スライドマスター

1 ヘッダーを挿入する

1 <スライドマスター>をクリックする

<表示>タブをクリックして1、<スライドマスター>をクリックします2。

2 テキストボックスを挿入する

スライドマスター表示に切り替わります。一番上のスライドマスターをクリックして、<挿入>タブをクリックします1。<テキストボックス>のをクリックして2、<横書きテキストボックスの描画>をクリックします3。

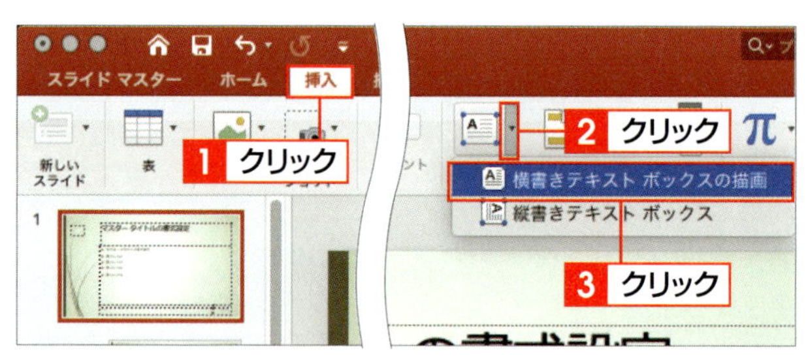

3 文字を入力してスライドマスターを閉じる

ヘッダーを表示させたい部分にテキストボックスを作成して1、表示させたい文字を入力し2、必要に応じて書式を設定します。入力が完了したら、<スライドマスター>タブの<マスターを閉じる>をクリックします3。

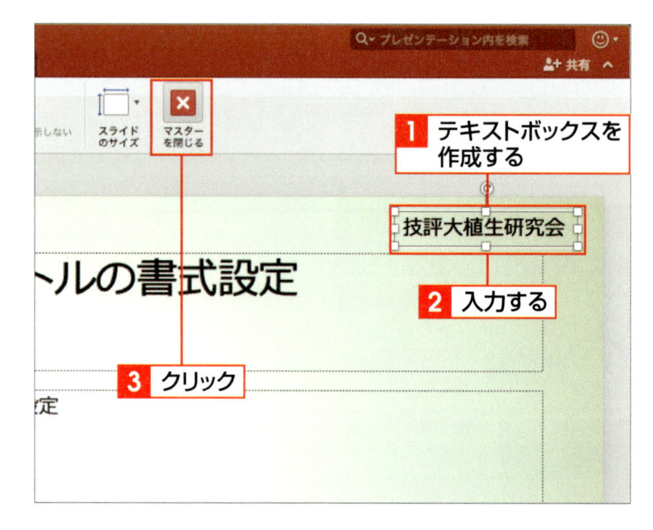

Memo ヘッダーの挿入

本来、PowerPointのスライドにはヘッダーを表示させる機能はありません。ここで解説しているように、テキストボックスを使用してヘッダーを疑似的に作成できます。

2 フッターを挿入する

1 <ヘッダーとフッター>をクリックする

<挿入>タブをクリックして1、<ヘッダーとフッター>をクリックします2。

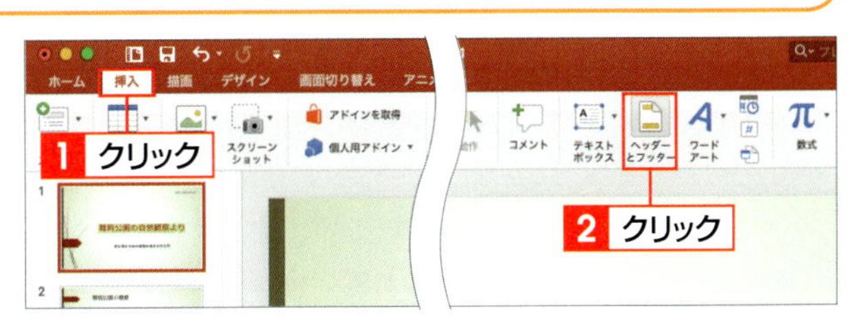

2 日付と時刻を設定する

<ヘッダーとフッター>ダイアログボックスが表示されます。<日付と時刻>をクリックしてオンにし1、<自動更新>か<固定>のどちらかをクリックしてオンにします2。<固定>をオンにした場合は、表示する日付を入力します3。

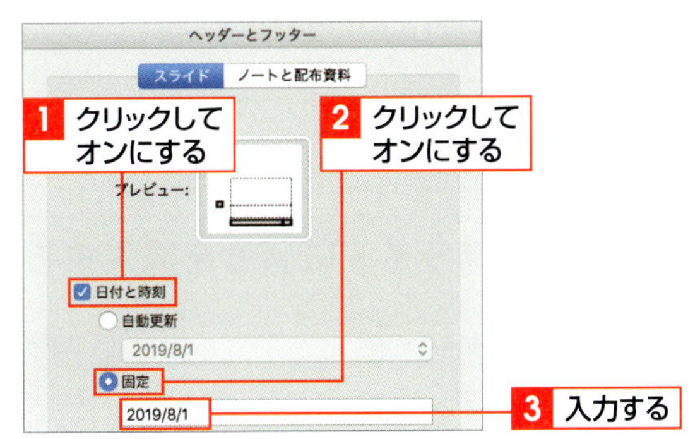

3 スライド番号とフッターを設定する

<スライド番号>をクリックしてオンにし1、<開始番号>を「0」に設定します2。<フッター>をクリックしてオンにし3、表示する文字列を入力します4。<タイトルスライドに表示しない>をクリックしてオンにし5、<すべてに適用>をクリックします6。

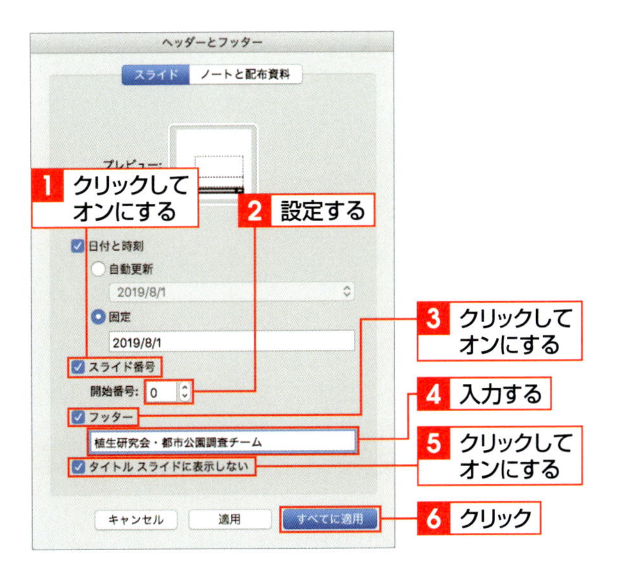

Memo スライドの開始番号

タイトル（表紙）のスライドにページ番号を表示させたくない場合は、<スライド番号>の<開始番号>を「0」に設定し、<タイトルスライドに表示しない>をオンにします。

4 ヘッダーとフッターが表示される

スライドにヘッダーとフッターが表示されます。

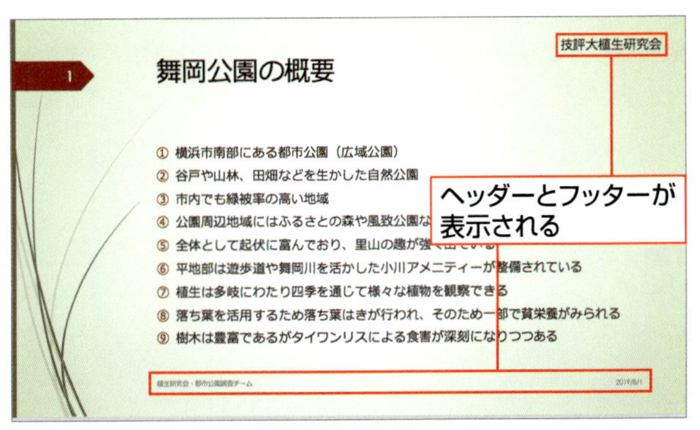

Step UP ノートと配布資料に挿入する

ノート（P.326参照）や配布資料にヘッダーやフッターを表示させる場合は、<ヘッダーとフッター>ダイアログボックスの<ノートと配布資料>をクリックし、同様に設定します。ノートや配布資料の場合は、テキストボックスを使わずにヘッダーを挿入できます。

SECTION 11 スライドにロゴを入れる

スライドに企業のロゴなどを表示させる場合は、スライドマスターにロゴ画像を挿入します。挿入できる画像はMacでよく使われているTIFF形式やPNG形式のほかに、デジタルカメラ画像などでよく使われているJPEG形式や、Windowsで使われるBMP形式などがあります。

覚えておきたいKeyword　スライドマスター　図をファイルから挿入　マスターを閉じる

1 すべてのスライドに画像を挿入する

1 <スライドマスター>をクリックする

<表示>タブをクリックして1、<スライドマスター>をクリックします2。

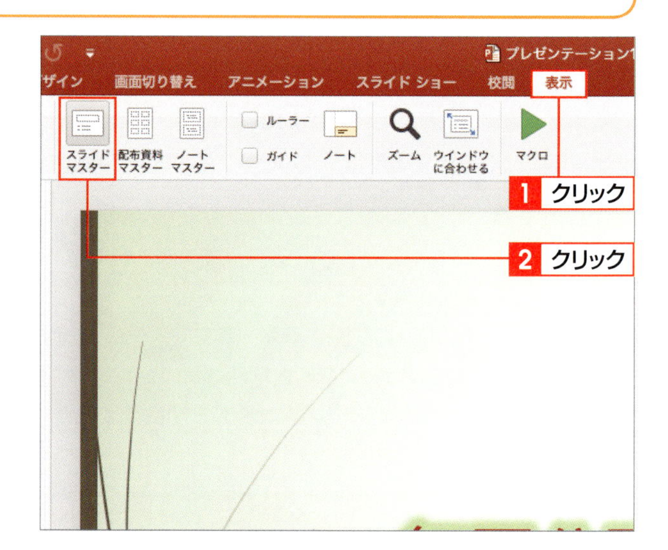

2 <図をファイルから挿入>をクリックする

スライドマスター表示に切り替わります。一番上のスライドマスターをクリックして1、<挿入>タブをクリックします2。<写真>をクリックして3、<図をファイルから挿入>をクリックします4。

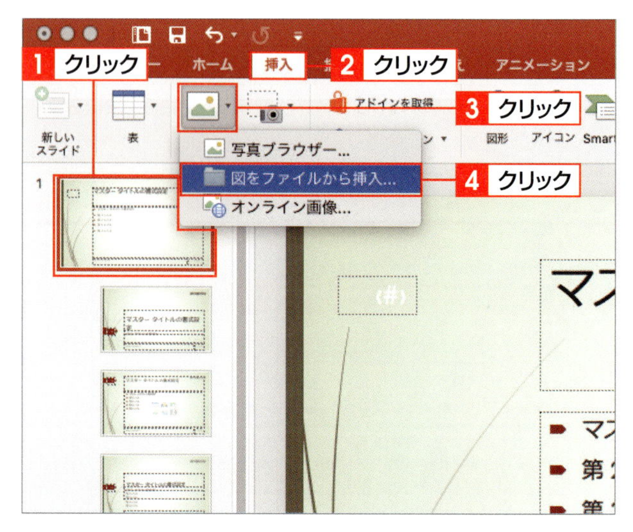

Step UP スライドマスターの利用

スライドマスターを利用すると、スライドに共通するタイトルや本文のプレースホルダー、背景、配色、フッターなどの書式を変更できます。

3 画像ファイルを指定する

画像の保存場所を指定して1、挿入する画像をクリックし2、<挿入>をクリックします3。

4 画像が挿入される

スライドマスターに画像が挿入されます。

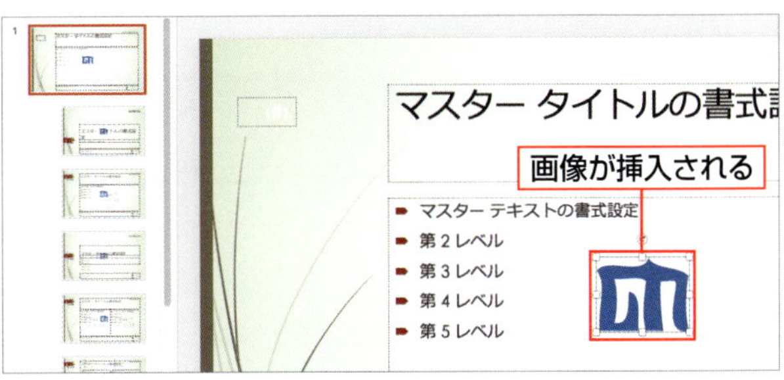

5 サイズと位置を調整する

画像のサイズと位置をドラッグして調整し1、<スライドマスター>タブをクリックして2、<マスターを閉じる>をクリックします3。

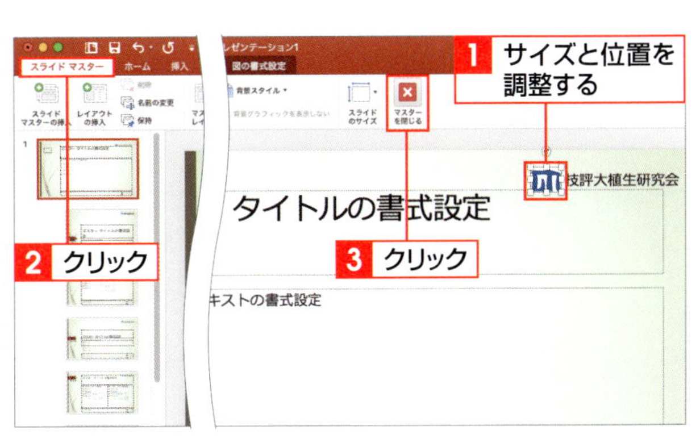

Hint 画像サイズの調整

挿入した画像の縦横比を変えずに拡大・縮小するには、画像の四隅にあるハンドルをドラッグします。

6 スライドにロゴが表示される

すべてのスライドに、ロゴが挿入されます。

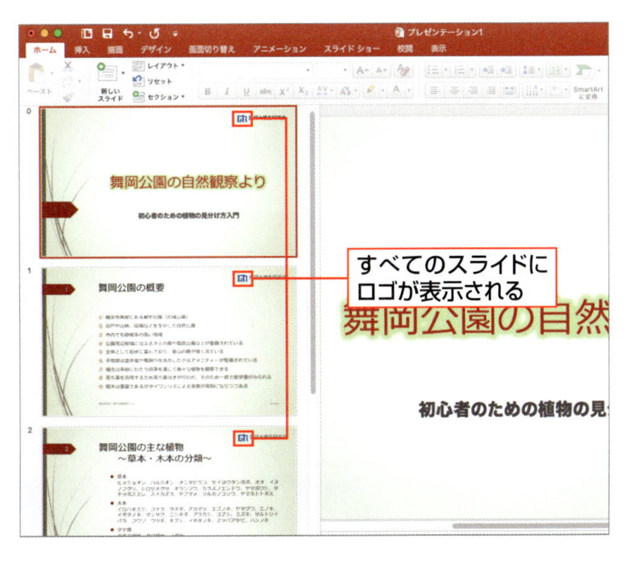

Memo 画像の形式とサイズ

ファイルサイズが大きい画像を使用するとPowerPointのファイルサイズが大きくなり、扱いづらくなる場合があります。あらかじめ画像のサイズを小さくしておくか、ファイルサイズの小さなJPEG形式の画像を使いましょう。

SECTION 12

スライドのデザイン・配色を変更する

スライドを作成している途中で、最初に設定したテーマがイメージに合わなくなることもあります。このような場合は、スライドのテーマを変更できます。テーマのバリエーションや色、フォント、背景スタイルなどを個別にカスタマイズすることもできます。

覚えておきたい Keyword　テーマの変更　バリエーション　テーマのカスタマイズ

1 すべてのスライドのテーマを変更する

1 テーマを指定する

<デザイン>タブをクリックして 1、<テーマ>をポイントすると表示される ▼ をクリックし 2、使用したいテーマ（ここでは<オーガニック>）をクリックします 3。

2 テーマが変更される

すべてのスライドが、指定したテーマに変更されます。

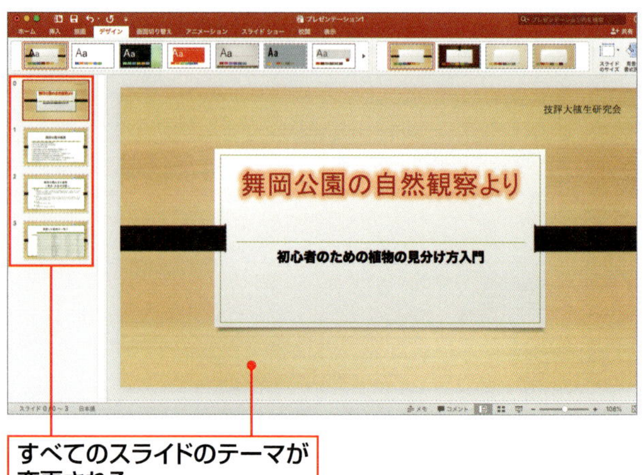

Memo レイアウトが変わる

テーマを変更すると、見た目だけでなくプレースホルダーの位置や大きさ、フォントや文字サイズも変更される場合があります。テーマによってはスライド全体を手直しする必要があるので、注意が必要です。

2 特定のスライドのテーマを変更する

1 テーマを指定する

テーマを変更したいスライドをクリックします。＜デザイン＞タブの＜テーマ＞をポイントすると表示される［▼］をクリックし 1 、使用したいテーマ（ここでは＜ギャラリー＞）を control を押しながらクリックして 2 、＜選択したスライドに適用＞をクリックします 3 。

2 テーマが変更される

選択したスライドのテーマが変更されます。

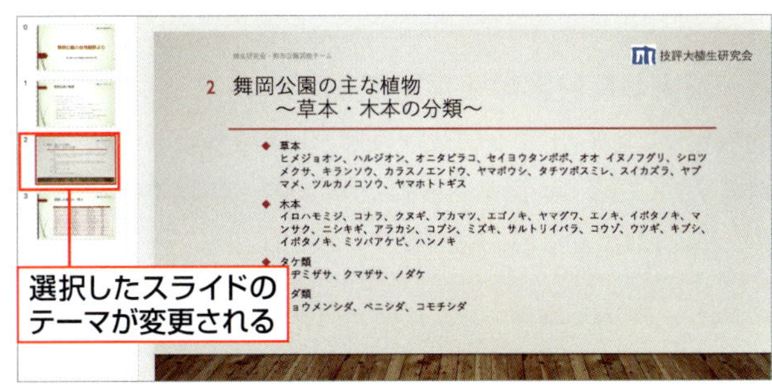

3 テーマをカスタマイズする

1 色を指定する

＜デザイン＞タブの＜バリエーション＞をポイントすると表示される［▼］をクリックして 1 、＜色＞をポイントし 2 、使用したい配色（ここでは＜オレンジ＞）をクリックします 3 。

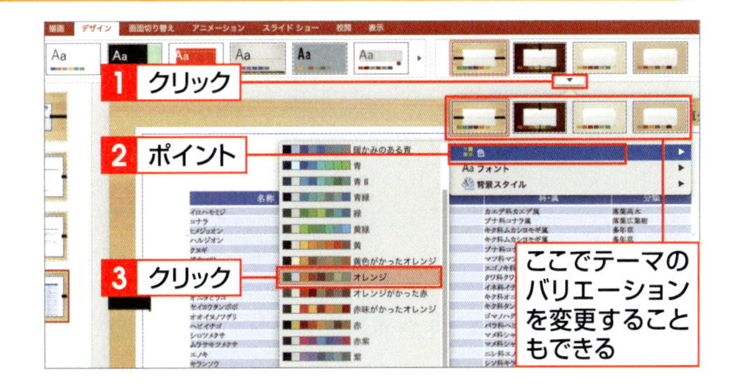

2 テーマの配色が変更される

テーマの配色が変更されます。

Memo テーマのバリエーション

バリエーションは、PowerPoint 2016から搭載された機能です。右上図でバリエーションをクリックすると、テーマのバリエーションが変更されます。

図形を描く・編集する

プレゼンテーションでは図形を多用します。PowerPointでは、四角形や円などの基本図形のほか、矢印や吹き出しなどの図形をかんたんに描くことができます。描いた図形のサイズや方向、色などは自由に変更できるので、図形を組み合わせて、表現力豊かなスライドを作成できます。

覚えておきたいKeyword　図形　図形の移動／回転　図形のスタイル

1 図形を描く

1 描画したい図形を指定する

図形を描くスライドをクリックします。<挿入>タブをクリックして1、<図形>をクリックし2、描画する形（ここでは<メモ>）をクリックします3。

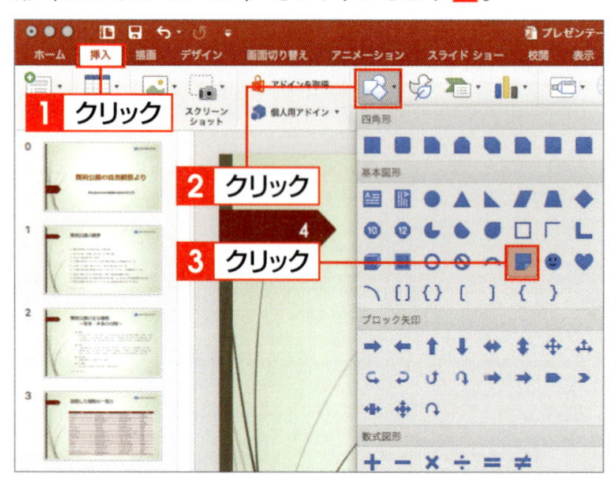

2 始点を指定する

マウスポインターの形が＋に変わるので、始点となる位置にマウスポインターを合わせます1。

3 対角線上にドラッグする

目的の大きさになるまで、対角線上にドラッグします1。

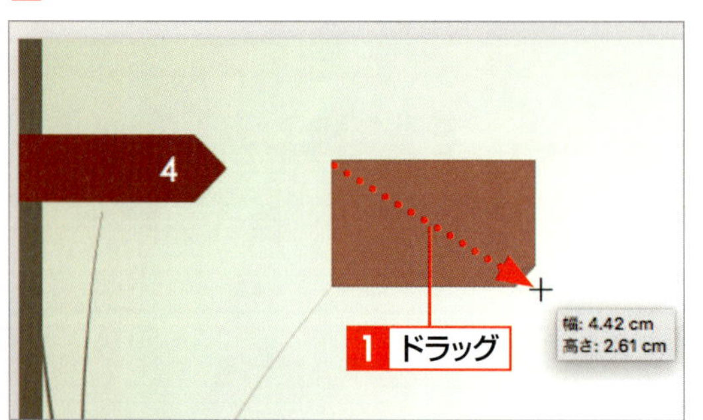

4 図形が描かれる

ドラッグした大きさの図形が描かれます。

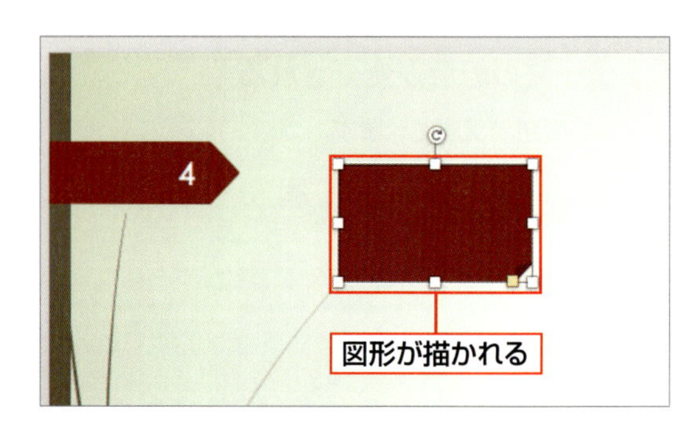

2 図形を移動する

1 図形をクリックする

移動する図形をクリックします 1 。

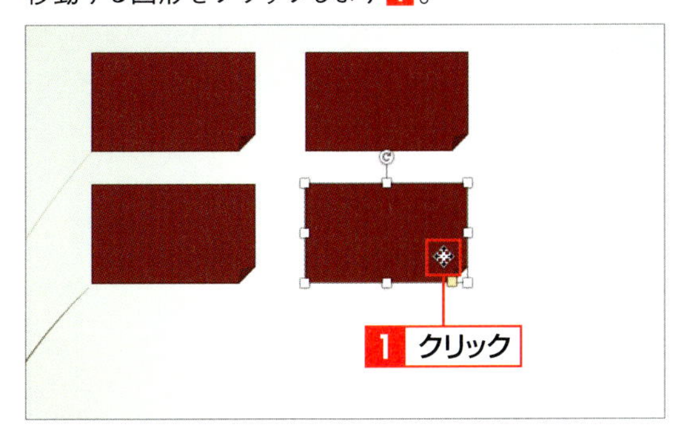

2 図形をドラッグする

移動先までドラッグすると 1 、図形が移動されます。

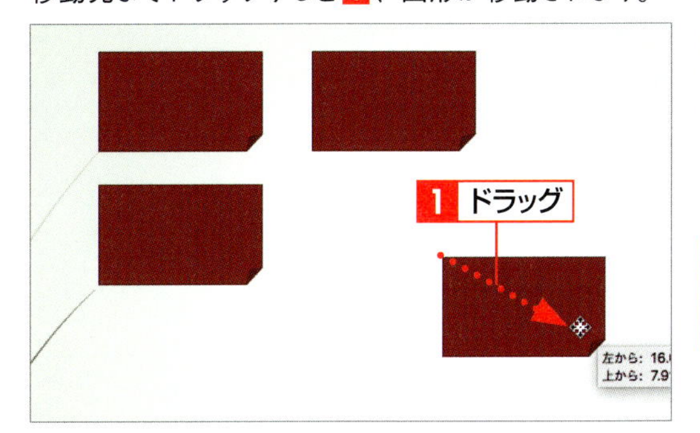

3 図形を拡大・縮小する

1 ハンドルにポインターを合わせる

図形をクリックして、四隅にあるハンドルにポインターを合わせます 1 。

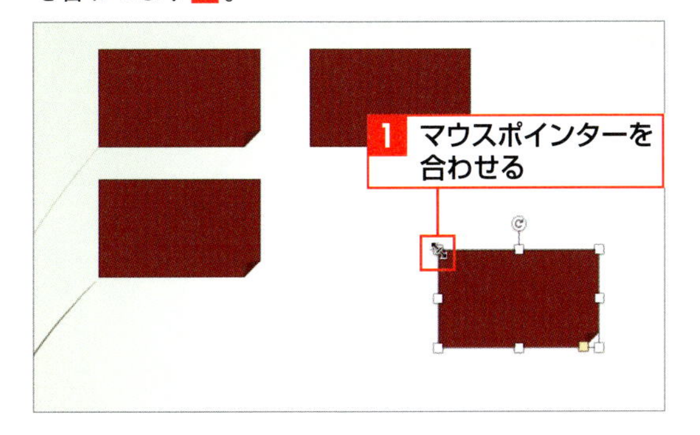

2 ハンドルをドラッグする

目的の大きさになるまでドラッグすると 1 、図形のサイズが拡大（あるいは縮小）されます。

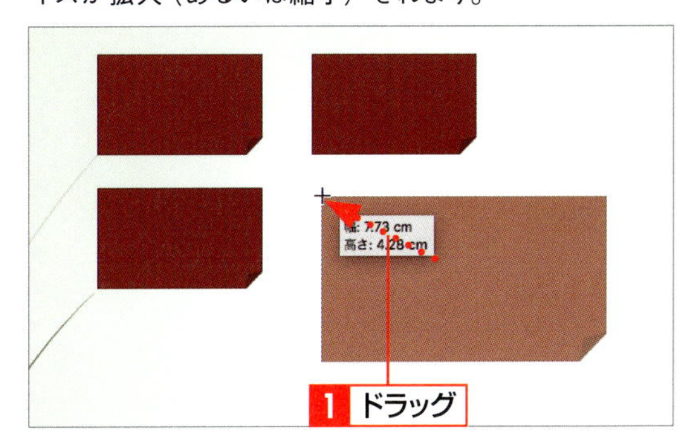

4 図形を回転する

1 回転ハンドルにポインターを合わせる

回転させる図形をクリックして、回転ハンドルにポインターを合わせます 1 。

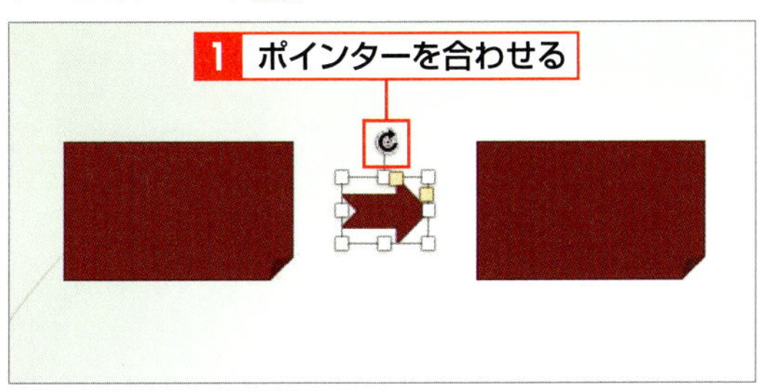

2 回転ハンドルをドラッグする

回転ハンドルを回転方向にドラッグすると 1 、図形が回転されます。

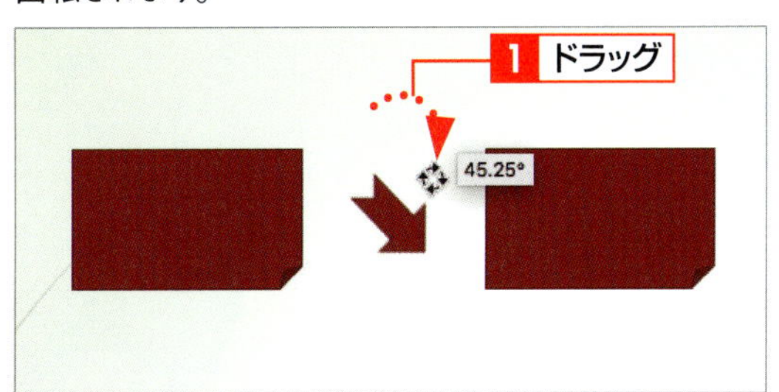

5 図形の中に文字を入力する

1 図形をクリックする

文字を入力する図形をクリックします 1 。

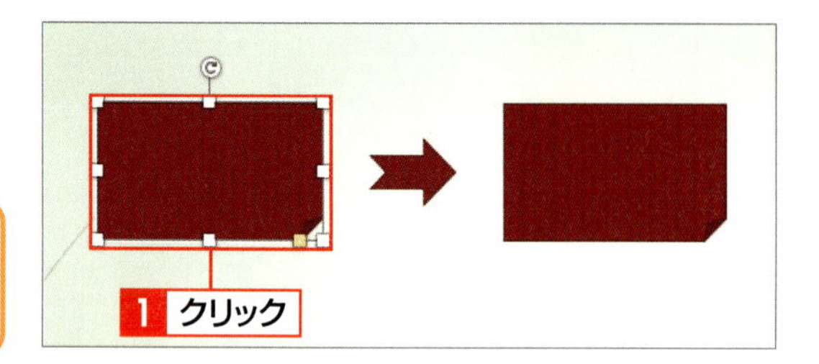

2 文字を入力する

そのまま文字を入力すると 1 、図形の中に文字が入力されます。

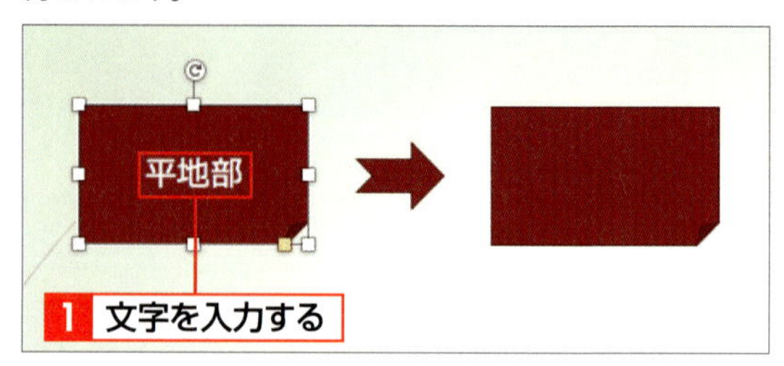

6 図形内の文字書式を変更する

1 文字を選択する

フォントを変更する文字をドラッグして選択します 1 。

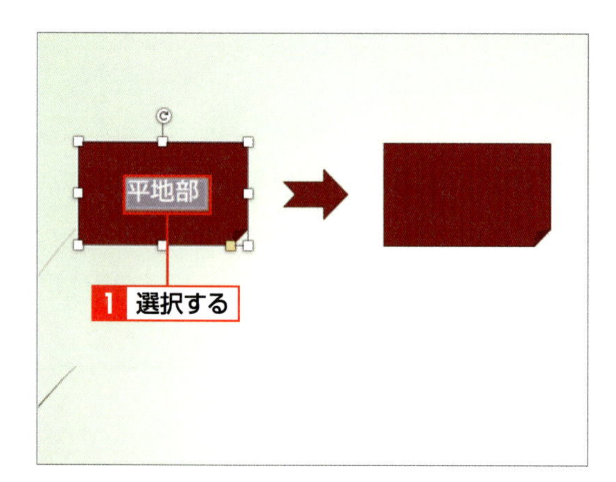

2 フォントを指定する

<ホーム>タブの<フォント>の ▾ をクリックして 1 、フォントをクリックします 2 。

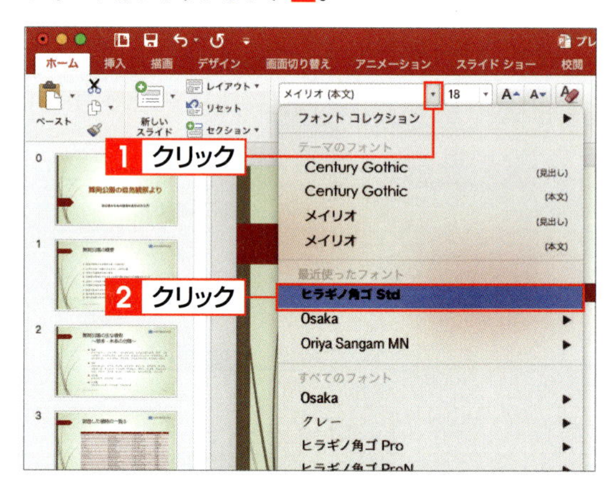

3 文字サイズを指定する

文字を選択して、<フォントサイズ>の ▾ をクリックし 1 、文字サイズをクリックします 2 。

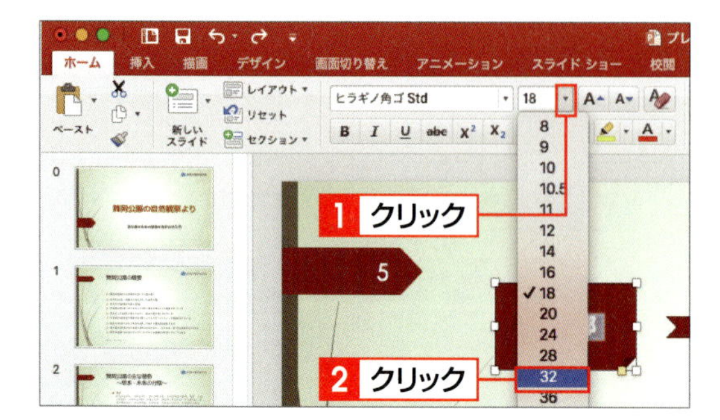

4 フォントと文字サイズが変更される

フォントと文字サイズが変更されます。ここでは、「ヒラギノ角ゴStd」の「32pt」に設定しています。

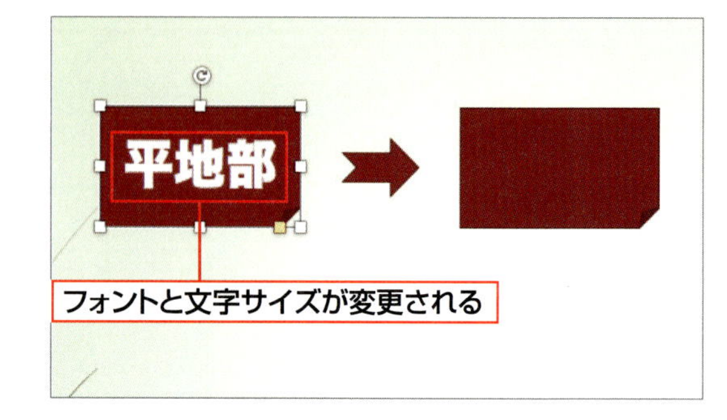

7 図形の枠線や色を変更する

1 枠線の色を指定する

図形をクリックして1、<図形の書式設定>タブをクリックします2。<図形の枠線>の▾をクリックし3、枠線の色（ここでは<緑>）をクリックします4。

2 塗りつぶしの色を指定する

<図形の塗りつぶし>の▾をクリックして1、使用する色（ここでは<薄い緑>）をクリックします2。ほかの図形も同様に、枠線と塗りつぶしの色を設定します。

8 図形にスタイルを設定する

1 図形のスタイルを指定する

図形をクリックして1、<図形の書式設定>タブをクリックします2。<図形のスタイル>の▾をクリックし3、スタイルをクリックします4。

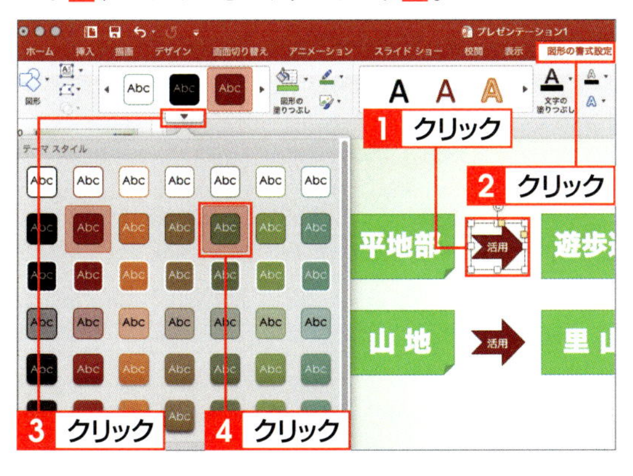

2 スタイルが設定される

選択した図形にスタイルが設定されます。ほかの図形も同様に、スタイルを設定します。

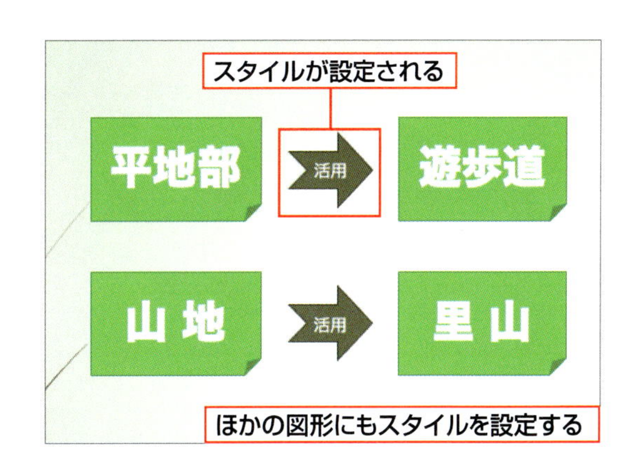

Column 既定の図形に設定する

よく利用する図形の設定を、既定の図形として登録できます。control を押しながら図形をクリックし、<既定の図形に設定>をクリックします。既定の図形に設定すると、図形を挿入する際に、その設定が適用された図形が挿入されます。

SECTION 14

3Dモデルを挿入する

PowerPointを使用して商品などのプレゼンテーションを行う際、より分かりやすくするために有効なのが3Dモデルです。スライドに挿入した3Dモデルは、自由に回転させたり傾けたりして、あらゆる角度から見ることができるので、イメージをつかみやすくなります。

覚えておきたいKeyword　3Dモデル　オンライン3Dモデル　3Dコントロール

1 オンライン3Dモデルを挿入する

1 <オンラインソースから>をクリックする

3Dモデルを挿入するプレースホルダーをクリックします。<挿入>タブをクリックして1、<3Dモデル>のをクリックし2、<オンラインソースから>をクリックします3。

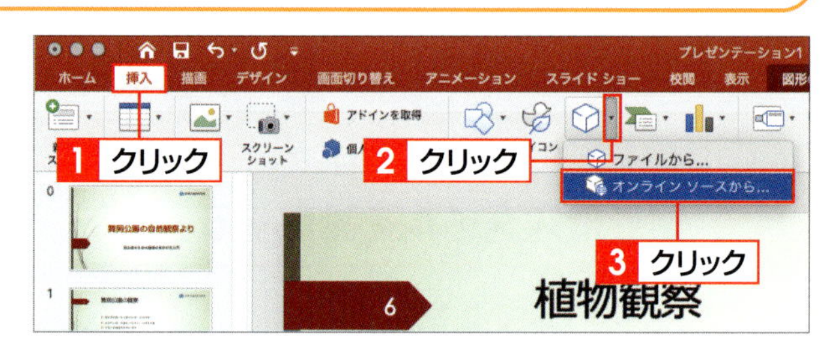

2 カテゴリを指定する

<オンライン3Dモデル>ウィンドウが表示されます。キーワードを入力して検索するか、カテゴリ(ここでは<花と植物>)をクリックします1。

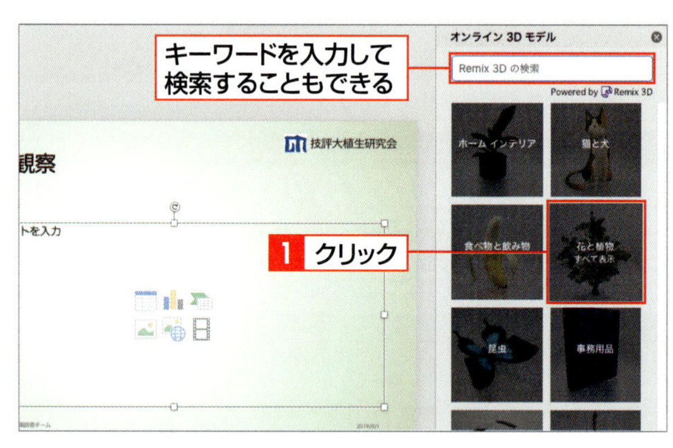

New 3Dモデル

Office 2019では、3Dモデルを挿入することができます。オンライン上には、カテゴリ別に分類された3Dモデルが大量にアップされています。

3 3Dモデルをクリックする

クリックしたカテゴリ内の3Dモデルが表示されます。挿入する3Dモデルをクリックして1、<挿入>をクリックします2。

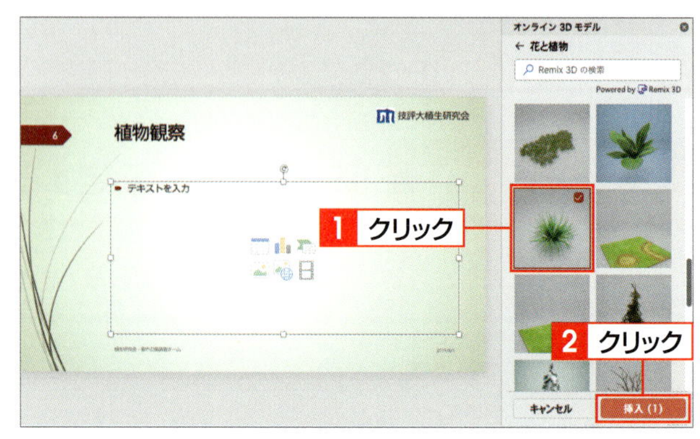

Memo 3Dモデルが搭載されていない

3Dモデルは、macOSバージョン10.11以前、およびバージョン10.13.0から10.13.3までは搭載されていません。

4 3Dモデルが挿入される

<挿入中>ダイアログボックスが表示され、少し待つと、3Dモデルがプレースホルダーに挿入されます。

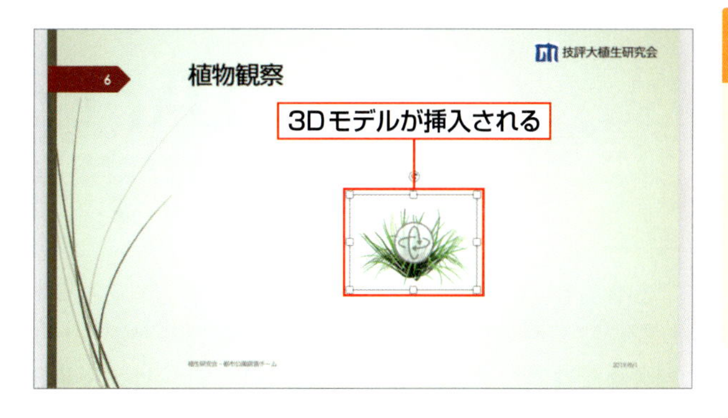

5 サイズを調整する

サイズ変更ハンドルをドラッグして 1 、3Dモデルのサイズを調整します。

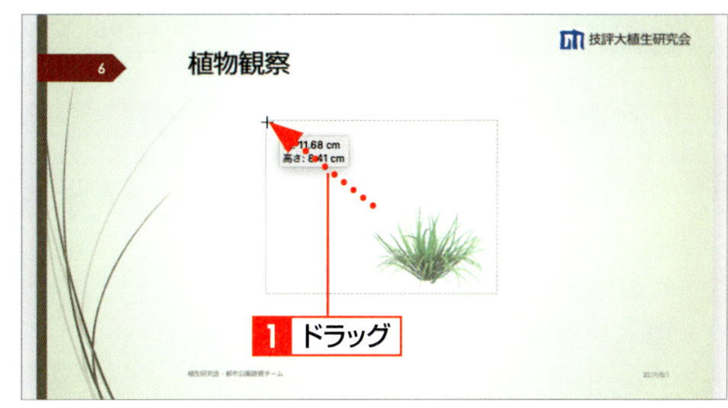

6 3Dコントロールをドラッグする

3Dコントロールをドラッグすると 1 、自由に回転したり傾けたりすることができます。

Memo 3Dモデルビューを利用する

3Dモデルをクリックすると表示される<3Dモデル>タブの<3Dモデルビュー>を利用しても、傾きを変えることができます。

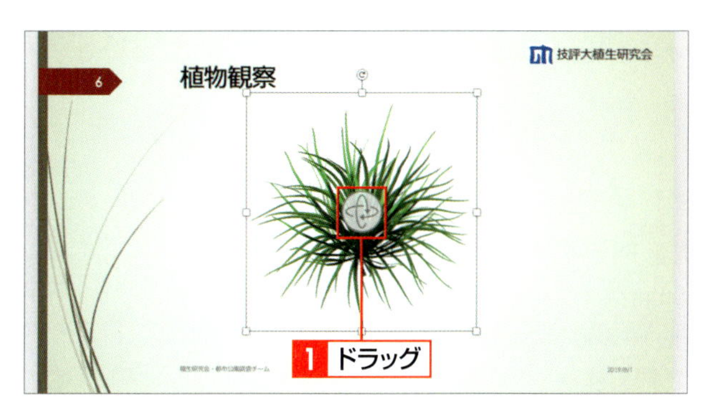

Column パンとズームを利用する

<3Dモデル>タブの<パンとズーム>をクリックすると、3Dモデルをフレーム内でドラッグして移動したり、フレームの右側に表示されるズームアイコンを上下にドラッグして、拡大／縮小したりすることができます。

SmartArtを利用して図を作成する

SmartArtグラフィックは、アイディアや情報を視覚的な図として表現するもので、プレゼンテーションには欠かせない機能です。用意されたレイアウトから目的に合うものを作成し、必要な情報を加えるだけで、グラフィカルな図をかんたんに作成できます。

覚えておきたい Keyword　SmartArtグラフィック　テキストウィンドウ　図形の追加

1 SmartArtグラフィックを挿入する

1 <SmartArtグラフィックの挿入>をクリックする

コンテンツ用のプレースホルダーがあるスライドを選択し、プレースホルダー内の<SmartArtグラフィックの挿入>をクリックします 1。

舞岡公園の植物の分類
テキストを入力
1 クリック

2 SmartArtを指定する

SmartArtのメニューが表示されるので、レイアウトの種類（ここでは<リスト>）をポイントし 1、作成したい図（ここでは<縦方向リスト>）をクリックします 2。

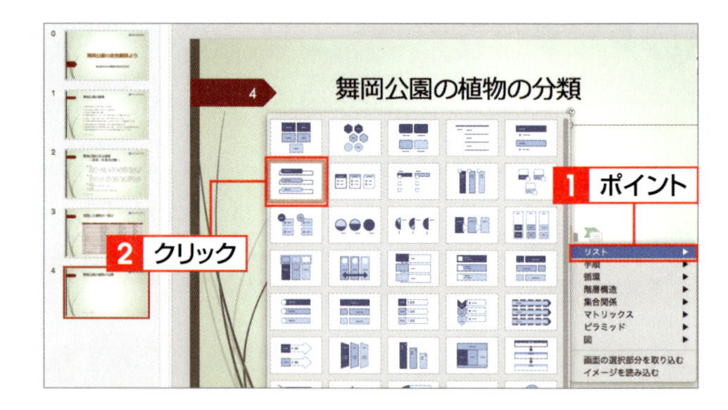

3 SmartArtが挿入される

指定したレイアウトのSmartArtグラフィックが挿入されます。同時に<テキストウィンドウ>が表示されます。

Memo　テキストウィンドウの表示

<テキストウィンドウ>が表示されないときは、SmartArtグラフィックの左上にあるをクリックします。

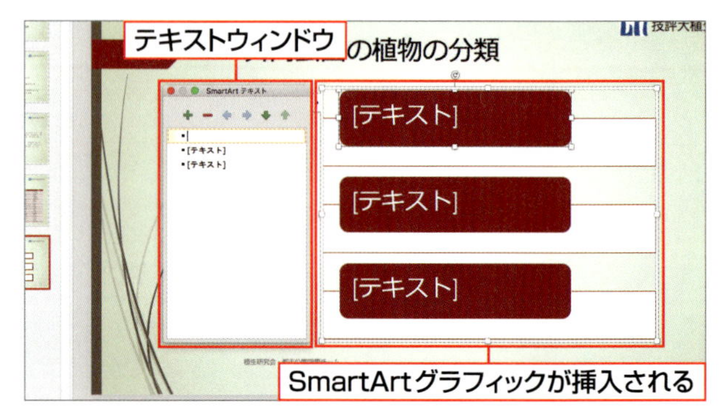

2 文字を入力する

1 文字を入力する

<テキストウィンドウ>の入力欄をクリックして文字を入力すると 1 、対応する図形に文字が表示されます。

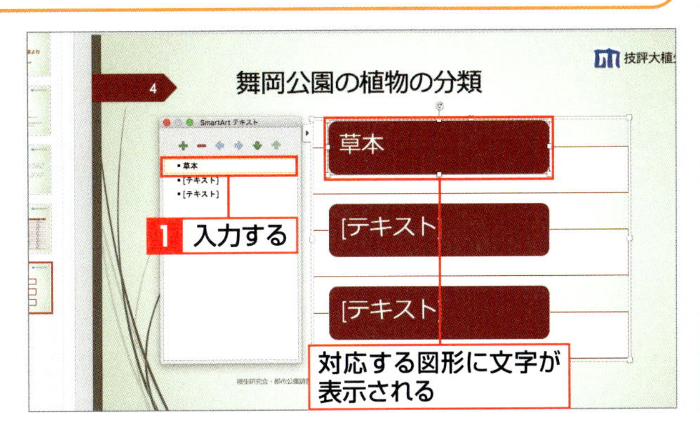

Hint 図形に直接入力する

SmartArtグラフィックの図形をクリックして、直接文字を入力することもできます。図形内で改行することもできます。

2 続けて文字を入力する

同様の手順で、必要な文字を入力します 1 。

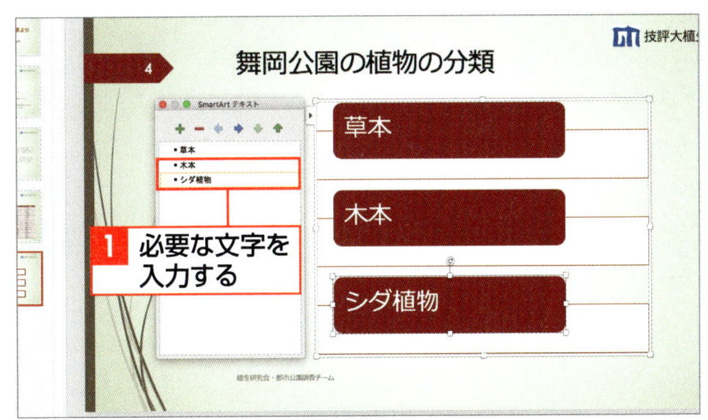

3 図形を追加する

最後の文字を入力して return を押すと 1 、同じレベルの図形とテキストの入力欄が追加されます。

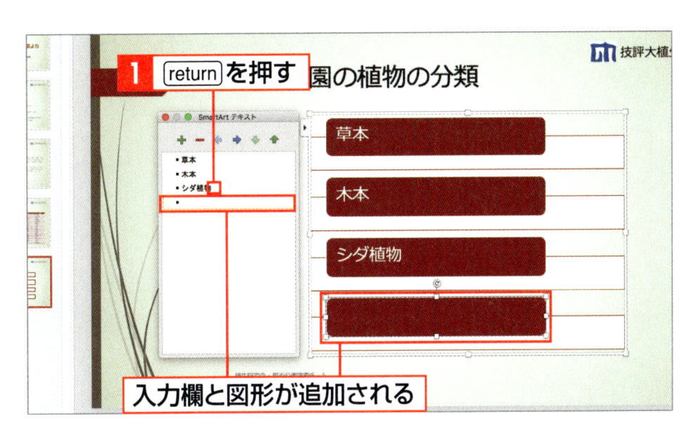

Step UP 図形の追加や削除

図形の追加や削除、移動、レベルの変更などは、<テキストウィンドウ>の上部にある各ボタンを利用しても実行できます。

4 文字を入力して完成させる

図形が増えると、サイズは自動調整されます。必要な文字を入力したら 1 、 ⊗ をクリックして 2 、テキストウィンドウを閉じます。

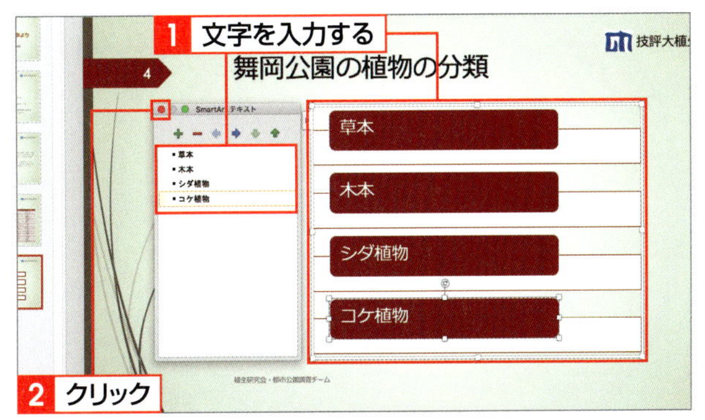

3 サイズと配置を変更する

1 サイズを変更する

SmartArtグラフィックをクリックして**1**、四隅に表示されるサイズ変更ハンドルにマウスポインターを合わせ、ポインターの形が↘に変わった状態でドラッグします**2**。

2 位置を移動する

SmartArtグラフィックをクリックして、枠線の部分にポインターを合わせ、ポインターの形が✥に変わった状態でドラッグします**1**。

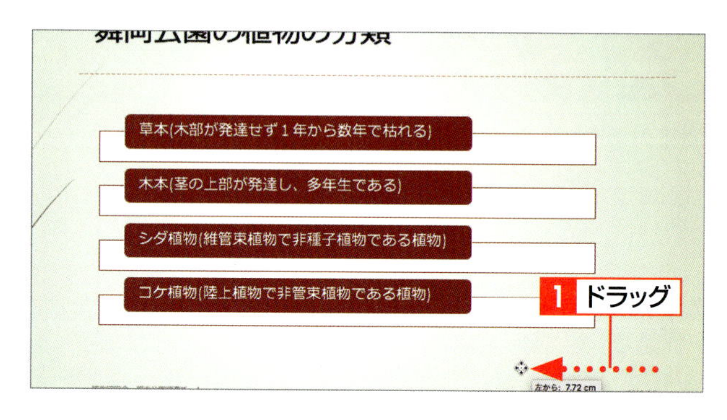

3 サイズと位置が変更される

SmartArtグラフィックのサイズと位置が変更されます。

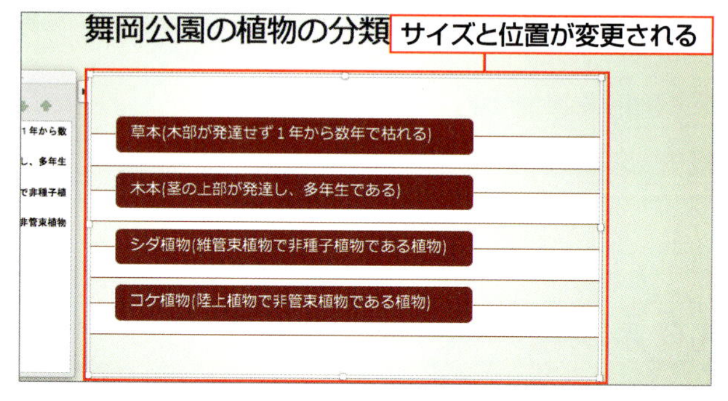

Memo 図形のサイズが変更される

SmartArtグラフィックのサイズを変更すると、サイズに合わせて図形などのオブジェクトのサイズが自動的に変更されます。

Column SmartArtグラフィックの図形を調整する

SmartArtグラフィックの図形などのオブジェクトも、SmartArtグラフィック内で移動したり、サイズを変更したりできます。

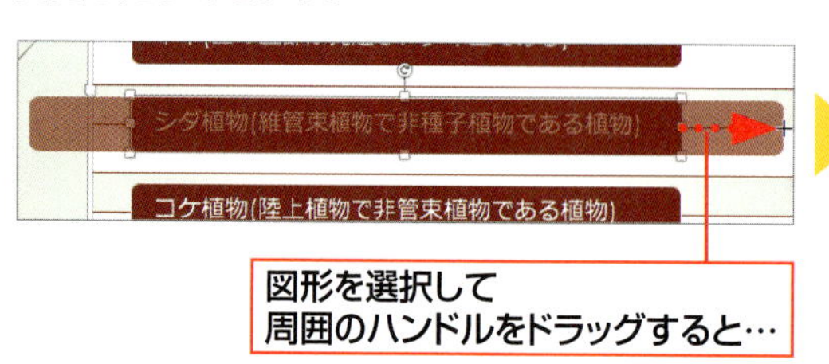

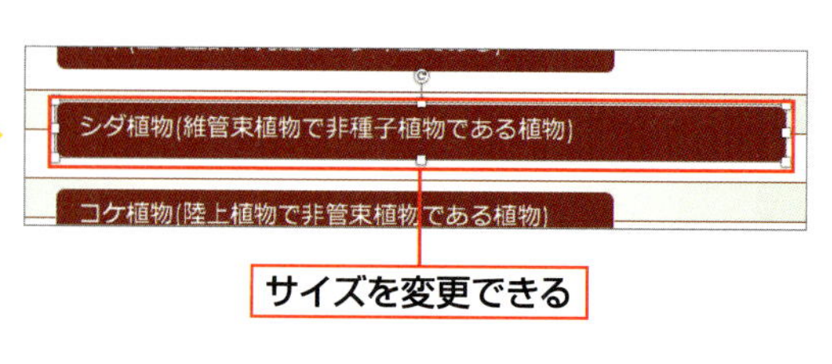

4 SmartArtグラフィックの色と文字色を変更する

1 枠線の色を指定する

SmartArtグラフィックの図形を、shift を押しながらクリックしてすべて選択します 1。＜書式＞タブをクリックして 2、＜図形の枠線＞の▾をクリックし 3、使用したい色（ここでは＜緑＞）をクリックします 4。

2 塗りつぶしの色を指定する

＜書式＞タブの＜図形の塗りつぶし＞の▾をクリックし 1、使用したい色（ここでは＜薄い緑＞）をクリックします 2。

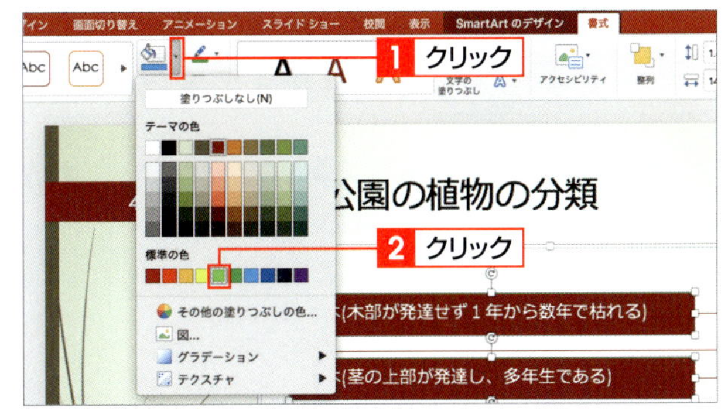

Memo 文字の色に注意

図形の塗りつぶしの色を変更すると、文字が見づらくなることがあります。この場合は文字の色も変更しましょう。

3 文字の色を指定する

＜書式＞タブの＜文字の塗りつぶし＞の▾をクリックし 1、使用したい色（ここでは＜濃い青＞）をクリックします 2。

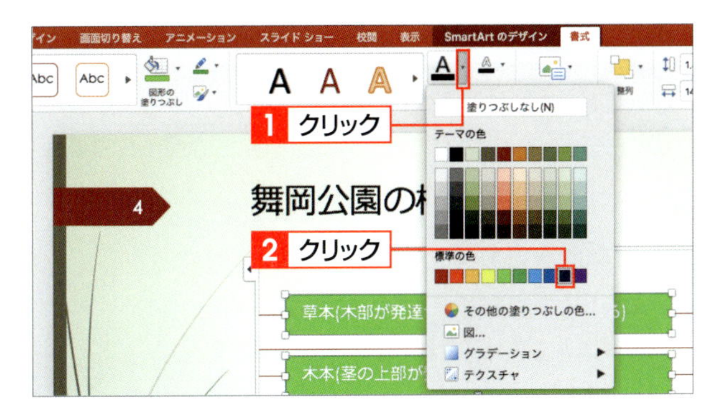

4 SmartArtグラフィックの色と文字色が変更される

SmartArtグラフィックの色と文字色が変更されます。

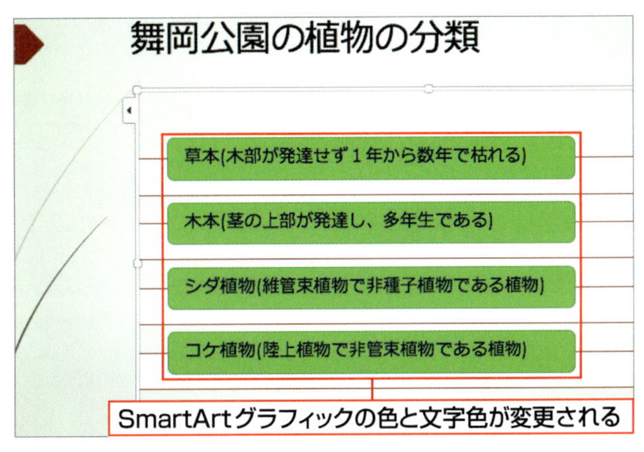

Step UP 組み込みのスタイルや色の変更

あらかじめ用意されている色やスタイルをSmartArtグラフィックに適用することもできます。＜書式＞タブの＜図形のスタイル＞や＜SmartArtのデザイン＞タブの＜SmartArtスタイル＞で設定します。

SECTION 16

表を作成する

プレゼンテーション用の資料に欠かせないのがデータを閲覧するための表です。PowerPointでは、かんたんな操作で表を作成でき、表の作成後に行や列の追加や削除を行うこともできます。表が完成したら、スタイルを適用して見栄えのよい表に仕上げましょう。

覚えておきたい Keyword　表　表の挿入　表のスタイル

1 表を挿入して文字を入力する

1 表の列数と行数を指定する

表を挿入するプレースホルダーをクリックして、<表の挿入>をクリックします1。<表の挿入>ダイアログボックスが表示されるので、列数と行数を指定し2、<挿入>をクリックします3。

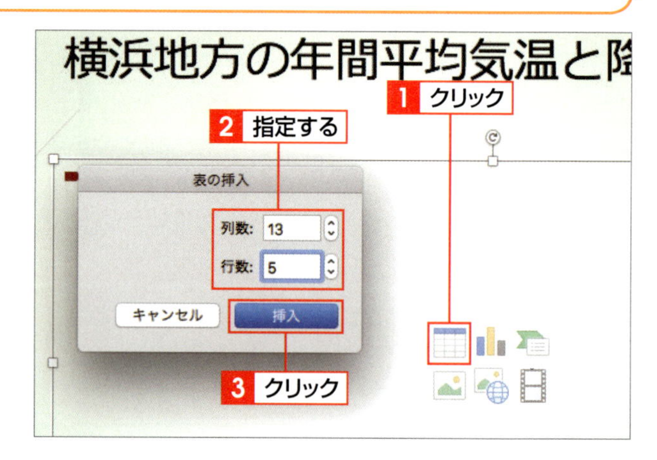

Memo <表>コマンドの利用

<挿入>タブの<表>をクリックし、列数と行数をドラッグして指定し、表を挿入することもできます。

2 表が挿入される

指定した行と列の表が挿入されます。データを入力するセルをクリックして、目的のデータを入力します1。

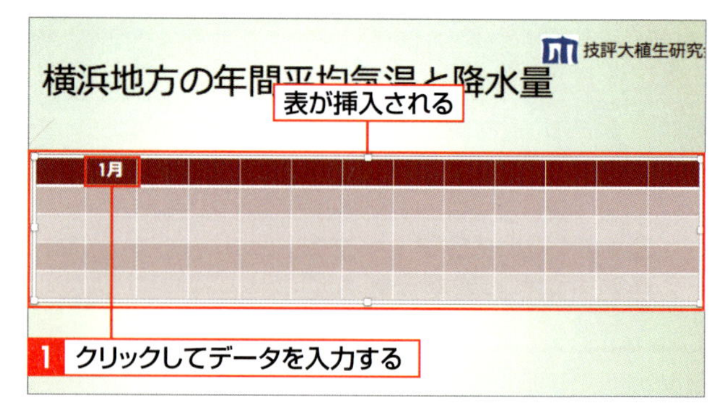

Hint セル内で改行する

セル内でreturnを押すと、改行ができます。また、tabを押すと右隣のセルに、矢印キーを押すと、それぞれの方向にあるセルに移動できます。

3 データを入力する

tabを押しながらセルを移動して、必要なデータを入力します1。

	1月	2月	3月	4月	5月	6月	7月	8月	9月	10月	11月	12月
最高気温 (°C)	9.9	10.3	13.2	15.8	22.4	24.9	28.7	30.6	26.7	21.5	16.7	12.4
平均気温 (°C)	5.9	6.2	9.1	14.2	18.3	21.3	25.0	26.7	23.3	18.0	13.0	8.5
最低気温 (°C)	2.3	2.6	5.3	10.4	15.0	18.6	22.4	24.0	20.6	15.0	9.6	4.9
降水量 (mm)	58.9	67.5	140.7	144.1	152.2	190.4	168.9	165.0	233.8	205.5	107.0	54.8

1 必要なデータを入力する

2 列や行を追加する

1 列を追加する

列を追加する位置の左側の列をクリックし 1 、<レイアウト>タブをクリックして 2 、<右に列を挿入>をクリックします 3 。

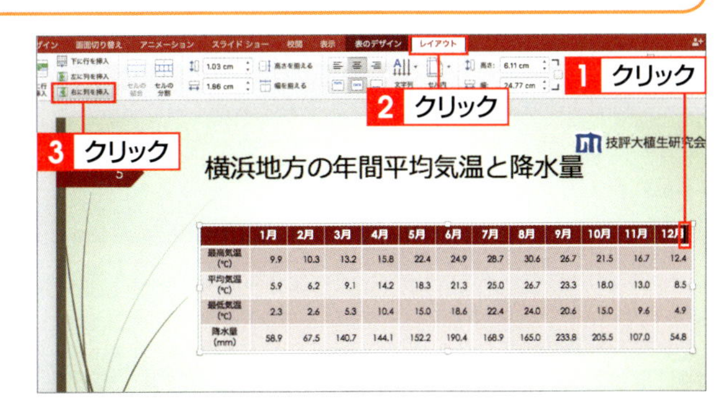

Memo 列の追加位置

ここでは14列目を追加するので、その左側にある13列目をクリックしています。

2 行を追加する

指定した列の右側に新しい列が追加されます。続いて、行を追加する上側のセルをクリックして 1 、<下に行を挿入>をクリックします 2 。

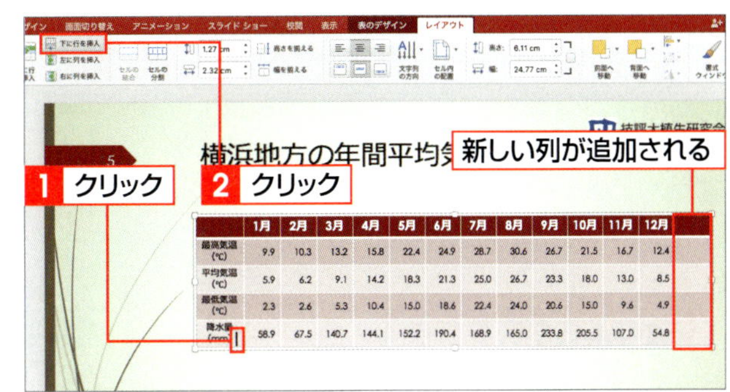

Hint 複数の行や列を追加する

複数の行や列を追加したい場合は、追加したい数分の行や列を選択し、行や列を追加します。

3 新しい行が追加される

指定した行の下側に新しい行が追加されます。

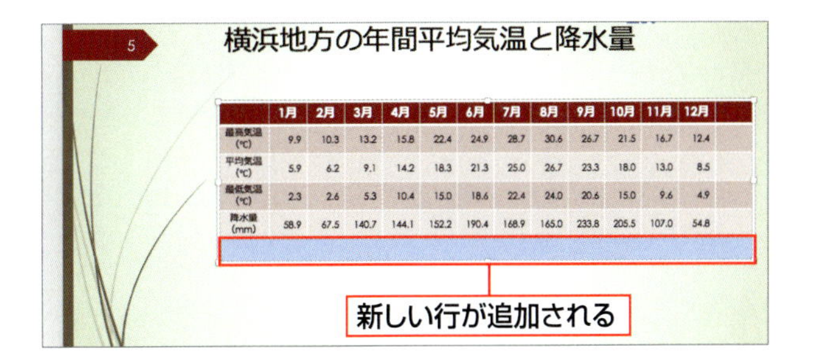

Memo 列の高さと行の幅

表に列や行を追加した場合は、プレースホルダーのサイズに合わせてセルの高さや幅が調整されます。

3 列や行を削除する

1 行を削除する

削除したい行をクリックして 1 、<レイアウト>タブの<削除>をクリックし 2 、<行の削除>をクリックします 3 。

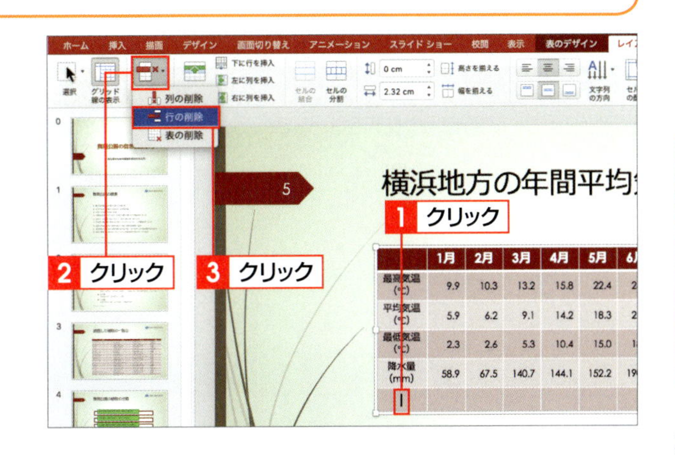

Hint 列や表の削除

列を削除する場合は、削除する列をクリックして、手順 3 で<列の削除>をクリックします。また、表全体を削除する場合は、表を選択して<表の削除>をクリックするか、delete を押します。

4 行の高さを変更する

1 罫線にポインターを合わせる

高さを変更するセルの罫線にマウスポインターを合わせると 1 、ポインターの形が ≑ に変わります。

横浜地方の年間平均気温と降水量

1 マウスポインターを合わせる

	1月	2月	3月	4月	5月	6月	7月	8月	9月	10月	11月	12月
最高気温(℃)	9.9	10.3	13.2	15.8	22.4	24.9	28.7	30.6	26.7	21.5	16.7	12.4
平均気温(℃)	5.9	6.2	9.1	14.2	18.3	21.3	25.0	26.7	23.3	18.0	13.0	8.5
最低気温(℃)	2.3	2.6	5.3	10.4	15.0	18.6	22.4	24.0	20.6	15.0	9.6	4.9
降水量(mm)	58.9	67.5	140.7	144.1	152.2	190.4	168.9	165.0	233.8	205.5	107.0	54.8

2 下方向にドラッグする

行の高さを変更したい位置まで、下方向にドラッグします 1 。

横浜地方の年間平均気温と降水量

1 ドラッグ

	1月	2月	3月	4月	5月	6月	7月	8月	9月	10月	11月	12月
最高気温(℃)	9.9	10.3	13.2	15.8	22.4	24.9	28.7	30.6	26.7	21.5	16.7	12.4
平均気温(℃)	5.9	6.2	9.1	14.2	18.3	21.3	25.0	26.7	23.3	18.0	13.0	8.5
最低気温(℃)	2.3	2.6	5.3	10.4	15.0	18.6	22.4	24.0	20.6	15.0	9.6	4.9
降水量(mm)	58.9	67.5	140.7	144.1	152.2	190.4	168.9	165.0	233.8	205.5	107.0	54.8

3 行の高さが変更される

行の高さがドラッグしたサイズに変更されます。

横浜地方の年間平均気温と降水量

	1月	2月	3月	4月	5月	6月	7月	8月	9月	10月	11月	12月
最高気温(℃)	9.9	10.3	13.2	15.8	22.4	24.9	28.7	30.6	26.7	21.5	16.7	12.4
平均気温(℃)	5.9	6.2	9.1	14.2	18.3	21.3	25.0	26.7	23.3	18.0	13.0	8.5
最低気温(℃)	2.3	2.6	5.3	10.4	15.0	18.6	22.4	24.0	20.6	15.0	9.6	4.9
降水量(mm)	58.9	67.5	140.7	144.1	152.2	190.4	168.9	165.0	233.8	205.5	107.0	54.8

行の高さが変更される

4 <高さを揃える>をクリックする

表内をクリックして 1 、<レイアウト>タブをクリックし 2 、<高さを揃える>をクリックします 3 。

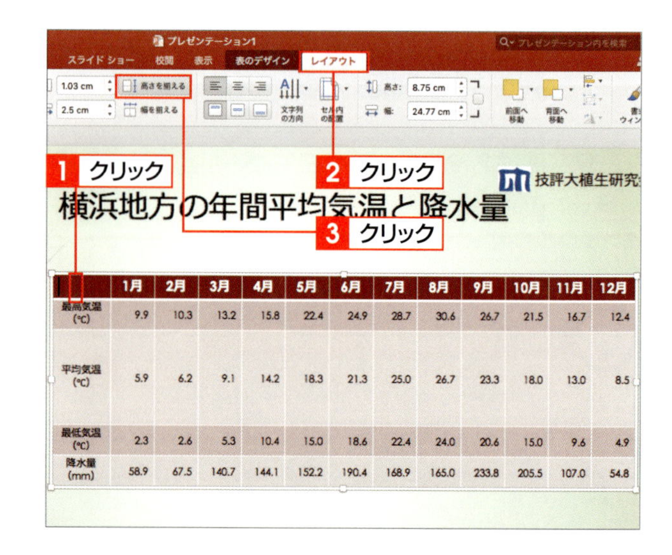

	1月	2月	3月	4月	5月	6月	7月	8月	9月	10月	11月	12月
最高気温(℃)	9.9	10.3	13.2	15.8	22.4	24.9	28.7	30.6	26.7	21.5	16.7	12.4
平均気温(℃)	5.9	6.2	9.1	14.2	18.3	21.3	25.0	26.7	23.3	18.0	13.0	8.5
最低気温(℃)	2.3	2.6	5.3	10.4	15.0	18.6	22.4	24.0	20.6	15.0	9.6	4.9
降水量(mm)	58.9	67.5	140.7	144.1	152.2	190.4	168.9	165.0	233.8	205.5	107.0	54.8

5 行の高さが均等に揃う

表全体の行が同じ高さに揃えられます。

Memo 表全体のサイズ

表全体の行の高さや列の幅は、表のサイズの範囲内で揃えられます。表全体のサイズを変更する場合は、表を選択し、周囲のハンドルをドラッグして調整します。

	1月	2月	3月	4月	5月	6月	7月	8月	9月	10月	11月	12月
最高気温(℃)	9.9	10.3	13.2	15.8	22.4	24.9	28.7	30.6	26.7	21.5	16.7	12.4
平均気温(℃)	5.9	6.2	9.1	14.2	18.3	21.3	25.0	26.7	23.3	18.0	13.0	8.5
最低気温(℃)	2.3	2.6	5.3	10.4	15.0	18.6	22.4	24.0	20.6	15.0	9.6	4.9
降水量(mm)	58.9	67.5	140.7	144.1	152.2	190.4	168.9	165.0	233.8	205.5	107.0	54.8

行が同じ高さに揃えられる

5 表のスタイルを変更する

1 スタイルを指定する

表をクリックして、<表のデザイン>タブをクリックします 1。<表のスタイル>をポイントすると表示される ▼ をクリックして 2、適用したいスタイル（ここでは<中間スタイル2-アクセント4>）をクリックします 3。

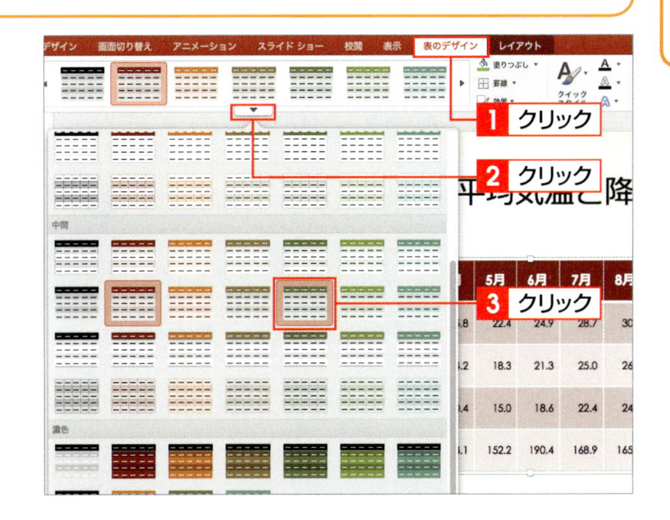

2 スタイルが適用される

指定したスタイルが表に適用されます。

Hint ドキュメントに適したスタイル

表のスタイルを選択する際、スタイル一覧の上部にある<ドキュメントに最適なスタイル>の中から指定すると、現在作成しているスライドのテーマに合うスタイルを適用できます。

	1月	2月	3月	4月	5月	6月	7月	8月	9月	10月	11月	12月
最高気温(℃)	9.9	10.3	13.2	15.8	22.4	24.9	28.7	30.6	26.7	21.5	16.7	12.4
平均気温(℃)	5.9	6.2	9.1	14.2	18.3	21.3	25.0	26.7	23.3	18.0	13.0	8.5
最低気温(℃)	2.3	2.6	5.3	10.4	15.0	18.6	22.4	24.0	20.6	15.0	9.6	4.9
降水量(mm)	58.9	67.5	140.7	144.1	152.2	190.4	168.9	165.0	233.8	205.5	107.0	54.8

スタイルが適用される

Column セル内の文字配置を整える

Excelなどと同様、PowerPointの表内の文字配置は調整できます。配置を変更するセルをクリックして、<レイアウト>タブの各コマンドで設定します。

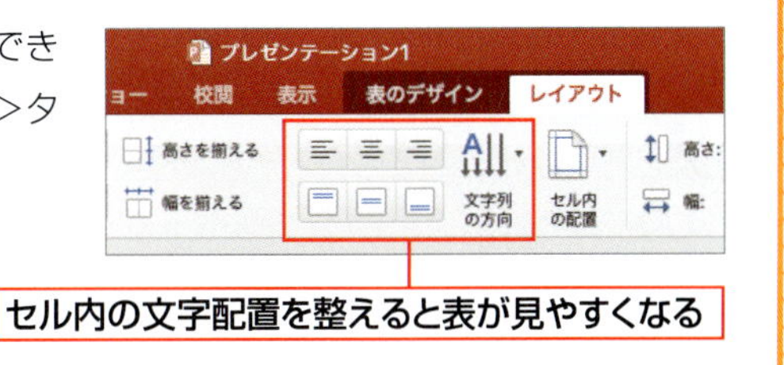

セル内の文字配置を整えると表が見やすくなる

SECTION 17

グラフを作成する

ひと目で全体の傾向などを把握できるグラフは、プレゼンテーションには欠かせない要素の1つです。PowerPointでグラフを作成するには、Excelの機能を利用します。PowerPointでグラフの種類を選択すると、Excelが自動的に起動するので、グラフのもとになるデータを入力します。

覚えておきたいKeyword　グラフ　Excelワークシート　グラフ要素

1 グラフを挿入する

1 グラフの種類を指定する

グラフを挿入するプレースホルダーをクリックします。＜挿入＞タブをクリックして1、＜グラフ＞をクリックし2、作成したいグラフの種類を指定します。ここでは＜折れ線＞をポイントして3、＜マーカー付き折れ線＞をクリックします4。

2 Excelが起動する

自動的にExcelが起動して、データを入力するためのワークシートが表示されます。

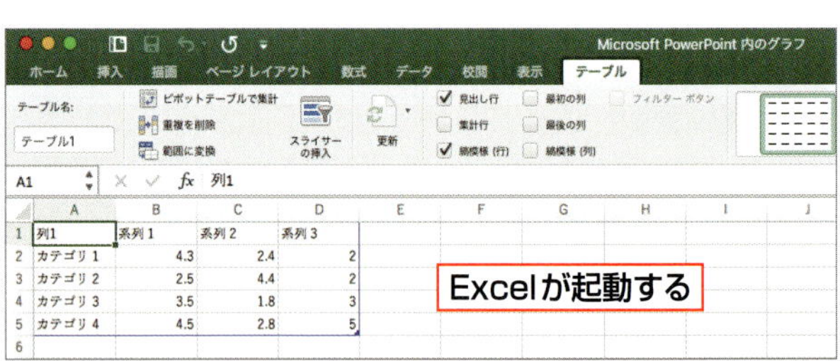

3 仮のグラフが挿入される

PowerPointに切り替えると、仮のグラフが表示されています。

Memo　作成されるグラフ

グラフを作成すると、現在使用しているスライドのテーマに合わせた配色のグラフが作成されます。グラフ要素（次ページのKeyword参照）や配色は、あとで変更できます。

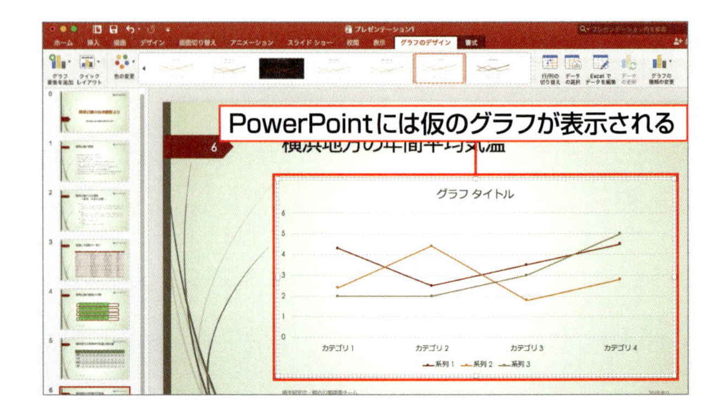

2 グラフのデータを入力する

1 グラフにするデータを入力する

Excelに切り替えて、グラフにするデータを入力します1。

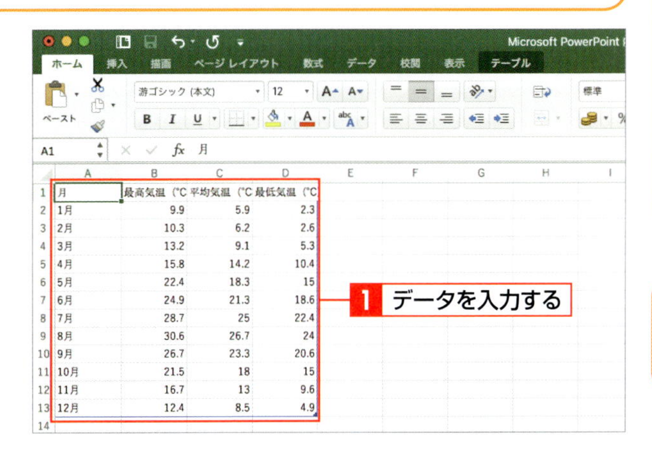

月	最高気温（℃	平均気温（℃	最低気温（℃
1月	9.9	5.9	2.3
2月	10.3	6.2	2.6
3月	13.2	9.1	5.3
4月	15.8	14.2	10.4
5月	22.4	18.3	15
6月	24.9	21.3	18.6
7月	28.7	25	22.4
8月	30.6	26.7	24
9月	26.7	23.3	20.6
10月	21.5	18	15
11月	16.7	13	9.6
12月	12.4	8.5	4.9

Keyword グラフ要素

グラフ要素とは、グラフを構成する「グラフタイトル」や「軸ラベル」などの個々のパーツを指します。グラフで使用される要素は、グラフの種類やレイアウトによって異なります。

2 データがグラフに反映される

PowerPointに切り替え、Excelで入力したデータがグラフに反映されていることを確認します。

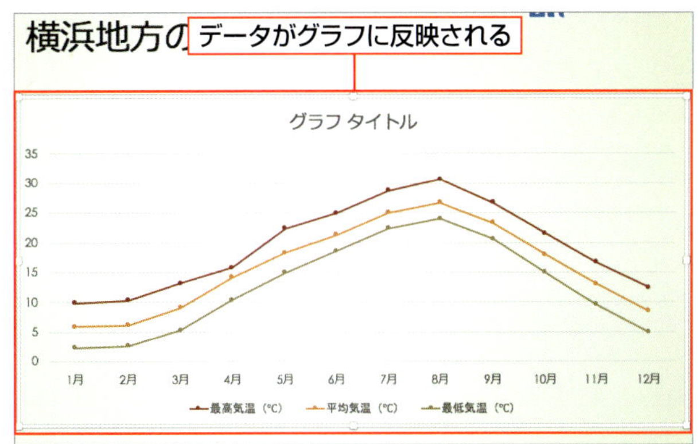

Hint ワークシートを再表示する

グラフのデータ範囲を変更するなど、Excelワークシートを再度開きたい場合は、グラフを選択して<グラフのデザイン>タブにある<Excelでデータを編集>をクリックします。

Column Excelのグラフを挿入する

Excelで作成したグラフを挿入する場合は、リンク貼り付けを利用すると便利です。Excelでグラフを変更すると、PowerPointに貼り付けたグラフにも変更が反映されます。

最初にExcelを開いて貼り付けるグラフをクリックして、<ホーム>タブの<コピー>のをクリックし1、<コピー>をクリックします2。続いて、PowerPointのグラフを貼り付けるプレースフォルダーをクリックして、<ホーム>タブの<ペースト>のをクリックし3、<元の書式を保持しデータをリンク>をクリックします4。

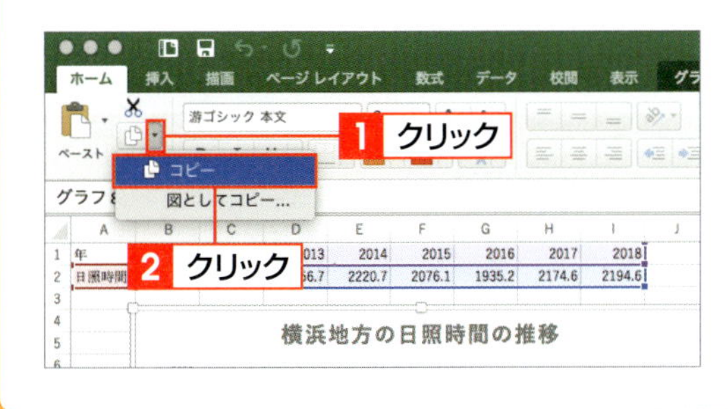

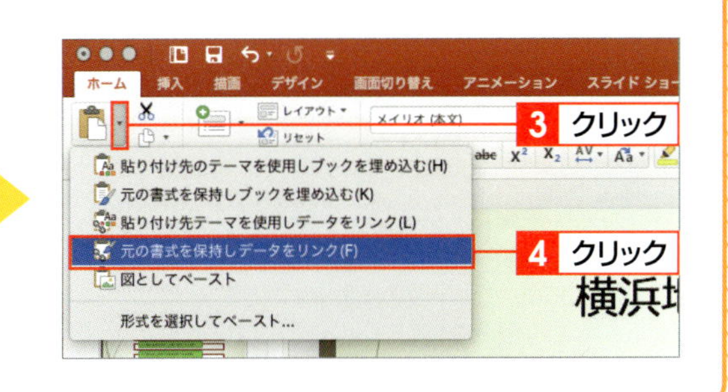

SECTION 18

グラフを編集する

作成した直後のグラフには、必要最小限の要素しか表示されていませんが、必要に応じてグラフの要素を追加できます。また、レイアウトを変更したり、軸目盛の表示単位を変更したり、グラフのデザインを変更するなどして、見やすいグラフに仕上げることができます。

覚えておきたい Keyword　クイックレイアウト　目盛の表示単位　グラフのスタイル

1 グラフのレイアウトを変更する

1 レイアウトを指定する

グラフをクリックします 1。<グラフのデザイン>タブをクリックして 2、<クイックレイアウト>をクリックし 3、グラフのレイアウト（ここでは<レイアウト1>）をクリックします 4。

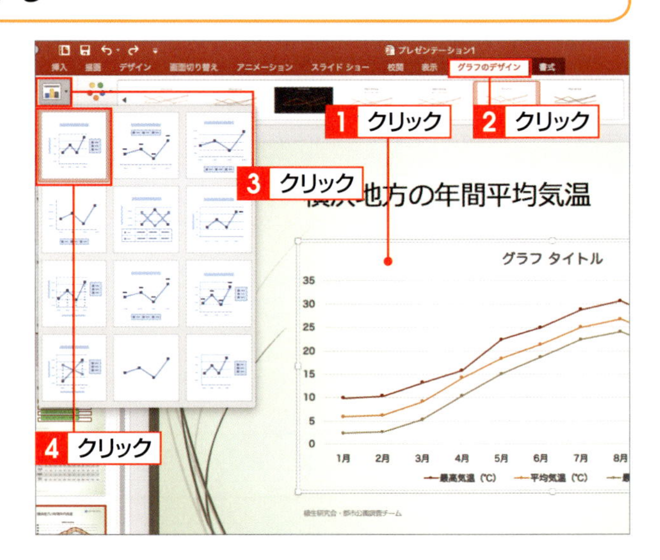

2 レイアウトが変更される

グラフのレイアウトが変更されます。

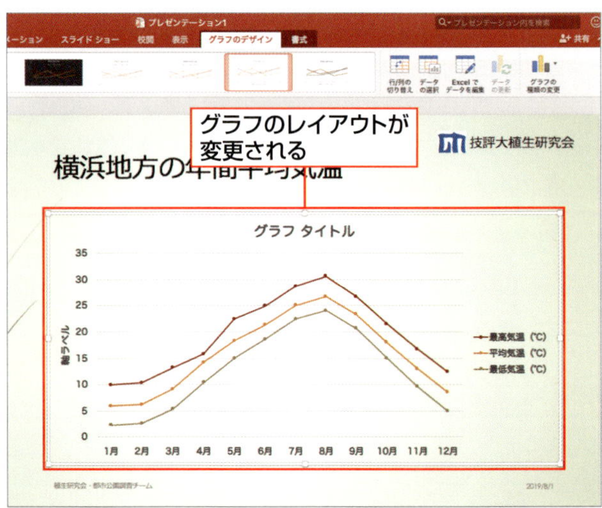

Memo グラフ要素の書式を変更する

レイアウトを変更したグラフに新しく追加されたグラフ要素には、グラフの作成後に設定した文字書式などは反映されません。必要に応じて書式を変更しましょう。

2 グラフタイトルと軸ラベルを入力する

1 <グラフタイトル>をクリックする

「グラフタイトル」（あるいは「Chart Title」）と表示されている部分をクリックして選択し、文字をドラッグして1、文字を修正できる状態にします。

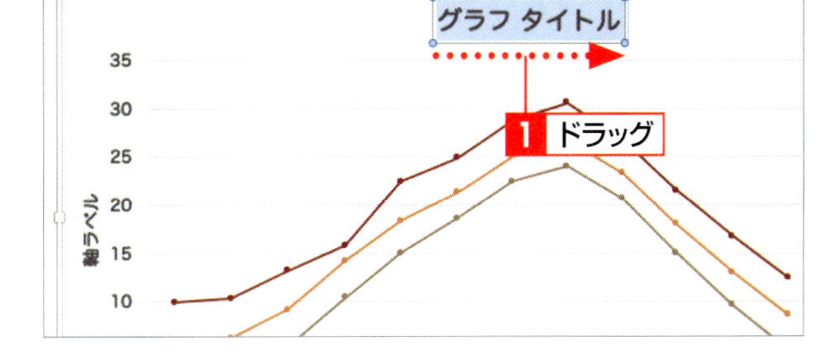

2 タイトルを入力する

グラフのタイトルを入力します1。グラフタイトルエリア以外をクリックすると、入力したタイトルが確定されます。

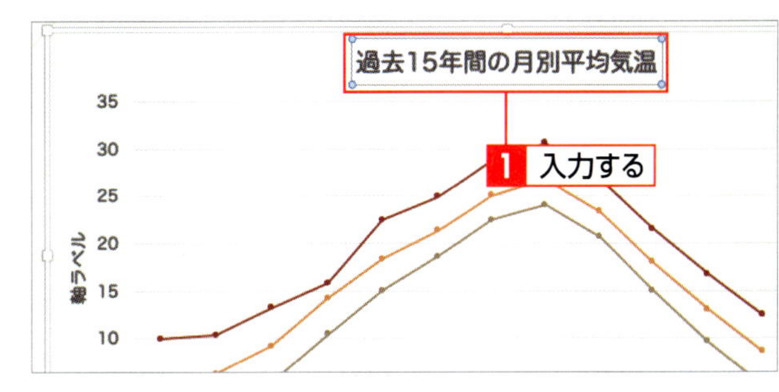

3 軸ラベルを入力する

同様の方法で、軸ラベルを入力します1。

Hint 軸ラベルの文字方向

軸ラベルは、初期状態では横向きで表示されます。文字方向を縦書きに変更する方法については、P.129を参照してください。

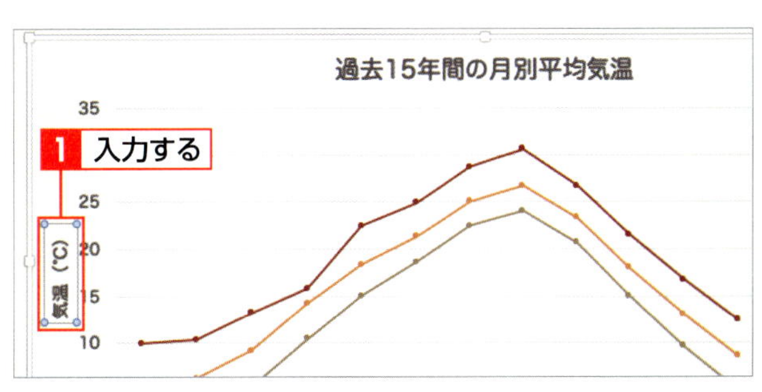

Column グラフ要素を追加する

選択したレイアウトによっては、必要なグラフ要素がないものもあります。このような場合はグラフをクリックして、<グラフのデザイン>タブの<グラフ要素を追加>をクリックし1、必要なグラフ要素を追加します2。

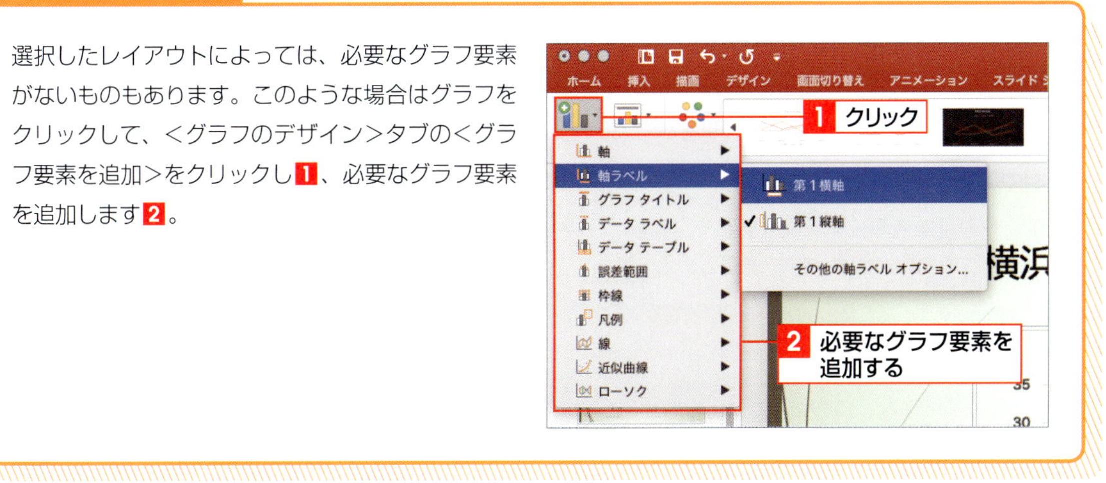

3 目盛の表示単位を変更する

1 <書式ウィンドウ>をクリックする

縦（値）軸をクリックして 1 、<書式>タブをクリックし 2 、<書式ウィンドウ>をクリックします 3 。

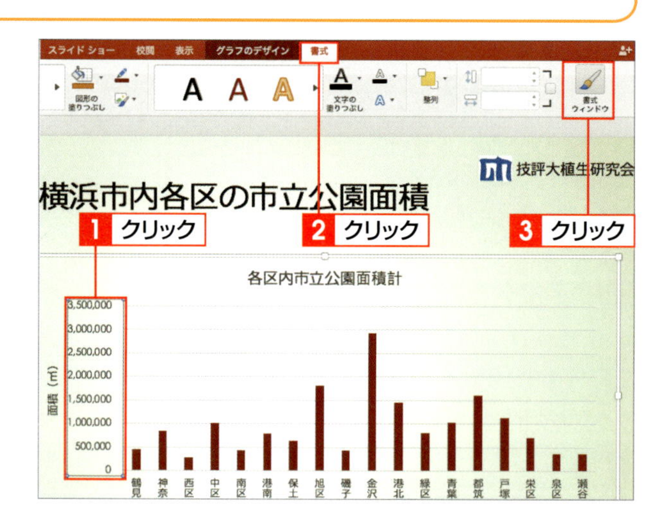

2 目盛の表示単位を指定する

画面の右側に<軸の書式設定>ウィンドウが表示されるので、<表示単位>の ▾ をクリックして 1 、目盛の表示単位を指定します。ここでは<100000>をクリックします 2 。

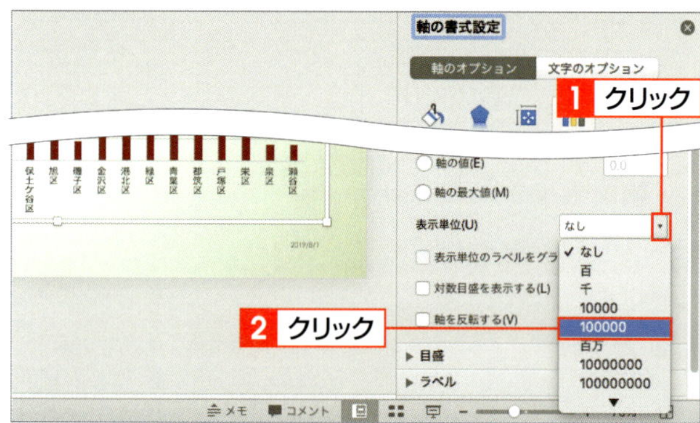

Memo 表示単位の一覧

右図の表示単位の一覧が、日本語と英語が混在した状態で表示される場合があります。

3 表示単位のラベルを非表示にする

<表示単位のラベルをグラフに表示する>をクリックしてオフにします 1 。

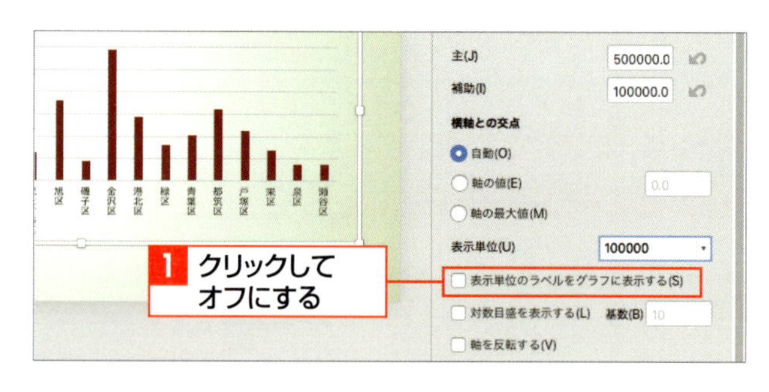

4 目盛の表示単位が変更される

縦（値）軸の目盛の単位が変更されます。軸ラベルの単位を「m^2」から「km^2」に変更します。

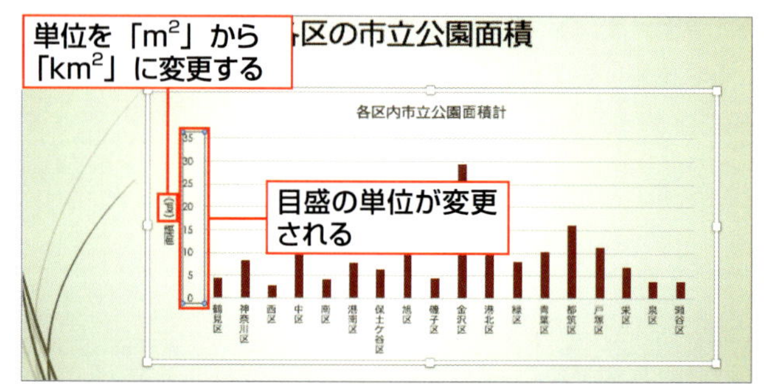

Hint 縦軸目盛の設定

<軸の書式設定>ウィンドウでは、目盛の最小値や最大値、間隔などを変更することもできます。

4 データ系列の色を変更する

1 <図形のスタイル>を指定する

グラフのデータ系列をクリックして1、<書式>タブをクリックします2。<図形のスタイル>をポイントすると表示される ▼ をクリックし3、使用したいスタイルをクリックします4。

Keyword データ系列

グラフを構成するグラフ要素の1つで、棒グラフの棒や、折れ線グラフの折れ線など、データ量を表す要素のことです。

2 データ系列の色が変更される

選択したデータ系列の色が変更されます。

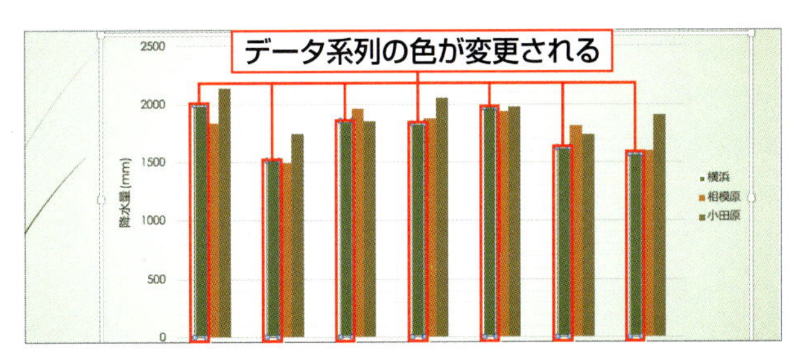

3 ほかのデータ系列の色を変更する

同様の方法で、ほかのデータ系列の色も変更します。なお、データ要素（1本のグラフ）の色を変更したい場合は、データ要素を選択して色を変更します。

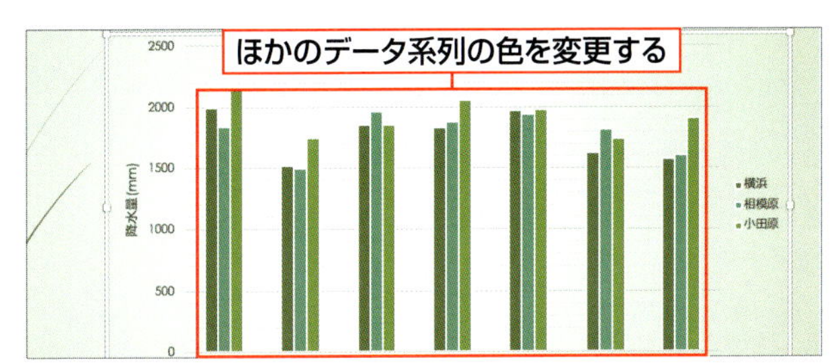

Column グラフのスタイルや色を変更する

グラフの色やスタイル、背景色などの書式があらかじめ設定されているグラフのスタイルを適用したり、グラフの色をカスタマイズすることもできます。グラフをクリックして、<グラフのデザイン>タブをクリックし、<グラフのスタイル>の一覧や<色の変更>をクリックして、表示される一覧から設定します。

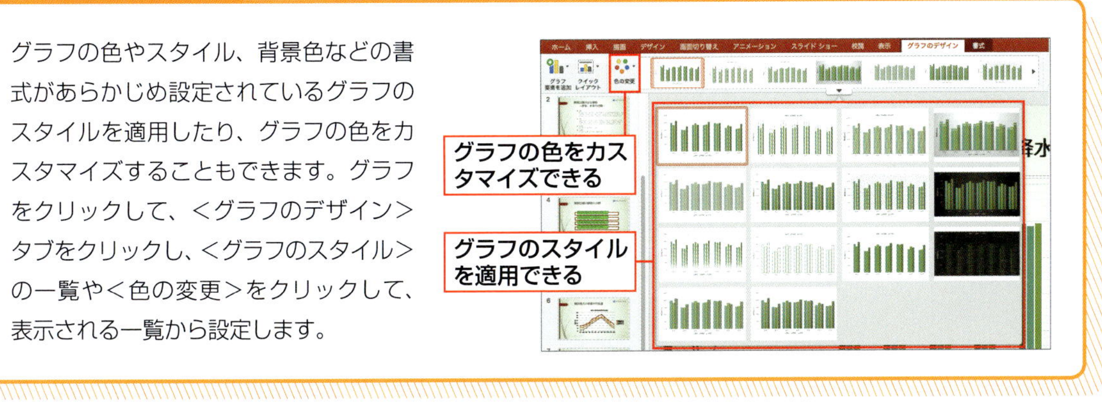

SECTION 19

画像を挿入する

デジタルカメラで撮影した写真などの画像ファイルをスライドに挿入できます。挿入した画像はサイズの調整やトリミング、明るさの調整などができます。また、アート効果やスタイルを設定することもできるので、効果的に活用しましょう。

覚えておきたい Keyword　トリミング　アート効果　画像のスタイル

1 画像を挿入する

1 図をファイルから挿入する

画像を挿入するプレースホルダーをクリックします。<挿入>タブをクリックして 1、<写真>をクリックし 2、<図をファイルから挿入>をクリックします 3。

Memo プレースホルダーの利用

コンテンツ用のプレースホルダーがあるスライドを選択し、プレースホルダー内の<ファイルからの画像>をクリックしても挿入できます。

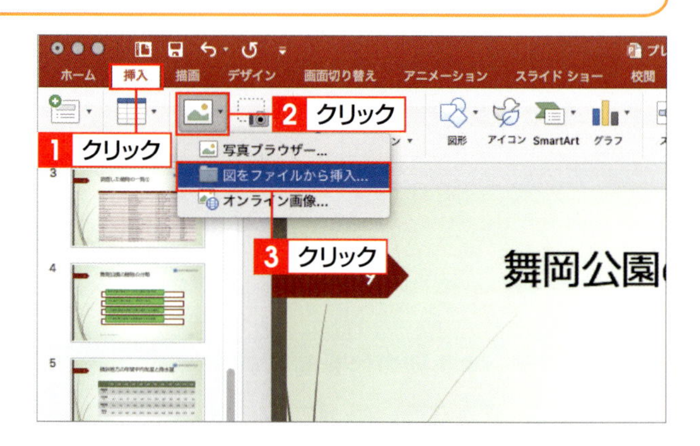

2 画像を指定する

ダイアログボックスが表示されるので、画像の保存場所を指定して 1、挿入する画像をクリックし 2、<挿入>をクリックします 3。

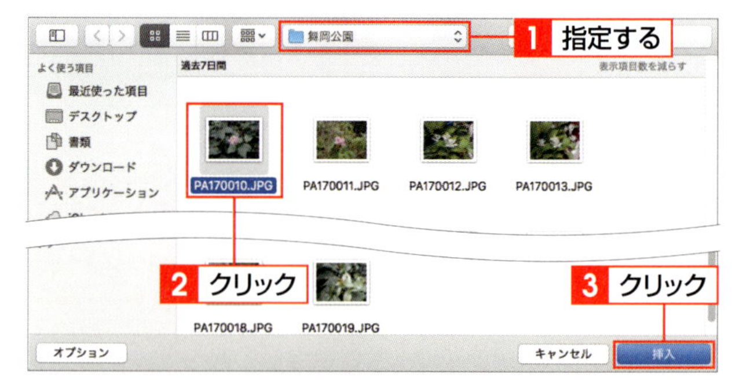

3 画像が挿入される

選択した画像がプレースホルダーに挿入されます。

2 画像のサイズを変更する

1 サイズ変更ハンドルにポインターを合わせる

サイズを変更する画像をクリックして 1 、サイズ変更ハンドルにマウスポインターを合わせます 2 。

2 ハンドルをドラッグする

ポインターの形が ↘ に変わった状態で、目的のサイズになるまでドラッグします 1 。画像のサイズがドラッグした大きさに変更されます。

3 画像をトリミングする

1 トリミングハンドルをドラッグする

サイズを変更する画像をクリックして、<図の書式設定>タブをクリックし 1 、<トリミング>をクリックします 2 。トリミングハンドルが表示されるので、ハンドルをドラッグして 3 、不要な部分をトリミングします。

Hint 画像の位置の調整

トリミングした画像の位置を調整したい場合は、トリミングハンドルが表示されている状態で画像をドラッグします。対象を写真の中央に表示させたい場合などに便利です。

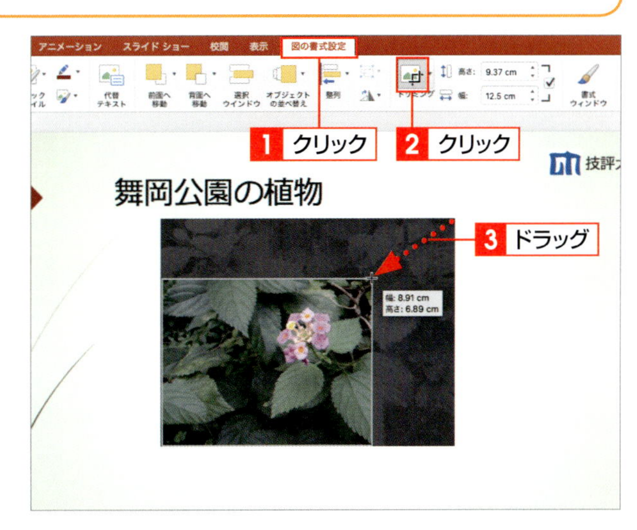

2 トリミングを終了する

トリミングする範囲が決まったら、画像以外の部分をクリックすると 1 、トリミングが完了します。

4 シャープネスや明るさを調整する

1 シャープネスの割合を指定する

画像をクリックします 1。<図の書式設定>タブをクリックして 2、<修整>をクリックし 3、<シャープネス>からシャープネスの割合（ここでは<シャープネス:50%>）をクリックします 4。

Keyword シャープネス

シャープネスとは、画像の輪郭をはっきり見せるようにする処理のことです。

2 シャープネスが調整される

画像のシャープネスが調整されます。

3 明るさとコントラストの割合を指定する

画像をクリックして 1、<図の書式設定>タブの<修整>をクリックし 2、<明るさ／コントラスト>から明るさとコントラストの割合（ここでは<明るさ:+20% コントラスト:+20%>）をクリックします 3。

Keyword コントラスト

コントラストとは、明るい部分と暗い部分との差のことです。

4 明るさとコントラストが調整される

明るさとコントラストが調整されます。

5 画像にアート効果を設定する

1 アート効果を指定する

画像をクリックします1。<図の書式設定>タブをクリックして2、<アート効果>をクリックし3、設定したい効果（ここでは<モザイク:バブル>）をクリックします4。

2 アート効果が設定される

指定したアート効果が画像に設定されます。アート効果によっては、設定が完了するまで時間がかかります。

6 画像にスタイルを設定する

1 スタイルを指定する

画像をクリックします1。<図の書式設定>タブをクリックして2、<クイックスタイル>をクリックし3、使用したいスタイル（ここでは<楕円、ぼかし>）をクリックします4。

2 スタイルが設定される

指定したスタイルが画像に設定されます。

Hint 画像をリセットする

画像の修整や効果などの設定を無効にしたい場合は、画像をクリックして、<図の書式設定>タブの<図のリセット>をクリックします。サイズやトリミングの設定を含めてリセットする場合は、▾をクリックして、<図とサイズのリセット>をクリックします。

SECTION 20

画像やテキストの重なり順を変更する

スライドを作成する際、画像や文字などのオブジェクトを重ねると、あとから追加したオブジェクトが上になります。この重なり順を変更するために搭載されている機能がダイナミックソートです。この機能を使うと、オブジェクトの重なり順の確認や変更をかんたんに行うことができます。

覚えておきたいKeyword　ダイナミックソート　レイヤー　オブジェクトの順番

1 レイヤーをドラッグして表示順序を変更する

1 <オブジェクトの並べ替え>をクリックする

いずれかの画像をクリックします 1。<図の書式設定>タブをクリックして 2、<オブジェクトの並べ替え>の ▾ をクリックし 3、<オブジェクトの並べ替え>あるいは<重なり合ったオブジェクトの並べ替え>をクリックします 4。

2 ダイナミックソートが表示される

オブジェクトの重なり順がレイヤー（層）として3D表示されます。

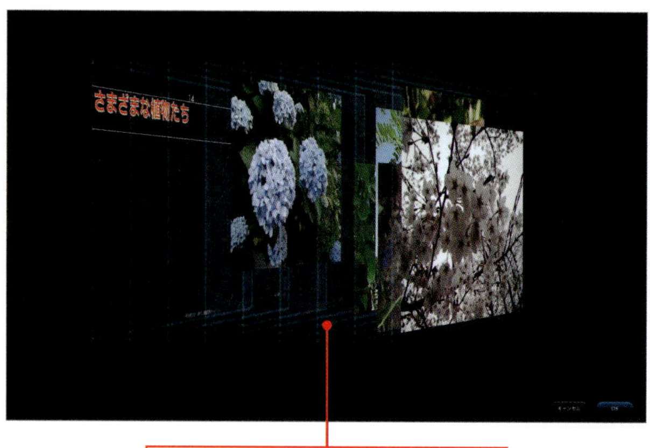

現在の重なり順が3D表示される

 Keyword レイヤー

グラフィックスソフトなどで使われる、「層」を意味する単語です。透明のシートに描いたものをレイヤーと呼び、これを重ね合わせて1枚の画像にします。PowerPointではそれぞれのレイヤーにオブジェクトが1つずつ配置されます。

3 レイヤーの順番を確認する

特定のレイヤーにマウスポインターを合わせると 1 、そのレイヤーの順番が確認できます。

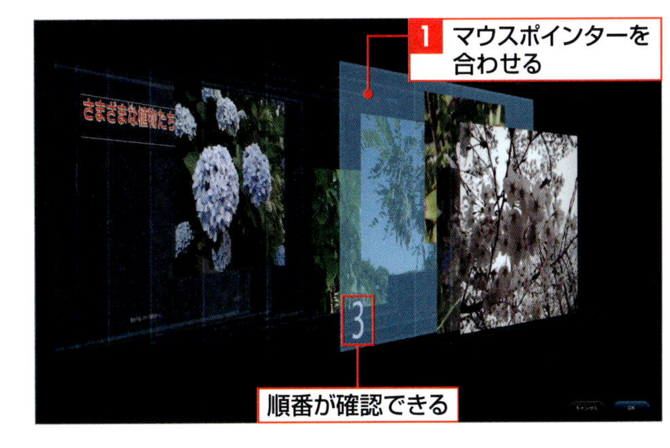

4 レイヤーをドラッグする

レイヤーの順序を入れ替える場合は、入れ替えたいレイヤーをドラッグします 1 。ここでは、タイトルを入力したオブジェクトを一番前に移動します。

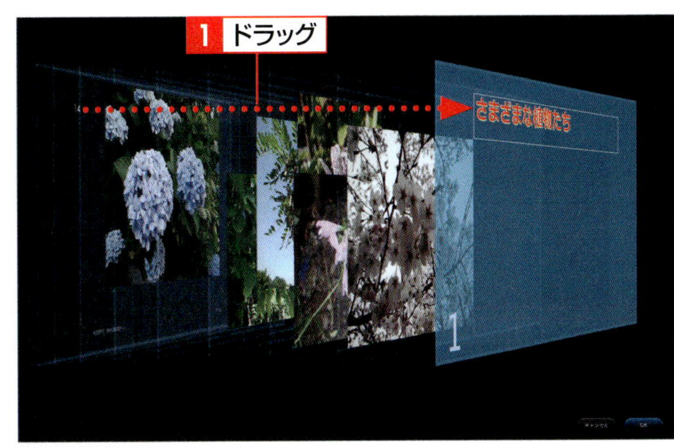

5 <OK>をクリックする

レイヤーの順序が入れ替わったことを確認し、<OK>をクリックします 1 。

6 オブジェクトの順番が入れ替わる

オブジェクトの表示順序が変更されます。

Memo フッターもレイヤーになる

PowerPointではフッターもレイヤーに配置されます。ページ番号、日付など複数の設定をした場合は、それぞれ別のレイヤーに配置されます。ただし、スライドマスター（P.284参照）で設定したヘッダーやロゴなどは、レイヤーには配置されません。

SECTION 21

ムービーを挿入する

文字やグラフなどで表現することが難しい情報でも、ムービー（ビデオ）を利用することでわかりやすいプレゼンテーションにできます。PowerPointでは、スライドにさまざまなファイル形式のムービーを挿入できます。挿入したムービーに表紙画像を表示することもできます。

覚えておきたいKeyword　ムービー　ビデオ　ポスターフレーム

1 ムービーを挿入する

1 <ファイルからムービーを挿入>をクリックする

ムービーを挿入するプレースホルダーをクリックします。<挿入>タブをクリックして1、<ビデオ>をクリックし2、<ファイルからムービーを挿入>をクリックします3。

2 ムービーを指定する

<ムービーの選択>ダイアログボックスが表示されます。ムービーファイルの保存場所を指定して1、挿入するムービーをクリックし2、<挿入>をクリックします3。

Memo 利用できるムービーファイル

パソコンやスマートフォンなどで再生できる動画ファイルを、ビデオファイルまたはムービーファイルと呼びます。PowerPointでは、M4V、AVI、MPEG、MP4形式などのファイルを挿入できます。

3 ムービーが挿入される

選択したムービーが挿入されます。

Memo ファイルサイズに注意する

ムービーを挿入すると、PowerPointのファイルサイズが大きくなり、スライドの表示や編集に支障が出ることがあります。ムービーを挿入する場合は、必要最小限の解像度と長さのファイルを利用しましょう。

2 表紙画像を挿入する

1 <ファイルから画像を挿入>をクリックする

ムービーをクリックします1。<ビデオ形式>タブをクリックして2、<ポスターフレーム>をクリックし3、<ファイルから画像を挿入>をクリックします4。

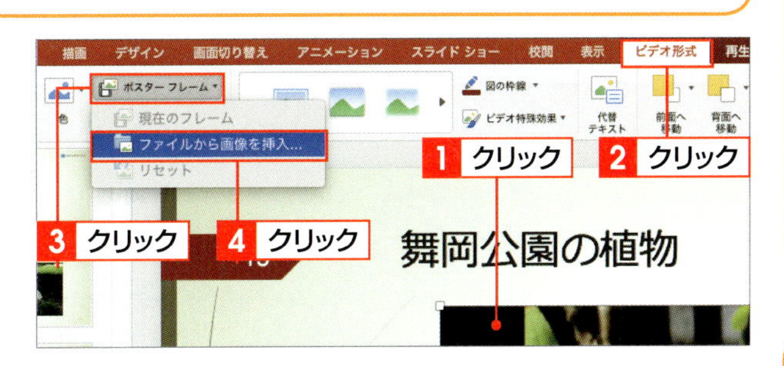

2 画像を指定する

画像ファイルの保存場所を指定して1、挿入する画像ファイルをクリックし2、<挿入>をクリックします3。

Memo 表紙画像の縦横比

表紙画像に使用する画像は、ムービーの画面サイズと縦横の比率が同じ画像を使用するようにします。異なる縦横比の画像を使用した場合は、ムービーのサイズに合わせて調整されます。

3 表紙画像が設定される

選択した画像がムービーの表紙画像として設定されます。

Column オンラインビデオを挿入する

PowerPoint 2019では、YouTubeやSlideShare.netのオンラインビデオをスライドに挿入することができます。最初に、Webブラウザーで挿入したいビデオのURLをコピーします。続いて、PowerPointで<挿入>タブの<ビデオ>から<オンラインビデオ>をクリックして、コピーしたURLを貼り付け、<挿入>をクリックします。なお、この機能を利用するには、PowerPoint 2019のバージョン16.22以降が必要です。また、再生時にはインターネット接続が必要です。

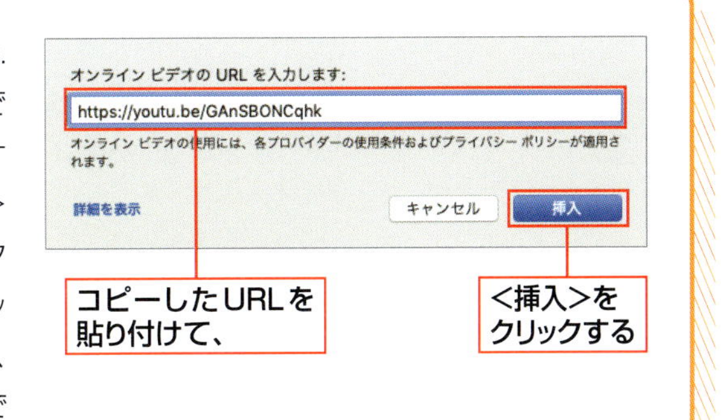

SECTION 22

オーディオを挿入する

スライドには効果音やBGMなどの、さまざまな形式の**オーディオを挿入**できます。オーディオを挿入したら、**開始のタイミング**などのオプションを必要に応じて指定します。オーディオの再生や一時停止などの操作は、**操作コントロール**から行えます。

覚えておきたいKeyword　オーディオ　再生のタイミング　操作コントロール

1 オーディオを挿入する

1 ＜オーディオをファイルから挿入＞をクリックする

オーディオを挿入するスライドをクリックします。＜挿入＞タブをクリックして 1 、＜オーディオ＞をクリックし 2 、＜オーディオをファイルから挿入＞をクリックします 3 。

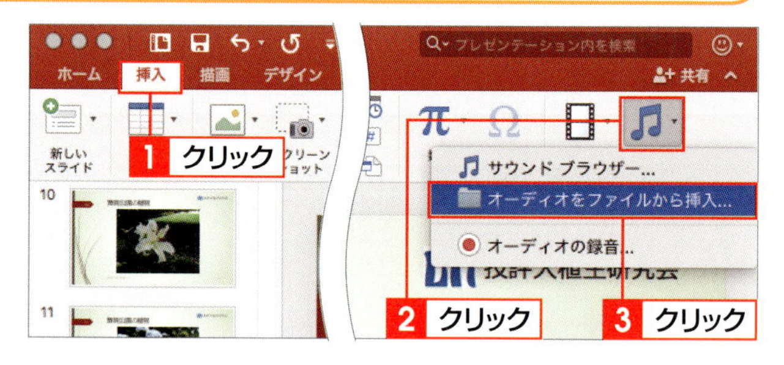

2 オーディオファイルを指定する

＜オーディオの選択＞ダイアログボックスが表示されます。オーディオファイルの保存場所を指定して 1 、挿入するオーディオファイルをクリックし 2 、＜挿入＞をクリックします 3 。

PowerPointでは、AIFF、AU、M4A、MP3、WAV形式などのファイルを挿入できます。

3 オーディオが挿入される

オーディオが挿入され、オーディオアイコンが表示されます。オーディオアイコンをドラッグし 1 、ほかの画像や文字などのじゃまにならないところに移動させます。

2 再生開始のタイミングを設定する

1 開始のタイミングを設定する

オーディオアイコンをクリックします**1**。＜再生＞タブをクリックして**2**、＜開始＞横のボタンをクリックします**3**。

Memo 開始のタイミング

開始のタイミングを＜自動＞に設定すると、スライドを再生すると自動的にオーディオが再生されます。＜クリック時＞の場合は、スライドを表示してクリックすると再生されます。

2 ＜自動＞をクリックする

ポップアップメニューが表示されるので、オーディオを開始するタイミングを指定します。ここでは＜自動＞をクリックします**1**。

3 ＜停止するまで繰り返す＞をオンにする

オーディオアイコンをクリックして**1**、＜再生＞タブの＜停止するまで繰り返す＞をクリックしてオンにします**2**。オーディオファイルが繰り返し再生されます。

Hint オーディオアイコンを隠す

開始のタイミングを自動に設定した場合、スライドショー中にオーディオアイコンを非表示にできます。＜再生＞タブの＜スライドショーを実行中にサウンドのアイコンを隠す＞をクリックしてオンにします。

Column オーディオの操作コントロール

オーディオアイコンをクリックすると、アイコンの下に操作コントロールが表示されます。この操作コントロールでは、オーディオの再生／一時停止、音量のミュート（消音）／ミュート解除などの操作ができます。

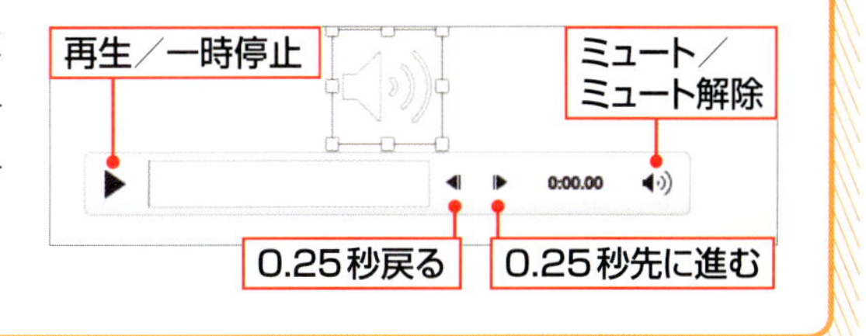

SECTION 23

画面切り替えの効果を設定する

スライドを切り替える際、次のスライドにいきなり切り替わるのではなく、徐々に表示が切り替わるなどの効果があったほうが、スライドが見やすくなります。PowerPointには、見栄えのする画面切り替え効果が多数用意されているので、状況に応じて利用しましょう。

覚えておきたい Keyword　画面切り替え効果　切り替えのタイミング　変形

1 切り替え効果を設定する

1 スライドを指定する

効果を設定するスライドをクリックして 1 、<画面切り替え>タブをクリックします 2 。

2 切り替え効果を指定する

<画面切り替え>をポイントすると表示される ▼ をクリックして 1 、使用したい切り替え効果（ここでは<アンカバー>）をクリックします 2 。

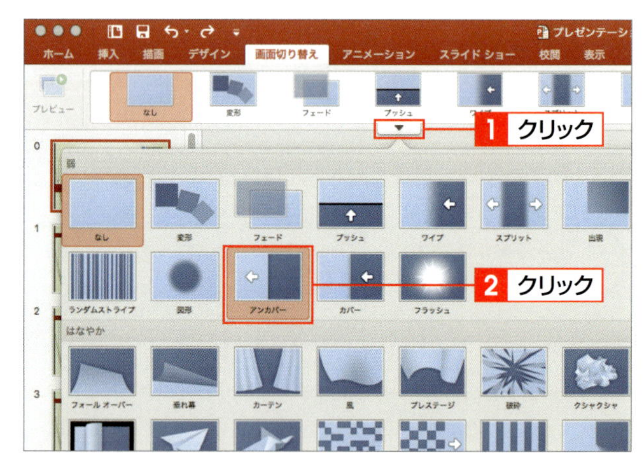

Hint 切り替え効果の実行

画面切り替え効果は、前のスライドから画面切り替え効果を設定したスライドに切り替わるときに実行されます。

3 切り替え効果が設定される

選択したスライドに切り替え効果が設定されます。切り替え効果が設定されたスライドの左には ★ マークが表示されます。

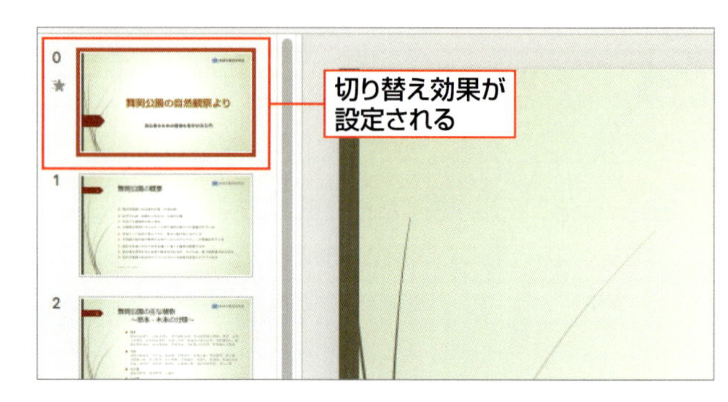

Hint 切り替え効果を解除する

設定した切り替え効果を解除するには、<画面切り替え>の一覧で<なし>をクリックします。

2 すべてのスライドに同じ切り替え効果を設定する

1 ＜すべてに適用＞をクリックする

効果が設定されているスライドをクリックします1。＜画面切り替え＞タブをクリックして2、＜すべてに適用＞をクリックすると3、すべてのスライドに同じ切り替え効果が設定されます。

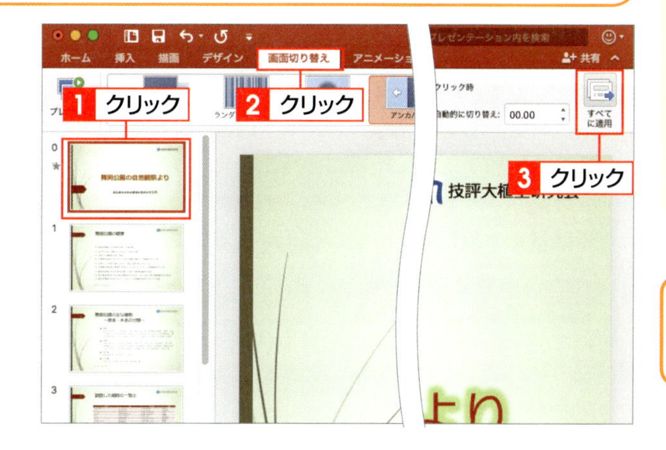

3 プレビューで確認する

1 ＜プレビュー＞をクリックする

効果を設定したスライドをクリックして1、＜画面切り替え＞タブをクリックし2、＜プレビュー＞をクリックすると3、設定した効果が確認できます。

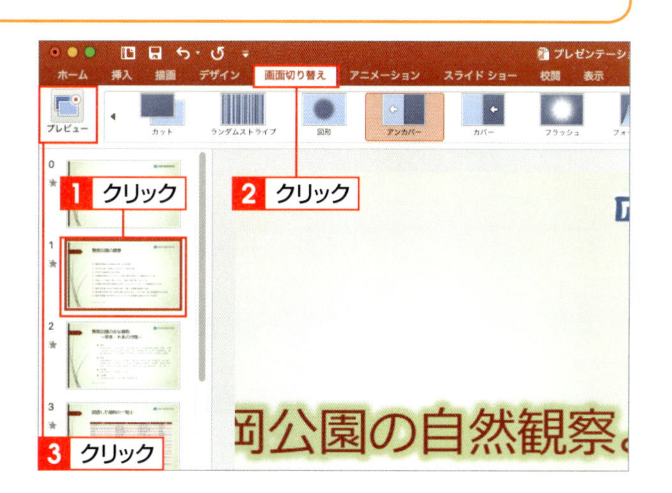

Step UP 切り替えるタイミング

＜画面切り替え＞タブの＜クリック時＞をクリックしてオンにすると、クリック時に画面の切り替えが行われます。また、＜自動的に切り替え＞をオンにして秒数を指定すると、指定した秒数のあとに自動で画面を切り替えできます。

Column 画面切り替え効果に＜変形＞を設定する

PowerPoint 2019では、画面切り替え効果に＜変形＞が追加されました。＜変形＞を使用すると、スライドを切り替える際に、スライド上のオブジェクトなどに滑らかに移動するアニメーションを付けることができます。

＜変形＞を設定するには、もとになるスライドを複製し、複製したスライド上のオブジェクトなどを移動させ、そのスライドに＜変形＞を設定します。

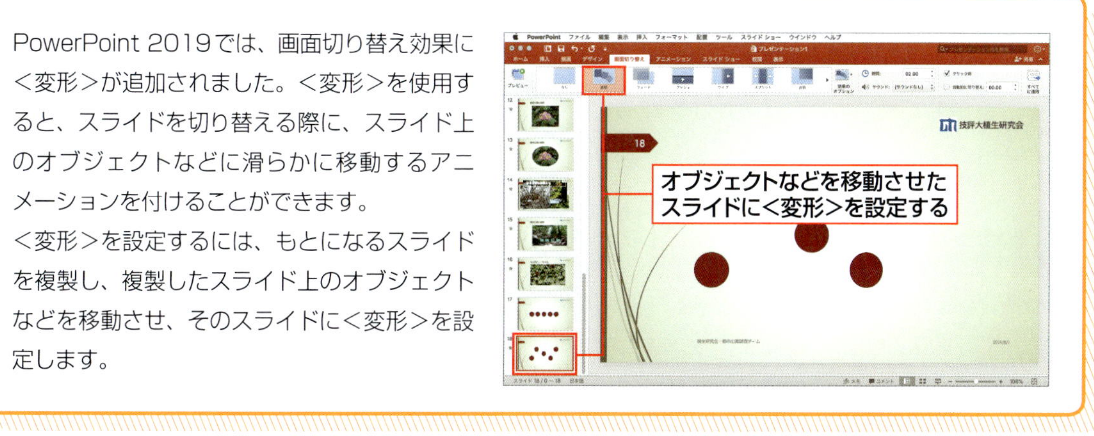

SECTION 24

文字にアニメーション効果を設定する

スライド上の文字を順番に表示したり、オブジェクトを自由に動かしたりする効果のことをアニメーションといいます。アニメーションは、スライドをより効果的に見せるために使われます。ここでは、箇条書きの項目を1行ずつ表示させるアニメーションを設定します。

覚えておきたい Keyword　アニメーション　タイミング　<アニメーション>ウィンドウ

1 文字にアニメーション効果を設定する

1 テキストを選択する

アニメーション効果を設定するオブジェクト（ここでは文字列）を選択して 1 、<アニメーション>タブをクリックします 2 。

2 アニメーションを指定する

<開始効果>をポイントすると表示される ▼ をクリックして 1 、設定したいアニメーション（ここでは<スライドイン>）をクリックします 2 。

3 オプションを設定する

<アニメーション>タブの<効果のオプション>をクリックして 1 、オプション（ここでは<右から>）をクリックします 2 。選択したテキストに、アニメーションが設定されます。

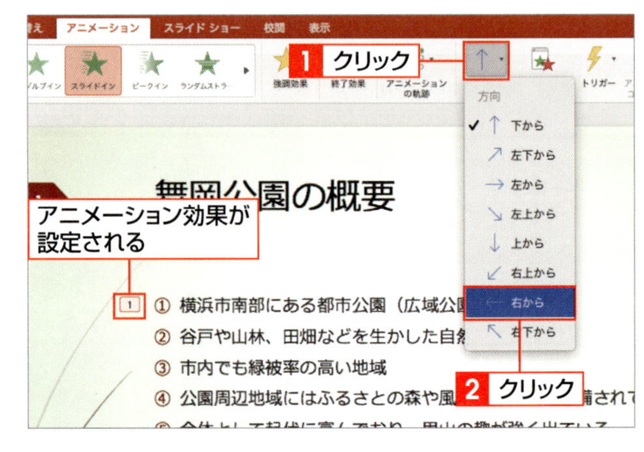

Memo アニメーションの設定

オブジェクトにアニメーション効果を設定すると、そのオブジェクトの左側に四角で囲まれた数字が表示されます。この数字はアニメーション効果を実行する順番を表しています。

2 アニメーションのタイミングや継続時間を指定する

1 <アニメーション>ウィンドウを表示する

<アニメーション>タブの<アニメーションウィンドウ>をクリックします1。<アニメーション>ウィンドウが表示されるので、タイミングを設定するアニメーション効果をクリックして2、<開始>横のボタンをクリックします3。

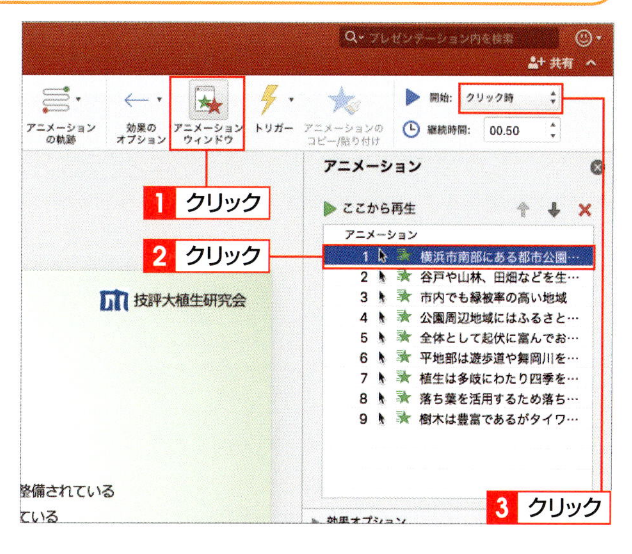

Hint <アニメーション>ウィンドウ

<アニメーション>ウィンドウでは、アニメーションの効果やタイミング、実行順序などを調整できます。ウィンドウを閉じる場合は、右上の⊗、または<アニメーションウィンドウ>を再度クリックします。

2 開始のタイミングを指定する

ポップアップメニューが表示されるので、アニメーションを開始するタイミングを指定します。ここでは<クリック時>をクリックしてオンにします1。

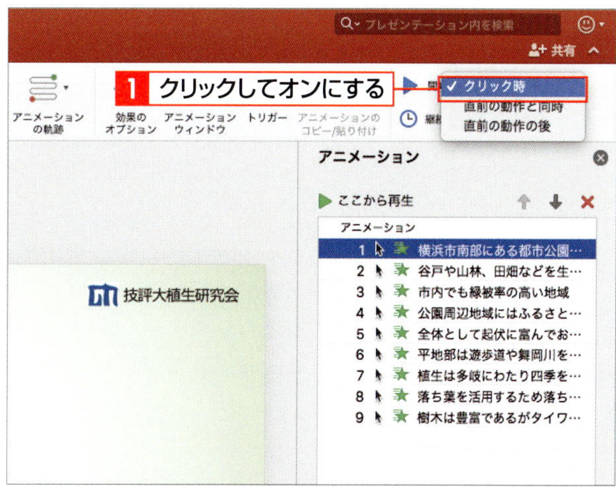

Hint アニメーションを削除する

アニメーションを削除するには、<アニメーションウィンドウ>で、削除するオブジェクトをクリックして✕をクリックするか、アニメーションを設定した文字列の左側に表示されている数字をクリックして、delete を押します。

3 継続時間を指定する

<継続時間>のボックスをクリックして、上下の矢印をクリックするか直接入力し、アニメーションが継続する時間を指定します1。

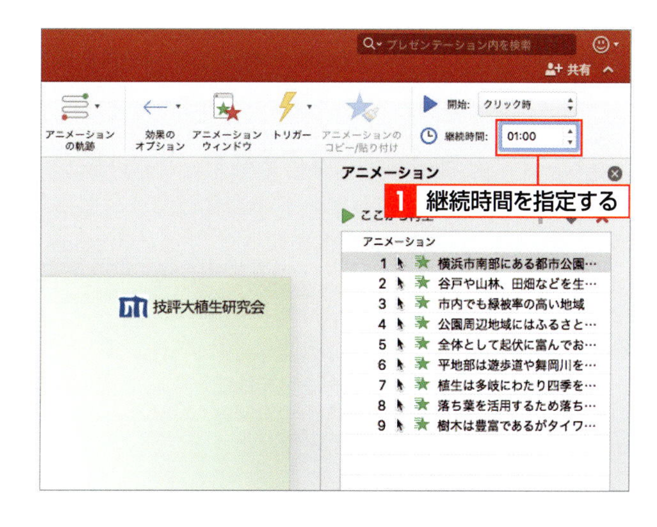

Memo アニメーションの継続時間

アニメーションの継続時間とは、たとえば文字列に「スライドイン」のアニメーション効果を設定した場合、文字列がスライドインし、指定の位置で止まって表示されるまでにかかる時間のことです。

SECTION 25

オブジェクトにアニメーション効果を設定する

スライド上の文字列やオブジェクトにアニメーションを設定すると、プレゼンテーションに視覚的な効果を加えることができます。ここでは、グラフにアニメーション効果を設定します。グラフの場合は、グラフ全体に設定したり、グラフの要素別に設定したりできます。

覚えておきたいKeyword　オブジェクト　グラフアニメーション　グループグラフィック

1 グラフにアニメーション効果を設定する

1 グラフをクリックする

アニメーション効果を設定するグラフをクリックして**1**、<アニメーション>タブをクリックします**2**。

2 アニメーションを指定する

<開始効果>をポイントすると表示される ▼ をクリックして**1**、設定したいアニメーション（ここでは<スプリット>）をクリックします**2**。

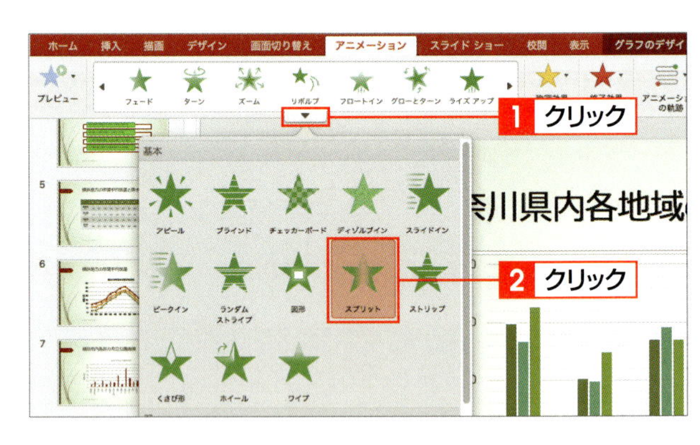

3 アニメーション効果が設定される

グラフにアニメーションが設定され、<アニメーション>ウィンドウが表示されます。

Memo　<アニメーション>ウィンドウ

オブジェクトにアニメーション効果を設定すると、<アニメーション>ウィンドウが表示されます。表示されない場合は<アニメーション>タブの<アニメーションウィンドウ>をクリックします。

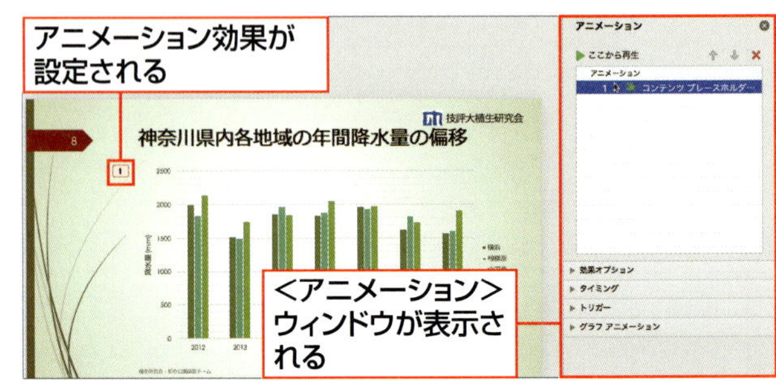

2 グラフの系列別に表示されるようにする

1 効果を設定する項目をクリックする

<アニメーション>ウィンドウの効果を設定する項目をクリックします1。

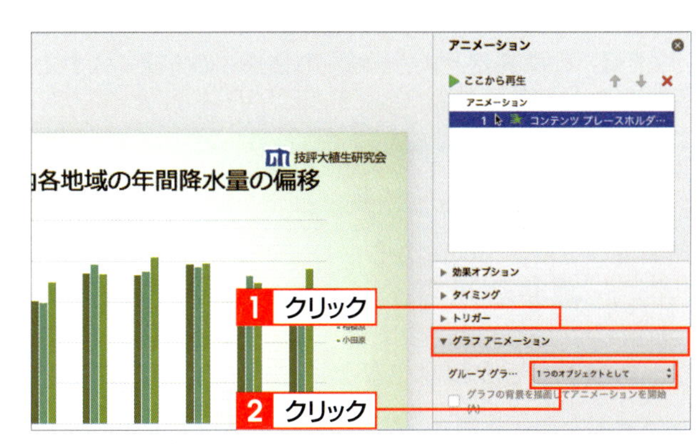

2 <グラフアニメーション>をクリックする

<グラフアニメーション>をクリックして1、<グループグラフィック>横のボタンをクリックします2。

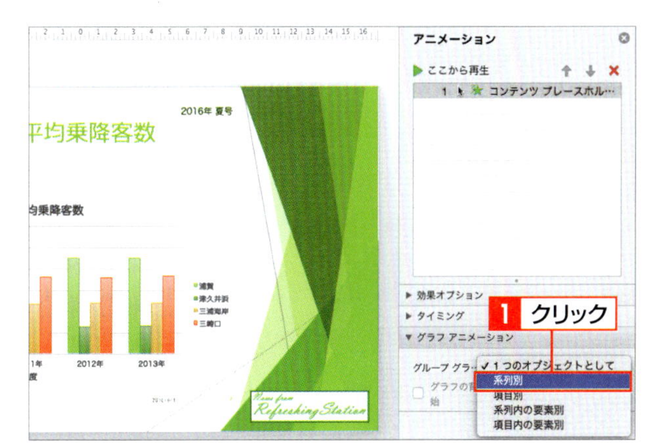

3 <系列別>をクリックする

ポップアップメニューが表示されるので、<系列別>をクリックします1。

Memo グループグラフィック

<グループグラフィック>では、グラフに設定するアニメーション効果を系列別、項目別、系列内の要素別、項目内の要素別で指定できます。

3 プレビューで確認する

1 <プレビュー>をクリックする

プレビューするスライドをクリックして1、<アニメーション>タブの<プレビュー>をクリックすると2、設定したアニメーション効果が確認できます。ここでは、グラフが系列別に順番で表示されます。

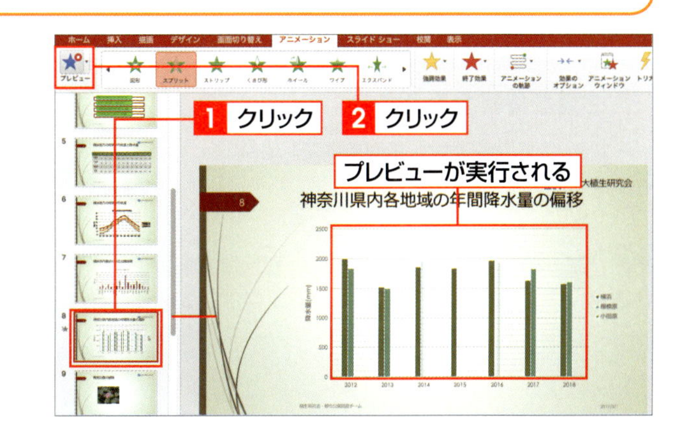

SECTION 26

発表者用にノートを入力する

ノートは、プレゼンテーションの発表時に必要な情報やメモ、原稿などを入力しておくのに利用します。また、ノートに入力した内容は印刷できるので、発表時の参考資料としても利用できます。ノートは、標準表示とノート表示の２通りの方法で入力できます。

覚えておきたいKeyword　ノート　ノートウィンドウ　ノート表示

1 標準表示でノートウィンドウに入力する

1 スライドをクリックする

発表者用のノートを書き込むスライドをクリックします 1 。ノートウィンドウの境界にマウスポインターを合わせると、ポインターの形が ⇕ に変わります 2 。

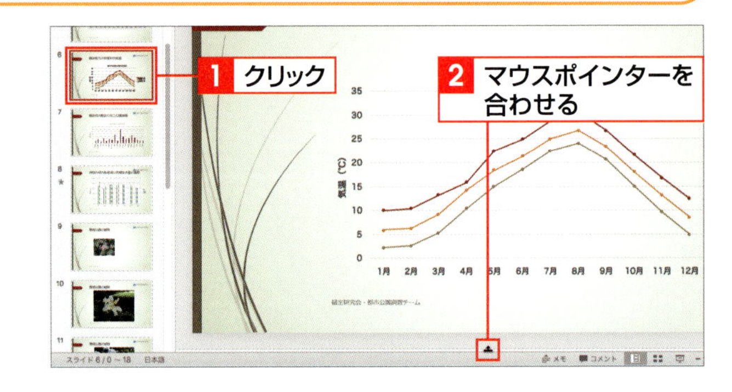

2 ノートウィンドウを広げる

マウスポインターの形が変わった状態で、上方向にドラッグします 1 。

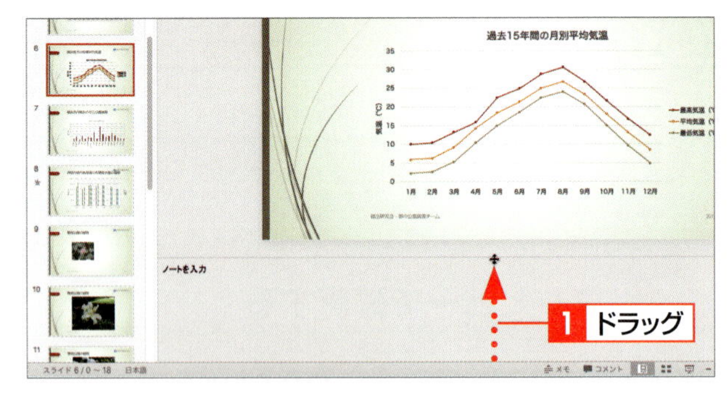

3 必要な情報を入力する

ノートウィンドウの領域が広がるので、必要な情報を入力します 1 。

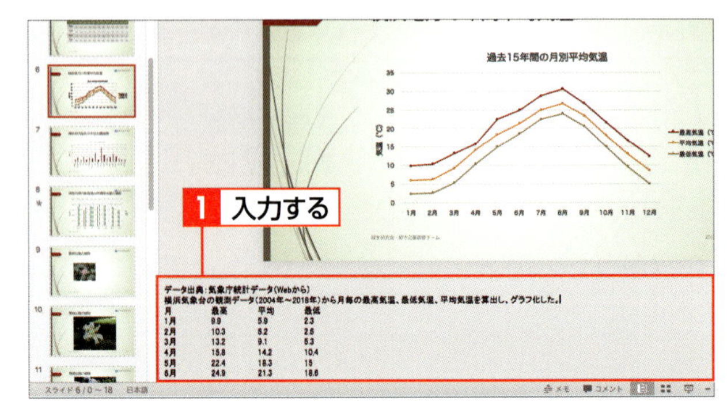

Hint　ノートを印刷する

ノートに入力した内容は印刷できます。ノートを印刷するには、印刷画面で<レイアウト>を<メモ>に設定します（P.334参照）。

2 ノート表示でノートウィンドウに入力する

1 <ノート>をクリックする

ノートを書き込むスライドをクリックして1、<表示>タブをクリックし2、<ノート>をクリックします3。

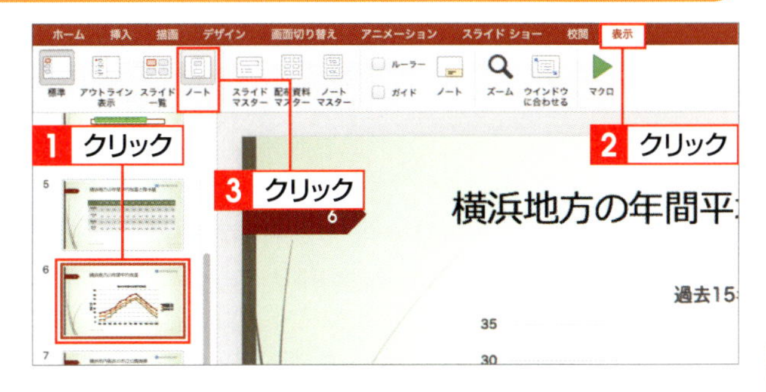

2 ノート表示に切り替わる

画面がノート表示に切り替わります。

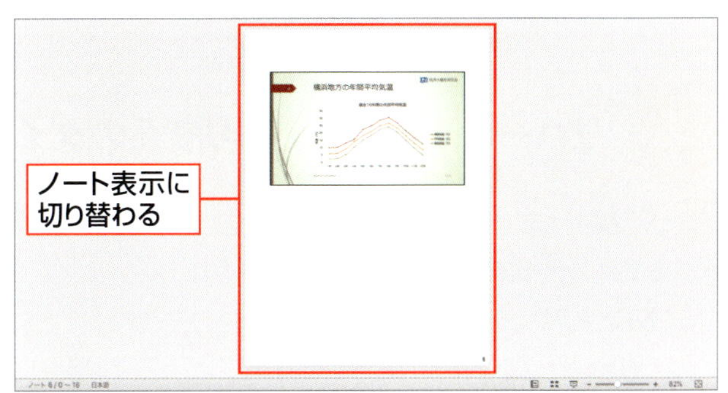

メニューバーの<表示>メニューをクリックして<ノート>をクリックしても、ノート表示に切り替わります。

3 必要な情報を入力する

画面右下にあるスライダーをドラッグして1、表示倍率を変更し、必要な情報を入力します2。入力後、<標準>をクリックすると入力が確定し、もとの画面に戻ります。

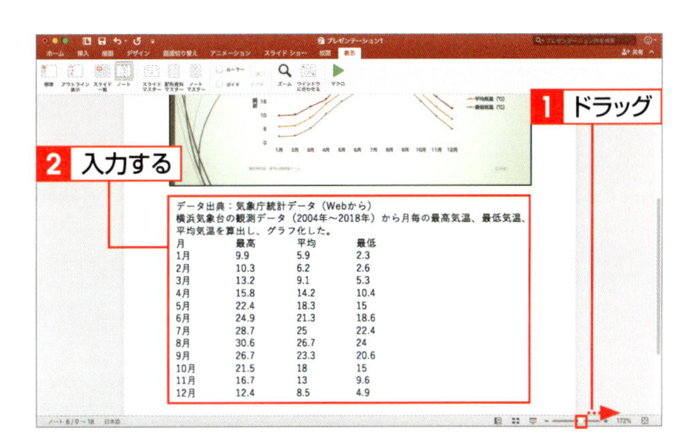

Column 発表者ツールでノートを利用する

発表者ツールを表示すると（P.332参照）、ノートに入力した内容を確認しながらプレゼンテーションを実行できます。
表示されるノートの文字サイズを変更するには、A▴ または A▾ をクリックします。

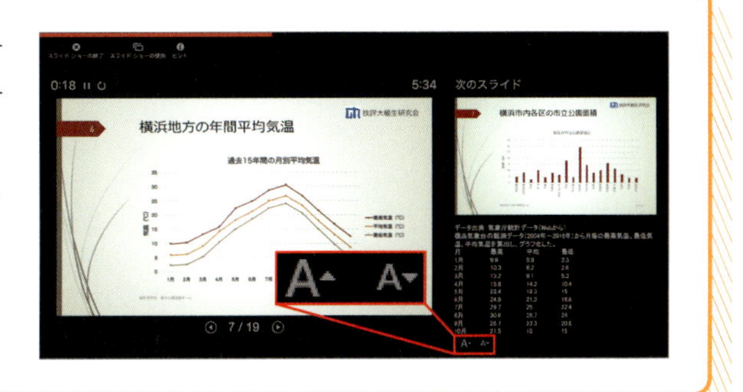

SECTION 27 スライドを切り替えるタイミングを設定する

プレゼンテーション時にスライドの切り替えを自動的に行うには、リハーサル機能を利用し、タイミングを設定します。リハーサルを行う際には、実際にプレゼンテーションを行うときと同じように、説明を加えながらスライドを切り替えるタイミングを設定します。

覚えておきたい Keyword　リハーサル　スライドのタイミング　スライド一覧

1 リハーサルを行って切り替えのタイミングを設定する

1 ＜リハーサル＞をクリックする

＜スライドショー＞タブをクリックして1、＜リハーサル＞をクリックします2。

2 リハーサルが開始される

スライドショーのリハーサルが開始され、記録が開始されます。スライドの上部には、そのスライドを表示してからの経過時間が表示されます。スライドの左上には、リハーサルを開始してからのトータルの経過時間が表示されます。

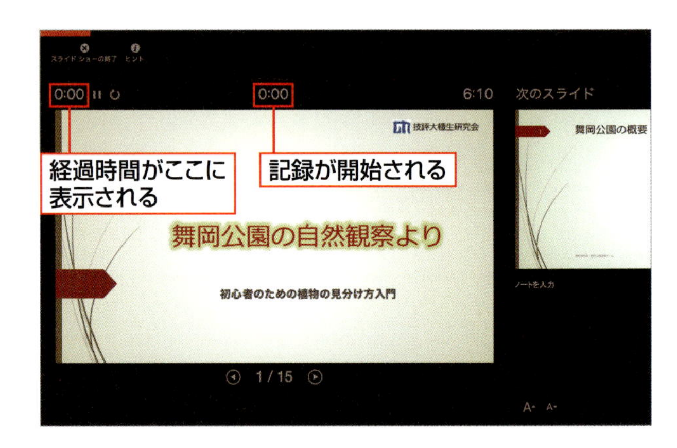

3 切り替えのタイミングを設定する

必要な時間が経過したら、●をクリックすると1、スライドの切り替えやアニメーション効果のタイミングが設定されます。

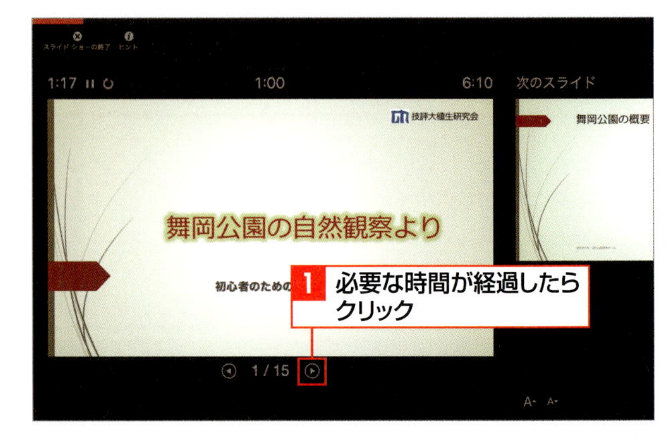

4 次のスライドのタイミングを設定する

次のスライドが表示されるので、同様にタイミングを設定して▶をクリックします 1。最後のスライドが終わるまで同じ操作を繰り返します。

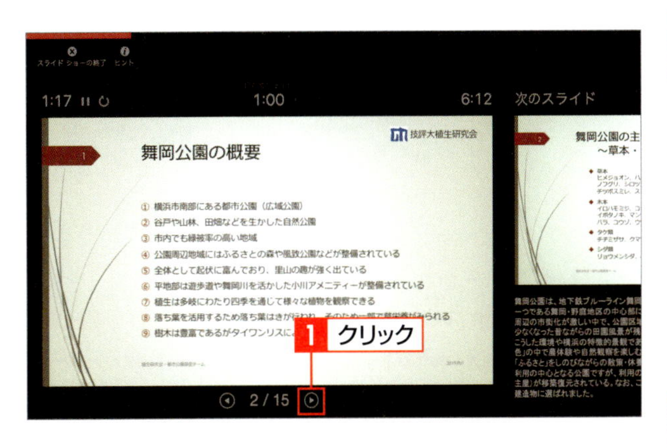

5 切り替えのタイミングを保存する

最後のスライドのタイミングを設定すると、切り替えのタイミングを保存するかを確認するダイアログボックスが表示されます。<はい>をクリックして 1、タイミングを保存します。

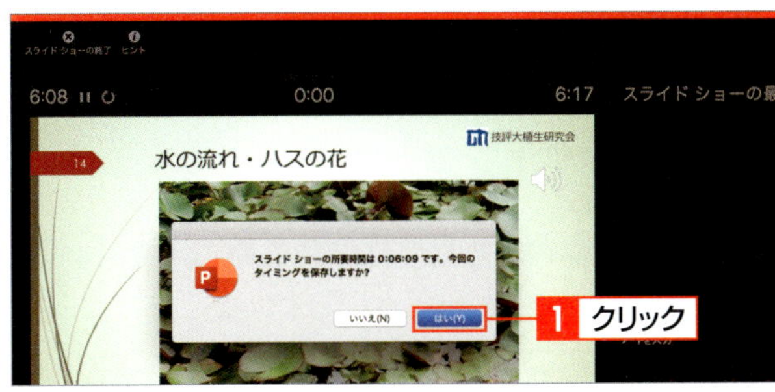

6 スライド一覧が表示される

切り替えのタイミングを設定したスライドの一覧が表示されます。それぞれのスライドの右下に表示時間が表示されます。

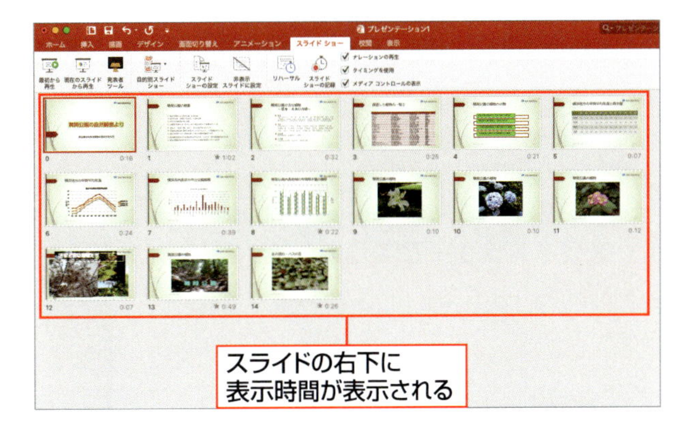

Memo 操作はすべて記録される

リハーサルで行う時間は基本的にすべて記録されます。記録を一時的に中断したい場合は、左上の⏸をクリックします。記録を再開するときは▶をクリックします。

Column 設定した時間を調整する

リハーサルで設定した時間は、あとから調整できます。時間を調整するスライドをクリックして 1、<画面切り替え>タブの<自動的に切り替え>のボックスに、切り替えまでの時間（秒）を指定します 2。

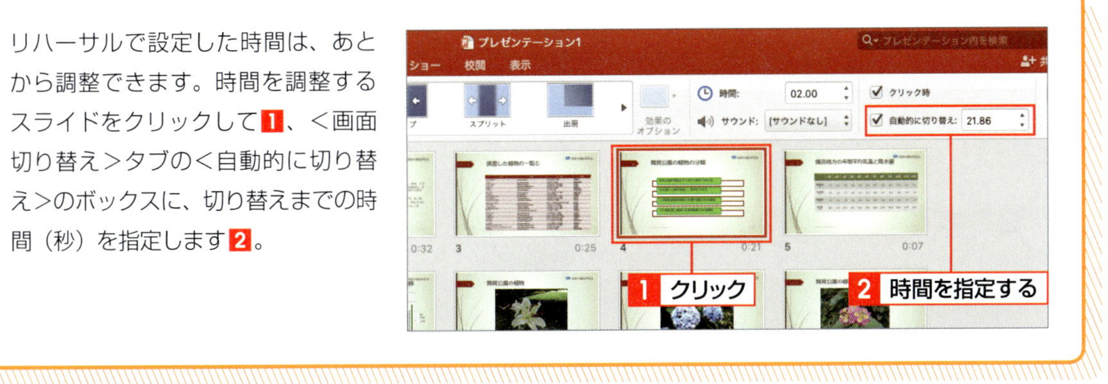

SECTION 28

スライドショーを実行する

プレゼンテーションを行うには、スライドショーを実行します。スライドショーは、最初のスライドから順番に開始するだけでなく、指定したスライドから開始することもできます。また、プレゼンテーション中にコンテクストメニューを利用して、特定のスライドにジャンプすることもできます。

覚えておきたい Keyword　スライドショー　コントロールバー　コンテクストメニュー

1 スライドショーを最初から実行する

1 <最初から再生>をクリックする

<スライドショー>タブをクリックして 1 、<最初から再生>をクリックします 2 。

Memo　そのほかの方法

メニューバーの<スライドショー>メニューの<最初から再生>をクリックするか、画面右下にある をクリックしても、スライドショーが実行されます。

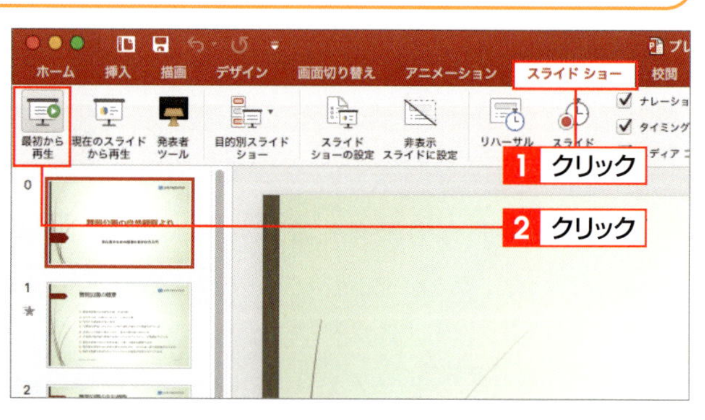

2 スライドショーが実行される

最初のスライドからスライドショーが実行されます。

Hint　現在のスライドから開始

<現在のスライドから再生>をクリックすると、現在表示しているスライドからスライドショーを開始できます。

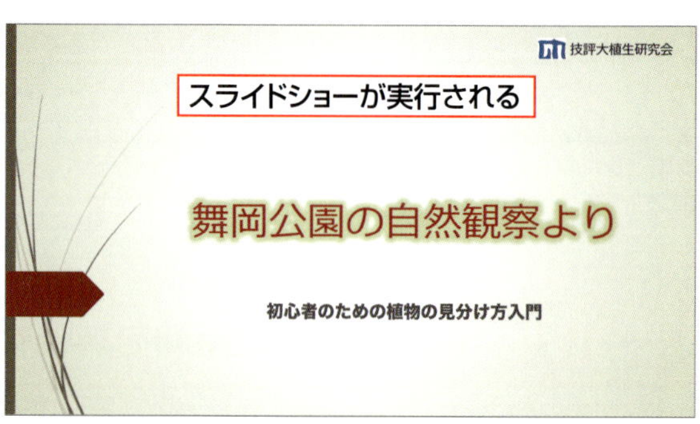

3 スライドショーを進める

マウスで画面をクリックするか 1 、キーボードの → を押すと、スライドショーが進行します。

Hint　1つ前のスライドに戻るには

特定のスライドへジャンプするには、右ページの方法で操作します。1つ前のスライドに戻る場合は ← を押します

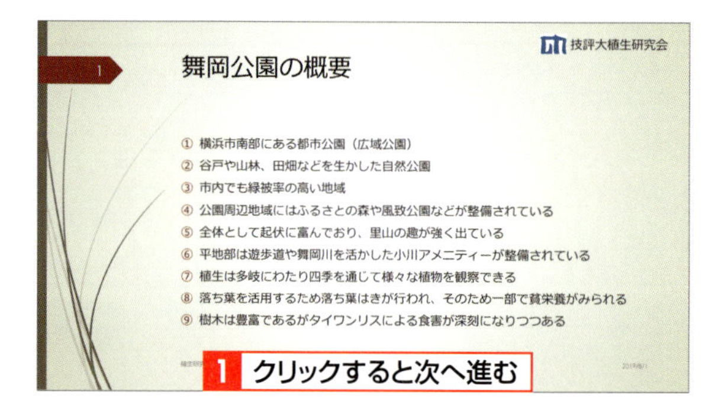

2 特定のスライドにジャンプする

1 コントロールバーを表示する

スライドショーの実行中にマウスポインターを動かすと 1 、画面の左下にコントロールバーが表示されます。

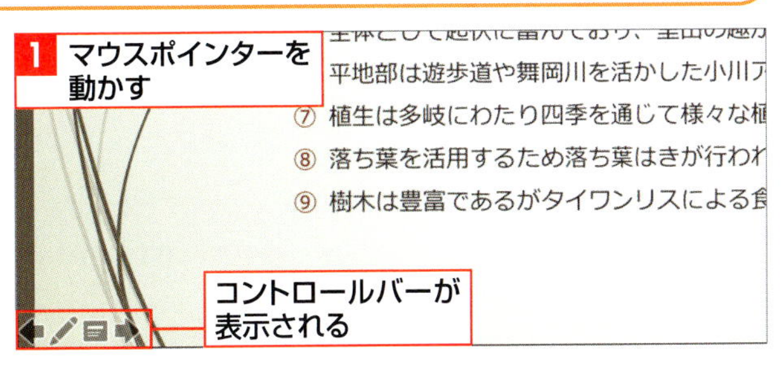

2 目的のスライドをクリックする

コントロールバーの をクリックすると 1 、コンテクストメニューが表示されるので、<タイトルへジャンプ>をポイントし 2 、目的のスライドをクリックします 3 。

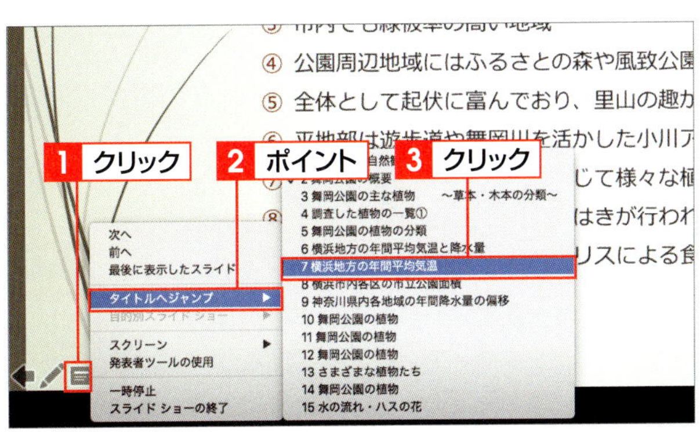

Memo そのほかの方法

control を押しながら画面上をクリックしても、コンテクストメニューが表示されます。

3 目的のスライドへジャンプする

指定したスライドへジャンプします。

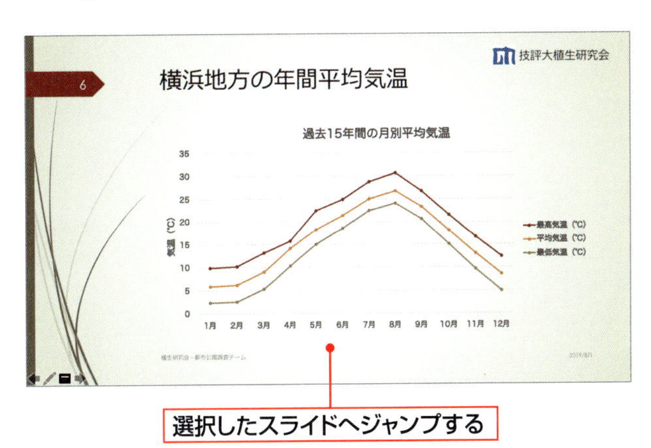

Hint スライドショーを途中で終了する

スライドショーを途中で終了させる場合は、コンテクストメニューを表示して、<スライドショーの終了>をクリックするか、esc を押します。

Column スライドの切り替えを手動にする

リハーサル機能を使って切り替えのタイミングを保存してある場合は、スライドショーを実行すると、自動的にスライドが切り替わります。切り替えるタイミングを解除して、クリック操作でスライドを切り替えたい場合は、<スライドショー>タブの<タイミングを使用>をクリックしてオフにします。

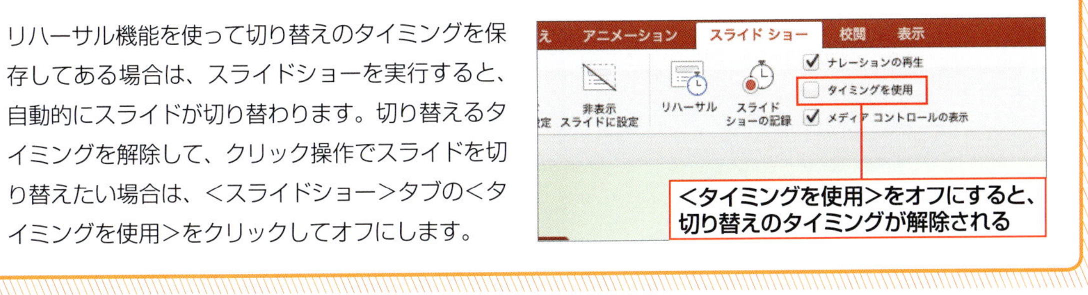

SECTION 29

発表者ツールを使用する

発表者ツールは、スライドやノートなどを発表者のパソコンで確認しながらプレゼンテーションを実行できるツールです。PowerPoint 2019では、外部モニターやプロジェクターなどを接続していなくても発表者ツールを利用できます。

覚えておきたいKeyword　発表者ツール　スライドショー　切り替えのタイミング

1 発表者ツールを実行する

1 <発表者ツール>をクリックする

最初のスライドをクリックして1、<スライドショー>タブをクリックし2、<発表者ツール>をクリックします3。

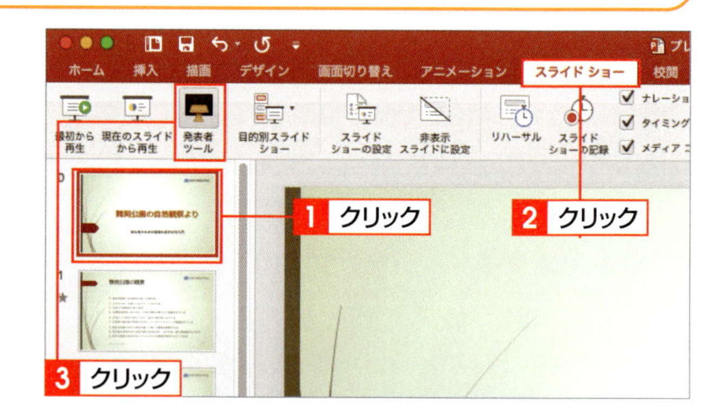

2 発表者ツールが表示される

発表者用のモニターには発表者ツールが表示されます。外部モニターやプロジェクターを接続している場合、出席者用のモニターには、スライドのみが表示されます。

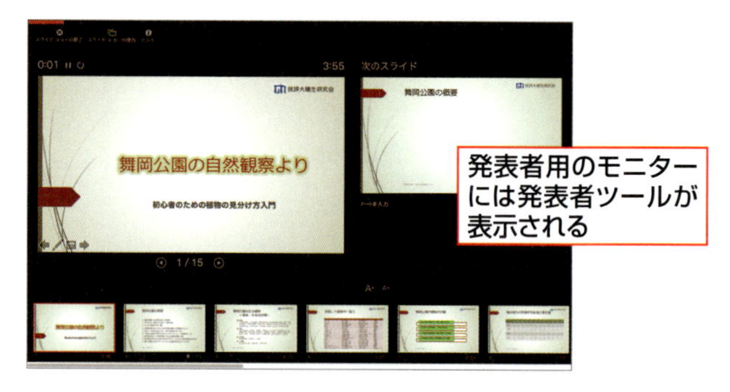

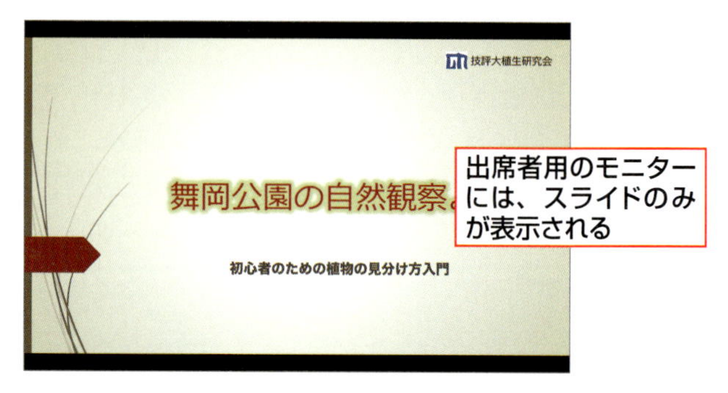

Memo　モニターが1台の場合

Macに1台のモニターのみが接続されている場合は、発表者ツールの画面が表示されます。画面左上にある<スライドショーの使用>をクリックすると、通常のスライドショーが表示されます。

3 スライドショーが進行する

切り替えのタイミングを設定していると、自動的にスライドが切り替わります。タイミングを設定していない場合は、▶をクリックすると、次のスライドが表示されます。

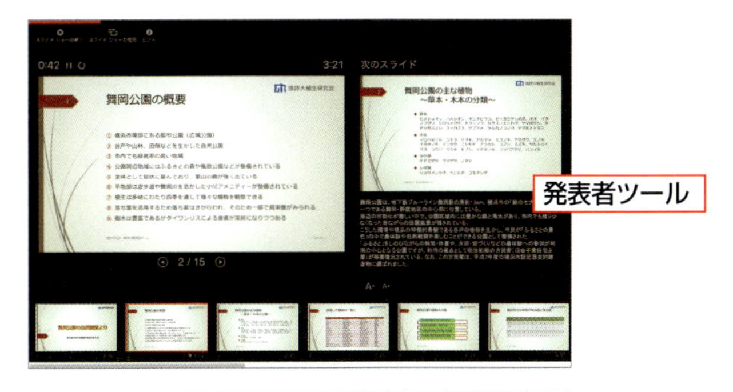

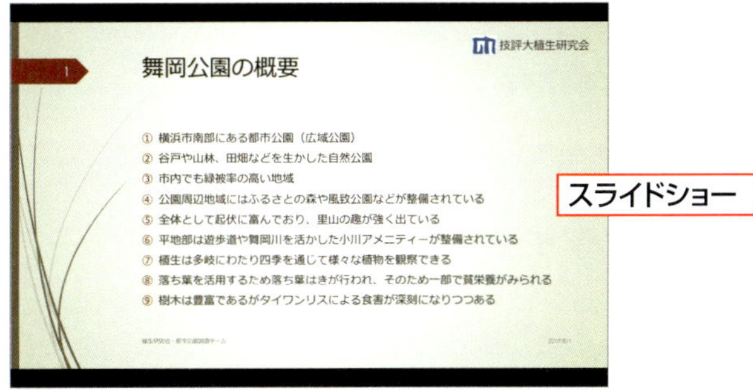

リハーサルを行ってスライドの切り替えのタイミングを保存してある場合は、保存したタイミングでスライドが切り替わります。

発表者ツールの画面構成

発表者ツールには、現在表示されているスライドのほかに、次に表示されるスライドやノート、プレゼンテーションの実行時間などが表示されます。スライドの切り替えやスライドショーの中断、終了などを行うこともできます。

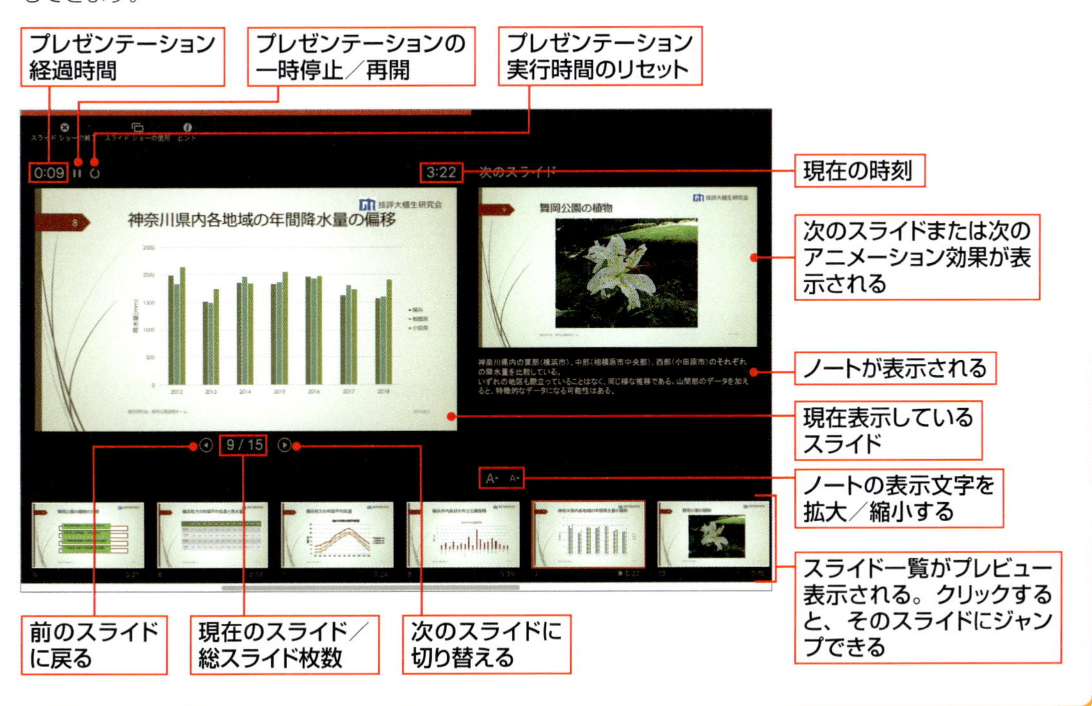

SECTION 30

スライドを印刷する

PowerPointで作成したスライドは、プリンターで印刷できます。印刷は1枚の用紙に1つのスライドを印刷したり、複数のスライドをまとめて印刷したりできます。また、スライドと一緒に、入力したノートを印刷することもできます。

覚えておきたい Keyword　印刷　詳細を表示　レイアウト

1 スライドを印刷する

1 <プリント>をクリックする

メニューバーの<ファイル>メニューをクリックして、<プリント>をクリックし、印刷画面を表示します。印刷部数や印刷するページを指定し1、<プリント>をクリックします2。

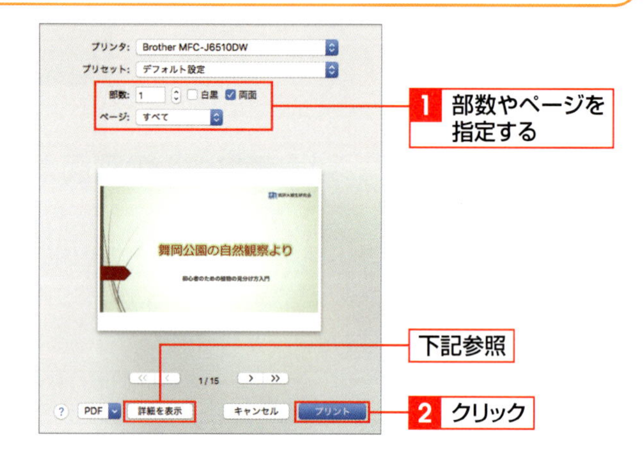

Memo　そのほかの方法

⌘を押しながらPを押しても、印刷画面が表示されます。

2 ノートを印刷する

1 詳細を表示してノートを印刷する

印刷画面で<詳細を表示>をクリックし、詳細設定画面を表示します。<レイアウト>で<メモ>を指定し1、<プリント>をクリックします2。

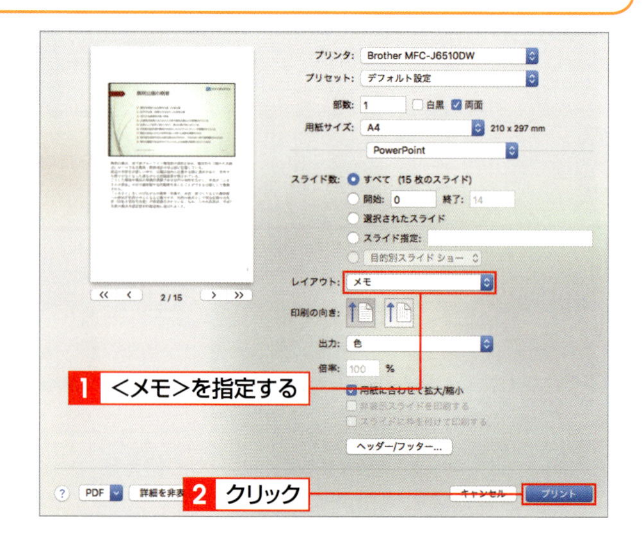

Hint　複数のスライドを印刷する

1枚の用紙に複数のスライドを印刷する場合は、詳細設定画面の<レイアウト>で<配布資料>を指定します。1ページに2～9枚のスライドを縮小して印刷できます。

第6章

Outlookの操作をマスターしよう

SECTION 01 Outlook 2019 for Macの概要

Outlook 2019 for Mac（以下、Outlook 2019）は、メール、予定表、連絡先、タスク、メモの5つの機能を1つにまとめたアプリケーションです。画面左下のリンクをクリックしてビューを切り替え、それぞれの機能を利用します。

覚えておきたいKeyword　Outlook 2019 for Mac　機能の切り替え　メールの管理

1 ビューをすばやく切り替えできる

Outlook 2019では、メール、予定表、連絡先、タスク、メモの各機能を切り替えるリンクが画面の左下にアイコンで表示されています。目的のリンクをクリックすると、ビューがすばやく切り替わります。なお、Outlook 2016では、リンクを文字あるいはアイコンで表示することができましたが、Outlook 2019では、アイコン表示のみになりました。

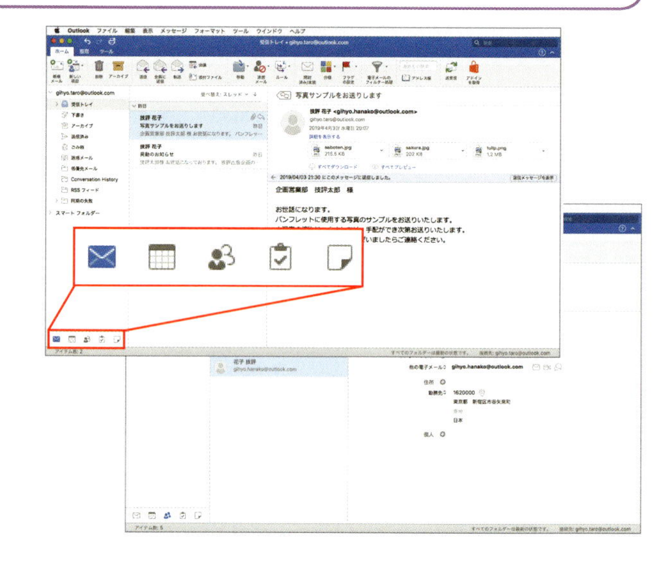

2 メールをまとめて管理できる

複数のメールアカウントを登録できるので、アカウントごとにアプリケーションを変えたり、アドレス帳を別にしたりする必要がありません。受信メールもすべてまとめて確認できるので、メールを効率よく整理できます。また、メールの最初の文が件名のすぐ下に表示されるので、メールを開かずに内容を判断しやすくなっています。

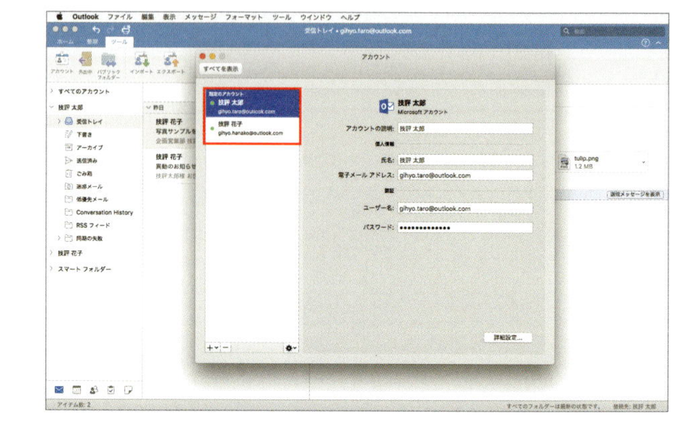

3 多彩な表示方法で使いやすい予定表

Outlookの予定表は、カレンダーと予定表を組み合わせた形式でスケジュールを管理します。使い方に応じて、日／稼働日／週／月単位に表示を切り替えできるので、予定を効率的に管理できます。予定表には、今日から3日間の所在する地域の天気予報が表示されています。

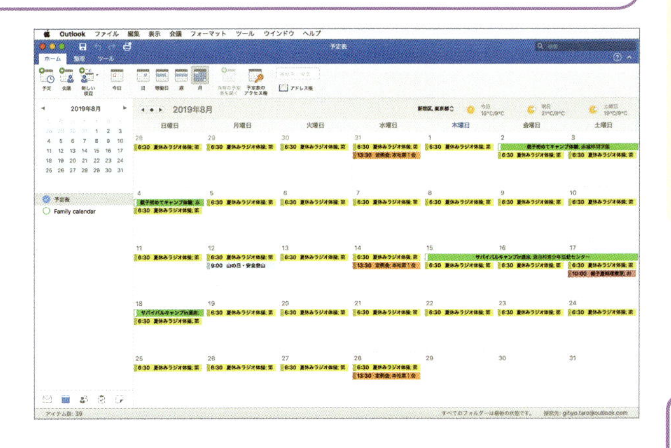

4 ビジネスやプライベートで使い分けができる連絡先

連絡先には、相手の名前や電子メールアドレスだけでなく、自宅の住所や電話番号、勤務先の情報などを登録して管理できます。また、複数の連絡先を連絡先リストとしてまとめて登録しておくことで、決められたメンバーに同時にメールを送信できます。

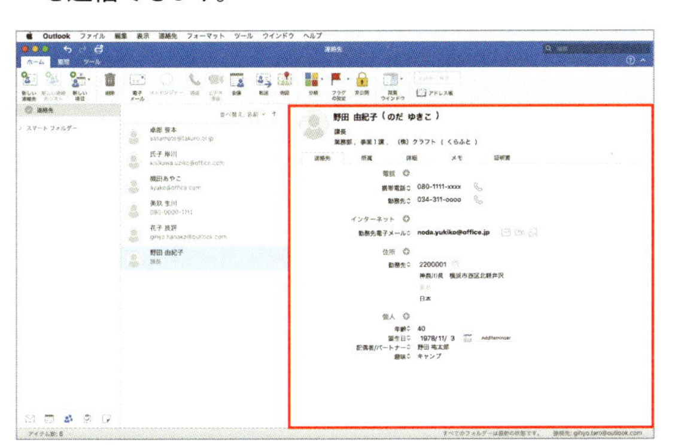

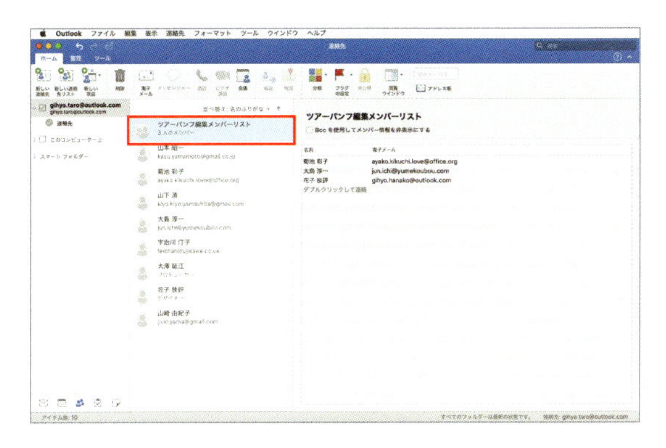

5 作業の管理に役立つタスクの活用

タスク（仕事）の開始日や期限、アラームや重要度などを設定して予定を管理できます。終了日を過ぎたタスクも確認できるので、進捗状況のチェックやスケジュールの管理などにも役立ちます。

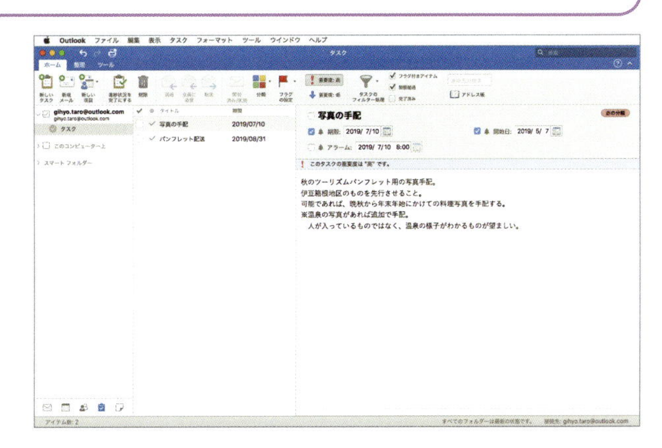

SECTION 02

Outlook 2019の画面構成

Outlook 2019の画面は、それぞれの機能によって異なりますが、Officeソフトに共通のメニューバーとリボンメニューは、各ビューに搭載されています。画面左下の<メール><予定表><連絡先><タスク><メモ>のアイコンをクリックすると、ビューが切り替わります。

覚えておきたい Keyword　フォルダーウィンドウ　アイテムリスト　閲覧ウィンドウ

1 基本的な画面構成

Outlook 2019の画面はそれぞれの機能によって異なりますが、「メール」の画面は、下図のような構成になっています。フォルダーウィンドウやアイテムリスト、閲覧ウィンドウなどは、非表示にする、位置を移動する、並べ替えるなど、使いやすいようにカスタマイズできます。

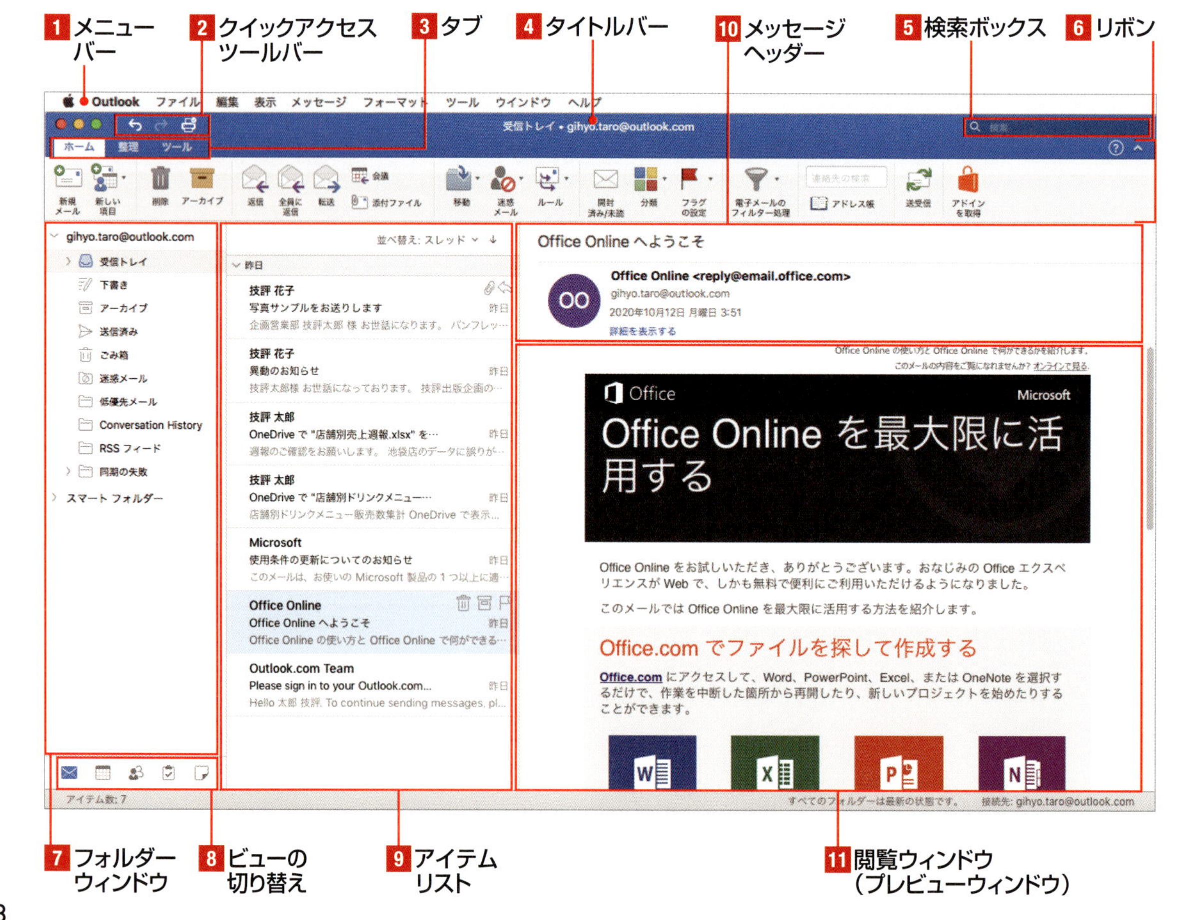

1 メニューバー
Outlookで使用できるすべてのコマンドが、メニューごとにまとめられています。

2 クイックアクセスツールバー
よく使用されるコマンドが表示されています。

3 タブ
Outlookの機能を実行するための機能が、<ホーム><整理><ツール>の3つのタブに分類されています。名前の部分をクリックしてタブを切り替えます。

4 タイトルバー
現在開いているビューやフォルダーの名前が表示されます。

5 検索ボックス
メッセージや連絡先などのアイテムを検索できます。

6 リボン
コマンドをタブごとに分類して表示します。コマンドは、選択したビューに合わせて切り替わります。

7 フォルダーウィンドウ
すべてのアカウントの受信トレイと、送受信したメールを保存しているフォルダーなどが一覧表示されます。フォルダーをクリックすると、右側のアイテムリストにその内容が表示されます。

8 ビューの切り替え
メール、予定表、連絡先、タスク、メモを用途に応じて切り替えます。クリックすると、そのビューに切り替わります。

9 アイテムリスト
フォルダーウィンドウで選択した送受信メールが一覧で表示されます。

10 メッセージヘッダー
アイテムリストで選択したメールの件名や送信者、送信日時、宛先などが表示されます。

11 閲覧ウィンドウ(プレビューウィンドウ)
アイテムリストで選択したメールの内容が表示されます。使用中のビューによって、表示される内容が変わります。

2 画面のレイアウトを変更する

1 閲覧ウィンドウの位置を切り替える

<整理>タブをクリックして、<閲覧ウィンドウ>をクリックし、表示位置を指定します(初期設定は「右」)。閲覧ウィンドウを非表示にする場合は、<オフ>をクリックしてオンにします。

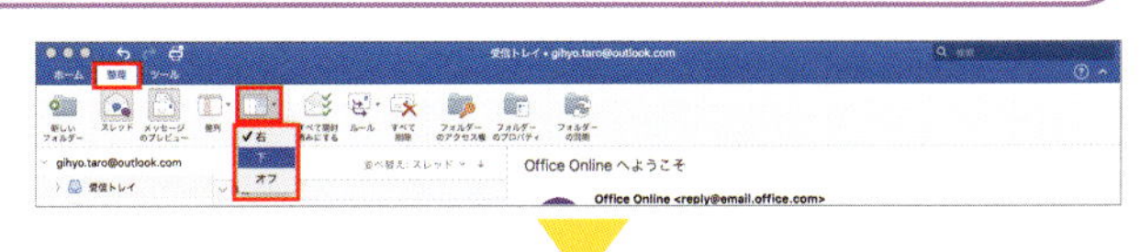

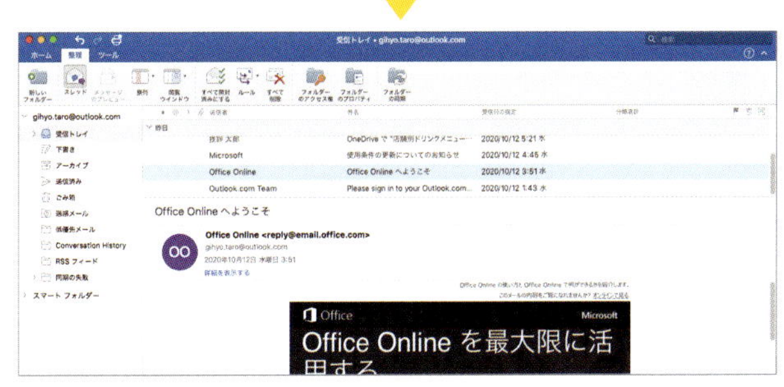

2 アイテムリストを並べ替える

<整理>タブをクリックして、<整列>をクリックし、表示されるメニューから並べ替える条件を選択します。初期設定では、アイテムは日付の新しい順に並んでいますが、日付の古い順に並べ替えることもできます。

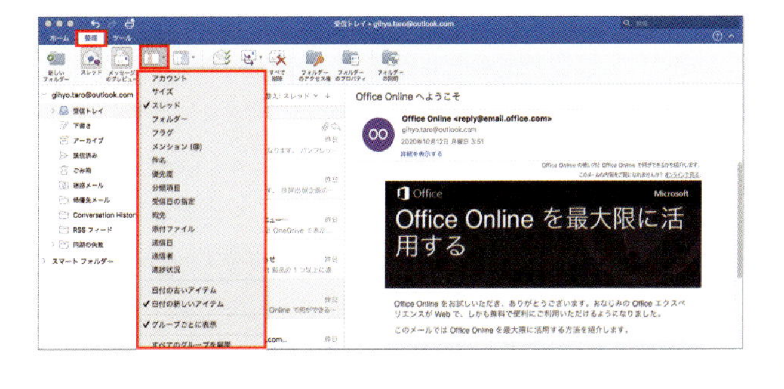

SECTION 03

Outlook 2019の設定をする

Outlook 2019を使用して電子メールの送受信を行うには、最初にアカウントを設定する必要があります。アカウントとは、電子メールの送受信に必要な電子メールアドレス、ユーザー名、パスワードなどの情報です。

覚えておきたいKeyword　アカウント　電子メールアドレス　パスワード

1 アカウントを設定する

1 ＜アカウント＞をクリックする

＜ツール＞タブをクリックして**1**、＜アカウント＞をクリックします**2**。

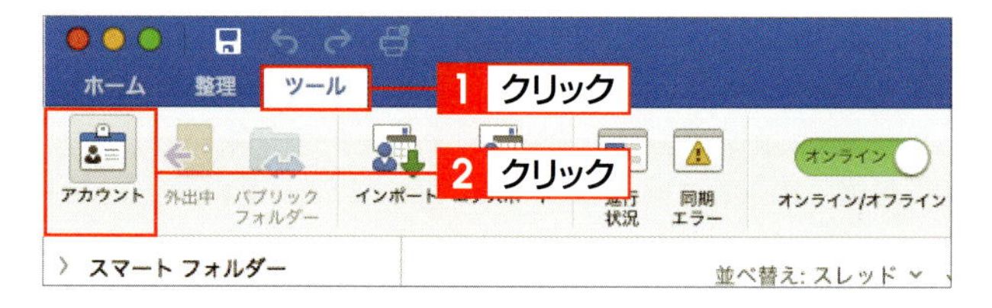

2 ＜メールアカウントの追加＞をクリックする

＜アカウント＞画面が表示されるので、＜メールアカウントの追加＞をクリックします**1**。

Memo　Outlookを初めて起動した場合

Office 2019 for Macをインストール後に初めてOutlook 2019を起動すると、「Outlookにようこそ」画面が表示されます。画面の指示に従って操作すると、＜アカウント＞画面が表示されます。

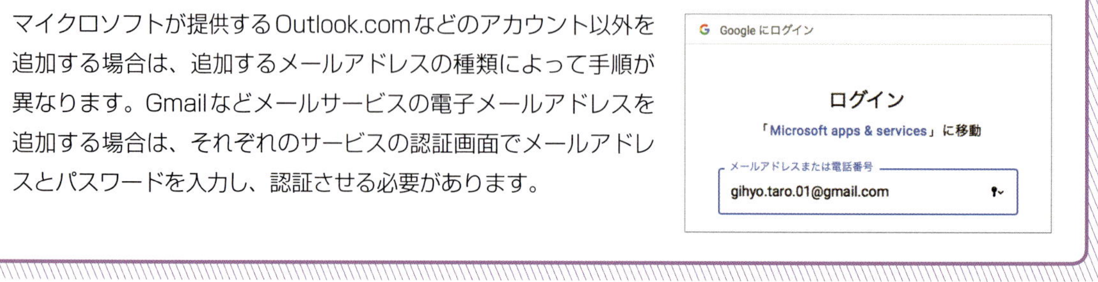

Column　メールアドレスの種類によって手順が異なる

マイクロソフトが提供するOutlook.comなどのアカウント以外を追加する場合は、追加するメールアドレスの種類によって手順が異なります。Gmailなどメールサービスの電子メールアドレスを追加する場合は、それぞれのサービスの認証画面でメールアドレスとパスワードを入力し、認証させる必要があります。

3 電子メールアドレスを入力する

<メールを設定する>画面が表示されるので、電子メールアドレスを入力して 1 、<続行>をクリックします 2 。

Memo サーバー情報の入力

プロバイダーや企業などのメールアドレスを設定する場合は、サーバーのアドレスやポート番号、セキュリティなどの情報も必要になります。

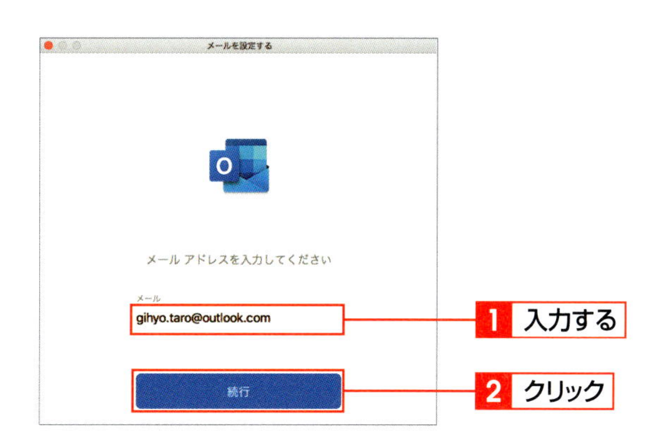

4 パスワードを入力する

パスワードの入力画面が表示されるので、電子メールアドレスのパスワードを入力して 1 、<アカウントの追加>をクリックします 2 。

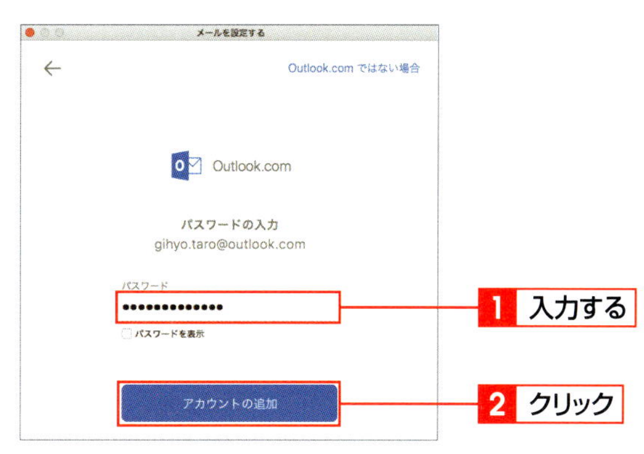

5 アカウントが作成される

アカウントの設定が完了します。<完了>をクリックします 1 。

Column アカウントを追加する

Outlook 2019では、複数のアカウントを追加できます。手順 1 の方法で<アカウント>画面を表示して、左下の + をクリックし、<新しいアカウント>をクリックして、アカウントを設定します。

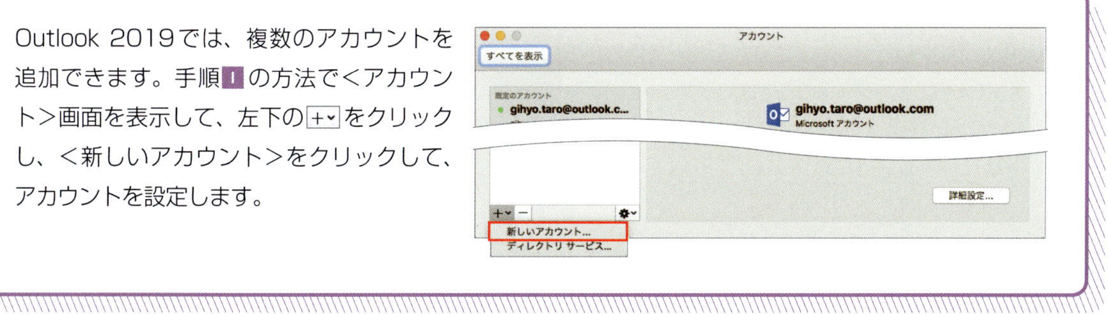

SECTION 04

Windows版Outlookのデータを取り込む

Outlook 2019では、Windows版のOutlookで送受信したメッセージ（送受信メール）や連絡先（アドレス帳）のデータを読み込んで使用できます。ここでは、Windows版のOutlook 2019でメッセージとアドレス帳をエクスポートし、そのファイルをOutlookにインポートします。

覚えておきたい Keyword　インポート　エクスポート　Outlookデータファイル

1 Windows版Outlookのデータをエクスポートする

1 ＜インポート／エクスポート＞をクリックする

Windows版のOutlookを起動します。＜ファイル＞タブをクリックして、＜開く／エクスポート＞をクリックし 1 、＜インポート／エクスポート＞をクリックします 2 。

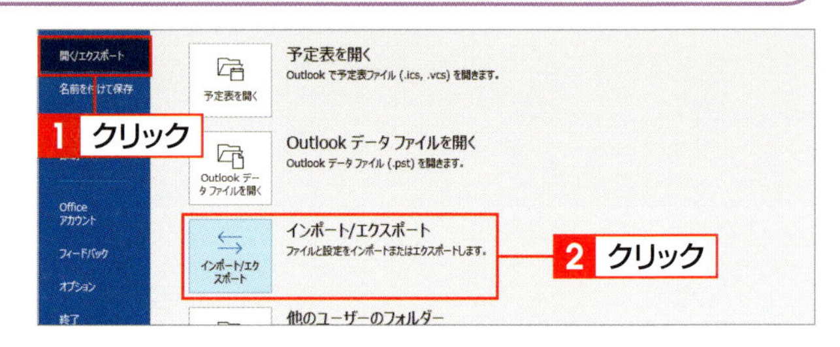

2 ＜ファイルにエクスポート＞をクリックする

＜インポート／エクスポートウィザード＞が起動します。＜ファイルにエクスポート＞をクリックして 1 、＜次へ＞をクリックします 2 。

3 ファイルの種類を指定する

エクスポートするファイルの種類を選択する画面が表示されます。＜Outlookデータファイル（.pst）＞をクリックして 1 、＜次へ＞をクリックします 2 。

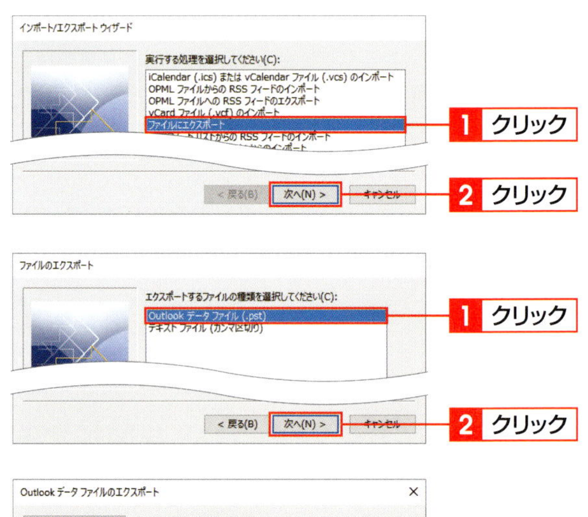

4 エクスポートするフォルダーを指定する

エクスポートするフォルダー（ここでは＜受信トレイ＞）をクリックします 1 。＜サブフォルダーを含む＞は、必要に応じてクリックしてオンにし 2 、＜次へ＞をクリックします 3 。

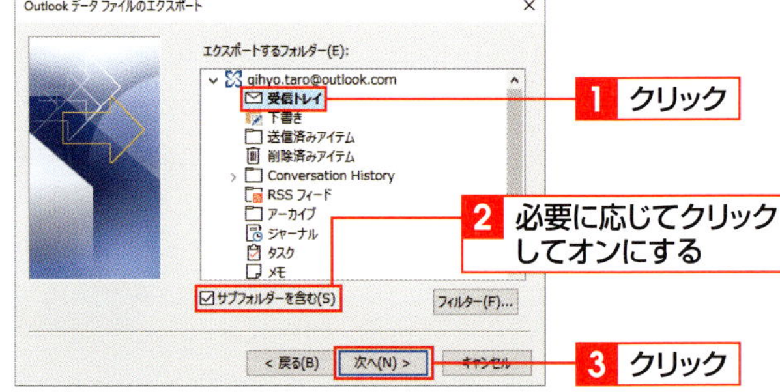

5 ＜参照＞をクリックする

＜Outlookデータファイルのエクスポート＞ダイアログボックスが表示されるので、＜参照＞をクリックします1。

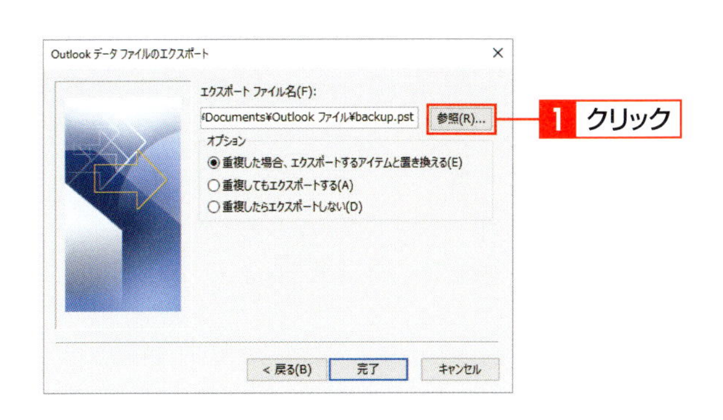

6 保存場所とファイル名を入力する

＜Outlookデータファイルを開く＞ダイアログボックスが表示されます。エクスポートするファイルの保存場所を指定して1、ファイル名を入力し2、＜OK＞をクリックします3。

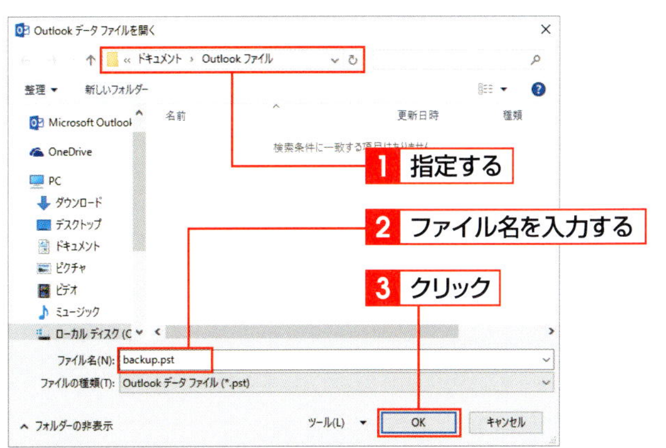

7 重複した場合の処理方法を指定する

＜Outlookデータファイルのエクスポート＞ダイアログボックスに戻ります。データが重複した場合の処理方法を指定して1、＜完了＞をクリックします2。

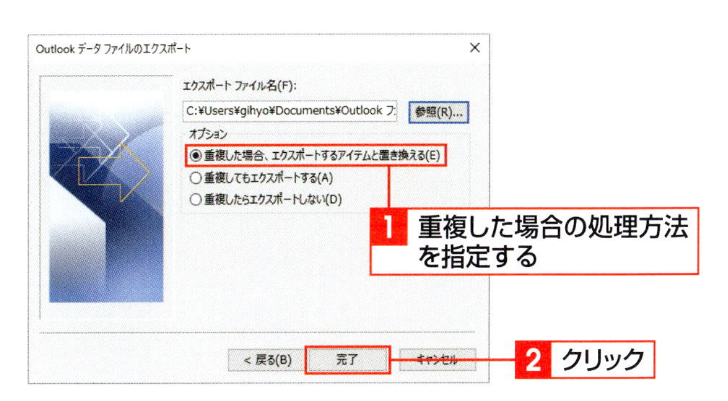

8 パスワードを設定する

＜Outlookデータファイルの作成＞ダイアログボックスが表示されます。同じパスワードを2回入力して1、＜OK＞をクリックします2。パスワードを設定しない場合は、パスワード欄を空白のままにします。

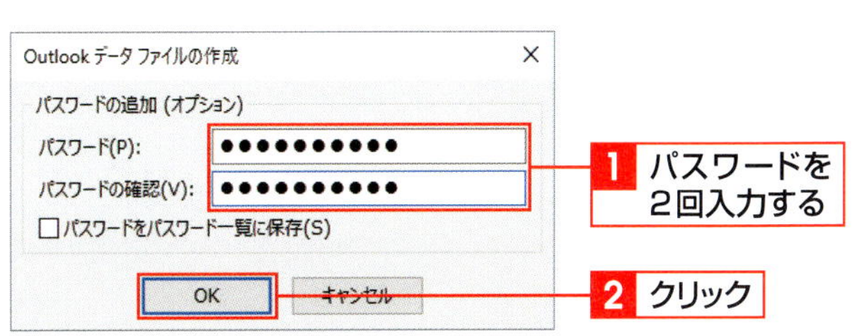

9 パスワードを再度入力する

手順8と同じパスワードを入力して1、＜OK＞をクリックすると2、Outlookのデータファイルがエクスポートされます。同様の方法で、アドレス帳もエクスポートできます。

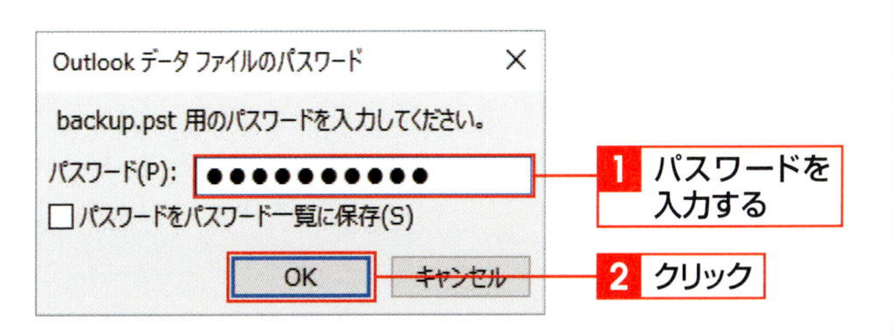

2 Windows版OutlookのデータをMac版にインポートする

1 <インポート>をクリックする

Mac版Outlookの<ツール>タブをクリックして1、<インポート>をクリックします2。

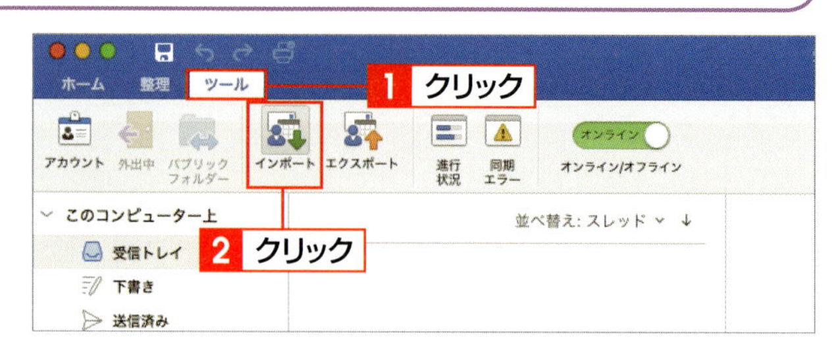

2 インポートする項目を指定する

<インポート>ウィザードが起動するので、<Outlook for Windowsアーカイブファイル(.pst)>をクリックしてオンにし1、<続行>をクリックします2。

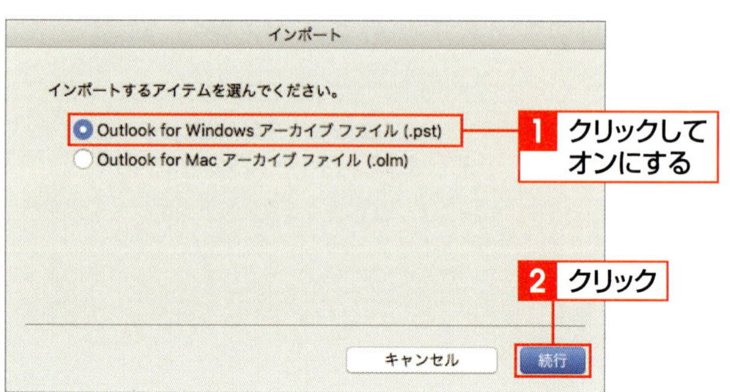

3 インポートするファイルを指定する

インポートするファイルを選択するダイアログボックスが表示されます。Windows版のOutlookからエクスポートしたファイルの保存場所を指定し1、インポートするファイルをクリックして2、<インポート>をクリックします3。

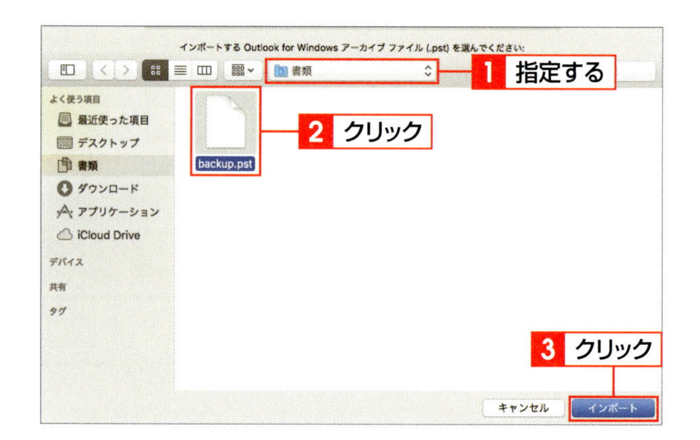

Column 旧バージョンのデータをインポートする

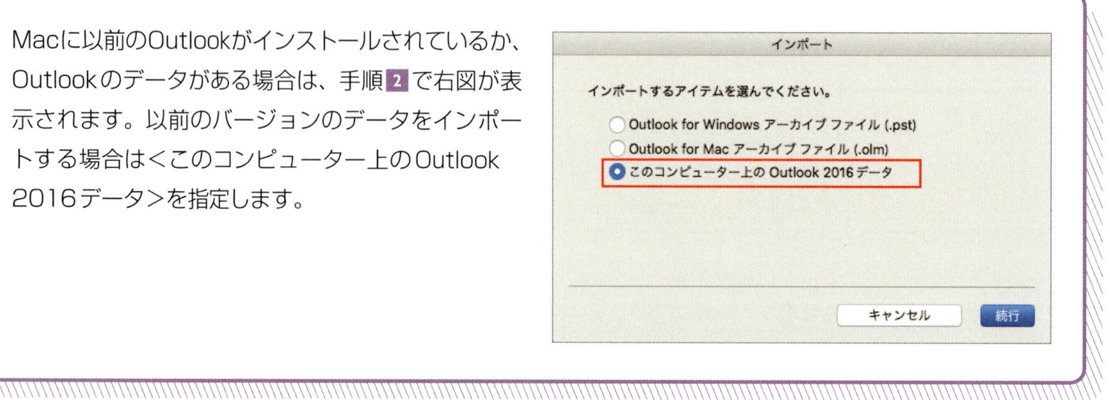

Macに以前のOutlookがインストールされているか、Outlookのデータがある場合は、手順2で右図が表示されます。以前のバージョンのデータをインポートする場合は<このコンピューター上のOutlook 2016データ>を指定します。

4 パスワードを入力する

Windows版Outlookのデータをエクスポートしたときにパスワードを設定した場合は、パスワードを入力する画面が表示されます。P.343で設定したパスワードを入力して1、<続行>をクリックします2。

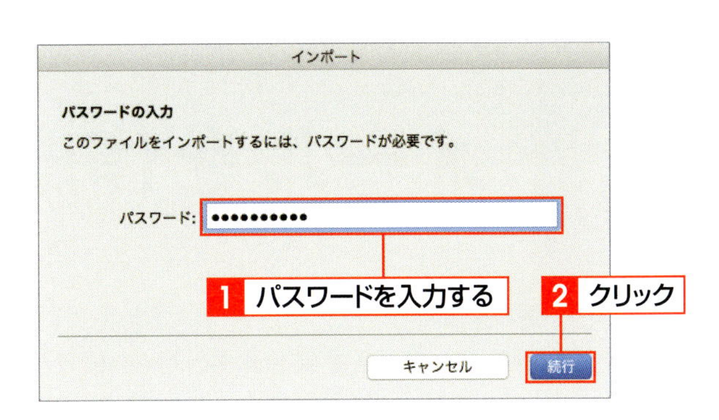

5 <完了>をクリックする

「データをインポートしました。」という画面が表示されるので、<完了>をクリックします1。インポートするWindows版Outlookのデータのサイズによっては、完了まで数分かかります。

6 メッセージが読み込まれる

Windows版Outlookのメッセージが読み込まれます。

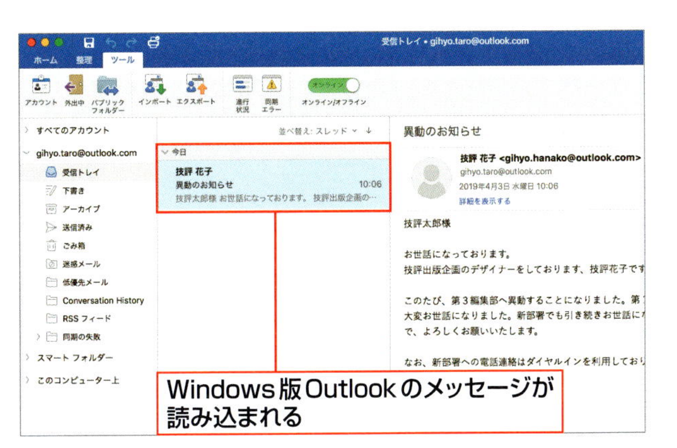

3 アドレス帳をインポートする

1 アドレス帳ファイルを指定する

左ページの手順1、2と同様の方法で、インポートする項目を指定します。Windows版のOutlookからエクスポートしたアドレス帳ファイルの保存場所を指定し1、アドレス帳ファイルをクリックして2、<インポート>をクリックすると3、アドレス帳のデータが読み込まれます。

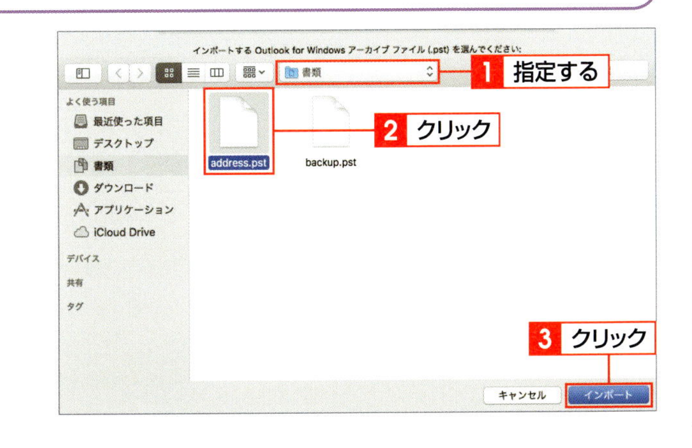

SECTION 05

メールを作成・送信する

メールを作成・送信するには、<新規メール>をクリックして、メッセージの作成画面を表示し、相手のメールアドレス、件名、本文を入力して<送信>をクリックします。メールには、画像ファイルや文書ファイルなどを添付して送信することもできます。

覚えておきたい Keyword　新規メール　送信　ファイルの添付

1 メールを作成して送信する

1 <新規メール>をクリックする

<ホーム>タブの<新規メール>をクリックします 1。

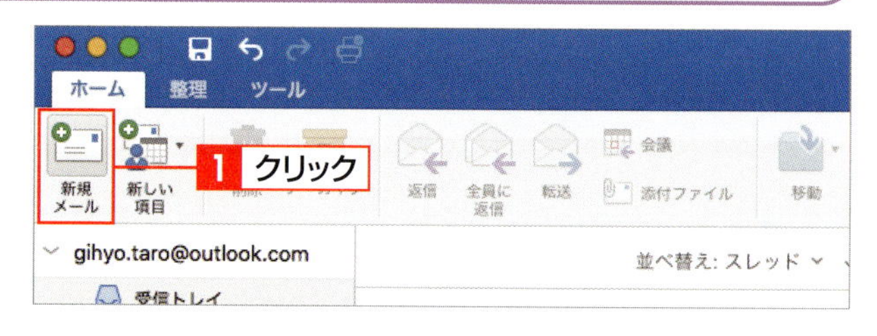

2 メールアドレスを入力する

メッセージを作成する画面が表示されるので、<宛先>欄にメールアドレスを入力します 1。

Memo 宛先の候補が表示される

<宛先>欄に名前やメールアドレスの一部を入力すると、宛先の候補が表示される場合があります。該当する宛先がある場合はクリックすると、メールアドレスが入力されます。

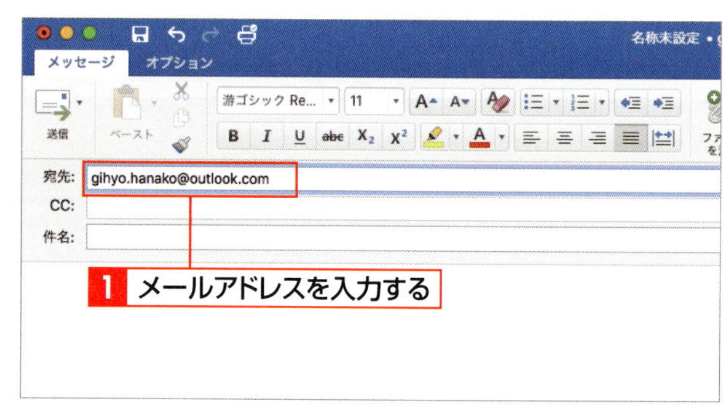

3 件名と本文を入力して送信する

件名を入力して 1、本文を入力します 2。<送信>をクリックすると 3、メールが送信されます。

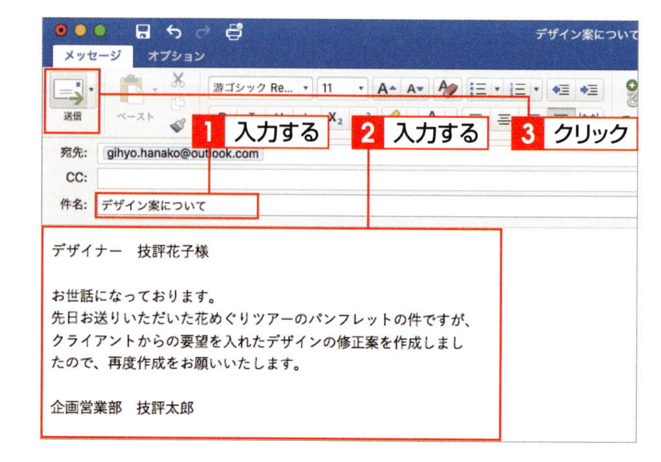

4 メールが送信される

＜送信済み＞をクリックして1、送信したメールのタイトルをクリックすると2、送信したメールの内容が確認できます。

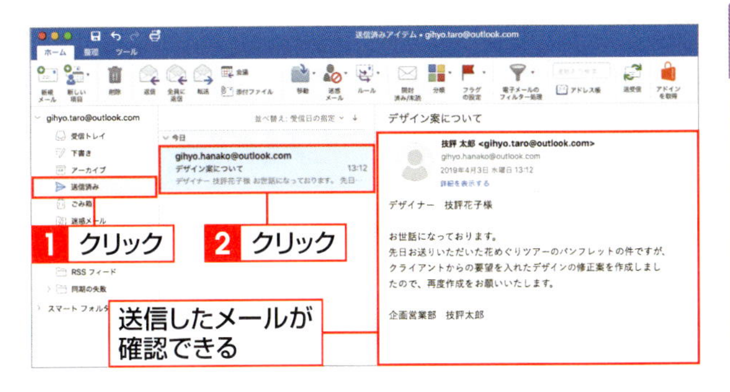

2 メールにファイルを添付して送信する

1 ＜ファイルを添付＞をクリックする

メッセージの作成画面を表示して、宛先と件名を入力します1。本文を入力して2、＜ファイルを添付＞をクリックします3。

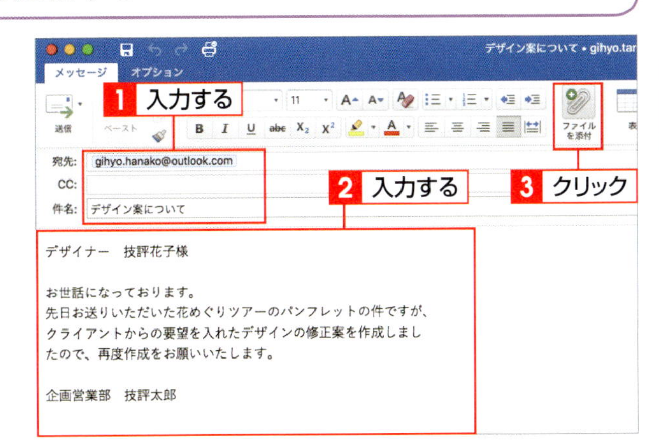

Hint 添付ファイルの容量

1つのメールに複数のファイルを添付することができます。なお、容量の合計が30MBを超えることはできません。

2 添付するファイルを指定する

ダイアログボックスが表示されるので、ファイルの保存場所を指定して1、添付するファイルをクリックし2、＜選択＞をクリックします3。

3 ＜送信＞をクリックする

ファイルが添付されたことを確認して1、＜送信＞をクリックします2。

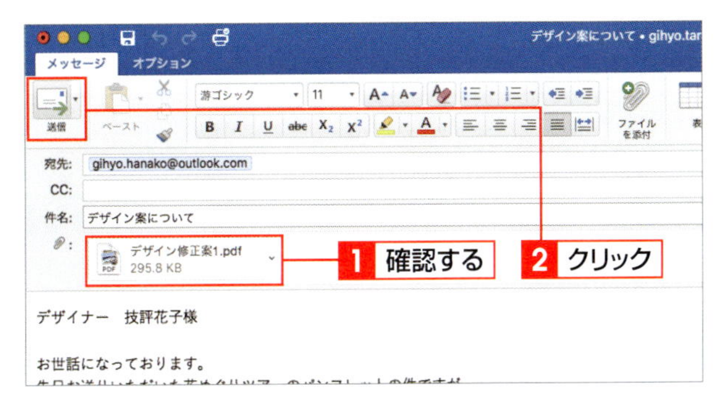

SECTION 06

メールを受信して読む

受信したメールは＜受信トレイ＞に保存されます。アイテムリストで読みたいメールのタイトルをクリックあるいはダブルクリックすると、メッセージの内容を読むことができます。ここでは、添付ファイルをプレビュー表示する方法と保存方法を併せて紹介します。

覚えておきたい Keyword　受信トレイ　プレビュー　添付ファイルの保存

1 メールを受信してメッセージを読む

1 ＜送受信＞をクリックする

＜ホーム＞タブの＜送受信＞をクリックします 1。

Memo メールの受信

通常、メールの受信は自動的に行われますが、今すぐ受信したい場合は＜送受信＞をクリックします。

2 メールが受信される

新しく届いたメールが、アイテムリストに表示されます。

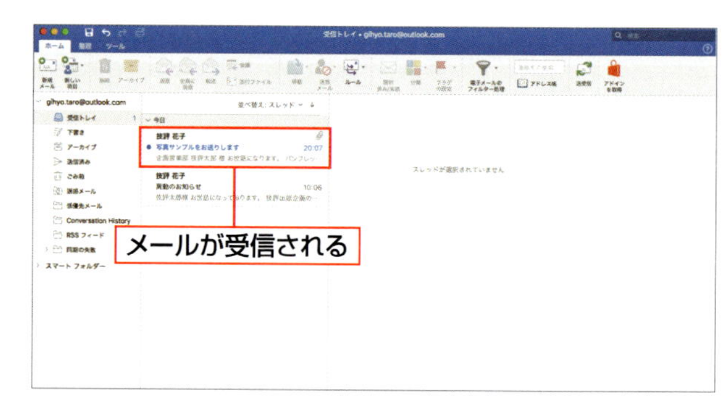

Memo メールの保存場所

受信したメールは＜受信トレイ＞に保存されます。

3 メールのタイトルをクリックする

受信したメールのタイトルをクリックすると 1、閲覧ウィンドウにプレビューが表示され、メールを読むことができます。

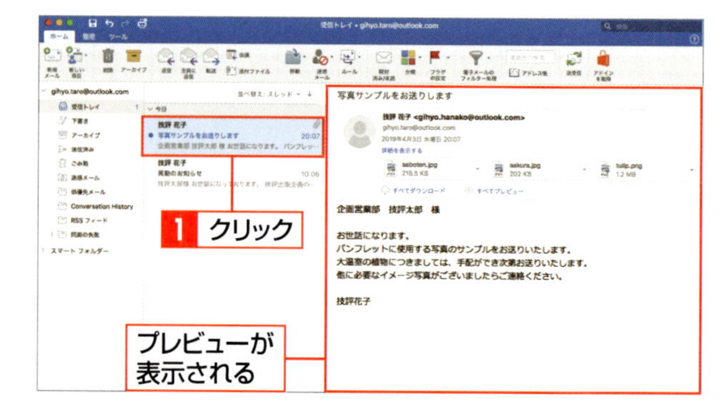

Hint メッセージウィンドウを開く

メールのタイトルをダブルクリックすると、メッセージウィンドウが別に開いて、そこでメールを読むこともできます。

2 添付ファイルをプレビューする

1 <プレビュー>をクリックする

添付されたファイルの をクリックして1、<プレビュー>をクリックします2。

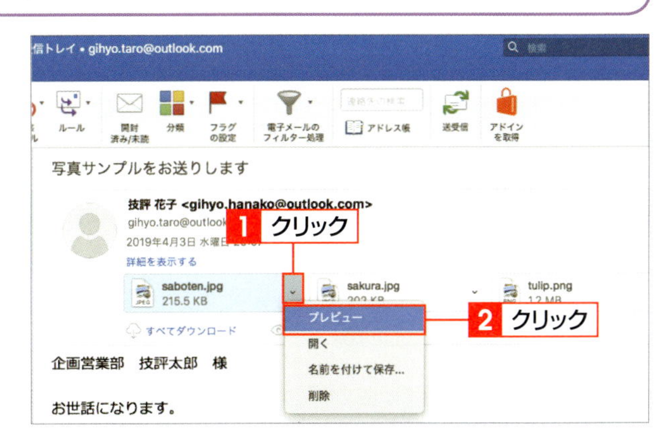

Hint すべてプレビュー

<すべてプレビュー>をクリックすると、添付ファイルがプレビューされます。複数の添付ファイルがある場合は、プレビュー画面の＜＞をクリックして表示させます。

2 添付ファイルがプレビューされる

添付ファイルがプレビューされます。プレビュー画面左上の をクリックすると1、プレビューが閉じます。

Memo プレビューできるファイル

プレビューできるファイル形式には、ここで紹介した画像ファイルのほかに、PDFファイルやテキストファイル、Officeのファイル、HTML形式のファイルなどがあります。

3 添付ファイルを保存する

1 <名前を付けて保存>をクリックする

添付されたファイルの をクリックして1、<名前を付けて保存>をクリックします2。

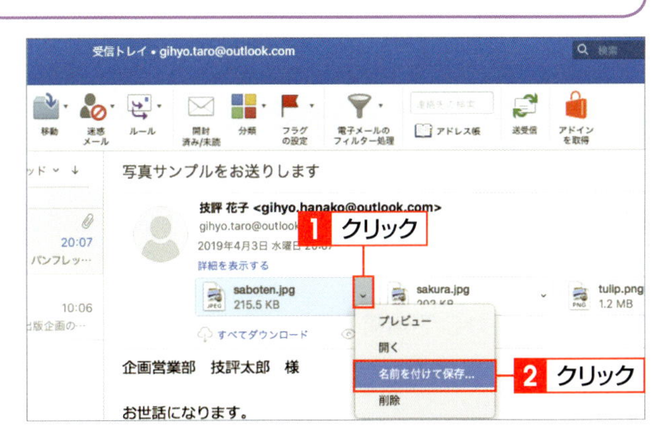

Hint 添付ファイルをまとめて保存する

複数の添付ファイルをまとめて保存する場合は、<すべてダウンロード>をクリックして、保存先を指定します。

2 ファイルを保存する

ファイル保存のダイアログボックスが表示されます。ファイル名を入力して1、保存場所を指定し2、<保存>をクリックします3。

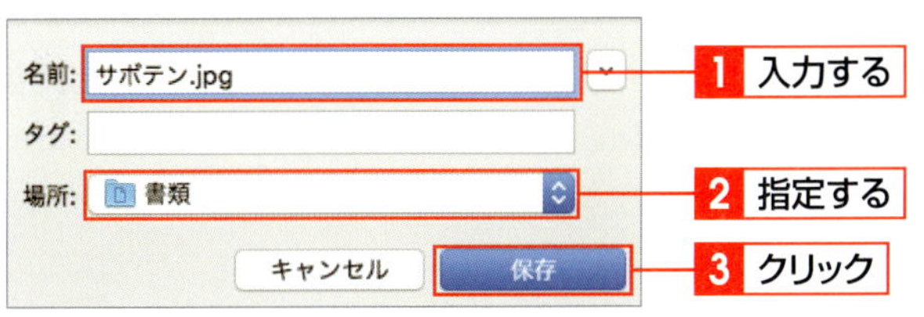

SECTION 07

メールを返信・転送する

受信したメールに返事を出すときは、メールの返信機能を利用します。また、受信したメールをほかの人に送信するときは、メールの転送機能を利用します。これらの機能を使うことで、メールを作成する手間を省き、送信相手を間違えるなどのミスを減らすことができます。

覚えておきたいKeyword　返信　転送　インデント

1 受信したメールに返信する

1 <返信>をクリックする

返信するメールのタイトルをクリックして1、<ホーム>タブの<返信>をクリックします2。

Hint　全員に返信する

メールが複数の人に送られている場合、<全員に返信>をクリックすると、すべての人にメールが送信されます。

2 返信メールの作成画面が表示される

返信メールの作成画面が表示され、自動的に宛先（差出人）と件名が入力されます。件名には先頭に「Re：」が付きます。画面には、受信したメールの内容が引用されます。

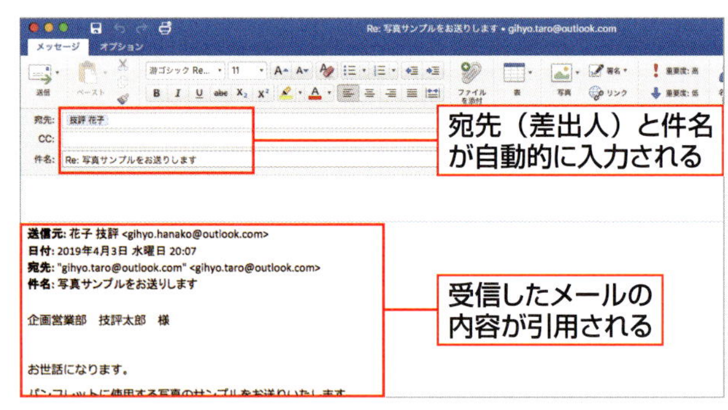

3 本文を入力して返信する

返信の本文を入力して1、<送信>をクリックします2。

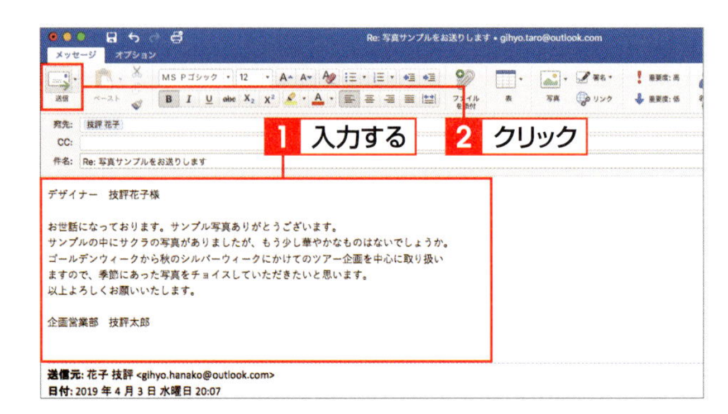

Memo　返信時の添付ファイル

もとのメールに添付ファイルがある場合、返信するメールにはファイルは添付されません。

2 受信したメールをほかの人に転送する

1 <転送>をクリックする

転送するメールのタイトルをクリックして1、<ホーム>タブの<転送>をクリックします2。

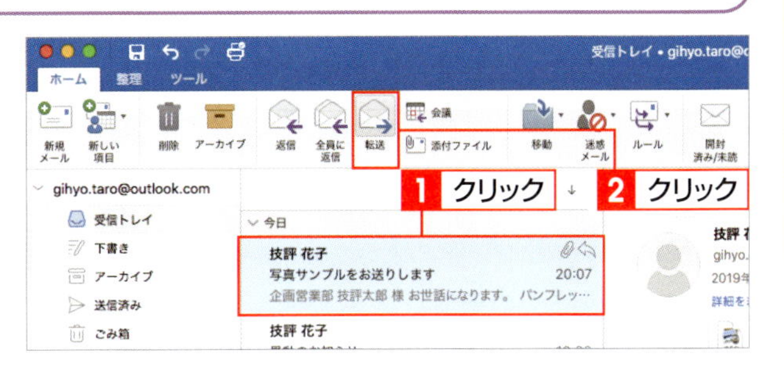

2 転送メールの作成画面が表示される

転送メールの作成画面が表示され、先頭に「FW:」が付いた件名が自動的に入力されます。画面には、受信したメールの内容が表示されます。

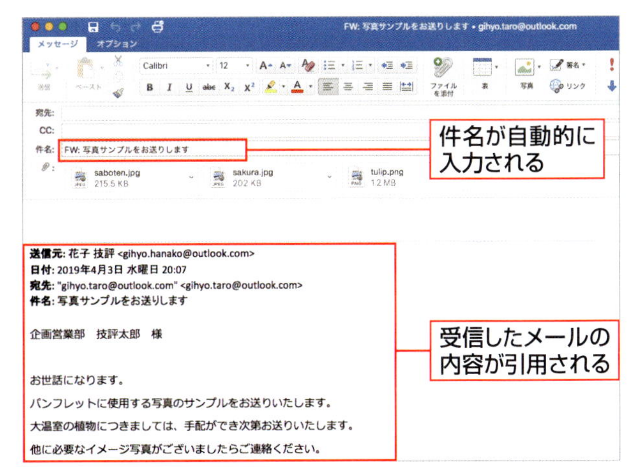

Memo 転送時の添付ファイル

添付ファイルがある受信メールを転送すると、転送メールにもファイルが添付されます。添付ファイルを削除するには、右の画面で添付ファイルをクリックして、delete を押します。

3 メールアドレスを入力して転送する

転送先のメールアドレスを入力します1。必要に応じて本文を入力し2、<送信>をクリックします3。

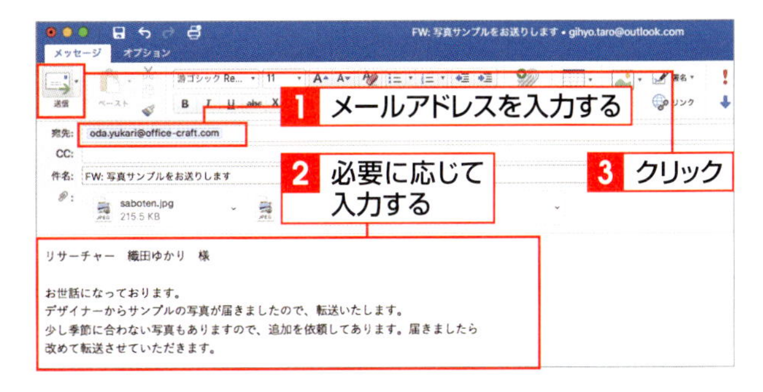

Column メッセージのインデントを表示させないようにする

メールに返信または転送する場合、もとのメールの本文（メッセージ）であることを示すインデントが表示されます。インデントを表示させないようにするには、<作成>画面を表示して（P.358参照）、<元のメッセージの各行をインデントする>をクリックしてオフにします。

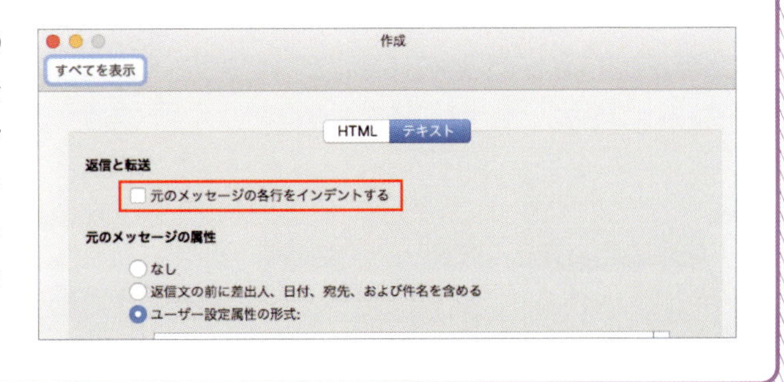

SECTION 08 メールをフォルダーで整理する

メールを効率よく整理するには、フォルダーを作成してメールを仕分けします。フォルダー名は自由に付けられるので、どのようなメールを仕分けしたのか、すぐにわかるような名前を付けておきましょう。フォルダーの中に、さらに別のフォルダー（サブフォルダー）を作成することもできます。

覚えておきたいKeyword　新しいフォルダー　移動　削除

1 フォルダーを作成する

1 <新しいフォルダー>をクリックする

フォルダーを作成する場所（ここでは<受信トレイ>）をクリックします 1。<整理>タブをクリックして 2、<新しいフォルダー>をクリックします 3。

2 フォルダーが作成される

<名称未設定フォルダー>という新しいフォルダーが作成されます。

3 フォルダー名を入力する

<名称未設定フォルダー>をクリックして、新しいフォルダー名を入力し 1、return を押します 2。

Hint フォルダー名の変更

作成したフォルダーの名前は、手順 3 の方法で適宜変更できます。

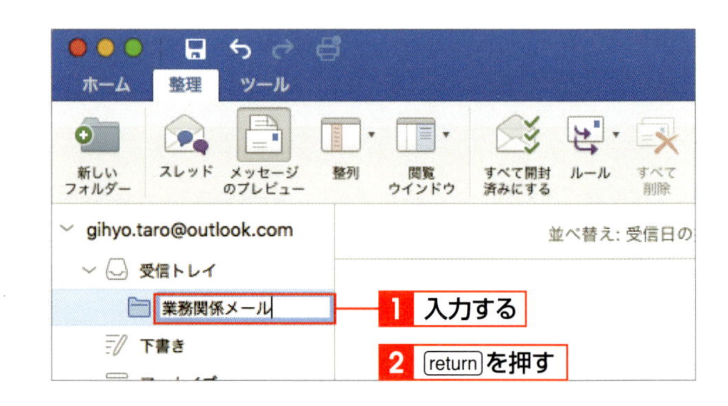

2 メールをフォルダーに移動する

1 移動先フォルダーを指定する

移動したいメールをクリックします 1 。＜ホーム＞タブの＜移動＞をクリックして 2 、移動先フォルダー（ここでは＜業務関係メール＞）をクリックします 3 。

Memo 別のフォルダーに移動させる

＜移動＞をクリックすると、直前に作成したフォルダーが表示されます。表示された以外のフォルダーに移動させたい場合は＜その他のフォルダー＞をクリックして、移動先を指定します。

2 メールがフォルダーに移動される

移動先のフォルダーをクリックすると 1 、メールが移動しているのが確認できます。

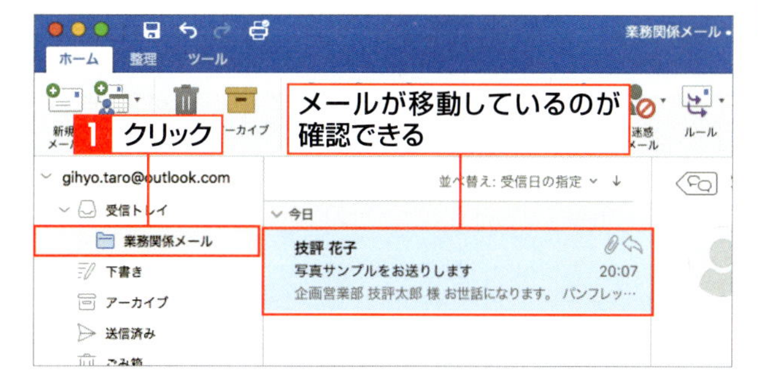

Hint 複数のメールを移動する

複数のメールを同時に移動する場合は、移動したいメールをすべて選択した状態で、移動先のフォルダーを指定します。

3 フォルダーを削除する

1 ＜削除＞をクリックする

削除するフォルダーをクリックして 1 、＜ホーム＞タブの＜削除＞をクリックします 2 。フォルダーを削除すると、フォルダー内のメールも削除されます。

Column ドラッグ操作でも移動できる

メールを移動先のフォルダーにドラッグして移動させることもできます。複数のメールを同時に移動する場合は、移動したいメールをすべて選択した状態でドラッグします。

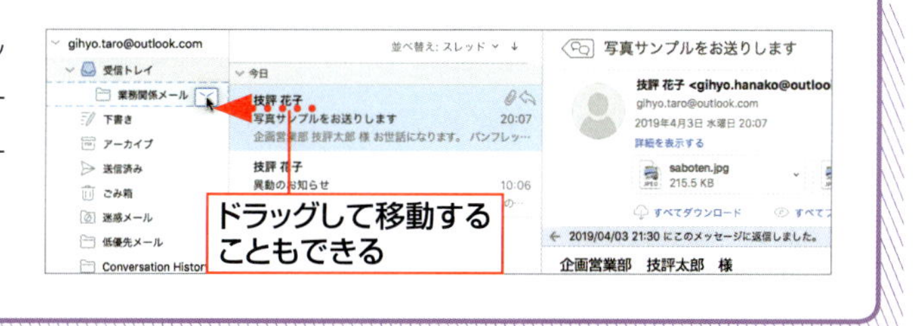

SECTION 09

メールを自動仕分けする

受信したメールをフォルダーに移動させることで、メールを整理することができますが、受信メールが多い場合は面倒です。このような場合は、メールの仕分けのルールを作成し、受信したメールを自動的にフォルダーに振り分けるようにすると効率的です。

覚えておきたい Keyword　自動仕分け　ルール　ルールの編集

1 仕分けルールを作成する

1 ＜ルール＞をクリックする

受信したメールをクリックして**1**、＜ホーム＞タブの＜ルール＞をクリックし**2**、＜次の宛先へのメッセージを移動＞をクリックします**3**。

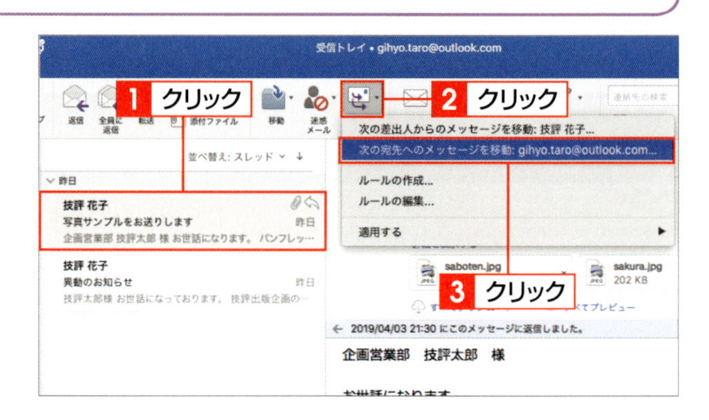

アドレス帳に登録されているユーザーからの受信メールのルールを作成する場合は、＜次の差出人からのメッセージを移動＞をクリックします。

2 移動先フォルダーを指定する

移動先フォルダーを検索するダイアログボックスが表示されるので、＜検索＞ボックスに移動先フォルダーを入力します**1**。フォルダーが表示されるので、移動先フォルダーをクリックして**2**、＜選択＞をクリックします**3**。

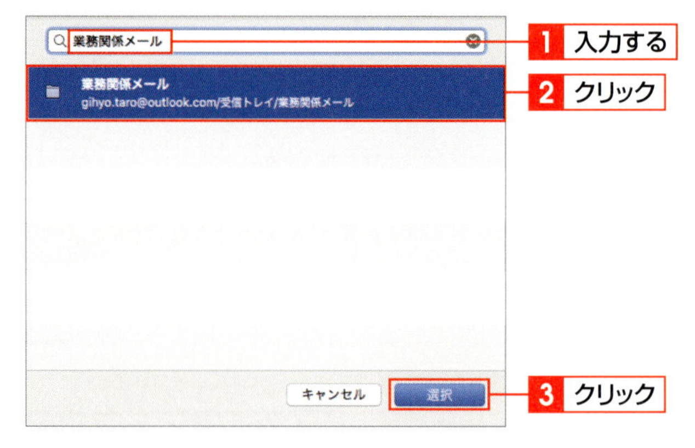

ルールを使用してメールの自動仕分けを作成する場合は、あらかじめ移動先のフォルダーを作成しておく必要があります。

3 仕分けルールが実行される

作成したルールで自動仕分けが実行され、対象の受信メールが指定したフォルダーに移動されます。

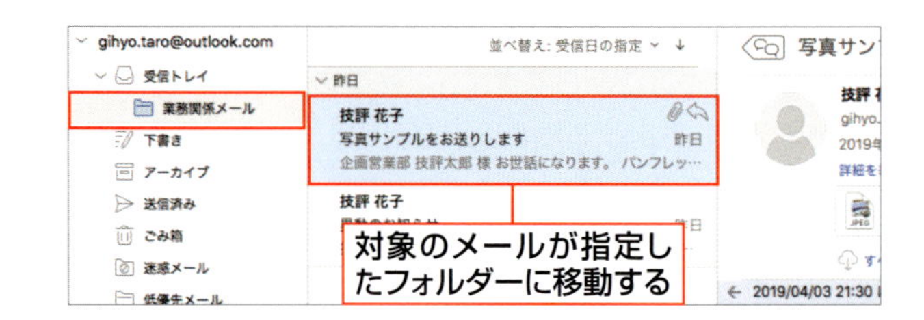

2 仕分けルールを削除する

1 <ルールの編集>をクリックする

<ホーム>タブの<ルール>をクリックして**1**、<ルールの編集>をクリックします**2**。

2 削除するルールを指定する

<ルール>画面が表示されるので、削除するルールをクリックして**1**、［－］をクリックします**2**。

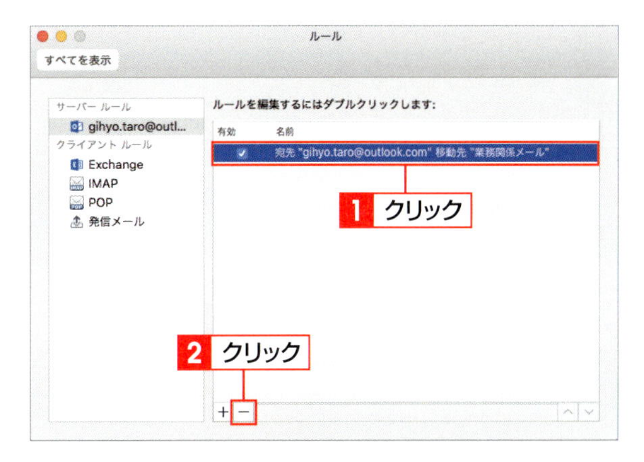

Hint 仕分けルールを編集する

作成した仕分けルールを編集する場合は、編集するルールをダブルクリックし、表示されるダイアログボックスで編集します。

3 <削除>をクリックする

確認のメッセージが表示されるので、<削除>をクリックすると**1**、仕訳ルールが削除されます。

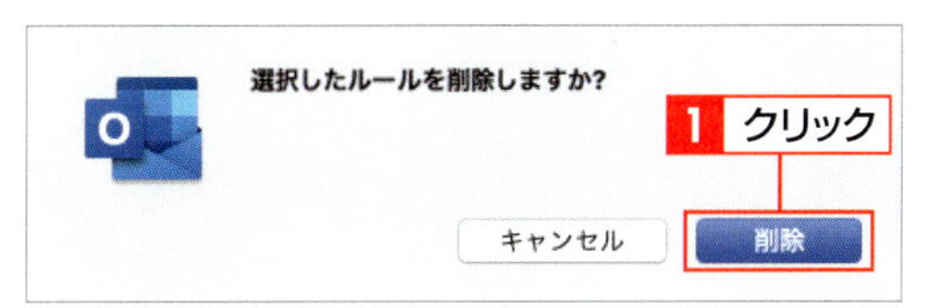

Column メールアドレス以外の条件でルールを作成する

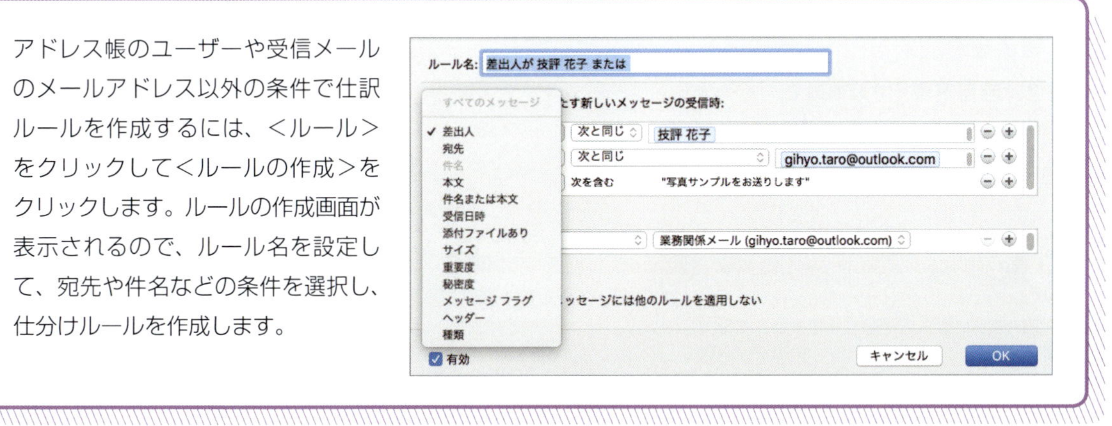

アドレス帳のユーザーや受信メールのメールアドレス以外の条件で仕訳ルールを作成するには、<ルール>をクリックして<ルールの作成>をクリックします。ルールの作成画面が表示されるので、ルール名を設定して、宛先や件名などの条件を選択し、仕分けルールを作成します。

SECTION 10

署名を作成する

メールを送信する場合、メッセージの最後に名前や連絡先などの送信者の情報を入力することが通例です。この情報をすばやく入力する機能が**署名**です。あらかじめ署名を作成しておけば、**メッセージの作成画面に署名を自動的に挿入**できます。

覚えておきたい Keyword　署名　既定の署名　署名の割り当て

1 署名を入力する

1 ＜環境設定＞をクリックする

＜Outlook＞メニューをクリックして 1 、＜環境設定＞をクリックします 2 。

⌘を押しながら,を押しても、＜Outlook環境設定＞ダイアログボックスが表示されます。

2 ＜署名＞をクリックする

＜Outlook環境設定＞画面が表示されるので、＜メール＞の＜署名＞をクリックします 1 。

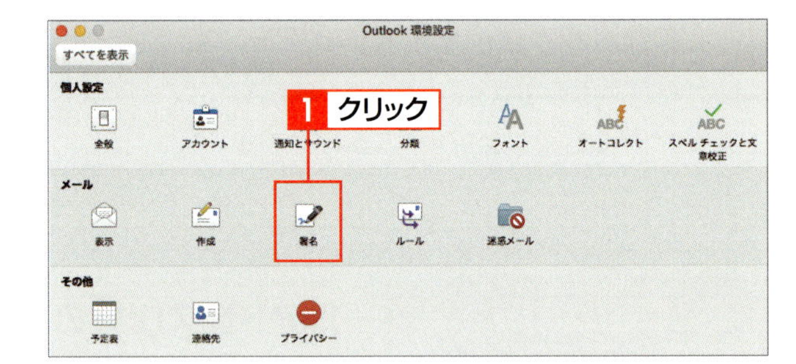

3 署名を追加する

＜署名＞画面が表示されるので、+をクリックします 1 。

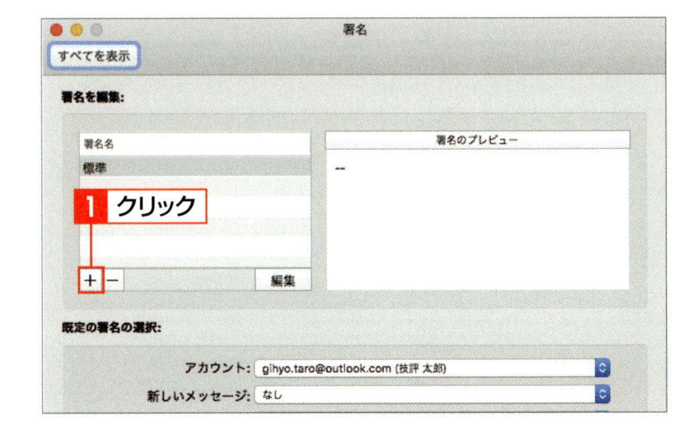

不要になった署名を削除する場合は、削除する署名をクリックして、−をクリックし、＜削除＞をクリックします。

4 署名の名称を入力する

署名の作成画面が表示されるので、署名の名称を入力します1。

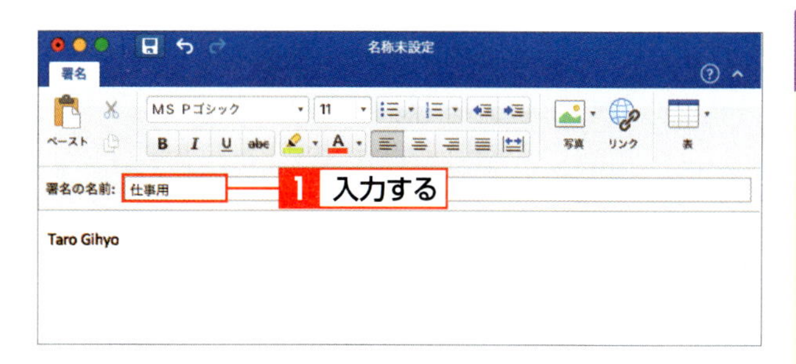

5 署名を入力する

会社名や名前、連絡先など必要な情報を入力して1、<保存>をクリックし2、をクリックして閉じます3。

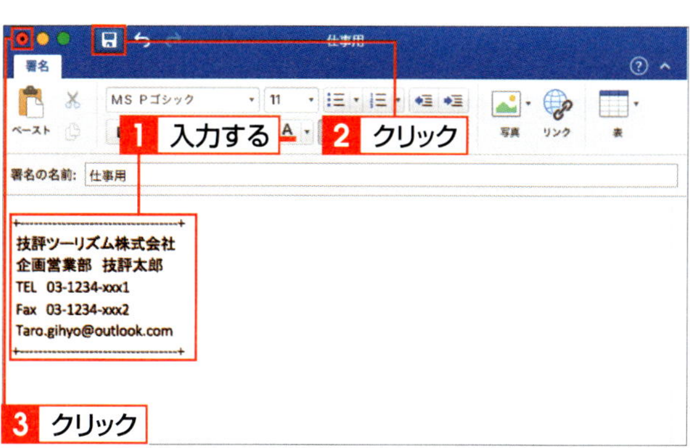

Hint 署名の文字を装飾する

署名の作成画面では、フォントやフォントサイズ、太字などの文字修飾を設定できます。また、画像の挿入なども可能ですが、署名はシンプルで分かりやすいものにするとよいでしょう。

6 既定の署名として設定する

作成した署名が登録されます。<新しいメッセージ>のをクリックして1、作成した署名をクリックすると2、既定の署名として設定されます。設定が完了したらをクリックします3。

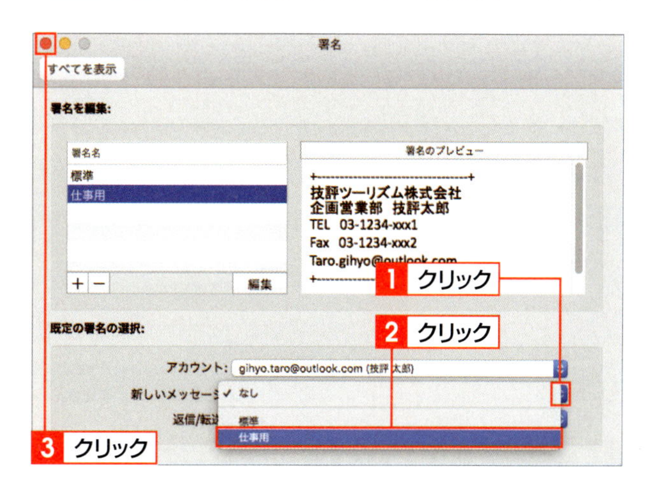

Hint アカウントごとに割り当てる

Outlookに複数のアカウントを設定している場合、アカウントごとに署名を割り当てておくこともできます。<アカウント>のをクリックして、アカウントを指定します。

Column メールごとに署名を選択するには

既定の署名を設定している場合は、メッセージの作成画面を開くと、自動的にその署名が入力されます。別の署名を入力する場合は、既定の署名を削除して、<署名>をクリックし、新たに挿入する署名をクリックします。

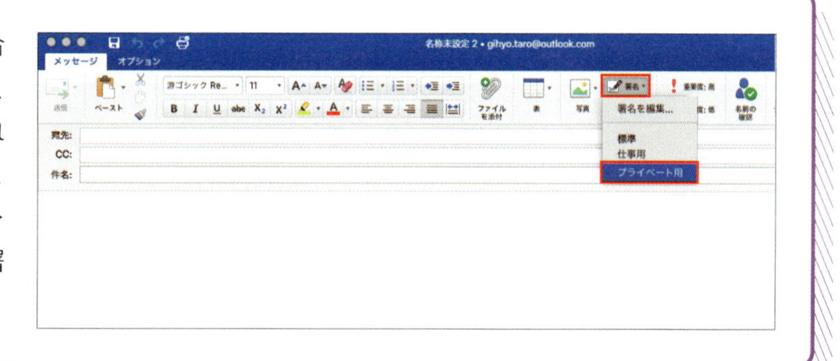

メールの形式を変更する

Outlookでは、HTML形式とテキスト形式の２種類のメールを作成できますが、HTML形式のメールは、送信先の相手によっては正しく表示されないことがあります。これを防ぐために、通常はテキスト形式のメールを使い、必要に応じてHTML形式を使うようにしましょう。

覚えておきたいKeyword　環境設定　HTML形式　テキスト形式

1 メッセージの形式をテキスト形式に変更する

1 ＜環境設定＞をクリックする

＜Outlook＞メニューをクリックして 1 、＜環境設定＞をクリックします 2 。

⌘を押しながら,を押しても、＜Outlook環境設定＞画面が表示されます。

2 ＜作成＞をクリックする

＜Outlook環境設定＞画面が表示されるので、＜メール＞の＜作成＞をクリックします 1 。

3 HTML形式の設定をオフにする

<作成>の<HTML>画面が表示されます。<形式とアカウント>の<既定ではHTMLでメッセージを作成する>をクリックしてオフにします 1 。

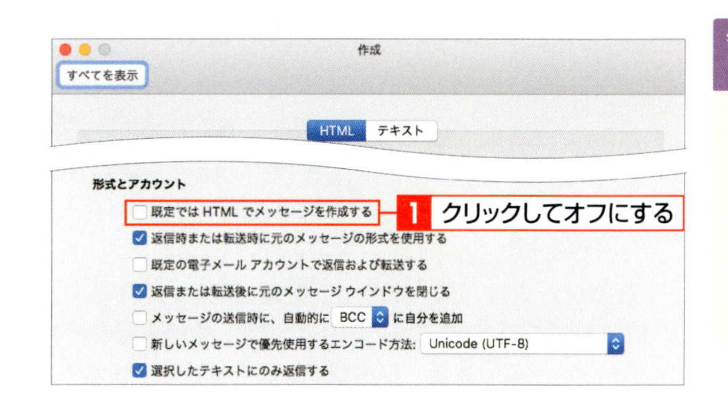

4 テキスト形式メールを設定する

<テキスト>をクリックして 1 、テキスト形式メールの設定を確認あるいは変更します 2 。<形式とアカウント>の項目は必要に応じて設定し 3 、 をクリックします 4 。

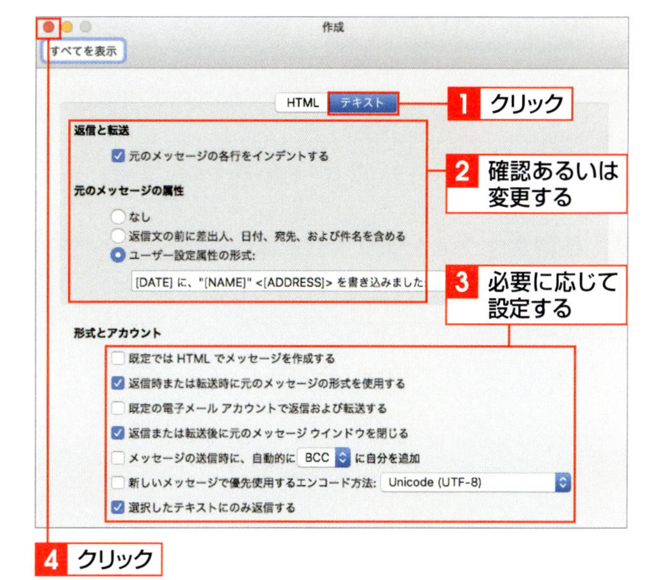

Column テキスト形式とHTML形式

Outlookで使用できるメールの形式には、文字だけで作成するテキスト形式と、文字サイズや色、背景色などを設定したり、画像などを貼り付けたりできるHTML形式があります。HTML形式は、相手のメールソフトによっては見え方が異なったり、正しく表示されないことがあります。必要な場合を除き、通常はテキスト形式のメールで送信するようにしましょう。

• テキスト形式

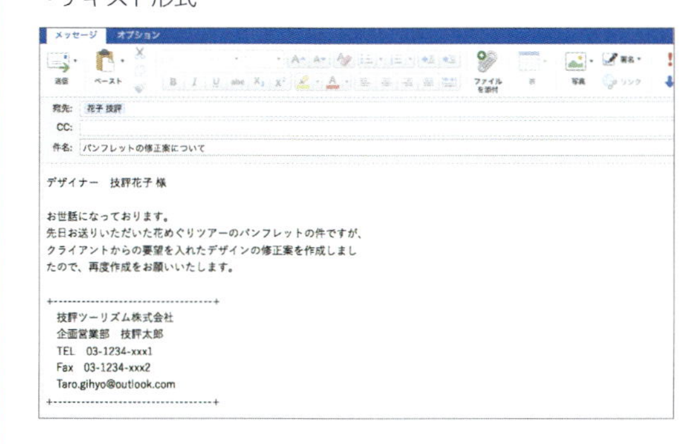

• HTML形式

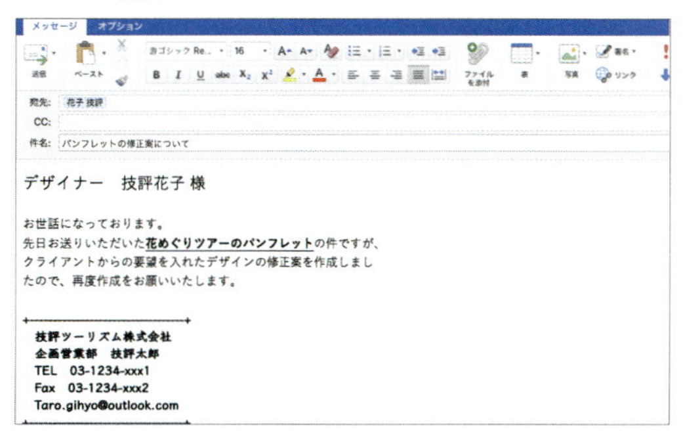

SECTION 12

メールを検索する

Outlookには、メールの検索機能が用意されており、過去に送受信したメールをかんたんに見つけることができます。キーワードや件名、差出人などで検索できるほか、サブフォルダーを含めた検索、添付ファイルの有無、受信日時などを指定して検索することもできます。

覚えておきたいKeyword　検索ボックス　＜検索＞タブ　検索結果を閉じる

1 キーワードでメールを検索する

1 検索ボックスをクリックする

画面右上の検索ボックスをクリックすると1、各種検索を行うための＜検索＞タブが表示されます。

2 キーワードを入力して検索する

検索ボックスに検索キーワードを入力すると1、検索結果が表示されます。検索したキーワードには、黄色いマーカーが表示されます。

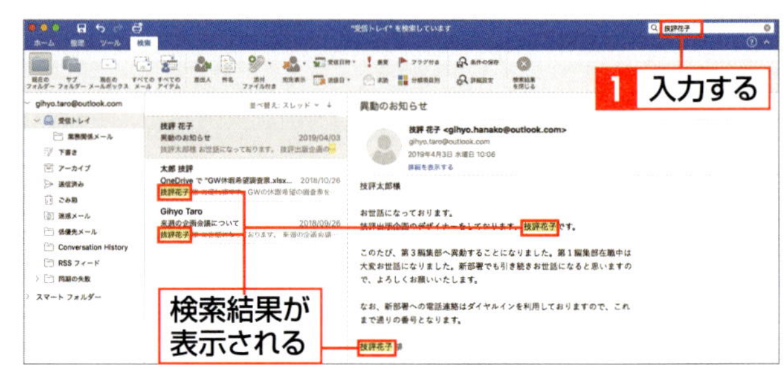

2 サブフォルダー内を含めてメールを検索する

1 ＜サブフォルダー＞をクリックする

＜検索＞タブの＜サブフォルダー＞をクリックすると1、選択したフォルダーとその下にあるフォルダーを含めた検索結果が表示されます。

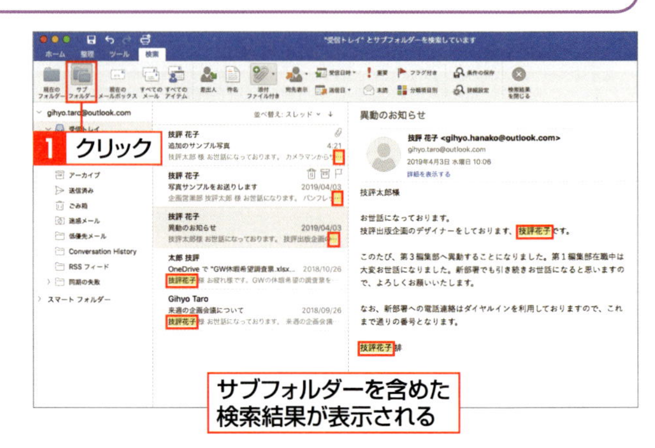

サブフォルダー

＜受信トレイ＞など既存のフォルダー内に作成されたフォルダーをサブフォルダーといいます。サブフォルダーは任意で作成したり、削除したりできます（P.352参照）。

3 添付ファイルのあるメールを検索する

1 <添付ファイル付き>をクリックする

<検索>タブの<添付ファイル付き>をクリックして1、<添付ファイルあり>をクリックします2。

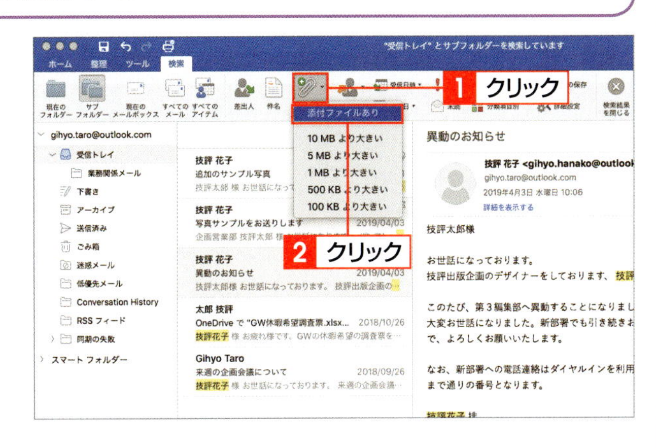

Hint 添付ファイルのサイズ

添付ファイルのサイズを指定して検索することもできます。サイズはメールに添付されているすべてのファイルの合計サイズです。

2 添付ファイル付きのメールが検索される

ファイルが添付されているメールが表示されます。

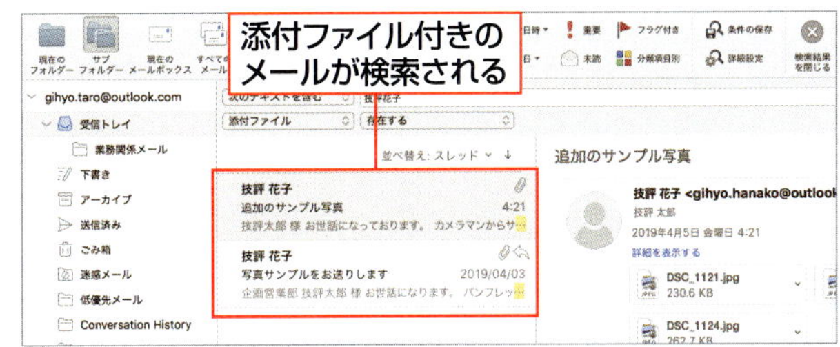

4 受信日時でメールを検索する

1 <受信日時>を指定する

<検索>タブの<受信日時>をクリックして1、受信日時（ここでは<今週>）をクリックします2。

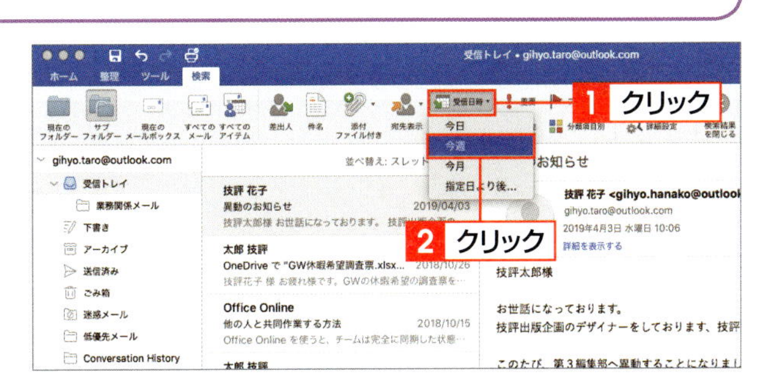

2 検索結果が表示される

指定した日時に受信したメールが表示されます。検索が終了したら、<検索>タブの<検索結果を閉じる>をクリックして1、検索結果を閉じます。

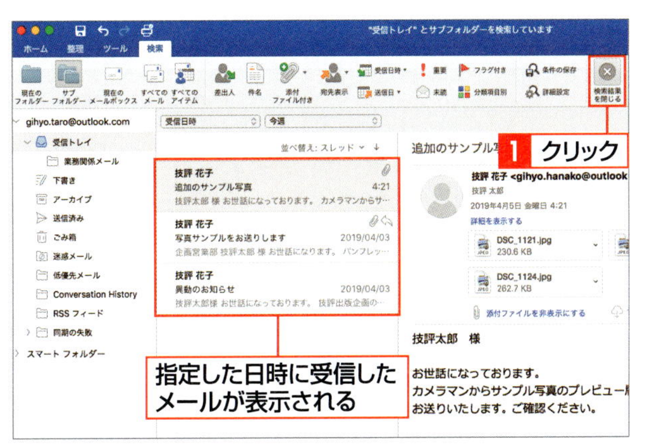

Hint 検索条件を組み合わせる

メールの検索では、キーワード、添付ファイルあり、受信日時、サブフォルダー内を含めて検索など、複数の条件を組み合わせて検索できます。

SECTION 13

迷惑メール対策を設定する

商品の宣伝などの勧誘メールやフィッシング詐欺サイトへ誘導するメールなど、本人が求めていないのに届くメールを迷惑メールと呼びます。迷惑メールは、自動的に＜迷惑メール＞フォルダーに移動させたり受信拒否をしたりすることで、手動で削除する手間を省くことができます。

覚えておきたい Keyword　迷惑メール　迷惑メールの基本設定　受信拒否

1 受信拒否リストに登録する

1 ＜迷惑メールの基本設定＞をクリックする

＜ホーム＞タブの＜迷惑メール＞をクリックして 1 、＜迷惑メールの基本設定＞をクリックします 2 。なお、メールサービス側で迷惑メールの設定を行っている場合は、基本設定が選択できない場合があります。

2 ＜受信拒否リスト＞をクリックする

＜迷惑メール＞画面が表示されるので、＜受信拒否リスト＞をクリックして 1 、＋をクリックします 2 。

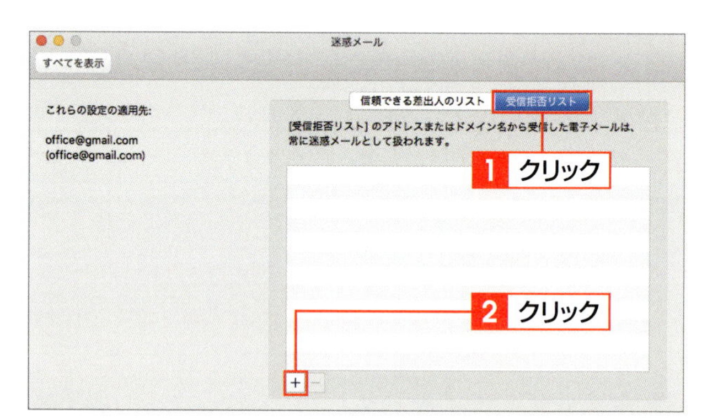

3 受信拒否リストに登録する

受信拒否をしたいメールアドレスまたはドメインを入力して 1 、return を押します 2 。登録が完了したら、✖をクリックします 3 。

Keyword ドメイン

ドメインとは、インターネット上にあるサーバー（コンピューター）を識別するための文字列のことです。電子メールアドレスの場合、「@」より後ろの部分を指します。

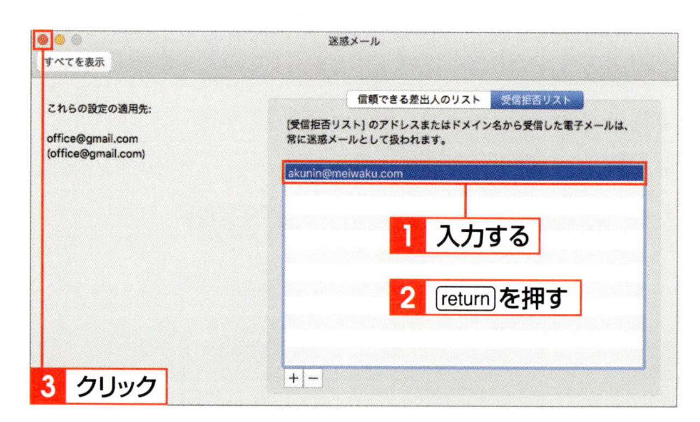

2 受信メールを迷惑メールや受信拒否に設定する

1 <迷惑メール>をクリックする

迷惑メールに設定するメールをクリックして1、<ホーム>タブの<迷惑メール>をクリックし2、<迷惑メール>をクリックします3。

Hint 受信拒否に設定する

受信したメールを受信拒否に設定する場合は、<受信拒否リスト>をクリックします。受信拒否に設定すると、これ以降、そのアドレスから送信されたメールが受信されなくなります。

2 メールが迷惑メールに設定される

<迷惑メール>フォルダーをクリックすると1、迷惑メールに設定したメールが移動していることが確認できます。

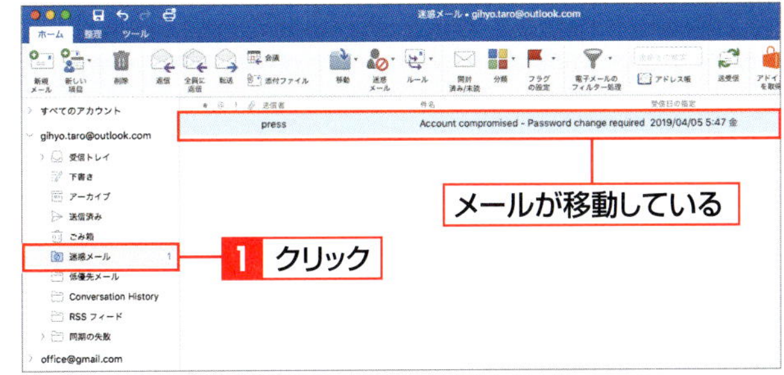

3 迷惑メールの設定を解除する

1 迷惑メールを解除する

<迷惑メール>フォルダーをクリックして、迷惑メールを解除するメールをクリックします1。<迷惑メール>をクリックして2、<迷惑メールではないメール>をクリックします3。

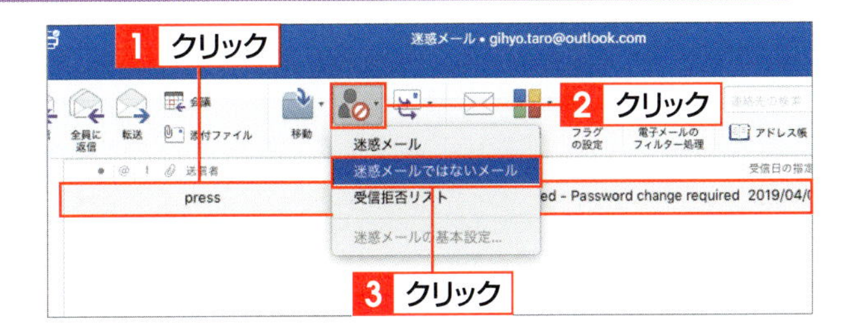

Column 信頼できる差出人のリストに登録する

受信したメールが間違って迷惑メールとして判断されたなど、迷惑メールの対象から除きたいメールがある場合は、前ページの手順1の方法で<迷惑メール>画面を表示し、<信頼できる差出人のリスト>に登録しましょう。

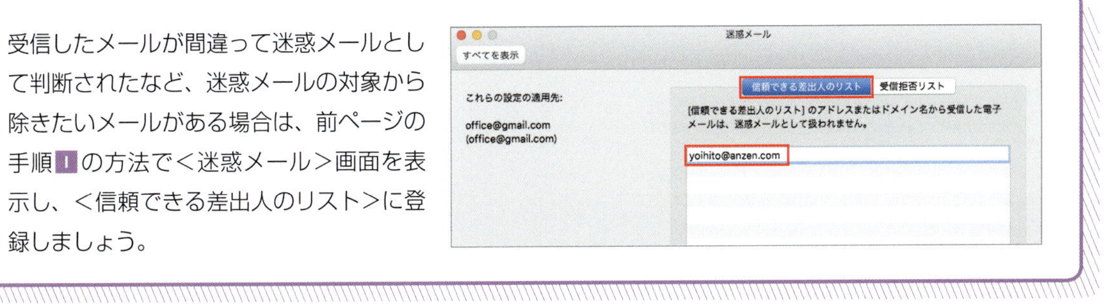

SECTION 14

連絡先を作成する

連絡先では、電子メールアドレスだけでなく、自宅の住所や電話番号、勤務先などの情報を登録して管理できます。連絡先への登録は<ホーム>タブの<新しい連絡先>から登録する方法と、受信したメールから登録する方法があります。

覚えておきたいKeyword　連絡先　新しい連絡先　連絡先の登録

1 連絡先を登録する

1 <新しい連絡先>をクリックする

画面左下の<連絡先>をクリックして1、連絡先画面を表示します。<ホーム>タブの<新しい連絡先>をクリックします2。

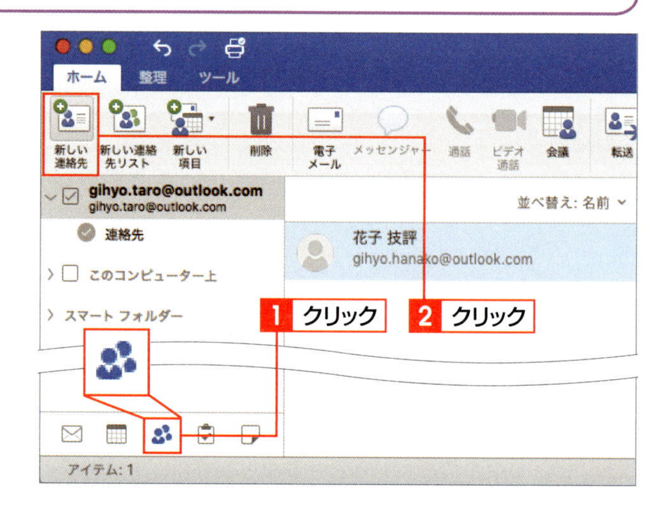

Memo　ビューの切り替え

Outlook 2016では、画面を切り替えるためのリンクを文字あるいはアイコンで表示することができましたが、Outlook 2019では、アイコン表示のみになりました。

2 連絡先を入力して保存する

連絡先の登録画面が表示されるので、氏名とふりがなを<姓>、<名>、<姓のふりがな>、<名のふりがな>欄にそれぞれ入力します1。必要に応じて連絡先の情報を入力し2、<保存して閉じる>をクリックします3。

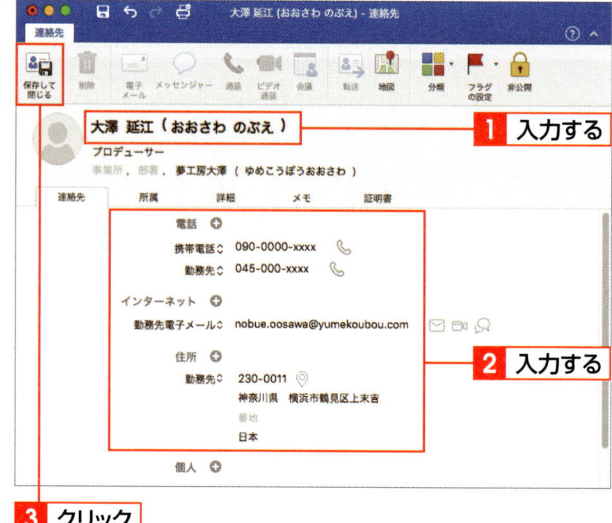

Step UP　勤務先と自宅を登録できる

連絡先には、勤務先だけでなく自宅の情報を登録することもできます。登録する場合は<住所>の右にある⊕をクリックして<自宅>をクリックし、表示される欄に入力します。

3 連絡先が登録される

連絡先が登録されます。

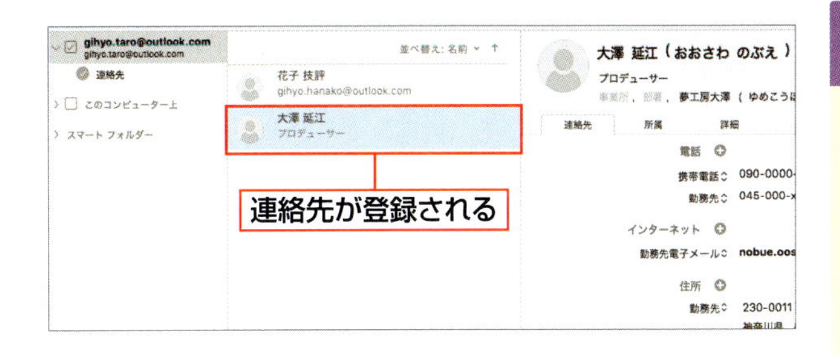

2 受信メールの差出人から登録する

1 ＜Outlookの連絡先を開く＞をクリックする

画面左下の＜メール＞をクリックして1、メール画面を表示し、連絡先を登録したい差出人のメールをクリックします2。送信者名をマウスでポイントすると3、ポップアップが表示されるので、＜Outlookの連絡先を開く＞をクリックします4。

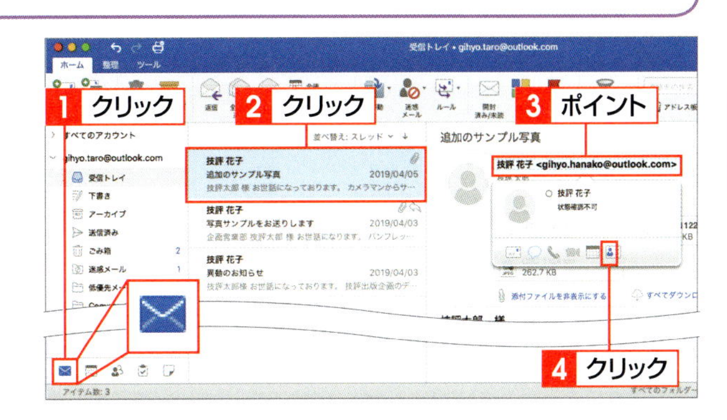

2 連絡先の登録画面が表示される

連絡先の登録画面が表示されます。

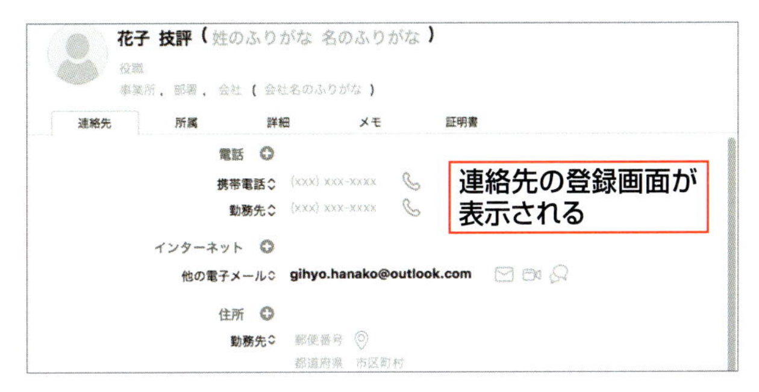

Memo　Outlookの連絡先を開く

手順3でポップアップが表示されない場合は、control を押しながら送信者名をクリックして、表示されるメニューの＜Outlook連絡先を開く＞をクリックします。

3 必要な情報を入力して保存する

必要な情報を入力して1、＜保存して閉じる＞をクリックします2。

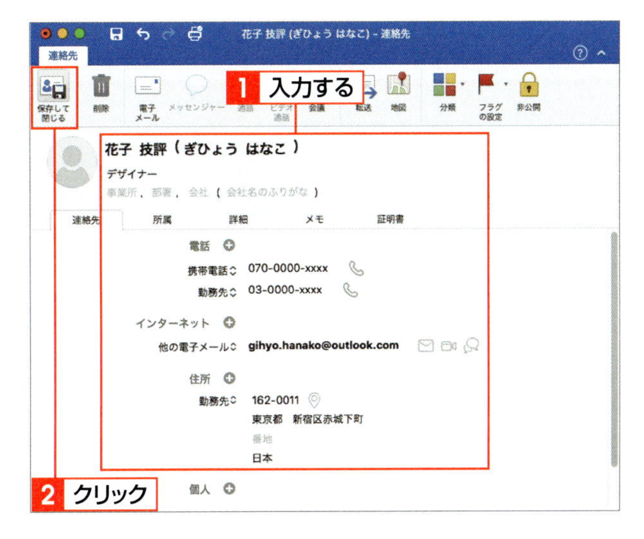

Hint　連絡先の情報を変更する

画面左下の＜連絡先＞をクリックして連絡先画面を表示します。変更したい連絡先をクリックすると、連絡先を登録する画面が閲覧ウィンドウに表示されるので、目的の項目をクリックして編集します。

SECTION 15

連絡先リストを作成する

複数の相手に同じメールを送信するときは、宛名の欄にそれぞれのメールアドレスを入力しますが、相手が多い場合は手間がかかります。いつも送信する相手が決まっている場合は、送信先のメールアドレスを連絡先リストに登録しましょう。連絡先リストを使用してメールを一斉送信できます。

覚えておきたいKeyword　新しい連絡先リスト　リスト名　Bcc

1 新しい連絡先リストを作成する

1 ＜新しい連絡先リスト＞をクリックする

画面左下の＜連絡先＞をクリックして**1**、連絡先画面を表示します。＜ホーム＞タブの＜新しい連絡先リスト＞をクリックします**2**。

2 リスト名を入力する

連絡先リストの登録画面が表示されるので、リスト名を入力します**1**。

Hint Bccを使用して送信する

メールの送信時にメンバーのアドレスを非表示にする場合は、＜Bccを使用してメンバー情報を非表示にする＞をクリックしてオンにします。

3 名前とメールアドレスを入力する

名前欄をダブルクリックして、相手の名前を入力します**1**。名前やメールアドレスの一部を入力すると、連絡先や最近使用したメールアドレスから候補が表示されるので、その中から選択しても登録できます。同様の方法でメールアドレスを入力します。

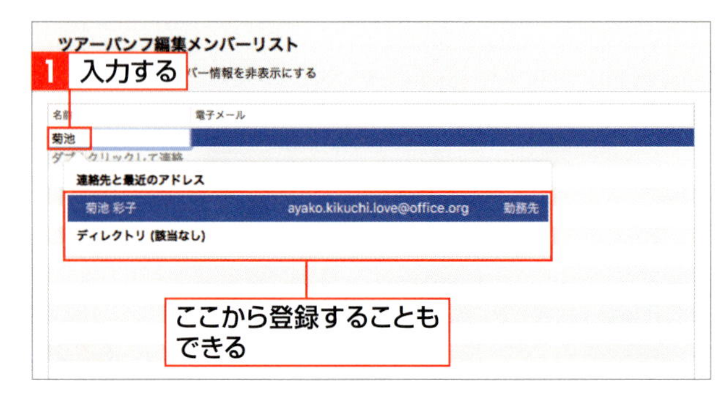

4 <保存して閉じる>をクリックする

連絡先リストに登録するほかのメンバーの名前とメールアドレスを入力し**1**、<保存して閉じる>をクリックします**2**。

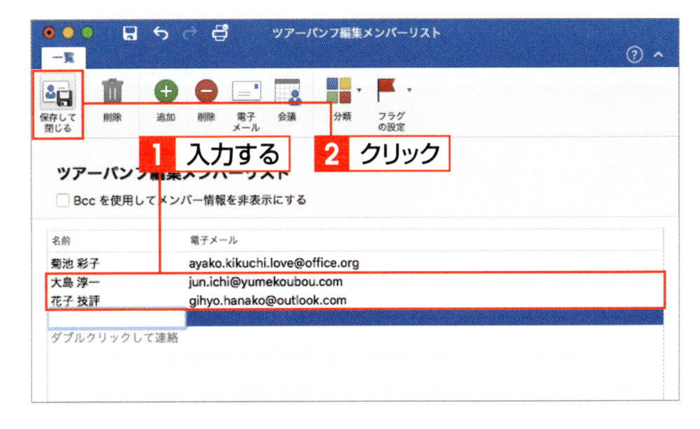

5 連絡先リストが作成される

連絡先リストが作成されます。

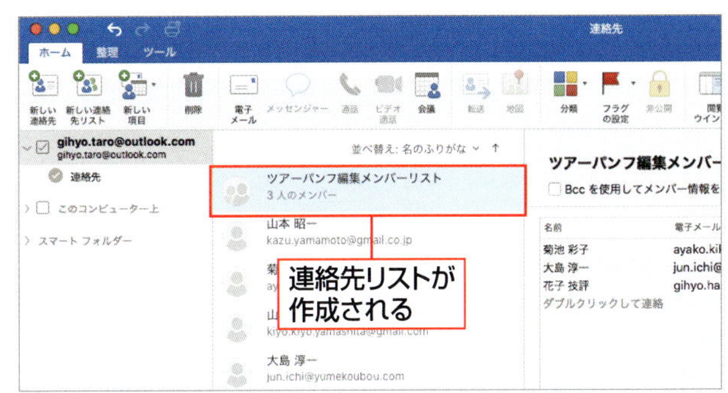

複数の人にメールを送信する場合、宛先に入力したメールアドレスはほかの人のメールにも表示されますが、Bccを使用すると、メールアドレスは表示されず、誰に送信したかを知られることはありません。

2 連絡先リストを利用してメールを送信する

1 連絡先リストをクリックする

メールを送信する連絡先リストをクリックして**1**、<ホーム>タブの<電子メール>をクリックします**2**。

2 メールを送信する

メッセージの作成画面が表示されるので、宛先が連絡先リストになっていることを確認します**1**。メールの件名や本文を入力して**2**、<送信>をクリックします**3**。

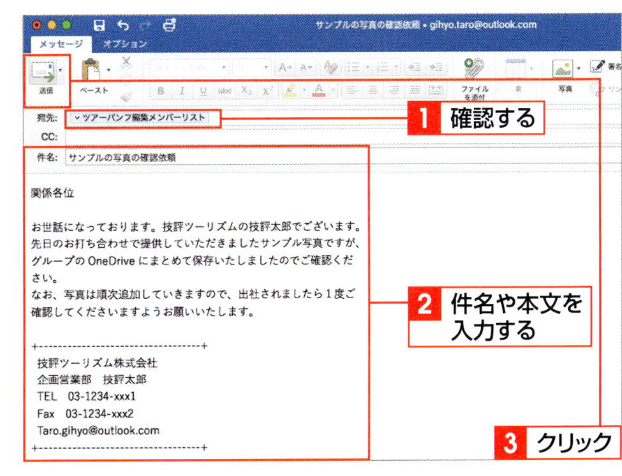

メールの宛先に連絡先リストを指定した場合は、宛先の欄に連絡先リストの名称が表示されます。

予定表を活用する

Outlookの予定表は、個人やビジネスの予定を入力して管理するツールです。予定表の表示は、1日単位、1週間単位、1か月単位など、目的に応じて切り替えることができます。重要な予定を忘れないようにアラームを設定することもできます。

覚えておきたいKeyword　予定表　アラーム　定期的なアイテム

1 予定表の表示を切り替える

1 1日単位の予定表を表示する

画面左下の<予定表>をクリックして 1 、予定表画面を表示します。<ホーム>タブの<日>をクリックすると 2 、1日単位の予定表が表示されます。

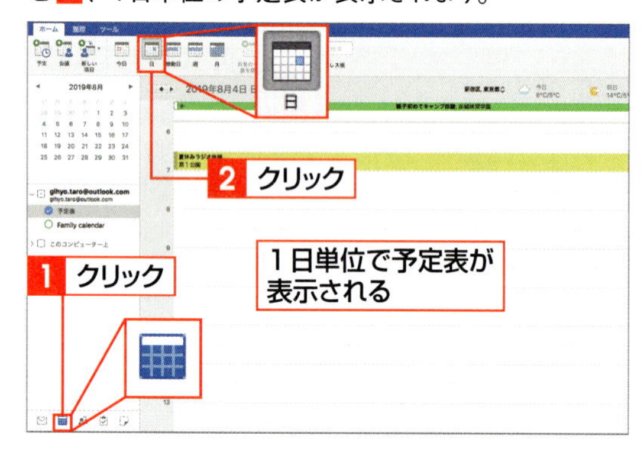

2 稼働日の予定表を表示する

<稼働日>をクリックすると 1 、月曜日から金曜日までの予定表に切り替わります。

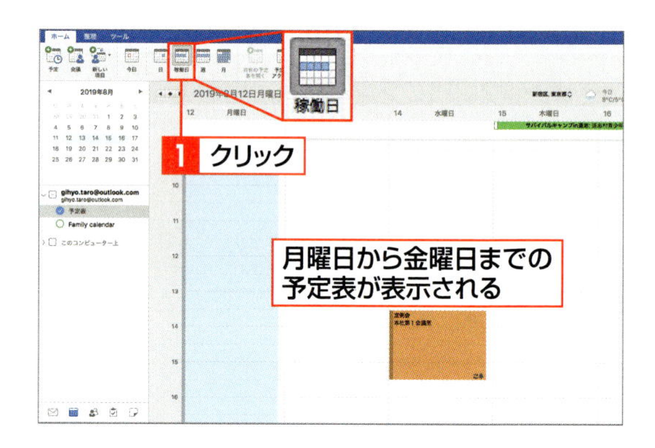

3 1週間単位の予定表を表示する

<週>をクリックすると 1 、1週間単位の予定表に切り替わります。

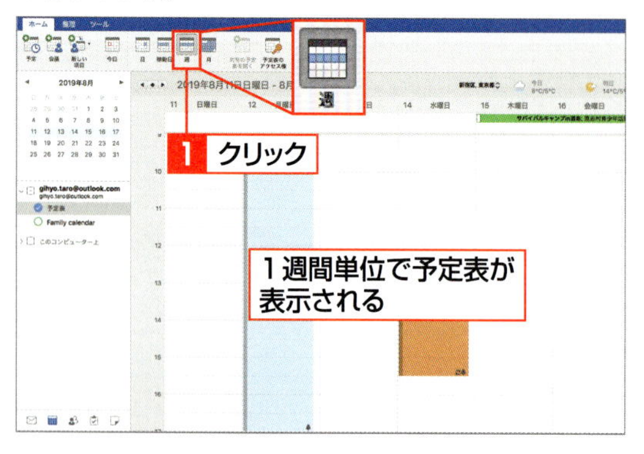

4 1か月単位の予定表を表示する

<月>をクリックすると 1 、1か月単位の予定表に切り替わります。

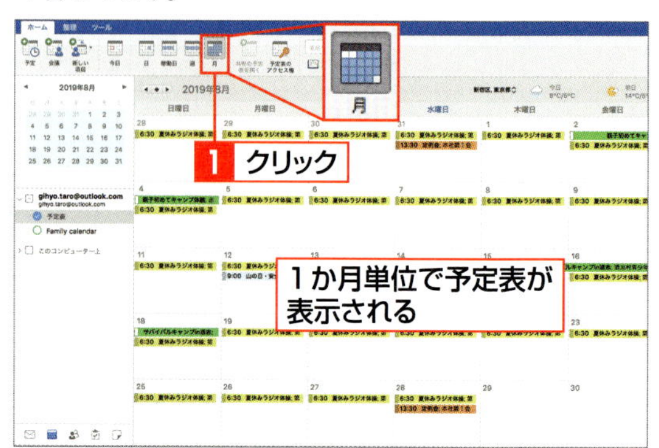

2 予定を作成する

1 <予定>をクリックする

<ホーム>タブの<予定>をクリックします1。

2 予定を入力する

予定を作成する画面が表示されるので、件名、場所、開始日と終了日、時刻などを入力し1、必要に応じてメモを入力します2。

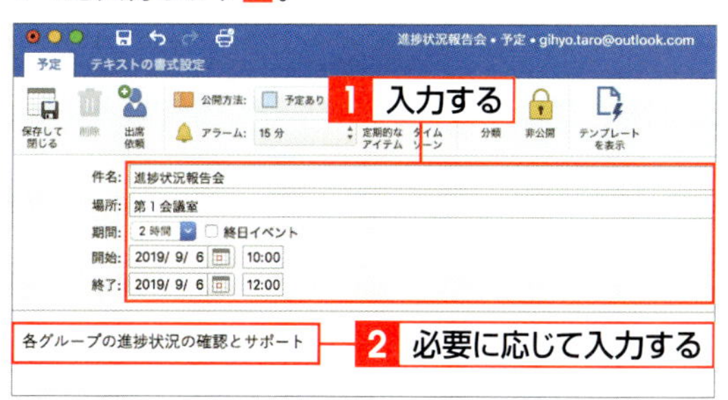

3 アラームを設定する

<アラーム>横のボタンをクリックして1、予定のどのくらい前にアラーム通知するか指定します。ここでは<1時間>をクリックします2。

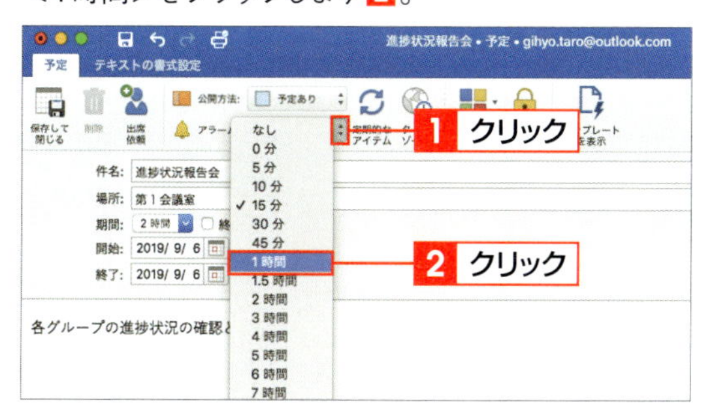

4 定期的なアイテムに設定する

<定期的なアイテム>をクリックして、繰り返しを選択し（ここでは<毎週>）1、曜日や開始日、終了日、時刻などを設定して2、<OK>をクリックします3。

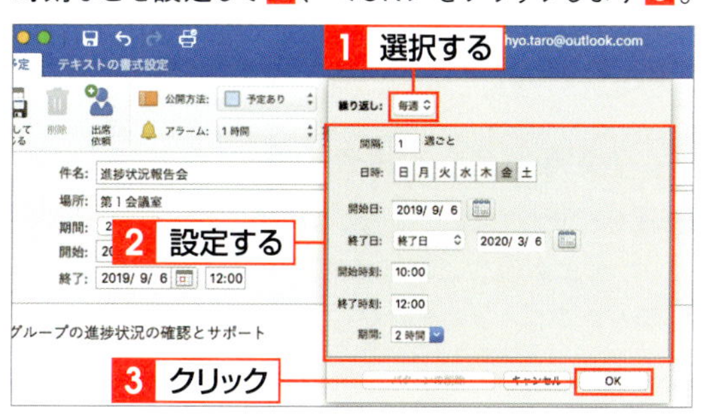

5 分類を割り当てて保存する

<分類>をクリックして1、カテゴリ（ここでは<オレンジの分類>）をクリックします2。<保存して閉じる>をクリックします3。

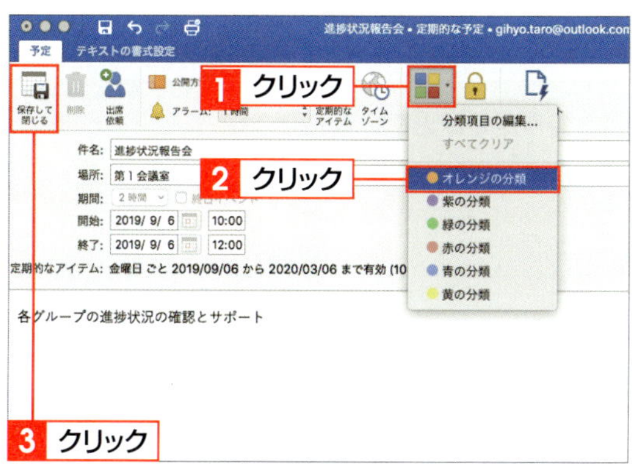

6 予定が表示される

作成した予定が表示されます。

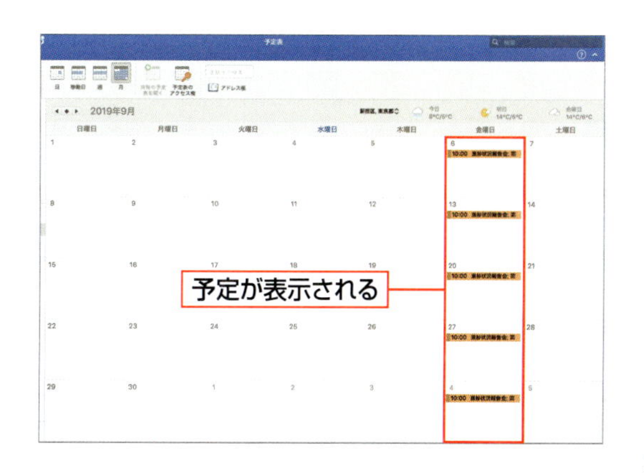

3 登録した予定を変更する

1 予定をダブルクリックする

変更する予定をダブルクリックします 1。

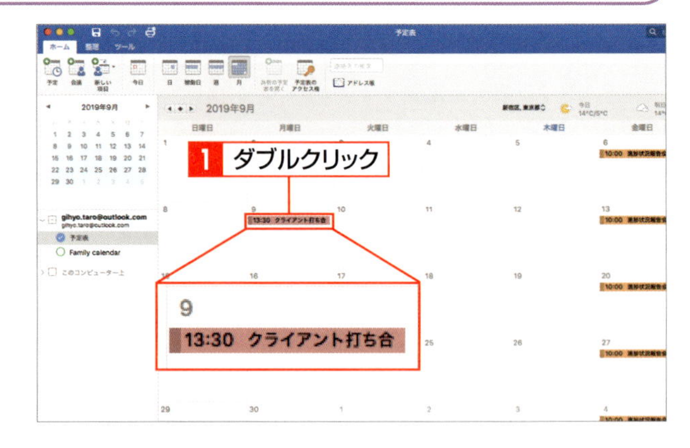

2 予定の内容が表示される

登録されている予定の内容が表示されます。

3 予定を変更して保存する

内容を変更して 1、＜保存して閉じる＞をクリックします 2。ここでは、開始時間と終了時間を変更し、メモを追加しています。

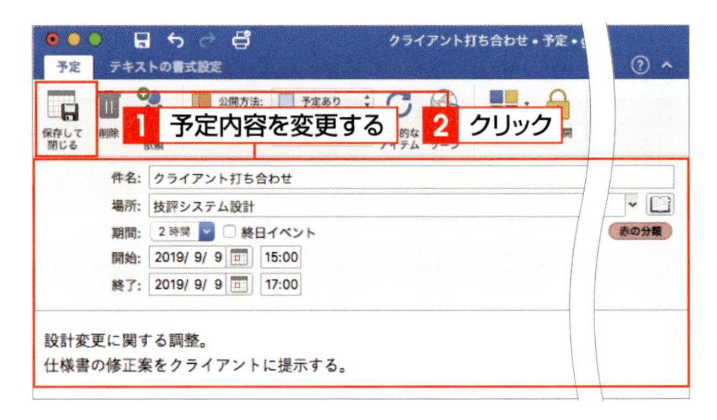

4 予定が変更される

変更した内容が予定表に反映されます。

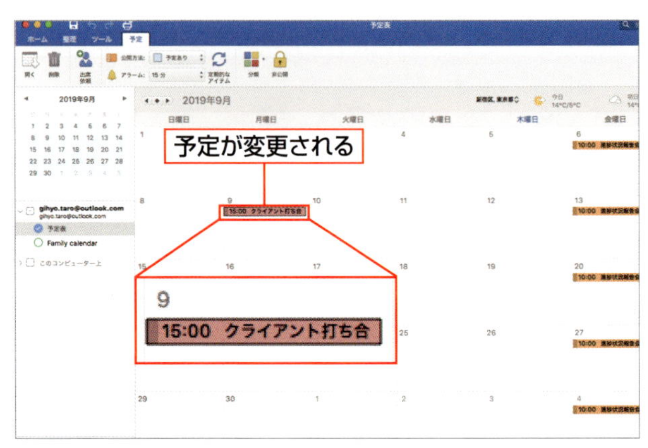

4 登録した予定を削除する

1 削除する予定をクリックする

削除したい予定をクリックして1、<予定>タブの<削除>をクリックします2。

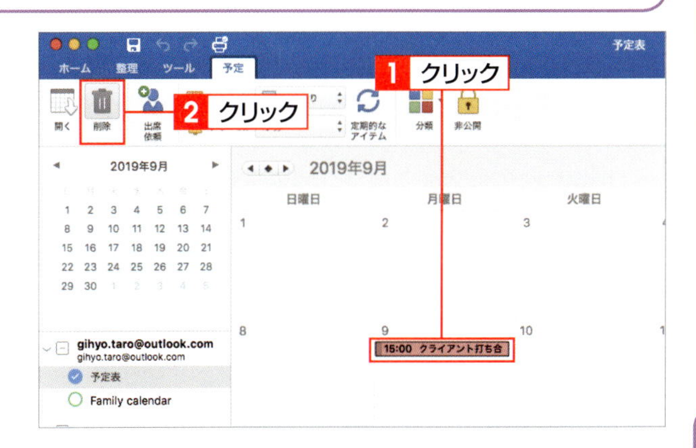

Memo そのほかの方法

<予定>タブの<削除>をクリックするかわりに、delete を押しても削除できます。

2 <削除>をクリックする

確認のメッセージが表示されるので、<削除>をクリックします1。

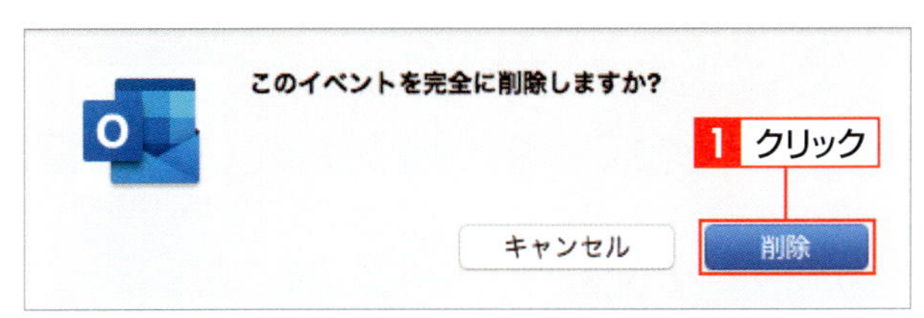

3 予定が削除される

選択した予定が削除されます。

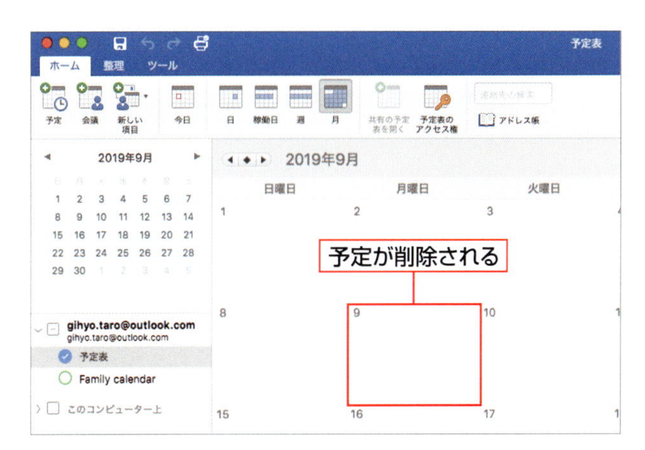

Memo Office 365の場合

Office 365の場合は、削除したい予定をクリックして、表示されるメニューから<予定の削除>をクリックしても削除できます。この場合、確認のメッセージは表示されません。

Column 分類項目を編集する

分類項目は、初期設定で<オレンジの分類><赤の分類>のように、色がそのまま分類名になっていますが、任意の名称に設定できます。<整理>タブをクリックして<分類>をクリックし、表示される<分類>画面で設定します。名前の部分をダブルクリックすると、変更できます。また、+をクリックすると分類の追加、−をクリックすると削除ができます。

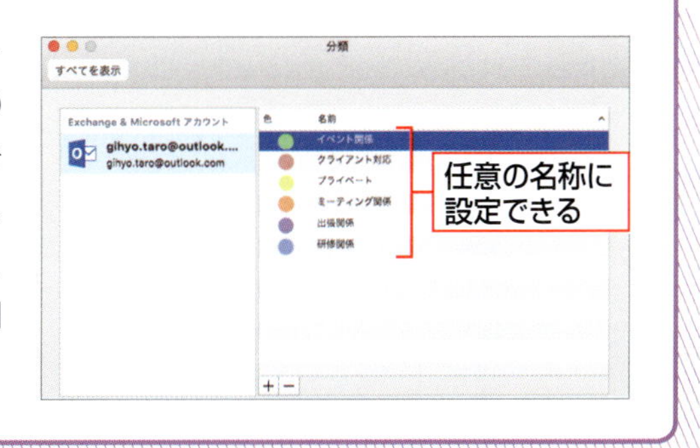

SECTION 17

タスクを活用する

Outlookで作成するタスクとは、やらなければならない仕事（作業）のことです。これから取り組む仕事の期限を設定し、必要に応じて開始日やアラームの通知日時を設定します。予定表に似た機能ですが、タスクは開始日と期限を仕事単位で管理します。

覚えておきたいKeyword　タスク　期限　重要度

1 タスクを登録する

1 ＜新しいタスク＞をクリックする

画面左下の＜タスク＞をクリックして 1 、タスク画面を表示します。＜ホーム＞タブの＜新しいタスク＞をクリックします 2 。

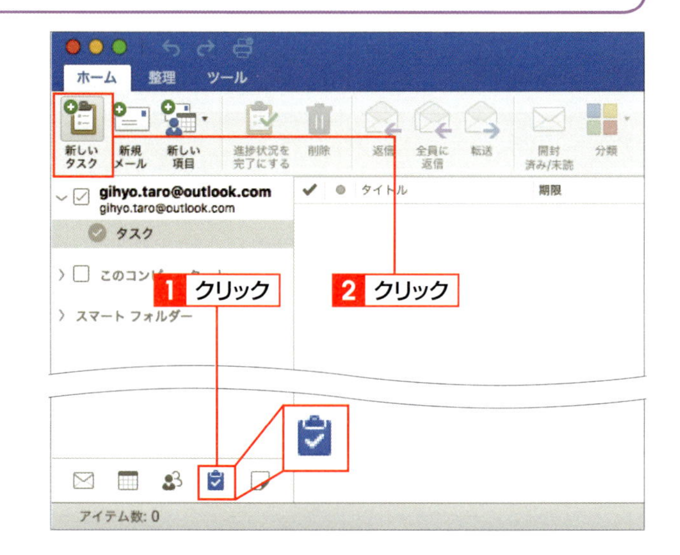

2 タスク名と期限を設定する

タスクの作成画面が表示されるので、タスク名を入力して 1 、＜期限＞をクリックしてオンにします 2 。カレンダーのアイコンをクリックすると 3 、カレンダーが表示されるので、期限にする日付をクリックして指定します 4 。

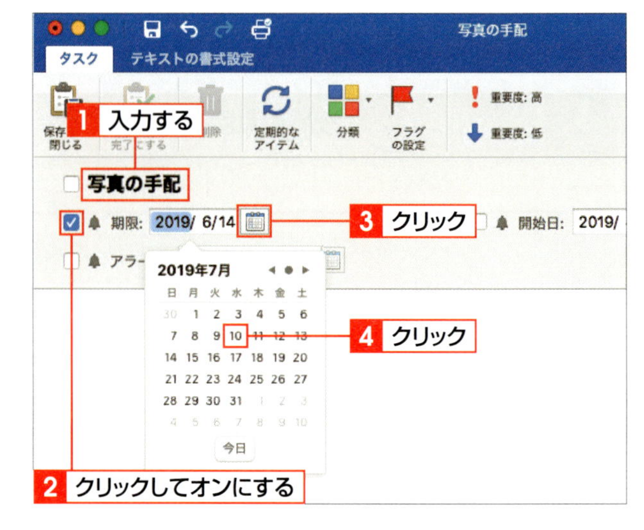

3 開始日とアラームを設定する

同様にタスクの開始日とアラームの通知日時を設定し1、必要に応じてメモを入力します2。

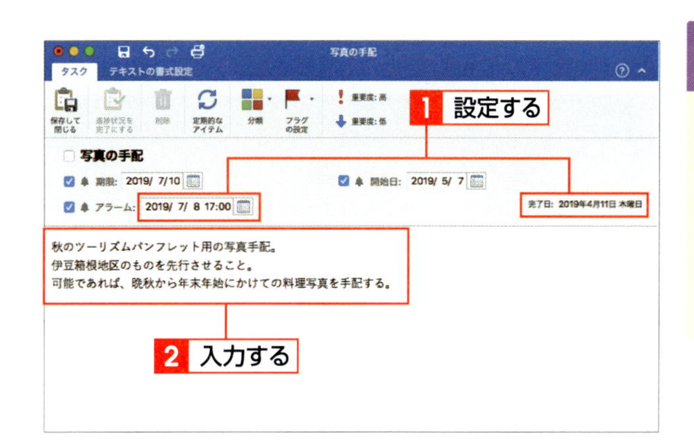

Memo 開始日とアラームは任意

タスクを作成する際、期限の設定は必須ですが、開始日とアラーム、メモの入力は任意なので、必要に応じて設定します。

4 分類を設定する

<分類>をクリックし1、設定する分類（ここでは<赤の分類>）をクリックします2。

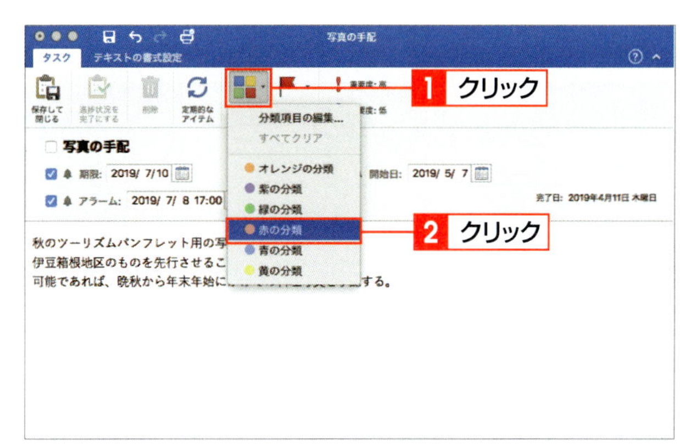

5 重要度を設定する

<重要度：高>をクリックして1、タスクの重要度を設定し、<保存して閉じる>をクリックします2。

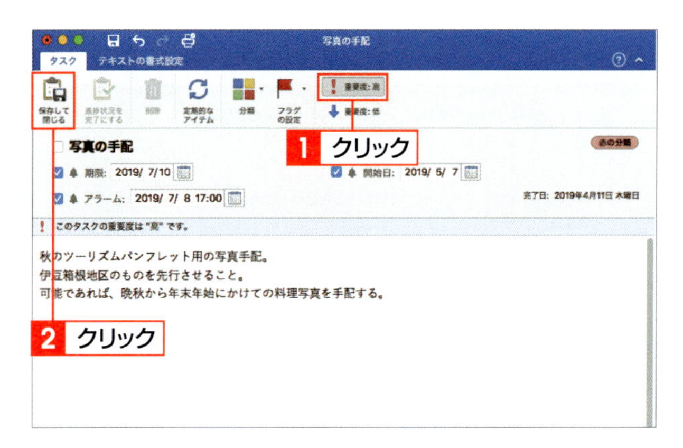

Memo 「重要度：高」を取り消す

「重要度:高」の設定を取り消す場合は、再度<重要度：高>をクリックします。

6 タスクが作成される

設定した条件でタスクが作成されます。

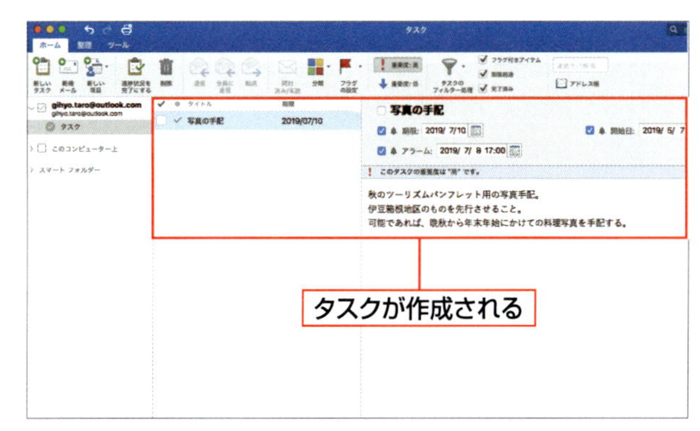

2 タスクを完了する

1 タスクをクリックする

タスクが完了したら、アイテムリストに表示されているタスクの□をクリックしてオンにします 1 。

1 クリックしてオンにする

2 アイテムリストから削除される

タスクを完了にすると、アイテムリストに表示されなくなります。

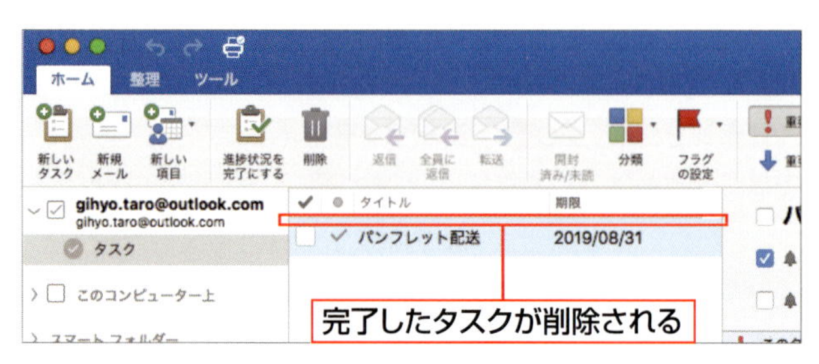

3 完了したタスクを確認する

1 <完了済み>をクリックする

<ホーム>タブの<完了済み>をクリックしてオンにすると 1 、完了したタスクが表示されます。完了したタスク名には、取り消し線が表示されます。

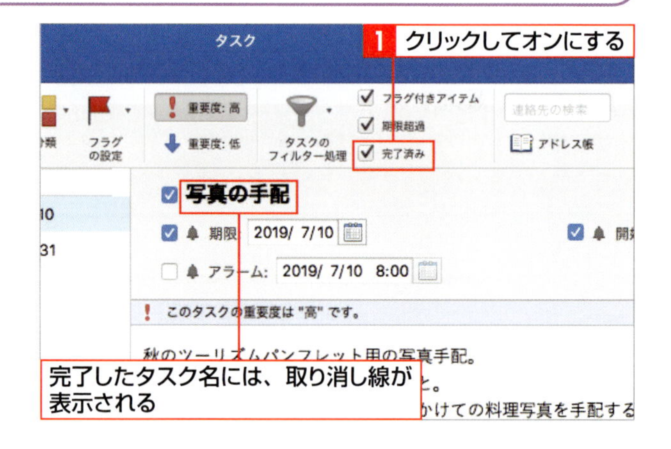

Hint タスクを削除する

作成したタスクを削除するには、タスクをクリックして<ホーム>タブの<削除>をクリックするか、deleteを押し、確認のメッセージで<削除>をクリックします。

Column タスクを変更する

登録したタスクの内容は必要に応じて変更できます。変更したいタスクのタイトルをクリックして、画面の右側に表示される閲覧ウィンドウで変更します。また、タスクのタイトルをダブルクリックして画面を表示し、そこで変更することもできます。

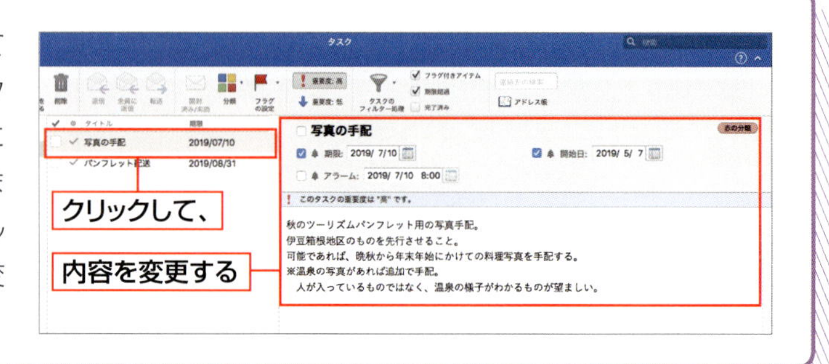

付録

Appendix 01 OneNote 2019を使う

OneNote 2019 for Mac(以下、OneNote 2019)は、思いついたアイディアや予定、調べものなど、さまざまな情報を集約できるデジタルノートです。文字を入力するだけでなく、Webページなどからテキストや画像などをコピーして貼り付けることもできます。

覚えておきたいKeyword　OneNote　ノートブック　セクション

1 新しいノートブックを作成する

1 <新しいノートブック>をクリックする

<ファイル>メニューをクリックして1、<新しいノートブック>をクリックします2。

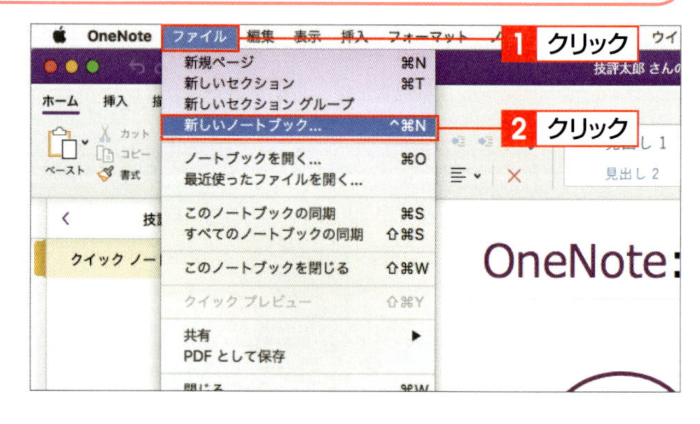

Memo 新しいノートブック

OneNote 2019を起動すると、最初に既定のノートブックが作成されますが、必要に応じてノートブックを追加できます。

2 ノートの色とノート名を設定する

ノートの色をクリックして指定し1、ノート名を入力して2、<作成>をクリックします3。

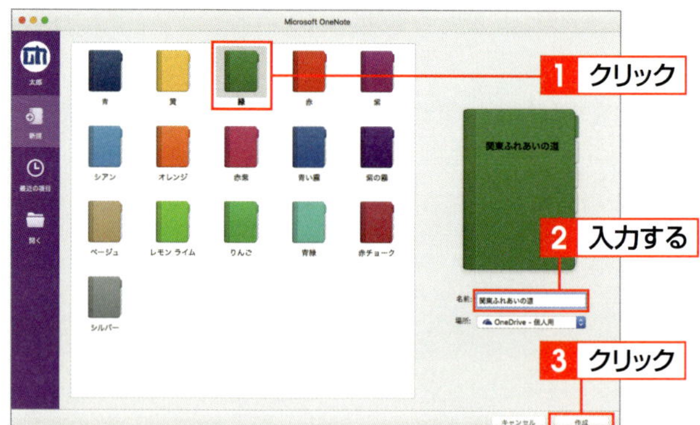

3 新しいノートブックが作成される

新しいノートブックが作成され、<新しいセクション1>というページが表示されます。

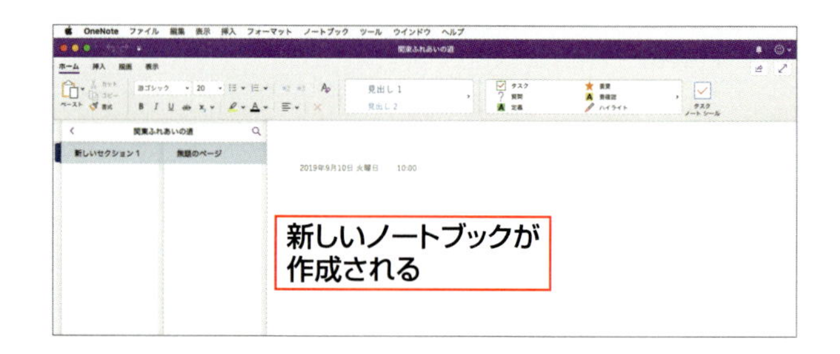

2 セクション名を変更する

1 <セクション名の変更>をクリックする

<ノートブック>メニューをクリックして1、<セクション>をクリックし2、<セクション名の変更>をクリックします3。

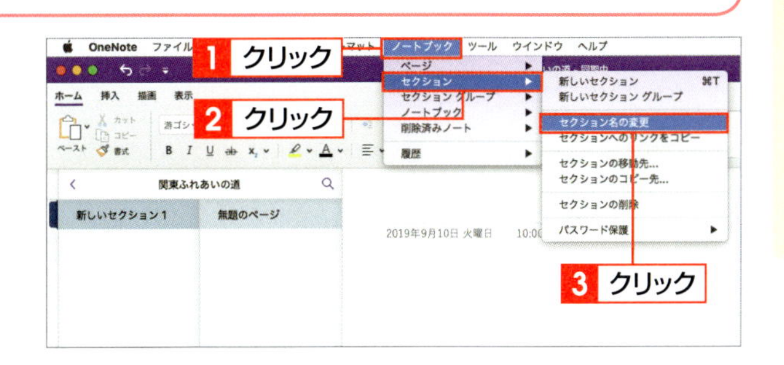

2 セクション名を入力する

新しいセクション名を入力して1、return を押します2。

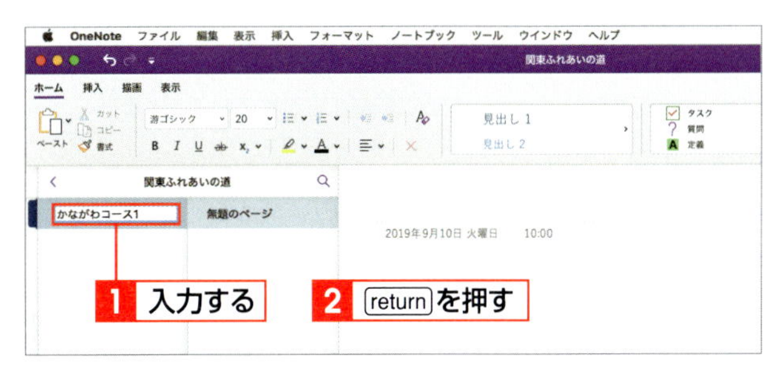

3 ページタイトルとメモを入力する

1 ページのタイトルを入力する

ページのタイトル部分をクリックして、タイトルを入力します1。タイトルを入力すると、<無題のページ>タブにもそのタイトルが表示されます。

2 メモを入力する

メモを入力する位置をクリックして、メモの内容を入力します1。メモの枠外をクリックすると、メモが確定します。メモは、ページのどの位置にでも入力できます。

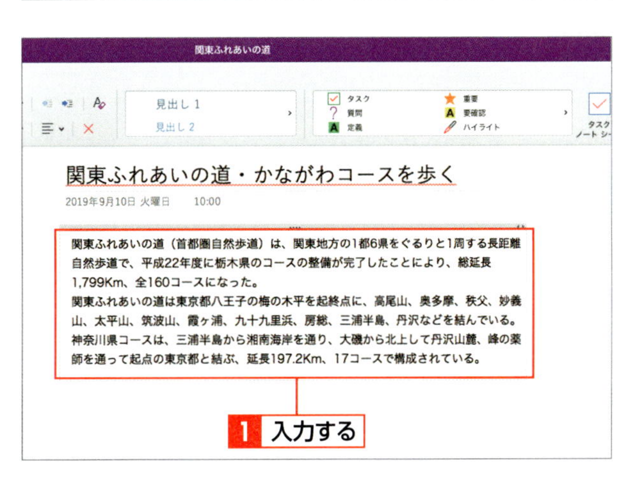

Memo 入力したメモの編集

入力したメモ編集するには、メモをクリックします。

4 ノートブックのページを追加する

1 ＜新規ページ＞をクリックする

＜ファイル＞メニューをクリックして **1**、＜新規ページ＞をクリックします **2**。

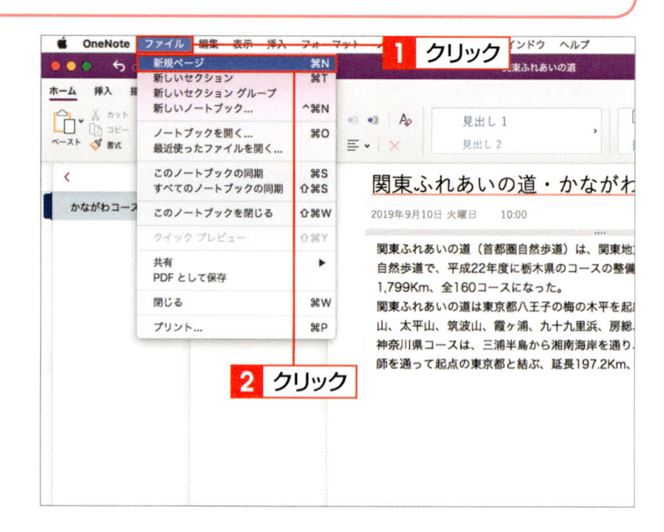

Memo ページ

ページは、現在のセクション内に作成されます。ページのタイトルを入力すると、そのタイトルが画面左側のタブに表示されます。タブをクリックして、ページを切り替えます。

付録

2 新しいページが追加される

＜無題のページ＞という新しいページが追加されます。P.377と同様に、ページタイトルやメモを入力できます。

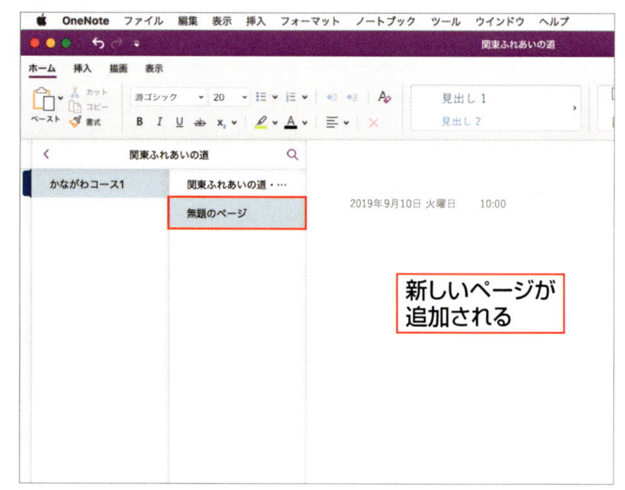

Memo ページの追加と削除

ページは必要なだけ追加できます。不要になったページを削除するには、削除したいページを control を押しながらクリックして、表示されたメニューの＜削除＞をクリックします。

Column ノートブックを切り替える

OneNote 2019では複数のノートブックを作成して、切り替えて使うことができます。ノートブック名をクリックすると、開いているノートブックが一覧で表示されます。ノートブックを作成するときに選択した色は、ノートブックの一覧に表示されます。

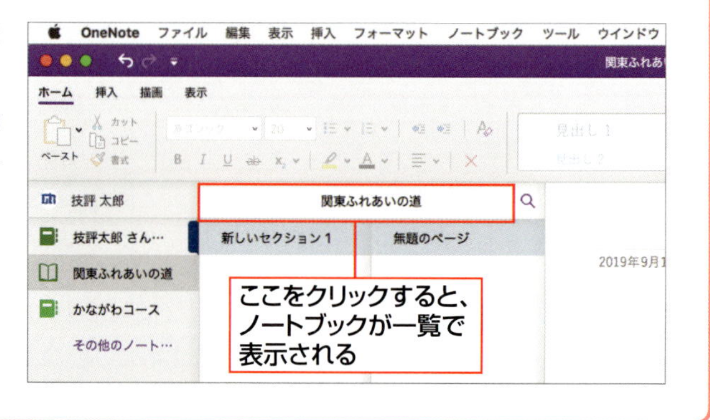

5 セクションを追加する

1 <新しいセクション>をクリックする

<ファイル>メニューをクリックして 1 、<新しいセクション>をクリックします 2 。

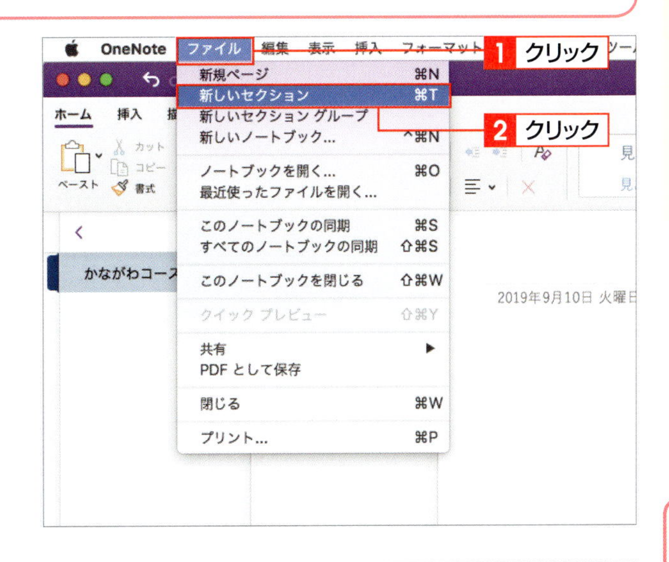

Keyword セクション

ノートブックは、1つ以上のセクションで構成されています。セクションはページを1つのまとまりとして扱うもので、インデックスのように利用できます。各セクションは、タブをクリックして切り替えます。

2 新しいセクションが追加される

<新しいセクション1>というタブと、<無題のページ>という新しいページが追加されます。

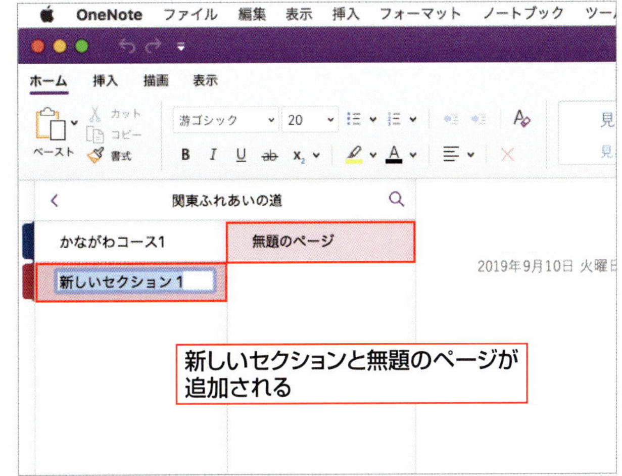

Hint セクションの追加と削除

セクションは必要なだけ追加できます。不要になったセクションを削除するには、control を押しながら削除するセクションタブをクリックして、表示されたメニューの<セクションの削除>をクリックし、<はい>をクリックします。

Column ノートブックの名前を変更する・ノートブックを削除する

ノートブックの名前を変更したり、削除したりするには、OneDriveで操作します。最初に<ノートブック>メニューをクリックして、<ノートブック>から<このノートブックを閉じる>をクリックし、ノートブックを閉じます。続いて、OneDriveを表示して（P.382参照）、ノートブックを選択し、<名前の変更>や<削除>をクリックします（P.384参照）。

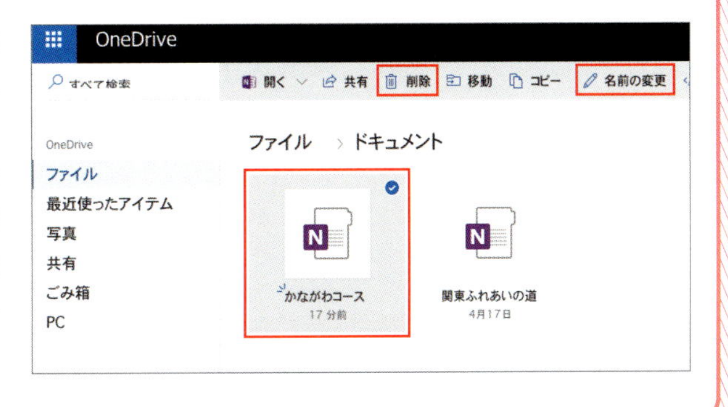

6 Webページから情報をコピーして貼り付ける

1 <コピー>をクリックする

Safariなどの Webブラウザーで Webページを表示して、ノートに貼り付けたい部分を選択します1。<編集>メニューをクリックして2、<コピー>をクリックします3。

2 <ペースト>をクリックする

OneNoteのページ上で、コピーした情報を貼り付ける位置をクリックして1、<ホーム>タブの<ペースト>をクリックします2。

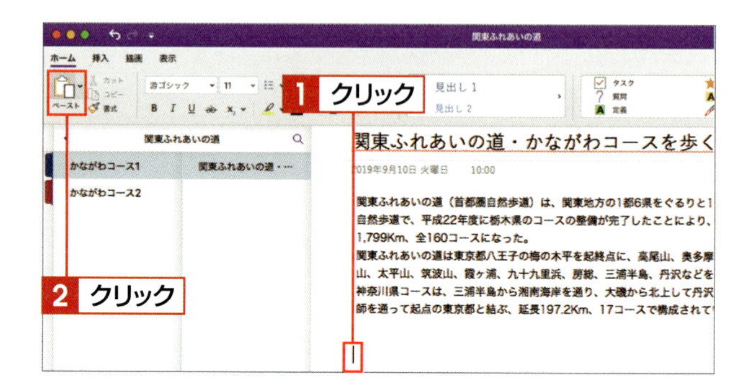

3 情報が貼り付けられる

コピーした情報が貼り付けられます。

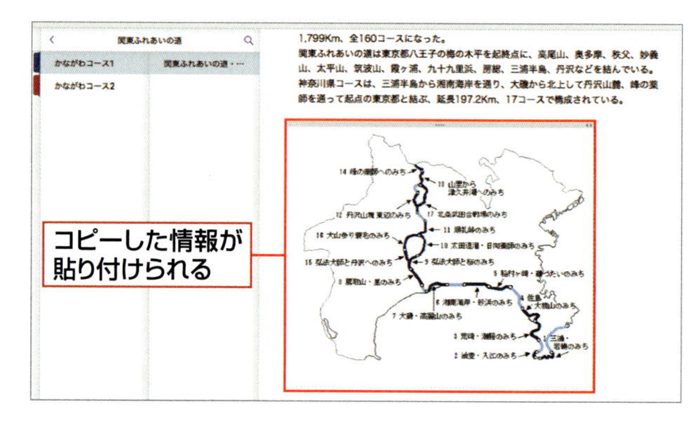

Hint ショートカットキーを使う

手順1、2で<コピー>や<ペースト>をクリックするかわりに、⌘を押しながらCを押すとコピー、⌘を押しながらVを押すとペーストが実行できます。

Column 貼り付けのスタイル

<ペースト>をクリックすると、もとのWebページの書式などの情報をそのまま貼り付けできます。<ペースト>右横の▾をクリックすると、ノートの書式に合わせて貼り付けたり、テキストだけを貼り付けたりできます。

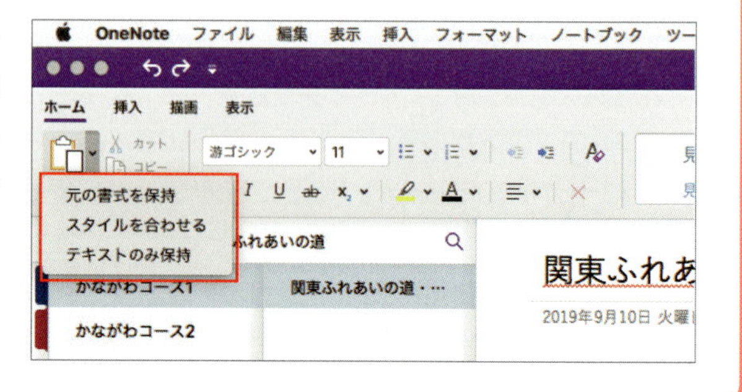

付録

7 ノートを共有する

1 <他のユーザーをノートブックに>をクリックする

画面右上の をクリックして 1 、<他のユーザーをノートブックに>をクリックします 2 。

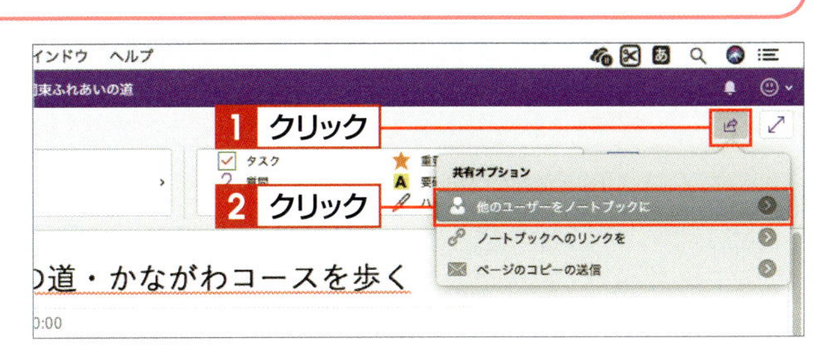

2 <共有>をクリックする

共有する相手のメールアドレスを入力して 1 、必要に応じてメッセージを入力し 2 、<共有>をクリックします 3 。

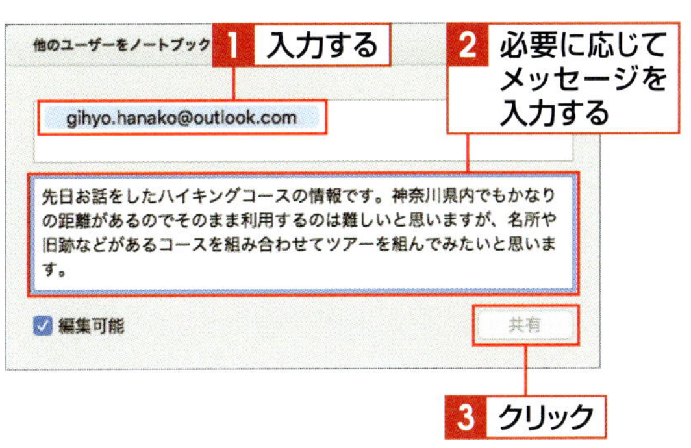

Hint 共有相手の権限を指定する

共有する相手がノートブックの閲覧のみ可能で、編集はできないようにするには、右図の<編集可能>をクリックしてオフにします。

3 ノートが共有される

ノートが共有されます。画面右上の をクリックしてメニューを表示すると 1 、共有しているユーザーが表示されます。

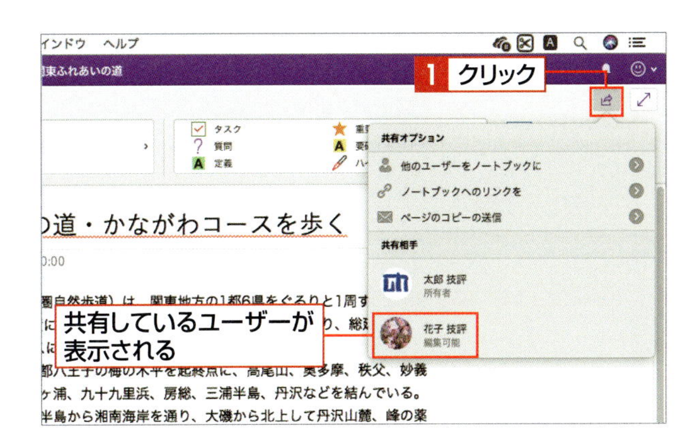

Memo 共有相手の操作

招待されたユーザーは、受け取ったメールからノートブックを開いて、内容を確認したり編集したりできます。

Column ファイルはOneDriveに保存される

OneNote 2019で入力・編集したノートブックの内容は、自動的にOneDrive (P.382参照) に保存されます。OneDriveに保存されたノートからOneNote 2019を表示したり、オンライン版のOneNote Onlineを表示したりすることもできます。

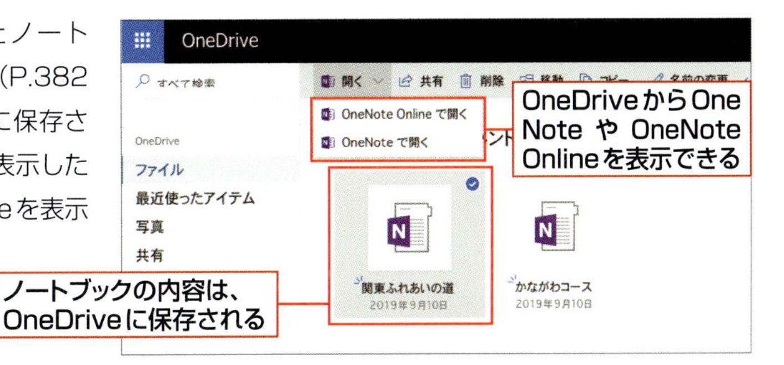

Appendix

02 OneDriveを使う

OneDriveは、マイクロソフトが提供するオンラインストレージサービスです。Microsoftアカウントを利用しているユーザーであれば無料で利用でき、ファイルのアップロードやダウンロード、ファイルの共有などができます。Web上で文書を編集することもできます。

覚えておきたいKeyword　OneDrive　ファイルの共有　Office Online

1 OneDriveにサインインする

1 ＜サインイン＞をクリックする

Webブラウザー（ここでは「Safari」）を起動して、「https://onedrive.live.com/」にアクセスし 1 、＜サインイン＞をクリックします 2 。

2 Microsoftアカウントを入力する

Microsoftアカウントを入力して 1 、＜次へ＞をクリックします 2 。

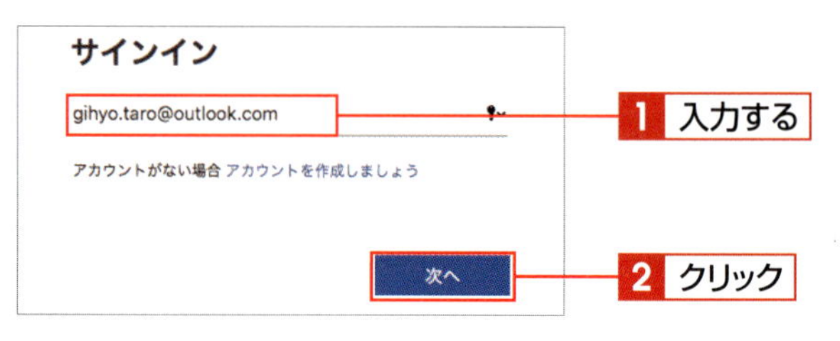

3 パスワードを入力する

Microsoftアカウントのパスワードを入力して 1 、＜サインイン＞をクリックします 2 。

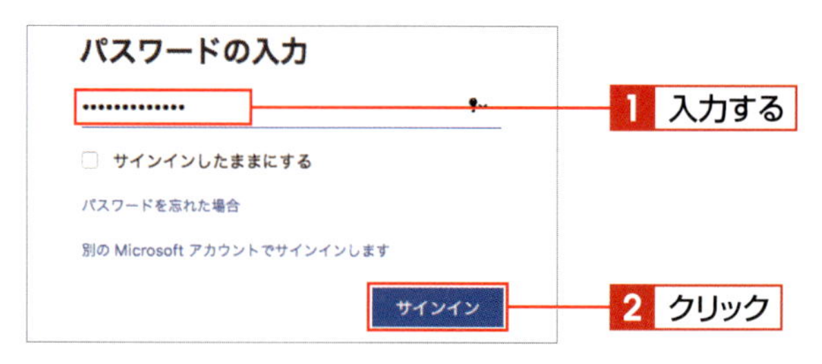

4 OneDriveが表示される

サインインが完了し、OneDriveが表示されます。

Memo パスワードを保存する

使用するWebブラウザーによっては、パスワードを保存するかを確認するメッセージが表示されることがあります。頻繁に利用するのであれば、パスワードを保存すると便利です。

2 ファイルをOneDriveにアップロードする

1 フォルダーをクリックする

アップロード先のフォルダー（ここでは<画像>）をクリックします 1 。

2 <アップロード>をクリックする

フォルダーが開いたら、<アップロード>をクリックして 1 、<ファイル>をクリックします 2 。

3 ファイルを指定する

アップロードするファイルの保存場所を指定して 1 、ファイルをクリックして選択し 2 、<選択>をクリックします 3 。複数のファイルをアップロードする場合は、shift を押しながらクリックします。

4 ファイルがアップロードされる

指定したファイルがアップロードされます。

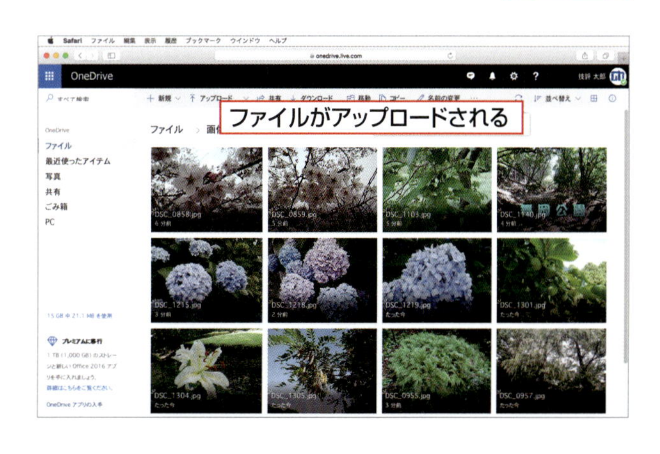

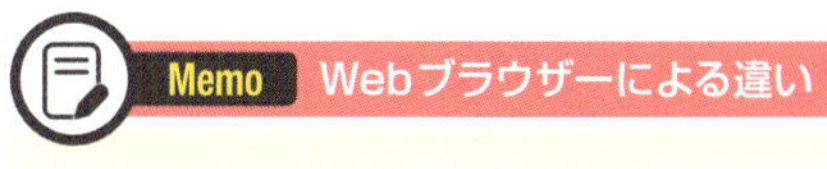

Webブラウザーによる違い

本書はSafariを使用しています。Safari以外のWebブラウザーでは、画面の表示やコマンドの名前などが異なる場合があります。

3 ファイルの名前を変更する

1 <名前の変更>をクリックする

名前を変更するファイルにマウスポインターを合わせ、右上に表示される○をクリックしてオンにし 1 、<名前の変更>をクリックします 2 。

2 新しい名前を入力して保存する

<名前の変更>ダイアログボックスが表示されるので、新しいファイル名を入力して 1 、<保存>をクリックすると 2 、ファイル名が変更されます。

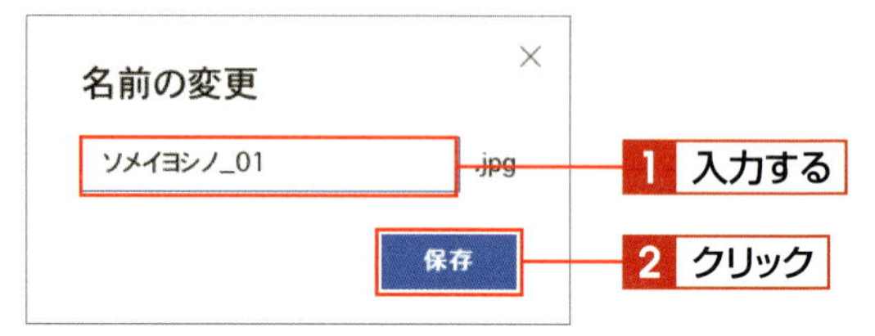

4 ファイルを削除する

1 <削除>をクリックする

削除するファイルにマウスポインターを合わせ、右上に表示される○をクリックしてオンにします 1 。<削除>をクリックすると 2 、ファイルが削除されます。

Column 削除したファイルは<ごみ箱>に移動する

上記の操作で削除したファイルは、いったん<ごみ箱>フォルダーに移動されます。完全に削除する場合は<ごみ箱>を開いてファイルを指定し、<削除>をクリックします。<復元>をクリックすると、もとのフォルダーに戻すことができます。

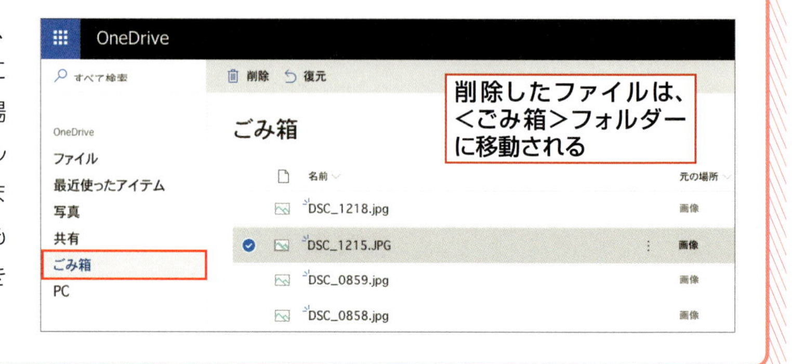

5 ファイルを共有する

1 <共有>をクリックする

共有するファイルをクリックしてオンにし1、<共有>をクリックします2。

2 ユーザーを招待する

<リンクの送信>画面が表示されるので、招待するユーザー名またはメールアドレスを入力します1。必要に応じてメッセージを入力して2、<送信>をクリックします3。

Memo 共有相手の入力

招待する相手のメールアドレスが連絡先に登録されている場合は、名前を入力して招待できます。

Column 共有相手の権限を指定する

共有する相手にファイルの表示だけを許可する場合は、<リンクの送信>画面で<リンクを知っていれば誰でも編集できます>をクリックします。<リンクの設定>画面が表示されるので、<編集を許可する>をクリックしてオフにし、<適用>をクリックして、共有相手の設定画面に戻ります。

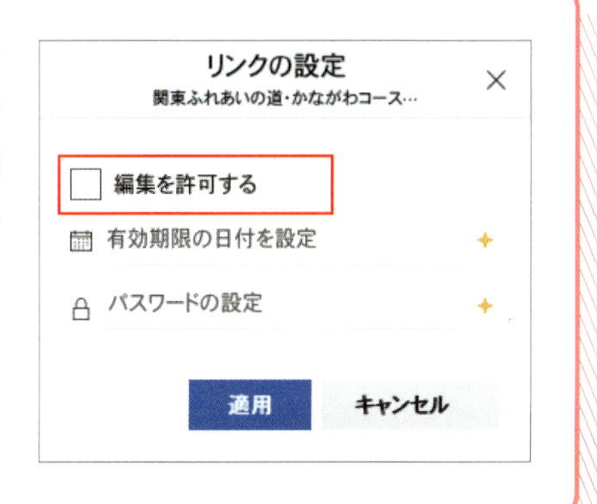

6 文書をWebブラウザー上で編集する

1 編集するファイルを指定する

編集するファイルをクリックしてオンにします 1。

Keyword Word Online

マイクロソフトが無料で提供するオンラインアプリケーションです。Wordのほかに、ExcelやPowerPointなどのOfficeアプリケーションが利用できます。

2 ＜Word Onlineで開く＞をクリックする

＜開く＞をクリックして 1、＜Word Onlineで開く＞をクリックします 2。

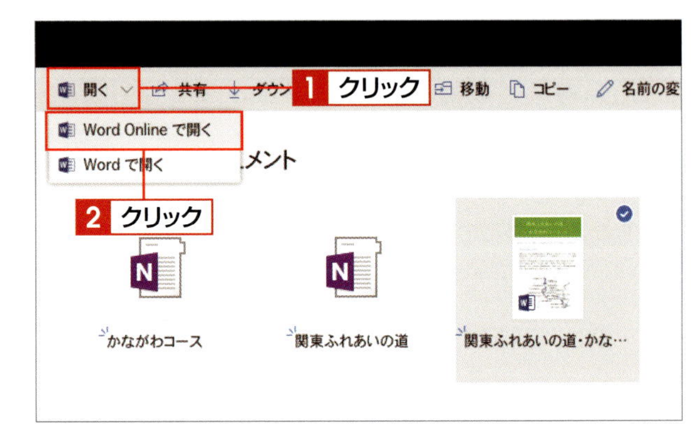

Memo Excel文書を編集する

ここでは、Word文書を編集しますが、Excel文書の場合は＜Excel Onlineで開く＞をクリックします。

3 Word Onlineが起動し、編集画面が表示される

Word Onlineの編集画面が表示されます。通常のOfficeアプリケーションと同様に、リボンを使って文書を編集できます。

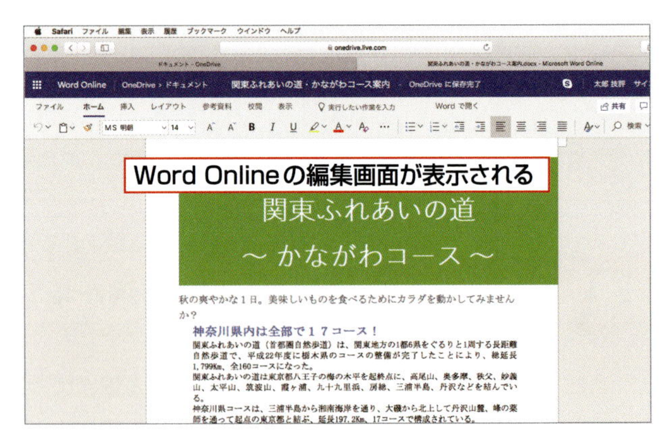

Memo 編集画面を閉じる

表示された編集画面を閉じるには、タブにマウスポインターを移動して、☒をクリックします。

Column 文書は自動保存される

Word Online（Office Online）では、編集中のファイルは一定時間ごとに自動保存されるため、＜上書き保存＞機能はありません。

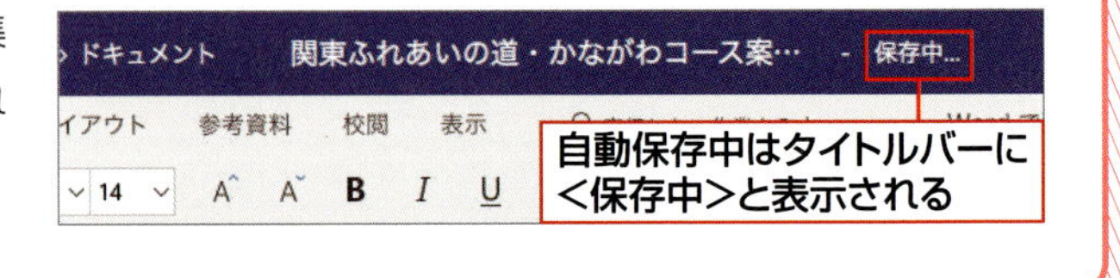

付録

7 文書のコピーを保存する

1 <ファイル>をクリックする

<ファイル>をクリックします 1 。

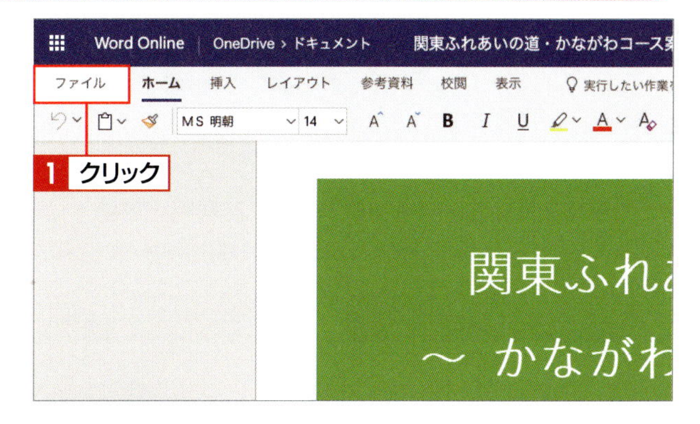

2 <名前を付けて保存>をクリックする

<名前を付けて保存>をクリックして 1 、<名前を付けて保存>をクリックします 2 。

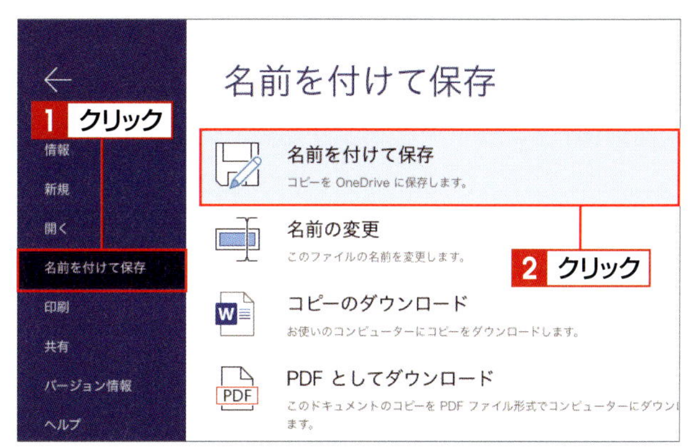

3 フォルダーを指定して<保存>をクリックする

ファイルを保存するフォルダーをクリックして指定し 1 、<保存>をクリックします 2 。

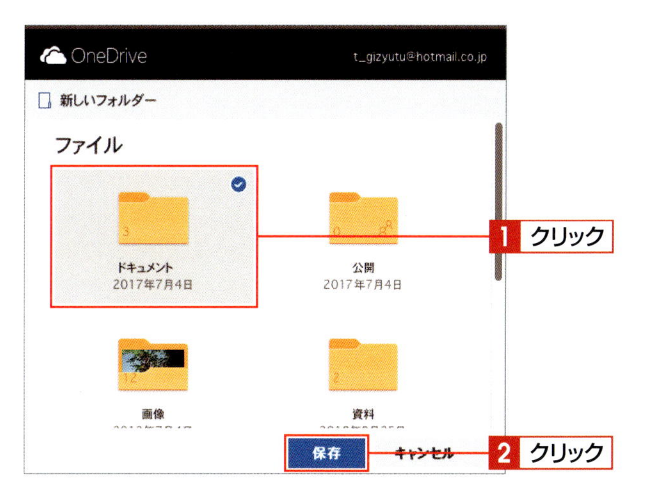

4 ファイル名を入力して<保存>をクリックする

新しいファイル名を入力して 1 、<保存>をクリックします 2 。ファイルのコピーが保存され、編集中のファイルの名前が変更されます。

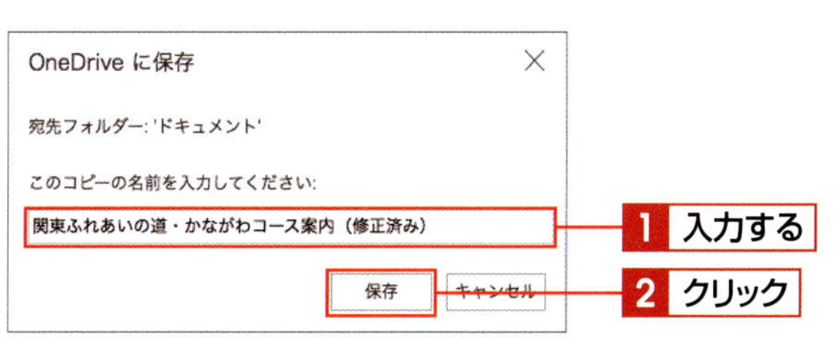

Appendix 03

サンプルファイルをダウンロードする

本書の解説内で使用しているサンプルファイルは、以下のURLのサポートページからダウンロードできます。適宜、ダウンロードしてご利用ください。
https://gihyo.jp/book/2019/978-4-297-10710-9/support

覚えておきたいKeyword　サンプルファイル　サポートページ　ダウンロード

1 サンプルファイルをダウンロードする

1 Webブラウザーを起動する

Dockに表示されている＜Safari＞をクリックします 1。

2 ＜サンプルファイル＞をクリックする

Safariが起動します。アドレスバーをクリックして上記のURLを入力し、return を押します 1。表示されたページの＜ダウンロード＞にある＜サンプルファイル（office 2019 for mac sample.zip）＞をクリックします 2。

3 ダウンロードが開始される

ダウンロードが開始され、Dock上のダウンロードアイコンの下に進行状況がバーで表示されます。初期設定では、＜ダウンロード＞フォルダーにダウンロードされます。

4 ダウンロードが完了する

ファイルのダウンロードが完了します。ダウンロードしたファイルは自動的に展開されます。

2 サンプルファイルを開く

1 ダウンロードアイコンをクリックする

Dock上のダウンロードアイコンをクリックします**1**。フォルダー内にあるファイルが表示されるので、「office 2019 for mac sample」をクリックします**2**。

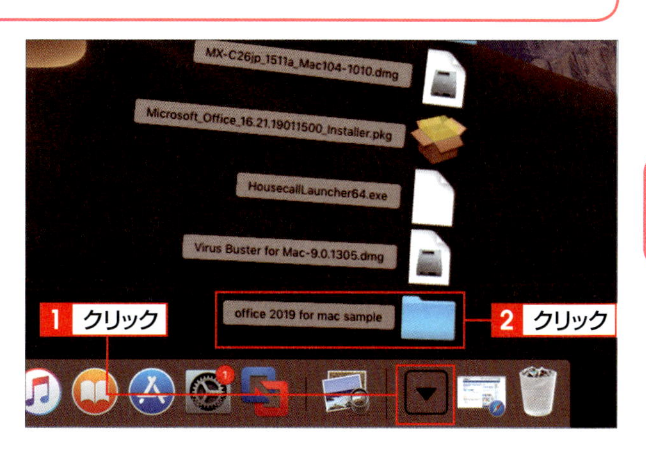

2 フォルダーが表示される

ダウンロードした「office 2019 for mac sample」フォルダーが開き、「chapter00」から「chapter05」までの6つのフォルダーが表示されます。

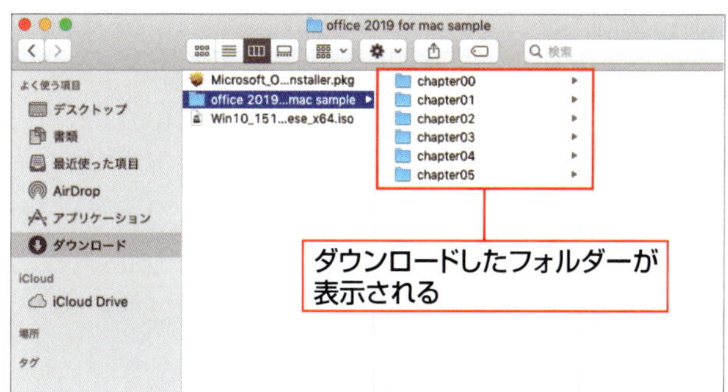

3 フォルダーをクリックする

フォルダーをクリックすると**1**、フォルダー内のサンプルファイルが表示されます。

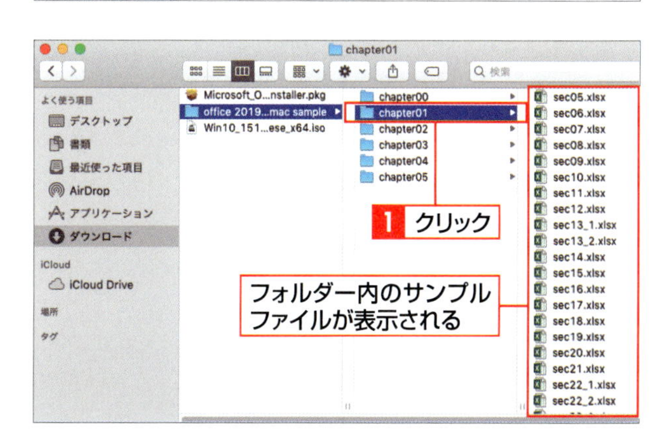

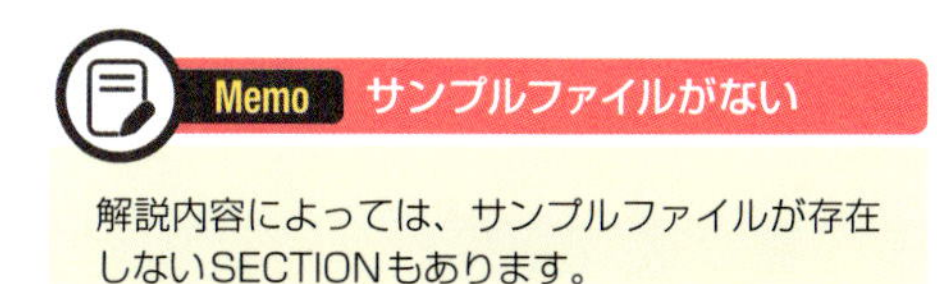

Memo サンプルファイルがない

解説内容によっては、サンプルファイルが存在しないSECTIONもあります。

Office 2019 for Macをインストールする

Office 2019 for Mac（以下、Office 2019）を利用するには、Office 2019をMacにインストールする必要があります。ここでは、店頭で購入したプロダクトキーをオンラインで登録し、ダウンロードしてインストールします。手順は購入したOffice製品によって異なります。

覚えておきたいKeyword　プロダクトキー　インストール　ライセンス認証

1 Office 2019をインストールする

1 Office 2019のプロダクトキーを入力する

Webブラウザー（ここではSafari）を起動して、「https://setup.office.com/」にアクセスします 1。購入したOffice 2019のプロダクトキーを入力して 2、国または地域と、該当する言語を指定し 3、<次へ>をクリックします 4。

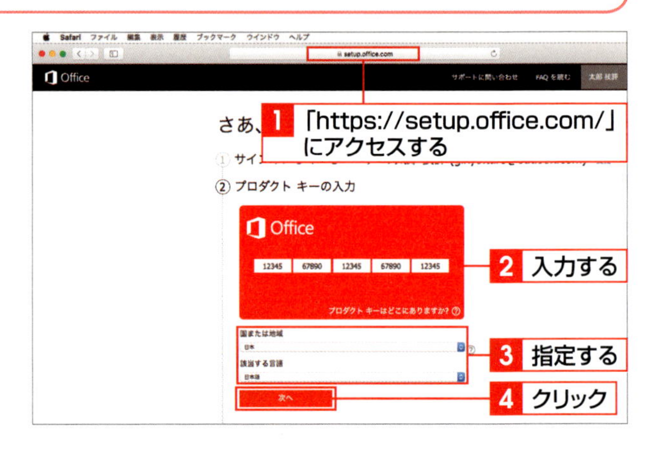

Memo アカウントにサインインする

Microsoftアカウントにサインインしていない場合は、手順2の前に<サインイン>をクリックしてパスワードを入力し、<サインイン>をクリックします。

2 <インストール>をクリックする

ソフトウェア名が表示されるので、<インストールする>をクリックします 1。複数のソフトウェア名が表示されている場合は、Office 2019の右側にある<インストールする>をクリックします。

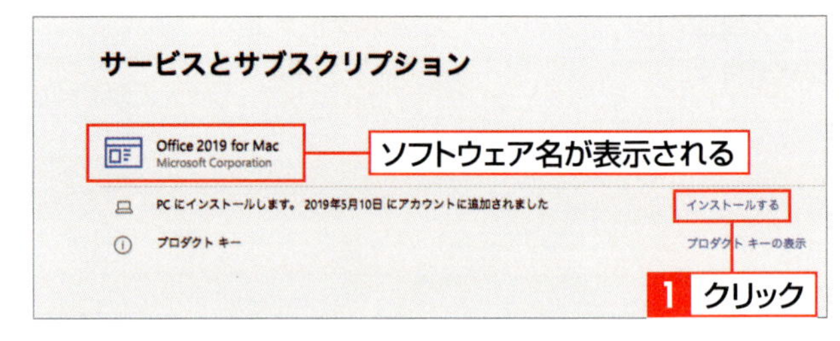

3 インストールプログラムをダウンロードする

<インストールする>をクリックすると 1、インストールプログラムのダウンロードが開始されます。ダウンロードしたプログラムは<ダウンロード>フォルダーに保存されます。

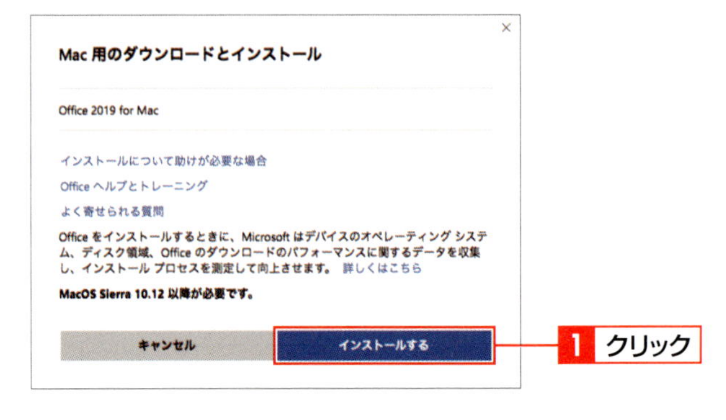

4 インストールプログラムを実行する

Dockから<Finder>を開いて<ダウンロード>をクリックし 1 、ダウンロードしたインストールプログラムをダブルクリックします 2 。

5 <続ける>をクリックする

「ようこそMicrosoft Officeインストーラへ」画面が表示されるので、<続ける>をクリックします 1 。

6 使用許諾契約を確認する

「使用許諾契約」画面が表示されるので内容を読み 1 、<続ける>をクリックします 2 。

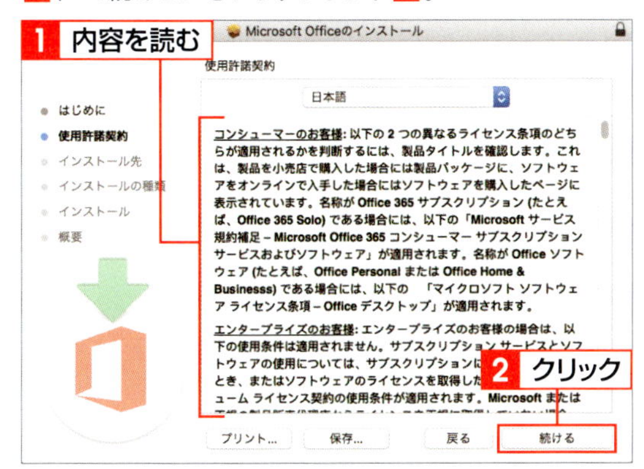

7 <同意する>をクリックする

確認のメッセージが表示されるので、内容を確認して<同意する>をクリックします 1 。

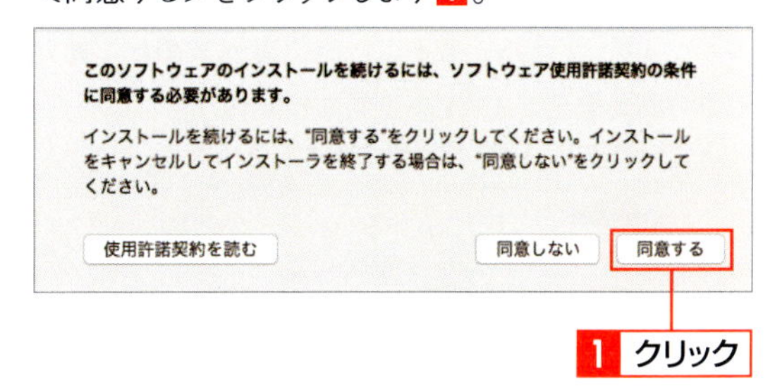

8 <インストール>をクリックする

メッセージを確認して、<インストール>をクリックします 1 。

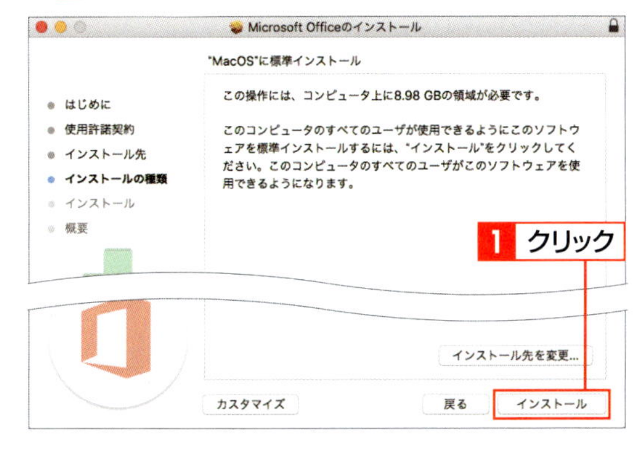

9 パスワードを入力する

Macにログインしているユーザー名が表示されます。パスワードを入力して 1 、<ソフトウェアをインストール>をクリックします 2 。

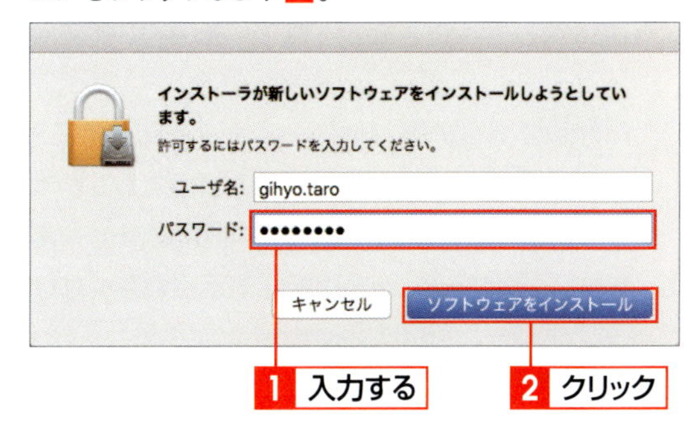

10 インストールが開始する

インストールが実行されます。購入したOffice製品によってインストールに必要な時間は異なります。

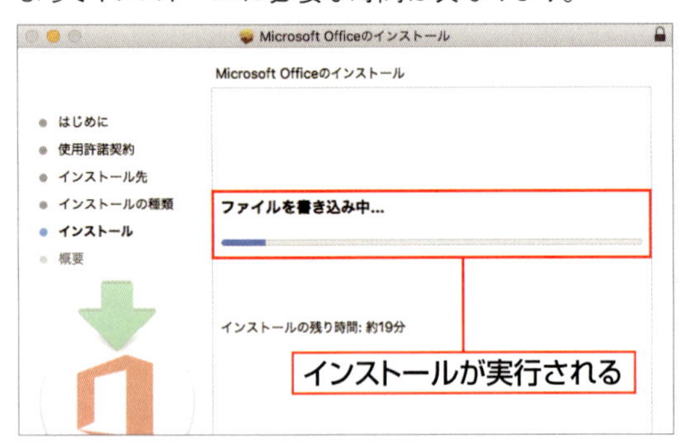

11 <閉じる>をクリックする

インストールが終了するとメッセージが表示されるので、<閉じる>をクリックします1。

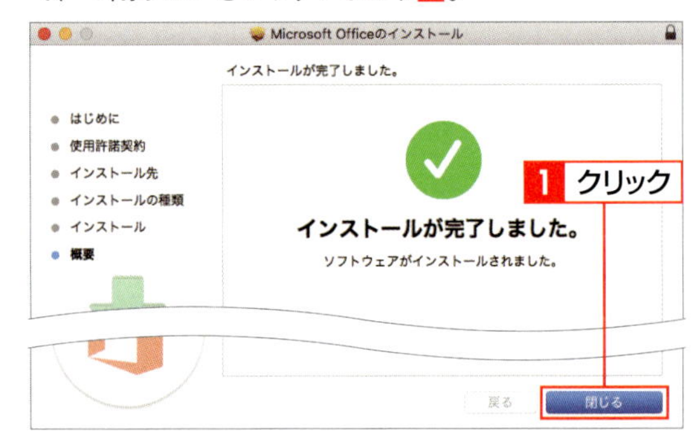

2 ライセンス認証をする

1 <始めましょう>をクリックする

インストール後、初めてOffice 2019を起動すると、新機能の説明画面が表示されので、<始めましょう>をクリックします1。なお、以降の操作手順は、購入したOffice製品によって多少異なります。

2 <サインイン>をクリックする

「サインインしてOfficeをライセンス認証をする」画面が表示されるので、<サインイン>をクリックします1。

Column キーチェーンアクセスのメッセージが表示される

Office 2019のアプリケーションを起動すると、「キーチェーン内の～機密情報を使用しようとしています」というメッセージが表示される場合があります。<常に許可>をクリックすると、次回からは表示されなくなります。

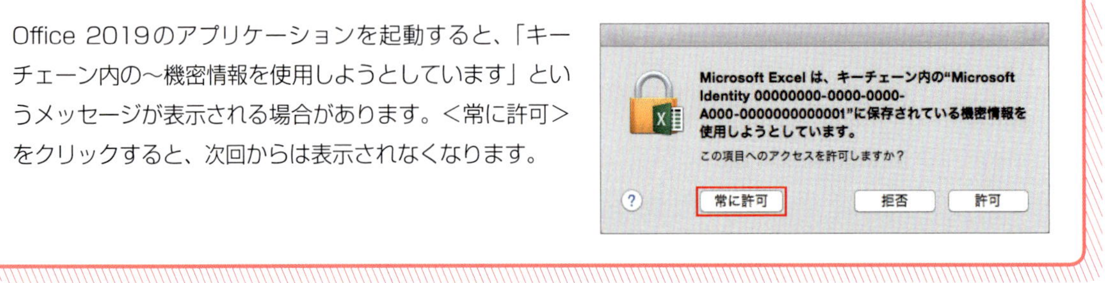

付録

3 Microsoftアカウントを入力する

Office 2019のインストール時に使用したMicrosoftアカウントを入力して 1 、＜次へ＞をクリックします 2 。

4 パスワードを入力する

Microsoftアカウントのパスワードを入力して 1 、＜サインイン＞をクリックします 2 。

5 品質向上の協力の設定をする

エラーが出た場合などにその原因をマイクロソフトにレポートを送信し、品質向上へ協力する場合は＜はい＞を、しない場合は＜いいえ＞をクリックします 1 。

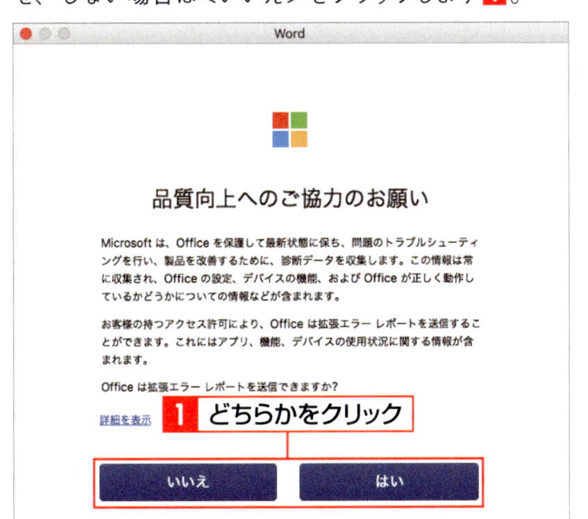

6 Word 2019を起動する

「準備が完了しました」という画面が表示されるので、＜今すぐWordを使ってみる＞をクリックすると 1 、Word 2019が起動します。

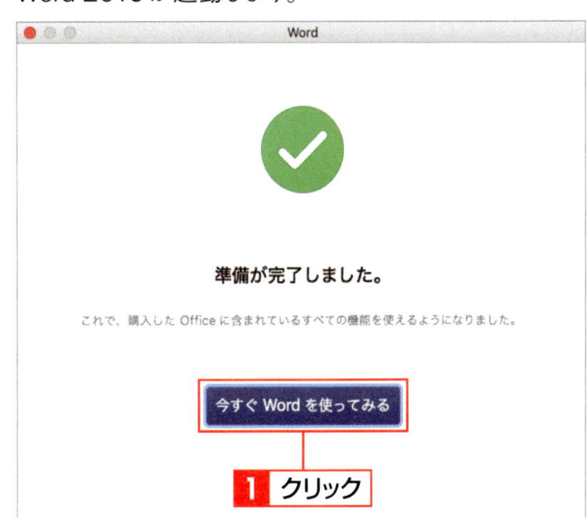

Column Officeアプリケーションを削除する

Mac版のOfficeアプリケーションは、旧バージョンをインストールしたままで新しいバージョンをインストールすることができます。ただし、トラブルが起きる可能性もあるので、最新バージョンのみをインストールして、旧バージョンは削除することが推奨されています。
Officeアプリケーションを削除するには、＜Finder＞の＜アプリケーション＞フォルダーにあるOfficeアプリケーションをゴミ箱に入れます。また、関連するファイルを必要に応じて削除する必要があります。

●Office for Macのアンインストール方法
https://support.office.com/ja-jp/article/office-for-mac-のアンインストール-eefa1199-5b58-43af-8a3d-b73dc1a8cae3

Office 2019 for Macをアップデートする

Office 2019をアップデートすることで、各アプリケーションのバグの修正や、新機能の追加などを行うことができます。通常、アップデートは自動的に行われるように設定されていますが、更新プログラムの有無をチェックして、手動で行うこともできます。

覚えておきたいKeyword　更新プログラム　Microsoft AutoUpdate　インストール

1 更新プログラムをチェックする

1 ＜更新プログラムのチェック＞をクリックする

Officeプログラムを起動して、＜ヘルプ＞メニューをクリックし1、＜更新プログラムのチェック＞をクリックします2。

2 更新プログラムの有無をチェックする

＜Microsoft AutoUpdate＞画面が表示されるので、＜更新プログラムのチェック＞をクリックします1。

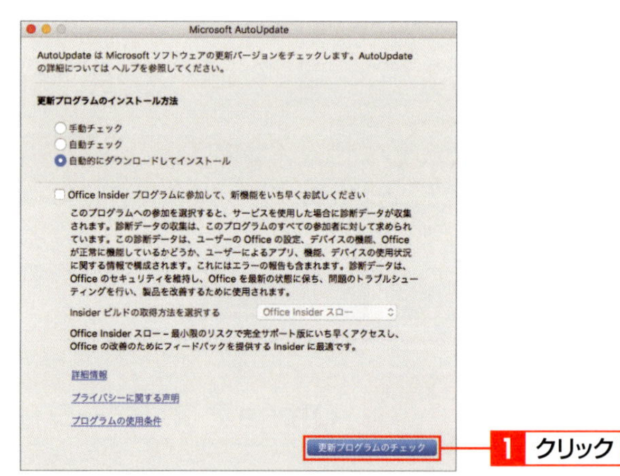

Memo　更新プログラムがない場合

更新プログラムがない場合は、「～更新プログラムはありません。」と表示されるので、＜OK＞をクリックします。

3 AutoUpdateをインストールする

＜AutoUpdate＞がオンになっていることを確認して1、＜インストール＞をクリックします2。

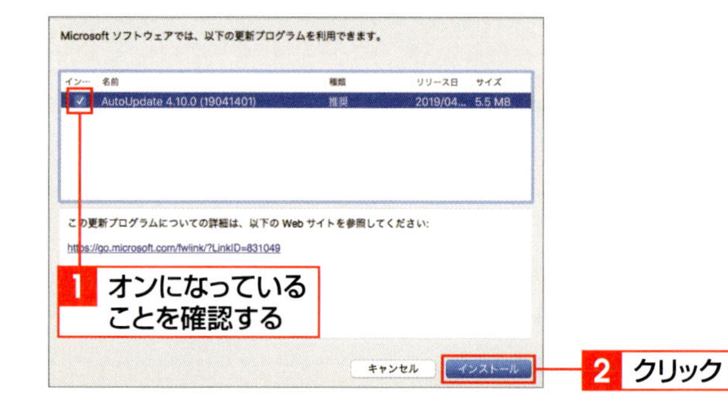

Keyword　Microsoft AutoUpdate

Microsoft AutoUpdateは、Office 2019の更新プログラムの確認とインストールを行うためのプログラムです。

2 Office 2019をアップデートする

1 ＜インストール＞をクリックする

Microsoft AutoUpdateのインストールが完了すると、Office 2019の各アプリケーションの更新プログラムが検索、表示されます。更新するOfficeアプリケーションがオンになっていることを確認して 1 、＜インストール＞をクリックします 2 。

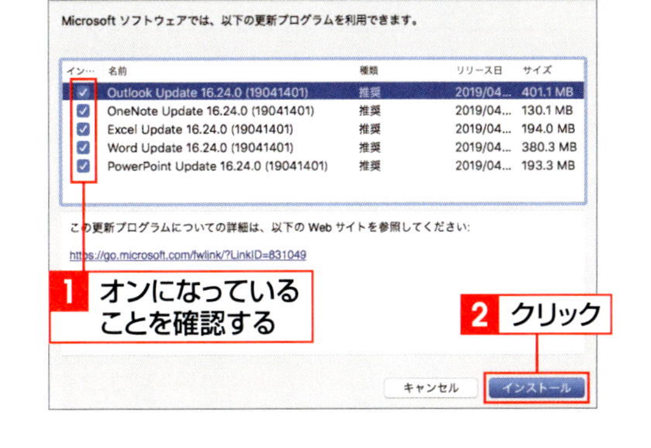

2 起動中のアプリケーションを終了する

アプリケーションの終了を促すメッセージが表示された場合は、起動中のOfficeアプリケーションを終了して、＜再試行＞をクリックします 1 。

インストールを続行するには、次のアプリケーションを閉じてください。
Microsoft PowerPoint
1 クリック
スキップ
再試行

3 ＜完了＞をクリックする

更新プログラがインストールされます。インストールが完了したら、＜完了＞をクリックします 1 。

更新は成功しました
全体の進行状況
1 クリック
完了

4 ＜OK＞をクリックする

再度更新プログラムのチェックが行われ、「〜更新プログラムはありません。」と表示された場合は＜OK＞をクリックして 1 、Microsoft AutoUpdateを終了します。

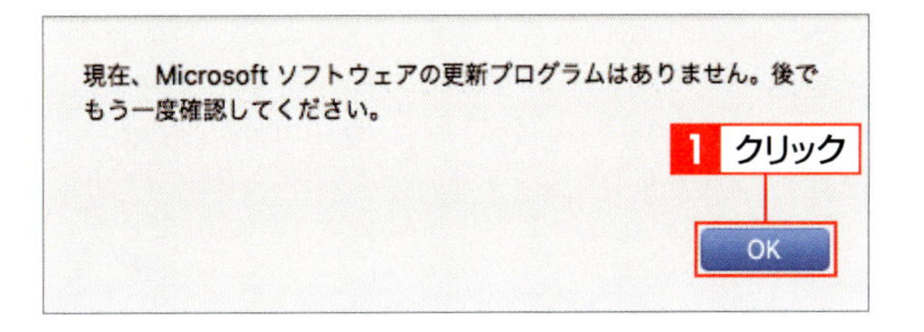

Column Microsoft AutoUpdateの設定

＜更新プログラムのインストール方法＞は、通常＜自動的にダウンロードしてインストール＞に設定されています。＜自動チェック＞をオンにすると、自動的に更新プログラムのチェックが行われ通知されます。＜手動チェック＞をオンにすると、更新プログラムのチェックやインストールを手動で行う必要があります。

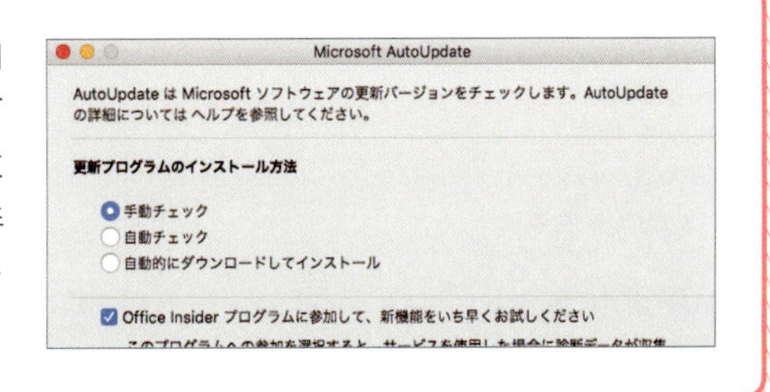

索引

記号・数字

A～Z

あ行

か行

さ行

た行

な行

は行

ま行

や行

ら行

わ行

お問い合わせについて

本書に関するご質問については、本書に記載されている内容に関するもののみとさせていただきます。本書の内容と関係のないご質問につきましては、一切お答えできませんので、あらかじめご了承ください。また、電話でのご質問は受け付けておりませんので、必ずFAX か書面にて下記までお送りください。
なお、ご質問の際には、必ず以下の項目を明記していただきますよう、お願いいたします。

1 お名前
2 返信先の住所または FAX 番号
3 書名（今すぐ使えるかんたん　Office for Mac 完全ガイドブック困った解決＆便利技　改訂３版）
4 本書の該当ページ
5 ご使用の OS とソフトウェアのバージョン
6 ご質問内容

なお、お送りいただいたご質問には、できる限り迅速にお答えできるよう努力いたしておりますが、場合によってはお答えするまでに時間がかかることがあります。また、回答の期日をご指定なさっても、ご希望にお応えできるとは限りません。あらかじめご了承くださいますよう、お願いいたします。

問い合わせ先

〒162-0846
東京都新宿区市谷左内町 21-13
株式会社技術評論社　書籍編集部
「今すぐ使えるかんたん　Office for Mac 完全ガイドブック
困った解決＆便利技　改訂３版」質問係
FAX 番号　03-3513-6167

URL：https://book.gihyo.jp/116

■お問い合わせの例

FAX

1 お名前
技術　太郎

2 返信先の住所または FAX 番号
03-XXXX-XXXX

3 書名
今すぐ使えるかんたん
Office for Mac
完全ガイドブック
困った解決＆便利技
改訂３版

4 本書の該当ページ
168 ページ

5 ご使用の OS とソフトウェアのバージョン
macOS Mojave
Office 2019 for Mac

6 ご質問内容
箇条書きが作成できない

※ご質問の際に記載いただきました個人情報は、回答後速やかに破棄させていただきます。

今すぐ使えるかんたん
Office for Mac 完全ガイドブック
困った解決＆便利技　改訂３版

2011 年 8 月 25 日　初版　第 1 刷発行
2019 年 9 月 5 日　第 3 版　第 1 刷発行
2021 年 6 月 11 日　第 3 版　第 2 刷発行

著　者●AYURA
発行者●片岡 巌
発行所●株式会社 技術評論社
東京都新宿区市谷左内町 21-13
電話　03-3513-6150　販売促進部
03-3513-6160　書籍編集部
担当●田村 佳則（技術評論社）
装丁●岡崎 善保（志岐デザイン事務所）
本文デザイン●坂本 真一郎（クオルデザイン）
編集／ DTP ● AYURA
製本／印刷●大日本印刷株式会社

定価はカバーに表示してあります。

ISBN978-4-297-10710-9 C3055
Printed in Japan